中国地质调查局
青藏高原1∶25万区域地质调查成果系列

中华人民共和国

区域地质调查报告

比例尺：1∶250 000

江爱达日那幅

(I45C003003)

项目名称：西藏1∶25万江爱达日那幅区域地质调查

项目编号：200313000021

项目负责：朱同兴

图幅负责：李宗亮　张惠华　张启跃

报告编写：朱同兴　李宗亮　张惠华　张启跃　张正贵
范影年　周铭魁

编写单位：成都地质矿产研究所

单位负责：丁　俊(所　长)
王　剑(总工程师)

中国地质大学出版社
ZHONGGUO DIZHI DAXUE CHUBANSHE

内容简介

调查区位于青藏高原腹地羌塘地区中北部。本次调查主要成果：厘定了测区大地构造格架和构造-地层分区，建立和完善了测区构造-地层划分系统；在江爱达日那地区新发现一套出露较完整的三叠系地层剖面；对前泥盆系变质岩进行了解体和重新厘定；对南羌塘地区上三叠统肖茶卡群进行了重新厘定，重新厘定了康托组、唢呐湖组地质时代归属；对不同时期火山岩和中酸性侵入岩体进行了系统的研究；利用构造解析方法，对岩石中不同期次构造变形形迹及组合进行研究和识别；合理划分了测区次级构造单元，系统收集了测区内各次级构造单元内部变形特征；重建龙木错-双湖洋盆构造古地理格局；通过综合分析，将测区地质发展演化划分为7个阶段。

本书可供从事地层古生物、构造地质和区域地质调查的生产、科研人员及高等院校相关专业师生参考使用。

图书在版编目(CIP)数据

中华人民共和国区域地质调查报告．江爱达日那幅(I45C003003)：比例尺1∶250 000/朱同兴，李宗亮等著．—武汉：中国地质大学出版社，2010．12

ISBN 978-7-5625-2523-3

Ⅰ．①中…
Ⅱ．①朱… ②李…
Ⅲ．①区域地质-地质调查-调查报告-中国 ②盆地-地质调查-调查报告-西藏
Ⅳ．①P562

中国版本图书馆CIP数据核字(2010)第128696号

中华人民共和国区域地质调查报告
江爱达日那幅(I45C003003)：比例尺1∶250 000
朱同兴　李宗亮　等著

责任编辑：赵颖弘　技术编辑：阮一飞　责任校对：戴　莹

出版发行：中国地质大学出版社(武汉市洪山区鲁磨路388号)　邮政编码：430074
电　话：(027)67883511　传真：67883580　E-mail：cbb @ cug. edu. cn
经　销：全国新华书店　http://www. cugp. cn

开本：880毫米×1 230毫米 1/16　字数：600千字　印张：18.75　图版：9　附图：1
版次：2010年12月第1版　印次：2010年12月第1次印刷
印刷：武汉中远印务有限公司　印数：1—1 500册

ISBN 978-7-5625-2523-3　定价：268.00元

前　言

青藏高原包括西藏自治区、新疆及青海省南部、四川省西部和云南省西北部，面积达260万km^2，是我国藏民族聚居地区，平均海拔4 500m以上，被誉为地球第三极。青藏高原是全球最年轻的高原，记录着地球演化最新历史，是研究岩石圈形成演化过程和动力学的理想区域，是“打开地球动力学大门的金钥匙”。青藏高原蕴藏着丰富的矿产资源，是我国重要的资源后备基地。青藏高原是地球表面的一道天然屏障，影响着中国乃至全球的气候变化。青藏高原也是我国主要大江大河和一些重要国际河流的发源地，孕育着中华民族的繁生和发展。开展青藏高原地质调查与研究，对于推动地球科学研究、保障我国资源战略储备、促进边疆经济发展、维护民族团结、巩固国防建设具有非常重要的现实意义和深远的历史意义。

1999年国家启动了“新一轮国土资源大调查”专项，按照温家宝总理“新一轮国土资源大调查要围绕填补和更新一批基础地质图件”的指示精神。中国地质调查局组织开展了青藏高原空白区1∶25万区域地质调查攻坚战，历时6年多，投入3亿多，调集24个来自全国省(自治区)地质调查院、研究所、大专院校等单位组成的精干区域地质调查队伍，每年近千名地质工作者，奋战在世界屋脊，徒步遍及雪域高原，完成了全部空白区158万km^2 112个图幅的区域地质调查工作，实现了我国陆域中比例尺区域地质调查的全面覆盖，在中国地质工作历史上树立了新的丰碑。

西藏1∶25万I45C003003(江爱达日那幅)区域地质调查项目，由中国地质调查局成都地质调查中心(成都地质矿产研究所)承担，工作区位于藏北羌塘高原腹地。总体目标与任务是按照《1∶25万区域地质调查技术要求》(暂行)、《青藏高原艰险地区1∶25万区域地质调查技术要求》(暂行)及其他有关规范、指南，参照造山带填图的新方法，应用遥感等新技术手段，充分收集、分析与利用前人资料，以区域构造调查与研究为先导，合理划分测区构造单元，对测区不同地质单元、不同的构造-地层单位采用不同的填图方法，开展编测结合的区域地质调查。最终通过对沉积建造、变质变形、岩浆作用的综合分析，反演区域地质演化史，建立构造模式。

I45C003003(江爱达日那幅)地质调查工作时间为2003—2005年，累计完成地质填图面积为15 450km^2，实测剖面50.2km。地质路线2 360km，采集各类样品2 325件，全面完成了设计工作量。主要成果有：①建立和完善了测区各地层分区岩石地层系统，开展了羌塘地区中生代多重地层划分与对比研究工作。共建立测区组级(含群)岩石地层单位和正式填图单位24个；非正式填图单位24个；生物地层单位27个，其中新建生物地层单位4个；对测区三叠系和中上侏罗统进行了详细的层序地层研究，共划出三级层序15个。②在江爱达日那地区新发现一套出露较完整的三叠系地层剖面，为羌塘盆地三叠系地层、沉积相划分与对比、生物古地理研究以及沉积盆地分析提供了重要的基础性资料。③对前泥盆系变质岩进行了解体和重新厘定。通过对该套变质岩系的分解及对其岩层变质变形特征的分析，把齐陇乌如岩组、嘎措岩组地质年代置于前奥陶纪；把蛇绿混杂岩片、弧火山岩片、复理石岩片的地质年代置于二叠纪。④对南羌塘地区上三叠统肖茶卡群进行了重新厘定，将肖茶卡群解体为肖切保组、角木茶卡组和扎那组3

个组级岩石地层单位。⑤对测区岩浆岩进行了系统地调查与研究。初步查明测区内中酸性侵入岩和火山岩的分布、岩石学、岩石化学、地球化学、年代学及产出的构造环境等特征，为分析测区构造演化提供了新资料。⑥将测区次级构造单元划分为北羌塘陆块、双湖构造混杂岩带和南羌塘陆块。其中双湖构造混杂岩带是一个受侏罗纪中酸性侵入岩体所破坏的构造混杂岩带，也是龙木错-双湖构造带的一部分。测区构造混杂岩带的南、北边界均为大型韧性剪切带所分割，对次级构造单元边界断层特征进行了全面论述。⑦重建龙木错-双湖洋盆构造古地理格局。区内的龙木错-双湖盆地虽经构造破坏，但在双湖构造混杂带中还保留大陆边缘复理石沉积、大洋洋壳、弧火山岩建造和保存较好的洋岛火山岩。它们现在的位置虽然已不连续，但从洋岛、弧火山岩及蓝片岩等的保存位置可以看出，洋盆的消减是由南向北俯冲的。⑧根据地球动力学背景、岩浆活动、地质界面、沉积建造、变质作用和构造变形等综合分析，将测区地质发展演化阶段划分为：前奥陶纪变质基底形成、奥陶纪-石炭纪被动大陆边缘、二叠纪南部伸展-中部俯冲（双湖构造带）、早中三叠世局部伸展、晚三叠世-早侏罗世碰撞造山、中晚侏罗世-早白垩世前陆磨拉石、新生代后造山隆升7个地质发展演化阶段。

2006年4月，中国地质调查局组织专家对项目进行最终成果验收。评审认为，成果报告资料齐全，工作量达到（或超过）设计规定，技术手段、方法、测试样品质量符合有关规范、规定。报告章节齐备，论述有据，在地层、古生物、岩石和构造等方面取得了较突出的进展和重要成果，反映了测区地质构造特征和现有研究程度。经评审委员会认真评议，一致建议项目报告通过评审，江爱达日那幅成果报告被评为优秀级。

参加报告编写的主要有朱同兴、李宗亮、张惠华、张启跃、张正贵、范影年、周铭魁、由朱同兴、李宗亮编纂。项目根据江爱达日那幅成果报告验收意见，对地质报告（送审稿）和地质图进行了全面修订和校正，最后由朱同兴研究员和周铭魁研究员定稿。

参加本项目野外调研工作的主要技术人员有朱同兴、林仕良、李宗亮、董瀚、张惠华、张启跃、曾庆荣、冯心涛、周铭魁、田应贵、赵云江、邹光富等；后勤服务人有缪国夏、张健、杨哲超、胡小松、胡仁才、李志强、阎勇、杨国先、刘绍安等。

1∶25万江爱达日那幅区域地质调查工作，自始至终得到了成都地质矿产研究所丁俊所长、王剑副所长、潘桂棠研究员、王立全研究员、中国地质调查局基础调查部和区调处领导的关心和指导，得到了甘肃省地质调查院、云南省地质调查院和西藏自治区那曲行署矿产管理局、双湖特别行政区政府的大力支持和帮助，在此致以最诚挚的谢意！

为了充分发挥青藏高原1∶25万区域地质调查成果的作用，全面向社会提供使用，中国地质调查局组织开展了青藏高原1∶25万地质图的公开出版工作，由中国地质调查局成都地调中心与项目完成单位共同组织实施。出版编辑工作得到了国家测绘局孔金辉、翟义青及陈克强、王保良等一批专家的指导和帮助，在此表示诚挚的谢意。

鉴于本次区调成果出版工作时间紧、参加单位较多、项目组织协调任务重以及工作经验和水平所限，成果出版中可能存在不足与疏漏之处，敬请读者批评指正。

“青藏高原1∶25万区调成果总结”项目组

2010年9月

目　录

第一章　绪　言

第一节　任务与要求

中国地质调查局2003年3月26号根据中地调函（2003）77号向成都地质矿产研究所下达了《西藏1∶25万黑虎岭幅（I45C002003）、多格错仁幅（I45C002004）、江爱达日那幅（I45C003003）、吐错幅（I45C003004）区域地质调查》项目任务书。

任务书编号：基（2003）002-19

项目编号：200313000021

工作性质：基础地质调查

工作年限：2003年1月—2005年12月

承担单位：成都地质矿产研究所

总体目标与任务：按照《1∶25万区域地质调查技术要求（暂行）》、《青藏高原艰险地区1∶25万区域地质调查技术要求（暂行）》及其他有关规范、指南，参照造山带填图的新方法，应用遥感等新技术手段，充分收集、分析与利用前人资料，以区域构造调查与研究为先导，合理划分测区构造单元，对测区不同地质单元、不同的构造-地层单位采用不同的填图方法，开展编测结合的区域地质调查。最终通过对沉积建造、变质变形、岩浆作用的综合分析，反演区域地质演化史，建立构造模式。

本着图幅带专题的原则，在区域地质调查的基础上，进一步加强含油气性的特殊岩类（如油页岩、生物礁、白云岩等）、地表油气标志和盖层条件的调查，研究中新生代沉积盆地的性质与演化及其与油气的成生关系；进行新生代岩浆活动、新构造活动和第四纪地质的调查研究，探讨青藏高原环境变化趋势和隆升过程及其对成藏条件的影响；对测区南部的查布-查桑-双湖构造带的性质、形成与演化过程进行深入研究；采用有效的技术方法和方法组合，注意对生态环境、旅游资源、矿产资源和灾害地质的调查研究。

测区范围：包括1∶25万黑虎岭幅、多格错仁幅、江爱达日那幅、吐错幅全部区域，地理坐标为东经87°00′～90°00′，北纬33°00′～35°00′，填图总面积61 860km²。其中江爱达日那幅位于联测区范围的西南部。

预期成果：

（1）提交分幅地质图件及区域地质调查报告、专题研究报告。

（2）按中国地质调查局编制的《地质图空间数据库工作指南》，分幅提交以ARC/INFO、MAPGIS图层格式的数据光盘及图幅与图层描述数据、报告文字数据各一套。遥感解译数字影像图及数据光盘。

提交报告时间：2005年7月提交野外验收成果资料，2005年12月提交最终验收成果资料。

根据项目任务书总体目标与任务，结合测区具体地质情况，本次地质调查的具体任务如下。

（1）以现代造山带理论为指导，以3S新技术、新方法为手段，以区域构造调查和研究为基础，合理划分测区构造单元；查清不同构造单元的基本特征；对测区主要构造进行调查。

（2）以现代地层学和沉积学理论为指导，对不同构造单元的沉积岩系进行岩石地层划分，建立沉积地层层序，划分正式和非正式填图单位。重点开展包括侏罗系岩石地层、生物地层、年代地层、层序地层和磁性地层等在内的多重地层划分与对比，建立侏罗系地层标准剖面；重视沉积相尤其是与油气关系密切的特殊岩类（如油页岩、生物礁、鲕粒灰岩、白云岩、含膏杂色岩系等）、地表油气标志和盖层条件的调查；加强古流向标志、盆地充填序列、重要地质界面以及盆地分析等数据的采集和调查，为研究中新生代沉积盆地的性质与演化及其与油气的成生关系提供基础资料。

（3）查明测区第四系主要沉（堆）积物的年代及成因类型，划分第四系填图单位，采集第四系孢粉化石和测年样品，为开展第四纪古地理、古环境和古气候变化的研究提供实际资料，探讨青藏高原环境变化趋势及其对成藏条件的影响。

（4）查明测区二叠系、三叠系、下侏罗统和新近系火山岩的分布范围、岩石学特征、地球化学特征及其大地构造背景。

（5）通过对测区典型花岗岩的地质填图，查明岩体的就位机制及其与成矿作用的关系。

（6）对测区的变质岩系，采用构造-地层填图方法，以构造变形、变质作用理论为指导，以构造分析方法为手段，以地质事件演化序列为主线，选择恰当的变质岩填图单位，通过地质填图和研究，查明变质岩的基本特征和构造变形。

（7）注意收集测区国土资源（土地资源、旅游资源、生物资源等）数据，为国民经济发展和西部大开发出谋献策，对双湖国家级野生动物自然保护区进行生态环境调查并提出环保建议。

第二节　自然地理概况

联测区位于西藏北部，行政区划主要隶属于那曲地区尼玛县和双湖特别行政区，部分属于青海省格尔木市管辖（图 1-2-1）。联测区在地理区划上属青藏高原地理区羌塘高原内陆湖盆地带。测区主要山脉（如唐古拉山脉）呈北西方向延伸，与区域构造线走向基本一致。山顶积雪终年不化，白雪皑皑，冰峰

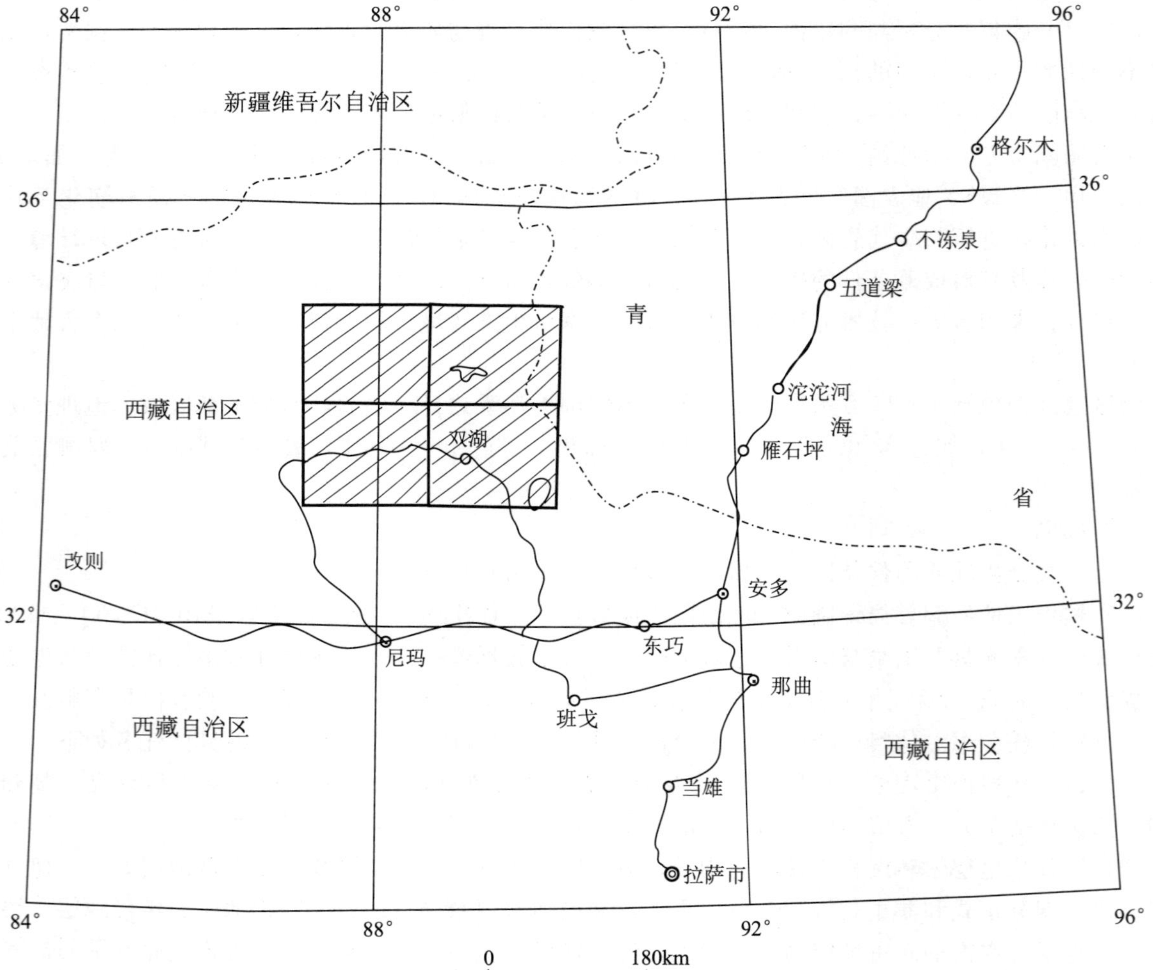

图 1-2-1　联测区交通地理位置简图

重叠，蔚为壮观，主脊线海拔多在5 500m以上。测区内的山脉和冰川主要有西雅尔岗日冰川(6 304m)、江爱达日那峰（6 098m）、角木日峰（6 059m）、那底岗日（6 004m）等。这些雪山是许多河流与湖泊的重要补给来源。由于被四周的高山所阻隔，水系不能外泄，因而星罗棋布的湖泊成为测区地表水汇集之地，在地形上形成了独特的藏北高原湖盆地貌，其间点缀着以龙尾错、马尔果茶卡、孔孔茶卡、角木茶卡为代表的大小不等的一系列咸水湖泊。测区发育的较大河流有：发源于那底岗日流入依布查卡的江爱藏布；发源于那底岗日流入阿木错的希杂洛玛曲等。藏北湖盆区夷平面发育，地形相对平缓，平均海拔为5 000m以上。

藏北高原为高原亚寒带半干旱季风型气候区，属典型的大陆性气候。这里气候干燥、寒冷，空气稀薄，低压、缺氧严重，一年四季不分明，冬长无夏，多风雪天气，年温差相对大于日温差，没有绝对无霜期，年大风日达250天，年日照时间长达2 628小时，降水量集中，6—8月的降水量约占全年降水量的93%，而年降水量仅为127～150mm。这里天气变化无常，时而晴空万里，时而浓云密布，狂风大作，冰雪交加，雷声隆隆。自然灾害十分频繁，风灾、雪灾和霜灾为主要的自然灾害。

联测区内已发现铁、铜、铅锌等金属固体矿点和石膏矿、盐类等非金属沉积型矿点57个，油气苗点38个。野生动植物资源也十分丰富，主要野生动物有野牦牛、野驴、熊、狼、藏羚羊、黄羊、岩羊、黄鸭、鸽子、雪鸡、猞猁、秃鹰等，主要野生植物有角苗伞根、虎耳根、大叶秦艽、麻黄、红花、刺参、葫芦苗、高山党参、青活麻、大黄等40多种。由于测区是世界上湖面最高、范围最大、数量最多的高原湖区，并且多为咸水湖或盐湖，许多湖泊蕴藏着丰富的盐类矿产资源和稀有金属元素，对这些湖泊的系统调查与研究，将有利于双湖地区乃至西藏的资源开发，对加快当地国民经济发展和西部大开发的步伐有着重要的现实意义。

联测区内交通通行条件极差，除连接双湖—382大桥的简易公路（南北向）和双湖—嘎措乡的简易公路（东西向）之外，基本上无公路可通行（参见图1-2-1）。区内广大地区的地质填图工作完全依靠四轮驱动车强行探索前进。

双湖行政区和尼玛县居民以藏民族为主，人口稀少。联测区北部（N34°00′以北）为无人区，南部有少量居民，均从事牧业，主要饲养牦牛、绵羊、山羊，牧业为其支柱产业。因此，实施野外地质调查过程中的基本生活物资多依赖外地供给。

土特产品为山羊绒和扎加藏布河中特有的无鳞鱼。

第三节 地质调查研究历史及工作程度

一、地质调查研究历史

联测区属青藏高原中比例尺区域地质调查空白区，除双湖一带之外，其他区域的地质调查研究程度较低。20世纪80年代以来，党和政府非常重视西藏的经济建设和生态环境的保护，先后有西藏自治区地质矿产局（以下简称西藏地矿局）、原地质矿产部青藏高原地质调查大队、中国石油天然气总公司、成都地质矿产研究所、成都理工学院、吉林大学、中国地质大学和中国科学院等单位对测区的地质构造和生态环境进行过调查和专题研究。

测区地质调查研究历史可以明显地分为3个阶段。

(1) 建国前，仅有少数外国探险家和地质学家对测区进行过零星的路线地质调查，可用的地质资料十分有限。

(2) 20世纪80年代为测区内区域地质调查的重要时期。原地质矿产系统对测区地层、岩石、构造等进行了多学科综合考察、路线地质调查和1∶100万区域地质调查。1986年由西藏自治区地质矿产局区调队（以下简称西藏区调队）完成的《1∶100万改则幅区域地质调查报告》、1980—1985年由原地质矿产部青藏高原地质调查大队完成的区域地质调查成果（集中反映于《青藏高原地质文集》），以及文世宣（1979）、蒋忠惕（1983）、吴瑞忠（1986）对藏北羌塘地区地层系统的厘定，王成善等（1987）对羌塘地区地质构造特征的研究都具有广泛的代表性。

(3) 20世纪90年代中期以来，西藏自治区地质矿产局出版了《西藏自治区区域地质志》(1993)和《西藏自治区岩石地层》(1997)。为配合中国石油天然气总公司新区事业部青藏石油勘探项目经理部(以下简称中石油青藏石油勘探项目经理部)在藏北羌塘盆地开展的大规模石油勘探计划，先后有13支队伍在羌塘盆地进行过1∶20万石油地质路线调查，1∶10万区域石油地质填图(图1-3-1)。测区内还做过1∶20万航磁、重力测量，6条大地电磁测深(MT)剖面。这些基础资料对提高测区1∶25万地质调查成果的质量，无疑是十分宝贵的。在石油地质调查过程中，既强调了多学科之间的综合调查，又侧重于各类专题的深入研究，如朱同兴等(1997、2002)通过对羌塘盆地西区综合地质的研究，系统地建立了羌塘盆地晚古生代—中新生代地层标准剖面，并对羌塘盆地大面积出露的海相侏罗系地层进行了包括岩石地层、生物地层及年代地层、层序地层、磁性地层等在内的多种地层划分与对比；赵政璋、李永铁、叶和飞等(2001)对青藏高原地层、羌塘盆地石油地质的研究；王成善等(2001)对西藏羌塘盆地地质演化与油气远景评价；李才、程立人、胡克等(1995、2002)对西藏龙木错-双湖古特提斯缝合带的研究；郑绵平等(1989)对青藏高原盐湖的研究；程立人等(1998)、李勇等(2001、2002)、尹海生等(2003)对测区地层古生物、沉积相和地质构造的研究以及中国科学院对普若岗日大冰盖冰心的研究等都集中反映了测区的最新地质研究水平。

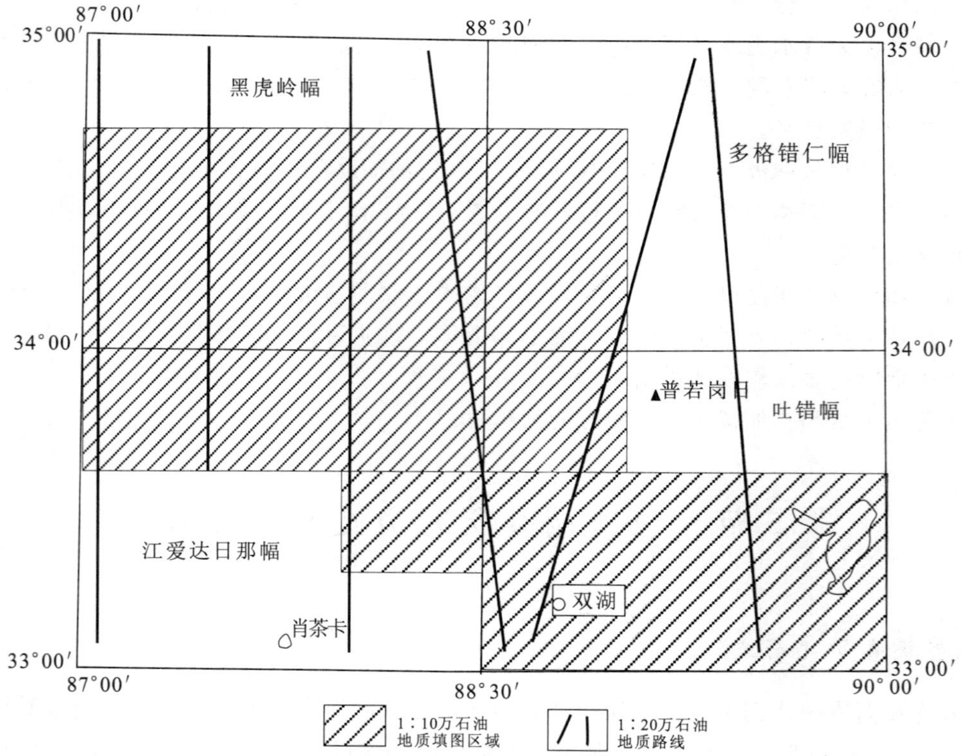

图1-3-1　联测区地面地质调查研究程度图

值得指出的是，1∶100万改则幅区调报告成果、1∶50万编图成果和中国石油天然气总公司新区事业部青藏石油勘探项目经理部组织的在藏北羌塘盆地开展的大规模石油地质调查成果是测区内最重要的基础性地质资料。

二、过往地质工作程度和前人资料利用程度

1. 对《1∶100万改则幅区域地质调查报告》的评估

改则幅区域地质调查覆盖了测区全部区域。区内布置的地质路线有5条，长度约1 100km，路线间距为50～100km(图1-3-2)。《1∶100万改则幅区域地质调查报告》初步查明了测区内地层的时空展

布；初步建立了测区内岩石地层系统；对测区变质岩系进行了初步研究，划分了变质岩序列和变质相；初步划分了羌塘陆块内部的次级构造单元。上述工作成果基本奠定了测区的地层、构造和变质岩序列的总体框架。报告中所测试的部分样品（如侵入岩的化学分析、微量元素等）和鉴定的部分化石样品，部分 K－Ar 同位素年龄样品，本次工作中已选择利用；报告中对侵入岩、变质岩和区域构造的调查和描述也有许多可利用的价值；报告中对测区内矿产有了更多了解，大致掌握了全区的水质类型。

1：100 万改则幅地质图图面结构合理，原始资料真实、可靠，经西藏自治区地质矿产局和原地质矿产部区域地质调查司组织验收，最终评审认为所取得的成绩较为突出，提高了青藏高原的地质研究程度，是一项较好的区域地质成果报告，对本次 1：25 万区调填图具有重要的参考价值。

受当时客观条件限制，测区除 3 条地质路线之外的其他区域地质研究程度很低，大部分地区属地质空白区。同时由于填图比例尺过小，对测区的点、线控制程度和采集样品的控制密度等都不能满足 1：25万区域地质调查工作的要求。对测区广泛分布的中新生代沉积岩系的相标志的采集、沉积相划分、岩石地层单位接触界面性质、沉积盆地分析显然是不够的。本次为配合研究专题的需要，填图过程中加强和重视了这一方面的调查工作，特别注意对重要的地质界面（包括 T/P、J/T 等界面）的观察和侧向追索，充分调查各类地质体的垂向和横向变化。

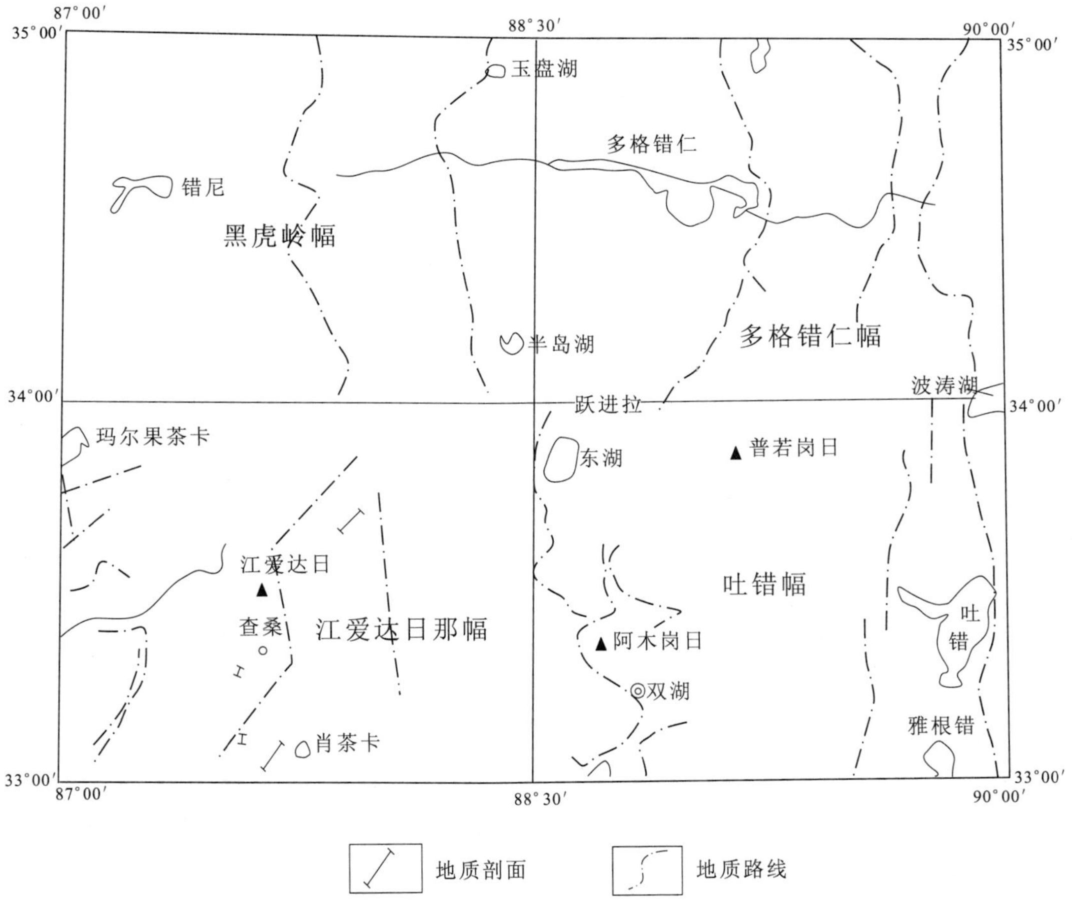

图 1-3-2　1：100 万改则幅区域地质调查布置的测区内地质路线和实测剖面位置示意图

2. 对《1：20 万石油地质路线调查报告》和《1：10 万区域石油地质调查报告》的评估

1993 年中国石油天然气总公司成立青藏油气勘探项目经理部，1994—1997 年在测区及邻区组织开展了 1：20 万石油地质路线调查和 1：10 万遥感区域石油地质调查（表 1-3-1、表 1-3-2）。测区已完成的 1：10 万填图面积为 36 970 km^2，约占测区总面积的 60%；完成的地质点位 20 053 个；地质路线长度为 16 487km；实测剖面长度为 175 567m；采集各类样品共计 21 505 件，其中同位素年龄样品 159

表 1-3-1　测区 1∶10 万区域石油地质调查实物工作量统计表

资料名称	路线长度（km）	剖面长度（m）	面积（km^2）	地质点（个）	采集样品（件）	同位素样品（件）	大化石样品（件）	微古样品（件）	石油地质样品（件）	完成单位
沙窝滩幅、白滩湖幅、强仁温杂日幅区域石油地质调查报告	1 240	23 554	4 278	1 748	1 522	5	220	61	376	大庆石油学院
红土山幅、玉盘湖幅、黑虎岭、金沟塘幅、琵琶湖幅、半岛湖幅区域石油地质调查报告	2 448	9 534	8 683	4 218	1 327	13	216	114	226	成都地质矿产研究所
石榴湖幅、亚克错幅、花梁山幅、错尼幅、甜水河幅、光明湖幅石油地质调查报告	2 360	12 497	4 235	1 750	1 216	31	165	87	166	原成都地质学院
西长梁幅、黑尖山幅、长龙山幅、东湖幅区域石油地质调查报告	2 348	14 907	7 292	3 286	1 290	39	140	126	213	成都地质矿产研究所
笙根幅、洞错幅区域石油地质调查报告	945	19 134	3 483	1 430	1 128	14	221	88	191	原成都地质学院
蜈松山幅、达尔沃错温幅区域石油地质调查报告	1 012	6 496	3 631	1 792	1 142	16	273	67	103	长春科技大学
西雅幅区域石油地质调查报告	1 525	6 830	1 790	2 018	1 433	4	131	177	312	大庆石油学院
蒂让碧错幅、孔纳木幅区域石油地质调查报告	1 350	10 172	3 578	1 618	1 112	3	85	276	256	江汉石油研究院
合计(8 份石油地质报告)	13 228	111 167	36 970	17 860	10 170	125	1 451	996	1 843	

表 1-3-2　测区 1∶20 万路线石油地质调查实物工作量统计表

资料名称	路线长度（km）	剖面长度（m）	地质点（个）	采集样品（件）	同位素样品（件）	大化石样品（件）	微古样品（件）	石油地质样品（件）	完成单位
西藏玛尔盖查卡—角木日—朗木登石油地质路线调查报告	573	12 864	385	3 050	4	302	115	407	成都地质矿产研究所
西藏若拉错—希杂日—纳江错石油地质路线调查报告	513	9 945	508	2 934	6	747	273	419	大庆石油学院
西藏塘鲁—普鲁岗日—多格错—仁强错石油地质路线调查报告	403		300	765					江汉石油研究院
西藏朝阳湖—错尼—纳洛日石油地质路线调查报告	770	13 591	547	2 790	13	436	151	871	原成都地质学院
西藏尼玛—雪环湖石油地质路线调查报告	1 000	28 000	453	1 796	11	172	261	493	原成都地质学院
合计(5 份石油地质路线报告)	3 259	64 400	2 193	11 335	34	1 657	800	2 190	

件，大化石样品 3 108 件，微体古生物样品 1 796 件，石油地质样品 4 033 件。

1∶10 万遥感区域石油地质填图一般地质路线间距 4km，允许偏离 1km，点距 500m，重要的地质界线、标志层与特殊岩类要进行追索。野外手图采用中国人民解放军总参测绘局及其放大的 1∶5 万经过修正的地形图。室内成图的 1∶10 万地理底图是利用 1∶10 万地形图计算校正，抽取等高线、地形地物经取舍后重新编绘的。遥感解译利用中国石油天然气总公司遥感地质研究所提供的与 1∶10 万地形图分幅相同的 1∶10 万比例尺 TM 卫星遥感图片及 1∶5 万的放大图片。该图片采用 541 波段假彩色合成，精度范围 30m，具有地质影像清晰、云层掩盖少、信息量丰富的特点。野外及室内整理以及各项目原始记录均按中华人民共和国石油天然气行业标准《野外石油天然气地质调查规范》（SY5517－92）执行。

1994—1997 年青藏石油勘探项目经理部还在测区及相邻地区开展 1∶20 万航空磁测，面积 42.5 万 km^2；1∶20万重力勘探，面积 26.36 万 km^2；1∶20 万大地电磁测深（MT）物理点 1 905 个，长度 5 534km等非地震地球物理勘探工作。同时，根据石油地质工作需要，设置各项专题研究，通过地质调查与研究工作，取得了大量的、丰富的地质资料，建立了测区地层系统与构造格架和岩浆活动规律，为 1∶25 万区调联测，也为测区下一步的石油勘探工作奠定了坚实的基础。可以说，测区内中新生代地层覆盖区油气勘探的前期准备工作任务已经基本完成。

经中国石油天然气总公司青藏项目经理部和成都地质矿产研究所总结 5 年勘探成果和综合研究，较为明确的认识是：羌塘盆地为具良好的石油地质条件和较好勘探前景的勘探目标盆地。盆地具有沉积厚度巨大，有机质丰富的烃源岩，热演化程度在盆地中部适中，处于大量生油到凝析油阶段，地面露头已发现物性良好的白云岩和广泛分布的生物礁、生物浅滩相灰岩以及可作为封盖层的、延展性良好的膏盐层。在地震剖面上也发现了特征明显、规模巨大的生物礁体构造，圈闭面积大于 100km^2 的保存形态较完整的背斜构造达 15 个（其中大部分在测区内），保存条件总体较好，具备形成大中型整装油气田的石油地质条件。

但是由于羌塘地区特殊的自然地理条件和复杂的地质条件，在以往的勘探生产和研究过程中，仍存在许多亟待解决的问题，主要有如下几点。

（1）区域地质构造演化对盆地形成、演化、热史、有机质演化、生成和运移及成岩的控制作用。

（2）中央隆起带是基底隆起带还是构造混杂带，二叠系是裂谷还是缝合带；中央隆起带的形成与演化过程及其对南、北羌塘油气生成与运移的影响。

（3）南北羌塘中新生代盆地的形成与演化及其与油气资源生成的关系。

（4）构造变形规律及改造期次、程度、深部构造式样与地表式样的关系，推覆构造及南北向断裂对成藏条件的影响。

对上述有关问题在本次 1∶25 区域地质填图过程中都给予了高度重视。

3. 对《青藏高原羌塘盆地及邻区 1∶50 万地质图及说明书》的评估

青藏高原羌塘盆地及邻区 1∶50 万地质图属编图性质，利用的资料主要有《1∶100 万改则幅区域地质报告》和青藏石油勘探项目经理部 1994—1996 年提供的若干份《1∶20 万路线石油地质调查报告》、《1∶10 万区域石油地质调查报告》以及遥感卫星 TM 图像资料。通过编图，提高了羌塘盆地岩石地层、构造、岩浆岩和石油地质的研究程度。在编图方法上突破常规，在地质图面上圈定出中大型褶皱构造、地面油气显示、油页岩、膏岩层、生物礁灰岩以及温泉等与石油地质密切相关的信息。因此，《青藏高原羌塘盆地及邻区 1∶50 万地质图及说明书》对本次 1∶25 万区域地质填图和石油地质研究具有重要的参考价值。

存在的主要问题有：由于 1∶50 万地质图属编图性质，主要是利用前人的资料进行编图，所以在没有进行 1∶20 万路线石油地质调查和 1∶10 万区域石油地质调查的地区，地质资料明显缺乏，地质图面较为空旷，对某些地质体（如中上侏罗统雁石坪群）的认识过于粗略，有待于野外的进一步查证；中央隆起带的形成与演化对南北羌塘坳陷乃至整个羌塘盆地影响较大，但在 1∶50 万地质图说明书中有关中央隆起带的形成与演化方面的论述很少。本次 1∶25 万区域地质调查过程中，通过更多的野外地质工作，补充和深化了对中央隆起带的形成与演化方面的认识。

4. 对前人一系列科研资料的利用程度评估

本次工作尽量收集了涉及测区及邻区的科研资料，对收集的资料进行消化、归纳、整理，并最大限度地提取其中的有用部分，在工作中加以利用或用于指导本次区调工作。如文世宣等（1979）、蒋忠惕（1983）、吴瑞忠等（1985）对藏北羌塘地区地层系统的厘定；王成善等（1985）、李才等（1990、1994）对羌塘地区地质构造特征的研究；朱同兴等（1997、2002）对羌塘盆地多重地层的划分以及沉积盆地演化的研究，尤其是对羌塘盆地大面积出露的海相侏罗系地层进行了包括年代地层、岩石地层、生物地层、层序地层、磁性地层等在内的多种地层划分与对比研究；赵政璋、李永铁、叶和飞等（2001）对羌塘盆地石油地质的研究；李才、程立人、胡克等（1995、2002）对西藏龙木错-双湖古特提斯缝合带以及双湖地区蓝片岩的研究；郑绵平等（1989）对青藏高原盐湖的研究；尹海生等（2003）、李勇等（2001）、程立人等（1998）对测区地层古生物、沉积相和地质构造的研究等。上述研究都集中反映了测区的最新地质研究水平。《1∶100 万改则幅区域地质调查报告》、《西藏自治区区域地质志》、《青藏高原羌塘盆地及邻区 1∶50 万地质图说明书》等专著中有关对构造单元的划分、地层系统和变质变形等，本次工作都已充分利用。测区岩石地层单位名称和正式填图单位、非正式填图单位名称基本采用《羌塘盆地西区综合地质工程研究报告》（QT96YZ－01）研究成果。在充分利用前人科研资料的同时，对一些存在争议的重大地质问题，如关键性地层界面性质的识别、中生代盆地性质及其演化、中央隆起带是褶皱基底还是构造混杂带、盆地内褶皱和断裂构造的性质和平面展布、侵入岩的定位机制等，都已作为本次1∶25万区域地质调查的重点，力争取得突破性成果。

第四节　完成任务情况

一、工作概况

西藏 1∶25 万黑虎岭幅、多格错仁幅、江爱达日那幅、吐错幅区域地质调查项目于 2003 年 1 月开始启动，分 3 个大的阶段进行。

1. 组建队伍、资料收集、野外踏勘、设计编写阶段

时间为 2003 年 1 月—2004 年 1 月。主要工作包括：①与合作单位协调，共同组建队伍；②全面收集测区及其邻近区域地质资料和有关文献资料；③2003 年 5 月—2003 年 8 月进行了野外初步踏勘，实测了大部分地层剖面，对测区地层展布和构造格架有了大致了解；④编写了《1∶25 万黑虎岭幅（I45C002003）、多格错仁幅（I45C002004）、江爱达日那幅（I45C003003）、吐错幅（I45C003004）区域地质调查工作设计书》，编制了 1∶25 万黑虎岭幅、多格错仁幅、江爱达日那幅、吐错幅地质草图和区域地质调查工作部署图。

2. 设计审查、野外地质调查阶段

大规模野外地质调查分两次。第一次为 2003 年 5 月 8 日—9 月 10 日，重点是实测地层剖面和对江爱达日那幅、吐错幅进行部分填图。2004 年 1 月，在长春通过了由中国地质调查局组织的项目设计审查。第二次大规模野外调查时间为 2004 年 3 月 25 日—9 月 15 日，完成了剩余图幅的填图扫面工作，同时补测了一些地层剖面。对南部双湖构造混杂岩剖面和北部晚三叠世若拉岗日岛弧构造剖面进行了全面实测、补充采样和深入观察研究。

3. 资料综合整理、野外资料验收、报告编写、成果验收和资料归档阶段

2004 年 10 月以后，在全部野外工作结束的基础上，转入全面的野外资料整理和图件编制阶段。主要进行了以下几项工作：①完成各类样品的送样、鉴定、测试分析；②全面检查原始资料和对资料进行综合整理；③对分析测试成果进行数据处理和编拟各种图件和表格；④按区域地质调查规范和技术要求编制和审定1∶10万分幅实际材料图、1∶25万分幅地理底图和分幅地质图；⑤编写1∶25万分幅野外地质调查报告和详细提纲；⑥2005年6月，在拉萨通过了由中国地质调查局组织的野外原始资料验收，同意转入室内资料综合整理阶段；⑦2005年7—12月，编制1∶25万分幅地质图最终稿，编写1∶25万分幅区域地质调查报告和两个专题研究报告，申请成果验收；⑧2006年1—6月，进行数字化地质图以及全部地质资料的归档、成果登记工作。

二、完成的实物工作量

实际完成的实物工作量与设计工作量对比见表1-4-1。从表1-4-1中可以看出，本图幅已全面完成设计书和项目下达的实物工作量指标，并根据图幅实际情况增加了硅酸盐分析、微量元素和稀土分析、Ar-Ar同位素测龄等测试分析工作量，相应地调整了电子自旋共振测年、粒度分析、碳氧同位素等样品的测试分析数量。测试项目的适量调整与补充，不仅满足了1∶25万区域地质调查工作的需要，而且在一定程度上还促进了某些地质问题的深入研究，提高了区调工作的质量。

表1-4-1 1∶25万江爱达日那幅完成的实物工作量与设计工作量对比表

项目			单位	设计工作量	完成工作量
填图	面积		km^2	15 450	15 450
	地质路线	实测路线	km	2 000	2 360
		利用路线	km	1 500	1 687
		实测地质点	个		1 009
		利用地质点	个		1 275（见资料卡片）
感遥地质	解译面积		km^2	15 450	15 450
	实地验证路线		km	1 500	1 800（见资料卡片）
剖面	实测地质剖面		km	30	42.7
	修测地质剖面		km	10	7.5
	利用地质剖面		km	15	大于15
采样	岩矿薄片		件	600	669
	定向薄片		件	50	166
	陈列样		件	100	179
	大化石		件	300	489
	微体化石	牙形石	件	20	46
		䗴科	件	52	68
		放射虫	件	15	17
		孢粉	件	10	10
	简项分析		件	10	5
	硅酸盐分析		件	60	132
	稀土分析		件	60	149
	微量光谱样		件	60	149
	U-Pb法同位素年龄		点	35	9
	Ar-Ar法同位素年龄		件		77
	K-Ar测年样		件		
	核磁共、振热释光		件	15	14
	Sm-Nd测年样		件		7
	电子探针分析		件	40	122
	水样、油气样		件	15	17

三、质量评述

1. 1∶25万地形地理底图和地质图编图技术要求及精度

地理底图资料选取于国家基础地理信息中心编制的1∶25万地形数据库。该资料采用ARC/INFO格式，坐标系统采用1954年北京坐标系，高程基准采用1956年黄海高程系。图形的矢量化输入和属性数据录入在MAPGIS软件系统中完成，图形的编辑、修改和输出也在MAPGIS系统中完成。图形数据和属性数据编辑好后，再转成ARC/INFO的标准格式，然后在ARC/INFO软件中形成最后的1∶25万地质图的ARC/INFO格式的数据库。

新编的1∶25万地理底图采用高斯-克吕格投影，六度分带，按国际分幅系统，采用统一的新编号，图幅经差1°30′，纬差1°分幅。经、纬线网格以经差15′，纬差10′组成。直角坐标网按10km标注，等高距为100m，高程系统采用1985年国家高程基准。三角控制点位误差不超过±0.2mm，图廓边长误差不超过±0.2mm，方里网误差不超过±0.1mm，对角线误差不超过0.3mm，两对角线的较差不超过0.3mm。地理底图中的水系部分，基本应用原始水系，仅把主干和支流用粗、细线加以区分；行政区划和地名，参照新版的行政区划表、地名表进行了校正，并增添了与地质内容关系密切的地名，以便与区域地质调查报告相对应。地形地理底图和地质图的技术要求和精度能够符合中国地质调查局有关技术规定的要求，地名、公路、山川的现势性较强，能满足1∶25万地质图精度之需要。

2. 地质剖面控制程度

测区内所有沉积岩岩石地层填图单位均有实测/修测/利用地层剖面控制，其中二叠系、三叠系、侏罗系地层都有2～3条地层剖面控制；对第四系湖积阶地和河流阶地、冰川地貌以及岩浆岩侵入岩体也有实测剖面或详细地质路线控制；对双湖构造混杂岩带、晚三叠世若拉岗日岛弧带也有实测构造剖面或详细地质路线控制。通过本次地质填图，基本查明了区内各岩石地层单位之间的接触关系和沉积岩相古地理环境，并对层序地层界面类型和沉积体系域结构特征进行了详细的资料收集。其研究程度达到了设计书规定的各项要求。

3. 地质填图精度

根据测区的地形地貌和通行条件，在遥感解译先行的基础上，在设计书中已经提出，测区划分两类工作区——实测区和修测区。在实测区，又分出重点工作区和一般工作区。不同工作区的地质路线密度有所区别。实际工作中全面达到设计要求，并在有些地段适当加密，对重要的地质体辅以横向追索，对个别实在不能穿越的地段，项目专门安排遥感子区分析，定遥感点进行控制。工作手图为1∶10万地形图，全部采用手持GPS定位，地质点和地质路线最大误差不超过100m，超过1/3的地质点有野外实地遥感影像解译验证资料。在地质图上能够正确标定直径大于500m的闭合地质体，宽度大于250m、长度大于750m的线状地质体和长度大于1 000m的断层及褶皱构造。其填图精度达到设计书要求。

4. 遥感技术应用程度

根据西藏北部地质地貌的实际情况，选用了美国陆地资源卫星Landsat-7 ETM数据6景，成像时间分别为1999年8月25日、1999年9月17日和2000年4月4日、2000年6月17日（表1-4-2）。遥感数据的选择是本着经济性和实用性原则，数据分辨率要满足1∶25万区域地质调查项目使用的最大比例尺要求，同时选择云层和冰雪覆盖较少的数据。本项目使用的6景ETM数据质量较好，处理的遥感图像质量较佳，地面分辨率达到15m，带宽185km。全部数据由北京中国石油勘探开发研究院遥感地质研究所处理并形成1∶10万和1∶25万遥感影像图。遥感解译面积覆盖整个测区，按规范要求分为三大阶段，即设计阶段遥感解译、野外工作阶段遥感解译和综合研究阶段遥感解译。其中在综合研究阶段，还从实际工作需要出发，专门确定30个小区做详细的子区数据处理和1∶3万～1∶10万的比值分析和主成分分析成图。

表 1-4-2 ETM 数据轨道号及接收时间

141－36 (1999 年 9 月 17 日)	140－36 (1999 年 8 月 25 日)	139－36 (2000 年 4 月 4 日)
141－37 (1999 年 9 月 17 日)	140－37 (1999 年 8 月 25 日)	139－37 (2000 年 6 月 17 日)

遥感技术的应用为填图工作和区域构造格架判断起到了较好的作用，达到了设计要求，并为探索在高寒险峻的西藏羌塘地区深入应用遥感技术积累了经验。

5. 样品分析鉴定质量

图幅内的古生物鉴定由成都地质矿产研究所、成都理工大学、云南省地质调查院、南京古生物地质研究所共同承担；岩矿薄片鉴定由成都地质矿产研究所、四川省地质调查院承担；同位素测龄的 Sm－Nd 法由宜昌地质矿产研究所承担，Ar－Ar 法由广州地球化学研究所承担，K－Ar 法由成都地质矿产研究所、宜昌地质矿产研究所承担；硅酸盐分析由成都地质矿产研究所承担；微量元素分析和稀土分析由中国地质科学院地质研究所承担；油气地质样品分析由四川省石油管理局勘探与开发研究院承担。上述单位皆通过国家质量论证，成果质量均符合有关技术要求。

第五节 生产组织及人员编制

项目设计阶段参与资料收集、野外踏勘和设计编写的主要人员有朱同兴、林仕良、李宗亮、董瀚、张惠华、张启跃、曾庆荣、冯心涛、周铭魁、田应贵、赵云江、邹光富等。

大规模野外地质调查工作由项目负责人朱同兴研究员主持，李宗亮高级工程师任图幅负责，张惠华高级工程师、张启跃高级工程师任图幅副负责。

室内综合研究和区域地质调查报告编写由项目负责人朱同兴研究员全面主持，周铭魁研究员指导和协助。报告编写人员：第一章由朱同兴执笔，第二章由李宗亮、朱同兴、张正贵、范影年等执笔，第三章、第四章由张惠华执笔，第五章由张启跃执笔，第六章由朱同兴执笔，第七章由朱同兴、李宗亮执笔，参考文献和图版编排、图版说明由朱同兴、张启跃等完成。报告全文最后由朱同兴研究员、李宗亮高级工程师仔细审查、修改和统纂。本报告附带的两个专题《北羌塘中生代盆地的形成演化与油气成生关系》和《北羌塘盆地第四纪地质、生态环境及新构造活动调查》报告分别由冯心涛、朱同兴和张启跃、欧春生、周帮国、冯心涛等完成。1∶25 万江爱达日那幅区域地质图由李宗亮高级工程师、林仕良研究员、李庆祥高级工程师、朱同兴研究员、周铭魁研究员等编制，朱同兴研究员最后审定，数字化制图由陈乔等完成。

2005 年 6 月下旬，在西藏拉萨由中国地质调查局组织了野外原始资料的检查与验收，评审为优秀级，质量评分为 92.5 分。2006 年 4 月下旬，在四川成都由中国地质调查局组织了最终成果验收，江爱达日那幅被评审为优秀级，质量评分为 91.2 分。项目组根据验收意见，对地质报告（送审稿）和地质图进行了修订和校正，最后由朱同兴研究员和周铭魁研究员负责全面修改和定稿。

1∶25 万江爱达日那幅区域地质调查工作，自始至终得到了成都地质矿产研究所丁俊所长、王剑副所长、潘桂棠研究员、王立全研究员、中国地质调查局基础调查部和区调处领导的关心和指导，得到了云南省地质调查院、甘肃省地质调查院和西藏自治区那曲行署矿产管理局、双湖特别行政区政府的大力支持和帮助，在此致以最诚挚的谢意！

第二章　地　层

测区地层区划属羌塘地层区。根据构造、地层分布及其特征，以长蛇山-奇嵘山断裂和查桑断裂为界，羌塘地层区又分为3个地层分区：多格错仁地层分区（Ⅰ）、西雅尔岗地层分区（Ⅱ）和昂达尔错地层分区（Ⅲ）（图2-1-1），各地层分区地层序列见表2-1-1。

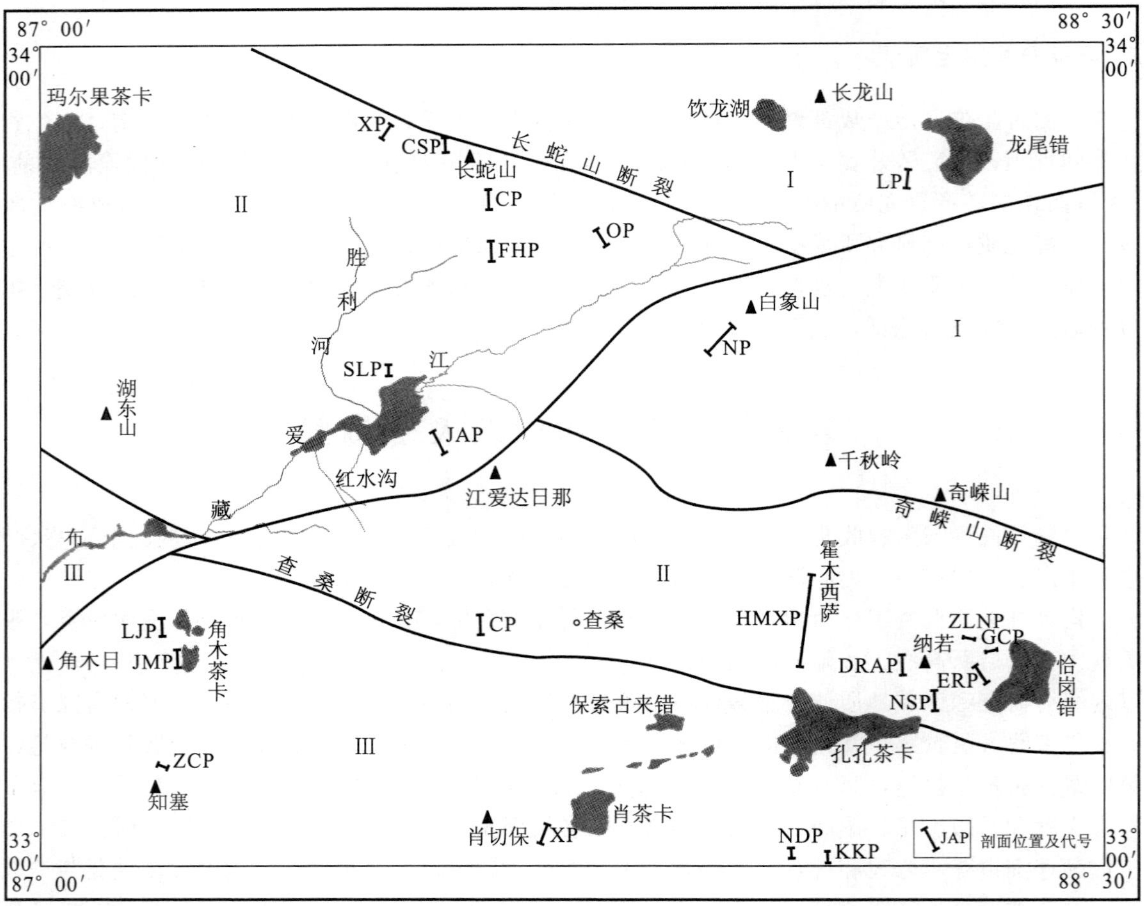

图2-1-1　1∶25万江爱达日那幅地层分区及剖面位置图

Ⅰ. 多格错仁地层分区；Ⅱ. 西雅尔岗地层分区；Ⅲ. 昂达尔错地层分区

多格错仁地层分区分布于长蛇山-奇嵘山断裂以北，仅出露中新生界地层，以侏罗系地层为主，是全国少数海相侏罗系出露较连续的区域。在侏罗系中，油气“生、储、盖”条件较好，地质构造相对简单，是油气聚集的有利区块。

西雅尔岗地层分区位于查桑断裂和长蛇山-奇嵘山断裂之间，出露地层有前奥陶系、上古生界、中新生界。分区内构造改造强烈，特别是前中生界各地质体间多为构造接触，部分地层发生了不同程度的变质变形，地层层序多已不清，形成了不同时代、不同岩性块体混杂的构造混杂岩带。

昂达尔错地层分区分布于查桑断裂之南，出露地层有上古生界、上三叠统肖茶卡群、中上侏罗统夏里组、索瓦组以及始新统、第四系。测区内上三叠统出露较好，肖茶卡群即创名于此。

本次地质调查在测制大量地层剖面基础上（表2-1-2、表2-1-3），结合石油地质资料及《西藏自治区岩石地层》，建立了测区正式填图单位和非正式填图单元，开展了岩石地层、生物地层和层序地层等多重地层划分与对比研究，为建立地层格架提供了依据。

表 2-1-1　测区地层分区及其地层序列一览表

<table>
<tr><td colspan="2">分区
时代</td><td>多格错仁地层分区</td><td>西雅尔岗（构造）地层分区</td><td>昂达尔错地层分区</td></tr>
<tr><td rowspan="2">第四系</td><td>全新统</td><td colspan="3">时代＋成因类型：Qh^{pal}　Qh^{esl}　Qh^{l}　Qh^{f}　Qh^{al}</td></tr>
<tr><td>更新统</td><td colspan="3">时代＋成因类型：Qp^{pal}　Qp^{eol}</td></tr>
<tr><td>古近系</td><td>始新统</td><td colspan="3">唢呐湖组（E_2s）：紫红色含膏细碎屑岩系
康托组（E_2k）：灰质砾岩、粗砂岩</td></tr>
<tr><td>白垩系</td><td>下统</td><td rowspan="2">雪山组（J_3K_1x）：紫红色砂岩段（$J_3K_1x^2$）
杂色泥岩段（$J_3K_1x^1$）</td><td colspan="2" rowspan="3"></td></tr>
<tr><td rowspan="8">侏罗系</td><td rowspan="3">上统</td></tr>
<tr><td>白龙冰河组（J_3b）：泥岩与灰岩互层</td></tr>
<tr><td colspan="3">索瓦组（J_3s）：中薄层灰岩</td></tr>
<tr><td rowspan="3">中统</td><td colspan="2">夏里组（J_2x）</td><td>上含膏细屑岩段（J_2x^3）
灰岩岩段（J_2x^2）
下含膏细屑岩段（J_2x^1）</td></tr>
<tr><td colspan="2">布曲组（J_2b）：中厚层灰岩</td><td rowspan="3"></td></tr>
<tr><td>雀莫错组（J_2q）</td><td>含膏细屑岩段（J_2q^3）
灰岩段（J_2q^2）
粗碎屑岩段（J_2q^1）</td></tr>
<tr><td>下统</td><td colspan="2">那底岗日组（J_1n）：中酸性火山岩</td></tr>
<tr><td rowspan="3">三叠系</td><td>上统</td><td rowspan="11"></td><td>土门格拉群（T_3T）：含煤碎屑岩系</td><td>扎那组（T_3z）：砂泥岩
角木茶卡组（T_3jm）：灰岩
肖切保组（T_3x）：火山岩</td></tr>
<tr><td>中统</td><td>康南组（T_2k）：含菊石灰岩</td><td rowspan="3"></td></tr>
<tr><td>下统</td><td>硬水泉组（T_1y）：生物搅动灰岩
康鲁组（T_1k）：碎屑岩</td></tr>
<tr><td rowspan="3">二叠系</td><td>上统</td><td rowspan="3">蛇绿混杂岩片（Pop）/
弧火山岩片（Pva）/
复理石岩片（Pfw）</td></tr>
<tr><td>中统</td><td>龙格组（P_2l）</td></tr>
<tr><td>下统</td><td>展金组（P_1z）</td></tr>
<tr><td rowspan="2">石炭系</td><td>上统</td><td>日湾茶卡组（C_1r）：灰岩</td><td>擦蒙组（C_2c）</td></tr>
<tr><td>下统</td><td>拉竹龙组（D_3l）：灰岩</td><td rowspan="4"></td></tr>
<tr><td rowspan="2">泥盆系</td><td>上统</td><td>查桑组（D_2c）：灰岩</td></tr>
<tr><td>中统</td><td>嘎措岩组（AnOg）</td></tr>
<tr><td>前奥陶系</td><td></td><td>齐陇乌如岩组（AnOq）</td></tr>
</table>

表 2-1-2　1∶25 万江爱达日那幅实测剖面基础数据表

序号	地层分区	剖面名称	控制层位	斜距（m）	厚度（m）	采样总数（件）	剖面性质
1	西雅尔岗（构造）地层分区	胜利河中侏罗统剖面 SLP	J_2q/J_2b	1 526	575.2	63	主干
2		长蛇山下侏罗统路线剖面 CSP	J_1n	2 687	852	48	路线剖面
3		方湖上三叠统剖面 FHP	T_3T	2 179	1 255.83	44	辅助
4		江爱达日那三叠系剖面 JAP	$T_1k/T_1y/T_2k/T_3T$	2 265.7	1 390.14	108	主干
5		鄂柔混杂岩剖面 ERP	Pop	1 335		68	主干
6		纳若南变质岩剖面 NRNP	Pop	1 600		51	主干
7		扎陇纳博接触变质剖面 ZLNP	Pop/AnO*g*	301		40	主干
8		嘎措变质岩剖面 GCP	Pop/Pfw	1 670		30	辅助
9		达日阿陇变质剖面 DRAP	Pop	1 000		58	辅助
10		霍木西萨路线构造剖面 HMXP	Pop/侵入岩体	15 610		109	路线剖面
11	昂达尔错地层分区	角木茶卡上三叠统剖面 JMP	T_3x/T_3jm	2 009.8	1 222.15	75	主干
12		拉加强玛二叠系剖面 LJP	T_3x	708.50	424.72	21	辅助
13		知赛二叠系剖面 ZSP	P_1z/P_2l	1 560	1 143.36	49	主干
14		孔孔茶卡二叠系剖面 KKP	C_2c/T_3x	217.9	146.05	27	主干
15		聂达古近系康托组剖面 NDP	E_2k	933	383.49		主干

表 2-1-3　1∶25 万江爱达日那幅修测剖面基础数据表

序号	地层分区	剖面名称	控制层位	厚度（m）	原剖面测制者及测制时代	剖面性质
1	多格错仁地层分区	东湖南古近系始新统地层剖面	E_2s	293.62	成都环资所（1997）	主干
2		长虹河上侏罗统地层剖面	J_3s/J_3b	476	成都环资所（1996）	主干
3		龙尾错南中侏罗统地层剖面	J_2x	2 284.31	成都环资所（1997）	主干
4	西雅尔岗（构造）地层分区	大沙河更新统地层剖面	Qp	8.1	长春科技大学（1997）	主干
5		长蛇山南中侏罗统地层剖面	J_3s	1 260.96	成都环资所（1997）	主干
6		向阳湖南中侏罗统地层剖面	J_{2-3}	1 166.51	成都环资所（1997）	主干
7		那底岗日中上侏罗统地层剖面	J_{2-3}	2 646.77	据朱同兴等（1996）	主干
8		沃若山上三叠统地层剖面	T_3T	981.39	据朱同兴等（1997）	辅助
9		查桑中泥盆-下石炭统地层剖面	$D_2c/D_3l/C_1r$	1 372.26	据朱同兴等（1996）	主干
10	昂达尔错地层分区	肖茶卡上三叠统地层剖面	$T_3x/T_3jm/T_3z$	1 726.29	据朱同兴等（1996）	主干

第一节　岩石地层

本项目以《西藏自治区岩石地层》（1997）为基础，结合石油地质资料、本次实测、修测地层剖面（图 2-1-1、表 2-1-2、表 2-1-3），共划分出 33 个岩石地层单位（参见表 2-1-1）。鉴于测区内前侏罗纪构造、地层分区明显，而侏罗纪后，同时期地层差异则主要表现为沉积相变关系，同时，在 3 个地层分区中，多格错仁地层分区中仅出露有侏罗纪及其后之地层，故此，测区内后侏罗纪地层合并于多格错仁地层分区中叙述。

一、昂达尔错地层分区

位于图幅南部，最老地层为上石炭统擦蒙组，出露主要地层为二叠系、三叠系、石炭系、侏罗系、古近系，第四系则零星分布。其中三叠系仅发育上三叠统，但其厚度较大，发育较好，原上三叠统肖茶卡群即创名于测区内肖茶卡，本次对肖茶卡群进行了重新厘定。石炭系虽出露少，但其岩性特征明显，为一套冰水杂砾岩堆积，且于该套地层中获得能说明其时代的牙形石。

二叠系通过填图及岩石地层、生物地层、年代地层的研究，发现其岩性复杂、相变大，与区域上同时期地层对比差异明显，我们现所称的下二叠统展金组、中二叠统龙格组其含义与区域上有一定的区别。

（一）上石炭统擦蒙组（C_2c）

零星分布于图幅南部的阿日艾—肖切保一带，呈东西向展布，出露面积 22km²，测区内为首次发现。

擦蒙组（C_2c）为梁定益等（1982）于日土县多玛区吉普村北擦蒙创名。原义指岩性由砂岩、板岩、含砾板岩、含砾粉砂岩等组成的一套地层，厚度大于 500m。本报告沿用其名，含义体同原始定义。

1. 分层描述

孔孔茶卡南上石炭统擦蒙组（C_2c）-上三叠统肖切保组（T_3x）地层剖面（图 2-1-2）代号 KKP，起点坐标为 E88°05′45″，N33°00′24.5″，终点坐标为 E88°05′45.3″，N33°00′28.7″。

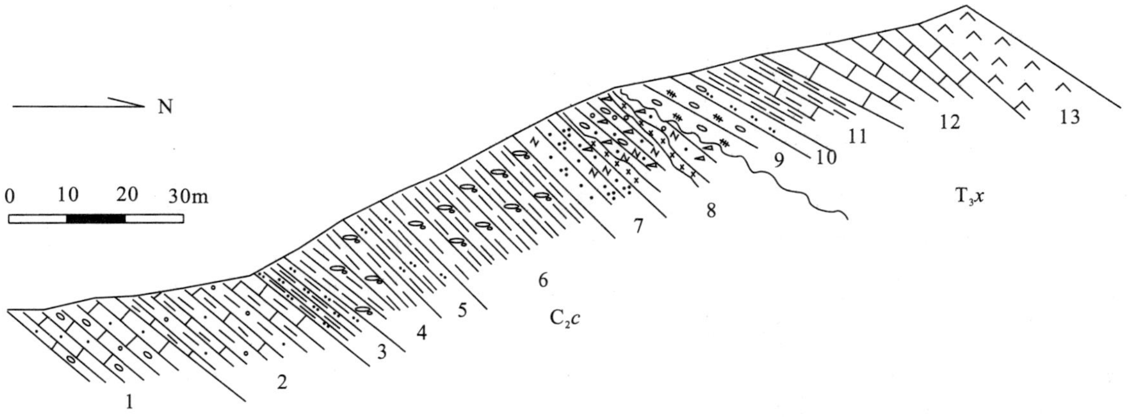

图 2-1-2 西藏双湖地区孔孔茶卡南上石炭统擦蒙组（C_2c）-上三叠统肖切保组（T_3x）实测地层剖面图

上三叠统肖切保组（T_3x） （未见顶） **>49.23m**

13. 灰、灰绿色致密块状玄武岩，隐-微晶结构，致密块状构造，局部见杏仁状、气孔状构造 >15.65m

12. 灰黄色，新鲜面为深灰色中薄层状泥晶灰岩，岩石中含 1mm 大小的黄铁矿小立方体 16.58m

11. 灰色薄层、页片状页岩夹薄层状泥灰岩，含海百合化石 9.2m

10. 灰色中薄层状含砾粉砂岩，砾石含量 10%～20%，砾径一般为 1～3cm，磨圆较好，分选极差，砾石成分有变质石英砂岩、千枚岩、脉石英、硅质岩、花岗岩、闪长斑岩、石英斑岩等。粉砂岩基质中尚含有 30%的粗细砂级岩屑颗粒 2.3m

9. 灰色中厚层状复成分砾岩，砾石含量 80%，砾径一般为 1～10cm，大可达 50cm，磨圆较好，分选较差。具正粒序层理。砾石成分有变质石英砂岩、千枚岩、石英斑岩、花岗岩、灰岩等。局部见由砾岩、粗砂岩组成向上变细、厚约 0.5m 的韵律 5.5m

～～～～～～不整合～～～～～～

上石炭统擦蒙组（C_2c） **>96.82m**

8. 灰黄色含砾不等粒长石岩屑砂岩，砾石含量 30%，砾石成分主要有脉石英、硅质岩，少量千枚岩、灰岩。砾径一般为 0.2～0.5cm，分选磨圆较差，不等粒长石岩屑砂岩基底-孔隙式胶结，本层见两条辉绿玢岩脉。岩屑砂岩粒度0.08～2mm，无分选，中上磨圆，方解石（10%）孔隙式胶结。碎屑由石英37%、长石11%、火山岩18%、千枚岩7%、灰岩6%、砂岩4%、板岩3%组成　10.67m

7. 灰黄色中厚层状细中粒长石石英砂岩。颗粒主要由石英、长石以及少量岩屑组成。硅质、褐铁矿孔隙式胶结，分选磨圆中等。局部夹石英质细砾岩层或透镜体　7.23m

6. 灰色薄中层状含砾粉砂质泥岩。砾石含量10%～15%，主要为次圆状，其次为棱角状，砾无分选，砾径大可达200cm，其中砾径大于50cm的砾石主要为灰黄色岩屑杂砂岩、砂砾岩，50cm以下砾径砾石成分有变质石英砂岩、灰岩、千枚岩、脉石英、硅质岩、花岗岩、闪长斑岩、石英斑岩等。砾石具穿层、压裂面、熨斗石现象。基质为灰绿色粉砂质泥岩，含20%棱角状粗砂级岩屑颗粒。于基质中采获鱼牙化石：*Gen.* et sp. inet B (nov.)，*Gen.* et sp. inet C，*Gen.* et sp. inet D，*Gen.* et sp. inet E.　24.93m

5. 灰绿色泥质粉砂岩、粉砂质泥岩互层，岩石中含少量（1%～3%）冰筏落石　6.57m

4. 灰色薄中层状含砾粉砂质泥岩，砾石含量10%，砾径2～10cm，无分选，主要为椭圆状，少量砾具棱角状。砾石成分有变质石英砂岩、灰岩、千枚岩、脉石英、硅质岩、花岗岩、闪长斑岩、石英斑岩等。具冰筏落石以及压裂面、熨斗石现象　11.43m

3. 灰色粉砂质泥岩与泥质粉砂岩互层。岩石中含少量（2%～3%）冰筏落石，落石一般1～5cm大小，成分主要有硅质岩、脉石英、变质石英砂岩等　6.09m

2. 灰色薄中层状杂砂岩夹泥灰岩。岩石中含1%砾径0.3～1cm的砾石，其成分主要为泥晶灰岩，获牙形石：*Adetognathus lautus* (Gunneu)，*A. paralautus* Orchara，*Lonchodina* sp.　16.91m

1. 灰色含砾不等粒砂屑泥晶球粒灰岩。砾石含量5%～8%，砾径0.2～2cm，磨圆较好，球度中等，分选较差。砾石岩性主要为灰黑色泥晶灰岩、变质石英砂岩，其次为千枚岩、硅质岩、脉石英　12.99m

（未见底）

2. 岩石组合及上下接触关系

测区内擦蒙组下部为灰色含砾不等粒砂屑泥晶球粒灰岩、灰色薄中层状含砾杂砂岩夹含砾泥灰岩、灰色含砾粉砂质泥岩与含砾泥质粉砂岩互层；中部为灰色薄中层状含砾粉砂质泥岩、灰绿色泥质粉砂岩与粉砂质泥岩互层；上部为灰黄色中厚层状细中粒长石石英砂岩夹石英质细砾岩层或透镜体、灰黄色含砾不等粒长石岩屑砂岩，厚度大于96.82m。

获牙形石：*Adetognathus lautus* (Gunneu)，*A. paralautus* Orchara，*Lonchodina* sp.。

测区内擦蒙组未见底，其上部被上三叠统肖切保组假整合或低角度不整合覆盖。在区域上，擦蒙组之上被下二叠统展金组整合所覆，也未见底，但在测区内未见擦蒙组与展金组直接接触。

3. 基本层序及沉积环境分析

擦蒙组下部岩层中稀疏零星杂乱分布有3%～15%复成分砾石，砾石成分有灰黑色泥晶灰岩、变质石英砂岩、千枚岩、硅质岩、脉石英、花岗岩、闪长斑岩、石英斑岩等。砾石无分选，圆—棱角状。砾石具穿层（图2-1-3）、压裂面、熨斗石等现象，与冰川搬运特征相同，同时从基质所反映的水动力较弱及底部的泥晶球粒灰岩即为内源沉积分析，这些砾石应为冰筏沉积。

擦蒙组基质识别出的基本层序有3种类型：①下部由灰色薄中层状杂砂岩与泥灰岩组成韵律性基本层序；②中部为灰色粉砂质泥岩与泥质粉砂岩组成韵律性基本层序；③上部为灰黄色中厚层状细中粒长石石英砂岩与灰黄色含砾不等粒长石岩屑砂岩组成向上变粗的基本层序（图2-1-4）。

基质总体组成一向上变粗的进积型序列，下部泥晶球粒灰岩反映低能沉积环境，中部杂砂岩的出现说明有快速堆积及较强的水动力，但泥灰岩、粉砂质泥岩与泥质粉砂岩韵律层的存在说明其总体沉积环境亦应为低能环境，结合含海相化石判断，中、下部沉积相可能为陆棚相。上部砂岩其成分成熟度低、结构成熟度中等，表明沉积时环境能量高、堆积迅速。综合分析，细中粒长石石英砂岩可能为三角洲前缘砂坝，细砾岩、含砾不等粒长石岩屑砂岩则为三角洲水道沉积。

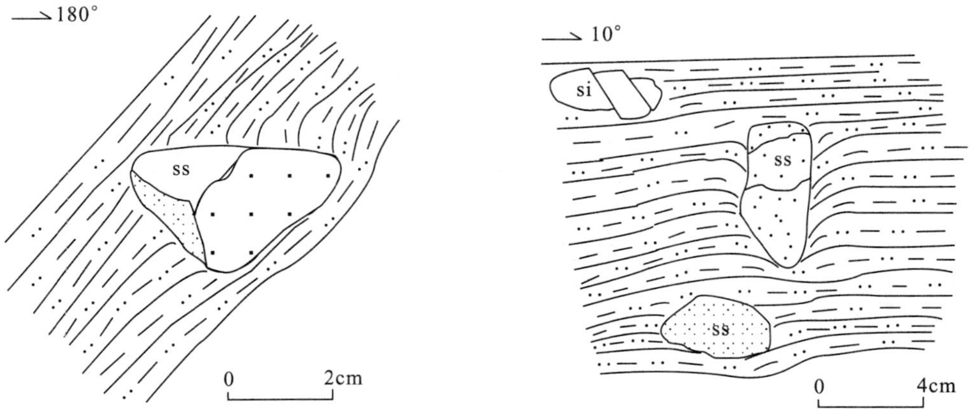

图 2-1-3 西藏双湖地区孔孔茶卡南上石炭统擦蒙组（C_2c）中砾石穿层现象素描图

ss. 砂岩砾石；si. 硅质岩砾石

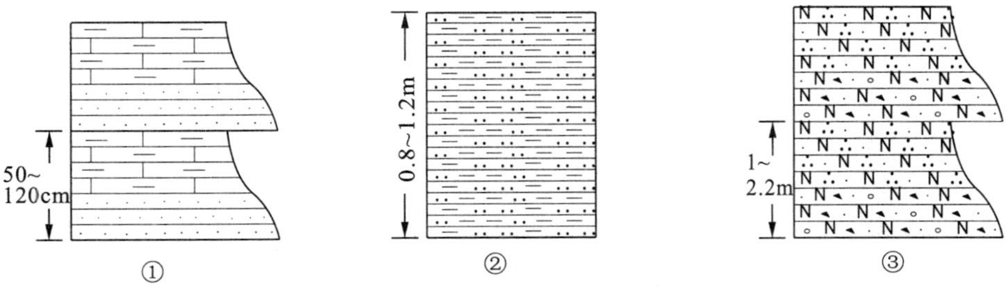

图 2-1-4 擦蒙组基本层序类型

（二）下二叠统展金组（P_1z）

主要分布于测区南西的角木日—知塞一带，在江额拉果日—玛日保索古来、孔孔茶卡一带亦有零星出露，出露面积 140km²。

展金组为梁定益等（1982）命名于日土县多玛区吉普村北展金河。原义指砂岩、板岩互层夹多层基性火山岩，厚 3 254m，含有复理石相觅食遗迹化石及浊积岩的某些结构特征，产冈瓦纳相冷水型双壳类 *Eurydesma* 动物群化石。

本报告中展金组是指一套下二叠统凝灰质砂泥岩、基性火山岩，局部夹薄中层状泥晶灰岩、微晶灰岩，从年代地层看，大致与区域上的展金组和曲地组层位相当。展金组地层划分沿革见表 2-1-4。

表 2-1-4 昂达尔错地层分区中、下二叠统地层划分沿革表

<table>
<tr><td colspan="2">梁定益等
(1982)</td><td colspan="2">西藏区调队
(1986)</td><td colspan="2">饶靖国、张正贵等
(1988)</td><td colspan="2">西藏自治区岩石地层
(1997)</td><td colspan="3">朱同兴等
(1996)</td><td colspan="2">本报告
(2005)</td></tr>
<tr><td rowspan="2">下二叠统</td><td>龙格组</td><td rowspan="3">下二叠统</td><td rowspan="3">鲁谷组</td><td rowspan="3">下二叠统</td><td>查波错组</td><td rowspan="2">下二叠统</td><td>龙格组</td><td rowspan="3">下二叠统</td><td rowspan="3">鲁谷组</td><td>灰岩段</td><td>中二叠统</td><td>龙格组</td></tr>
<tr><td>曲地组</td><td rowspan="2">鲁谷组</td><td>曲地组</td><td rowspan="2">火山岩段</td><td rowspan="2">下二叠统</td><td rowspan="2">展金组</td></tr>
<tr><td>上石炭统</td><td>展金组</td><td>上石炭统</td><td>展金组</td></tr>
</table>

1. 分层描述

（1）西藏双湖地区知塞下、中二叠统展金组、龙格组实测地层剖面。

位于测区南西部知塞地区，剖面代号 ZSP，起点坐标 E87°10′12″，N33°06′03″，终点坐标 E87°09′35.4″，N33°06′37.7″。剖面上第 1～10 层为展金组（图 2-1-5）。

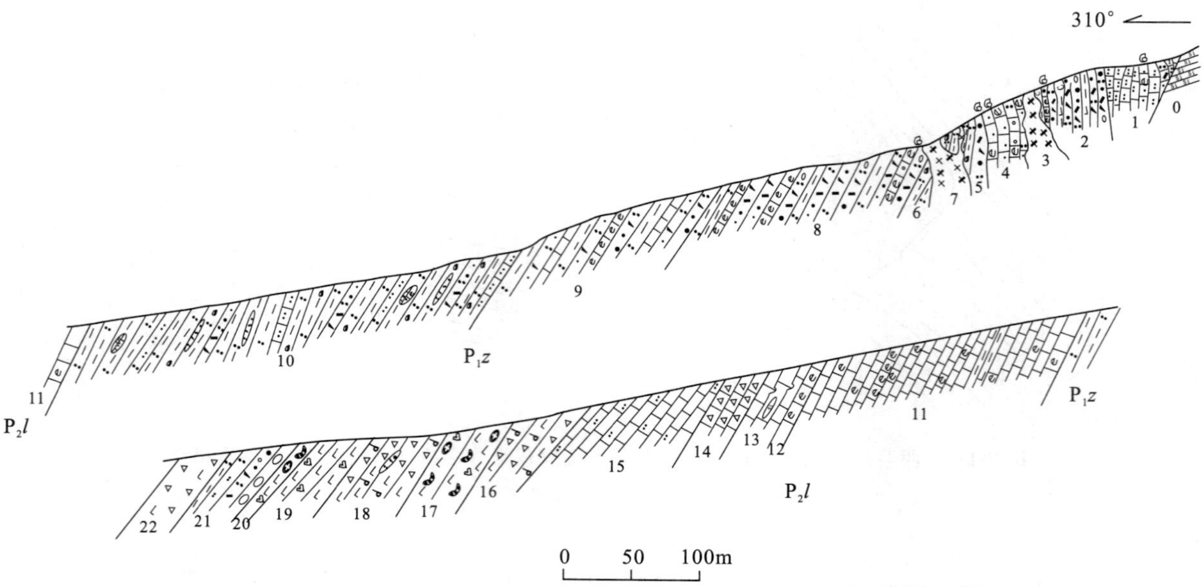

图 2-1-5　西藏双湖地区知塞下、中二叠统展金组（P_1z）、龙格组（P_2l）实测地层剖面图

中二叠统龙格组（P_2l）　　**>494.56m**

11. 灰色中层状含生屑泥晶灰岩夹生物碎屑灰岩和钙质泥岩。产：*Parafusulina* cf. *rothi* Dunber et Skinner，*Afghanella* sp.，*Sumetrina* sp. 及腕足类、腹足类、苔藓虫、海百合茎化石　　157.75m

————整合————

下二叠统展金组（P_1z）　　**>648.8m**

10. 灰、深灰色薄至中层状凝灰质泥岩夹灰色中层状粉屑灰岩、绿灰色中层状细中粒凝灰质岩屑砂岩、粉砂岩。泥岩中含1%～10%的砾石，砾径数厘米至数十厘米，成分有玄武岩、石英斑岩等，砾石磨圆较好，球度高，部分呈马鞍状，扁平面具明显擦痕。可能为冰川漂砾沉积成因。产腕足类：*Costiferina obesa* Fang，珊瑚类：*Promargarosmilia foshanensis* Deng et Zhang　　249.26m
9. 绿灰色中层状中粗粒岩屑砂岩、细粒岩屑砂岩、灰、深灰色薄至中层状凝灰质泥岩组成由粗到细的韵律旋回，局部夹灰色中层状生物碎屑灰岩　　106.44m
8. 灰、绿灰色中至厚层状含砾粗粒含晶屑凝灰质岩屑砂岩、中细粒含晶屑凝灰质岩屑砂岩、灰、深灰色薄至中层状凝灰质泥岩构成由粗到细的3个韵律旋回。夹绿灰、灰白色中至厚层状生物碎屑灰岩、中层状砾屑生物屑灰岩　　115.84m
7. 灰绿色辉长辉绿岩脉。
6. 深灰色薄层状凝灰质泥岩夹黄灰色中层状细粒含晶屑凝灰质岩屑砂岩。凝灰质泥岩中不均匀含1%～10%的砾石，砾石大小不一，多为0.5～30cm，形态多呈椭球状、扁圆状，部分呈不规则扁圆状或马鞍状，成分复杂，有流纹岩、凝灰岩、辉绿岩、凝灰质岩屑砂岩、英安岩、玄武岩等，砾石分布杂乱，有的顺层，有的穿层，部分扁平面上具平行长轴的擦痕。砾石沉积与赋存泥质岩石沉积的水动力条件极不协调，很可能为冰川漂砾，为冰筏沉积成因　　13.48m
5. 绿灰色中厚层状粗粒-中细粒-细粒含晶屑凝灰质岩屑砂岩构成由粗到细的两个韵律旋回，局部夹灰色生物碎屑灰岩透镜体，获海绵化石：*Amblysiphonella randuiensis* Deng，*A. radicifera* Wangen et Wentzel，*A.* cf. *randuiensis*，*Paramblysiphonella amblysiphonelloides* Deng，*P.* (?) sp.　　7.77m
4. 灰色中至厚层状凝灰质生物屑砂屑灰岩夹凝灰质生物屑砂屑-砾屑灰岩。产䗴类：*Schwagerina shuanghuensis* Wang et Zhang，苔藓虫：*Fenestella elusa* Reed，*Ogbinopora sinopermiana* Fan，腕足类：*Streptorhynchus tibetanus* Chang，海百合茎：*Cycloclicus* cf. *lubricus* Li，*Pentagonocyclicus* sp.　　31.96m
3. 灰绿色辉绿岩，含较多灰色钙质泥岩、绿灰色凝灰岩捕虏体，大小十多厘米至1.5m
2. 绿灰色中层状（含砾）中粗粒含晶屑凝灰质岩屑砂岩、中粒含晶屑凝灰质岩屑砂岩夹深灰色

薄至中层状钙碳质泥岩 45.14m

1. 灰色中层状粉砂屑灰岩，局部夹灰绿色厚层状生物屑砂屑灰岩及灰色中层状细粒含晶屑凝灰质砂屑灰岩 >78.91m

（未见底）

（2）查桑西展金组路线地质剖面（据吴端忠、王全海等修编）。

位于查桑西，剖面上第 3～10 层为展金组（图 2-1-6）。

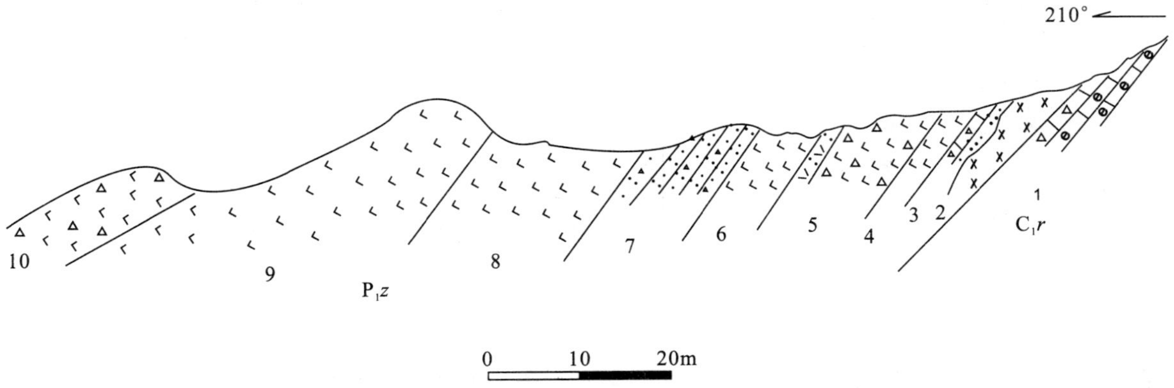

图 2-1-6 西藏双湖地区查桑西下二叠统展金组（P_1z）路线剖面图

（据吴端忠等，1986，经修编）

展金组（P_1z）	（未见顶）	**>295m**
10. 黑灰色角砾状玄武岩，基质为玄武岩，所含角砾为玄武岩、凝灰质砂岩		>50m
9. 墨绿色玄武岩		150m
8. 灰绿色蚀变玄武岩		30m
7. 灰黄色薄中层状含角砾凝灰质砂岩，角砾成分为玄武岩		25m
6. 灰绿色蚀变玄武岩		10m
5. 中下部为紫灰色火山角砾岩夹蚀变玄武岩，顶部为黄绿色凝灰岩		19m
4. 紫灰色蚀变玄武岩		6m
3. 浅灰色中薄层铁质石英砂岩、角砾状灰岩		5m
2. 灰绿色蚀变辉绿岩		

══════断层══════

下石炭统日湾茶卡组（C_1r）

1. 灰色中厚层状结晶灰岩夹淡紫红色海百合茎灰岩，含化石：*Rarirhynchia* sp.，*Nucleospira minima* Weller，*Leiopraductus*? sp.，*Meekella*? sp.，*Schuchertella* sp.，*Dielasma* sp.，*Brachythyris* sp.

2. 岩石组合及上下接触关系

测区内展金组横（东西）向上岩性变化较大，由东向西，火山岩减少，沉火山岩增多，且西部夹有薄中层状泥晶灰岩。

在东部玛日保索古来—江额立果日、孔孔茶卡一带，以查桑西路线剖面为代表，岩性为灰绿色中厚层块状隐晶质致密状玄武岩、杏仁状玄武岩、含长石斑晶杏仁状玄武岩夹火山角砾岩、凝灰岩、砂岩等，厚度大于 800m。

在西部角木日—知塞一带，以知塞剖面为代表，岩性为一套中厚层状凝灰质砂岩、中薄层状泥岩，夹中厚层状玄武岩、薄层泥晶灰岩，厚度大于 648.8m，产丰富的腕足、苔藓虫、海绵、海百合茎、珊瑚等生物化石，但保存皆较差。

测区内展金组普遍未见底，顶部被中二叠统龙格组整合所覆。

3. 基本层序及沉积环境分析

展金组火山岩其喷发韵律性不强，在以沉火山碎屑岩为主的岩层中，共识别出 3 种类型基本层序

(图 2-1-7)：①灰绿色厚层状生物屑砂屑灰岩或灰色中层状细粒含晶屑凝灰质砂屑灰岩→灰色中层状粉砂屑灰岩→灰、深灰色薄层状泥灰岩，组成由下向上层理变薄、粒度变细的基本层序；②绿灰色中层状(含砾)中粗粒含晶屑凝灰质岩屑砂岩→中粒含晶屑凝灰质岩屑砂岩→深灰色薄至中层状钙碳质泥岩组成的向上变细的基本层序；③绿灰色中层状细中粒晶屑凝灰质岩屑砂岩→凝灰质粉砂岩→灰、深灰色薄至中层状凝灰质泥岩组成向上变细的基本层序。

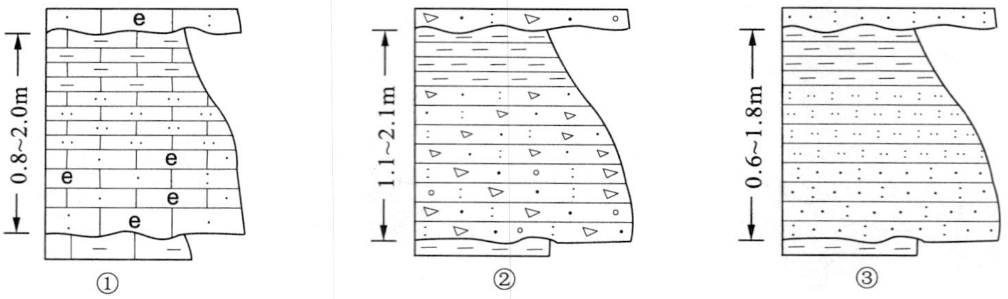

图 2-1-7　展金组基本层序类型

在以火山熔岩为主的玛日保索古来—江额立果日一带，展金组以火山熔岩夹火山角砾岩、角砾状灰岩、含角砾凝灰质砂岩、凝灰岩为特征，其反映水体较浅，特别是角砾状灰岩的出现，说明水动能较强，结合发育有石英砂岩，其环境可能为滨浅海。

在以凝灰质碎屑岩为主的角木日—知塞一带，展金组基本层序皆为不同组合型式的鲍玛序列组成(图 2-1-8)。在砂屑灰岩、粉砂屑灰岩、泥灰岩组成的基本层序中，砂屑灰岩中发育粒序层理、平行层理，岩中含丰富生物化石，但保存皆较差，具明显的磨蚀现象，其与火山碎屑混杂在一起，应为异地沉积，粉砂岩中发育砂纹层理，泥灰岩中发育水平纹层，泥灰岩中所含生物化石以有孔虫、薄壳的小腕足为主，其为鲍玛层序的 ABCD 型式，部分发育不全者为 A、AB、AD、BD 型式，为钙质浊积岩；在绿灰色中层状(含砾)中粗粒含晶屑凝灰质岩屑砂岩、凝灰质粉砂岩、深灰色薄至中层状钙碳质、凝灰质泥岩组成的基本层序中，在中粗粒砂岩中发育有粒序层理、平行层理，部分岩层底部含泥砾，泥砾成分为下伏泥岩，在粉砂岩中发育砂纹层理，泥岩中发育水平纹层，其为鲍玛层序的 ABCD 型式，部分发育不全者为 A、AB、AD、CD 型式，为浊积岩。以上特征说明角木日—知塞一带展金组沉积相为斜坡相。同时，从横向上看，在知塞一带，鲍玛层序的主要组合形式为 A、AB、ABCD，且 A 段一般单层较厚，总体厚度亦大，表明其离物源较近；而在角木日一带，鲍玛层序的主要组合形式为 AD、CD，且 A 段的单层厚度较小，总体厚度不大，而以 D 段为主，说明其离物源较远。据此分析，角木日—知塞一带的浊积岩其物源区应在其东侧的玛日保索古来—江额立果日一带，从物质成分看，该带主要为火山岩，这也与浊积岩的碎屑以火山物质为主是一致的。

在知塞一带，见两层含砾凝灰质泥岩，其中不均匀含 1%～10%的砾石，砾石大小不一，多为 0.5～30cm，形态多呈椭球状、扁圆状，部分呈不规则扁圆状或马鞍状，成分复杂，有流纹岩、凝灰岩、辉绿岩、凝灰质岩屑砂岩、英安岩、玄武岩等，砾石分布杂乱，有的顺层，有的穿层，部分扁平面上具平行长轴的擦痕。砾石沉积与寄主泥质岩石沉积的水动力条件极不协调，很可能为冰川漂砾，为冰筏沉积成因。

(三) 中二叠统龙格组 (P_2l)

测区主要见于角木日—知塞—玛日保索古来一带，近东西向展布，总体呈一西部出露较宽，东部变窄的楔形体，出露面积约 785km²。

龙格组为梁定益等 (1982) 创名于日土县欧拉，原义指岩性为块状结晶灰岩、生物礁灰岩、含砂灰岩、白云岩及部分鲕状灰岩组成的一套地层体，富含䗴类和群体珊瑚、苔藓虫、钙藻及部分腕足、腹足类化石，时代为茅口期。

本报告沿用其名，在测区东部角木茶卡东—玛日保索古来一带，本套地层岩性特征、生物群与其相

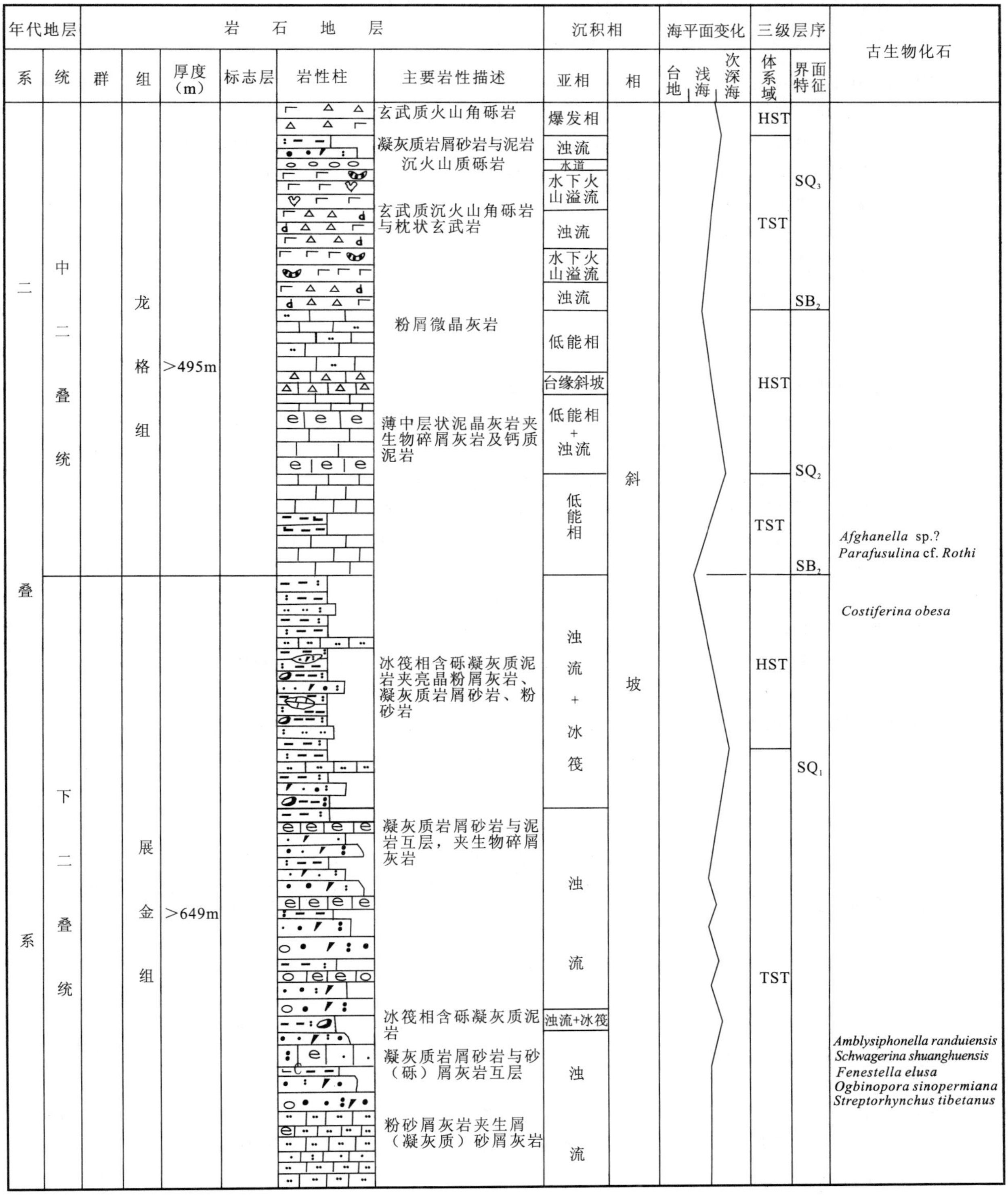

图 2-1-8 西藏双湖地区知塞下、中二叠统展金组、龙格组岩石地层及沉积相划分柱状图

近；但在西部角木日—知塞一带，本套地层之生物群与其相近，而岩性组合则有明显差异，即在测区内龙格组层位较稳定，且岩性横向上存在相变。

1. 分层描述

(1) 西藏双湖地区知塞下、中二叠统展金组、龙格组实测地层剖面。

剖面上第 11~22 层为龙格组地层（参见图 2-1-5）。

中二叠统龙格组（P_2l） （未见顶） **>494.56m**

22. 灰绿色厚层块状玄武质火山角砾岩 >29.53m
21. 灰、绿灰色中到厚层状火山质砾岩、中层状中粗粒晶屑凝灰质岩屑砂岩、凝灰质粉砂岩与灰色、深灰色凝灰质泥岩组成由粗变细的 3 个韵律性旋回 30.56m
20. 绿灰、灰绿色枕状玄武岩 9.77m
19. 绿灰色中层状碳酸盐化变杏仁状透辉石玄武岩 29.71m
18. 灰绿色厚层块状玄武质沉火山角砾岩 40.69m
17. 灰绿、绿灰色杏仁状枕状玄武岩 35.29m
16. 灰绿色厚层块状玄武质火山角砾岩 33.59m
15. 灰、浅灰色粉屑微晶灰岩 71.40m
14. 浅灰白色块状角砾状灰岩，局部呈厚 4~13cm 的条带或透镜体 24.25m
13. 灰、深灰色薄到中层状泥晶灰岩。岩石中含较多钙质或硅质结核，大小数毫米，局部含灰黑色硅质岩透镜体，大小（8~11）cm×（24~40）cm 25.46m
12. 浅灰色薄到中层状亮晶生物屑灰岩夹灰色薄到中层状泥晶灰岩 6.56m
11. 灰色薄中层含生物屑泥晶灰岩夹中厚层生物碎屑灰岩和灰色薄层钙质泥岩，产䗴类：*Parafusulina* cf. *rothi* Dunber et Skinner，*Afghanella* sp.，? *Sumetrina* sp. 及腕足类、腹足类、苔藓虫、海百合茎化石 157.75m

——————整合——————

下二叠统展金组（P_1z）

10. 灰色薄至中层凝灰质泥岩夹粉屑灰岩、绿灰色中层状细中粒凝灰质岩屑砂岩、粉砂岩

(2) 西藏双湖地区雅木错南中二叠统龙格组实测地层剖面（据 1：100 万改则幅修编）。

位于查桑南之雅木错，原剖面称该套地层为鲁谷组，未见顶、底。本次工作将其对比为龙格组（图 2-1-9）。

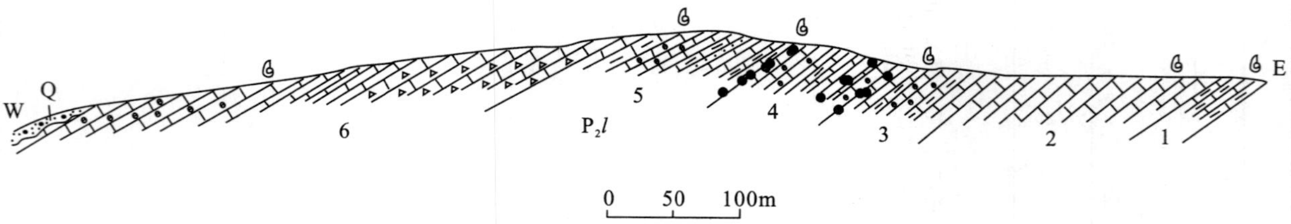

图 2-1-9 西藏双湖地区雅木错南中二叠统龙格组（P_2l）实测地层剖面图

（据 1：100 万改则幅修编）

龙格组（P_2l） （未见顶） **>505.81m**

6. 上部：暗灰色中厚层状生物碎屑灰岩。产苔藓虫、海百合茎；中部为深灰色薄层状微晶灰岩；下部：灰色中厚层状角砾灰岩 >188.1m
5. 灰色、深灰色薄层状结晶灰岩、生物碎屑灰岩和泥、砂质灰岩。产䗴类：*Polydiexdina* sp.；珊瑚：*Szechuanophyllum* sp. 及腕足类等化石 73.8m
4. 黄灰色薄至中层泥质灰岩、砂质灰岩夹䗴灰岩。产䗴类：*Polydiexdina* sp.；腕足类：*Plicatifera* sp.，*Paraplicatifera* sp.，*Phricodothyris* sp.，*Perigeyerlla* sp.，*Krotoria* sp.，*Orthoteidae* sp. 及珊瑚等化石 64.9m
3. 青灰色中层状微晶灰岩、䗴灰岩。产䗴类：*Polydiexdina* sp.；腕足类：*Plicatifera* sp.，*Paraplicatifera* sp.，*Enteletina* sp.，*Callispirina* sp.，*Comuquia* cf. *himalayaensis* Jing et Sun，*Phricodothyris asiatica* (Chao)，*Dielasma beviden* Mertan，*Chonetinella* sp.；珊

瑚：*Lophphyllidium* cf. *multiseptatum* (Graban) 及腹足类、苔藓虫、海百合茎化石　　57.9m

2. 深灰色中至厚层状微晶灰岩。上部含丰富的腕足类、苔藓虫、腹足类及䗴类化石；下部化石较少，计有䗴类：*Polydiexdina* sp.；腕足类：*Fluctuaria* sp.，*Heterelasma* sp.，*Chonetes* cf. *plicatiformis* Lee；珊瑚：*Waagenophyllum indicum* var. *kueichowese* Huang，*W.* sp.，*Thomasiphyllum* cf. *multiseptetum* Wu et Zho，*Sinopora* sp.，*Metasinopora* sp.　　94.71m

1. 灰黄色薄层生物碎屑泥质灰岩、硅质灰岩，含腕足类、苔藓虫、珊瑚及海百合茎。产珊瑚：*Thomasiphyllum* cf. *arachnoids* (Douglas)；腕足类：*Urushtenia* sp.，*Chonetes* cf. *spinulostriatus* Grabau，*Balakhonia*? sp.，*Linoproductus* sp.，*Krotovia* sp.，*Plicatifera* sp.，*Dictyocllstus* sp.（未见底）　　>26.4m

2. 岩石组合及上下接触关系

龙格组在测区内由东向西其岩性组合在横向上有一定的变化。根据实测剖面及路线调查，由东向西其岩性分布特征见图 2-1-10。

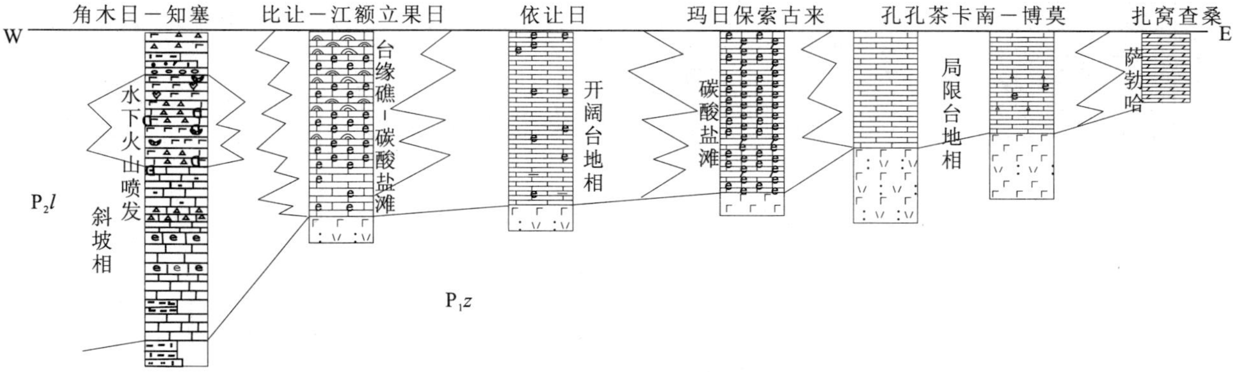

图 2-1-10　测区内龙格组沉积相分布及相变示意图

在扎窝查桑一带，岩性为浅灰色中厚层状粉细晶白云岩、角砾状白云岩。

在孔孔茶卡南—博莫一带，岩性为浅灰色中厚层状泥晶灰岩、粉细晶灰岩，含少量双壳类化石。

在玛日保索古来一带，岩性为浅灰、灰白夹肉红色薄中厚层状亮晶生物屑灰岩、重结晶生物碎屑灰岩夹白云质灰岩。岩石中含大量生物化石，主要以珊瑚、腕足类为主，少量海绵、海百合、腹足类、苔鲜虫、䗴及双壳化石。

在依让日一带，为灰色薄中层状泥晶灰岩、生物碎屑泥质灰岩、䗴灰岩、含生物屑泥晶灰岩，夹少量断续条带状、透镜状硅质岩。含丰富的腕足类、䗴、珊瑚、海绵、苔藓虫、腹足类、海百合等生物化石，保存较好。李日俊等（1997）曾在查桑南东题玛茶卡附近的硅质岩中采获二叠纪放射虫。

在比让—江额立果日一带，底部为灰色薄中厚层状生物碎屑泥晶灰岩、泥晶灰岩；上部为浅灰色厚块状重结晶海绵礁灰岩、亮晶生物屑灰岩、灰-浅灰色中层状含生物屑泥晶灰岩、䗴灰岩、白云质灰岩。厚大于 505.81m。灰岩中含丰富的腕足、䗴、珊瑚、海绵、苔藓虫、腹足类、海百合等生物化石，在礁灰岩中保存较好，而在其余灰岩中则保存差。

在西部角木日—知塞一带，由灰-深灰色薄中层泥晶灰岩夹薄中层状生物碎屑灰岩、薄层状泥岩、薄层状硅质岩、枕状玄武岩、凝灰岩组成。但在比让—知塞一带有一定的变化，下部为灰、深灰色薄中层泥晶灰岩夹薄中层状生物碎屑灰岩、薄层状泥岩、薄层状硅质岩、枕状玄武岩。上部为沉火山角砾岩、凝灰质砂岩、粉砂岩、泥岩夹枕状玄武岩。厚度大于 494.56m。含丰富生物化石，计有䗴类、腕足类、珊瑚、双壳、海百合茎、苔藓虫、有孔虫等门类化石。

龙格组底部多整合于展金组之上，上部多未见顶，但在角木日—肖茶卡一带，其上部被上三叠统肖切保组火山岩不整合覆盖。

3. 基本层序及沉积环境分析

龙格组沉积环境在东西向上相变明显（图 2-1-10）。

在东部比让—孔孔茶卡南一带，识别出的基本层序类型有（图 2-1-11）：①灰色薄中层状含生物屑泥晶灰岩、生物碎屑泥质灰岩组成的韵律性基本层序；②灰色薄中层状泥晶灰岩、生物屑泥晶灰岩组成的向上层理变厚，生物含量增多的进积型基本层序；③浅灰色中层状生物屑灰岩、白云质灰岩、白云岩组成由下向上灰质减少，白云质增多的进积型基本层序；④浅灰色块状礁灰岩重复叠堆的加积型基本层序。从岩石组合及沉积特征分析，该带龙格组沉积相表现为台地相碳酸盐岩沉积，但在横向上有一定的变化，由最东部的扎窝查桑一带向西至比让一带依次为萨布哈、局限台地、碳酸盐滩、开阔台地、台缘礁滩相。

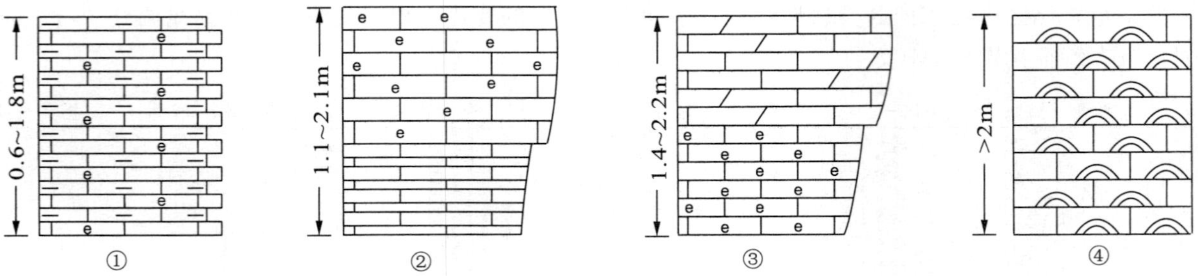

图 2-1-11　东部比让—孔孔茶卡南一带龙格组基本层序类型

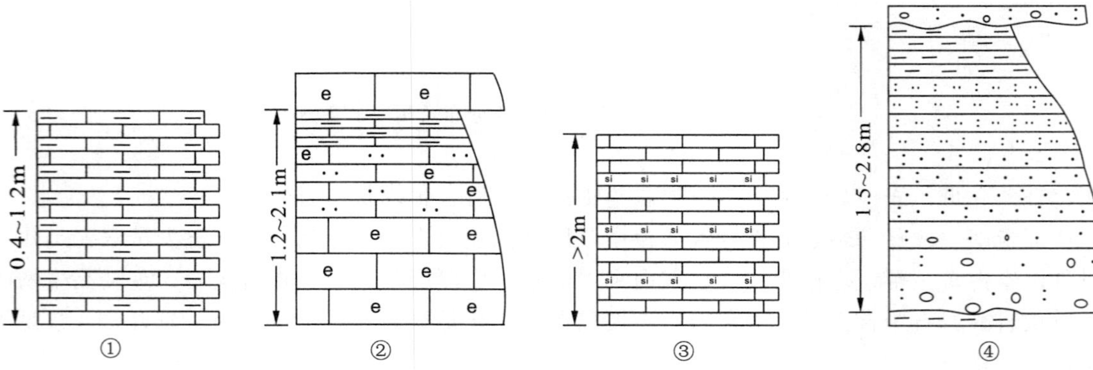

图 2-1-12　西部角木日—知塞一带龙格组基本层序类型

在西部角木日—知塞一带，识别出的基本层序有（图 2-1-12）：①灰、深灰色薄层状泥晶灰岩、灰色薄-纹层状泥灰岩组成之韵律性基本层序；②灰色中厚层状生物碎屑灰岩、灰色粉屑灰岩、泥灰岩组成由下向上生物屑减少，泥质、泥晶增多的基本层序；③灰-深灰色薄中层状含硅质条带泥晶灰岩组成韵律性基本层序；④灰、绿灰色中到厚层状火山质砾岩、中层状中粗粒晶屑凝灰质岩屑砂岩、凝灰质粉砂岩及灰色、深灰色凝灰质泥岩组成由粗变细的基本层序。在①、③型基本层序中，岩层单层厚以薄层状为主，单层延伸稳定，层面较平整，所含生物以有孔虫、薄壳腕足为主，泥灰岩发育水平纹层，反映一种水体较深、低能欠补偿的沉积环境；在②型基本层序中，生物碎屑灰岩中发育正粒序层理、平行层理、微斜层理，生物屑种类多，保存皆较差，具明显的磨蚀现象，泥灰岩中见发育水平纹层，所含生物化石以有孔虫、薄壳的小腕足为主，具钙质浊积岩特征，其为鲍玛层序的 ABCD 型式，部分层序仅见灰-深灰色中厚层状砾屑状灰岩，层理发育较差，呈透镜状、砾状结构，砾含量 80%～90%，角砾成分为灰岩，部分为海百合等生物屑，棱角—次棱角状，钙泥质充填胶结，底部具冲刷面，含与下伏岩性相同之兼并泥灰岩、泥晶灰岩角砾，应为水道沉积。钙质浊积岩中鲍玛层序发育较全者少，多见为发育不全之 A、AB、AD、BD 型式；在④型基本层序中，在中粗粒砂岩中发育有粒序层理、平行层理，部分岩层底部含泥砾，泥砾成分与下伏泥岩同，其应为兼并作用所形成。在粉砂岩中发育小砂纹层理，泥岩中发育水平纹层，其为鲍玛层序的ABCD型式，部分发育不全者为A、AB、AD、CD型式，为浊积岩。而灰、绿灰色中到厚层状火山质砾岩，砾石之间为杂基支撑，基底式胶结，分选差，亦反映一种水下碎屑流特征。以上特征说明角木日—知塞一带龙格组沉积相为斜坡相。同时，从横向上看，在知塞一带，鲍玛层序的主要组合形式为A、AB、ABCD，且A段一般单层较厚，总体厚度亦大，同时，中厚层状火山质砾岩仅见于知塞一带，表明其离物源较近；而在角木日一带，鲍玛层序的主要组合形式为AD、CD，且A段的单层厚度较小，总体厚度不大，而以D段为主，说明其离物源较远。以此分析，角木日—知塞一带的浊积岩其物源区应在其东侧的玛日保索古来—江额立果日一带。

综合以上分析，龙格组横向相变较大，在东部比让—扎窝查桑一带为碳酸盐岩台地相，往西至西部角木日—知塞一带则相变为斜坡相。

（四）上三叠统

昂达尔错地层分区三叠系仅出露上三叠统肖茶卡群，主要分布于测区南西部，出露面积约274km²。

肖茶卡群由西藏区调队（1986）创名于双湖西肖茶卡，代表羌塘地区的上三叠统。《西藏自治区地质志》（1989）将肖茶卡群应用到北羌塘地区，而把南羌塘地区的上三叠统地层称为日干配错群 。此划分意见被《西藏自治区岩石地层》（1997）采用。20世纪90年代中后期，中国石油天然气总公司在羌塘盆地进行大规模石油地质调查中，众多单位和个人亦对羌塘盆地晚三叠世地层作过较多的研究。朱同兴等（1996）对原肖茶卡层型剖面进行了多重地层研究，将肖茶卡群划分为3个岩性段。

本次工作对原肖茶卡层型剖面进行了修测，重新厘定和划分了上三叠统地层系统。通过剖面修测、地质填图，我们发现原肖茶卡群内部并非为一套连续的地层，故此，我们对原肖茶卡群进行了重新厘定。结合邻区1∶25万帕度错幅区域地质调查成果（吉林省地质调查院，2005），把原肖茶卡群由下往上厘定为肖切保组、角木茶卡组、扎那组（表2-1-5）。

表2-1-5　昂达尔错地层分区上三叠统地层划分沿革表

<table>
<tr><td>年代地层</td><td>西藏区调队
（1986）</td><td colspan="2">西藏自治区岩石地层
（1997）</td><td>青藏石油勘探项
目经理部（1996）</td><td colspan="2">朱同兴等
（1996）</td><td>本报告
（2005）</td></tr>
<tr><td rowspan="3">上三叠统</td><td rowspan="3">肖茶卡群</td><td rowspan="3">日干配错群</td><td rowspan="3">肖茶卡群</td><td rowspan="3">肖茶卡组</td><td rowspan="3">肖茶卡群</td><td>灰色砂泥岩段</td><td>扎那组</td></tr>
<tr><td>灰岩段</td><td>角木茶卡组</td></tr>
<tr><td>火山岩段</td><td>肖切保组</td></tr>
</table>

1. 上三叠统肖切保组（T_3x）

肖切保组为本次新建岩石地层单位，相当于前人所称肖茶卡群火山岩段，分布于角木茶卡西、肖茶卡南—孔孔茶卡一带，以角木茶卡西出露厚度较大，出露面积约177km²。

1）剖面描述

（1）西藏双湖地区角木茶卡上三叠统实测地层剖面。

西藏双湖地区角木茶卡上三叠统肖切保组（T_3x）-角木茶卡组（T_3jm）实测剖面（JMP）起点坐标为E87°11′09.7″，N33°16′18.6″，终点坐标为E87°11′36.1″，N33°13′58.3″。剖面上第1～17层为肖切保组（图2-1-13）。

上三叠统角木茶卡组（T_3jm）

18. 灰、深灰、褐灰色厚层块状砾岩

------------平行不整合------------

上三叠统肖切保组（T_3x）　　**>670.4m**

17. 灰、绿灰色中层状泥晶灰岩与沉火山角砾岩韵律互层　　2.71m
16. 灰、绿色厚层块状安山质沉火山角砾岩　　47.46m
15. 为暗紫红色中厚层状安山质玄武岩。在层间及玄武岩枕状体枕间发育砂屑灰岩透镜体，产双壳：*Posidonia wengensis* Wissmann，*Neoschizodus laevigatus*（Ziethen），*Leviconcha ovata*

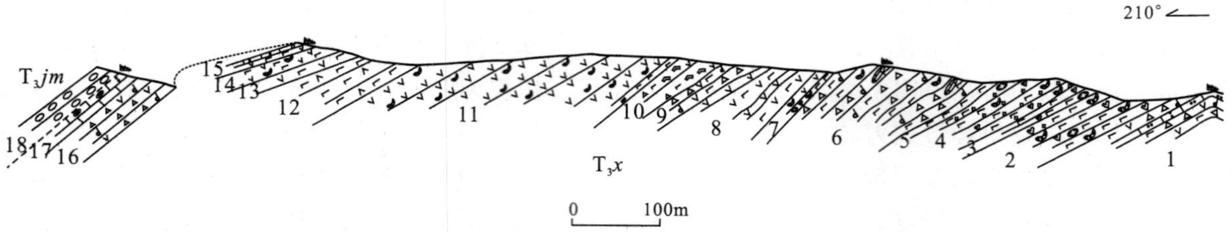

图 2-1-13　西藏双湖地区角木茶卡上三叠统肖切保组（T_3x）-角木茶卡组（T_3jm）实测剖面

(Goldfuss)，*Posidonia elliptica* Yin et Gran。牙形石：*Neogcndolella* sp.，*Xaniognathus abstractus* (Clark et Ethingtol)　6.34m

14. 灰、暗紫红色枕状安山质玄武岩　15.68m
13. 灰、灰紫、暗紫红色致密块状安山质玄武岩，局部可见灰白色热液矿脉穿插　16.44m
12. 暗灰绿色致密块状斜长橄榄玄武岩　44.02m
11. 灰、深灰色（风化为褐黄色）厚层块状、枕状含钾长石安山岩。底部为厚约 2m 灰褐色（风化为褐黄色）薄层状磁铁玄武岩　178.02m
10. 灰、灰绿色、灰紫色安山质玄武质角砾、集块岩　28.68m
9. 灰、绿灰色中厚层状安山玄武质沉火山角砾岩　18.24m
8. 灰、灰紫色（风化色褐灰色）安山玄武岩夹四层灰紫色（风化面紫红色）薄层状安山岩，即由安山玄武岩—安山岩组成 5 个韵律层。　35.69m
7. 灰紫色、褐灰色厚层块状、枕状辉石安山岩，局部夹富气孔杏仁体枕状玄武岩　15.46m
6. 灰、灰绿色块状玄武质沉火山角砾岩夹灰岩透镜体，产珊瑚：*Promargarosmilia* cf. *foshaanensis* Deng et Zhang　125.00m
5. 灰、灰绿色（风化色褐灰色）中厚层状致密状玄武岩　8.42m
4. 灰、灰绿、灰紫色厚层块状强碳酸盐化枕状玄武岩　49.57m
3. 灰、灰绿、紫灰色中厚层致密块状含气孔少斑玄武岩　19.8m
2. 灰绿色、褐灰色厚层块状含杏仁体玄武岩　44.96m
1. 灰绿色厚层块状安山玄武质沉火山角砾岩夹灰色凝灰质泥晶灰岩透镜体　13.91m

（未见底）

（2）肖茶卡西上三叠统地层剖面（据朱同兴等，1996，经修测）。

位于测区南部肖茶卡西山，剖面代号 XP，起点坐标为 E87°39′54″，N33°03′34″，终点坐标为 E87°41′33″，N33°04′41″。剖面上第 1～4 层为肖切保组（图 2-1-14）。

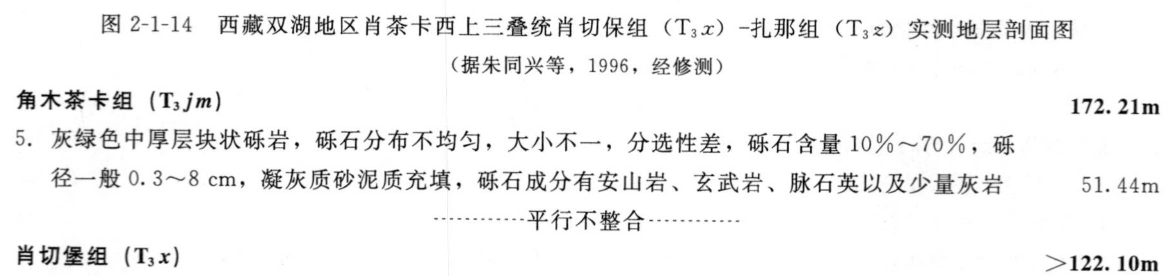

图 2-1-14　西藏双湖地区肖茶卡西上三叠统肖切保组（T_3x）-扎那组（T_3z）实测地层剖面图

（据朱同兴等，1996，经修测）

角木茶卡组（T_3jm）　**172.21m**

5. 灰绿色中厚层块状砾岩，砾石分布不均匀，大小不一，分选性差，砾石含量 10%～70%，砾径一般 0.3～8 cm，凝灰质砂泥质充填，砾石成分有安山岩、玄武岩、脉石英以及少量灰岩　51.44m

············平行不整合············

肖切堡组（T_3x）　**>122.10m**

4. 暗紫红色中厚层状安山岩，隐晶致密状，可见气孔和杏仁构造。杏仁小，含量小，一般为

0.2～0.5 cm，大至 3.5 cm，成分为石英和绿帘石，杏仁体略具定向排列　　20.36m

3. 灰绿色中厚层状橄辉玄武岩，可见气孔和杏仁状构造，杏仁体为绿帘石和石英质，杏仁大小为 0.2～1.5 cm　　39.15m

2. 下部为灰色中厚层状微晶灰岩，上部为深灰色凝灰质泥岩夹凝灰质细砂岩条带，产双壳：*Halobia* sp.，*Burmesia* sp.，*Chlamys* sp.；孢粉：*Schizosporites* cf. *parvus*，*Psophosphaera bullulinaeformis*，*Cycadopites* sp.，*Chasmatosporites* sp.，*Megamonoporites cacheutensis*，*Megamonoporites* sp.　　31.63m

1. 灰绿色中厚层块状辉石玄武岩，见少量气孔和杏仁体构造。杏仁体成分主要为石英，次为绿帘石和绿泥石。中下部夹两层厚 1～2m 的紫红色火山角砾岩　　>30.96m

（未见底）

（3）孔孔茶卡南上三叠统肖切保组实测地层剖面。

孔孔茶卡南上石炭统擦蒙组（C_2c）-上三叠统肖切保组（T_3x）地层剖面代号 KKP（参见图 2-1-2），剖面上第 9～13 层为肖切保组。

上三叠统肖切保组（T_3x）　　（未见顶）　　**>49.23m**

13. 灰、灰绿色致密块状玄武岩，隐-微晶结构，致密块状构造，局部见杏仁状、气孔状构造　　>15.65m

12. 灰黄色，新鲜面为深灰色中薄层状泥晶灰岩　　16.58m

11. 灰色薄层、页片状页岩夹薄层状泥灰岩，获双壳：*Rhaetina* sp.，*Trigonia* sp.　　9.2m

10. 灰色中薄层状含砾粉砂岩，砾石含量 10%～20%，砾径一般为 1～3cm，磨圆较好，分选极差，砾石成分有变质石英砂岩、千枚岩、脉石英、硅质岩、花岗岩、闪长斑岩、石英斑岩等。粉砂岩基质中尚含有 30%的粗-细砂级岩屑颗粒　　2.3m

9. 灰色中厚层状复成分砾岩，砾石含量 80%，砾径一般为 1～10cm，大可达 50cm，磨圆较好，分选较差。具正粒序层理。砾石成分有变质砂岩石英、千枚岩、石英斑岩、花岗岩、灰岩等。局部见由砾岩、粗砂岩组成向上变细厚约 0.5m 的韵律　　5.5m

------------平行不整合------------

上石炭统-下二叠统擦蒙组（C_2c）

8. 灰黄色含砾不等粒长石岩屑砂岩

2）岩石组合及上下接触关系

由以上剖面可看出：肖切保组岩性以火山岩为主，由西往东可见出露厚度逐渐减薄（图 2-1-15）。

角木茶卡西出露厚度较大，总厚大于 670.4m。由灰、灰绿色、灰紫色、暗紫色中层厚块状玄武质、安山玄武质、安山质沉火山角砾岩与玄武岩、安山玄武岩、安山岩组成 3 个大的水下火山沉积-水下火山喷发旋回，各旋回厚分别为 136.66m、176.14m、307.42m。在部分沉火山角砾岩中夹较多灰岩夹层或透镜体。熔岩枕状构造发育。从成分上看，火山熔岩下部以玄武岩为主（厚 122.75m），中部以安山岩为主（厚 178.02m），上部以安山质玄武岩为主（厚 82.48m），而在下部玄武岩与中部安山岩之间过渡带（厚 79.83m）表现为较明显的由玄武岩—安山岩由基性至中性的 6 个韵律喷发旋回。在灰岩夹层或透镜体中获珊瑚、双壳及牙形石化石。

在肖茶卡南一带，肖切保组以灰绿色、暗紫红色中层厚块状玄武岩、安山岩为主，夹火山角砾岩及灰色中厚层块状微晶灰岩、深灰色薄—极薄层状凝灰质泥页岩、凝灰质细砂岩，厚大于 122.10m。产双壳和孢粉化石。

在孔孔茶卡南一带，肖切保组底部火山岩之下见由灰色中厚层状复成分砾岩、含砾粉砂岩、泥岩、泥灰岩、泥晶灰岩等，组成向上变细、加深的沉积序列，厚大于 49.23m，产双壳化石。

肖切保组顶部被角木茶卡组平行不整合所覆，底部可盖于不同的地层之上，孔孔茶卡南一带不整合于上石炭统擦蒙组之上，在角木茶卡一带则不整合于中二叠统龙格组之上。

3）基本层序及沉积环境分析

肖切保组底部地层仅见于孔孔茶卡南一带，基本层序类型有（图 2-1-16）：①砾岩—粗砂岩组成向上变细的基本层序，砾岩中砾石磨圆好，分选中等，沉积环境为河流体系；②薄层状泥（页）岩与泥灰

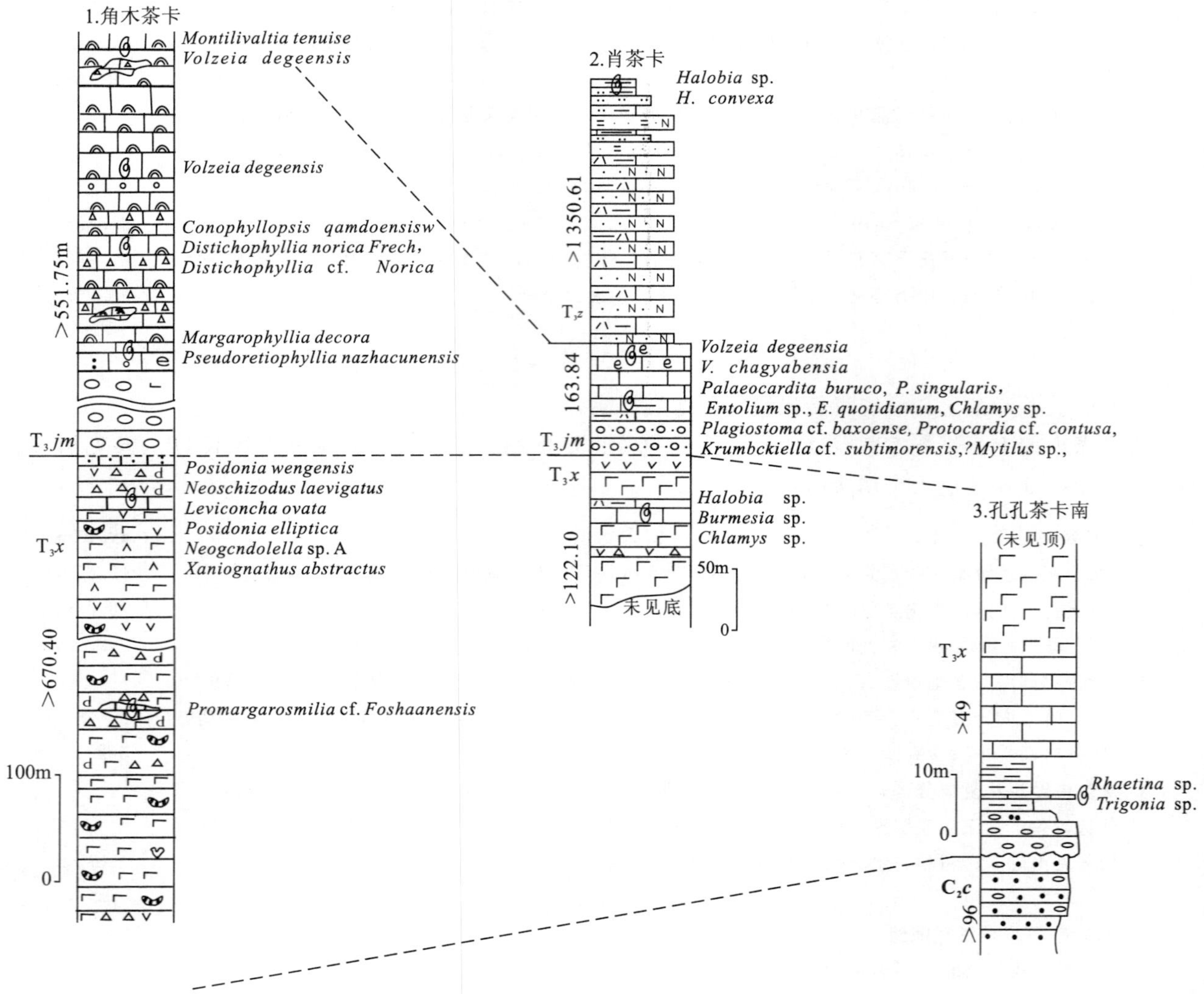

图 2-1-15　测区内上三叠统肖切保组、角木茶卡组地层对比及主要化石层位分布图

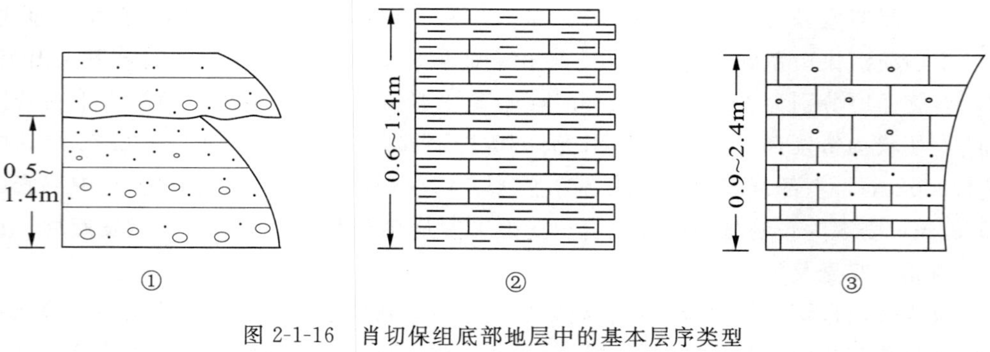

图 2-1-16　肖切保组底部地层中的基本层序类型

岩组成的韵律性基本层序，在泥灰岩中含海百合茎、双壳等生物化石，其沉积环境为浅海。

肖切保组中、上部为中基性火山岩夹沉火山角砾岩、微晶灰岩等，火山岩发育枕状构造，灰岩夹层中含有海相生物化石，灰岩夹层发育由泥晶灰岩、砂屑灰岩、砾屑灰岩组成的向上变粗的基本层序③。在沉火山角砾岩中，砾石成分主要与下伏层位火山岩相近，同时有少量灰岩砾，砾石以棱角—次棱角状为主，少量次圆状，分选差，含量 60%～80%，大小 2～300mm 不等，最大可达 150cm 左右，砾间为凝灰质、砂屑充填，钙质、泥质胶结。综合分析，肖切保组中、上部表现为水下火山喷溢喷发相夹浅海陆棚相（图 2-1-17）。

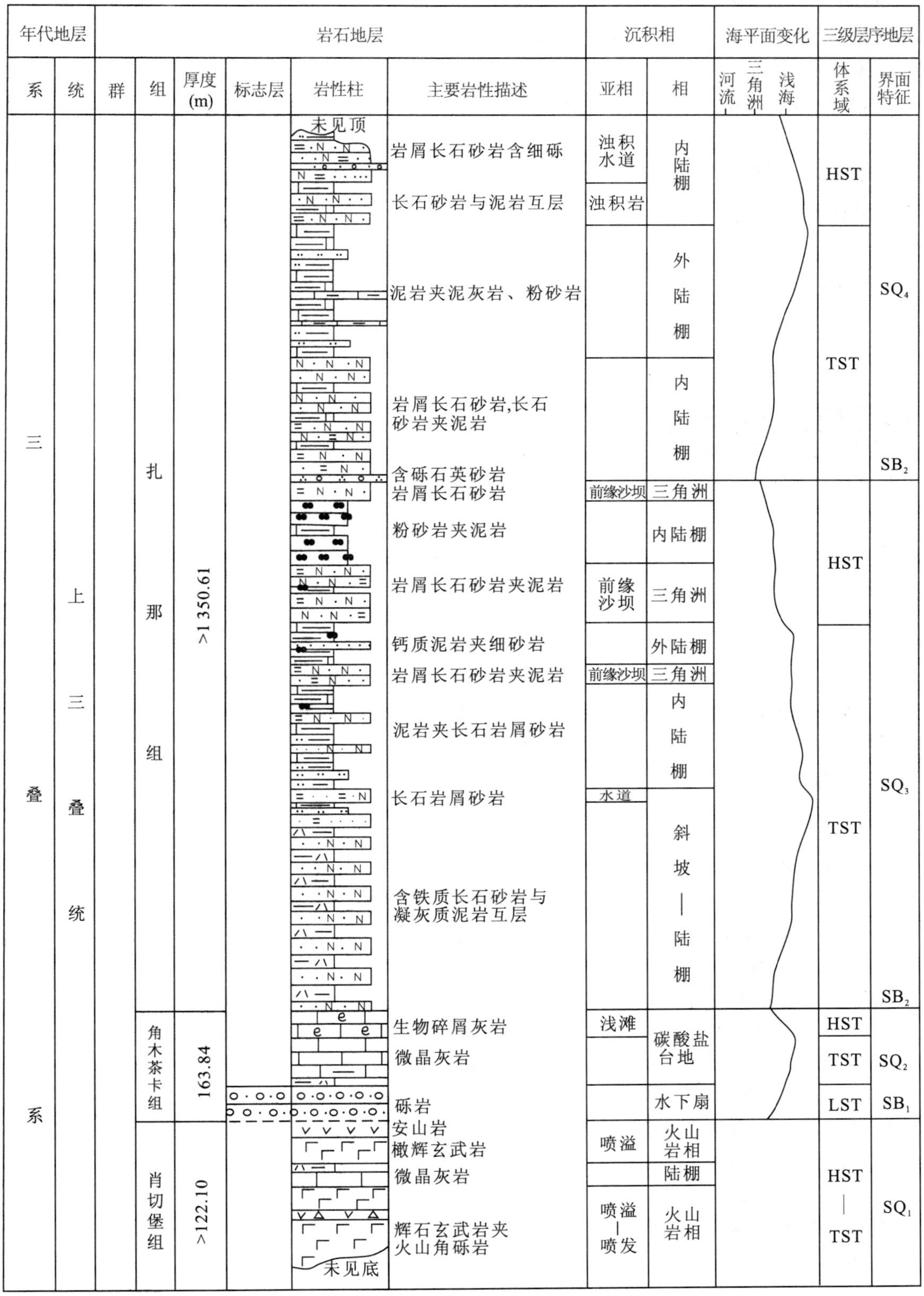

图 2-1-17　西藏双湖地区肖茶卡西上三叠统肖切保组-扎那组岩石地层及沉积相划分柱状图

（据朱同兴等，1996，经修测）

2. 上三叠统角木茶卡组（T_3jm）

呈东西向于角木茶卡西、肖茶卡、孔孔茶卡一带零星出露，出露面积约 74.37km²。角木茶卡组为本次新建组级岩石地层单位，层位及岩性与原肖茶卡群中部灰岩段相当。

1）剖面描述

（1）西藏双湖地区角木茶卡上三叠统剖面。

西藏双湖地区角木茶卡上三叠统肖切保组（T_3x）-角木茶卡组（T_3jm）实测剖面（JMP）中第 18～32 层为角木茶卡组地层（图 2-1-18）。

上三叠统角木茶卡组（T_3jm）　　（未见顶）　　**>551.75m**

32. 灰、浅灰、灰白、灰黄色中厚层块状海绵礁灰岩，局部夹群体珊瑚组成的珊瑚礁块。产珊瑚化石：*Montilivaltia tenuise* Deng et Zhang，*Volzeia degeensis* Deng et Zhang　135.58m

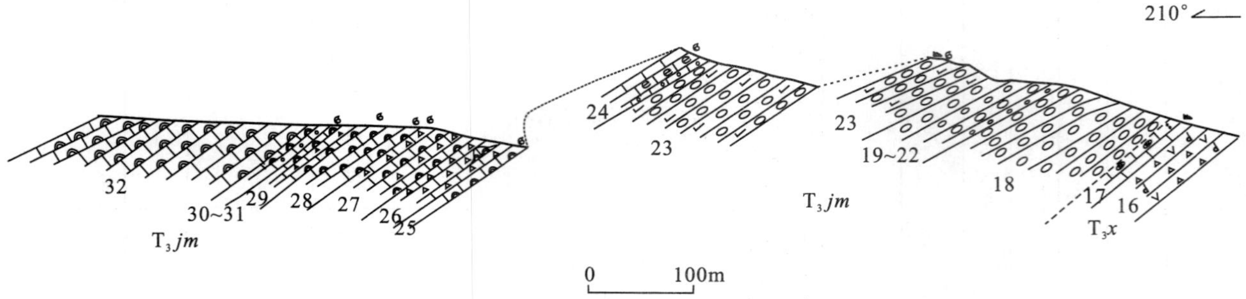

图 2-1-18　西藏双湖地区角木茶卡上三叠统肖切保组-角木茶卡组实测剖面图

31. 灰白色（风化紫红色）厚层状珊瑚礁灰岩。产珊瑚化石：*Volzeia degeensis* Deng et Zhang　2.87m
30. 灰、浅灰色薄中层状砾屑灰岩　5.16m
29. 灰、浅灰色厚层状海绵礁灰岩夹灰、紫灰色厚层状角砾灰岩（局部为生屑灰岩），局部两者呈互层产出，宏观上两者呈透镜状或指状穿插。产珊瑚化石：? *Margarophyllia* sp.　26.25m
28. 灰、浅灰、灰白色厚层块状海绵礁灰岩。产珊瑚化石：*Conophyllopsis qamdoensisw* Deng et Zhang，*Distichophyllia norica* Frech，D. cf. *norica Frech*　32.97m
27. 灰、紫灰色中厚层状角砾灰岩与灰、浅灰色厚层块状海绵珊瑚礁灰岩成互层状产出。角砾岩与礁灰岩在横向上都呈透镜状断续出现，局部两者指状交叉。产珊瑚化石：*Distichophyllia norica* Frech　40.87m
26. 灰黄色厚层状角砾状灰岩夹海绵、珊瑚礁灰岩透镜体　28.26m
25. 为灰、浅灰色中厚层状块状珊瑚礁灰岩　8.75m
24. 灰黄、灰紫色薄中层状砾（粒）屑灰岩、含生物屑灰岩、微晶灰岩组成韵律层，韵律厚 30～210cm，产珊瑚：*Margarophyllia decora* Wu　26.18m
23. 灰、灰黄色中厚层状砾岩。夹灰绿色中层状凝灰质砾岩、深灰色泥晶灰岩透镜体，局部夹海绵点礁体。产珊瑚：*Pseudoretiophyllia nazhacunensis* Deng et Zhang　123.98m
22. 灰、深灰、褐灰色厚层块状砾岩　20.94m
21. 灰、褐灰色厚层块状中砾岩　4.56m
20. 灰、深灰、褐灰色厚层块状砾岩　11.93m
19. 灰、灰绿色块状细砾岩，局部含中砾　4.27m
18. 灰、深灰、褐灰色厚层块状砾岩　79.18m

············平行不整合············

二叠系肖切保组（T_3x）

17. 灰、绿灰色中层状泥晶灰岩与沉火山角砾岩韵律互层

（2）肖茶卡西上三叠统地层剖面。

位于测区南部肖茶卡西山，剖面代号 XP（参见图 2-1-14），第 5～9 层为角木茶卡组。

扎那组（T_3z） （未见顶）

10. 深灰色薄中层状细粒长石岩屑砂岩与灰绿色薄层状泥岩互层。具正粒序层理和平行层理，构成鲍玛序列 Tabe 和 Tae 组合，见包卷滑塌构造、水平管虫迹 274.40m

————整合————

角木茶卡组（T_3jm） **172.21m**

9. 深灰色薄中层状泥灰岩 8.37m
8. 下部为灰色厚层微晶灰岩，中上部为灰色生物碎屑灰岩和藻屑细晶灰岩，产珊瑚化石：*Volzeia degeensia*，*V. chagyabensia* 83.15m
7. 深灰色中厚层状泥灰岩，下部夹一层 8cm 厚砾屑灰岩，中部夹薄层介壳灰岩，产大量双壳类化石：*Palaeocardita buruco*，*P. singularis*，*Entolium* sp.，*E. quotidianum*，*Plagiostoma* cf. *baxoense*，*Protocardia* cf. *contusa*，*Krumbckiella* cf. *subtimorensis*，? *Mytilus* sp.，*Chlamys* sp. 等 26.06m
6. 灰绿色厚层状凝灰质泥岩夹薄层状灰岩条带 3.19m
5. 灰绿色中厚层块状砾岩，砾石分布不均匀，大小不一，分选性差，砾石含量 10%～70%，砾径一般 0.3～8cm，凝灰质砂泥质充填，砾石成分有安山岩、玄武岩、脉石英以及少量灰岩 51.44m

------------平行不整合------------

肖切保组（T_3x）

4. 暗紫红色中厚层状安山岩，见气孔和杏仁构造

2）岩石组合及上下接触关系

角木茶卡组岩性两分性清楚，下部为火山岩质砾岩，上部为碳酸盐岩，厚大于551.75m，横向上由西往东厚度变薄（见图 2-1-15）。

下部灰、深灰、褐灰色厚层块状砾岩，其层位稳定，岩性特征，野外可填图性好。在角木茶卡一带较厚，约 244.86m，而肖茶卡一带其仅厚 51.44m。砾石成分以火山岩为主，少量灰岩、硅质岩。但在角木茶卡由下往上，砾石中灰岩增多。砾石磨圆好，分选差，砾石含量 50%～70%，砾间为凝灰质砂屑充填，钙质、泥质胶结。砾岩上部夹深灰色泥晶灰岩透镜体，局部夹海绵点礁体。产珊瑚、海绵、海百合茎、腕足等化石。

上部在角木茶卡一带由灰、浅灰色、灰白色灰紫色薄中层状砂、砾屑灰岩、厚层块状海绵礁灰岩、角砾状灰岩组成，厚度较大，厚大于 306.89m。在肖茶卡南一带，由灰、深灰色厚层状凝灰质泥岩、中厚层状泥灰岩、厚层微晶灰岩、生物碎屑灰岩和藻屑细晶灰岩夹薄层状介壳灰岩组成，厚 120.77m。产珊瑚、双壳、层孔虫、腕足、海绵、海百合茎等化石。

角木茶卡组平行不整合于肖切保组之上，顶部被扎那组整合所覆。

3）基本层序及沉积环境分析

角木茶卡组下部砾岩基本层序类型有灰、深灰、褐灰色厚层块状砾岩组成之韵律性基本层序。砾岩具砾状结构，砾石含量 50%～70%，砾径 $d=0.2\sim50$cm，以 3～40cm 为主，最大可达 150cm 左右，磨圆好，以圆状为主，分选差。砾石成分以隐晶质致密状玄武岩、杏仁状气孔状玄武岩、安山质玄武岩、灰岩为主，少量硅质岩砾，中、下部主要为火山岩砾，且由下往上火山岩砾减少，灰岩砾增多。砾间为砂泥质充填，以砂质为主，砂粒成分为火山岩屑、少量晶屑，棱角—次棱角状，分选亦差。砾岩从粒度成分看，主要由砂粒及 $d=3\sim40$cm 的砾石组成，具双峰式结构。从磨圆结构看，砂屑呈棱角—次棱角状，而砾石为圆状，两者亦形成明显对比，存在结构退变现象，发育正粒序层理。砾岩上部夹深灰色泥晶灰岩透镜体，局部夹海绵点礁体。综合以上特征，该套砾岩为斜坡水底扇沉积。

角木茶卡组上部识别出基本层序有：①灰、浅灰、灰黄、灰紫色薄中层状砾（粒）屑灰岩、含生物屑灰岩、泥微晶灰岩组成由粗变细、泥晶增多的韵律性基本层序，每个基本层序厚 30～210cm，3 种岩性比例为 1∶1∶1。砾质灰岩中砾石成分主要为灰质砾，在下部见及少量火山质砾石（安山质、玄武质），其含量少于 5%。砾屑灰岩中砾石含量 10%～30%，由下至上砾含量减少，砾石一般在 0.5～4cm，磨圆较好，呈椭圆状，其长轴多顺层分布，含 5%的棘屑、瓣鳃等生屑，填隙物为亮晶方解石，含量 15%～25%。含生物屑灰岩中生物屑为海百合茎、海绵以及珊瑚和少量双壳及腕足残片，向上灰

岩中生物屑含量有增多趋势。②灰、紫灰色中厚层状角砾灰岩与灰、浅灰色厚层块状海绵珊瑚礁灰岩组成韵律性基本层序。角砾岩与礁灰岩在横向上均呈透镜状断续出现，局部横向上两者指状交错。角砾灰岩中角砾成分以泥晶灰岩为主，部分为生屑灰岩、礁灰岩，大小 1～3cm，个别达 50cm。角砾略有磨圆，多呈次棱角状，生屑灰岩碎屑成分为生屑 65%，内碎屑 15%～20%，生屑有棘皮类、海绵类、腕足类、瓣鳃类和少量有孔虫，为亮晶方解石胶结（15%～20%），这些角砾状灰岩应为礁前塌积岩。礁灰岩中造礁生物主要为海绵，次为群体珊瑚、个体珊瑚，局部可见海百合茎附礁生物，造礁生物间为亮晶方解石充填。海绵礁灰岩中局部见群体珊瑚形成的珊瑚礁块，规模较小。一般为 1m 左右夹于海绵礁之间。③灰色中厚层状生物碎屑灰岩、藻屑细晶灰岩组成之韵律性基本层序。综合以上特征分析，角木茶卡组上部总体为碳酸盐台地相，不同位置可表现为开阔台地相、台地浅滩相、台地边缘礁相、礁前塌积岩相。

3. 上三叠统扎那组（T_3z）

呈东西向于肖茶卡、宁日一带零星出露，出露面积约 22km²。扎那组也是本次新建组级岩石地层单位，组名来自南部相邻之 1∶25 万帕度错幅，层位及岩性与原肖茶卡群上部砂泥岩段相当。

1）分层描述

肖茶卡西上三叠统地层剖面位于测区南部肖茶卡西山，剖面代号 XP（参见图 2-1-14），剖面上第 10～29 层为扎那组。

扎那组（T_3z）	（未见顶）	**>1 350.61m**
29. 深灰色中层状细粒长石砂岩，钙质粉砂泥岩		9.24m
28. 灰色中层状细粒岩屑长石砂岩		61.31m
27. 灰色中厚层状长石细砂岩与薄中层状泥岩互层，具鲍玛序列 Tabe		55.29m
26. 深灰色薄层钙质泥岩与褐灰色钙质岩屑长石砂岩互层，砂泥比为（1∶3）～（1∶5）		11.61m
25. 深灰色薄中层状钙质泥岩、钙质粉砂质泥岩夹薄层粉砂岩和深灰色泥灰岩透镜体		204.48m
24. 褐灰、灰绿色中层状细粒钙质岩屑长石砂岩及长石砂岩夹深灰色薄中层状钙质泥岩		183.62m
23. 灰绿色中厚层状含砾钙质石英砂岩，砂体呈透镜状，具正粒序层理，底部发育冲刷面		8.59m
22. 灰绿色中层状细粒岩屑长石砂岩，砂体呈透镜状产出，发育平行层理和低角度交错层理		31.70m
21. 褐灰色薄中层状钙质粉砂岩、粉砂质泥岩，产孢粉：*Asseretosporagyrata* sp.		102.92m
20. 灰色细粒岩屑长石砂岩，砂体呈楔形体产出，见逆粒序、低角度楔形交错层理		30.96m
19. 灰色薄中层状岩屑长石细砂岩与深灰色钙质泥岩、粉砂质泥岩互层		57.36m
18. 深灰色薄中层状钙质泥岩、粉砂质泥岩夹薄层状钙质细砂岩		65.29m
17. 灰色中层细粒岩屑长石砂岩夹薄层钙质泥岩。产孢粉：*Megamonoporites cacheutensi*		29.03m
16. 深灰色中厚层状钙质泥岩、钙质粉砂质泥岩夹灰色薄中层状岩屑长石砂岩		33.11m
15. 灰色中厚层状粉砂质泥岩、钙质泥岩。产双壳类 *Halobia* sp.，*H. convexa*		16.15m
14. 绿灰色中层状细粒岩屑长石砂岩，砂体呈透镜状和楔形体		4.78m
13. 灰黄色薄中层状钙质泥岩、钙质粉砂质泥岩、泥质粉砂岩夹褐灰色中层状含铁质长石砂岩		108.90m
12. 褐灰色中层状中细粒长石岩屑砂岩夹深灰色泥岩，产植物化石：*Hyrcanopteris sinensis*		19.70m
11. 深灰色薄层状钙质泥岩与灰绿色薄层细粒岩屑砂岩和粉砂岩互层，砂岩见正粒序和平行层理，发育鲍玛序列 Tae 和 Tabe 组合，产孢粉：*Duplexisporites gyratus*，*Chasmatosporites* sp.，*Monosulcites* sp.，*Punctatisporites* sp，*Annulispora* sp.，*Angiopteridaspora* sp.，*Lycopodiacidites* sp.		42.17m
10. 深灰色薄中层状细粒长石岩屑砂岩与灰绿色薄层状泥岩互层。具正粒序层理和平行层理，构成鲍玛序列 Tabe 和 Tae 组合，见包卷滑塌构造、水平管虫迹		274.40m
	————整合————	
角木茶卡组（T_3jm）：深灰色薄中层状泥灰岩		

2）岩石组合及上下接触关系

下部为深灰色薄中层状细粒岩屑砂岩、凝灰质砂岩、粉砂岩和薄层状凝灰质泥岩，中部为灰绿色中厚层状含砾粗砂岩，灰绿、灰色中层状中细粒长石岩屑砂岩，含铁质长石砂岩、岩屑长石砂岩和灰、灰黄色薄中层状钙质粉砂岩、钙质粉砂质泥岩、泥质粉砂岩和钙质泥岩，上部为灰、深灰色、褐灰色中厚层状细粒岩屑砂岩、岩屑长石砂岩、薄层状粉砂岩和深灰色薄中层状钙质粉砂质泥岩、钙质泥岩以及夹少量泥灰岩，未见顶，厚度大于 1 350.61m。产孢粉和少量植物、双壳类等化石。

扎那组底部与角木茶卡组为整合接触，上未见顶。

3）基本层序及沉积环境分析

扎那组下部发育由深灰色薄中层状细粒岩屑砂岩、凝灰质砂岩、粉砂岩和薄层状凝灰质泥岩组成之向上变细的基本层序，发育不完整的鲍玛序列 Tabe 和 Tae 组合，见沟模和水平虫孔构造，偶见滑塌构造，砂岩发育正粒序层理、平行层理，部分底部发育冲刷面和泥砾构造；中部发育由灰绿色中厚层状含砾粗砂岩，灰绿、灰色中层状中细粒砂岩和灰、灰黄色薄中层状钙质粉砂岩、钙质泥岩组成之向上变细的基本层序。但地层结构总体构成向上砂岩增多、泥岩减少的序列，砂体多呈透镜状和楔形状，可见平行层理、低角度交错层理和小型砂纹层理；上部发育由灰、深灰色、褐灰色中厚层状细粒砂岩、薄层状粉砂岩和深灰色薄中层状钙质泥岩组成之向上变细的基本层序，见鲍玛序列 Tabe 和 Tbe 组合，发育正粒序层理、平行层理，底部发育冲刷面和泥砾构造。

综合分析，扎那组下部、上部为陆棚相，而中部则主要为三角洲相（参见图 2-1-17）。

昂达尔错地层分区中尚见有中上侏罗统、古近系及第四系地层分布。鉴于测区内侏罗系和新生界地层分区不明显，故侏罗系及其后地层合并于多格错仁地层分区中叙述。

二、西雅尔岗地层分区

位于图幅中部，总体呈北西西向展布。该地层分区在构造上相当于双湖构造混杂岩带，南界为查桑断裂，北界为长蛇山-奇崃山断裂。出露有前奥陶系至新生界地层，但大多不连续。构造改造强烈，特别是前中生界地层之间主要为构造接触，部分地层发生了不同程度的变质变形，地层层序多已不清，形成了构造混杂岩带。据此，我们把该分区中地层层序完整的部分，及整体无序、局部有序的构造-地层部分分别列述。

（一）构造-地层单位

羌塘中部变质岩系由于受后期变质变形作用的改造，使地层表现为无序或总体无序，而局部有序的状态，各地层间皆为构造接触，形成了构造混杂岩带，且后又受到花岗岩体的侵入破坏，使地层更为零乱。针对该地层分区的状况，我们采用构造-地（岩）层-事件法及在混杂带中对基质和岩块分别收集资料等方法，对测内的变质变形岩层进行了解体，依据岩石特征、岩石组合特征、变质特征、展布特征、相互关系及原岩形成环境等，同时考虑到可填图性，结合相邻图幅最新成果，初步把测区内的变质岩层分解为蛇绿混杂岩片（Pop）、弧火山岩片（Pva）、复理石岩片（Pfw）等非正式地层单位及前奥陶系齐陇乌如岩组（AnO*q*）、嘎措岩组（AnO*g*），地层沿革见表 2-1-6。

1. 嘎措岩组（AnOg）

为本次新建组级构造-地层单位，分布于霍木西萨西侧、纳若南、恰岗错东等地，出露面积约 184km^2。

1）实测剖面描述

西藏双湖地区纳若南前奥陶系嘎措岩组实测地层剖面（NRNP）（图 2-1-19），起点坐标为 E88°12′57.9″，N33°12′21.5″，终点坐标为 E88°12′38.8″，N33°11′32.7″。

嘎措岩组（AnOg）　　（未见顶）　　视厚大于 **757m**

21. 灰色含砾细中粒变质石英砂岩与含长二云母石英片岩相间，两者比为 4∶1。灰色含砾细中粒变质石英砂岩中砾石以灰石英为主。原岩可能为含砾石英砂岩与薄层长石石英砂岩组成韵律，野外见板状斜层理以及楔状层理　　视厚 14m

表 2-1-6　西雅尔岗地层分区前二叠纪构造-地层划分沿革表

<table>
<tr><th colspan="4">吴瑞忠等(1985)</th><th colspan="2">西藏区调队
(1986)</th><th colspan="2">成都环资所
(1996)</th><th colspan="2">成都理工大学
(1996)</th><th colspan="2">李永铁等
(2001)</th><th colspan="2">黄继钧
(2001)</th><th colspan="3">王成善等(2001)</th><th colspan="3">李才等(2003)</th><th colspan="5">本报告
(2005)</th></tr>
<tr><td rowspan="8">阿木岗群</td><td rowspan="2">第三亚群</td><td rowspan="2">硅质岩段
(AnD)</td><td rowspan="2">前泥盆系</td><td rowspan="8">前泥盆系戈木日群</td><td rowspan="4">浅变质岩
(AnD)</td><td rowspan="8">前泥盆系戈木日群</td><td>果干加年山组</td><td rowspan="3">中新元古界</td><td>玛依岗日群</td><td colspan="2">果干加年山组
($P—T_3g$)</td><td rowspan="3">软基底</td><td rowspan="3">玛依岗日组
(1 205Ma)</td><td></td><td>下部</td><td>石炭-二叠系</td><td rowspan="2">下二叠统</td><td colspan="2" rowspan="2">曲地组</td><td rowspan="8">构造混杂岩带</td><td rowspan="5">弧火山岩片
(Pva)</td><td rowspan="5">蛇绿混杂岩片
(Pop)</td><td rowspan="5">复理石岩片
(Pfw)</td><td rowspan="5">二叠系</td></tr>
<tr><td rowspan="2">玛依岗日组</td><td rowspan="2">戈木日群</td><td rowspan="7">戈木日群</td><td rowspan="2">玛依岗日组
(Pt_3)</td><td rowspan="4">果干加年山岩群</td><td rowspan="2">果干加年山岩组</td><td rowspan="4">中元古界</td></tr>
<tr><td rowspan="4">第二亚群</td><td rowspan="4">石英岩段、绿片岩段
(AnS?)</td><td rowspan="4">前志留系</td><td rowspan="6">上石炭统</td><td rowspan="6">木实热不卡群</td><td>展金组</td></tr>
<tr><td rowspan="3">戈木日组</td><td rowspan="5">古元古界</td><td rowspan="5">阿木岗群</td><td rowspan="3">戈木日组
(Pt_3)</td><td rowspan="5">结晶基底</td><td rowspan="5">戈木日组、阿木岗组
(2 056Ma、3 210Ma)</td><td rowspan="2">玛依岗日岩组</td><td rowspan="5">擦蒙组
?</td></tr>
<tr><td rowspan="4">中深变质岩
(An∈)</td></tr>
<tr><td rowspan="3">戈木日岩群</td><td rowspan="2">戈木日岩组</td><td rowspan="3">古元古界</td><td colspan="3" rowspan="2">嘎措岩组
(AnOg)</td><td rowspan="3">前奥陶系</td></tr>
<tr><td rowspan="2">第一亚群</td><td rowspan="2">片麻岩段
(An∈)</td><td rowspan="2">前寒武系</td><td rowspan="2">阿木岗岩组</td><td rowspan="2">阿木岗组
(Pt_2)</td></tr>
<tr><td>阿木岗岩组</td><td colspan="3">齐陇乌如岩组
(AnOq)</td></tr>
</table>

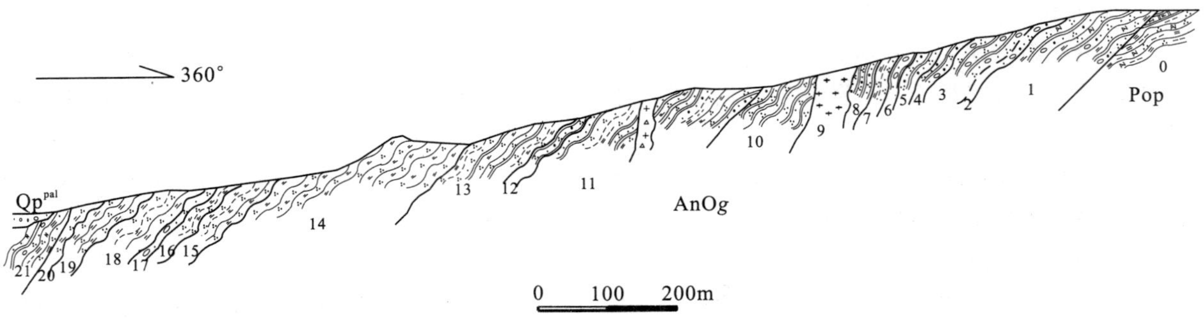

图 2-1-19　西藏双湖地区纳若南前奥陶系嘎措岩组（AnO*g*）实测地层剖面图

══════韧性剪切断裂══════

20. 灰黑-灰色薄层状绢云母石英片岩。S_1微褶显示东西向右行剪切　视厚 24m

19. 浅灰色细中粒变质石英砂岩。野外见变质石英砂岩中 S_1微褶已产生非透入性褶劈，由褶皱显示东西向右行剪切　视厚 41m

18. 浅灰白色厚层状细中粒变质石英砂岩与灰黑色绢云母千枚岩相间组成。原岩可能为石英砂岩与粉砂质泥岩组成韵律　视厚 49m

17. 浅灰-灰白色中厚层状含砾细中粒变质石英砂岩　视厚 13m

16. 灰黑色薄层状绢云母石英千枚岩。原岩可能为粉砂岩　视厚 17m

15. 浅灰色薄层状-千枚状绢云母石英片岩。原岩可能为粉砂岩（5～10cm）与泥岩（2～3cm）组成韵律　视厚 7m

14. 灰、灰白色中厚层状条带状绢云母石英片岩。本层以灰色夹 5～10mm 宽灰白色条带组成的条带构造为显著特征　视厚 165m

13. 灰黑色中厚层状片理化条带状细中粒变质石英砂岩、条带状绢云母石英片岩与薄层状钠长石石英二云母千枚岩相间组成。$S_1 /\!/ S_0$，原岩可能为石英砂岩与粉砂质泥岩组成韵律　视厚 71m

12. 灰色中厚层状中粗粒变质石英砂岩　视厚 7m

11. 灰黄色片理化细中粒变质砂岩、浅灰色中粒变质石英砂岩、灰绿色绢云母石英片岩与石英二云母千枚岩相间组成。原岩可能为中细粒石英砂岩与粉砂岩、粉砂质泥岩组成向上变细厚约 1m 的韵律。本层可能遭受后期构造改造，发育层间紧闭褶皱显示北西向右行，另本层夹花岗质碎粒岩　视厚 98m

══════断裂══════

10. 灰-灰紫色中粒变质石英砂岩　视厚 58m

------侵入接触------

9. 灰绿色花岗斑岩

------侵入接触------

8. 灰色中层状中粗粒变质石英砂岩　视厚 25m

7. 灰色片理化细中粒变质石英砂岩与灰色绢云石英千枚岩相间组成。原岩可能为中粗粒石英砂岩与粉砂岩组成向上变细的韵律　视厚 25m

6. 灰紫色片理化变质石英砂砾岩　视厚 19m

5. 灰白色中层状中粗粒变质石英砂岩　视厚 30m

4. 灰紫色厚层状含砾中粗粒变质石英砂岩。局部见由石英脉褶皱显示早期顺层剪切　视厚 35m

3. 灰色片理化含砾中粒变质石英砂岩　视厚 37m

2. 灰紫色厚层状含砾中粗粒变质石英砂岩　视厚 22m

1. 灰白色厚层状含砾中粗粒变质石英砂岩与灰黄色斜长石绢云（含白云母）石英片岩相间组成。原岩可能为含砾中粗粒石英砂岩与粉砂岩组成厚约 5m 的韵律　视厚 71m

══════韧性剪切逆冲断裂══════

蛇绿混杂岩片（Pop）

0. 灰黑色钠长石二云母石英片岩、二云母石英片岩夹薄层含透辉石绢云大理岩。岩石单“层”5～10cm，发育顺“层”剪切褶皱，局部可见“Ω”形褶皱

2）岩石组合及上下接触关系

岩性主要为中厚层状变质含砾中粗粒石英砂岩、变质细中粒石英砂岩夹绢云石英千枚岩、石英二云母千枚岩、千枚状绢云母石英片岩、绢云母千枚岩等。在局部尚见夹有少量钙质千枚岩，视厚度大于757m。

嘎措岩组（AnOg）与二叠系复理石岩片（Pfw）、蛇绿混杂岩片（Pop）均为构造接触，嘎措岩组（AnOg）呈推覆体盖于蛇绿混杂岩片（Pop）之上。

3）沉积环境分析

嘎措岩组变质较弱，岩层之上下叠置关系及原沉积层理 S_0 多尚可分辨，但由于顺层剪切作用的影响，其厚度已不能代表原岩真厚度，岩层发育一组透入性面理 S_1 片理，$S_1 /\!/ S_0$，仅在局部断裂构造叠加部位有 S_2 产生。其变质变形的这些特点，给原岩及沉积环境恢复提供了便利。

嘎措岩组原岩恢复后为一套中厚层状含砾石英砂岩、细中粒石英砂岩、粉砂岩、泥质粉砂岩、粉砂质泥岩，局部夹薄层状含泥质灰岩。下部主要为厚层状含砾石英砂岩，局部夹粉砂岩，砂岩成熟度较高；中、上部主要为中厚层状细中粒石英砂岩、粉砂岩、泥岩组成向上变细的基本层序组成，夹含砾石英砂岩，砂岩成熟度低。砂岩中见具变余交错层理、楔状层理、板状斜层理。总体地层结构由下往上，为单层变薄、粒度变细的退积型。其沉积环境可能为滨海-陆棚。

2. 齐陇乌如岩组（AnO*q*）

本岩组为东邻1∶25万吐错幅新建岩组，测区内仅于玛尔果茶卡南东一带零星出露，呈帽状残留于花岗岩体中，出露面积约11.80km²。

1）剖面列述

玛尔果茶卡南东前奥陶系齐陇乌如岩组（AnO*q*）路线剖面（图2-1-20）位于测区北西的玛尔果茶卡南东。

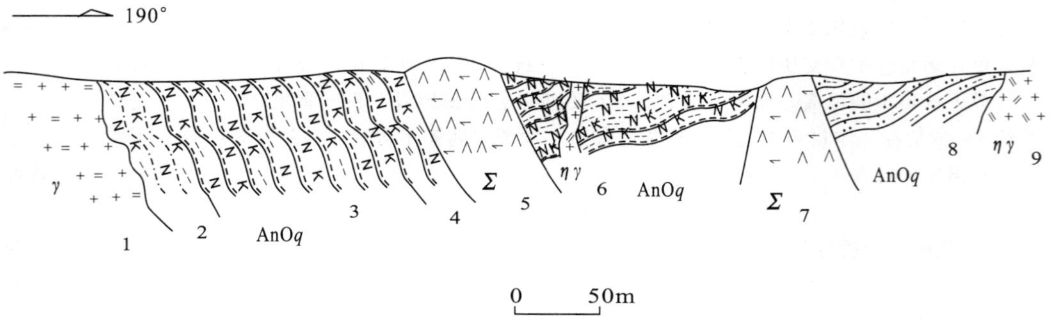

图2-1-20　玛尔果茶卡南东前奥陶系齐陇乌如岩组（AnO*q*）路线剖面图

齐陇乌如岩组（AnO*q*）

9. 灰色二长花岗岩

------侵入接触------

8. 深灰色黑云（二云）石英片岩　　出露宽约450m

═══断层═══

7. 黑绿色辉橄岩，大小约为50m×250m　　出露宽约40m

═══断层═══

6. 灰色富黑云二长片岩夹黑云斜长变粒岩，岩中见穿插有二长花岗岩脉　　出露宽约200m

═══断层═══

5. 墨绿色块状蛇纹石化单辉橄榄岩，该岩体呈约40m×70m之椭圆状，长轴与围岩片理平行。局部见有弱劈理化现象，劈理产状66°∠60°。局部岩石有强磁性，罗盘指针近之急烈偏转　　出露宽约40m

═══断层═══

4. 浅灰色绿泥白（绢）云二长片岩　　出露宽约25m

3. 灰色黑云斜长片岩　　出露宽约 110m

2. 灰色黑云二长变粒岩　　出露宽约 45m

1. 白云母花岗岩：具块状构造，中细粒花岗结构，由白云母（10%）、石英（35%）、长石（55%）组成。白云母花岗岩呈脉状穿插于花岗闪长岩与片岩间，脉宽约 35m，呈近东西走向

------侵入接触------

2）岩石组合及上下接触关系

齐陇乌如岩组岩性主要为深灰色黑云（二云）石英片岩、灰色黑云斜长片岩夹黑云斜长变粒岩、灰色黑云二长变粒岩，部分地段见有绢云石英片岩。另外，在测区南东柯雄陇哇、玛让等地的早侏罗世花岗岩中零星见有透辉二长片麻岩、矽线黑云斜长片麻岩包体，包体大小一般为数十厘米。

本组由于出露局限，变质较强，加之原岩组构已荡然无存，原岩很难恢复。

本岩组呈捕掳体（或顶蚀残余）形式分布于玛尔果茶卡南东一带的花岗岩体中，与围岩皆为侵入关系。

3. 蛇绿混杂岩片（Pop）

为本次从原前泥盆系戈木日群中新解体出之一部分，主要分布于鄂柔、霍木西萨一带，出露面积约 $254km^2$。

1）剖面列述

(1) 西藏双湖地区鄂柔蛇绿混杂岩实测剖面（ERP）（图 2-1-21）。

起点坐标 N33°13′37.5″，E88°17′25.4″，终点坐标 N33°13′11.1″，E88°17′55.7″。

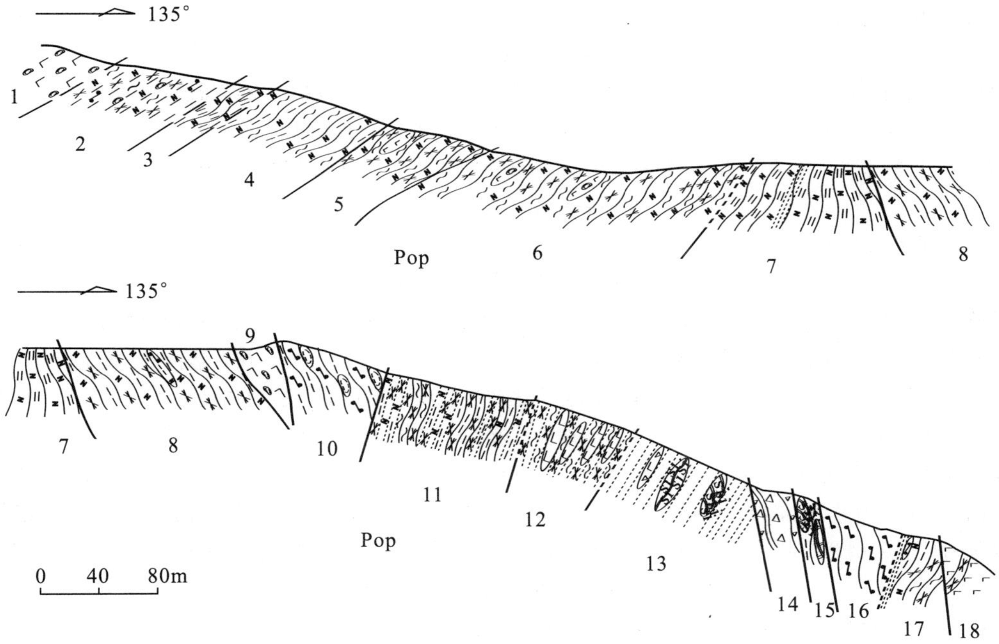

图 2-1-21　西藏双湖地区鄂柔蛇绿混杂岩实测剖面图

蛇绿混杂岩片（Pop）

18. 深灰色枕状蚀变玄武岩，夹透镜状阳起石岩，玄武岩被阳起石岩分割成两个大的透镜体　　视厚＞25m

═══断层接触═══

17. 灰绿色蚀变黑云母钠长阳起石片岩、绿泥阳起石片岩，夹透镜状蚀变玄武岩、蓝闪石-青铝闪石岩岩块，在片岩上叠加有动力变质作用形成之片糜岩，岩块含量约 10%，在片岩之局部弱应域中保存有玄武岩透镜体，说明其原岩应为玄武岩。岩块与基质间为构造接触　　视厚 19m

————韧性剪切带————

16. 灰黑-墨绿色块状蓝闪石-青铝闪石岩，岩石原岩结构已基本消失，绢云母集合体和钠长石可能是原岩的斑晶或晶屑变质而成，大量的斜黝帘石-绿帘石集合体和阳起石、绿泥石的存在，表明岩石为基性火山岩或基性凝灰岩　视厚 38m

════断层接触════

15. 绿灰色阳起黑云母微晶片岩，夹透镜状白云母石英片岩、透闪石方解石片岩岩块，岩块含量60%左右，白云母石英片岩、透闪石方解石片岩保留有变余薄层状构造，变余纹层状构造，S_1 平行 S_0，其原岩应为薄层硅质岩、薄层灰岩，在局部可见变质硅质岩透镜体，即为一以 S_1 为变形面的的窗棂构造。岩块与阳起黑云母微晶片岩间为构造接触　视厚 13m

════左行平移断层接触════

14. 绿灰色变质基性火山角砾岩　视厚 21m

════右行平移断层接触════

13. 绿灰色变质基性片糜岩，夹透镜状白云母石英片岩、片理化变质火山角砾岩。其中片糜岩为钠长黑云阳起石片岩经韧性剪切作用所致。而白云母石英片岩尚保留有变余薄层状构造，变余纹层状构造，S_1 平行 S_0，其原岩应为薄层硅质岩。变质硅质岩中发育紧闭褶皱，其与片糜岩间为构造接触，S_1 与片糜岩之 Sm 明显相抵　视厚 62m

————韧性剪切带————

12. 灰绿色绿泥阳起石片糜岩，夹强烈蚀变玄武岩透镜体，两者组成强弱相间的网结状构造。该层沿走向与含透闪方解石片岩、白云母片岩夹透镜状白云母石英片岩相抵，两者为断层接触　视厚 52m

————韧性剪切带————

11. 灰绿色阳起黑云钠长片糜岩，夹绿泥阳起石片岩、阳起黑云方解石片岩、黑云钠长阳起石片岩及透镜状蚀变中基性岩，在片岩中尚保留有较多蚀变杏仁状玄武岩角砾，故其原岩应为火山角砾岩　视厚 77m

————韧性剪切带————

10. 灰绿色蓝闪石-青铝闪石黑云母片岩，夹枕状、气孔状玄武岩、蓝闪石-青铝闪石岩岩块，岩块大小 0.5m×2m～10m×30m 不等，含量可达 60%左右。在片岩中之弱变形域中，可见玄武岩、辉长岩，故此，蓝闪石-青铝闪石黑云母片岩之原岩为玄武岩、辉长岩　视厚 51m

════断层接触════

9. 灰绿色片理化强蚀变气孔状玄武岩　视厚 22m

════断层接触════

8. 灰绿色黑云钠长阳起片岩，夹透镜状含蓝闪石-青铝闪石黑云钠长片岩、片状辉长质碎粒岩，在片岩中局部见发育以 S_1 为变形面的小斜歪褶皱，其反映左行斜冲特征。在含蓝闪石-青铝闪石黑云钠长片岩中亦有碎粒岩化现象，说明这些透镜状夹层可能为后期构造混入　视厚 84m

7. 灰白色碳酸盐化钠长白云母片岩，夹二云母钠长片糜岩。该层之片岩、片糜岩沿走向与一套灰绿色枕状玄武岩透镜体相抵，为断层接触　视厚 62m

6. 灰绿色绿泥阳起钠长石片岩，夹强烈蚀变玄武岩，局部尚见夹有蓝闪石-青铝闪石岩　视厚 101m

5. 灰绿色钠长绿泥阳起石片岩，夹透镜状蚀变玄武岩。玄武岩具枕状构造、杏仁状构造　视厚 32m

════断层接触════

4. 灰绿色黑云母绿泥钠长变粒岩。在下层附近，变粒岩被强片理化带切割成透镜状　视厚 49m

————韧性剪切带————

3. 绿灰色钠长白云母微晶片岩夹碳酸盐化硅化基性片糜岩　视厚 14m

2. 灰绿色钠长阳起石片糜岩。在片糜岩中可见包含有蚀变枕状玄武岩、绿泥石钠长石变粒岩岩块，岩块大小 2m×3m～5m×12m，呈透镜状，其长轴方向与片糜岩的片理走向相近　视厚 41m

————韧性剪切带————

1. 灰绿色钠长石化、阳起石化蚀变枕状玄武岩　视厚大于 24m

(2) 西藏双湖地区霍木西萨构造路线剖面（HMXP）。

起点坐标 N33°21′10.6″，E88°04′27.1″，终点坐标 N33°13′11.8″，E88°03′51.1″（图 2-1-22）。

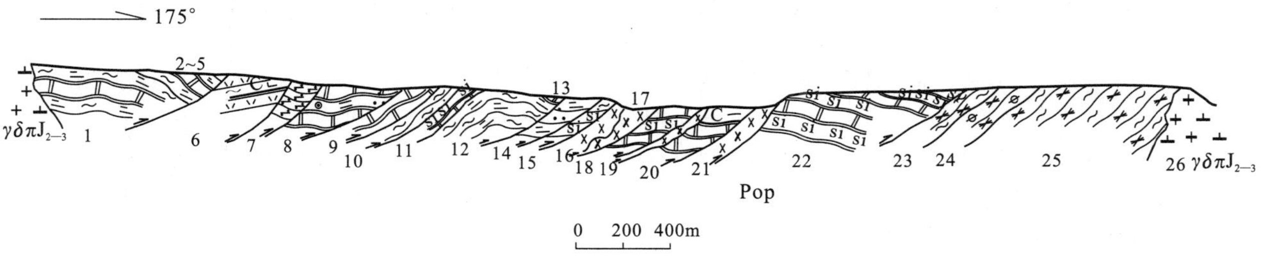

图 2-1-22 西藏双湖地区霍木西萨构造路线剖面图

蛇绿混杂岩片（Pop）

26. 灰色块状花岗闪长斑岩（$\gamma\delta\pi J_{2-3}$），具块状构造，斑状结构，基质微粒状结构，斑晶含量10%～15%，主要为斜长石，基质含量85%～90%，主要为石英，次为钾长石
25. 绿灰色阳起绿泥石片岩，在弱应变域中，尚可见变余的斑状结构、变余杏仁体 视厚 345m
24. 灰绿色绿帘阳起石片岩，普通角闪石为残晶 视厚 55m
23. 绿灰色阳起绿泥石片岩，在弱应变域中，尚可见变余的斑状结构、变余杏仁体 视厚 40m

══════断层接触══════

22. 浅灰色片理化变质硅质岩，局部为深灰色薄层状细晶大理岩夹变质硅质岩条带 视厚 86m

══════断层接触══════

21. 灰绿色块状辉绿辉长岩，蚀变有角闪石黑云母化（弱）、斜长石钠长石化及帘石化

══════断层接触══════

20. 下部为浅灰色变余薄层状细晶大理岩夹条带状变质硅质岩。上部为深灰色碳泥质板岩夹变余薄层状、条纹状砂质大理岩。碳泥质板岩：具板状构造，鳞片变晶结构，由绢云母（60%）、碳质（10%）、石英（30%）组成；砂质大理岩：具板状构造，变余薄层状构造，变余层理单层厚2～10cm，S_1 平行 S_0，单层延伸稳定，鳞片状粒状变晶结构，由方解石（65%）、石英（20%）、绢云母（15%）和黑云母（少量）组成 视厚 46m

══════断层接触══════

19. 灰绿色蚀变辉绿辉长岩。后期蚀变有黑云母化、绿泥石-碳酸盐岩化、绿帘石化、绢云母化

══════断层接触══════

18. 浅灰色变余层状细晶大理岩夹变余条带状变质硅质岩。大理岩：具变余薄层状构造，变余层理单层厚1～10cm，片理化构造，S_1 平行 S_0，变余岩层单层延伸稳定，粒状变晶结构，由方解石（90%）、石英（10%）组成；变质硅质岩：变余条带宽1～3cm，条带多延伸稳定，部分有延走向尖灭现象，粒状变晶结构，由石英（85%～90%）、方解石（5%～10%）、白云母（<5%）组成 视厚 36m

══════断层接触══════

17. 灰绿、墨绿色块状阳起石化辉绿辉长岩
16. 灰绿色强蚀变辉长岩

══════断层接触══════

15. 下部为灰绿色薄层状变硅质岩，上部为灰绿色绿泥片石岩。变硅质岩具变余薄层状构造，单层厚1～8cm，片理化构造，S_1 平行 S_0，粒状变晶结构，由石英（>95%）、白云母（<5%）组成 视厚 28m

══════断层接触══════

14. 浅灰色绢云石英片岩 视厚 34m

══════断层接触══════

13. 浅灰色薄层状硅化大理岩夹变质硅质岩条带和团块 视厚 32m
12. 灰绿色绢云绿泥石片岩 视厚 90m

══════断层接触══════

11. 浅灰色薄层状大理岩夹薄层状变质硅质岩。大理岩：具变余薄层状构造，片理化构造，变余层理单层厚1～7cm，单层延伸稳定，粒状变晶结构，由方解石（>90%）、石英（<5%）组成；变质硅质岩：具变余薄层状构造，变余条纹条带状构造，粒状变晶结构，由石英

（>95%）、少量绢云母、绿泥石组成。岩层受后期构造叠加，小层间褶皱发育　视厚 60m

══════断层接触（5°∠50°）══════

10. 绿灰色绿泥石片岩，部分岩石具糜棱岩化现象　视厚 61m

══════断层接触══════

9. 浅灰-灰白色强片理化大理岩夹灰绿色阳起绿泥石片岩构造透镜体。阳起绿泥石片岩呈构造透镜体夹于大理岩中，大小约为 1.5m×6m～2.5m×13m。大理岩以 S_1 为变形面或切过 S_1 的构造发育，指示明显的逆冲推覆特征　视厚 90m

══════断层接触══════

8. 浅灰色白云母砂质大理岩，局部夹石榴白云石英片岩。在局部见有以 S_1 为变形面产生的小型平卧褶皱　视厚 60m

══════断层接触══════

7. 灰绿色阳起石化蓝闪石片岩　视厚 31m

══════断层接触══════

6. 绿灰色蚀变凝灰岩夹薄层状黑云绿泥碳钙质板岩。蚀变凝灰岩具薄厚块状构造，在薄层中尚可见发育水平层理，凝灰结构；板岩具变余薄层状构造　视厚 71m

══════断层接触══════

5. 绿灰色绿泥绢云母片岩夹糜棱状条纹条带状大理岩，原岩可能为凝灰岩夹灰岩　视厚 35m

4. 绿灰色糜棱状大理岩。原岩为灰岩　视厚 48m

3. 绿灰色糜棱状绿泥石大理岩夹条纹状砂质大理岩。原岩应为含砂质、碳质、凝灰质的灰岩　视厚 40m

2. 绿灰色绢云绿泥石片岩，局部夹透镜状大理岩　视厚 45m

1. 灰绿色绿泥绢云母片岩夹少量灰绿色千糜状砂质大理岩。岩石片理发育，S_1 平行 S_0。其原岩可能为火山岩（凝灰岩）、夹含火山物质的砂质灰岩　视厚>234m

2）岩石组合及接触关系

蛇绿混杂岩片内部层序多已不清，岩层间或为韧性剪切带分割，或是脆性断层接触，且岩层变质程度不一。根据变质特征可分为强变质岩层和弱变质岩层。在弱变质岩层中部分原岩特征尚存。

强变质岩层岩石组合为灰绿色钠长绿泥阳起石片岩、绿灰色钠长白云母微晶片岩、灰绿色黑云母绿泥钠长变粒岩、绿泥阳起钠长石片岩、灰白色碳酸盐化钠长白云母片岩、灰绿色黑云钠长阳起石片岩、灰绿色蓝闪石-青铝闪石黑云母片岩、白云母石英片岩、透闪石方解石片岩、大理岩、碳酸盐化硅化变质基性片糜岩、二云母钠长片糜岩。

弱变质岩层岩石组合为灰绿色蚀变枕状玄武岩、绿灰色蚀变凝灰岩、薄层状黑云绿泥碳钙质板岩、变基性火山角砾岩、灰绿色块状变辉绿辉长岩、浅灰色大理岩夹条带状变硅质岩、深灰色碳泥质板岩夹大理岩、灰绿色薄层状变硅质岩。

部分绿片岩尚保留有残余结构、构造，说明绿片岩原岩为玄武岩、辉长岩、火山角砾岩等。而少量钠长白云母片岩夹二云母钠长石片糜岩，从其矿物成分分析，其原岩可能为含硅质的泥岩。大理岩具变余薄层状构造，原岩应为薄层状灰岩，白云母石英片岩具变余薄层状构造、条带状构造，且与大理岩密切共生，其原岩应为硅质岩。强变质岩层之原岩岩性组合与弱变质岩相近，两者可能为同一套地层。

蛇绿混杂岩片内层序多已不清，且变质变形不均一，通过变质原岩恢复，其受变质地层岩性组合应为碳泥质岩夹薄层状条纹状灰岩、浅灰色部分略带鸭蛋绿色薄层状硅质岩、薄层含硅质条带灰岩、凝灰岩、枕状玄武岩、火山角砾岩、辉长岩、辉绿辉长岩等。且从调查区分布看，以基性岩浆岩为主。

另外，该套混杂岩中之弱变质岩层（石）呈构造岩块夹于强变质岩层中，其为原地岩块或异地岩块已难以区分，从强变质岩层之原岩组合与弱变质岩层（石）岩石组合对比分析看，两者岩性组合相近，故认为构造块体主要为原地或准原地岩块，无明显的外来岩块。

蛇绿混杂岩片（Pop）与复理石岩片（Pfw）为构造接触，两者间无明显的叠置关系，与嘎措岩组（AnOg）亦为构造接触，但嘎措岩组呈推覆体盖于蛇绿混杂岩片（Pop）之上。

3）形成环境分析

枕状玄武岩夹于薄层硅质岩、薄层灰岩中，灰岩单层厚1～10cm，以1～3cm者为主，单层延伸稳定，代表一种低速率、低能的沉积环境，在角木日一带枕状玄武岩之间的硅质岩中成功分离出中二叠世放射虫化石，同时在这套岩层中未发现近陆源物质的加入。这些特征显示，蛇绿混杂岩片中火山岩喷发环境以及薄层灰岩、硅质岩的沉积环境应为深水洋盆。

4）年代分析

本次工作在角木日一带枕状玄武岩之间的硅质岩中成功分离出中二叠世放射虫化石。在鄂柔、霍木西萨变基性火山岩中获Ar－Ar年龄（225±5）Ma、（231 ± 15 ）Ma、（236.8 ± 4.5）Ma等的变质年龄，这些结果与前人在本区的测试成果相近，均反映出该套岩层之变质时期主要为晚三叠世。和钟铧等（1997）在双湖恰格勒拉齐陇乌如斜长角闪岩中，测得Sm－Nd年龄为268. 6 Ma，测试结果表明该变质岩的原岩时代应为早二叠世。李才等（1996）于纳若东枕状玄武岩岩块中获Sm－Nd谐和线年龄252 Ma，在阿木岗北坡的玄武岩中获Rb－Sr年龄251.3 Ma，亦说明该套岩层原岩形成时代为二叠纪。

综合现有资料分析，蛇绿混杂岩片的原岩形成时代为早、中二叠世。

4. 弧火山岩片（Pva）

弧火山岩片仅见于江爱达日那及江赛额一带，测区内出露面积约320km^2。

1）剖面列述

西藏双湖地区江额由本二叠系弧火山岩片路线地质剖面如图2-1-23所示。

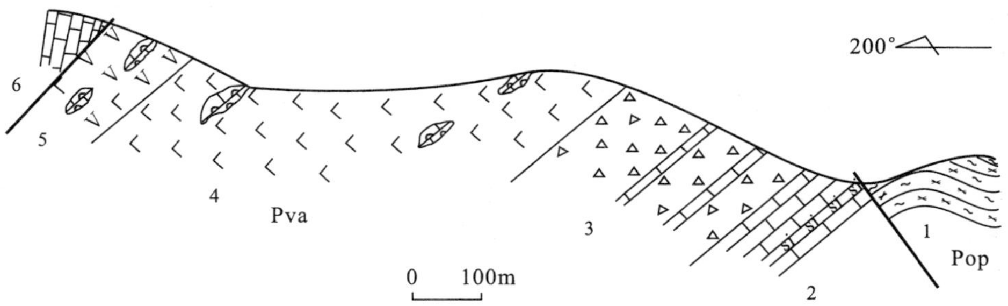

图2-1-23 西藏双湖地区江额由本二叠系弧火山岩片路线剖面图

弧火山岩片（Pva）

6. 深灰色薄中层状泥晶灰岩夹条带状硅质岩，灰岩中含双壳化石 厚>70m

═══断层═══

5. 深灰色、灰紫色厚块状玄武安山岩夹透镜状海绵礁灰岩。获珊瑚：*Waagenophyllum* sp. 厚>110m

4. 深灰色厚块状玄武岩夹透镜状礁灰岩 厚430m

3. 深灰色厚块状火山角砾岩夹玄武岩及大理岩化灰岩 厚260m

2. 深灰薄中层状泥晶灰岩夹硅质条带 厚>60m

═══断层═══

蛇绿混杂岩片（Pop）

1. 灰绿色绿泥阳起石片岩，在局部见夹灰绿色辉长岩构造透镜体

2）岩石组合及接触关系

该岩片受后期构造改造及岩体侵入，呈大小不一的岩块产出，在不同岩块中其岩性特征有一定的差异。

在江额由本一带，其岩性下部为深灰色薄中层状泥晶灰岩夹条带状硅质岩，往上为深灰色厚块状火山角砾岩，块状玄武岩、灰紫色块状玄武质安山岩夹灰色透镜状海绵礁灰岩，厚度大于860m。在礁灰岩中含丰富生物化石，获珊瑚：*Waagenophyllum* sp.。

在江爱山东，岩层层序多已不清，岩性为厚块状玄武岩、玄武安山岩、英安岩，夹礁灰岩，局部见薄层状泥晶灰岩与灰绿色薄层状泥质硅质岩组成厚的韵律层。局部之玄武岩尚见发育柱状节理。获珊瑚：*Pseudocoenia hexaphyllia*、? *Actinastrea* sp.、*Stylosmia* cf. *chaputi* Alloiteau；介形虫：*Microcheilinella* cf. *Subrhombidalis* Xie、*Langdaia* sp.。

在江爱山北，岩性主要为玄武岩、玄武安山岩、英安岩、流纹岩，火山岩中夹礁灰岩，少量薄至中厚层状泥晶灰岩夹凝灰质粗粉砂岩、含凝灰质硅质泥岩。

综合测区情况，弧火山岩片依岩性组合可分为两部分：①以灰-深灰色薄中层状泥晶灰岩为主，夹条带状、薄层状硅质岩，凝灰质粗粉砂岩，含凝灰质硅质泥岩；②厚块状玄武岩、玄武安山岩、安山岩、英安岩，夹礁灰岩、火山角砾岩、流纹岩。其层序虽多已不清，但根据江额赛一带残留之关系看，两者间为上下关系。即下部为以灰岩为主的沉积岩石，上部为火山岩夹礁灰岩。弧火山岩片以玄武安山岩、安山岩、英安岩的大量出现为特征。

弧火山岩片表现为被后期花岗岩侵入破坏的构造块体，与围岩皆为断层接触，未见底、顶接触关系。

3）沉积环境分析

在下部灰岩中，岩层为薄中层状，以薄层状为主，单层延伸稳定，局部发育水平纹层，夹硅质岩薄层、条带，其代表一种低速率、低能的沉积环境。灰岩尚夹有凝灰质粗粉砂岩、含凝灰质硅质泥岩，在砂岩中见发育正粒序层理、平行层理、砂纹层理，在粉砂质泥岩中发育有平行层理。碎屑岩的组合特征与鲍玛层序之 AB、CD、CDE 组合相近，从路线看，以 CD、CDE 组合为主，反映一种中、远源浊流沉积。碎屑岩之矿物成分主要为火山碎屑，表明该浊积岩之源岩应为火山喷发来源。

在上部以火山岩为主的岩层中，同时夹有礁灰岩，发育柱状节理之玄武岩仅于局部见到，说明该套火山岩喷发、沉积环境主要为浅海相，仅有部分为水上火山喷发。

综合以上分析，弧火山岩片的建造环境变化较大，为较深水洋盆-浅海-水上喷发。

4）年代分析

在该套地层中所获生物化石有 *Waagenophyllum* sp.、*Microcheilinella* cf. *Subrhombidalis* Xie，主要见于二叠纪。从该套岩层中火山岩的特征分析，为弧火山岩性质，结合区域资料分析，暂把该套地层置于二叠纪。

5. 复理石岩片（Pfw）

为本次从原前泥盆系戈木日群中新解体出的一部分，主要分布于玛尔果茶卡南东、奇嵘山、恰岗错东等地，出露面积约 139km^2。

1）剖面列述

西藏双湖地区恰岗错东路线剖面如图 2-1-24 所示。

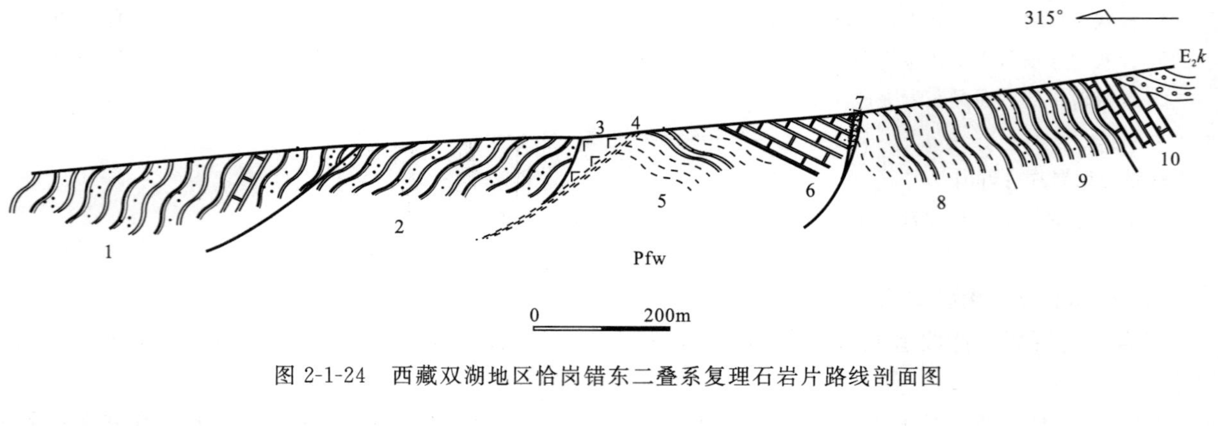

图 2-1-24　西藏双湖地区恰岗错东二叠系复理石岩片路线剖面图

上覆地层：康托组（E_2k）：紫红色中厚层状砾岩、含砾粗粒岩屑砂岩

~~~~~~角度不整合~~~~~~
~~~~~~

复理石岩片（Pfw）

10. 灰白色薄中层状大理岩 厚约 40m
9. 灰、深灰色厚层状板岩夹浅灰、灰白色薄中层状变质细粒石英砂岩、粉砂岩 厚约 140m
8. 灰色千枚岩，夹少量灰、灰白色薄层状粉砂岩 厚约 120m

═══════断层═══════

7. 灰色薄层状硅质岩，总体呈一构造透镜体 厚约 6m

═══════断层═══════

6. 灰、肉红色薄层状大理岩，含少量硅质条带 厚约 30m
5. 灰色千枚岩，夹少量灰、灰白色薄层状粉砂岩 厚约 120m

═══════断层═══════

4. 灰白色千糜岩 厚约 10m

═══════断层═══════

3. 灰绿色变气孔杏仁状玄武岩，气孔杏仁含量 15%，总体呈一构造透镜体 厚约 45m

═══════断层═══════

2. 灰、灰白色中层状变质细粒石英砂岩与灰、深灰色厚层状板岩组成厚 1～1.5m 的韵律层，其中变质石英砂岩单层厚 0.2～0.5m，板岩单层厚 0.8～1m 厚约 210m

═══════断层═══════

1. 灰、灰白色中层状变质细粒石英砂岩与灰、深灰色厚层状板岩组成厚 1～2.5m 的韵律层，局部见夹薄层状大理岩，其中变质石英砂岩单层厚 0.2～1.6m，板岩单层厚 0.4～1m 厚约 400m

2）岩石组合及接触关系

该岩片受变质、变形改造，其大套层序多已不清，而是呈大小不一的岩块产出，在不同岩块中其岩性、变质特征有一定的差异。岩块内部由于片理、板理 S_1 平行层理 S_0，虽其沉积构造已难辨，但原始沉积叠置关系、单层的总体特征等尚存，且在该套复理石中混有大小不一、岩性不同、构造背景迥异的外来构造块体。

复理石岩片的岩性主要为灰、灰白色中厚层状变质细粒石英砂岩，灰、深灰色厚层状板岩，灰色千枚岩，灰—灰白色、肉红色薄中层状含硅质条带大理岩，夹少量灰-灰白色薄层状粉砂岩。该岩片厚大于 730m。另外，在该套岩层中常见夹有硅质岩、玄武岩、辉长岩、辉绿岩等构造块体。

在恰岗错东、奇嵘山一带岩性稍有变化，为灰-浅灰色中厚层状变质石英砂岩、变质粉砂岩、千枚状板岩、大理岩夹薄中层状含硅质条带泥晶灰岩。含玄武岩、辉长岩岩块。在恰岗错东的大理岩中获有牙形石：*Cypridodella igoanus* sp. nov（艾岗小美刺新种）、*Hibbardella* sp.、*Ozarkodina* sp. A（nov）（奥泽克刺新种未定名 A）等。

复理石岩片（Pfw）与其他地质体间皆为构造接触或被后期花岗岩体捕掳，而呈捕掳体产出。

3）沉积环境分析

在灰白色中厚层状变质细粒石英砂岩与灰、深灰色厚层状板岩组成的韵律层中，单个韵律层厚 1～2.5m，其中变质石英砂岩单层厚 0.2～1.6m，板岩单层厚 0.4～1m，在变质砂岩中局部见有变余正粒序层理，砂板岩组成鲍玛层序的 AE 或 ADE 组合，部分变质砂岩呈下凸上平的透镜状产出，可能为水道沉积。总体上砂板岩段表现为近源浊流沉积。

在灰色板岩夹浅灰色薄中层状变质细粒石英砂岩、粉砂岩岩层中，板岩∶砂岩为 10∶1。板岩板理极为发育，变余沉积构造多已不清。砂岩单层厚 5～20cm，单层延伸稳定，其可能为远源浊流沉积。而其上的含硅质条大理岩，单层厚 2～15cm，单层延伸稳定，应为一种欠补偿沉积环境。在部分大理岩中，见发育有滑塌角砾岩，其顺层分布，角砾大小相差大，无分选，无磨圆，部分见有塑性变形，其应为较特征的斜坡堆积。

综上所述，复理石岩片的原始沉积环境应为斜坡。

4）年代分析

在本套岩层中，获有牙形石：*Cypridodella igoanus* sp. nov（艾岗小美刺新种），*Hibbardella* sp.，*Ozarkodina* sp. A（nov）（奥泽克刺新种未定名 A）。鉴定者（董致中）认为：“*Cypridodella* igoanus sp. nov 与 Igo（1981）在日本所鉴定的早二叠世 *Cypridodella igoanus* sp. A 系属同一类型的种；*Ozarkodina* sp. A（nov）与产于塔里木东缘早二叠世亚丁斯克阶的同类标本十分酷似，可能为一新种；该牙形石组合反映时代主要为早二叠世。”结合测区内该套岩中尚有较多未获化石岩层及区域资料分析，暂把该套地层置早中二叠世。

（二）泥盆系

测区内泥盆系仅见于江额赛一带，出露地层有中泥盆统查桑组、上泥盆统拉竹龙组，由于受构造改造，多呈大小不一的断块存在。

吴瑞忠等（1985）将查桑地区泥盆系命名为查桑组。西藏区调队（1986）创名查桑群。朱同兴等（1996）重测了查桑西泥盆系剖面，将剖面下部中泥盆统地层命名为查桑组，而将剖面上部上泥盆统地层命名为拉竹龙组，使测区泥盆系地层研究程度有所加深。泥盆系地层划分沿革见表 2-1-7。

表 2-1-7　西雅尔岗地层分区泥盆系、石炭系划分沿革表

<table>
<tr><td colspan="2">谢义木（1983）</td><td colspan="2">章炳高等（1984）</td><td colspan="2">吴瑞忠等（1985）</td><td colspan="2">西藏区调队（1986）</td><td colspan="2">朱同兴等（1996）</td><td colspan="2">本报告（2005）</td></tr>
<tr><td>下石炭统</td><td>日湾茶卡群</td><td></td><td></td><td rowspan="3">中泥盆统</td><td rowspan="3">查桑组</td><td rowspan="3">中泥盆统</td><td rowspan="3">查桑群</td><td>下石炭统</td><td>日湾茶卡组</td><td>下石炭统</td><td>日湾茶卡组</td></tr>
<tr><td colspan="2" rowspan="2"></td><td>上泥盆统</td><td>拉竹龙组</td><td>上泥盆统</td><td>拉竹龙组</td><td>上泥盆统</td><td>拉竹龙组</td></tr>
<tr><td colspan="2"></td><td>中泥盆统</td><td>查桑组</td><td>中泥盆统</td><td>查桑组</td></tr>
</table>

1. 查桑组（D_2c）

查桑组岩性以生物屑灰岩为主夹泥灰岩，富含腕足、珊瑚等化石。测区查桑组见于江额赛一带，出露面积约 26km²。

1）剖面描述

西藏双湖地区查桑中泥盆统查叠组（D_2c）-上泥盆统拉竹龙组（D_3l）-下石炭统日湾茶卡组（C_1r）修测剖面如图 2-1-25 所示（据朱同兴等，1996）。

剖面位于查桑西 10km，剖面代号 CP，起点坐标为 E87°33′15″，N33°17′19″，终点坐标为 E87°34′20″，N33°16′32″。剖面上第 8～12 层为查桑组。

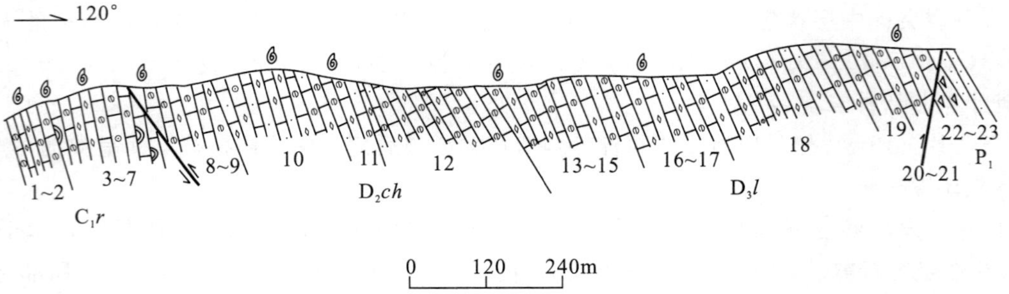

图 2-1-25　西藏双湖地区查桑中泥盆统查叠组（D_2c）-上泥盆统拉竹龙组（D_3l）-下石炭统日湾茶卡组（C_1r）修测地层剖面图

（据朱同兴等，1996）

上泥盆统拉竹龙组（D_3l）

13. 浅紫红色中层状含生物碎屑砂砾屑中晶灰岩，生物屑以棘屑为主，占岩石的 10%～20%，产珊瑚：*Temnophyllum* sp.，*Disphyllum cylindricum* Sun　　15.96m

————整合————

中泥盆统查桑组（D_2c）　　530.53m

12. 浅灰色中厚层状含生物屑、砂砾屑细-中晶灰岩　　186.84m

11. 淡紫色或浅紫红色中层状（含）生物碎屑砂砾屑细晶灰岩。生物屑以棘屑为主，占岩石的 10%～40%，含珊瑚、腕足化石。产珊瑚：*Cyathophyllum* sp.　　52.54m

10. 浅紫红色薄中层状含生物碎屑砂屑灰岩，岩石已重结晶成中细晶灰岩，压溶缝合线、节理发育，含珊瑚、腕足和苔藓虫化石。产珊瑚：*Favosites* sp.，腕足类：*Desquamatia* (D.) *hunanensis* Grabau，*Spinatrypa subkwang siensis* (Tien)，*Spinatrypa kwang siensis* (Grabau) 169.8m

9. 浅紫红色中层状粉屑生物细晶灰岩，岩石呈细晶结构，生物屑以棘屑为主，占岩石的60%～70% 45.91m

8. 浅紫红色中层状含生物碎屑细晶灰岩，生物屑以棘屑为主。产腕足类：*Spinatrypa subkwang siensis* (Tien)，*Emanuella* sp.，珊瑚：*Cyathophyllum*? sp. 75.44m

（未见底）

2）岩石组合及上下接触关系

查桑组岩石组合为浅灰、浅紫红色中厚层状生物碎屑细晶灰岩、浅紫红色中层状粉屑生物细晶灰岩、浅紫红色薄中层状含生物碎屑砂屑灰岩、生物碎屑砂砾屑细中晶灰岩，以富含中泥盆世腕足、珊瑚为特征，厚度大于530.53m。查桑组产丰富的生物化石，主要有腕足类、珊瑚、层孔虫、海百合、苔藓虫等。

查桑组下未见底，上与拉竹龙组整合接触。

3）基本层序及沉积环境分析

测区内查桑组可识别出的基本层序主要为浅紫红色中层状生物屑细晶灰岩—浅灰色中厚层状含生物屑、砂砾屑细晶灰岩—浅紫红色中层状含生物碎屑灰岩组成韵律性基本层序。

在生物屑砂砾屑灰岩中，岩石呈浅灰色、浅紫红色，生物屑含量60%～70%。生物屑具明显的磨蚀现象。生物屑、内碎屑为砂、砾级，屑间为亮晶方解石胶结，反映水体较浅，能量较高。在砂砾屑亮晶灰岩中，所含生物屑及砂砾屑同样具磨蚀现象。结合生物门类多，保存皆较差，其沉积相应为碳酸盐台地浅滩相。而在粉屑生物细晶灰岩中，粒屑以粉砂级为主，其反映水体能量较低，同时其中所含生物门类亦很丰富，其沉积相应为开阔台地相。

2. 拉竹龙组（D_3l）

该组由章炳高等（1984）以日土县拉竹龙南山剖面为代表创建，岩性以碳酸盐岩为主，厚160m。测区见于江额赛一带，出露面积约16km²。

1）分层描述

西藏双湖地区查桑上泥盆统拉竹龙组修测地层剖面位于查桑西10km，剖面代号CP，起点坐标为E87°33′15″，N33°17′19″，终点坐标为E87°34′20″，N33°16′32″。剖面上第13～21层为拉竹龙组（参见图2-1-25）。

上泥盆统拉竹龙组（D_3l） （未见顶） **631.41m**

21. 淡紫色中厚层状含生物碎屑砂砾屑球灰岩，灰岩普遍已重结晶成细晶灰岩，但部分生物仍完整保存。生物组合以广海型、窄盐度生物为主，如海百合、珊瑚、苔藓虫等，珊瑚和苔藓虫发育保存完好。产腕足：? *Stropheodonta* sp. 珊瑚：*Alveolites*? sp.，*Hunanophrentis* sp.，*Sinodisphyllum* cf. *Simplex* Sun，*Temnopyllum* sp.，*Thamnopora*? sp.，*Disphyllum longiseptatum* Yoh，*Disphyllum* sp. 18.89m

20. 淡紫色或浅紫红色中厚层状结晶灰岩与生物灰岩互层，生物组合以海百合、腹足、苔藓虫为主，也见单体珊瑚产出 43.43m

19. 浅紫红色中厚层状生物碎屑细晶灰岩，生物碎屑为海百合、珊瑚、腕足 48.79m

18. 浅灰色中层状含生物碎屑细晶灰岩，生物碎屑主要为棘屑，含量约10%～20% 208.45m

17. 浅紫灰色中层状棘屑细中晶灰岩，棘屑含量80%～90%，亮晶方解石胶结 122.42m

16. 浅紫红色中层状生物灰岩、含生物屑粉屑灰岩和泥晶灰岩 1.42m

15. 浅紫红色中层状（含）生物碎屑中粗晶灰岩，生物屑以棘屑为主，含量10%～15% 144.48m

14. 浅灰色薄中层状泥灰岩和泥晶灰岩，泥质含量约占20%～40% 23.66m

13. 浅紫红色中层状含生物碎屑砂砾屑中晶灰岩，生物屑以棘屑为主，占岩石的10%～20%，产珊瑚：*Temnophyllum* sp.，*Disphyllum cylindricum* Sun 15.96m

————整合————

中泥盆统查桑组（D_2c）

12. 浅灰色中厚层状含生物屑、砂砾屑细中晶灰岩　　186.84m

2）岩石组合及上下接触关系

拉竹龙组下部为浅紫红色中层状含生物碎屑砂砾屑中晶灰岩、浅灰色薄中层状泥灰岩和泥晶灰岩，中、上部由浅紫、浅灰色中至厚层、浅紫红色中层状（含）生物碎屑中粗晶灰岩、块状含生物碎屑细晶灰岩、生物碎（棘）屑灰岩、浅紫红色中厚层状生物碎屑球粒灰岩、淡紫红色厚块状层孔虫礁灰岩组成，厚度大于631.41m。岩石普遍已重结晶，含珊瑚、腕足、层孔虫、海百合、苔藓虫、腹足等化石。

拉竹龙组下与中泥盆统查桑组整合接触，上被断层所截，未见顶。

3）基本层序及沉积环境分析

拉竹龙组可识别出的基本层序主要为：①浅灰色薄中层状泥灰岩和泥晶灰岩组成之韵律性基本层序；②浅紫灰色-浅紫红色中层状生物灰岩、含生物屑粉屑灰岩和泥晶灰岩组成向上颗粒含量减少，粉、泥晶增多的基本层序。

在生物屑灰岩中，岩石呈浅灰色、浅紫红色，生物屑含量60%～70%，生物屑具明显的磨蚀现象，屑间为亮晶方解石胶结，反映水体较浅，能量较高。在砂砾屑亮晶灰岩中，所含生物屑及砂砾屑同样具磨蚀现象，结合生物门类多，保存皆较差等特征，推测其沉积相应为台地浅滩相。

泥灰岩、泥晶灰岩，单层较薄，单层延伸稳定，所含生物化石保存较好，反映一种较低能环境；在生物碎屑球粒灰岩中，虽然生物屑亦具明显的磨蚀现象，但岩石以球粒为主，泥晶充填胶结，亦为低能环境沉积。结合生物门类多，其应为开阔台地相。

另外在色日阿出现礁灰岩，为台地点礁相。

综上所述，拉竹龙组沉积相为碳酸盐台地点礁相—浅滩相—开阔台地相。

（三）石炭系

西雅尔岗地层分区石炭系仅出露有下石炭统，见于查桑西的色日阿—彭来一带，零星呈断块出露，且其分布与泥盆系紧密相邻。

1. 日湾茶卡组（C_1r）

日湾茶卡组系由谢义木（1983）的日湾茶卡群演变而来，其岩性组合以一套碳酸盐岩沉积为特征，夹细碎屑岩，厚491～1 009m。本报告沿用其名，测区内见于色日阿—彭来一带，出露面积约4.7km²。

1）分层描述

西藏双湖地区查桑下石炭统日湾茶卡组修测地层剖面位于查桑西10km，剖面代号CP，起点坐标为E87°33′15″，N33°17′19″，终点坐标为E87°34′20″，N33°16′32″。剖面上第1～7层为日湾茶卡组（参见图2-1-25）。

下石炭统日湾茶卡组（C_1r）　　（未见顶）　　**210.32m**

7. 浅灰色厚层状珊瑚礁灰岩夹薄层至中层状生物碎屑灰岩。产腕足类：*Martinia bublichenki simorin*；珊瑚：*Caninia trinkleri* Schindewolf，*Kassinella* sp.，*Barrandeophyllum* cf. *compressum* Grabau，*B.* cf. *disjunctum* Grabau，*Tachylasma*? sp.，*Cravenia*? *simplex* Wu et Zhang　　25.90m
6. 淡紫色薄层—中层状生物碎屑灰岩夹薄层-中层状介壳生物灰岩，生物碎屑以棘屑为主，介壳以腕足类为主，保存完整、丰富，大小3～7cm，以放射状纹饰为主，其他窄盐度生物也十分发育。产珊瑚：*Amplexus* sp.，*Saleelasma* sp.，*Tachylasma*? sp.；腕足类：*Ovatia ovata*（Hall），*Pseudosyrinx mylkensis* Yang，*Dictyoclostus* cf. *craawfordswillensis* Weller，*Antiquatonia insulpta*（Muir-Wood），*Rhipidomella diminatina* Rowly，*Spirifer striatus*（Martin），*Martinia bublichenki simorin*，M. sp.　　8.92m
5. 淡紫色中厚层状棘屑灰岩，棘屑含量达90%，亮晶胶结。产苔藓虫、珊瑚、腕足类：*Anti-*

quatonia insulpta (Muir-Wood), *Tomiproductus* cf. *cylindricus* Wang, *Chonetes* sp.,
Martinia sp. 36.22m

4. 浅紫色中层状生物碎屑灰岩夹同色生物碎屑泥晶灰岩和含生物碎屑泥晶灰岩，具风暴层特征，含珊瑚、腕足、菊石等化石。产腕足类：*Buxtonia* sp.；珊瑚：*Rhopalolasma* cf. *streothecum* Wu et Zhang，*Zaphrentites* sp.，*Rotiphyllum* sp.；角石：*Michelinoceras* sp. 21.22m

3. 淡紫红色薄中层状含生物碎屑砂砾屑结晶灰岩。产腕足类：*Coledium* cf. *erugatum* Grant，*Pustula scarbricliformis* (Liss)，*Rhipidomella* sp.，*Pugnax* sp.，*Cleiothyridina* cf. *media* Hou；珊瑚：*Barrandeophyllum* cf. *compressum* Grabau，*B.* sp.，*Bradyphyllum* sp. 44.31m

2. 灰色中层状含生物碎屑藻球灰岩和藻屑灰岩，生物屑以棘屑为主，次为珊瑚、苔藓虫等，含量20%～30%。产珊瑚：*Lithostrotion scitulus* Wu et Zhang 27.32m

1. 浅紫红色厚层状砂屑细晶灰岩和含砂砾屑生物碎屑灰岩，生物屑以棘屑为主，次有苔藓虫和少量珊瑚等。产珊瑚：*Lithostrotion scitulus* Wu et Zhang，*L. yaolingense* Chu，*Striatopora* sp. 46.43m

（未见底）

2）岩石组合及上下接触关系

日湾茶卡组岩性为浅紫红色中厚层状砂砾屑细晶灰岩、含砂砾屑生物碎屑灰岩、灰色中层状含生物碎屑藻球灰岩、藻屑灰岩、（含）生物碎屑泥晶灰岩、浅灰色厚块状珊瑚礁灰岩，夹薄中层状介壳生物灰岩，含珊瑚、腕足类、菊石、角石、海百合、苔藓虫等化石，以丰富的珊瑚和腕足类化石为突出特征。厚大于210.32m。

日湾茶卡组与周围岩石皆为断层接触，未见顶、底。

3）基本层序及沉积环境分析

测区内日湾茶卡组可识别出的基本层序主要为：①浅紫红色厚层状砂屑细晶灰岩和含砂砾屑生物碎屑灰岩组成向上碎屑增多的基本层序；②淡紫红色薄中层状含生物碎屑砂砾屑结晶灰岩组成韵律性基本层序；③浅紫色中层状含生物碎屑泥晶灰岩和生物碎屑泥晶灰岩组成向上生物屑增多、泥晶减少的基本层序。

生物屑灰岩呈浅灰色、浅紫红色，生物屑含量60%～70%，生物屑具明显的磨蚀现象，屑间为亮晶方解石胶结，反映水体较浅，能量较高。在砂砾屑亮晶灰岩中，所含生物屑及砂砾屑同样具磨蚀现象，结合生物门类多，保存皆较差，其沉积相应为台地浅滩相。

（含）生物屑砂砾屑泥晶灰岩，单层较薄，单层延伸稳定，所含生物化石除具明显磨蚀现象的生物屑外，尚有部分保存较好，其基质为泥晶灰泥，反映一种较低能环境；结合生物门类多，其应为开阔台地相。另外，礁灰岩的沉积相为台地点礁相。

综上所述，日湾茶卡组的沉积相为碳酸盐台地点礁相—浅滩相—开阔台地相。

（四）三叠系

西雅尔岗地层分区三叠系地层主要见于江爱达日那、沃若山一带。本次在江爱达日那新发现较为完整的三叠系剖面，采集了一批珍贵的三叠系双壳类和菊石、牙形石化石标本；收集了丰富的沉积岩石类型和沉积相分析资料。三叠系地层划分沿革见表2-1-8。

表2-1-8 西雅尔岗地层分区三叠系地层划分沿革表

<table>
<tr><th>时代</th><th>青海区调队
(1970)</th><th>文世宣等
(1979)</th><th>吴瑞忠等
(1986)</th><th>西藏区调队
(1986)</th><th>西藏地矿局
(1997)</th><th colspan="2">朱同兴等
(1996)</th><th>本报告
(2005)</th></tr>
<tr><td>上三叠统</td><td>土门格拉群</td><td></td><td>菊花山组</td><td>肖茶卡群</td><td>肖茶卡群</td><td colspan="2">肖茶卡组</td><td>土门格拉群</td></tr>
<tr><td>中三叠统</td><td rowspan="4"></td><td>康南组</td><td>康南组</td><td>康南组</td><td>康南组</td><td colspan="2">康南组</td><td>康南组</td></tr>
<tr><td rowspan="3">下三叠统</td><td rowspan="2">硬水泉组</td><td>西双湖组</td><td rowspan="2">硬水泉组</td><td rowspan="2">硬水泉组</td><td rowspan="3">康鲁组</td><td rowspan="2">一段</td><td rowspan="2">硬水泉组</td></tr>
<tr><td>硬水泉组</td></tr>
<tr><td>康鲁组</td><td>康鲁组</td><td>康鲁组</td><td>康鲁组</td><td>二段</td><td>康鲁组</td></tr>
</table>

西雅尔岗地层分区三叠系由下往上可分为康鲁组、硬水泉组、康南组、土门格拉群，出露面积约262km²。

1. 康鲁组（T_1k）

康鲁组最早由文世宣等（1979）创名，正层型为热觉茶卡附近的康鲁山剖面。正层型剖面上，康鲁组地层层位出露齐全，厚度449m。本报告沿用其名。测区内康鲁组仅见于江爱达日那一带，出露面积约43km²。

1）分层描述

江爱达日那三叠系康鲁组（T_1k）-土门格拉群（T_3T）剖面（JAP）如图2-1-26所示。

剖面位于双湖地区江爱达日那主峰西侧，行政区划隶属于双湖特别行政区北措乡（查桑），大地构造位置隶属于双湖构造混杂岩带的北缘。剖面起点坐标：N33°30′17.7″，E87°31′55.0″，终点坐标：N33°28′43.1″，E87°31′42.3″。剖面上第1～7层为下三叠统康鲁组。

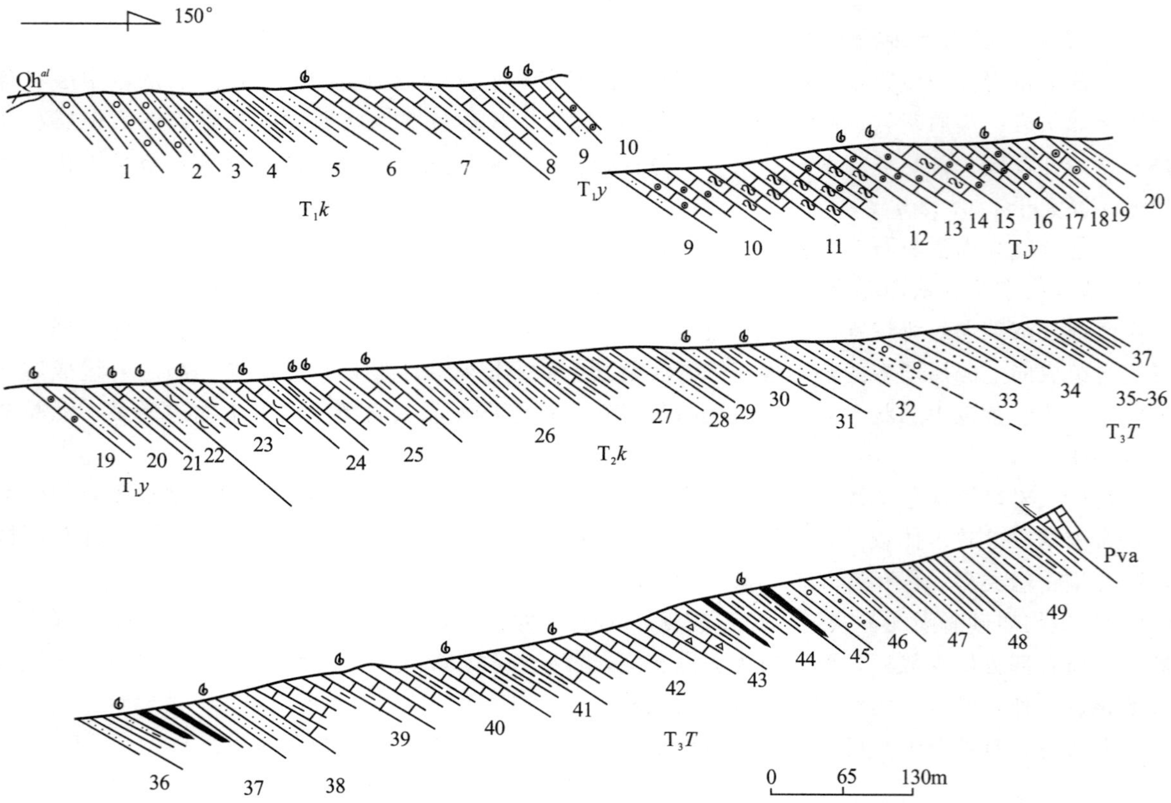

图2-1-26　西藏双湖地区江爱达日那三叠系康鲁组（T_1k）-土门格拉群（T_3T）实测地层剖面图

下三叠统硬水泉组（T_1y）：灰色薄层状瘤状含生物屑微晶灰岩	**8.34m**
————整合————	
下三叠统康鲁组（T_1k）	**>98.71m**
7. 灰色薄层状微晶灰岩与灰绿色薄层状钙质粉砂岩组成5～20cm厚的韵律层	26.97m
6. 灰色中厚层状细粒长石石英砂岩与灰色中层状砂质灰岩组成厚2m的基本层序，产较丰富的双壳类化石：*Eumorphotis* cf. *multiformis* Bittner，*E. teilhardi* Patte，*E.* sp.，*Unionites* cf. *canalensis* Catullo，*U.* cf. *spicatus* Chen，*Myophoria*（*Laviconcha*）cf. *praeorbicularis*（Bittner），*Entolium* sp.	5.34m
5. 灰色中厚层状细粒岩屑石英砂岩—灰色中层状粉砂岩—灰色薄层状泥岩组成厚2～3m的基本层序，砂岩层厚30～60cm，见楔状层理，粉砂岩厚15～20cm，泥岩层厚5～8cm	19.01m
4. 灰色中薄层细粒岩屑石英砂岩与泥岩组成10～20cm厚的韵律层	6.34m
3. 灰色中厚层状细粒岩屑石英砂岩—灰色薄层状粉砂质泥岩组成厚2m的基本层序	4.29m

2. 灰色厚层状细砾岩—细粒岩屑石英砂岩组成厚2～2.5m的基本层序，砾岩层厚1～1.5m，砾石含量40%～60%，成分为砂岩、脉石英，砾石直径2～7mm，呈次圆状分布，砂泥质充填，见逆粒序层理构造，砂岩层厚20～60cm，见平行层理构造 21.46m

1. 灰色中层含砾粗粒岩屑石英砂岩-细粒砂岩-粉砂质泥岩组成厚10～30cm的韵律层序 15.30m

（未见底）

2）岩石组合及上下接触关系

康鲁组下部为灰绿色中厚层状砂质砾岩、含砾岩屑粗砂岩、中细粒长石岩屑砂岩、粉砂岩。上部演化为钙质粉砂岩、粉砂质泥岩夹泥晶灰岩，组成明显的向上变细的沉积序列，测区内出露厚度仅为99m。产丰富的双壳类动物群（*Eumorphotis*）化石及牙形石。测区内康鲁组未见底，上与下三叠统硬水泉组灰岩为连续沉积。

区域地质调查资料表明，羌塘地区康鲁组虽然分布局限，仅出露于热觉茶卡和江爱达日那等地，但其岩石类型、生物组合和沉积相变化却不大，地层厚度则由东往西增厚，在至热觉茶卡南东最大厚度达449m（图2-1-27）。

3）基本层序及沉积环境分析

康鲁组基本层序类型有：①灰色厚层状细砾岩→细粒岩屑石英砂岩组成向上变细的基本层序；②灰色中厚层状细粒岩屑石英砂岩—灰色中层状粉砂岩—灰色薄层状泥岩组成向上变细的基本层序；③灰色中厚层状细砂岩与灰色中层状灰岩组成的韵律式基本层序。

下三叠统康鲁组发育灰绿色中厚层状砂质砾岩、含砾岩屑粗砂岩、中细粒长石岩屑砂岩、泥质粉砂岩、钙质粉砂岩、粉砂质泥岩夹泥（微）晶灰岩，组成明显的向上变细的沉积序列（参见图2-3-2），具有海侵型地层结构，产丰富的双壳类和牙形石化石，代表浅水型滨岸三角洲相环境沉积。

2. 硬水泉组（T_1y）

硬水泉组最早由文世宣创名，正层型为热觉茶卡附近的康鲁山剖面，岩性为薄层灰岩与砂页岩互层。厚度453m，所含双壳类化石 *Pteria* cf. *murchisoni-Eumorphotis inaequicostata* 组合，是我国西南地区早三叠世晚期的标准生物群。本报告沿用其名。测区内硬水泉组见于江爱达日那一带，出露面积约37km²。

1）分层描述

江爱达日那三叠系康鲁组（T_1k）-土门格拉群（T_3T）剖面（JAP）中第8～22层为下三叠统硬水泉组（参见图2-1-26）。

中三叠统康南组（T_2k）：深灰色薄层状介壳生物灰岩与灰绿色薄层状粉砂质泥岩韵律互层

————整合————

下三叠统硬水泉组（T_1y） 297.77m

22. 灰色中薄层粉砂质泥灰岩与灰绿色钙泥质粉砂岩组成等厚韵律，见大量双壳类化石：*Eumorphotis*（*Asoella*）*paradoxical* Chen，*E.*（*A.*）*subillyrica*（Hsu），*E.*（*A.*）cf. *subillyrica*（Hsu），*Myophoria laevigata*（Ziethen），*Donaldina* sp.，*Nuculana subperlonga* Chen，丰富的牙形石：*Pachycladina inclinata* Staesche，*P. bidentata* Wang et Cao，*P. multidentata* Wang et Cao，*P. trigona* Wang et Cao，*P.* sp.，*Parachirognathus geiseri* Clark，*Parachirognathus* sp.，*Cypridodella muelleri* Tatge，*Hindeodella suevica* Tatge，*Hindeodella navadensis* Muller，*Diplododella triassica* Muller，*Diplododella magnidentata* Tatge. 14.89m

21. 灰色中层状钙质粉砂岩，发育平行层理、斜层理和黄铁矿 2.63m

20. 灰绿色中薄层状钙质粉砂岩夹薄层状粉砂质泥页岩 28.54m

19. 灰绿色薄层状粉砂质泥灰岩与钙泥质粉砂岩形成近等厚韵律互层，间夹数层中层状鲕粒灰岩，底部为厚约80cm的鲕、豆粒灰岩，产丰富的双壳类化石：*Myophoria* sp.，*M. laevigata*（Ziethen），*M.* cf. *elegans*（Dunker），*Cardiomorpha* cf. *gymnitum nyanangensis* Zhang，*Pleuromya* cf. *sensimstriata* Assmann，*P. mactroides*（Schl.），*Bakevellia* aff. *tealei*（Cox），*Entolium* cf. *discites*（Schl.），*E.* sp.，*Unionites* sp.，*Claraia dulanensis*

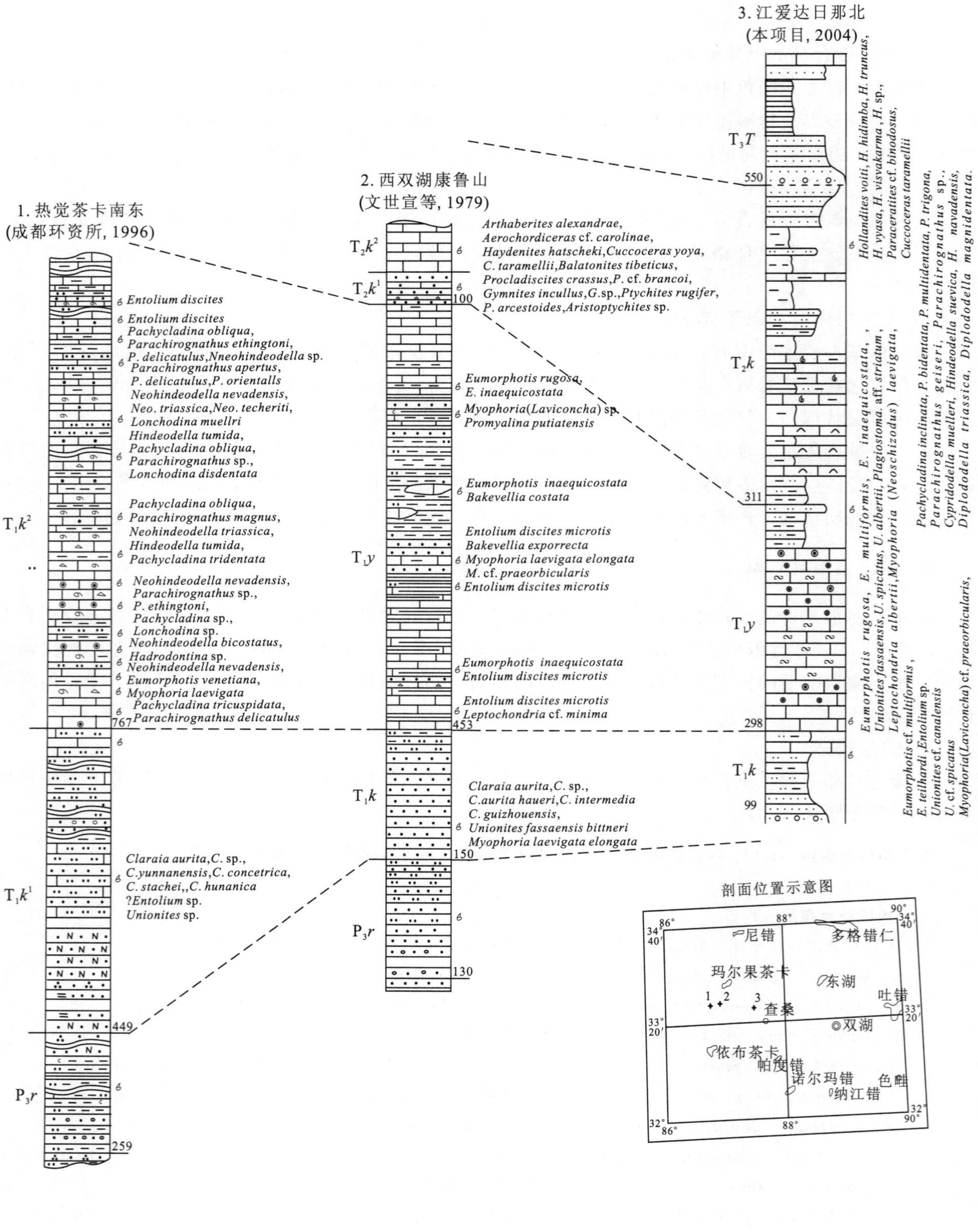

图 2-1-27 中、下三叠统地层划分对比及主要化石分布层位图

Zhang, *Schafhaeutlia* sp., *S.* cf. *rugosa* Assmann, *Megalodon* sp. 34.10m

18. 灰绿色薄层状泥岩夹中层状粉砂质泥岩 12.86m
17. 底部为灰黄色薄层状粉砂质灰岩；中部为灰黄色钙质粉砂岩；上部为灰色中厚层状鲕粒灰岩与豆粒灰岩组成的逆粒序层，产化石：*Entolium discites microtis*（Bittner），*E.* sp. 4.83m
16. 灰色中层状鲕粒灰岩，由中鲕—细鲕组成正粒序层理 23.25m
15. 下部为黄灰色中层状生物扰动灰岩夹灰色鲕粒灰岩、介壳鲕粒灰岩；上部为灰色中薄层状泥晶灰岩，产化石：*Entolium obliques* Li，*E. discites microtis*（Bittner），*E.* cf. *discites*（Schl.），*E.* sp. 10.12m
14. 灰色中层鲕粒灰岩夹生物扰动灰岩，产双壳类化石：*Myophoria*（*Leviconcha*）cf. *ovata* Goldfuss. 8.58m
13. 灰色中厚层状含核形石鲕粒—豆粒灰岩，核形石10%；鲕粒40%，粒径1～2mm；豆粒30%～50%，粒径2～5mm 5.18m
12. 下部为灰色中层状鲕粒灰岩夹生物扰动灰岩；上部为灰色中厚层状鲕粒灰岩，鲕粒含量70%～85%，大小0.6～2mm，呈圆球状，分选好，孔隙式胶结，结构成熟度高 32.48m
11. 灰黄色薄中层状生物扰动灰岩夹薄层状泥质灰岩，灰岩中发育大量的生物钻孔型遗迹化石 63.47m
10. 灰色中层状鲕粒灰岩，鲕粒含量60%～80%，大小0.5～1mm，多为同心鲕，分选好，孔隙式胶结 30.30m
9. 灰色薄层状瘤状微晶灰岩与粉砂质泥灰岩互层，瘤状灰岩单层厚8～12cm，粉砂质泥灰岩单层厚2～5cm，含大量的双壳类化石：*Eumorphotis rugosa* Chen，*E. multiformis* Bittner，*E. inaequicostata*（Benecke），*E.* aff. *venetiana*（Hauer），*E.* sp.，*Unionites fassaensis*（Wissmann），*U.* cf. *fassaensis*（Wissmann），*U. spicatus* Chen，*U. albertii*（Assmann），*U.* sp.，*Plagiostoma.* aff. *striatum*（Schl.），*Myophoria*（*Neoschizodus*）*laevigata*（Ziethen），*Leptochondria albertii*（Goldfuss），*L.* cf. *michaeli*（Assmann）. 18.20m
8. 灰色薄层状瘤状含生物屑微晶灰岩 8.34m

————整合————

下三叠统康鲁组（T_1k）：灰色薄层状微晶灰岩与灰绿色薄层状钙质粉砂岩组成韵律层

2）岩石组合及上下接触关系

硬水泉组岩性主要由灰色、灰绿色薄中层状泥晶灰岩、生物扰动灰岩、鲕粒灰岩、豆粒灰岩、泥灰岩等组成，顶部为粉砂质泥岩、泥岩夹泥质粉砂岩、泥灰岩，地层厚度为298m。产丰富的双壳类和牙形石化石。硬水泉组与下伏康鲁组、上覆康南组皆为整合接触。

区域地质调查资料表明，硬水泉组虽然分布局限，仅出露于热觉茶卡和江爱达日那等地，地层厚度差异明显，表现为由东往西地层厚度加大，在江爱达日那一带厚仅298m，至西双湖康鲁山一带加厚为453m，而热觉茶卡南东厚度大于767m，但其岩石类型、生物组合和沉积相变化却不大，都是以生物扰动灰岩、鲕粒灰岩、豆粒灰岩为特征相的一套碳酸盐岩地层（参见图2-1-27）。

3）基本层序及沉积环境分析

硬水泉组基本层序类型有：①灰色薄中层状瘤状微晶灰岩、生物扰动灰岩与泥灰岩组成向上泥质增多的基本层序；②灰色中层状生物扰动灰岩、鲕粒灰岩组成向上鲕粒增多的基本层序；③灰绿色薄层状泥岩夹中层状粉砂质泥岩组成近等厚韵律性基本层序。

硬水泉组为由灰色、灰绿色薄中层状泥晶灰岩、生物扰动灰岩、鲕粒灰岩和豆粒灰岩等为特征相组成的碳酸盐岩，顶部为粉砂质泥岩、泥岩夹泥质粉砂岩、泥灰岩，产丰富的双壳和牙形石化石，代表浅水型碳酸盐台地相沉积，包括低能台地亚相和高能鲕粒浅滩亚相两种类型。

3. 康南组（T_2k）

康南组最早也由文世宣创名，正层型为热觉茶卡附近的康鲁山剖面，顶、底界线不清。下部为灰岩夹砂质灰岩，上部为薄层灰岩，厚100m。本报告沿用其名，测区内见于江爱达日那一带，出露面

积约 $33km^2$。

1）分层描述

江爱达日那三叠系康鲁组（T_1k）-土门格拉群（T_3T）剖面（JAP）上第 23～32 层为中三叠统康南组（参见图 2-1-26）。

上三叠统土门格拉群（T_3T）

33. 底部为 1m 青灰厚层复成分细砾岩，其上为中厚层状含砾粗粒岩屑砂岩、岩屑石英砂岩

-----------假整合-----------

中三叠统康南组（T_2k）	**311.49m**
32. 中下部为灰色中厚层状长石石英细砂岩；上部为灰黄色中层状中粗粒岩屑砂岩	47.08m
31. 下部灰绿色中层泥质粉砂岩夹钙质细砂岩条带；上部为粉砂质生物碎屑灰岩，含双壳类化石：*Myophoria minor* Chen，*Posidonia* cf. *baiyushiensis* Lu，*Enantiostreon* sp.，*Unionites* sp.，*Murchisonia* sp.，*Pinna* sp.	2.08m
30. 灰绿色薄层状粉砂质泥岩夹同色中层状泥质粉砂岩，产双壳类化石	25.82m
29. 灰色薄层状泥灰岩、粉砂质泥灰岩夹数层灰绿色薄层状钙质粉砂质泥页岩	4.97m
28. 薄层状粉砂质泥岩—泥质粉砂岩—中层状钙质细砂岩组成向上变粗的逆粒序韵律	10.99m
27. 灰绿色薄层粉砂质泥岩夹粉砂质泥灰岩条带，见立方体黄铁矿，上部泥岩中夹钙质粉细砂岩	35.34m
26. 灰绿色薄层状粉砂质泥岩夹泥质粉砂岩及泥灰岩透镜体，粉砂岩中发育小型砂纹层理	66.46m
25. 灰色薄中层状含生物泥质灰岩，夹薄层状粉砂质泥岩，泥灰岩厚 3～35cm，含丰富的菊石：*Hollandites voiti* Oppel，*H. hidimba* Diener，*H. truncus* Oppel，*H. vyasa* Diener，*H. visvakarma* Diener，*H.* sp.，*Paraceratites* cf. *binodosus* Hauer，*Cuccoceras taramellii* Mojs，见少量双壳类：*Eumorphotis multiformis reticulata* Chen，少量牙形石：*Hindeodella suevica* Tatge，*Hindeodella multinamata* Huckriede，*Cypridodella* sp.	55.27m
24. 灰绿色粉砂质泥岩夹泥质粉砂岩条带，产化石：*Mytilus eduliformis praecursor* Frech	11.40m
23. 深灰色薄层状介壳生物灰岩与灰绿色薄层状粉砂质泥岩韵律互层，见双壳类化石：*Eumor-photis*（*Asoella*）cf. *illyrica* Bittner，*Mytilus eduliformis praecursor*（Frech），*M.* sp.，*Unionites* sp.	52.08m

————整合————

下三叠统硬水泉组（T_1y）：灰色中薄层状粉砂质泥灰岩与灰绿色钙泥质粉砂岩组成等厚韵律

2）岩石组合及上下接触关系

测区内康南组由灰色、灰绿色细碎屑岩夹泥灰岩、双壳生物灰岩、菊石生物灰岩组成，顶部发育细粒砂岩。康南组地层的最大特征之一就是产丰富的菊石类化石，厚度为 311m。产丰富的双壳类、菊石及牙形石化石。

康南组整合于硬水泉组之上，与上覆上三叠统呈假整合接触关系。

3）基本层序及沉积环境分析

康南组基本层序类型有：①深灰色薄层状介壳生物灰岩、灰色薄中层状含生物泥质灰岩与灰绿色薄层状粉砂质泥岩、泥质粉砂岩组成韵律性基本层序；②薄层状粉砂质泥岩、泥质粉砂岩、中层状钙质细砂岩组成向上变粗的逆粒序基本层序。

康南组粉砂岩中发育平行层理、小型砂纹层理，上部中粗粒岩屑砂岩中见中型交错层理，结合岩石组合、基本层序特征及产丰富的双壳和菊石化石分析，沉积相表现为浅海陆棚-三角洲相。

4. 土门格拉群（T_3T）

土门格拉群由青海区调队（1970）创名于土门格拉地区，指一套不见顶底的含煤碎屑岩系，产双壳类、植物化石，厚度大于 873m。西藏地矿局（1997）建议废除土门格拉群，而改称结扎群。朱同兴等（2005）认为，这种做法是不可取的，因为已经有越来越多的证据表明土门格拉群含煤地层和结扎群细碎屑岩地层分属于不同的地层小区或沉积相带，他们是不同沉积环境相的产物。江爱达日那地

区上三叠统岩石组合为一套含煤碎屑岩系，产晚三叠世双壳类、孢粉和菊石化石。根据岩石地层划分与对比的原则，认为该套含煤碎屑岩系与土门格拉地区的上三叠统土门格拉群含煤碎屑岩系极为相似，因此将江爱达日那地区的上三叠统地层命名为土门格拉群。由于江爱达日那地区土门格拉群地层为单斜构造，地层层序相对齐全，地层叠置和底界清楚，产双壳类、孢粉和菊石等生物化石，朱同兴等（2005）建议将江爱达日那剖面作为羌塘地区上三叠统土门格拉群正层型剖面，将创名地——土门格拉剖面降级为次层型剖面。

1）分层描述

江爱达日那三叠系康鲁组（T_1k）-土门格拉群（T_3T）剖面（JAP）上第 33～49 层为上三叠统土门格拉群（参见图 2-1-26）。

上三叠统土门格拉群（$\mathbf{T_3}$***T***）	（未见顶）	**＞549.88m**
49. 灰色中厚层状岩屑细砂岩夹深灰色极薄层状碳质页岩，中部夹中薄层状粉砂质灰岩		59.73m
48. 深灰色薄层状泥页岩、粉砂质泥页岩，夹中薄层状灰黄色岩屑细砂岩、泥质粉砂岩		18.00m
47. 灰绿色中厚层状岩屑细砂岩夹极薄层状灰黄色粉砂质泥页岩		36.22m
46. 灰色含砾粗砂岩—中细粒岩屑砂岩—粉砂岩—粉砂质泥岩组成向上变细的旋回		34.85m
45. 深灰色极薄层状粉砂质泥页岩与灰黄色中层状钙质粉砂岩组成韵律，局部夹煤线		16.11m
44. 暗色薄-极薄层状粉砂质泥页岩，局部夹泥质粉砂岩条带，泥质岩中见水平纹层，粉砂岩中见砂纹层理，局部夹煤层或煤线，含双壳类化石：*Amonotis* cf. *rothpletzi yushensis* Sha et Chen，*Halobia* sp.		45.04m
43. 灰色厚层块状角砾状灰岩，单层厚 60～300cm		17.84m
42. 深灰色薄层状泥晶灰岩，局部呈瘤状，含双壳类化石：*Entolium* cf. *quotidianum* Healey，*E.* sp.		71.57m
41. 灰色薄层状泥页岩夹深灰色薄层状泥灰岩，局部呈互层状产出，两者之比约（2～4）：1		23.30m
40. 灰色薄层瘤状泥晶灰岩夹深灰色钙质泥岩，含双壳类化石：*Entolium quotidianum* Healey，*Schafhaeutlia gigantean* Krumbeck，*Amonotis* sp.，*Pinna* sp.，在其东侧的石门关相邻层位（样号：D3241H_2）中产菊石：*Juvavites* cf. *xizangensis* Wang et He；在其南侧的红水河相邻层位（样号：D4199H_1 和 D3233H_2）中产珊瑚：*Margarophyllum decora* Wu，*Paromphalophyllia sparsa* Deng et Zhang		53.41m
39. 灰色薄中层状泥灰岩		44.92m
38. 灰黄色中薄层状岩屑长石细砂岩，底部夹厚约 50cm 的砂质生物灰岩，灰岩中含丰富的双壳类化石：*Myophoria*（*Costatoria*）*minor* Chen，*Posidonia* sp.，*Ostrea* sp.，*Halobia* sp.，*Myophoricardium tulongense* Wen et Lan，*Entolium quotidianum* Healey，*E.* sp.，*Prototrigonia seranensis* Krumbeek，*Heminajas fissidentata* Wohrmana，*Pachycardia* sp.，*Trigonia*（*Kumatrigonia*）*jingguensis* Chen.		17.22m
37. 深灰色极薄层状碳质页岩、粉砂质泥页岩夹泥质粉砂岩透镜体，局部夹煤线，粉砂岩中含丰富双壳类：*Entolium* cf. *tenuistriatum rotundum* Chen，*E.* sp.，*Nuculana* cf. *miaocunensis* Chen，*Gervillia lanpingensis* Chen，*Meleagrinella* sp.，*Myophoria*（*Costatoria*）*minor* Chen，*Posidonia* sp.，*Amonotis* cf. *salinaria*（Bronn），*Ostrea* sp.		49.55m
36. 浅灰、灰黄色中层状细粒长石石英砂岩夹深灰色薄层泥页岩		3.75m
35. 灰色薄层状粉砂质泥岩夹薄层状泥灰岩，局部夹煤线		7.21m
34. 灰黄色中层状岩屑长石细粒砂岩，发育中型斜层理		29.09m
33. 底部为 1m 青灰厚层复成分细砾岩，其上为中厚层状含砾粗粒岩屑砂岩、岩屑石英砂岩		22.07m

------------假整合------------

中三叠统康南组（$\mathbf{T_2}$*k*）：灰色、灰黄色中厚层状长石石英细砂岩、中粗粒岩屑砂岩

2）岩石组合及上下接触关系

土门格拉群在测区内的江爱达日那一带岩性三分性明显。

下部为灰、深灰色薄中层状细粒岩屑长石砂岩、碳质页岩、粉砂质页岩、泥质粉砂岩夹薄层状泥灰岩，局部夹煤线，底部为 1m 青灰厚层复成分细砾岩，厚度 129m。产双壳类：*Myophoria*（*Costato-*

ria) *minor*, *Posidonia* sp. , *Ostrea* sp. , *Halobia* sp. , *Myophoricardium tulongensis*, *Entolium quotidianum*, *E.* cf. *tenuistriatum rotundum*, *E.* sp. , *Prototrigonia seranensis*, *Heminajas fissidentata*, *Pachycardia* sp. , *Trigonia jingguensis*, *Nuculana* cf. *miaocunensis*, *Gervillia lanpingensis*, *Meleagrinella* sp. , *Amonotis* cf. *salinaria*。

中部为一套薄中层（顶部为厚层块状）泥晶灰岩夹泥页岩、泥灰岩、钙质泥岩地层，厚度 211m。产双壳类：*Entolium quotidianum*, *E.* sp. , *Schafhaeutlia gigantean*, *Amonotis* sp. , *Pinna* sp. ，微体鱼牙：*Gen.* et sp. Indet A, *Gen.* et sp. Indet B. ，菊石：*Juvavites* cf. *xizangensis*，珊瑚：*Margarophyllum decora* Wu, *Paromphalophyllia sparsa* Deng et Zhang。

上部主要由灰-深灰色极薄中层状、少量厚层状粉砂质泥岩、粉砂岩、含砾粗砂岩、中细粒岩屑砂岩组成，夹深灰色极薄层状碳质页岩，局部夹煤线。地层层序上总体具有下细上粗的逆韵律结构，但在砂岩内部又发育正粒序层理，出露厚度大于 210m。产双壳类化石：*Amonotis* cf. *rothpletzi yushensis*, *Halobia* sp. 。

在沃若山—方湖一带，土门格拉群岩性组合与江爱达日那一带相近。岩性亦有三分性，但中部之岩性相变较大，为深灰、灰黑色薄中层状泥岩夹泥晶灰岩，在沃若山上三叠统土门格拉群下部煤系地层中产双壳类：*Yunnanophorus boulei* (Patte), *Tulongocardium* sp. , *Palaeocardita* sp. , *Trigonia* (*Kumatrigonia*) cf. *huhxilensis* Lu 和丰富的孢粉：*Osmundacidites* sp. , *Clathroidites* sp. , *Dictyophyllidites* sp. , *Leiotriletes* sp. , *Deltoidospora* sp. , *Biretisporites* sp. , *Strimonosaccites* sp. , *Classopollis* sp. , *Pinuspollenites* sp. 等；在中部地层中获双壳：*Trigonia* sp. 、*Ostrea* cf. *praecursor* Chen, ? *Plicatula* sp. , *Cardium* sp. ，上部地层中获植物：*Equisetites* cf. *ferganensis* Soward。

土门格拉群与中三叠统康南组为平行不整合接触，上被中侏罗统雀莫错组角度不整合所覆。未见其与下侏罗统那底岗日组接触，可能与那底岗日组分布局限有关。

3）基本层序及沉积环境分析

土门格拉群基本层序类型有：①青灰色中厚层状含砾粗粒岩屑砂岩、细粒岩屑（长石）石英砂岩、粉砂岩、灰色薄层状粉砂质泥岩组成单层变薄、粒度变细的基本层序；②深灰色极薄层状碳质页岩、粉砂质泥页岩或灰黄色中层状钙质粉砂岩组成之韵律性基本层序；③灰色薄层泥晶灰岩、深灰色钙质泥岩组成的韵律性基本层序。

上三叠统土门格拉群以中部泥晶灰岩为标志，三分性明显，上、下地层均为含煤碎屑岩系地层。下部和上部虽同为含煤碎屑岩系，但其基本层序和沉积地层叠置结构明显不同：下部含煤碎屑岩系总体表现为下粗上细的正粒序和海侵型沉积地层叠置结构；而上部含煤碎屑岩系总体则表现为下细上粗的逆粒序和海退型沉积地层叠置结构（参见图 2-3-2）。主要沉积相表现为三角洲相—碳酸盐台地相—三角洲相。

西雅尔岗地层分区中尚见有侏罗系、古近系及第四系地层分布，鉴于测区内侏罗纪后地层分区不明显，故侏罗系及其后地层合并于多格错仁地层分区中介绍。

三、多格错仁地层分区

多格错仁地层分区位于图幅北部长蛇山-奇嵘山断裂以北，总体呈北西西向展布，仅出露侏罗系、古近系和第四系。

（一）侏罗系

测区内侏罗系出露面积约为 3 202km^2，占测区总面积的 20.72%。出露层位全，包括下侏罗统那底岗日组，中侏罗统雀莫错组、布曲组、夏里组，上侏罗统索瓦组、白龙冰河组及上侏罗统-下白垩统雪山组。20 世纪 90 年代，侏罗系被作为油气勘探的主要目的层，成都环资所朱同兴等（1996）对测区内侏罗系进行了详细的岩石地层、生物地层、年代地层、层序地层、磁性地层等划分对比与研究工作，极大地提高了测区侏罗系地层的研究程度。测区侏罗系地层划分沿革见表 2-1-9。

表 2-1-9　测区侏罗系-下白垩统地层划分沿革表

<table>
<tr><th colspan="2">蒋忠惕
(1983)</th><th colspan="3">西藏区调队
(1986)</th><th colspan="3">西藏岩石地层
(1997)</th><th colspan="3">成都环资所
朱同兴等（1996）</th><th colspan="3">本报告
(2005)</th></tr>
<tr><td rowspan="2">下白垩统</td><td rowspan="2">雪山组</td><td rowspan="4">上侏罗统</td><td rowspan="2" colspan="2">白龙冰河组</td><td rowspan="11">中上侏罗统</td><td rowspan="11">雁石坪群</td><td rowspan="4">上灰岩组</td><td rowspan="5">上侏罗统</td><td rowspan="2">雪山组</td><td>紫红色砂岩段</td><td rowspan="2">下白垩统</td><td rowspan="2">雪山组</td><td>紫红色砂岩段</td></tr>
<tr><td>杂色泥岩段</td><td>杂色泥岩段</td></tr>
<tr><td rowspan="13" colspan="2">侏罗系</td><td rowspan="9">雁石坪群</td><td rowspan="2">上灰岩组</td><td rowspan="2">索瓦组</td><td>细碎屑岩夹灰岩段</td><td rowspan="2">上侏罗统</td><td colspan="2">白龙冰河组</td></tr>
<tr><td>灰岩段</td><td colspan="2">索瓦组</td></tr>
<tr><td rowspan="7">中侏罗统</td><td rowspan="4">上砂岩组</td><td rowspan="4">上砂岩组</td><td rowspan="4">夏里组</td><td>杂色砂泥岩段</td><td rowspan="7">中侏罗统</td><td rowspan="3">夏里组</td><td>上含膏细碎屑岩段</td></tr>
<tr><td rowspan="7">中侏罗统</td><td>上石膏段</td><td>灰岩段</td></tr>
<tr><td>灰岩段</td><td>下含膏细碎屑岩段</td></tr>
<tr><td>下石膏段</td><td colspan="2">布曲组</td></tr>
<tr><td>下灰岩组</td><td>下灰岩组</td><td colspan="2">布曲组</td><td rowspan="3">雀莫错组</td><td>含膏细碎屑岩段</td></tr>
<tr><td rowspan="2">下砂岩组</td><td rowspan="2">下砂岩组</td><td rowspan="3">雀莫错组</td><td>含膏杂色砂泥岩段</td><td>灰岩段</td></tr>
<tr><td>含膏灰岩段</td><td>粗碎屑岩段</td></tr>
<tr><td rowspan="4">下侏罗统</td><td rowspan="4" colspan="2">那底岗日组</td><td rowspan="4">下侏罗统</td><td rowspan="4" colspan="2">那底岗日组</td><td>紫红色砂砾岩段</td><td rowspan="4">下侏罗统</td><td rowspan="4" colspan="2">那底岗日组</td></tr>
<tr><td rowspan="3">侏罗下统</td><td rowspan="3">那底岗日组</td><td>紫红色砂泥岩段</td></tr>
<tr><td>沉凝灰岩段</td></tr>
<tr><td>火山凝灰岩段</td></tr>
</table>

1. 那底岗日组（J_1n）

那底岗日组由西藏区调队（1986）所创那底岗日群演变而来，当时是以那底岗日和菊花山剖面为代表，但以菊花山剖面最为系统和完整。由中、下部一套中性凝灰岩、凝灰质砂岩夹安山岩、流纹岩及少量玄武岩和上部含砾砂岩、泥质粉砂岩和生物碎屑泥灰岩组成，厚 1 120～1 672m，不整合覆于上三叠统肖茶卡组之上，其上被中侏罗统雁石坪群下砂岩组整合覆盖。成都环资所朱同兴等（1996）重新测制了菊花山剖面，并作了古地磁和同位素采样测定。根据该组岩性纵向变化组合特征，将其划分为 3 个段级岩石地层单位，自下而上分别称为凝灰岩段、沉凝灰岩段和紫红色砂泥岩段，同时改那底岗日群为那底岗日组。

测区内那底岗日组零星分布于胜利河、那底岗日、长蛇山等地，出露面积约 102km²，主要为一套酸性火山岩及凝灰岩。

1）剖面描述

西藏双湖地区长蛇山下侏罗统那底岗日组（J_1n）路线剖面（CSP）位于双湖地区长蛇山，剖面起点坐标为 N33°53′11″，E87°34′46″，终点坐标为 N33°52′23″，E87°35′17″。剖面上第 1～12 层为下侏罗统那底岗日组（图 2-1-28）。

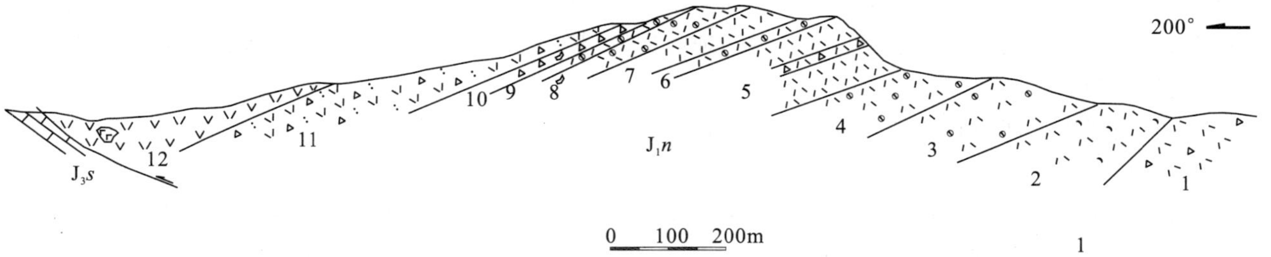

1

图 2-1-28　西藏双湖地区长蛇山下侏罗统那底岗日组（J_1n）路线剖面图

下侏罗统那底岗日组（J_1n） **851.79m**

（未见顶）

12. 灰紫色块状蚀变英安岩，顶部含深灰色玄武岩包体，包体大小1.5m左右　156.31m
11. 灰紫色块状流纹质凝灰岩，角砾凝灰结构，由角砾35%（流纹岩25%、流纹岩10%），凝灰物质45%（霏细流纹岩35%、球粒流纹岩10%），霏细长英质胶结物20%组成　158.09m
10. 灰绿色块状火山角砾岩夹灰紫色、灰绿色块状集块火山角砾岩　21.46m
9. 浅灰绿色球粒状流纹岩　12.76m
8. 灰紫色流纹岩　20.66m
7. 灰绿色流纹岩　27.79m
6. 灰紫色球粒流纹岩　24.15m
5. 绿灰色块状流纹岩夹流纹质火山角砾岩　38.99m
4. 灰紫色球粒流纹岩，球粒结构、斑状结构，斑晶含量2%～5%，成分为石英、长石，球粒含量70%～80%，球粒大小3～5mm，呈放射状，成分为长英质，基质含量为20%～30%，成分为隐晶质长英质　84.04m
3. 绿灰色球粒流纹岩　76.22m
2. 灰绿色碳酸盐化玻基流纹岩　66.26m
1. 灰绿色块状流纹质火山角砾岩，具块状构造，角砾状结构，角砾含量70%～80%，成分主要为流纹岩，少量岩屑石英砂岩，角砾大小以3～6cm为主，少量达8～10cm，呈棱角状，无分选，胶结物为酸性熔岩，与角砾边界清楚　165.06m

（未见底）

2）岩石组合及上下接触关系

那底岗日组主要由灰绿色块状流纹质火山角砾岩、碳酸盐化玻基流纹岩，绿灰色、灰紫色球粒流纹岩、灰紫色块状流纹质角砾凝灰岩、灰紫色块状蚀变英安岩、暗紫红色、褐紫红色中厚层块状流纹质晶屑凝灰岩、岩屑凝灰岩组成。厚0～851m。但在胜利河东其岩性与区域上差别较大，上部为气孔状玄武安山岩、基性和中酸性火山角砾岩、火山质砾岩夹细砾岩、含砾粗砂岩、长石砂岩和粉砂岩，下部为细砾岩、钙质不等粒石英砂岩、粉砂岩和泥岩组成正粒序韵律式沉积，厚大于225m。该组在区域上分布不稳定，在未接受沉积区域，多见中侏罗统雀莫错组直接覆盖于上三叠统或直接超覆于古生界之上。

测区内那底岗日组下未见底，但区域上与下伏上三叠统多呈不整合或假整合接触（如菊花山地区、雀莫错地区、弯弯梁地区等）。在那底岗日和菊花山一带，那底岗日组被中侏罗统雀莫错组平行不整合所覆，在江爱藏布、西长梁、雀莫错、弯弯梁一带，那底岗日组被中侏罗统雀莫错组角度不整合所覆。

3）喷发旋回及喷发环境分析

从长蛇山剖面看，那底岗日组火山岩由火山角砾岩、角砾凝灰岩→流纹岩、英安岩组成3个喷发旋回，下部为喷发相，上部为溢流相。

在胜利河东，其主要为碎屑岩沉积，基本层序类型有：①灰紫红色中层状砾岩、钙质石英砂岩组成向上变细的基本层序；②灰紫红色薄中层状含砾杂砂岩、粉砂岩、泥岩组成向上变细的基本层序；③紫红色薄层状粉砂岩、泥岩组成之韵律性基本层序。砾岩、砂岩横向上呈透镜状产出，砾岩发育正粒序层理，砂岩中发育交错层理、板状斜层理和平行层理，地层总体组成下粗上细的正粒序结构，沉积相为河流相。

从火山岩中夹河流相砂砾岩看，那底岗日组的喷发环境主要为陆相。

4）时代讨论

对那底岗日组的时代，虽然其中未获生物化石，但由于其挟持于有确切时代依据的上三叠统与中侏罗统之间，历来争议不大。朱同兴等（1996，2001）对菊花山地区那底岗日组进行了磁性地层研究，其磁极性柱状图与国际地磁极性年表的下侏罗统图案相吻合，证明那底岗日组时代应属早侏罗世。此外，在胜利河东的一件凝灰岩样品Ar－Ar法同位素年龄值为（182.97±3.66）Ma；在长蛇山路线剖面英安岩中获Ar－Ar法同位素年龄值为（194±4）Ma，说明那底岗日组时代应是早侏罗世。

2. 雀莫错组（J_2q）

雀莫错组是青海区调队（1987）首创于雀莫错剖面，指原雁石坪群下砂岩组一套紫红色复成分砾岩和紫灰绿色岩屑石英砂岩、粉砂岩组成的地层体。1997 年青海省岩石地层明确定义雀莫错组为不整合于结扎群之上，整合于布曲组之下的紫、灰紫色及灰色为主的复成分砾岩、含砾砂岩、石英砂岩、粉砂岩夹灰岩地层体。

测区雀莫错组纵向上岩性组合三分性明显，据此，自下而上划分为 3 个段级岩石地层单位，即粗碎屑岩段、灰岩段和含膏细碎屑岩段。测区内雀莫错组分布于图幅北部的西长梁—那底岗日、胜利河—沃若山及千秋岭等地，出露面积约 502km²。

1）剖面描述

（1）西藏双湖地区胜利河中侏罗统雀莫错组（J_2q）实测地层剖面（SLP）（图 2-1-29）。

剖面位于胜利河短轴向斜南翼，总体基岩出露较好，剖面所控制的中侏罗统雀莫错组以及所分的三段岩性顶底齐全，构造清楚。起点坐标为 E87°28′29.7″，N33°35′33.8″，终点坐标为 E87°27′35.8″，N33°26′21.6″。

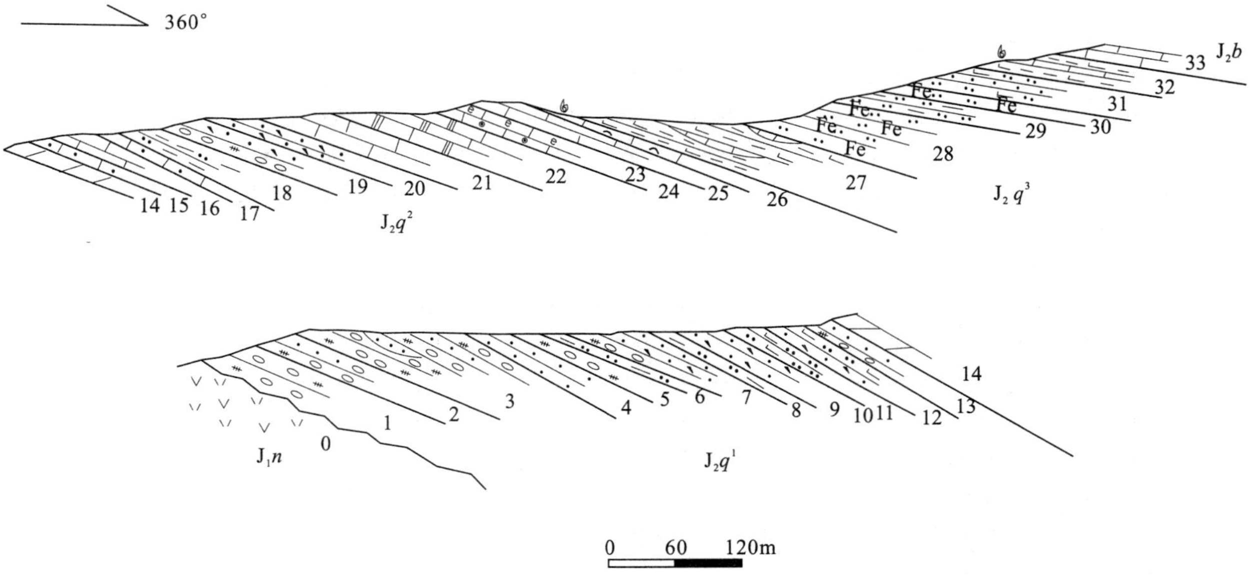

图 2-1-29 西藏双湖地区胜利河中侏罗统雀莫错组（J_2q）实测地层剖面图

中侏罗统布曲组（J_2b）：深灰色中厚层状含生物屑泥晶灰岩夹鲕粒灰岩、介壳灰岩

————整合————

中侏罗统雀莫错组（J_2q） **608m**

中侏罗统雀莫错组含膏细碎屑岩段（J_2q^3） **143.45m**

32. 灰、灰绿、灰黄色薄层状钙质泥岩夹中薄层泥晶灰岩，泥岩与灰岩比为（5∶1）～（10∶1），获双壳类：*Parainoceramus matsumotoi* Hayami，*Parainoceramus* cf. *lunaris* Hayami，*Yokoyamajna globosa* Hayami 24.49m

31. 灰绿色中厚层状钙质粉砂岩夹数层中薄层细粒岩屑石英砂岩 25.11m

30. 暗紫红色夹灰绿色薄中层状铁质粉砂岩 9.66m

29. 灰绿、暗紫红色中厚层状细砂岩（0.5～1m）、中薄层泥质粉砂岩（1～3m）与灰绿色薄层粉砂质泥岩（0.5m）组成向上变细的旋回性基本层序，厚约 2～5m 17.8m

28. 暗紫红色中薄层状铁质粉砂岩，具水平纹层 31.32m

27. 灰、灰黄、灰绿色薄层状钙质泥岩夹数层薄层状泥晶灰岩透镜体，泥晶灰岩单层 5～10cm，厚 10～30cm。中部夹薄层介壳灰岩条带（3～5cm）。泥岩中具水平纹层 35.09 m

中侏罗统雀莫错组灰岩段（J_2q^2） **193.97m**

26. 灰色中薄层生屑微晶灰岩夹介壳灰岩、鲕粒灰岩。获双壳类：*Astarte delicata* Fan，*A.* cf. *voltzii* Goldfuss，*Fimbra regularis*（Fan），*Hiatella arenicola*（Terquem），*H. fabacea*（Terquem），*Luciniola cingulata*（Terquem），*L. problematica*（Terquem），*Protocardia trasversa* Fan，*Palaeonucula* cf. *navis* (Piette) 5.89m

25. 灰、深灰、灰黑色厚层状泥晶灰岩，局部夹少量生物屑灰岩，具缝合线构造 16.08m

24. 灰、深灰色中薄层状生物屑灰岩夹少量白云石化鲕粒灰岩，生物屑主要由介壳碎片组成，单层厚5～25cm。鲕粒灰岩中鲕粒含量60%，粒径1mm大小，以薄皮鲕为主，多呈圆形和椭圆形 8.14m

23. 灰、深灰色薄层状白云石化细晶灰岩，局部夹钙质泥岩条带，单层3～10cm，顶部夹厚约1m的中薄层状角砾状灰岩 3.83m

22. 灰、灰黄色中薄层状砾屑状膏灰岩，砾屑结构，砾屑80%～85%，亮晶方解石15%～20%胶结。矿物成分以方解石（90%）、石膏（5%）为主 31.48m

21. 灰色中薄层状微晶灰岩夹灰黄色薄层状泥灰岩、钙质泥岩薄层 25.53m

20. 暗紫红色中厚层状岩屑细砂岩为主，夹暗紫红色中层状细砾岩透镜体。岩屑砂岩单层20～60cm，岩屑成分主要为紫红色英安质，磨圆较差，分选较好，颗粒支撑，钙质胶结。细砾岩透镜体一般大小为40cm×300cm，在顺层方向断续出现，砾石成分为脉石英、砂岩以及火山岩，磨圆较差，分选中等，钙质、砂泥质胶结。该层向上不含细砾岩，砂岩粒度变细，上部为钙质粉砂岩。砂岩中发育平行层理 16.15m

19. 浅灰色石英质细砾岩（30cm）、中粗粒岩屑石英砂岩（100～150cm）、中薄层状细中粒含岩屑石英砂岩（100～300cm）组成向上变细的旋回性基本层序。细砾岩呈透镜状，常为含砾岩屑石英粗砂岩替代，砾石成分主要为脉石英、砂岩，次为英安岩，磨圆较差，分选中等，向上略具正粒序。岩屑石英砂岩单层3～25cm，平行层理极发育，局部见小型斜层理 21.57m

18. 暗紫红色薄中层状钙质粉砂质泥岩为主，夹少量中层状紫红色钙泥质粉砂岩，局部呈韵律产出。砂岩与泥岩比为（1∶3）～（1∶10），粉砂岩中见平行层理，向上砂岩增多，水体变浅 17.24m

17. 灰、浅灰色薄—中层状砂质灰岩，单层8～30cm，发育粒序层理及小型砂纹层理 8.97m

16. 灰、深灰色中薄层状微晶灰岩，单层5～25cm，层间常夹薄层—极薄层钙质页岩。顶部为中薄层状灰黑色鲕粒灰岩，鲕粒大小1～1.5mm，多为实心鲕，少量薄皮鲕，总体向上水体变浅 16.04m

15. 灰、浅灰色中层状含砂质泥晶灰岩，下部紫红色中层状微晶灰岩，上部夹钙质页岩，顶部夹灰黄、灰绿色中薄层钙质细砂岩，其中见硅化木 9.23m

14. 灰、灰黄、暗紫红色中厚层状泥灰岩夹瘤状灰岩。泥灰岩单层30～50cm，层间常夹薄层-极薄层紫红色钙质泥岩（1～3cm），泥灰岩中见较多的虫孔，虫孔有穿层现象 13.84m

中侏罗统雀莫错组粗碎屑岩段（J_2q^1） 270.57m

13. 灰、灰紫色中厚层状复成分砾岩/含砾中粗粒岩屑石英砂岩与紫红色厚层状含砾钙质粉砂岩、钙质粉砂岩泥灰岩组成一个向上变细的层序。含砾中粗粒岩屑石英砂岩呈透镜状产出，其中见平行层理。复成分砾岩中砾石含量60%，成分主要为英安岩、脉石英、硅质岩等，磨圆中等，大小2～20mm，分选较差，砂泥质胶结 7.36m

12. 紫灰色薄层状含岩屑砂屑钙屑砂岩（1m）与紫红色中薄层状钙屑粉砂岩（6m）组成向上变细的韵律，见较多的虫孔。粉砂岩中可见较多的泥灰岩透镜体，大小为15～40cm 28.51m

11. 紫红色中厚层状钙质粉砂岩夹钙质细砂岩条带 17.73m

10. 灰紫红色中厚层状岩屑石英粗砂岩，局部含细砾岩透镜体 2.27m

9. 浅灰、灰紫红色中层状中粗粒岩屑砂岩与紫红色中厚层状岩屑细砂岩组成两个韵律 15.35m

8. 紫、灰紫色中层状泥质粉砂岩，局部夹灰、浅灰色薄层状岩屑石英细砂岩条带或透镜体 10.56m

7. 浅灰、灰紫红色中层状含中粗砾细砾岩（0.5～1m），浅灰、灰红色中层状中粗粒岩屑砂岩（2～3m），灰、紫灰色中厚层状细粒岩屑砂岩（3～6m）组成4个向上变细的旋回性基本层序 24.34m

6. 灰紫红色薄中层状泥质粉砂岩夹细砂岩，上部夹中粗粒岩屑砂岩透镜体（0.4m×3m） 8.13m

5. 灰、灰黄、灰红色中层状细砾岩夹中层状中粗粒岩屑石英砂岩。砾石成分以脉石英为主，次为火山岩、硅质岩、变质石英砂岩，磨圆度中等，呈次棱角—次圆状，砾径一般为0.3～1cm。岩屑砂岩多呈透镜状，砾岩与砂岩比例为5∶1 11.4m

4. 灰、浅灰色中层状粗粒含岩屑石英砂岩为主，夹石英质细砾岩层或透镜体。岩屑主要为石英

岩、硅质岩等，砂岩中见正粒序层理	18.81m
3. 灰、灰黄色薄中层状细砾岩局部夹中粗粒岩屑石英砂岩透镜体。砾石成分为脉石英、火山岩、硅质岩、变质石英砂岩、灰岩。磨圆度中等，呈次棱角-次圆状，砾径一般为0.3～1cm，局部有3～8cm砾径的砾石。局部砾岩中砾石具定向排列，其扁平面倾向北	70.21m
2. 灰、灰黄、灰红色中层状细砾岩（30cm）与含砾中粗粒岩屑石英砂岩（40cm）组成向上变细厚约0.7m的韵律层。砾石成分以脉石英为主，次为火山岩、硅质岩、变质石英砂岩、灰岩。磨圆度中等，呈次棱角一次圆状。砾径一般为1.5cm。钙质、砂泥质胶结。砂岩中可见平行层理，斜层理	23.28m
1. 灰、灰紫色中厚层状细砾岩，局部夹中粗砾岩，砾岩中砾石成分复杂，以脉石英为主，次为含砾变质石英砂岩、石英片岩、大理岩、火山岩、硅质岩、千枚岩、石英斑岩、砂岩、灰岩等。磨圆度中等，呈次棱角一次圆状。砾径一般为0.2～1.2cm，局部有3～10cm砾径的砾石。见正粒序层理	32.61m

------------不整合------------

下侏罗系那底岗日组（J_1n）：暗紫红色英安岩

（2）西藏双湖地区那底岗日中上侏罗统实测地层剖面（NP）（据成都环资所朱同兴等，1996）（见图2-1-35）。

剖面位于那底岗日西坡，起点坐标为E87°56′32″，N33°41′17″，终点坐标为E87°53′38″，N33°39′19″。剖面顶、底界线清楚，斜距4 565.60m，中上侏罗统剖面厚度为2 574.55m。剖面2～27层为中侏罗统雀莫错组。

中侏罗统布曲组（J_2b）：深灰、灰黑色薄层、中层状泥晶灰岩

————整合————

中侏罗统雀莫错组（J_2q）	**498.64m**
中侏罗统雀莫错组含膏杂色砂泥岩段（J_2q^3）	**340.63m**
27. 灰-深灰色薄中层状硬石膏层，在露头上走向延伸大于1km，厚度较稳定	11.76m
26. 灰色中层状泥灰岩夹钙质泥岩，底部见泥晶白云岩，在上部灰岩中见1～3mm沥青脉	71.35m
25. 灰绿色中层状细粒岩屑砂岩，砂岩单层厚15～30cm，含少量成岩黄铁矿。层面上见水平和垂直虫孔，见斜层理。产双壳类：*Pleuromya* cf. *dercurtatus*（Phillips）（肋海螂）	12.66m
24. 下部为紫红色薄层细粒岩屑砂岩与泥质粉砂岩、钙质粉砂岩互层；中部为粉砂岩与细砂岩互层，具水平虫管；上部为粉砂质泥岩夹数层薄中层状泥灰岩，泥灰岩中含少量完整双壳类，大小为1～3cm。产双壳类：*Protocardia*? sp.（始心蛤）；*Pleuromya* sp.（肋海螂）	74.32m
23. 灰绿色中层状细粒岩屑长石砂岩，单层厚度10～20cm，平行层理和低角度交错层理发育	7.09m
22. 暗紫红色中层状粉砂质泥岩夹泥质粉砂岩和钙质粉砂岩，中部夹两层中层状泥晶灰岩。	16.81m
21. 灰绿色中层状长石岩屑细砂岩，砂岩呈核形体或透镜体产出	7.24m
20. 暗紫红色薄层状粉砂质泥岩与泥质粉砂岩、钙质粉砂岩互层，单层厚1～3cm，最厚至5.5cm，下部夹1.8m厚薄中层状黄绿色泥晶灰岩，灰岩中含黄铁矿颗粒，中部夹50cm厚钙质泥岩	38.29m
19. 深灰色中厚层状钙质泥岩，具成岩黄铁矿小颗粒	2.34m
18. 紫红色薄层状粉砂质泥岩夹极薄-薄层状泥质粉砂岩和钙质粉砂岩，钙质粉砂岩呈薄层状产出，单层厚1～3cm，发育平行层理。在下部夹两层黄绿色泥灰岩	18.65m
17. 灰绿色中层状细粒长石岩屑砂岩。砂体呈透镜状产出，发育斜交生物钻孔	13.37m
16. 暗紫红色中厚层状泥质粉砂岩夹粉砂质泥岩。在层序上，粉砂质含量向上增多	41.23m
15. 灰绿色中层状细粒岩屑砂岩夹薄层状粉砂质泥岩。砂岩呈透镜状分布	5.78m
14. 紫红色、灰绿色中厚层状泥质粉砂岩，岩石中白云母含量较高，占5%～8%，并具小型沙纹层理，上部夹灰色薄层状泥灰岩	19.74m

————整合————

中侏罗统雀莫错组含膏灰岩段（J_2q^2）	**72.80m**
13. 黄灰色中层状泥灰岩，含少量腕足类，产双壳类：*Protocardia* sp.（始心蛤），*Cuspiolaria*? sp.（茅头蛤），*Pleuromya* cf. *fengolegensis* Chen（风登肋海螂）	18.81m

12. 灰色中层状微晶灰岩，偶夹膏盐溶蚀角砾岩。岩石中含双壳类碎片，壳薄个小，含量小于10%。在灰岩中具膏盐晶洞和小的膏盐假晶，并具灰质条带（砂质灰岩与泥质粉晶灰岩） 16.81m
11. 深灰色-深灰白色薄中层状石膏层，其中夹薄—极薄层状泥晶白云岩 5.85m
10. 深灰-灰黑色薄中层状白云岩化泥晶灰岩夹粉晶白云岩。泥晶灰岩中含膏盐假晶，并具鸟眼、富孔状构造以及条带状和层纹状构造。另外，岩石中夹有介屑灰岩和砂屑灰岩，介屑多为薄壳型，个小，单层厚5～10cm。灰岩中沿裂缝和压溶缝合线具有明显的软沥青产出 10.59m
9. 灰白色中厚层状石膏岩层夹薄层钙质泥岩和泥灰岩 4.22m
8. 深灰色薄层微晶白云岩 5.86m
7. 深灰色中层微晶灰岩 10.66m

————整合————

中侏罗统雀莫错组紫红色砂砾岩段（J_2q^1） 85.21m

6. 暗紫红色中层状含砾粗砂岩夹灰色微晶灰岩。砾石分选差，小至0.2cm，大至7cm，一般不超过1cm。砾石成分以石英和玉髓为主，次为灰质岩和火山岩，砾石含量10%～30%。砂体单层厚50～80cm。砂体向上粒度变细，厚度变薄 6.64m
5. 暗紫红色中厚层状细砾岩夹暗紫红色中层状、透镜状细砂岩和粉砂岩。砾石砾径为0.5～1cm，成分主要为安山质火山岩和脉石英，砾石占60%～65%。顶部为8～12cm厚含砂质微晶灰岩和泥晶灰岩 11.54m
4. 岩石由若干个正粒序韵律组成。每韵律下部为中砾岩，上部为细砾岩，砾石成分为火山质，次为脉石英和灰质、砂岩质。细砾岩中主要为脉石英、硅质玉髓和玛瑙等，次为安山质 13.86m
3. 暗紫红色中厚层状细砾岩夹含砾不等粒岩屑砂岩透镜体，细砾岩与细砂岩组成正粒序构造。细砾岩中也含5%～10%的中砾石。砾石大小为5～10mm，大至18cm。中砾石成分主要为安山质，细砾石主要为脉石英和安山岩质，个别见38cm大小灰岩砾石，砾石含量60%～80%，填隙物为砂泥质 34.01m
2. 灰绿色厚层块状不等粒砾岩夹凝灰岩角砾岩，砾石大小悬殊，大至9cm，小至0.5cm，一般为2～6cm，成分主要为安山质火山岩，次为脉石英、玉髓，砾石含量为50%～70%，充填物为砂泥质 19.16m

············平行不整合············

下侏罗统那底岗日组（J_1n）：岩屑凝灰岩

2）岩石组合及上下接触关系

雀莫错组自下而上可分为粗碎屑岩段、灰岩段和细碎屑岩段（图2-1-30），总厚498～608m。

（1）粗碎屑岩段（J_2q^1）：下部为灰绿色厚层块状不等粒砾岩、中粗砾岩、暗紫红色中厚层状细砾岩、暗紫红色中厚层状含砾不等粒岩屑砂岩、灰、浅灰色中层状粗粒岩屑石英砂岩；上部为灰、浅灰、灰紫红色中厚层状中、细砾岩、岩屑石英中粗粒砂岩、含砾不等粒岩屑砂岩、紫红色中厚层状岩屑细砂岩、紫红色中厚层状钙质粉砂岩，局部夹灰色微晶灰岩、泥灰岩，总体组成一向上变细的序列，厚85.21～270.57m。

（2）灰岩段（J_2q^2）：主要由深灰-灰黑色薄中厚层状泥晶灰岩，深灰色薄层微晶白云岩，灰、浅灰色中层状含岩屑砂屑泥晶灰岩，灰、灰黄、暗紫红色中厚层状泥灰岩组成，偶夹灰白色中厚层状石膏、膏盐溶蚀角砾岩、钙质泥岩，灰岩具白云岩化现象。在胜利河一带，尚见夹浅灰色石英质细砾岩、暗紫红色中厚层状岩屑细粗粒砂岩、紫红色中层状钙泥质粉砂岩、暗紫红色薄中层状钙质粉砂质泥岩，厚72.80～193.97m。

（3）含膏细碎屑岩段（J_2q^3）：紫红色、灰绿色薄中层状粉砂质泥岩，深灰色中厚层状钙质泥岩，紫红色、灰绿色中厚层状泥质粉砂岩，夹灰绿色、紫红色薄中层状细粒岩屑砂岩、灰色中层状泥灰岩、灰色中层状泥晶白云岩、深灰色薄中层状硬石膏、薄层状泥晶灰岩。该段地层以杂色细碎屑岩为特征，厚143.45～459.85m。

雀莫错组与上覆中侏罗统布曲组为连续沉积，在那底岗日一带，雀莫错组平行不整合覆盖于那底岗日组上，在胜利河、西长梁一带，雀莫错组角度不整合覆盖于那底岗日组之上，在缺失那底岗日组而与前侏罗系地层沉积接触时，则为角度不整合关系。

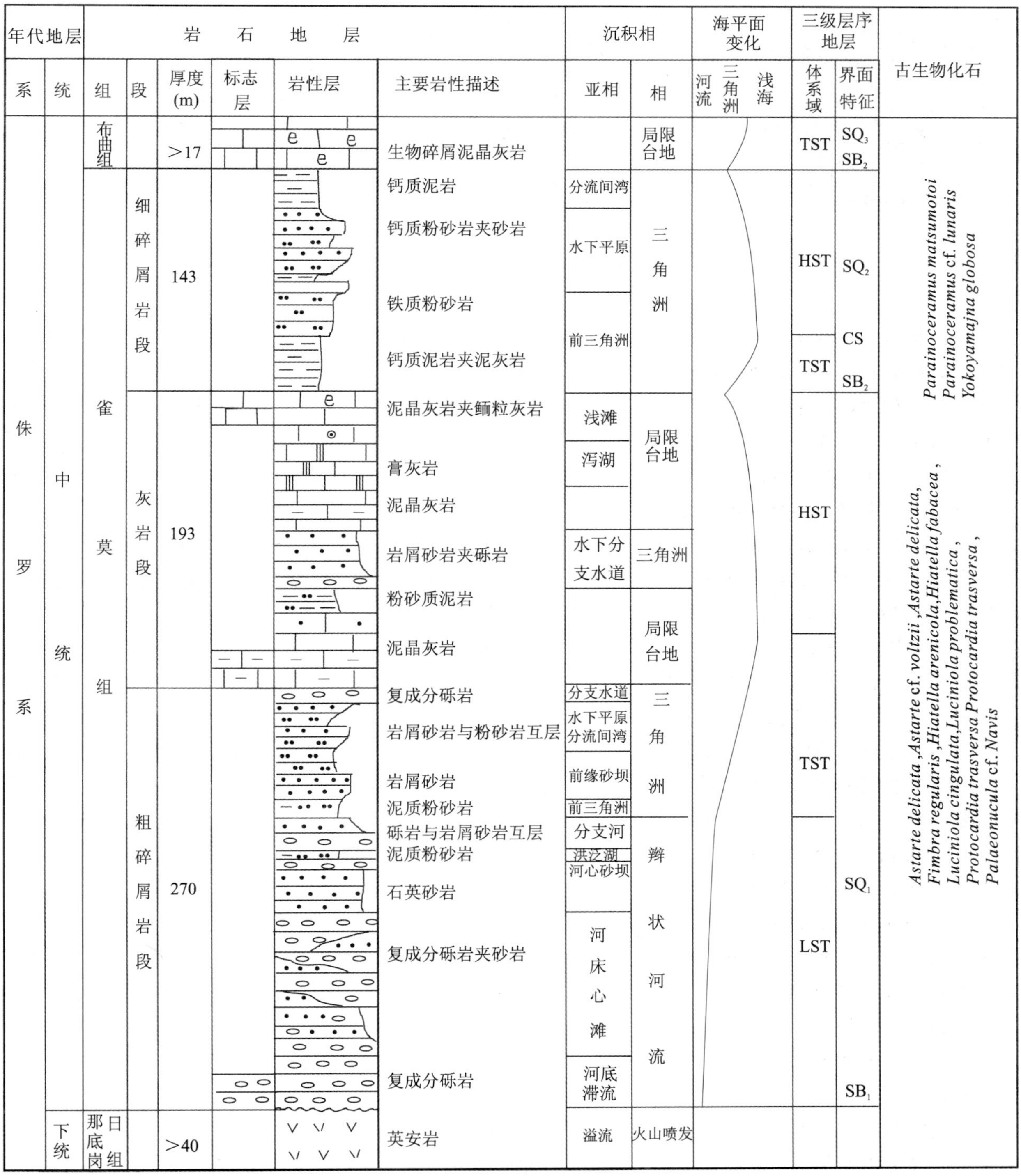

图 2-1-30 西藏双湖地区胜利河中侏罗统雀莫错组（J_2q）实测剖面岩石地层划分及沉积相柱状图

3）基本层序及沉积环境分析

（1）粗碎屑岩段（J_2q^1）：该段的基本层序类型有：①灰绿色厚层块状不等粒砾岩、中粗砾岩→暗紫红色中厚层状含砾不等粒岩屑砂岩→灰、浅灰色中层状粗粒岩屑石英砂岩组成向上变细的基本层序；②灰、浅灰、灰紫红色中厚层状含砾不等粒岩屑砂岩→紫红色中厚层状岩屑细砂岩组成向上变细的基本层序；③灰、浅灰、灰紫红色中厚层状岩屑石英中粗粒砂岩→紫红色中厚层状钙质粉砂岩组成向上变细的基本层序（图 2-1-31）。

类型①基本层序见于下部，部分基本层序中含砾砂岩为细砾岩代替。在砾岩中砾石成分复杂，以石英为主，次为火山岩、石英片岩、大理岩、硅质岩、变质石英砂岩、石英斑岩、灰岩等，磨圆度中

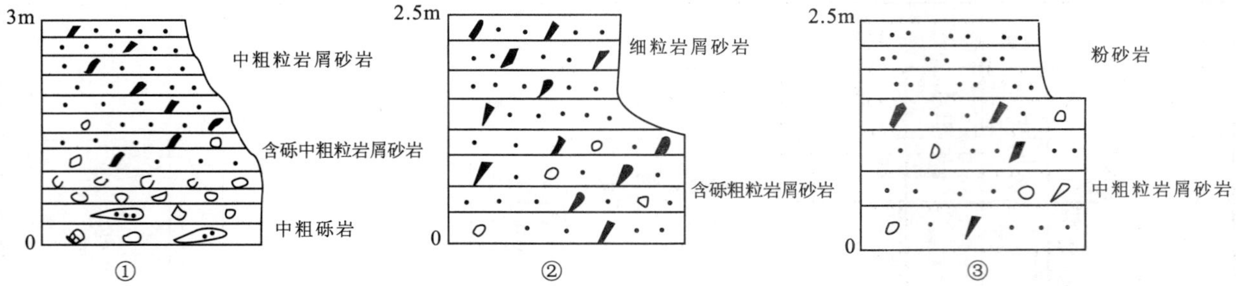

图 2-1-31　雀莫错组粗碎屑岩段（J_2q^1）基本层序类型

等，呈次棱角—次圆状，砾径一般为 0.3～6cm，局部为 3～8cm，分选差—中等，钙质、砂泥质胶结。局部砾岩中砾石具定向排列。部分砾岩、砂岩呈透镜状产出，部分含砾砂岩具正粒序层理，反映其沉积相为河流相之冲积扇-辫状河亚相。且从横向上看，在那底岗日一带，砾岩砾径较大，分选差，岩性以砾岩为主，仅夹少量透镜状砂岩，其为冲积扇碎屑泥石流沉积；而往北至胜利河—沃若山一带，砾岩砾径明显减小，分选性增强，岩性组合中砂岩增多，其为辫状河道砂质砾岩沉积，故从岩相的分布看，测区内物源来自南部，即盆地中心在测区的北部。

类型②、③基本层序见于上部，部分基本层序底部可出现灰、浅灰、灰紫红色中厚层状中、细砾岩。砂岩中发育平行层理及交错层理，在紫红色中厚层状钙质粉砂岩中可见较多的虫孔，虫孔垂直或顺层，孔径 3mm 大小。结合局部夹灰色微晶灰岩、泥灰岩，反映了三角洲相的沉积环境。

（2）灰岩段（J_2q^2）：该段基本层序类型有：①深灰-灰黑色薄层中层状介屑灰岩、砂屑灰岩→白云岩化泥晶灰岩→粉晶白云岩组成向上灰质减少，白云质增多的基本层序；②灰、浅灰色中层状含岩屑砂屑泥晶灰岩→紫红色中层状（50cm）微晶-泥晶灰岩→薄层-极薄层钙质页岩组成向上灰质减少、泥质增多、层理变薄的基本层序；③黄灰色薄层状钙质泥岩→黄灰色中层状泥灰岩→灰、深灰色中薄层状微晶灰岩组成之向上灰质增多、泥质减少的基本层序；④暗紫红色薄中层状钙质粉砂质泥岩、中层状紫红色钙泥质粉砂岩组成向上单层加厚、砂质增多的韵律性基本层序；⑤浅灰色石英质细砾岩（30cm）、中粗粒岩屑石英砂岩（100～150cm）、中薄层状细中粒含岩屑石英砂岩（100～300cm）组成向上变细的旋回性基本层序。

类型①基本层序主要见于下部，泥晶灰岩中含膏盐假晶，并具鸟眼，富孔状构造以及条带状和层纹状构造。岩石中夹有介屑灰岩和砂屑灰岩，介屑多为薄壳型，个小，单层厚 5～10cm。偶夹膏盐溶蚀角砾岩。其沉积相为泥坪相。

类型②、③基本层序见于下部、上部，岩层层理较薄，单层延伸稳定，岩石中含少量双壳类和腕足类化石，大小为 1～2cm，最小为 0.5cm，化石保存完整。生物化石属种限于窄盐度生物，其沉积相为局限台地泻湖相。

类型④基本层序见于中部，砂岩与泥岩比为（1∶3）～（1∶10），粉砂岩中见平行层理，向上砂岩增多，其覆于泥灰岩、泥晶灰岩之上，其沉积相为前三角洲相。

类型⑤基本层序见于中部，细砾岩呈透镜状，常为含砾岩屑石英粗砂岩替代，砾石成分主要为脉石英、砂岩，次为英安岩，磨圆较差，分选中等，向上略具正粒序。岩屑石英砂岩单层 3～25cm，平行层理极发育，局部见小型斜层理，其应为三角洲分支水道沉积。

（3）含膏细碎屑岩段（J_2q^3）：该段基本层序类型有：①灰绿、暗紫红色中厚层状细砂岩（0.5～1m）、中薄层泥质粉砂岩（1～3m）与灰绿色薄层粉砂质泥岩（0.5m）组成向上变细的基本层序，单个基本层序厚约 2～5m；②暗紫红色薄中厚层状泥质粉砂岩→粉砂质泥岩→灰色薄层状泥灰岩组成向上变细的基本层序，层序中泥灰岩常缺失；③灰色中层状泥灰岩、钙质泥岩组成韵律性基本层序。

类型①、②基本层序见于中、下部，在粉砂岩、泥岩中常夹有透镜状细砂岩，局部夹有泥灰岩薄层，泥岩中见有黄铁矿小粒，其沉积相为前三角洲-三角洲相。

类型③基本层序见于上部，泥岩与泥灰岩比为（5∶1）～（10∶1），见夹泥晶白云岩、灰-深灰色薄中层状硬石膏，产双壳类化石，生物属种少，主要为窄盐度生物，其沉积环境应为泥坪相。

4）时空变化及区域对比

区域对比发现，雀莫错组在盆地西部沉积厚度差异明显（图 2-1-32）。在盆地西部向阳湖一带，雀莫错组出露不完整，目前剖面只测到其含膏杂色泥岩段及灰岩段顶部地层，由杂色泥岩夹数层石膏及少量细砂岩组成，沉积厚度不大。胜利河一带，雀莫错组整体厚度约 606m，角度不整合于下侏罗统那底岗日组之上，下部以紫红粗碎屑岩为特征，中部以灰、深灰色泥晶灰岩、膏灰岩为主，夹数层砂砾岩，上部为紫红、灰绿色泥岩、粉砂岩夹细砂岩、泥灰岩。那底岗日一带，雀莫错组整体厚度约 498m，平行不整合于下侏罗统那底岗日组之上，下部以紫红和灰绿色粗碎屑岩为特征，中部以灰、深灰、黄灰及灰白色泥晶灰岩、含生屑泥晶灰岩、粉晶灰岩和白云岩为主，夹数层总厚约 10m 的石膏层，上部为紫红、灰绿色泥岩、粉砂质泥岩、细砂岩夹灰色泥灰岩、泥晶白云岩，顶部发育一层硬石膏。而在测区外东侧的阿木岗日一带，雀莫错组厚度达 1 686.12m，雀莫错组与下伏二叠系英安岩呈不整合接触，其下部为一套河流-三角洲相的紫红色中粗粒碎屑岩，沉积厚度巨大；中部以泥晶粒屑灰岩为主，夹有亮晶鲕粒灰岩、泥灰岩等；上部为含膏泥岩、泥质粉砂岩夹少量细砂岩。阿木岗日一带缺失侏罗系下统，反映出雀莫错组与二叠系鲁谷组之间为一超覆不整合。其沉积厚度东西差异如此巨大，可能与盆地沉积基底构造性质有关。

3. 布曲组（J_2b）

布曲组一名为白生海（1989）以雁石坪剖面为典型代表创建，因布曲一带发育最好而得名，代表雀莫错组与夏里组之间比较单纯的一套中厚层状碳酸盐岩建造的地层体。主要由泥晶灰岩、生物碎屑灰岩、鲕粒灰岩、亮晶砂屑灰岩夹少许粉砂岩组成，厚 674m，以盛产双壳类和腕足类化石为特征。本报告沿用其名，测区内分布于奇嵘山—千秋岭、卧牛山—胜利河、西长梁—那底岗日等地，常与雀莫错组相伴出露，出露面积约为 544km²。

1）剖面描述

（1）向阳湖南中侏罗统雀莫错组含膏细碎屑岩段-夏里组下含膏细碎屑岩段实测地层剖面（图 2-1-33）（据成都环资所朱同兴等，1997）。

剖面测于向阳湖南西一近南北向大沟沟壁，层序清楚，露头良好，与上覆、下伏地层均见直接整合接触关系。剖面起点坐标为 E87°27′27″，N33°51′31″，终点坐标为 E87°28′28″，N33°53′29″。剖面长度 3 093.1m，厚 1 166.51m，剖面上第 25～43 层为中侏罗统布曲组。

中侏罗统夏里组灰岩段（J_2x^2）：灰色中层状白云质鲕粒灰岩

———整合———

中侏罗统夏里组下含膏细碎屑岩段（J_2x^1）	**117.20m**
54. 灰绿色钙质泥岩	16.13m
53. 黄灰色薄中层状泥灰岩，含双壳类 *Camptonectes* sp.	7.41m
52. 灰色薄中层状生屑灰岩	1.75m
51. 灰黑色钙质页岩	16.11m
50. 灰色薄中层状介壳灰岩	3.64m
49. 灰绿色钙质泥岩夹浅灰色泥灰岩	20.12m
48. 灰绿夹紫红色钙质泥岩夹灰白色石膏层。石膏单层厚 3～5cm，总厚 1.5m，其间夹灰绿色泥岩和少量泥灰岩、泥云岩	5.32m
47. 浅灰黄色钙质页岩夹浅灰色藻白云岩	2.11m
46. 灰绿夹紫红色钙质泥岩	6.93m
45. 浅黄灰色钙质页岩，含双壳类碎片	21.53m
44. 灰色钙质泥岩、泥灰岩，偶夹薄层状灰色泥晶灰岩。含裸子植物花粉 *Classopollis* sp.，*Psophosphaera* sp. *Monosulcites* sp.	16.15m

———整合———

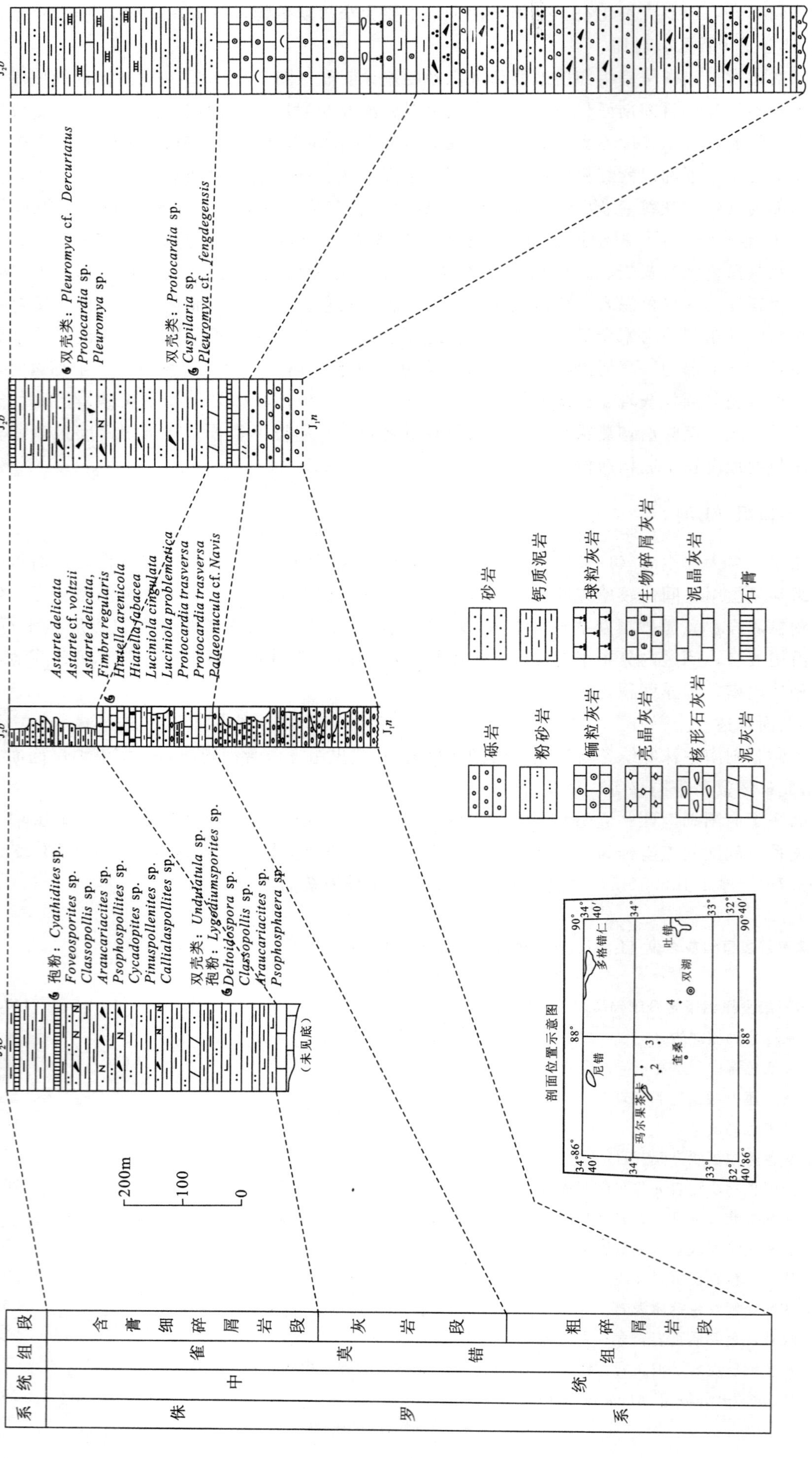

图2-1-32　中侏罗统雀莫错组岩石地层划分对比图

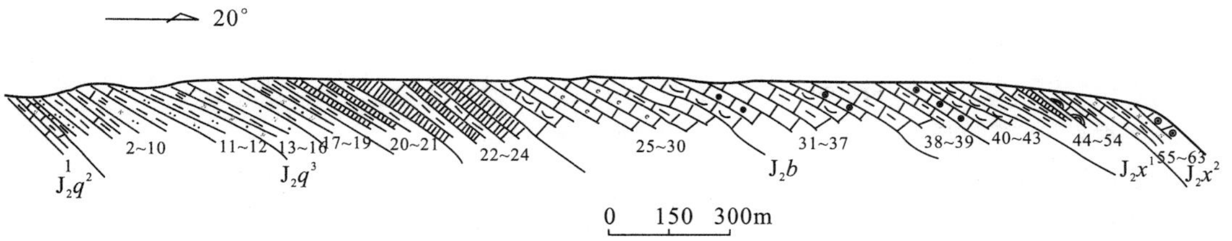

图 2-1-33 西藏双湖地区向阳湖南中侏罗统雀莫错组三段-夏里组一段实测剖面

中侏罗统布曲组（J_2b） **459.88m**

43. 灰色薄中层状泥晶灰岩、泥灰岩与灰黄色钙质泥岩互层。含双壳类 *Pholadomya*（*Bucardiomya*）sp.，花粉 *Classopollis* sp.，*Psophosphaera* sp.，*Monosulcites* sp.，*Araucariacites* sp.，*Inaperturollenites* sp. 3.30m

42. 灰色中层状介屑泥灰岩。含腕足类：? *Holcothyris subovalis* Buckman 4.70m

41. 灰色中层状介壳灰岩夹泥晶灰岩和泥灰岩。含腕足类 *Burmirhynchia gutta* Buckman，*B. hpalaiensis* Buckman，*Holcothyris angulata* Buckman；双壳类 *Rudolopecten shuanghuensis* Wen 34.55m

40. 灰-深灰色中层状白云质豆粒灰岩夹中层状灰色泥晶灰岩，含腕足类 *Burmirhynchia gutta* Buckman，*B. hpalaiensis* Buckman，*B. obessa* Buckman 3.84m

39. 灰色中层状泥灰岩与灰、灰绿色泥岩不等厚互层，夹灰-深灰色中厚层状泥晶灰岩及浅灰绿色生物介壳灰岩和生物灰岩 26.76m

38. 灰色中薄层状泥灰岩与灰、灰绿色泥岩互层夹三层中层状泥晶灰岩，灰：泥＝（1：3）～（1：4） 31.86m

37. 灰色中层状生物碎屑灰岩夹生物介壳灰岩及泥晶鲕粒灰岩。含腕足类 *Burmirhynchia gutta* Buckman，*B. asiatica* Buckman，*Holcothyris luchiangensis* Reed，双壳类 *Pholadomya* sp. 11.91m

36. 灰色中层状泥灰岩与灰色钙质泥岩不等厚互层，夹少量薄层灰绿色细砂岩 45.00m

35. 灰-深灰色中厚层状泥晶灰岩，中部夹一层中层状含生屑泥晶灰岩 12.26m

34. 深灰色泥晶灰岩夹灰色中层状介壳灰岩。含腕足类 *Burmirhynchia obessa* Buckman，*B. asiatica* Buckman，*Holcothyris liuwanensis* Sun 27.03m

33. 灰色中厚层状含泥质生物介壳灰岩夹灰色中层状生物灰岩。含腕足类 *Burmirhynchia asiatica* Buckman，*B. hpalaiensis* Buckman，双壳类 *Plagiostoma* sp. 4.16m

32. 灰-深灰色厚-巨厚层状泥晶灰岩夹多层厚层状生物灰岩，上部夹数层中层状泥晶灰岩。含腕足类 *Burmirhynchia gutta* Buckman，*B. asiatica* Buckman，双壳类 *Ceratomya concentrica*（Sowerby） 19.34m

31. 灰色中层状泥灰岩夹多层厚层状泥晶灰岩及少量生物灰岩。含腕足类 *Burmirhynchia gutta* Buckman，*B. obessa* Buckman，*B. hpalaiensis* Buckman 8.93m

30. 深灰厚-巨厚层状泥晶灰岩夹同色厚层状生屑泥晶灰岩，含双壳类 *Ceratomya concentrica*（Sowerby），*Pholadomya* sp. 9.71m

29. 灰-深灰色中厚层状泥晶灰岩与中层状泥灰岩互层，夹数层深灰色中层状生物介壳灰岩，泥晶灰岩：泥灰岩＝2：1。含腕足类 *Burmirhynchia gutta* Buckman，*B. asiatica* Buckman，*B. hpalaiensis* Buckman，*B. obessa* Buckman，*Holcothyris rostracta* Buckman 52.41m

28. 灰色中厚层状泥灰岩夹深灰色中厚层状泥晶灰岩及两层生物灰岩。含腕足类 *Burmirhynchia ovalia* Buckman，*B. hpalaiensis* Buckman，*B. costata* Buckman，*Tanggularella rotunda*（Ching，Sun et Ye） 49.29m

27. 灰-深灰色中厚层状泥晶灰岩夹中层状生屑泥晶灰岩，两者之比为 5：1 50.49m

26. 灰色中层状泥灰岩夹少许灰色中层状泥晶灰岩及灰色钙质泥岩，三者之比为 10：2：1 31.19m

25. 灰-深灰色中厚层状泥晶灰岩夹灰色中层状生屑球粒灰岩及生物介壳灰岩 33.15m

————整合————

中侏罗统雀莫错组含膏细碎屑岩段（J_2q^3） **459.85m**

24. 灰至青灰色中薄层状、隐晶致密块状石膏，夹极薄层状钙质泥岩、泥质灰岩和粉砂质泥

灰岩 23.16m

23. 灰色钙质泥岩夹少量灰绿色泥岩，泥岩中见不清晰的水平层理 29.64m
22. 灰白色中厚层状石膏层夹灰色薄层状钙质页岩和薄层状石膏与灰色泥岩组成韵律互层 49.11m
21. 灰绿色泥岩与灰色钙质泥岩不等厚互层，上部夹两层薄层状石膏 36.23m
20. 灰白色厚层及薄层石膏夹灰色薄层钙质泥岩，见钙质泥岩与薄层石膏组成韵律性沉积。含蕨类植物孢子 *Cyathidites* sp.，*Foveosporites* sp.，裸子植物花粉 *Classopollis* sp.，*Araucariacites* sp.，*Psophosphaera* sp.，*Cycadopites* sp.，*Pinuspollenites* sp.，*Callialaspollites* sp. 3.5m
19. 灰绿色泥岩夹薄层粉砂岩、灰绿色钙质中细粒长石岩屑砂岩 19.71m
18. 绿至灰绿色中厚层状中粒岩屑长石砂岩夹灰绿色薄层状粉砂岩 4.00m
17. 灰绿色泥岩夹同色薄层钙质粉砂岩，粉砂岩中发育小型砂纹层理及小型波痕构造 30.58m
16. 灰绿色中薄层状钙质中粒长石岩屑砂岩，发育白云母片，见砂纹层理 23.40m
15. 深灰色薄中层状钙质泥岩、粉砂质泥岩、泥岩，风化面呈绿色 6.88m
14. 灰绿色中厚层状细粒岩屑石英砂岩。发育砂纹层理、中型斜层理和平缓的对称波痕 3.83m
13. 底部为一套厚 50cm 的灰色中层状钙质粉砂岩，往上为深灰色钙质泥岩、粉砂质泥岩 5.49m
12. 灰绿色夹紫红色中厚层状细粒长石岩屑砂岩夹深灰色钙质泥岩。砂岩中发育小-大型斜层理 4.73m
11. 灰绿、紫红色中层状钙质细粒岩屑长石砂岩和中粒岩屑长石砂岩与粉砂质泥岩构成韵律式沉积，每一韵律厚 15～20m，由底部 50cm 或 1～2m 的砂岩开始，向上变细，其间夹薄层致密灰岩。砂岩具水平层理 31.37m
10. 紫红色粉砂质泥岩夹灰绿色粉砂质泥岩和薄层灰绿色粉砂岩 21.10m
9. 黄绿色粉砂质泥岩夹薄层粉砂岩，砂：泥＝1：10。含双壳类 *Undulatula*? sp.；蕨类植物孢子 *Lygodiumsporites* sp.，*Deltoidospora* sp.；裸子植物花粉 *Classopollis* sp.，*Araucariacites* sp.，*Psophosphaera* sp.，*Cycadopites* sp.，*Callialaspollites* sp.，*Monosulcites* sp.，*Inaperturopollenites* sp. 31.47m
8. 灰绿色中厚层状钙质岩屑长石砂岩。发育大型斜层理，见裂隙式和孔隙式沥青 9.21m
7. 灰绿色粉砂质泥岩与灰黑色钙质泥岩互层，夹两层厚 80cm 的灰绿色钙质粉砂岩。粉砂岩中发育小型砂纹层理及小型对称波痕，波长 10cm，波高 0.5～1.5cm 13.35m
6. 灰绿色泥岩与紫红色粉砂质泥岩不等厚互层，夹灰绿色中厚层状钙质岩屑长石砂岩和钙质砂岩。钙质岩屑长石砂岩与钙质砂岩构成逆粒序层理，前者见大型斜层理，后者见孔雀石。砂岩与泥岩之比为 1：6，古流向为 48° 30.80m
5. 底部为 30cm 厚的灰绿色粉砂质、泥质灰岩，往上为灰绿色泥岩与紫红色泥岩不等厚互层，含保存不好的双壳类化石 24.85m
4. 灰绿色粉砂质泥岩与灰黑色钙质泥岩互层，两者之比为 2：1。含蕨类植物孢子 *Lygodiumsporites* sp.，*Leiotriletes* sp.；裸子植物花粉 *Classopollis* sp.，*Araucariacites* sp. 22.86m
3. 灰紫色中层状泥质粉砂岩夹少量灰绿色薄层状泥岩，砂：泥为 3：1，粉砂岩中发育小型砂纹层理 11.00m
2. 灰绿色钙质泥岩与灰黑色钙质泥岩呈不等厚互层，中部夹两层 20cm 厚的灰色中层状泥灰岩。泥岩中见不清晰的水平层理 24.12m

————整合————

中侏罗统雀莫错组灰岩段（J_2q^2）

1. 灰-深灰色中薄层状泥质泥晶灰岩夹深灰色薄层状生物碎屑泥晶灰岩

（2）西藏双湖地区那底岗日中上侏罗统实测地层剖面（NP）（据成都环资所朱同兴等，1996）。剖面上第 28～46 层为中侏罗统布曲组（参见图 2-1-34）。

中侏罗统夏里组下含膏细碎屑岩段（J_2x^1）：暗紫红色薄中层状粉砂质泥岩

————整合————

中侏罗统布曲组（J_2b） **291.83m**

46. 深灰色薄层状含泥质泥晶灰岩夹深灰色中层状介屑泥晶灰岩与深灰色薄层状泥灰岩。产腕

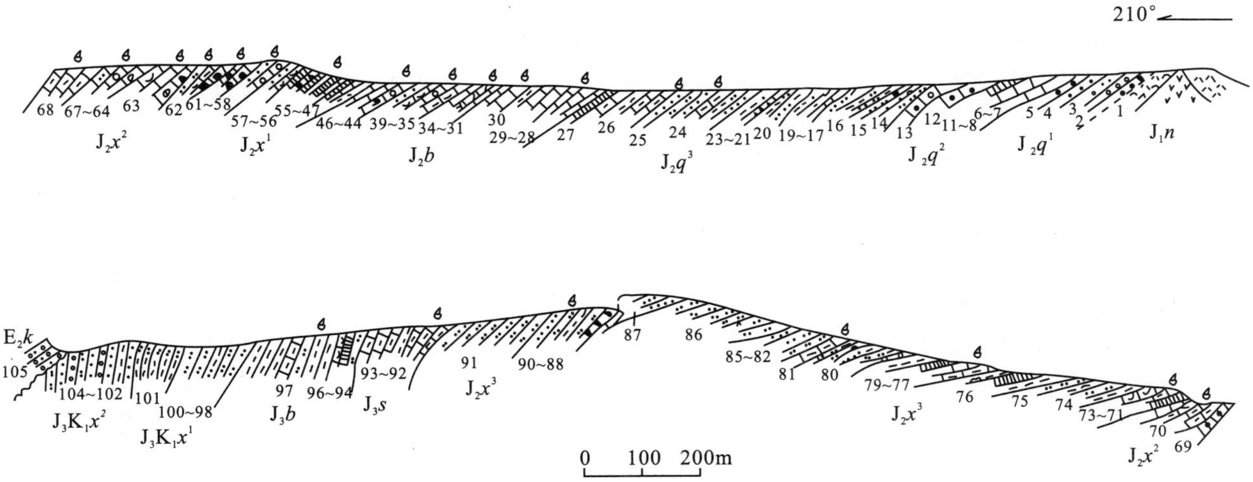

图 2-1-34 西藏双湖地区那底岗日中上侏罗统实测地层剖面图

（据成都环资所朱同兴等，1996）

足：*Burmirhynchia asiatica* Buckman（亚洲缅甸贝）；*Holcothyris trigonaris* Buckman（三角沟孔贝）；*H. golmudensis* Ching，Sun et Ye（格尔木沟孔贝）*Kutchithyris* sp.（库奇贝） 22.97m

45. 深灰-灰黑色薄中层状泥质泥晶灰岩，灰岩单层厚 5～32cm。在节理中见干沥青或油泥 5.41m

44. 灰-深灰色中厚层状介屑泥晶灰岩夹极薄层泥灰岩。介屑泥晶灰岩单层厚 30～50cm。产双壳类：*Mytilus* sp.（壳莱蛤），腕足类：*Burmirhynchia* sp.（缅甸贝）*Holcothyris* sp.（沟孔贝） 4.45m

43. 深灰色薄层状含泥质泥晶灰岩夹深灰色极薄层状泥灰岩。泥晶灰岩中常见黄铁矿颗粒 9.73m

42. 深灰色中层状介屑泥灰岩夹灰绿色、深灰色钙质泥岩，泥灰岩单层厚 30～60cm，介屑以双壳类生物为主，也见有腕足类碎片，介屑明显个体变小。大小为 1～2cm，小至 3mm。产双壳类：*Pleuromya* cf. *uniformis*（Sowerby）（蚌形肋海螂）；*Astarte elegans*（Sowerby）（优美花蛤），腕足类：*Burmirhynchia lobata* Ching. Sun et Ye（叶状缅甸贝），裸子类：*Classopollis annulatus*，*C. qiyangensis*，*C. major*，*C. monostriams*，*Chasmatosporimas* sp.，*perinopolleniles* sp.，*Cycadopites* sp.，蕨类：*Stereisporites* cf. *granuius*，*Lycopodiumsporites paniculatcides*，*L. pseuoannotinus*，*Osmundacidites* sp.，*Cyathidites* sp. 8.82m

41. 深灰色厚层块状介屑泥晶灰岩，介屑主要为双壳类生物碎片，偶见保存完整者，生物门类单调，但丰度高，介屑含量为 30%～60%，大小为 1～2cm，最大至 3.5cm。介屑呈杂乱自由式排列。产腕足类：*Burmirhynchia quinquiplicata* Ching Sun et Ye（五褶缅甸贝），*B. lobata* Ching Sun et Ye（叶状缅甸贝），*B. flabilis* Ching Sun et Ye（扇形缅甸贝），*Holcothyris a ngwlata* Buekman（角状沟孔贝），*Avonothyris distorta* Ching Sun et Ye（歪扭阿冯贝） 4.21m

40. 灰色中层状泥晶核形石灰岩和鲕粒介屑泥晶灰岩。核形石大小为 2～5mm，鲕粒大小为 1～2mm。产双壳类：*Pseudolimea duplicata*（Sowerby）（双假小锉蛤）*Protocardia* sp.（始心蛤），*Entolium* cf. *laevis* Wen（光滑套海扇），腕足：*Burmirhynchia* cf. *lobata* Ching Sun et Ye，*B. lobata* Ching Sun et Ye（叶状缅甸贝），*Holcothyris golmudensis* Ching Sun et Ye（格尔木沟孔贝），*Auonothyris distorta* Ching Sun et Ye（歪扭阿冯贝），*A. subpentagona* Ching Sun et Ye（五角形阿冯贝） 8.71m

39. 灰色薄层状钙质粉砂岩，单层厚 3～12cm，上部夹薄层泥灰岩，水平虫迹发育。裸子类：*Classopollis triangalus*，*C. annulatus*，*C. tristriatus*，*C. parmus*，*C. classoides*，*Psophosphaera* sp.，*Cycadopites subcranulosus*，*C. reticulates*，*Pseuopinus* sp.，蕨类：*Stereisporites* sp.，*Lycopodiumsoprites Semimuris*，*Osmundacidites* sp.，*O. wellmanii*，*O. elegans*，*Microreticulatisporites* sp.，*Cyathidites minor*，*Punctatisporites* sp.，*Calamospora mesozoica*，*Leiotriletes* sp.，*Neoraistrickia* sp.，*Bophotriletes* cf. *delieaeus* 11.04m

38. 灰色中厚层状泥晶介屑灰岩和泥晶粒屑泥粒灰岩夹深灰色钙质泥岩。介屑灰岩单层厚30～70cm。产双壳类：*Entolium* cf. *laevis* Wen（光滑套海扇），*Pleuromya umiformis* (Soweby)（蚌形肋海螂），腕足：*Burmithynchia quinquiplicata* Ching Sun ef Ye（五褶缅甸贝），裸子类：*Classopollis triangalus*，*C. annulatus*，*C. parmus*，*C. qiyangensis*，*C. classoides*，*C. elegans*，*Caytonipollenites pailidus*，*C. nitidus*，*C. minimus*，蕨类：*Osmundacidites* sp.，*O. wellmanii*，*Biretispovites pomenimei*，*Cyathidites minor*，*Pumctatisporites* sp.，*Calamospora mesocoica*，*C. mothorstii*，*Neoraistrickia* sp.，*N. minor* 13.16m

37. 深灰色薄层状泥质灰岩夹灰绿色薄层状粉砂质微晶灰岩 11.93m

36. 灰色中厚层状生屑核形石灰岩。核形石大小为0.2～0.5cm，大至0.8cm 14.28m

35. 底部为0.8m厚灰色中层状介屑泥灰岩，其上为中层状深灰色泥晶灰岩、中厚层状介屑灰岩。产双壳类：*Pseudolimea* sp.（小锉蛤），腕足类：*Burmirhynchia asciatica* Buckman（亚洲缅甸贝），*B. lobata* Ching，Sun et Ye（叶状缅甸贝），*B. Shanensis* Buckman，*B.* cf. *lobata* Ching Sun et Ye（叶状缅甸贝比较种），*B. flabilis* Ching Sun et Ye（扇形缅甸贝），*B. nierongensis* Ching Sun et Ye（聂荣缅甸贝），*Holcothyris tenuis* Ching Sun et Ye（薄弱沟孔贝），*H. Pinguis* var *longisulcata* Reed（肥状沟孔贝长槽变种），*H. angulata* Buckman（角状沟孔贝），*Kutchithyris tibetica* Ching Sun et Ye（西藏库奇贝） 18.82m

34. 深灰色中厚层状泥晶灰岩，下部夹透镜状介屑灰岩 10.68m

33. 深灰色中厚层状生物泥晶灰岩。产腕足类：*Holcothyris tong gulaica* Ching Sun et Ye（唐古拉沟孔贝）．*H.* cf. *tanggulaica* Ching Sun et Ye（唐古拉沟孔贝比较种），*H. golmudensis*，Ching Sun et Ye（格尔木沟孔贝）*Burmirhynchia lobata* Ching Sun et Ye（叶状缅甸贝），*B. flabilis* Ching Sun et Ye（扇形缅甸贝）*B. gutta buckman*（水滴状缅甸贝）．*B.* aff. *Praestans* (Reed)（前立缅甸贝近似种），*B. quinquipllcata* Ching Sun et Ye（五褶缅甸贝）；*B. asiatica* Buckman（亚洲缅甸贝），*B. trilobata* Ching Sun et Ye（三叶缅甸贝），*B. shanensis* Cbuckman（禅邦缅甸贝），*Kallirhynchia namtwensis* (Buckman)（南姆图华咀贝），*Thurmannella rotunda* Ching Sun et Ye（图形瑟曼贝），*Kutchithyris tibetica* Ching Sun et Ye（西藏库奇贝），*Avonothyrisdis torta* Ching Sun et Ye（歪扭阿冯贝），*A*．*gigantea* Ching Sun et Ye（大型阿冯贝） 2.94m

32. 深灰-灰黑色中厚层状泥晶灰岩、含介屑泥晶灰岩夹薄中层状泥灰岩及薄层状风暴介壳层，风暴介壳层单层厚3～10cm。岩石中平行层面压溶缝合线发育，缝合线中产软沥青 3.86m

31. 深灰色泥质泥晶灰岩夹钙质泥岩 19.37m

30. 深灰-灰黑色中层状泥晶灰岩夹极薄层钙质泥岩。中部夹数层风暴介屑层，单层厚1～3cm。泥晶灰岩单层厚15～30cm。岩石中压溶缝合线发育，产状为顺层面或斜交层面，在缝合线中见干沥青和油泥。产腕足类：*Thurmannella rotuda* Ching Sun et Ye（图形瑟曼贝），*Burmirhynchia shanensis* Buckma（禅邦缅甸贝），*B. trilobata* Ching Sun et Ye（三叶缅甸贝），*B. asiatica* Buckman（亚洲缅甸贝），*B. nyainrongensis* Ching Sun et Ye（聂荣缅甸贝） 78.16m

29. 深灰-灰黑色中层状和薄层状含泥质泥晶灰岩，岩石中局部见腕足类化石，保存完整，大小为2cm。产双壳类：*Mytilus* sp.（壳叶蛤） 41.73m

28. 深灰、灰黑色薄层、中层状泥晶灰岩，单层厚5～20cm。岩石中节理发育，使得岩石相对破碎。节理主要为一组垂直层面的节理。走向195°节理中无充填物，节理宽0.1～0.5cm，发育密度3～5根/cm^2。岩石中油气显示明显，性质为干沥青和油泥，产状为两组裂隙型。一组顺层理，走向为105°，倾角40°；另一组垂直层理面，走向为190°，倾角60°～70°。油气显示厚度约3cm，最丰富的地段为距底部1～1.5m范围内 2.10m

——————整合——————

中侏罗统雀莫错组含膏细碎屑岩段（J_2q^3）：灰色薄中层状石膏层，露头上走向延伸大于1km

2）岩石组合及上下接触关系

测区内布曲组以一套碳酸盐岩沉积为特征，主要由灰、深灰色中厚层状泥晶灰岩、生物灰岩、生屑灰岩、介壳灰岩、生屑鲕粒灰岩、白云石化核形石灰岩和泥灰岩等组成，夹少量细砂岩和泥、页岩，局部见夹石膏。本组灰岩以富含生屑，发育压溶缝合线、网格状方解石脉为特征，偶见裂隙式碳质沥青。测区内岩性组合特征基本稳定，含较丰富的腕足类、双壳类、孢粉等化石。厚 291.83～459.88m，总体表现为由南往北加厚，至测区北东附近黄山西北坡一带加厚至 660.02m。

布曲组在区域上介于上、下两套以碎屑岩建造为特征的夏里组和雀莫错组之间，均表现为整合接触关系。

3）基本层序及沉积环境分析

根据剖面及路线观察，布曲组（J_2b）发育 3 种类型基本层序：①灰-深灰色中厚层状泥晶灰岩与中层状生屑泥晶灰岩组成向上生物含量增多的基本层序；②灰色薄中层状泥晶灰岩、泥灰岩与灰黄色钙质泥岩组成向上泥质增多的基本层序；③灰色中层状生物碎屑灰岩与泥晶鲕粒灰岩组成向上生物含量减少、鲕粒增多的基本层序。

在本组下部，主要为低能的泥晶灰岩、生屑球粒灰岩、泥灰岩，其所含生物门类较少，为腕足类、双壳类、孢粉。从动物群化石看，主要为窄盐度生物群。泥晶灰岩中常见黄铁矿颗粒，其沉积环境为泻湖相。在上部，出现有生屑鲕粒灰岩、白云石化核形石灰岩等，且夹有细砂岩、泥岩等，其沉积环境为台内浅滩、潮坪。

4）时空变化及区域对比

布曲组在羌塘盆地内分布广泛，代表侏罗纪海侵范围最大时期的沉积，沉积范围遍及整个羌塘盆地，但由于受盆地基底及沉积环境影响，不同的地点沉积厚度变化大（图 2-1-35），但总体为一套碳酸盐岩沉积。在盆地西部野牛沟一带出露厚度约为 450m，以浅滩相鲕粒灰岩为主，夹有少量生物介壳灰岩和泥晶灰岩。在向阳湖南一带厚 460m，主要由灰、深灰色中厚层状泥晶灰岩、介壳灰岩、生屑鲕粒灰岩和泥灰岩等组成。而在那底岗日一带，沉积厚度仅在 200～300m 内，由泥晶灰岩、鲕粒灰岩、核形石灰岩及生物介屑灰岩组成；但在本图幅外东侧阿木岗日、多涌一带，其沉积厚度可达1 200多米，下部多由泥晶灰岩夹泥灰岩、生物碎屑灰岩夹少量泥岩组成，中、上部多由生物碎屑灰岩、鲕粒灰岩构成，反映出其沉积和沉降中心有自西南向北东迁移的趋势。布曲组在盆地内以大套粒屑灰岩为特征，标志性明显，可对比性强，同时为较好的生油岩层和储层。

4. 夏里组（J_2x）

该组为青海区调队（1987）于雀莫错东夏里山创建，原义指一套灰紫、灰绿、褐红色相间的杂色碎屑岩系。《青海省岩石地层》（1997）进一步将其定义为一套杂色碎屑岩夹灰岩及石膏层组成的地层体，含以双壳类 *Protocerdia striatula*，*Moliodus bipartitus*，*Pteroperma burensis*，*Astarte multiformis*，*Anisocardia tenera*；腕足类：*Stenogmus pentagonalis*，*Ivanoviella* cf. *steinbensis* 等为代表的动物群，厚 646m，时代定为中侏罗世卡洛期，下与布曲组、上同索瓦组均为整合接触关系。

本报告沿用其名，但测区夏里组地层三分性明显。测区内主要分布于胜利河、西长梁—那底岗日等地，常与布曲组、索瓦组相伴出露，出露面积约为 1 172km^2。

1）剖面描述

（1）西藏双湖地区那底岗日中上侏罗统实测地层剖面（NP）（据成都环资所朱同兴等，1996）。

剖面上第 47～91 层为夏里组地层（参见图 2-1-34）。

索瓦组（J_3s）

92. 灰-深灰色薄层状泥质泥晶灰岩夹泥灰岩和双壳生物泥灰岩以及少量的钙质粉砂岩，双壳生物化石保存完整，大小为 2～5cm，大至 7cm，含量 5%～35%　　82.92m

————整合————

中侏罗统夏里组（J_2x）　　1 160.71m

上含膏细碎屑岩段（J_2x^3）　　679.13m

91. 灰绿色薄中层状钙质粉砂岩。层面上大量发育水平和垂直虫管，虫管孔径大小为 0.3～1.5cm 不等。另外，在岩石层面上可见干裂纹构造。岩石中发育小型砂纹层面　　108.49m

90. 灰绿色中层状钙质细粒石英砂岩夹同色薄层状钙质粉砂岩。在砂岩底部具灰质小砾石和冲刷型泥砾，砂岩具正粒序层理。岩石中含丰富的小植物碎片，大小为 0.5～2cm。岩石中平行

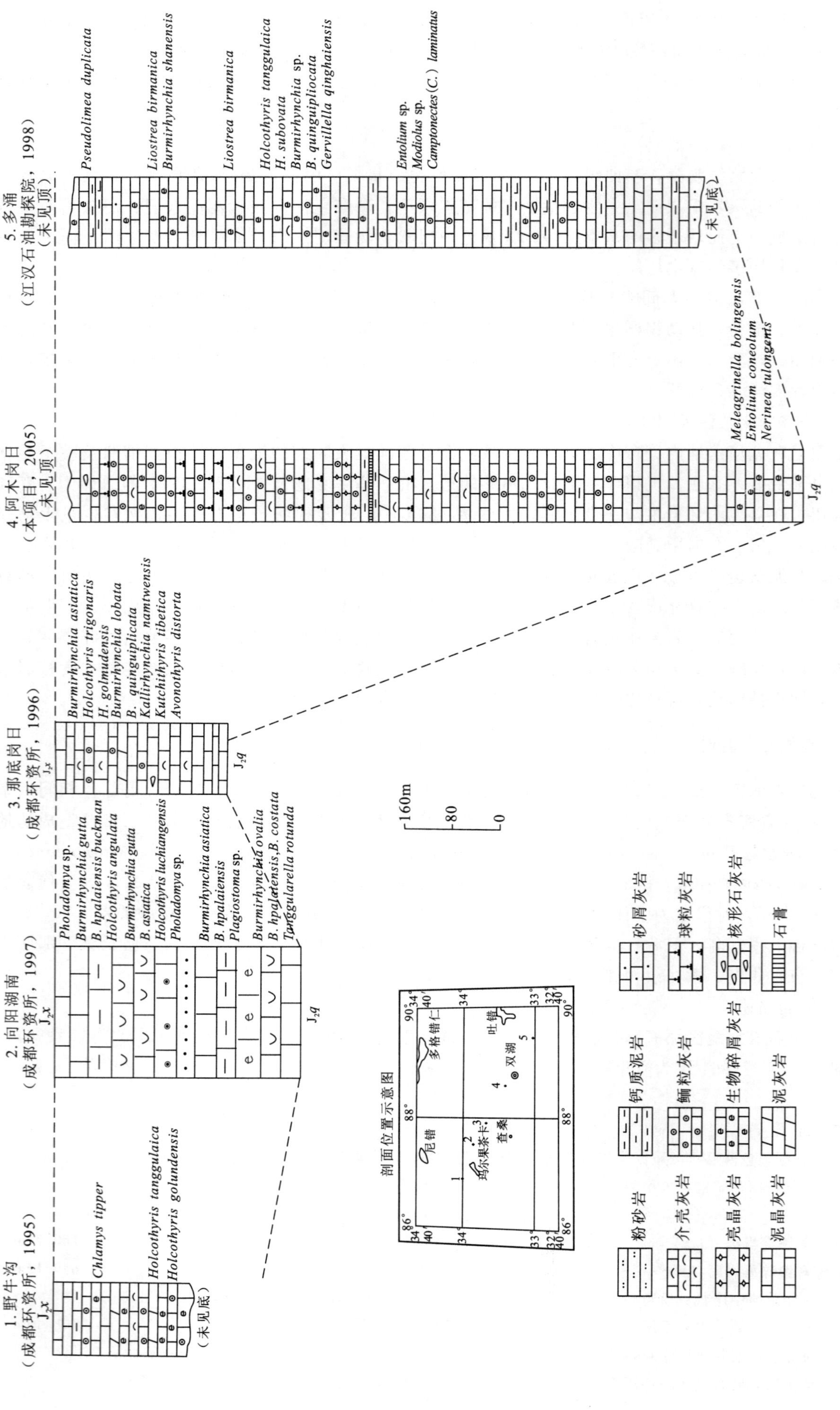

图2-1-35 布曲组岩石地层划分与对比图

层理、低角度斜层理和小型砂纹层理发育。在岩石层面上，可见不对称波痕 7.50m

89. 杂色（紫红、灰绿色等）薄中层状钙质粉砂岩夹薄中层状粉砂岩。钙质粉砂岩中小型砂纹层理十分发育，层系厚2～4cm。另外，岩石中具灰质结核，在层面上生物钻孔发育，以垂直孔为主，次为斜交孔和水平孔，孔径0.5～1.5cm，在夹层细砂岩中，发育斜层理，夹层厚50～120cm 87.20m

88. 灰绿色中层状钙质细粒石英砂岩夹薄层状细砾岩。细砾岩和细砂岩构成正韵律。砾岩中砾石占60%～65%，砂泥质充填，砾石砾径0.5～2cm，大至3.5cm，成分为灰质，紫红色玉髓、玛瑙，砾岩底部可见冲刷面，砂岩中中型斜层理、平行层理发育。古水流为210°～230° 8.80m

87. 灰绿色中层状钙质石英细砂岩。砂岩中平行层理和交错层理十分发育。砂体整体呈楔状体，向北西延伸大于2km 21.68m

86. 暗紫红色中层状钙质粗粉砂岩，钙质细粒石英砂岩。岩石中小型砂纹层理十分发育。砂体整体呈楔状体，向北西延伸大于2km 21.68m

85. 灰绿色中厚层状钙质含砾细粒石英砂岩。砾石成分为灰泥质，含量为5%～20%，大小为2～8mm，个别为15mm。砂岩呈透镜状，沿走向延伸50～60m，岩石具正粒序，底部见冲刷面。岩石具平行层理、中型斜层理并含植物化石碎片。古水流方向为NE40° 7.45m

84. 灰绿色中厚层状钙质粉砂岩。小型砂纹层理发育，常见碳化植物碎片，可见1～2cm厚煤线 5.8m

83. 灰绿色中厚层状钙质细粒石英砂岩。可见1～8cm大小的碳化植物碎片。在岩石中发育中-大型斜层理和交错层理，古水流方向为230°～250°。另外，在砂岩中见中型波痕构造 11.67m

82. 灰绿色薄中层状钙质粉砂岩夹薄层泥岩。可见碳化植物碎片和砂纹层理 15.44m

81. 灰绿色薄中层状含双壳生物粉砂质泥灰岩，双壳化石保存完整，另见2%～4%的碳化植物碎片。产双壳类：*Protocardia stricklandi*（Morris et Lycett）（斯氏始心蛤）；*Anisocotdia*（*Anisocordia*）sp.（古美蛤），裸子类：*Classopollis triangalus*，*C. annulatus*，*C. tristriatus*，*C. parmus*，*C. qiyangensis*，*C. qiyangensis*，*C. classoides*，*Psophosphaera* sp.，*Cycadopites nitidus*，*Eucommiidites* sp.，蕨类：*Lycopodiumsporites* sp.，*Osmundacidites wellmanii*，*Cyathidites minor*，*Densoisprites microrugulatus*，*Leiotriletes* sp. 12.49m

80. 灰绿色薄中层状泥质粉砂岩，发育砂纹层理，含植物碎片，在层面上发育水平虫 54.14m

79. 灰绿色薄中层状钙质泥岩夹褐灰色薄层泥灰岩，中部夹0.1m厚钙质粉砂岩，下部夹20～40cm厚薄层石膏。产孢粉裸子类：*Classopollis annulatus*，*C. parmus*，*C. qiyangensis*，*C. classoides*，*C. major*，*C. monostriams*，*Cycadopites* sp.，*C. medius*，*Momosulcites* sp. 34.64m

78. 灰色薄层中层状鸟眼状云灰岩。岩石中发育压溶缝合线，缝合线中充填黑色矿物 5.12m

77. 下部为灰、深灰色薄层和中层状泥云岩夹厚约2m的极薄层石膏与极薄层泥灰岩互层，单层厚2～5cm。中上部为中层状泥云岩，大量发育舌形菌迹（U型管）遗迹化石，平行或斜交层面分布。产双壳类：*Chlamys*（*Radulopecten*）cf. *tipperi* Cox（梯氏刮具海扇比较种），*Protocardia stricklandi*（Morris et Lycett）（斯氏始心蛤），*Myopholas multicostata*（Agassiz）（多脊螂海笋）；*Chlamys*（*Raduloptcten*）*tipperi* Cox（梯氏刮具海扇），*Mactromya qinghaiensis* Wen（青海蜊海螂） 17.74m

76. 灰绿色钙质泥岩夹两层石膏，石膏层厚分别为1.8m和1.2m 51.83m

75. 暗紫红色薄中层状钙质石英砂岩 11.32m

74. 紫红色薄中层状钙质泥岩夹粉砂质泥岩和钙粉质砂岩 40.83m

73. 深灰色薄中层状泥灰岩与泥晶灰岩互层夹生物屑灰岩，具完整双壳类和腹足类化石，化石大小1～3cm，具黄铁矿颗粒。产双壳类：*Anisocardia*（*Anitiquicypina*）*trapezoidalis* Wen（梯形古美蛤）；*Modiolus imbricatus*（Sowerby）（叠瓦偏顶蛤）；*Anisocardia*（*Anisocardia*）*togtomheensis* Wen（托托河歧心蛤）；腕足类：*Burmirhynchia trilobata* Ching. Sun et Ye（三叶缅甸贝）；*B. flabilis* Ching. Sun et Ye（扇形缅甸贝）；*Lobothyris deflecta* Ching. Sun et Ye（偏斜叶孔贝） 26.77m

72. 蓝灰色中厚层状石膏层。石膏总体上呈透镜体。因后期构造底辟作用而具盐丘状外貌 16.70m

中侏罗统夏里组灰岩段（J_2x^2） 346.08m

71. 深灰色、灰黑色中层状含泥质泥晶灰岩夹薄中层状黑色碳质页岩。灰岩中是薄壳个小的介壳，介壳含量 5%～10%，灰岩中可见黄铁矿，灰岩单层厚 10～35cm，页岩单层厚 1～3cm，夹层厚 5～50cm，内含灰质结核，大小 4～8cm　10.94m

70. 深灰色薄中层状泥灰岩夹同色薄层状钙质泥岩。产双壳类：*Modiolus imbricatus* (Sowerby)（叠瓦偏顶蛤）；*Anisocardoa* (*Antiquicyprina*) *trapezoidalis* Wen（梯形古美蛤）　36.68m

69. 深灰色中厚层状含生物碎屑粒泥灰岩　12.61m

68. 深灰色薄层状泥质泥晶灰岩，岩石中含小于 10%的双壳类化石，大小为 0.5～2cm。在中部夹钙质泥岩，含 10%的腹足类化石，产双壳类：*Prodocardia stricklandi* (Morris et Lycett)（斯氏始心蛤），*Cuspidaria*? sp.（茅头蛤），*C. ibbetoni* (Morris)（易氏茅头蛤），*C.* cf. *ibbetoni* (Morris)（易氏茅头蛤比较种），*Corbula* sp.（兰蛤）*Gervillella qinghaiensis*（青海小荚蛤）*Anisocardia* sp.（歧心蛤）　65.95m

67. 深灰-灰黑色薄中层状含泥质泥晶灰岩夹泥晶灰岩。岩石中含少量化石，为腕足类、双壳类和腹足类，大小为 1～2cm，完整产于层面上。产腕足类：*Burmirhynchia lujiangensis* Reed（怒江缅甸贝）；*Kallirhynchia parua* (Buckman)（矮小华咀贝）　28.50m

66. 深灰色厚层状含核形石、含介屑粒泥灰岩，单层厚 70～120cm　12.27m

65. 深灰色厚块状假亮晶鲕粒灰岩。鲕粒含量为 90%～95%，粒径为 0.8～1mm。产腕足类：*Kallirhynchia namtwensis* Ching. Sun et Ye（南姆图华咀贝）　7.79m

64. 灰-深灰色中层状亮晶鲕粒灰岩和含鲕粒介屑灰岩，鲕粒粒径小于 0.05mm，含量超过 8%　16.93m

63. 下部为灰色中层状泥晶鲕粒灰岩，中部为灰色中层状含生物屑泥晶灰岩，上部为泥晶介屑鲕粒灰岩，具正粒序层理，产腕足类：*Acanthothyyis* sp.（刺乱贝）；*Lacunosella* sp.（板骨贝）　61.93m

62. 下部为灰绿色砂质鲕粒灰岩，中部为灰绿色钙质泥岩夹泥灰岩，上部为钙质粉砂岩　40.32m

61. 灰色中厚层状亮晶鲕粒灰岩夹灰绿色薄中层状钙质泥岩和钙质粉砂岩。鲕粒灰岩中见中型斜层理和压溶缝合线。底部夹一层 30～40cm 的灰色介屑灰岩，具正粒序层理。斜层理古水流向为 220°，在灰岩压溶缝合线中见油泥显示。产腕足类：*Butmirhynchia nyairongensis* Ching. Sun et Ye（聂荣缅甸贝），裸子类：*Classopollis annulatus*，*C. tristriatus*，*C. qiyangensis*，*Cycadopites nitidus*，*Eucommiidites* sp.，蕨类：*Punctatisporites* sp.，*Neoraistrickia* sp.，*Reticulatisporites* sp.　26.21m

60. 灰绿色薄层状粉砂质泥岩夹泥质粉砂岩及 2～3 层薄层介屑灰岩和鲕粒灰岩。在泥质粉砂岩表面见不对称波痕。在粉砂质泥岩层面上见 0.3～0.5cm 大小双壳类化石和近对称波痕。另外，在顶部夹一层厚 1.5m 的楔形砂体。产双壳类：*Thracia totonheensis* Wen（托托河色雷氏蛤）；*Protocardia stricklandi* (Morris et Lycett)（斯氏始心蛤）；腕足类 *Burmirhynchia* sp.（缅甸贝）　4.53m

59. 灰色、灰绿色中层状砂质鲕粒灰岩，砂体呈透镜状或楔形体。具中型斜层理和平行层理，古水流方向为 340°。产双壳类：*Protocardia stricklandi* (Morris et Lycett)（斯氏始心蛤）　13.35m

58. 灰色中层厚层状假亮晶鲕粒灰岩夹薄层状钙质泥岩，夹层厚 2～5cm。鲕粒含量达 70%～80%，粒径 0.3～1mm。产双壳类：*Astarte*? sp.（花蛤）；*Corbula* sp.（兰蛤）　8.07m

中侏罗统夏里组下含膏细碎屑岩段（J_2x^1）　135.50m

57. 下部为中厚层状紫红色夹灰绿色泥质粉砂岩和薄层细砂岩，中部为暗紫红色中层状细粒岩屑砂岩；上部为紫红色夹灰绿色砂屑灰岩与钙质粉砂岩互层，见植物化石和水平虫管。顶部夹一层 1.0m 厚的介屑砂质灰岩。产双壳类：*Camptonectes* (*Camptonectes*) *yougosus* Wen（褶皱岔线海扇），*Modiolus* sp.（偏顶蛤）；*Camptonectes* (*Camptonectes*) sp.（岔线海扇）；*Astarte* sp.（花蛤）腕足类：*Burmirhynchaia* sp.（缅甸贝）　9.80m

56. 灰-灰绿色薄中层状钙质泥岩和泥灰岩互层，中部夹 3 层石膏，厚分别为 65cm、80cm 和 30cm。产双壳类：*Protocardia stricklandi* (Morris et Lycett)　16.26m

55. 灰白色薄中层状石膏层，单层厚 3～25cm。石膏层夹 1～5cm 深灰色泥质白云岩，最厚达 30cm　3.35m

54. 下部为灰绿色薄层状假亮晶鲕粒灰岩夹粉砂质泥岩，中部为褐灰色小鲕粒灰岩，具中型交错层理，上部为深灰色薄层钙质泥岩，顶部见一层厚 8～10cm 的双壳生物灰岩　8.12m

53. 深灰色薄层状钙质泥岩与泥灰岩互层，顶、底分别为 30cm 和 50cm 灰白色石膏　4.40m

52. 灰黑色薄层夹中层状泥质泥晶灰岩。上部泥灰岩中含少量完整型双壳类化石，大小 2～5cm。产双壳类：*Pleuromya* cf. *fengdengensis* Chen（风登肋海螂）；*Anisocarodia* sp.（歧心蛤）；

Myopholas cf. *manderaensis* Cox（曼德拉螂海笋）；*Astarte* sp.（花蛤）*Pinna* sp.（珧蛤）　20.28m

51. 灰色薄中层状石膏层，单层厚 8～35cm，夹极薄层深灰色白云岩条带，条带宽 2～10mm　7.00m

50. 灰色-深灰色中层状泥质泥晶灰岩，岩石单层厚 25～40cm　26.74m

49. 灰色薄中层状粉晶石膏盐岩，单层间夹透镜状或脉状泥晶灰岩或泥晶白云岩。石膏单层厚 10～35cm，石膏盐层沿走向呈透镜体产出　6.71m

48. 深灰色中层状泥质泥晶灰岩夹中层状泥灰岩，岩石中水平纹层发育　19.81m

47. 暗紫红色薄中层状粉砂质泥岩。岩石中含小的钙质结核　13.03m

————整合————

中侏罗统布曲组（J_2b）：深灰色薄层状含泥质泥晶灰岩

（2）长蛇山南中侏罗统夏里组实测剖面（CP）（据成都环资所朱同兴等，1997）。

剖面位于长蛇山南一近南北向沟壁，控制层位是夏里组一段部分和夏里二、三段全部，一段未见底，三段与索瓦组整合接触。剖面起点坐标为 E87°38′44″，N33°49′12″，终点坐标为 E87°36′55″，N33°50′46″。剖面长度 2 212.9m，厚 1 260.96m，剖面第 1～47 层为中侏罗统夏里组地层（图 2-1-36）。

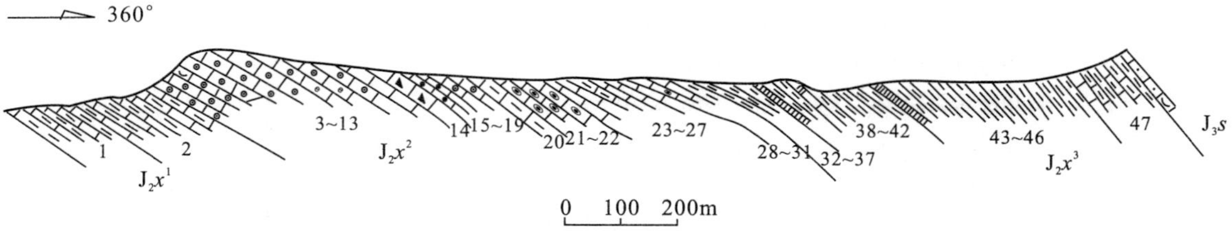

图 2-1-36　西藏双湖地区长蛇山南中侏罗统夏里组实测剖面图

（据成都环资所朱同兴等，1997）

索瓦组：灰色中层状砂屑灰岩，含双壳类 *Radulopecten* cf. *baimaensis* Wen

————整合————

中侏罗统夏里组上含膏细碎屑岩段（J_2x^3）　518.09m

47. 灰色薄中层状泥质泥晶灰岩夹灰绿色钙质泥岩　95.10m

46. 紫红色厚层状泥岩夹少量灰绿色泥岩、钙质泥岩　79.90m

45. 灰绿色泥岩夹少量紫红色泥岩　67.69m

44. 紫红色泥岩夹少量灰绿色泥岩　93.06m

43. 紫红色泥岩夹薄中层状石膏，在石膏层中见极薄层紫红色泥岩　3.84m

42. 紫红色泥岩夹少量灰绿色泥岩　67.66m

41. 灰绿色厚层状泥岩、钙质泥岩　13.48m

40. 灰色中层状含膏假亮晶薄层鲕粒灰岩　7.36m

39. 紫红色厚层状泥岩夹少量灰绿色泥岩　20.95m

38. 灰绿色厚层泥岩夹两层纤维状石膏和少量紫红色泥岩。石膏层厚分别为 60cm 和 40cm　4.68m

37. 紫红色厚层状泥岩夹少量灰绿色泥岩　10.69m

36. 灰绿色厚层状泥岩夹少量紫红色厚层状泥岩　11.09m

35. 紫红色厚层状泥岩夹少量灰绿色泥岩。含裸子植物花粉 *Classopollis* sp.，*Araucariacites* sp.，*Cedripites* sp.，*Pinuspollenites* sp.　6.90m

34. 灰绿色泥岩、粉砂质泥岩夹薄层紫红色泥岩、粉砂岩、泥质粉砂岩　9.58m

33. 灰、灰绿色薄中层状钙质粉砂岩、钙泥质粉砂岩。钙泥质粉砂岩中发育小型砂纹层理　0.73m

32. 灰绿色中厚层状钙质泥岩、粉砂质泥岩　25.38m

————整合————

中侏罗统夏里组灰岩段（J_2x^2）　501.18m

31. 灰绿色中层状泥灰岩　13.15m

30. 灰色中层状白云岩化砂屑白云岩，偶见晶洞式沥青　1.43m

29. 灰、深灰色中层状泥质泥晶灰岩夹薄层状泥晶灰岩和黑色钙质泥岩。钙质泥岩打开时具强烈的硫化氢味。含双壳 *Cuspidaria* sp.　17.29m
28. 灰色中厚层状泥晶核形石灰岩　6.39m
27. 灰-深灰色中层状含介屑泥晶灰岩　8.84m
26. 灰色中层状生屑灰岩，发育压溶缝合线　14.64m
25. 灰-深灰色薄中层状泥晶灰岩。见少量双壳类碎片，发育压溶缝合线　13.10m
24. 灰-深灰色薄中层状泥灰岩夹深灰色泥晶灰岩和钙质泥岩，中上部见一层厚 1.2m 细鲕粒灰岩。蕨类植物孢子 *Deltoidospora* sp.；裸子植物花粉 *Classopollis* sp.，*Araucariacites* sp.　40.81m
23. 灰-深灰色厚层状介屑泥晶灰岩　1.71m
22. 灰-深灰色薄至中层状含介屑核形石灰岩。核形石均匀分布，含量变化大　24.25m
21. 灰色中厚层状含泥晶核形石灰岩夹薄层泥灰岩　12.66m
20. 灰色介屑泥灰岩、泥晶灰岩。含腕足类 *Dzhangirhynchia kokdzharensis* Ovtshrenko，*Zeillerina* cf. *plana* Babanova，*Stenogmus pentagonalis* Cooper；双壳类 *Pholadomya* sp.　36.02m
19. 灰、深灰色厚层状泥晶核形石灰岩，核形石含量 20%～40%　29.46m
18. 灰色中厚层状含粒屑鲕粒灰岩，鲕粒灰岩，鲕粒含量 30%～60%，直径 0.5～1mm 为主　5.69m
17. 灰色中层状介壳泥灰岩。含腕足类 *Dzhangirhynchia kokdzharensis* Ovtshrenko；双壳类 *Radulopecten vaegans* (sowerby)，*Myopholas* sp.　8.46m
16. 灰色中层状含粒屑介屑鲕粒灰岩。鲕粒含量 30%～50%，含腕足类 *Dzhangirhynchia kokdzharensis* Ovtshrenko，? *Dorsoplicathyris ovalis* Almaras　13.51m
15. 灰色厚层状介屑假亮晶鲕粒灰岩，鲕粒含量 50%～60%，直径 0.5～1mm，见中型斜层理　2.46m
14. 灰色中厚层状介屑粒屑灰岩（泥粒灰岩）　25.30m
13. 灰色中厚层状含介屑、核形石鲕粒灰岩，发育正粒序层理　23.18m
12. 灰色中层状含粒屑鲕粒灰岩，粒屑鲕粒灰岩，具正粒序层理　9.07m
11. 灰色中厚层状假亮晶鲕粒灰岩，正粒序韵律层理发育，每一韵律 7～10cm，见中型斜层理　10.84m
10. 灰色中厚层状粒屑鲕粒灰岩夹两层白云岩化苔藓虫灰岩　30.96m
9. 灰色厚层状假亮晶鲕粒灰岩夹同色中层状介屑鲕粒灰岩　17.93m
8. 灰色中厚层状白云岩化含生屑、鲕粒核形石灰岩　9.44m
7. 灰色中层状鲕粒灰岩，鲕粒含量 70%～90%，直径 0.5～1mm，分选好　9.44m
6. 灰色中层状泥质、鲕粒介屑灰岩，鲕粒含量 15%～30%，直径 0.5～1mm　3.71m
5. 灰色中层状含生屑假亮晶鲕粒灰岩，鲕粒含量 65%～75%，直径 0.5～1mm　7.37m
4. 灰色厚层状含介屑假亮晶鲕粒灰岩。介屑含量 10%～15%，鲕粒含量 60%～70%，具呈正粒序层理，每一正粒序层理底部略显冲刷构造　17.72m
3. 灰色中厚层状亮晶鲕粒灰岩，鲕粒含量 70%～80%，直径 0.5～1mm，具下粗上细正粒序层理　86.35m

————整　合————

中侏罗统夏里组下含膏细碎屑岩段（J_2x^1）：灰色钙质泥岩夹深灰色泥质泥晶灰岩

（3）龙尾错南西中侏罗统夏里组实测剖面（LP）（据成都环资所朱同兴等，1997）。

剖面位于龙尾湖南西黑石河岸一背斜的北东翼，代表工作区东部未分段的夏里组地层，由夏里组下部层位构成背斜核部。据路线观察底部尚有厚约 50m 的黄绿、灰黄色砂岩，泥岩夹 3～5 层薄层生屑灰岩与泥灰岩地层，并可见其整合覆于布曲组厚层灰岩之上。所测剖面起点坐标 N33°50′36″，E88°14′10″，终点坐标 N33°52′17″，E88°13′42″，剖面长度 3 235.2m，厚度 2 284.31m，未见顶。根据区域地质路线资料，认为基本已近其顶部。其上被古近系康托组不整合覆盖（图 2-1-37）。现将剖面列述如下。

中侏罗统夏里组（J_2x）　（未见顶）　**2 284.31m**

41. 中下部为灰绿色中层状细砂岩、中粒灰岩夹暗紫红色泥岩、钙质泥岩和粉砂质泥岩；中上部至顶部为紫红色中厚层状细砾岩、小砾岩、含砾粗砂岩及中细粒砂岩。砾岩砾石主要为灰岩和脉石英，分选中等偏好，次圆状，钙质胶结，略具定向性排列　203.93m
40. 灰绿色中层状细粒砂岩与中至薄层状钙质粉砂岩及薄层状钙质泥岩和粉砂质泥岩互层，三者

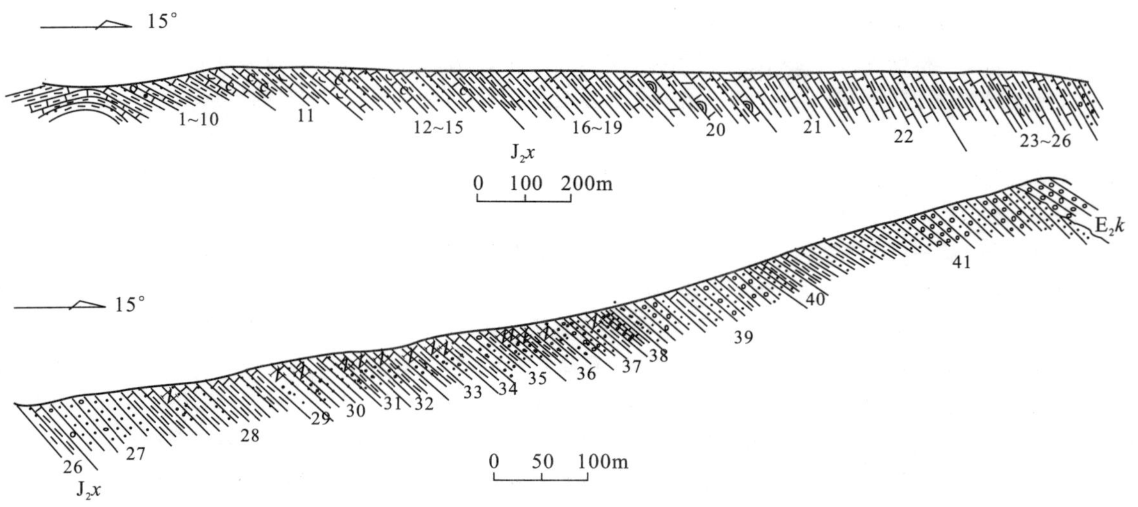

图 2-1-37 西藏双湖地区龙尾错南西中侏罗统夏里组实测剖面图

（据成都环资所朱同兴等，1997）

比为 3∶2∶1。细砂岩中见中型交错层理，粉砂岩中水平层理发育 14.77m

39. 紫红色薄至中层状细砂岩与含砾细砂岩，钙质及粉砂质泥岩互层，顶部见厚 80cm 的灰色钙质细砾岩，砾石含量 20%，砾径 1～5cm，分选好，主要为灰岩砾石组成，钙质胶结，砂岩∶泥岩为 3∶1，砂岩中见中-大型交错层理，古水流方向为 60° 135.79m

38. 灰绿、灰白色中层状细砾岩、含砾细砂岩、钙质细粒石英砂岩和钙质粉砂岩构成向上变细的正粒序韵律式沉积。砾岩之砾石以脉石英为主，次为灰岩，分选好，呈圆、次圆和椭球状，钙泥质胶结，细砂岩中见垂直层面的生物钻孔，粉、细砂岩中具水平层理和砂纹层理 16.22m

37. 暗紫红色、灰白色厚层块状石英质细砾岩、含砾粗砂岩、中层状细砂岩、长石石英砂岩和钙质泥岩构成正粒序韵律式沉积。细砾岩底面见冲刷构造，细砂岩中见大型交错层理，层系厚 30cm 31.20m

36. 暗紫红色中至厚层状长石石英砂岩、石英砂岩夹钙质、粉砂质泥岩，下部见一层含泥砾细粒长石石英砂岩，具正粒序结构，砂岩∶泥岩为 4∶1，砂岩中见大型交错层理 55.41m

35. 灰绿色中层状含钙质细粒石英砂岩、钙质粉砂岩与暗紫红及灰绿色薄层泥岩互层，上部见一层含细砾细砂岩，砂、泥岩构成下细上粗的逆粒序层理 50.91m

34. 暗紫红色钙质泥岩与粉砂质泥岩互层，发育水平层理 16.54m

33. 灰绿色薄至中层状细粒长石石英砂岩与紫红色薄层状钙质泥岩、粉砂质泥岩互层 33.09m

32. 暗紫红色薄层状粉砂质泥岩、钙质泥岩夹灰绿色中薄层状钙质粉砂岩和细粒长石石英砂岩 40.07m

31. 灰绿色中至薄层状细粒石英砂岩夹灰绿色薄层状钙质泥岩和含砾细砂岩、粉砂岩，下部具正粒序层理。砂岩中见中大型交错层理。含蕨类植物孢子 *Leiotriletes* sp.（光面三缝孢），*Cibodiumspora* sp.（金毛狗孢）；裸子植物花粉 *Classopollis* sp.（内环粉），*Araucariacites* sp.（南美杉粉），*Psophosphaera* sp.（皱球粉），*Cycadopites* sp.（苏铁粉），*Monosulcites* sp.（单沟粉） 23.29m

30. 暗紫红色薄层状钙质粉砂岩、细砂岩夹灰绿色钙泥质粉砂岩和泥质长石石英细砂岩，砂岩中发育斜层理、交错层理和砂纹层理，层系厚 8～25cm 47.36m

29. 灰绿色中至薄层状长石石英砂岩，见斜层理和砂纹层理 6.84m

28. 紫红、灰绿色薄层状钙质、粉砂质泥岩与钙质粉砂岩和细粒长石石英砂岩互层。含蕨类植物孢子 *Leiotriletes* sp.（光面三缝孢），*Cyathidites* sp.（桫椤孢），*Dictyophyllidites* sp.（网脉蕨孢）；棵子植物花粉 *Classopollis* sp.（内环粉），*Araucariacites* sp.（南美杉粉） 122.84m

27. 暗紫红与灰绿色间互的薄层钙质泥岩、粉砂质泥岩，偶夹钙质粉砂岩薄层 68.73m

26. 灰绿色中至薄层状钙、泥质粉砂岩与紫红、灰绿色钙质、粉砂质泥岩呈韵律式互层 19.46m

25. 灰绿、紫红色间互的薄层钙质、粉砂质泥岩，偶夹灰绿色薄至中层状钙质粉砂岩 49.82m

24. 灰绿色钙质、粉砂质泥岩与薄至中层钙质粉砂岩、细粒钙质长石石英砂岩构成逆粒序韵律式沉积，顶部为一层深灰色中层状介壳灰岩，砂岩∶粉砂岩∶泥岩＝1∶2∶3。粉砂岩中

见菱铁矿结核，细砂岩中见小型对称波痕和砂纹层理 57.12m

23. 灰绿色钙质、粉砂质泥岩与灰色薄层泥灰岩和灰绿色薄层钙质粉砂岩互层，顶部为1.2m灰色介屑灰岩。钙质泥岩中见菱铁矿结核，大小为4cm×3.5cm。泥岩：粉砂岩：灰岩为3：1：1 58.39m

22. 灰绿色薄层钙质、粉砂质泥岩与薄至中层状钙质粉砂岩、泥质粉砂岩互层，泥岩：砂岩为5：2。粉砂岩中见小型砂纹层理 174.51m

21. 灰绿色薄层状钙质、泥质粉砂岩、钙质泥岩与灰、深灰色中层状泥晶灰岩互层，砂岩：泥岩：灰岩为3：3：1。粉砂岩中发育小型砂纹层理，水平层理 143.86m

20. 深灰色中层状泥晶灰岩与灰绿色薄层状钙质泥岩互层，偶夹钙质粉砂岩、泥质粉砂岩薄层，上部见5.5m中层状介壳灰岩，灰岩：泥岩：粉砂岩为6：2：1 186.18m

19. 灰绿色薄层钙质泥岩与灰色薄至中层状泥晶灰岩互层。泥岩：灰岩为3：1 60.92m

18. 深灰色中层状泥晶灰岩与灰色薄层泥灰岩及灰绿、灰色钙质泥岩互层，灰岩：泥岩为3：1。含裸子植物花粉 *Cycadopites* sp.（苏铁粉），*Araucariacites* sp.（南美杉粉），*Psophosphaera* sp.（皱球粉） 53.85m

17. 灰绿色薄层状钙质、粉砂质泥岩夹灰、深灰色薄层泥灰岩、含介屑、粒屑灰岩，泥岩：灰岩为4：1 102.43m

16. 深灰色薄层状泥晶灰岩夹同色薄层泥灰岩，节理发育，见方解石脉 28.29m

15. 灰绿、浅黄绿色薄层状钙质、粉砂质泥岩夹灰色薄至中层状介屑灰岩、含介屑灰岩、含生物灰岩及灰绿色中至薄层状钙质粉砂岩。泥岩：灰岩：砂岩为5：1：1。含双壳类？*Chlamys laevis* wen（光滑套海扇），*Radulopecten*? sp.（刮具海扇未定种） 102.31m

14，灰绿色薄至中层状钙质石英粉砂岩、泥质粉砂岩。发育小型砂纹层理 5.50m

13. 灰绿色薄层钙质泥岩与灰色中层状介屑灰岩、含介屑灰岩和含生屑泥灰岩互层 79.30m

12. 灰、深灰色薄至中层状含生屑、介屑泥晶灰岩、泥灰岩与灰绿色薄层钙质泥岩互层，偶见钙、泥质粉砂岩。灰岩：泥灰岩为3：1。粉砂岩中见小型砂纹层理 56.56m

11. 灰绿色钙质泥岩与灰、深灰色中层状鲕粒灰岩、含粒屑灰岩、含介屑灰岩和生屑灰岩互层 112.36m

10. 深灰色中层状泥晶灰岩夹深灰色薄层泥灰岩和少量钙质泥岩及中至薄层状钙、泥质粉砂岩 9.40m

9. 灰绿色钙质泥岩与灰、深灰色薄层泥灰岩呈不等厚互层，中部夹1.5m深灰色中层状生物灰岩和含生物灰岩，泥岩：灰岩为2：1 31.02m

8. 灰、深灰色薄至中层状鲕粒灰岩，含鲕粒介屑灰岩，含生物泥晶灰岩及泥灰岩。类 *lnoperna wowerbyana*（d' Orbigny）（索氏细股蛤） 7.27m

7. 灰、灰绿色薄层状钙质泥岩与灰绿色薄层状粉砂质泥岩互层，两者比为2：1 6.63m

6. 深灰色薄至中层状泥晶灰岩，发育顺层和斜交层面的方解石脉，脉宽0.5～1cm，含双壳 2.83m

5. 杂色薄层钙质泥岩、粉砂质泥岩与钙质粉砂岩和泥质粉砂岩互层。发育小型砂纹层理 6.57m

4. 灰、深灰色中层状砂质灰岩与灰绿色薄层状钙质泥岩和粉砂质泥岩互层 11.02m

3. 灰绿、暗紫红色薄层状钙质泥岩与灰色中层状含生物泥灰岩互层，夹暗紫红色薄层钙、泥质粉砂岩。泥灰岩中方解石脉发育，粉砂岩具小型对称波痕，泥岩：灰岩：砂岩为6：4：1 15.11m

2. 深灰色中层状含生屑粉砂质泥晶灰岩、介壳灰岩，含双壳类 *Corbula* sp.（蓝蛤未定种），*Pseudolimea duplicata*（Sowerhy）（双假小锉蛤） 0.24m

1. 灰黑色薄层至厚层状泥灰岩夹介壳灰岩、含生物灰岩、含介壳粉砂质灰岩及灰绿、暗紫红色钙质泥岩、粉砂质泥岩和钙质粉砂岩。灰岩中缝合线发育，含双壳类 *Myopholas* sp.（螂海笋未定种），*Protocardia* sp.（始心蛤未定种）；蕨类植物孢子 *Cyathidites* sp.（桫椤孢），*Osmundacidites* sp.（紫萁孢）；裸子植物花粉 *Classopollis*（内环粉），*Araucariacistes* sp.（南美杉粉），*Psophosphaera* sp.（皱球粉）。本层构成背斜核部

（未见底） ＞36.37m

2）岩石组合及上下接触关系

夏里组岩性组合特征比较复杂，存在三分型和未分型两种沉积组合（图2-1-38）。三分型者是由上、下两套杂色碎屑岩夹石膏，中间夹一套以碳酸盐岩为特征的沉积组合；未分型总的是以碎屑岩为特征，夹多少不等的碳酸盐岩的沉积组合。测区内以北西西向长蛇山断裂、希杂日北断裂为界，南部

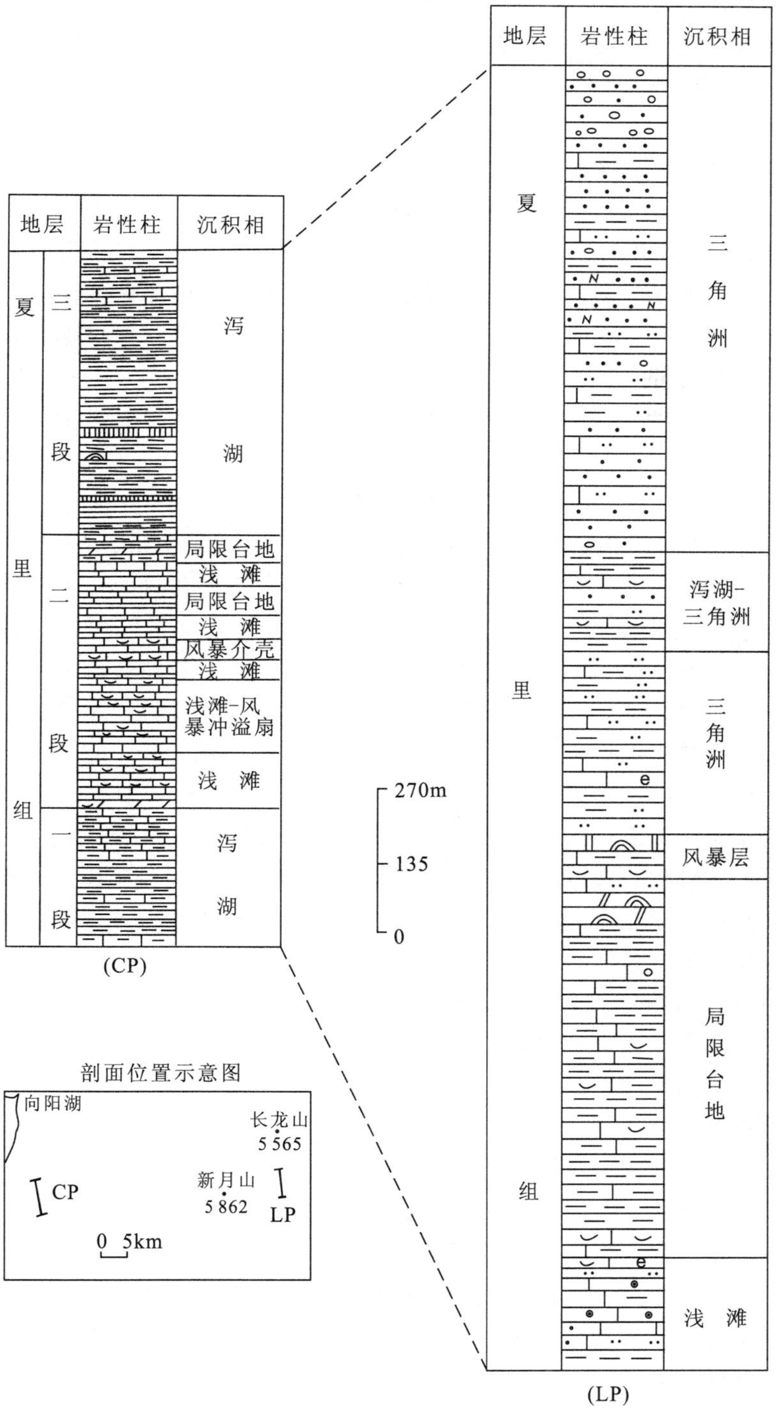

图 2-1-38　夏里组三分型与未分型岩石地层之沉积相对比图

三分型组合明显，而北东部未分型组合突出。

未分型夏里组以龙尾错南西中侏罗统夏里组实测剖为代表，具厚度大，碳酸盐岩层数多，但每层厚度不大（0.3～8m），且夹于从下到上全层位中，基本无石膏等特点。岩性组合为：下部为灰黄色、灰绿色粉砂岩、细砂岩、钙质泥岩、粉砂质泥岩，夹 3～5 层灰色薄层生屑灰岩和泥灰岩。中下部为浅灰、灰绿夹紫红色钙质泥岩、粉砂质泥岩，钙、泥质粉砂岩和细砂岩，夹多层灰至深灰色泥晶灰岩、介屑、生屑灰岩，白云化藻粒、介壳灰岩。砂岩层中见水平层理、砂纹层理、对称波痕等沉积构造和虫迹、层面上的植物碎片等生物遗迹。中上部为灰黄、灰绿色粉、细砂岩、粉砂质泥岩夹泥晶灰岩，生物灰岩、介壳灰岩及少量紫红色细碎屑岩。部分地段中部灰岩相对较集中。长龙山中上部出现一套暗紫红色及紫红、灰绿色细砾岩、小砾岩、含砾砂岩、长石石英砂岩、石英砂岩、粉砂岩和钙质、粉砂质泥岩组成的韵律式沉积，岩层中见斜层理、砂纹层理等沉积构造，总体表现为海退序列沉积。在长龙山东头南侧，灰绿色细砂岩中还发现脉状沥青。本组含双壳类、腹足类及孢粉化石，厚达2 284m。

三分型夏里组在长蛇山—那底岗日、西长梁—胜利河等地发育。

(1) 夏里组下含膏细碎屑岩段（J_2x^1）：该段地层以向阳湖南剖面（XP）的第44～54层及那底岗日剖面（NP）的第47～57层为代表，由灰绿色、紫红及灰黑色钙质泥岩、钙质页岩夹灰色薄至中层状介壳灰岩、生屑灰岩、泥灰岩和藻白云岩及石膏组成，方湖东山中部夹一层灰白色长石石英中粒砂岩。含双壳类及孢粉化石，厚117.20～135.50m。该段地层与布曲组相伴出露，岩性组合特征基本变化不大，唯藻白云岩不具普遍性，石膏层不甚稳定，碳酸盐岩夹层有多有少，厚度有加厚减薄现象，在长蛇山一带未见底，其厚大于231.84m，但与灰绿、紫红色细碎屑岩夹多少不等的碳酸盐岩这一总体特征则是一致的。

(2) 夏里组灰岩段（J_2x^2）：该段地层以长蛇山南剖面（CP）第3～31层及那底岗日剖面（NP）的第58～71层为代表，以一套碳酸盐岩组合为特征。主要岩性是下部灰、深灰色中厚层状鲕粒灰岩、介屑鲕粒灰岩、核形石鲕粒灰岩，砾屑鲕粒灰岩夹介屑灰岩，砾屑灰岩，介壳灰岩，核形石灰岩和白云石生屑灰岩。在鲕粒灰岩中多可见正粒序韵律式层理，有时还见斜层理。上部以泥晶灰岩、泥灰岩、砂屑灰岩和少量核形石灰岩、鲕粒灰岩为特征，夹钙质泥岩。各种灰岩中普遍含介屑，在砂屑灰岩中见晶洞状沥青。含腕足、双壳和孢粉化石，厚346～501m。该段岩性比较稳定，总体是一套碳酸盐岩组合为主的沉积，但所夹碎屑岩有多少的差异，如在向阳湖南西山，该段下部111m厚度的鲕粒灰岩、介屑鲕粒灰岩中，就夹有多层钙质泥岩、页岩和岩屑砂岩，长石砂岩，岩屑杂砂岩等碎屑岩50余米，在上部的灰岩中也见夹有钙质泥岩，在胜利河西侧亦有较多砂、泥岩夹层。

(3) 夏里组上含膏细碎屑岩段（J_2x^3）：该段地层是以紫红、灰绿色碎屑岩夹碳酸盐岩和石膏为特征的一套沉积，可以长蛇山南夏里组剖面（CP）第32～47层及那底岗日剖面（NP）第72～91层为代表。主要岩性为灰绿、紫红色泥岩、钙质泥岩、钙、泥质粉砂岩夹少量灰色泥质泥晶灰岩、含膏砂屑灰岩和薄中层状石膏。粉砂岩中偶见砂纹层理，含孢粉化石，厚518～679m。该段地层在测区内岩性组合特征基本稳定，灰绿、紫红色细碎屑岩沉积特征不变，只有灰岩夹层的多少、砂岩和泥岩的比例以及石膏层的多少和有与无的差异。

3) 基本层序及沉积环境分析

与其岩性组合一样，夏里组基本层序类型及沉积环境也存在有未分型和三分型（参见图2-1-38）。

未分型基本层序类型有：①灰黑色薄层至厚层状含生物灰岩、泥灰岩，灰绿、暗紫红色钙质泥岩组成向上泥质增多的基本层序；②杂色薄层钙质粉砂岩（泥质粉砂岩）、钙质泥岩（粉砂质泥岩）组成韵律性基本层序；③灰绿色薄层细粒钙质长石石英砂岩、薄至中层状钙质粉砂岩及钙质、粉砂质泥岩组成向上变细的基本层序；④灰绿、灰白色中厚层状细砾岩、含砾细砂岩、钙质细粒石英砂岩和钙质粉砂岩构成向上变细的基本层序。

①、②类基本层序见于下部，粉砂岩具小型对称波痕，发育小型砂纹层理，见菱铁矿结核，含孢粉、双壳类化石，化石保存较好，为前三角洲沉积。③、④类基本层序见于上部，以砂泥岩为主，夹少量灰岩，细砾岩底面见冲刷构造，细砂岩中见大型交错层理，砾岩中砾石以脉石英为主，次为灰岩砾石，分选好，呈圆、次圆和椭球状，钙泥质胶结，细砂岩中见垂直层面的生物钻孔，粉、细砂岩中具水平层理和砂纹层理，为三角洲相沉积。总体由下往上，水动能加大。

在三分型夏里组中，各段的基本层序类型及沉积环境不同。

(1) 夏里组下含膏细碎屑岩段（J_2x^1）：发育4种类型基本层序：①灰色钙质泥岩、深灰色泥质泥晶灰岩组成向上泥质减少、灰质增多的基本层序；②灰色薄中层状泥晶灰岩、泥晶白云岩或粉晶石膏盐岩组成向上灰质减少、白云质或膏质增多的基本层序；③灰-灰绿色薄中层状钙质泥岩和泥灰岩组成韵律性基本层序；④暗紫红色薄中层状细粒岩屑砂岩、中厚层状紫红色夹灰绿色泥质粉砂岩组成向上变细的基本层序。其中①、②、③类基本层序见于中、下部，在泥岩中含孢粉化石及双壳类，代表潮坪-泻湖相沉积，而④类基本层序见于上部，岩层尚见夹灰岩，含植物化石和双壳类，具水平虫管，代表泻湖相沉积。

（2）夏里组灰岩段（J_2x^2）：发育3种类型基本层序：①灰绿色薄中层状钙质泥岩（泥灰岩）、钙质粉砂岩、灰色中厚层状亮晶鲕粒灰岩组成向上变粗、灰质增多的基本层序。鲕粒灰岩中见中型斜层理和压溶缝合线，局部夹中层状灰色介屑灰岩，具正粒序层理，每一正粒序层理底部略显冲刷构造；②灰色中层状含生物屑泥晶灰岩、灰色中层状泥晶鲕粒灰岩、泥晶介屑鲕粒灰岩组成向上泥晶减少、生物屑、鲕粒增多的基本层序。鲕粒灰岩具正粒序层理；③深灰色薄层状钙质泥岩（薄中层状黑色碳质页岩）、薄中层状泥灰岩、深灰色、灰黑色中层状含泥质泥晶灰岩组成向上泥质（碳质）减少、灰质增多的基本层序。其中①、②类基本层序见于下部，代表台内浅滩相沉积，而③类基本层序见于上部，灰岩中介壳薄壳个小，门类单调，灰岩中可见黄铁矿，代表泻湖相沉积。

（3）夏里组上含膏细碎屑岩段（J_2x^3）：根据剖面及路线观察，发育4种类型基本层序：①灰、深灰色薄层和中层状泥云岩或极薄层石膏与极薄层泥灰岩互层，组成向上白云质、膏质减少、泥质增多的基本层序，大量发育舌形菌迹（U形管）遗迹化石，平行或斜交层面分布，岩石中产1～3cm大小的保存完整的双壳类，代表潮坪沉积；②深灰色薄中层状生物屑灰岩、泥晶灰岩与泥灰岩，组成向上泥质增多的基本层序，具完整双壳类和腹足类化石，产黄铁矿颗粒，代表泻湖相沉积；③灰绿色薄中层状钙质粉砂岩、钙质泥岩与褐灰色薄层泥灰岩，组成向上变细的基本层序，含孢粉，代表前三角洲沉积；④灰绿色中层状钙质细粒石英砂岩与同色薄层状钙质粉砂岩，组成向上变细的基本层序。在该基本层序下部，局部可出现细砾岩层，在砂岩底部具灰质小砾石和冲刷型泥砾，砂岩具正粒序层理，岩石中含丰富的小植物碎片，大小为0.5～2cm。岩石中平行层理、低角度斜层理和小型砂纹层理发育。在岩石层面上，可见不对称波痕，其代表三角洲沉积。其中①、②类基本层序见于下部，而③、④类基本层序见于上部。综合以上分析可知，夏里组的沉积环境总体表现为南西一侧水体较浅，往北东水体逐渐加深。

4）时空变化及区域对比

夏里组在整个羌塘盆地内表现为一套海退序列，在盆地西部相对出露较少。在不同的地点其岩石组合、沉积厚度各有不同（图2-1-39），在长蛇山一带其出露厚度约为1 260m，下含膏细碎屑岩段，底部出露不全，以泥岩为主；其灰岩段以亮晶鲕粒灰岩、核形石灰岩为主，夹少量泥晶灰岩、泥灰岩；上含膏细碎屑岩段，由泥岩夹少量薄层泥晶灰岩、石膏层组成。在那底山岗日剖面出露厚度也不大，总厚约为1 160m，顶底齐全。其下含膏细碎屑岩段，出露厚度仅约125m，由泥质粉砂岩、粉砂质泥岩、泥岩夹石膏组成；灰岩段，厚约355m，由浅滩相鲕粒灰岩、生物碎屑灰岩夹少量泥晶灰岩、泥灰岩构成；上含膏细碎屑岩段，厚约678m，由泥岩、泥质粉砂岩、粉砂质泥岩、细砂岩夹泥灰岩、白云质灰岩及石膏层构成。而在东侧相邻吐错幅东北部兄弟泉一带，夏里组厚度大于1 845m。其下含膏细碎屑岩段，厚度大于485m，主要由三角洲相长石石英细砂岩、粉砂岩、钙质粉砂岩夹数层石膏组成；灰岩段厚约442m，由局限台地相泥晶球粒灰岩、生物屑灰岩夹粉砂岩、细砂岩构成；上含膏细碎屑岩段，厚度可达916m，由三角洲相细砂岩、粉砂岩、泥岩夹少量泥晶灰岩构成。由上述夏里组岩性及沉积厚度对比也可看出，盆地沉积和沉降中心具有明显的由西南向北东迁移的趋势。

5. 索瓦组（J_3s）

索瓦组最早由青海省区调队（1987）首创，地点是格尔木市唐古拉山乡雀莫错索瓦，原含义为一套深灰色厚层泥晶灰岩、生屑碎屑灰岩与灰绿、深灰色钙质粉砂岩、泥质粉砂岩组成的地层体。《青海省岩石地层》（1997）将其定义为一套深灰色碳酸盐岩与灰绿色、深灰色细碎屑岩互层状组成的地层体，底以灰岩的大量出现，砂岩逐渐消失为划分标志，顶与雪山组碎屑岩整合过渡，厚375～941m。产腕足和双壳类等化石，时代定为晚侏罗世牛津期。

鉴于测区内与原索瓦组相当的地层其纵向岩性组合存在两分性，即下部为碳酸盐岩组合，上部是碎屑岩夹碳酸盐岩组合，据此本报告把原索瓦组分解为以碳酸盐岩为主的索瓦组和以碎屑岩夹碳酸盐岩为特征的白龙冰河组。测区内索瓦组分布于湖东山—伏牛沟、江爱达日那、那底岗日及向阳湖—龙

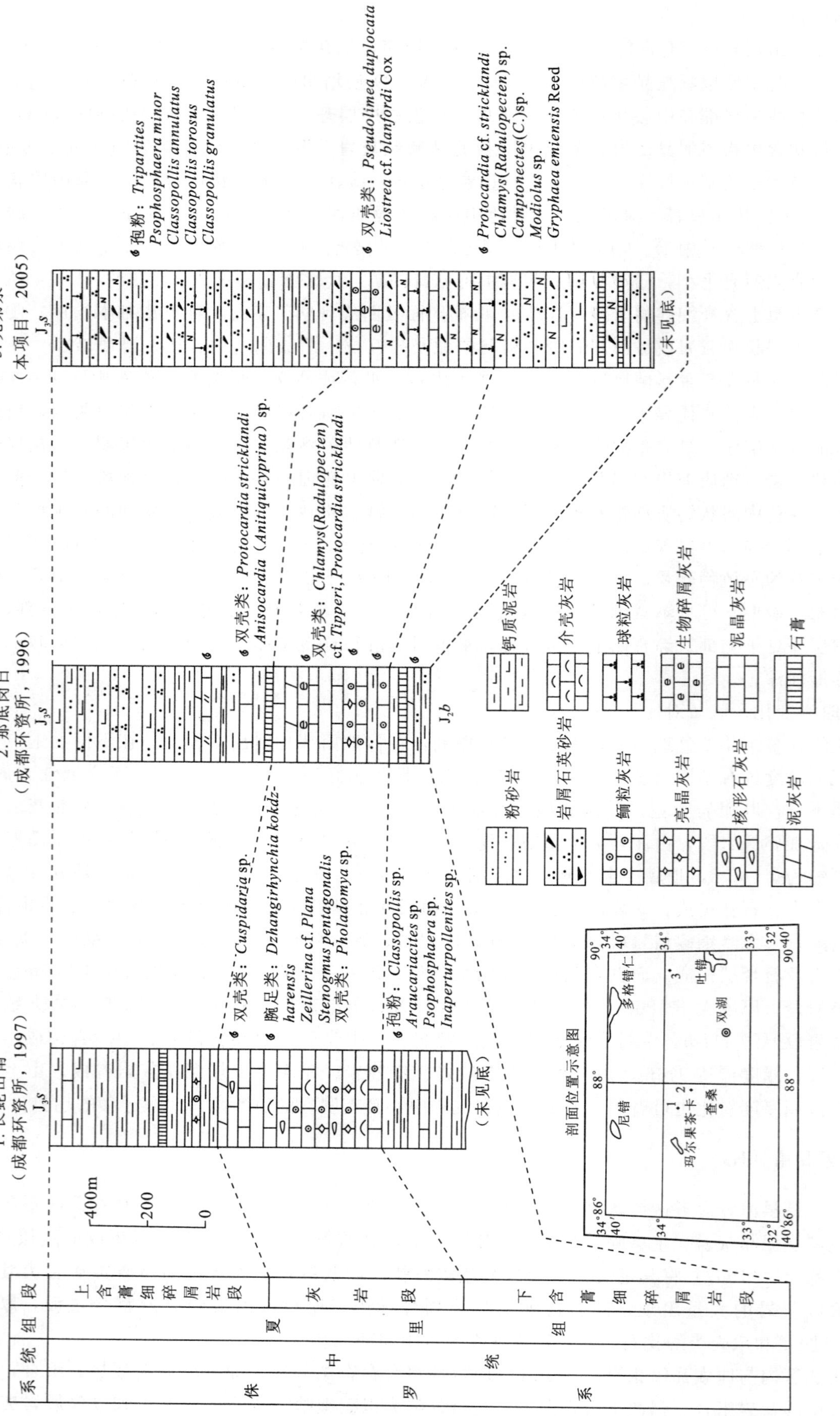

图2-1-39　羌塘盆地西区夏里组柱状对比图

尾错等地，出露面积约为821km²。

1）剖面描述

（1）西藏双湖地区那底岗日中上侏罗统实测地层剖面（NP）（据成都环资所朱同兴等，1996）。

剖面上第92～93层为上侏罗统索瓦组地层（参见图2-1-34）。

白龙冰河组（J_3b）：深灰色薄中层状钙质泥岩夹两层40cm和65cm的石膏层，石膏呈透镜体

——整合——

索瓦组（J_3s） **89.46m**

93. 灰色、深灰色薄中层状双壳生物泥质泥晶灰岩。双壳生物化石保存完整，大小悬殊，小至2mm，大至11cm，一般为1～3cm，生物含量占5%～35%。产双壳类：*Chlamys*（*Radulopecten*）*tipperi* Cox（梯形刮具海扇）；*Ch.*（*R.*）*vagans*（Sowerby）（游离刮具海扇）；*Ch.*（*R.*）cf. *tipperi* Cox（梯形刮具海扇比较种）；*Ch.*（*R.*）*gigantea*（sp. nov.）（大型刮具海扇新种）；*Astarte togtonheensis* Wen（托托河花蛤）；*A. elegans* Sowerby（优美花哈）；*A. kenti* Cox，*Mactromya qinghaiensis* Wen（青海蜊海螂）；*Protocardia stricklandi*（Morris et Lycett）（斯氏始心蛤）；*Inoperne sowerbyana*（dorbigny）（索氏细股蛤）；*Entolium* sp.（光海扇）；*Anisocardia* sp.（岐心蛤） 6.54m

92. 灰-深灰色薄层状泥质泥晶灰岩夹泥灰岩和双壳生物泥灰岩以及少量的钙质粉砂岩，双壳生物保存完整，大小为2～5cm，大至7cm，含量5%～35%。产双壳类：*Gervillella qing haiensis* Wen（青海小荚蛤）；*Camptonectes*（*Camptonectes*）*yanshipingensis* Wen（雁石坪岔线套海扇）；*Modiolus* sp.（偏顶蛤）；*Melengrinella* cf. *braanmburiensis*（Phillips）（布拉木斑蛤）；*Arcomytilus* sp.（箱贻蛤）；*Mytolus* sp.（壳荚蛤）；*Anisocardia* sp.（歧心蛤）；*Pleuromya fengdengensis* Chen（风登助海螂）；*Myopholas* cf. *manderaensis* Cox（曼德拉螂海笋）；*Anisccardia*（*Anitiquicyprina*）sp.（古美蛤）；*Pseudolimea* sp.（小锉蛤）；裸子类：*Classopollis annulatus*，*C. parmus*，*C. multistriatus*，*C. torosus*，*C. qiyangensis*，*C. classoides*，*C. major*，*C. monostriatus*，*Chasmatosporines apertus*，*C. minor*，*C. hiams*，*C. elegans*，*Hunanpollerites callosus*，*Perinpolleniles* sp.，*Calialas porites danpieri*，*Pilasporites mancidus*，*Cevebropollenites* sp.，*C. carlylensis*，*Pinuspallenites* sp.，*Pristinuspalienites* sp. ，*Cycadopites* sp.，*C. foolicularis*，*Honosulcites* sp.，*Eucommiidites* sp.，蕨类：*Kluhrispovites pseud oreticulatus*，*Ischyosporites crateris*，*Discisporites* sp.，*D. radius*，*D. psilatus*，*Granulatasporites petinus*，*Granulatisporites*，*G. minor*，*Stereisporites incertus*，*S. congregatus*，*Lycopodiumsporites* sp.，*Todisporites gramulatus*，*Osmundacidites* sp.，*Asseretospora* sp.，*Annulispora* sp.，*Cyathidites minor*，*Calamospora nathorstii*，*Reticulatasporites clatmatus* 82.92m

——整合——

中侏罗统夏里组上含膏细碎屑岩段（J_2x^3）

91. 灰绿色薄中层状钙质粉砂岩，层面上大量发育水平和垂直虫管

（2）长虹河上侏罗统索瓦组（J_3s）实测地层剖面（CHP）（据成都环资所，1996）。

剖面位于长虹河中游，起点坐标N34°05′48.7″，E88°18′52.2″，终点坐标N34°05′56.1″，E88°19′36.4″，剖面长度798.4m，厚476m，露头良好，有顶、有底，化石丰富（图2-1-40）。

白龙冰河组（J_3b）：灰-黄灰色薄中层状泥灰岩夹灰-黄灰色薄层状页岩、粉砂岩

——整合——

索瓦组（J_3s）

24. 浅灰色中层状生物碎屑灰岩夹中层状砂屑灰岩 37.80m
23. 灰白色中厚层状含生物碎屑核形石灰岩夹灰色中层状生物碎屑灰岩，普遍含海百合茎 45.21m
22. 灰-深灰色中厚层状核形石灰岩与灰色薄中层状泥晶灰岩不等厚互层 25.77m
21. 灰-浅灰色薄中层状泥灰岩，含少许菊石类碎片 4.03m
20. 灰色中厚层状含砂屑泥晶灰岩夹灰色中层状生屑灰岩和含鲕粒灰岩 11.51m

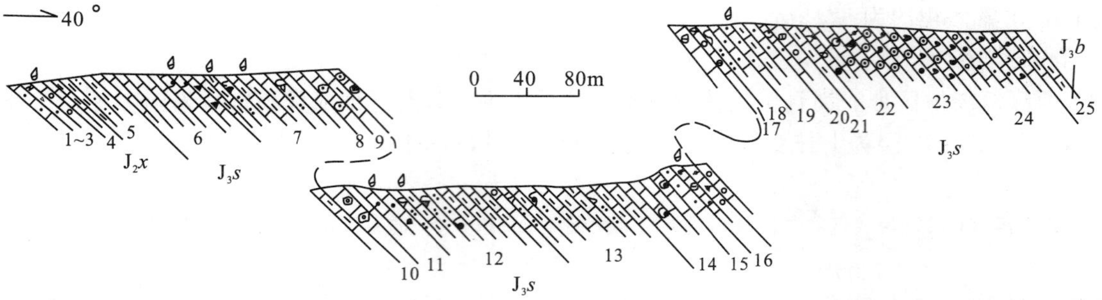

图 2-1-40 西藏双湖地区长虹河上侏罗统索瓦组（J_3s）实测地层剖面图

19. 灰紫色、浅灰紫色中层状亮晶球粒灰岩夹灰色中层状泥灰岩。富含保存完好的双壳类和菊石化石。产双壳类：*Anisocardia*（*Anitiquicyprina*）*trapezoidalis* Wen（梯形古美蛤），*Homomya gobbosa*（Sowerby）（膨凸同海螂），*Phaladomya socialis qinghaiensis* Wen（友谊笋海螂青海亚种），*Myopholas multicostata*（Agassiz）（多脊螂海笋），*Arocmytilus nyanrongensis* Wen（聂荣箱贻蛤），*Entolium xizangensis* Tong（西藏光海扇），*Weyla* sp.（韦拉海扇），*Ostrea* sp.（牡蛎），? *Liostrea* sp.（? 光蛎）等；菊石类：*Virgatosphinctes multifasciatus* Uhlig（多束枝束肋旋菊石），*V. haydeni* Unlig（海丁氏束肋旋菊石），? *Paraboliceras* sp.（复助菊石），*Blanfordiceras cricki*（Uhlig）（克利氏布兰弗菊石），*Haplophyoceras aculeatum* Zhang（尖简叶菊石） 15.77m
18. 灰紫色-棕红色薄中层状含钙泥质粉砂岩夹灰紫色中层状砂屑灰岩 12.42m
17. 灰-灰白色中厚层状鲕粒灰岩 2.00m
16. 灰-深灰色中厚层状含生屑核形石灰岩。压溶缝合线极发育。见缝合线式、裂隙式干沥青。产菊石类？*Virgatosphinctes* sp.（束肋旋菊石），海胆 *Hemicidaris* sp.（半头帕海胆） 14.59m
15. 灰-灰绿色中层状泥晶灰岩夹紫红色条带状砂屑灰岩。发育小型包卷层理 8.32m
14. 灰-深灰色中层状泥晶灰岩夹灰色中层状核形石灰岩 23.67m
13. 浅灰色薄中层状泥灰岩夹灰色中层状含生物碎屑核形石灰岩和紫红色条带状钙质粉砂岩 56.43m
12. 浅灰色薄层状泥灰岩夹黄灰色含生物碎屑泥灰岩及少许褐黄色薄层状钙质粉砂岩。产腕足类：*Holcothyris golmudensis* Ching，Sun et Ye（格尔木沟孔贝） 48.10m
11. 灰-深灰色薄中层状泥晶灰岩夹灰色中层状含生物碎屑泥晶灰岩和生物介壳灰岩。产双壳类：*Buchia banfordiana*（Stoliczka）（平凸雏蛤），*Inoperna sowerbyana*（D' Orbigny）（索氏细股蛤）；腕足类：*Lobothyris moquensis* Ching，Sun et Ye（木曲叶孔贝） 17.82m
10. 灰色中层状含生屑核形石灰岩 6.56m
9. 灰白色、浅灰色薄中层状泥灰岩 5.56m
8. 深灰色、暗紫红色中厚层状核形石灰岩夹灰色中层状泥晶灰岩 6.92m
7. 灰色、浅灰绿色薄中层状泥灰岩夹灰黄色薄层状粉屑灰岩。含菊石 *Virgatosphinctes dacquie* Steiger（达氏束肋旋菊石） 49.67m
6. 灰-灰黑色中层状含生屑泥晶灰岩。发育压溶缝合线。见裂隙式干沥青。含双壳、海百合茎、腹足类等化石。产双壳类：*Pholadomya*? sp.（笋海螂），*Pleuromya subelongata*（近长肋海螂）；有孔虫：*Verneullinoides* sp.，*Ophthalmidum* sp.（眼形虫），*Varalophthalidium* sp.（变眼虫），*Ammodiscus* sp.（砂盘虫），*Turritelelia* sp.（小塔虫），*Gandinella* sp.（甘迪虫），*Lenticulina* sp.，*Marginulina* sp.，*Nodosaria* sp. 等 35.81m

————整合————

中侏罗统夏里组（J_2x）：杂色薄中层状泥质粉砂岩

2）岩石组合及上下接触关系

索瓦组为一套碳酸盐岩建造组合，在地貌上常形成山岭。主要由浅灰-深灰色薄中层状泥晶灰岩、含生屑泥晶灰岩、介屑（壳）灰岩、核形石灰岩、鲕粒灰岩、海百合茎灰岩、泥灰岩和砂屑灰岩、礁灰岩组成，有时在中部见夹灰绿色钙质、粉砂质泥岩和钙质粉砂岩，顶部见不稳定石膏。在西长梁北灰岩中发现晶洞状稠油和软沥青，其上、下并有厚度数十厘米至大于 2m 的油页岩；在江爱藏布北一带，见发育有较多海绵礁灰岩，该礁灰岩沿走向延伸可达 10km 以上，含腕足类、双壳类、珊瑚、海绵、腹足类等生物化石，厚 89.46～476m，表现为由南往北加厚。

索瓦组下与中侏罗统夏里组、上与上侏罗统白龙冰河组皆为整合过渡接触。

3）基本层序及沉积环境分析

根据剖面及路线观察，索瓦组发育 5 种类型基本层序：①灰色薄中层状泥晶灰岩、灰白色中厚层状含生物碎屑核形石灰岩、灰色中层状生物碎屑灰岩，组成向上生物屑增多的基本层序；②浅灰色薄中层状泥灰岩、灰色中层状含生物碎屑核形石灰岩，组成韵律性基本层序；③黄绿色薄层状钙质粉砂岩、深灰、浅灰色泥岩、泥晶灰岩（泥灰岩），组成向上变细的基本层序；④灰-深灰色薄层状泥灰岩、泥晶灰岩，组成韵律性基本层序；⑤灰、浅灰色含生物屑泥晶灰岩（生物碎屑灰岩）、灰、浅灰色厚块状海绵礁灰岩，组成向上层理变厚的基本层序。

测区内索瓦组沉积相有一定变化，在那底岗日一线以北，主要为含生物泥晶灰岩、生物屑灰岩、含生物碎屑核形石灰岩、泥灰岩，含丰富的多门类化石，其为开阔台地相沉积，局部（那底岗日一带）在其上、下层位有石膏发育，且岩石中生物门类较少，可能为局限台地相沉积；而在卧牛山及其以南，除含生物泥晶灰岩、生物屑灰岩、泥灰岩外，尚见较多的生物碎屑灰岩、海绵礁灰岩，从路线情况看，生物屑灰岩、礁灰岩主要发育于上部层位，其沉积环境由下往上为开阔台地相、生物浅滩相、生物礁相。

4）时空变化及区域对比

索瓦组是羌塘盆地侏罗纪又一次规模较大的海侵沉积。由图 2-1-41 可看出，其沉积厚度自西向东增大。在那底岗日一带其沉积厚度在 100m 以内，由生物碎屑灰岩夹介壳灰岩构成；在长虹河一带，其厚度增大到 467m，主要由泥晶灰岩、生物碎屑灰岩、核形石灰岩夹少量泥灰岩构成，底部还可见少量细砂岩；而在阿木查跃、兄弟泉一带，其沉积厚度均超过 600m，主要由泥晶生物碎屑灰岩、泥晶球粒灰岩、亮晶介壳灰岩、泥晶灰岩夹泥灰岩、鲕粒灰岩及数层厚层块状石膏构成，局部还可见少量泥岩。由索瓦组在上述几地的沉积厚度及岩石组合可以看出，在晚侏罗世早期，羌塘盆地沉积物可容空间具有东部明显大于西部的特征。

6. 白龙冰河组（J_3b）

白龙冰河组由西藏区调队（1986）以白龙冰河南侧路线剖面为代表创建。该组整合覆于夏里组之上，上未见顶，由下部灰、浅灰、灰白色中厚层状泥灰岩、泥质灰岩、生物碎屑灰岩、白云质灰岩和鲕粒灰岩及上部中厚层状灰岩、泥灰岩与灰绿色泥质页岩、钙质泥岩、泥岩的互层夹浅灰色粉砂岩组成，厚达 2 080m，富含菊石动物群化石。

创名地白龙冰河组纵向上岩石组合特征亦具有两分性，与测区内原索瓦组含义相当，据此本报告把原索瓦组分解为以碳酸盐岩为主的索瓦组和以碎屑岩夹碳酸盐岩为特征的白龙冰河组。测区内白龙冰组分布于饮龙错西、龙尾错东和那底岗日等地，出露面积约为 61km^2。

1）剖面描述

西藏双湖地区那底岗日中上侏罗统实测地层剖面（NP）（据成都环资所朱同兴等，1996）。

剖面上第 94～97 层为上侏罗统白龙冰河组地层（参见图 2-1-34）。

上侏罗统-下白垩统雪山组一段（$J_3K_1x^1$）

98. 灰绿色薄层中层状钙质粉砂岩夹薄层状钙质泥岩　　54.05m

————整合————

白龙冰河组（J_3b）　　194.11m

97. 深灰色薄层状中层状钙质泥岩夹灰色薄层泥灰岩，偶夹薄层钙质粉砂岩。粉砂岩中小型沙纹层理十分发育。另外，岩石中含丰富的完整双壳类化石，化石大小 1cm 左右　　151.61m

96. 灰色中层状介屑灰岩，介屑主要为双壳类碎屑，含量为 40%～60%，大致顺层排列。产双壳类：*Arcomytilum* cf. *bathonicus* Morris et Lycett）（巴特箱贻蛤比较种），*Astare tuotuoheensis* Wen（托托河蛤），*Myophorella* sp.（松肌蛤），*Corbula* sp.（兰蛤）　　8.49m

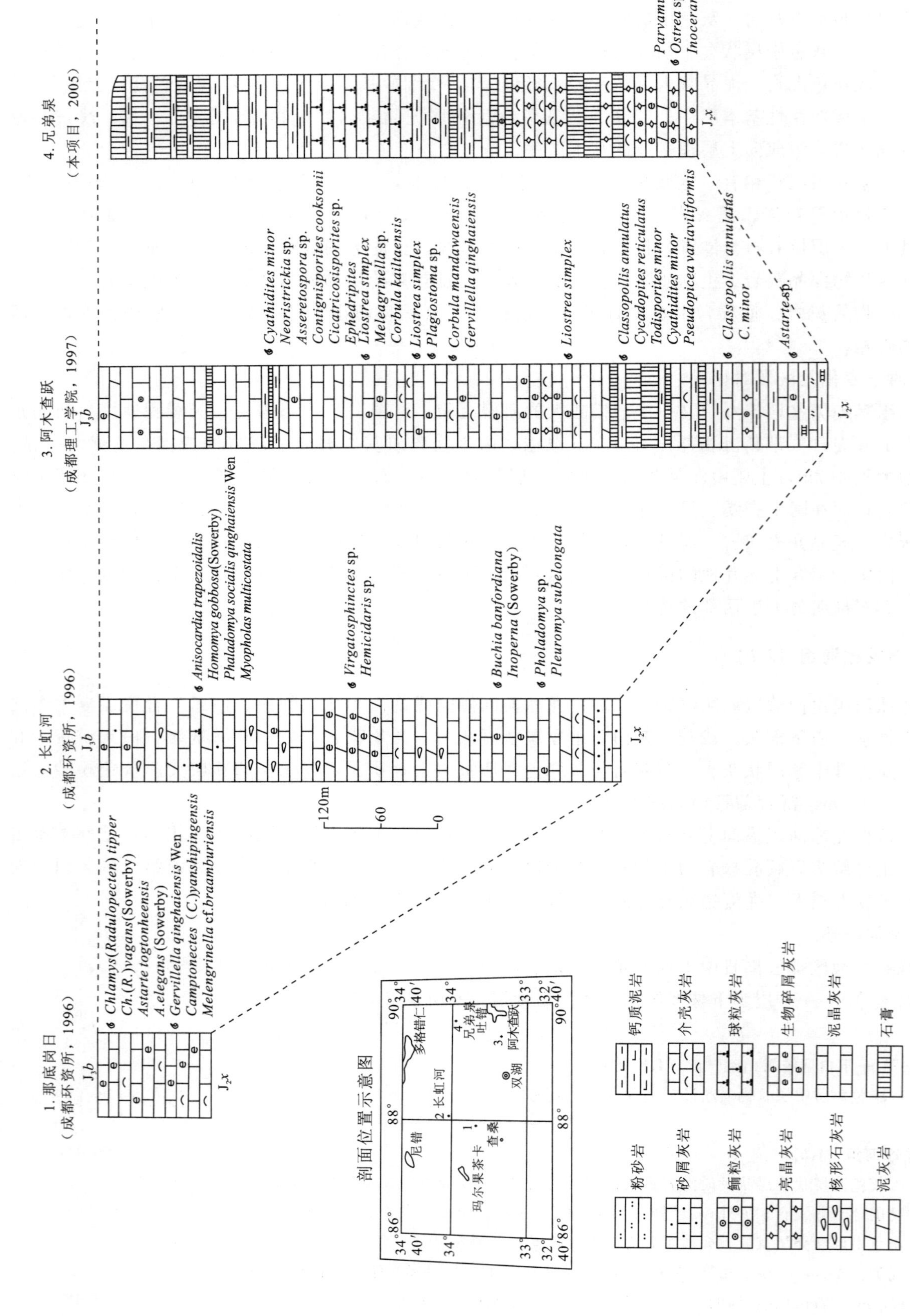

图2-1-41　羌塘盆地西区上侏罗统索瓦组柱状对比图

95. 岩石露头较差。岩性为深灰色薄中层状钙质泥岩夹两层 40cm 和 65cm 的石膏层，石膏呈薄层状透镜体。产孢粉裸子类：*Classopollis annulatus*，*C. parmus*，*C. qiyangensis*，*C. classoides*，*C. monostriams*，*Chasmatosporites spertus*，*Caytonipallenites pailidus*，*Cycadopites reticulatus*，*C. cripartites*，*C. giganteus*，*C. typicus*，*C. follicularis*，*Honosulcites* sp. ，*Eucommiidites* sp.；蕨类：*Huhrisporites* sp.，*Stereisporites* cf. granuius，*S. europacus*，*Todisporites minor*，*Osmundacidites* sp.，*O. orbiculatus*，*Apiculatisporites* sp.，*Cyathidites minor*，*Concavissinispovites* sp. 24.77m

94. 灰绿色薄中层状钙质粉砂岩，发育砂纹层理和斜交生物钻孔。产裸子类：*Classopollis annulatus*，*C. parmus*，*C. qiyangensis*，*C. classoides*，*Chasmatosporites spertus*，*Ch. salebrosus*，*Cycadopites typicus*，*Eucommiidites traedssonii*；蕨类：*Ischyosporites* sp.，*Interulobites intravertucatus*，*Discisporites* sp. ，*Todisporites gramulatus*，*Annulispora* sp. ，*Cyathidites minor* 9.24m

————整合————

索瓦组（J_3s）：灰色、深灰色薄中层状双壳生物泥质泥晶灰岩 6.54m

2）岩石组合及上下接触关系

白龙冰河组为一套以细碎屑岩为主夹中薄层状碳酸盐岩的不等韵律式沉积建造组合。碎屑岩类的岩石组合比较单调，主要由钙质泥岩、粉砂质泥岩、钙、泥质粉砂岩、粉砂岩和少量石英细砂岩组成，砂岩：泥岩为 1：(4～5)。碳酸盐岩类型组合比较复杂，主要由生屑、介屑泥晶灰岩、含颗粒、核形石泥晶灰岩、泥灰岩和少量珊瑚礁灰岩等组成。碎屑岩和碳酸盐岩大致为（5～15）：1。含双壳类、腕足类、珊瑚、海绵、腹足类及孢粉化石，厚 194.11m，由南往北厚度加大，在测区东北角外之东湖一带，白龙冰河组厚达 1 037.83m。白龙冰河组岩石总体特征与北部图幅比较接近，和典型剖面索瓦组上部相比，也有相似之处，但与独星湖、长龙梁等剖面相比，却有较大差异。白龙冰河组碳酸盐岩相对发育，除含腕足类、双壳类等化石外，尚发现有比较丰富的菊石化石。

3）基本层序及沉积环境分析

根据剖面及路线观察，索瓦组发育两种类型基本层序：①灰绿色薄中层状钙质粉砂岩、深灰色薄中层状钙质泥岩，组成韵律性基本层序；②深灰色薄层中层状钙质泥岩、灰色薄层泥灰岩，组成韵律性基本层序。

白龙冰河组泥岩中见钙质结核，发育水平层理或纹理。粉砂岩中发育小型砂纹层理，偶见黄铁矿颗粒，岩石层面上大量发育斜交生物钻孔。在下部夹石膏薄层状透镜体。在碳酸盐岩中生物门类较少，主要为窄盐度生物。其沉积相为泻湖相。

4）时空变化及区域对比

白龙冰河组在盆地内不同地段厚度、岩性变化较大（图 2-1-42）。在那底岗日一带，沉积厚度仅 194.11m，主要由钙质粉砂岩、钙质泥岩夹生物介壳灰岩、泥灰岩及石膏组成。在测区外的东湖一带，其沉积厚度可达 1 037m，总体表现为一套细碎屑岩夹碳酸盐岩，由钙质泥岩、粉砂质泥岩、泥质粉砂岩夹泥灰岩、泥晶灰岩、生物碎屑灰岩、核形石灰岩构成。在测区外长梁山一带，沉积厚度为 605m，由泥晶灰岩、鲕粒泥晶灰岩、生物碎屑灰岩、砂屑灰岩夹岩屑细砂岩、粉砂质泥岩构成。而测区外阿木查跃一带，其厚度为 744m 左右，主要由泥晶灰岩、含膏泥晶灰岩、生物碎屑灰岩、介壳灰岩夹钙质细砂岩及石膏层组成。由以上几条剖面对比可看出，白龙冰河组在图幅那底岗日及东湖一带以细碎屑岩为主，夹少量灰岩，而由西往东，灰岩逐渐增多，而碎屑岩则相对减少。

7. 雪山组（J_3K_1x）

雪山组最早由蒋忠惕（1983）正式公布，以温泉剖面为典型代表，主要岩石组合为灰色粉砂岩与粉砂质泥岩互层，夹不厚的钙质泥岩和泥灰岩，顶都为一套较厚的黄褐色砂岩，厚 559.58m，上未见顶，含双壳类等，当时定其时代为早白垩世。20 世纪 90 年代后期，中石油将其时代修正为晚侏罗世，并作为上侏罗统最高的一个组级岩石地层单位。

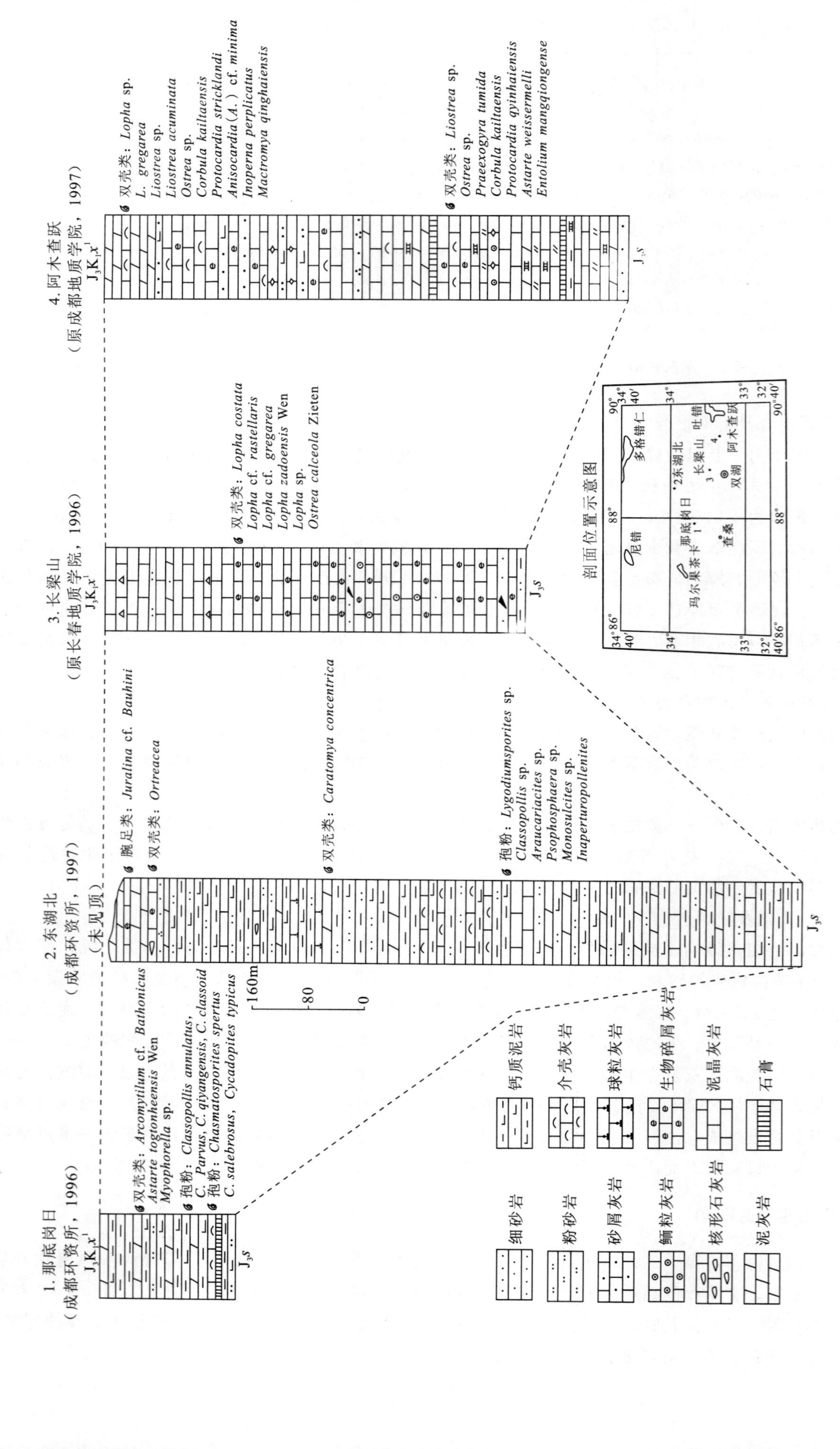

图 2-1-42　羌塘盆地西区上侏罗统白龙冰河组柱状对比图

测区雪山组仅出露在那底岗日西较小范围内，出露积约 10km²。根据纵向岩石组合特征，划分两个段级岩石地层单位，自下而上为杂色泥岩段、紫红色砂岩段。

1）分层描述

西藏双湖地区那底岗日中上侏罗统实测地层剖面（NP）（据成都环资所朱同兴等，1996）。

剖面第 98～104 层为上侏罗统雪山组地层（见图 2-1-35）。

古近系始新统康托组（E_2k）：复成分砾岩

～～～～～～～角度不整合～～～～～～～

上侏罗统-下白垩统雪山组紫红色砂岩段（$J_3K_1x^2$） 130.62m

104. 暗紫红色中层状钙质细粒石英砂岩夹钙质粉砂岩，单层厚 25～50cm，砂体呈楔形状。岩层具正粒序构造，砂体底部常发育厚数厘米的细砾岩透镜体，砾石主要为灰质，次为红色硅质，砾径大小 1～5cm 不等。砂岩中发育交错层理 99.84m

103. 暗紫红色、褐灰色薄中层状粉砂质泥岩 14.12m

102. 灰色中层状钙质细粒石英砂岩，砂体呈楔形体，砂岩中发育小型斜层理、砂纹层理和低角度交错层理，砂纹层理厚 2～6cm，斜层理指示古水流方向 155°～180° 16.66m

上侏罗统-下白垩统雪山组杂色泥岩段（$J_3K_1x^1$） 209.14m

101. 灰绿色、紫红色薄中层状粉砂质泥岩 84.68m

100. 暗紫红色薄中层状钙质粉砂岩夹薄层钙质泥岩。粉砂岩中发育小型砂纹层理 53.00m

99. 灰绿色、紫红色薄中层状钙质泥岩 17.41m

98. 绿色薄中层状钙质粉砂岩夹薄层状钙质泥岩。岩石风化色为褐灰色，风化表面具铁膜，钙质粉砂岩中十分发育小型砂纹层理，单个层系厚为 1～3cm，在岩石层面上，可见垂直和水平生物钻孔。产孢粉裸子类：*Classopollis triangulus*，*C. annulatus*，*C. tristriatus*，*C. parmus*，*C. qiyangensis*，*C. classoides*，*C. major*，*C. monostriams*，*C.* sp.，*Chasmatosporites spertus*，*Ch. minor*，*Ch. hiams*，*Ch.* sp.，*Cycadopites nitidus*，*Cy. giganteus*，*Cy.* sp.，*Cy. medius*；蕨类：*Kluhrisporites* sp.，*K. variegates*，*Discisporites* sp.，*D. psilatus*，*Undulatisporites* sp.，*Converrucosisporites* sp.，*Stereisporites europaeus*，*Lycopodium* sp.，*L. seudoannotunus*，*To-disporites minor*，*Orites* sp.，*Osmundacidites* sp.，*O. wellmanii*，*Cyathidites minor*，*Densoisporites microugulatus*，*Punctatisporites* sp.，*C. wariverrucatus*，*Deltoidospora psilostomu*，*Lygodiums porites* sp. 54.05m

————整合————

白龙冰河组（J_3b）：深灰色薄中层状钙质泥岩夹灰色薄层泥灰岩，偶夹薄层钙质粉砂岩

2）岩石组合及上下接触关系

（1）杂色泥岩段（$J_3K_1x^1$）：该段为一套由灰绿色薄中层状钙质粉砂岩夹薄层状钙质泥岩、灰绿色、紫红色薄中层状粉砂质泥岩、暗紫红色薄中层状钙质粉砂岩等组成的杂色碎屑岩组合，粉砂岩中发育小型砂纹层理。厚 209.14m。含孢粉和双壳类化石。

（2）紫红色砂岩段（$J_3K_1x^2$）：本段由灰色、暗紫红色中层状钙质细粒石英砂岩、暗紫红色、褐灰色薄中层状粉砂质泥岩、钙质粉砂岩夹细砾岩透镜体组成，砂体呈楔形体，砂岩中发育正粒序构造、小型斜层理、砂纹层理和低角度交错层理，砂纹层理厚 2～6cm，斜层理指示古水流方向 155°～180°，厚 130.62m。

其顶为古近系始新统康托组角度不整合所覆，与下伏白龙冰河组为整合连续沉积。

3）基本层序及沉积环境分析

雪山组发育两种类型基本层序：①灰绿色薄中层状钙质粉砂岩、薄层状钙质泥岩组成的韵律性基本层序；②暗紫红色中层状钙质细粒石英砂岩与中粗粒长石石英砂岩组成向上变粗的基本层序，部分层序尚见有厚数厘米的细砾岩透镜体。

在钙质粉砂岩中十分发育小型砂纹层理，单个层系厚为 1～3cm，在岩石层面上，可见垂直和水平生物钻孔。细砂岩、细砾岩呈透镜状、楔状产出，砂岩体宏观具逆粒序，微观上又具正粒序层理，发育小型斜层理、砂纹层理和低角度交错层理，沉积环境主要表现为三角洲体系。

（二）古近系

测区内古近系为陆相沉积，并分布在测区内各大小不等的沟谷山川间。由于受到当时古气候古环境的影响，古近纪沉积物以“红色”沉积物为主体，夹有石膏、膏灰岩层。按沉积类型和岩性组合特征分为康托组（E_2k）和唢呐湖组（E_2s），分别角度不整合在侏罗系和三叠系等层位之上。同时也见到唢呐湖组不整合在康托组之上。测区古近系划分沿革见表 2-1-10。

表 2-1-10　测区古近系划分沿革表

吴瑞忠等（1985）		西藏区调队（1986）		成都环资所（1996）		本报告（2005）	
上第三系	双湖群上组	上第三系	唢呐湖组	上第三系	唢呐湖组	新近系	
			康托组		康托组		
下第三系	双湖群下组	下第三系	纳丁错组	下第三系		古近系	唢呐湖组
							康托组

1. 康托组（E_2k）

该组由西藏区调队（1986）以改则县北康托西山为层型创建，原义指岩性为一套紫红色砾岩夹砂岩、含砾砂岩、粉砂岩及少量泥岩夹基性喷出岩和凝灰质砂岩组成的地层体，厚 850～3 150m。本报告沿用康托组一名，岩性特征与层型剖面相近，但未见火山岩夹层。测区内康托组分布较广泛，出露面积约 2 045km^2。

1）分层描述

西藏双湖地区聂达古近系始新统康托组（E_2k）实测地层剖面（NDP）（图 2-1-43），起点坐标为 E88°01′00.2″，N33°00′49.5″，终点坐标为 E88°00′49.1″，N33°01′17.7″，剖面斜距 933m，地层厚度 383.49m。剖面第 1～13 层为康托组。

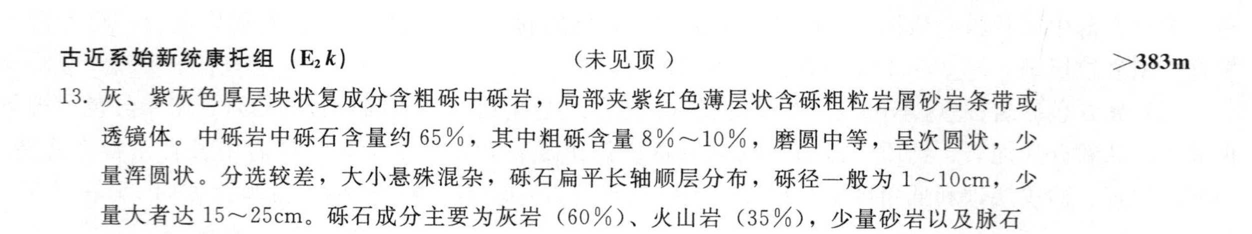

图 2-1-43　西藏双湖地区聂达古近系始新统康托组（E_2k）实测地层剖面图

古近系始新统康托组（E_2k）　　（未见顶）　　**＞383m**

13. 灰、紫灰色厚层块状复成分含粗砾中砾岩，局部夹紫红色薄层状含砾粗粒岩屑砂岩条带或透镜体。中砾岩中砾石含量约 65%，其中粗砾含量 8%～10%，磨圆中等，呈次圆状，少量浑圆状。分选较差，大小悬殊混杂，砾石扁平长轴顺层分布，砾径一般为 1～10cm，少量大者达 15～25cm。砾石成分主要为灰岩（60%）、火山岩（35%），少量砂岩以及脉石英。砂泥质胶结　　＞47.52m
12. 下部灰、灰紫色厚层块状复成分含中砾细砾岩，上部灰、灰紫色中层状含砾粗粒岩屑砂岩。含砾粗粒岩屑砂岩中砾石含量约 30%，磨圆中等，呈次圆状。主要为细砾，少量中砾。砾石长轴顺层分布。砂岩中发育平行层理，局部见小型交错层理　　8.79m
11. 灰、紫灰色块状复成分含粗砾中砾岩夹紫灰色中层状含中砾细砾岩及含砾粗粒岩屑砂岩透镜体。中砾岩中砾石含量约 80%，砾石呈次棱角状—次圆状，分选较差，砾径一般为 3～8cm，少量 10～25cm。砾石成分主要为火山质砾石（85%），次为灰岩（15%）　　34.49m
10. 紫灰色厚层块状复成分粗砾岩夹复成分中细砾岩。砾石含量约 70%。砾石呈次棱角状—次

圆状，分选较差，砾径一般为 6～30cm，砾石成分主要为火山质砾石及砂岩，次为灰岩（小于 10%） 81.13m

9. 灰、灰黄、紫灰色中厚层块状复成分含粗、巨砾中砾岩夹数层紫灰色中薄层状复成分含中砾细砾岩或含砾粗粒岩屑砂岩透镜体。局部由含粗、巨砾中砾岩、含中砾细砾岩或含砾粗粒岩屑砂岩组成向上变细厚约 2～5m 的韵律。中砾岩具粒序层理，砾石含量约 50%～60%，其中粗巨砾含量 20%。砾石呈次圆状，分选较差，砾石成分主要为火山质砾石（80%）、灰岩（15%）以及砂岩、脉石英等 31.49m

8. 灰、灰黄、灰紫色厚层块状复成分中砾岩，局部夹薄层状岩屑砂岩透镜体。砂岩顶部与砾岩底部之间具凹凸不平的冲刷面。中砾岩中砾石含量约 70%，砾石呈棱角状—次圆状，分选中等，砾径一般为 2～6cm，砾石成分主要为火山质砾石以及砂岩、脉石英等（80%～85%）、灰岩（15%～20%） 35.89m

7. 灰、紫灰色中厚层状复分粗砾岩，砾岩中砾石含量约 65%，砾石呈圆状—次圆状，分选较差，砾径一般为 8～25cm，个别大于 35cm。砾石成分主要为火山质砾石以及砂岩、脉石英等（80%）、灰岩（20%） 9.72m

6. 灰、灰黄、紫灰色厚层块状复成分含粗砾中砾岩。顶部夹灰黄、紫灰色中层状岩屑砂岩透镜体。中砾岩中砾石含量约 60%～70%。砾石呈次棱角状—次圆状，分选较差，砾径一般为 4～25cm，粗砾含量 25%～30%。砾石成分主要为火山质砾石及砂岩，次为灰岩（40%） 47.15m

5. 灰、灰黄、紫灰色厚层块状复成分中细砾岩。局部夹岩屑砂岩透镜体或细条带。底部为厚 1.5m 的厚层状复成分含巨砾粗砾岩。粗砾岩中砾石含量约 70%。砾石呈圆状—次圆状，分选较差，砾径一般为 7～30cm，少量大于 45cm，砾石成分主要为火山质、灰岩（40%～50%）。中细砾岩砾石含量约 80%。砾石呈次棱角状，分选较差，砾径一般为 0.3～6cm，少量大于 10cm，砾石成分主要为火山质、灰岩（50%） 11.69m

4. 灰、灰黄、紫灰色厚层块状复成分中细砾岩。局部夹岩屑砂岩透镜体或细条带。具正粒序层理。砾岩中砾石呈棱角状，分选较差，砾径一般为 0.3～10cm，少量大于 15cm，砾石成分主要为灰岩（40%～50%）。火山质、少量石英、砂岩、大理岩。砾岩大都定向排列，局部呈叠瓦状排列 21.09m

3. 灰、灰黄、紫灰色厚层块状复成分粗砾岩夹同色中厚层块状复成分中细砾岩，局部两者呈互层状产出。粗砾岩砾石具次圆状，分选较差，砾径一般为 8～35cm，少量大于 40cm，砾石成分主要为灰岩（50%～60%）、火山质（40%～50%），少量石英、砂岩。中细砾岩具正粒序层理，砾石呈次棱角状，砾石成分主要为灰岩（30%～40%）。火山岩（60%～65%），少量脉石英、砂岩 21.74m

2. 灰色厚层块状复成分粗巨砾岩与灰黄、紫灰色厚层复成分中细砾岩呈近等厚韵律状互层，每个韵律厚 2～4m。砾石具次圆状—圆状，分选差，砾径一般为 5～30cm，少量大于 40cm，其间充填泥、砂。砾石成分主要为灰岩（20%～30%）、火山质（60%～70%），少量石英、砂岩。中细砾岩具正粒序层理 15.05m

1. 底部为厚 2.5m 的灰、紫灰色厚层状复成分粗砾岩，向上粒度变细，上部为细中砾岩夹岩屑砂岩透镜体。发育中砾岩与细砾岩组成向上变细厚约 0.2m 的韵律型基本层序。细中砾岩中砾石含量约 70%～85%。砾石砾径一般为 0.3～4cm，砾石成分主要为火山质（60%）、灰岩（20%～30%） 17.74m

～～～～～～角度不整合～～～～～～

上三叠统肖切保组（T_3x）：灰绿色中厚层块状玄武岩

2）岩石组合及上下接触关系

测区内岩性主要为灰紫色砾岩与灰紫、紫红色含砾砂岩，长石岩屑砂岩构成不等厚韵律层沉积。该组以灰质砾岩为主，紫红—砖红色调特征突出，砾岩、含砾砂岩、粗砂岩和中细粒砂岩常构成二元式沉积结构。在聂达康托组剖面上，岩性主要为灰、灰黄、紫灰色中厚层块状复成分含粗、巨砾中砾岩，紫灰色中薄层-厚块状复成分含中砾细砾岩、含砾粗粒岩屑砂岩，且砂岩主要呈透镜体出现。厚大于 383m。本组中所获有价值的古生物不多，测区内仅获孢粉，具体时代意义不大，但对指示当时的气候变化有一定的意义。

在区域上，康托组的岩性组合特征无太大变化，都是一套以冲积扇-河流环境沉积的砾、砂、泥岩为主的组合。康托组可以角度不整合在侏罗系和三叠系等不同层位之上，顶部被唢呐湖组不整合所覆。

3）基本层序及沉积环境分析

康托组可识别出的基本层序有：①灰色厚层块状粗巨砾岩与灰、灰黄、紫灰色厚层状中细砾岩、岩屑砂岩透镜体组成向上变细的基本层序；②灰、灰紫色厚层块状中砾细砾岩，灰、灰紫色中层状含砾粗粒岩屑砂岩，中细砂岩组成向上变细的基本层序。

在类型①基本层序中，粗砾岩砾石具次圆状，分选较差，砾径一般为 8～35cm，少量大于 40cm，砾石成分主要为灰岩（50%～60%）、火山质（40%～50%）、少量石英、砂岩；中细砾岩具正粒序层理，砾石呈次棱角状，砾石成分主要为灰岩（30%～40%）、火山岩（60%～65%），少量脉石英、砂岩，砾间为砂泥质充填。其中砾石成分与下伏地层有一定关联，如在测区南部的聂达含较多的火山岩砾石，其下伏地层即为上三叠统肖切保组火山岩。砂岩以粗砂岩为主，且多含砾，常呈透镜体夹于砾岩中，发育正粒序层理。其反映冲积扇沉积特征。

在类型②基本层序中，砾岩中砾石含量 60%～80%，成分以灰岩为主，砾径较小，一般为 1～5cm，次圆状—圆状，具一定分选性，砾石扁平面近平行层理，发育正粒序层理；砂岩主要为岩屑砂岩，分选性差，其中发育平行层理，局部见小型交错层理。其沉积相应为河流相。

另外，在那底岗日东北该组上部见杂色泥岩夹石膏组合，在泥岩中发育水平纹层，其应为干旱湖泊环境。

综上所述，康托组中下部沉积相为冲积扇-河流相，上部为湖泊相。总体由下向上构成由冲积扇-河流环境向干旱湖泊环境转化。

2. 唢呐湖组（E_2s）

唢呐湖组为西藏区调队（1986）创建，命名地点在本图幅西北角外的唢呐湖东。原义指岩性为泥灰岩、泥岩、粉砂岩夹含砾砂岩及多层石膏的地层体，厚 530～4 300m。西藏地矿局（1997）作了更加明确的定义，指岩性主要为红、砖红、土红色或鲜红色泥岩、泥质粉砂岩、砂岩、粗砂岩、含砾砂岩、砾岩，夹多层含膏盐岩的地层体，产淡水腹足、双壳类化石，底部与雁石坪群角度不整合接触，上未见顶。

本报告沿用其名，测区内唢呐湖组主要分布于西长粱北、希杂洛玛、屑题玛日—扎窝查桑等地，多呈近东西向展布，出露面积约为 1 284km²。

1）剖面描述

西藏双湖地区东湖南古近系始新统唢呐湖组修测剖面（DHP）（据成都环资所，1997），位于测区北东角外东湖南约 4km 处，起点坐标 N33°45′43″，E88°37′04″，终点坐标 N33°45′27″，E88°37′22″，实测剖面长度 686.60m，厚度 312.94m。其中唢呐湖组厚 294.03m，共分 14 层，与下伏康托组角度不整合接触，上未见顶（图 2-1-44）。

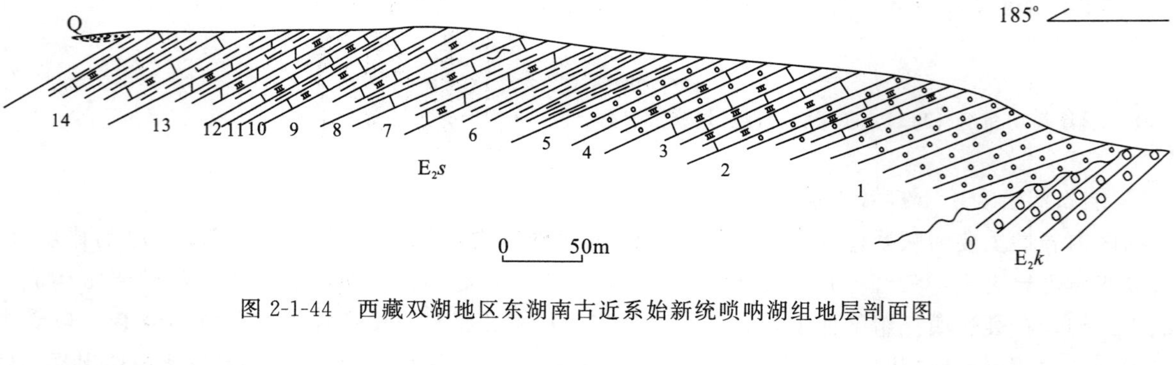

图 2-1-44 西藏双湖地区东湖南古近系始新统唢呐湖组地层剖面图

古近系始新统唢呐湖组（E_2s） **>293.62m**

14. 灰色薄层状钙质泥岩夹灰白色薄层状含膏灰岩，两者比为（5～6）：1。灰岩中水平纹理发

育，沿水平层纹见石膏分布。本层构成一向斜核部（未见顶） 31.21m

13. 灰色薄层状钙质泥岩与薄中层状含膏泥灰岩不等厚互层，两者比为（3～4）：1，泥灰岩中石膏含量约为6%～9%，顺水平纹理分布 31.87m

12. 灰白色中薄层状含膏藻灰岩，石膏含量约为12%，多沿藻灰岩纹理分布 7.28m

11. 灰色薄层状钙质泥岩夹含膏泥灰岩，两者比为7：1。石膏在泥灰岩中含量约为5%～8%，成粒状或不规则状分布，石膏溶蚀常留下空洞 3.86m

10. 灰白色中薄层状含膏泥晶灰岩，沿水平纹理有石膏分布，含量约为10%～15%，含草本植物花粉 *Grmineae*（禾本科）、*Chenopodiaceae*（藜科） 10.21m

9. 紫红色泥岩夹灰色薄层状含膏灰岩，两者比为5：1 18.96m

8. 灰白色薄中层状含膏藻灰岩，石膏成粒状或不规则状散布于灰岩中，含量约为10%，熔蚀后常形成孔洞。藻多呈纹层状或豆粒状分布于岩层中。含木本植物花粉 *Betula*（桦属），*Alnus*（桤木属），*Auercus*（栎属），*Carpinus*（鹅耳枥属），*Sapindaceae*（无患子科），草本植物花粉 *Gramineae*（禾本科），*Artemisia*（蒿属），*Chenopodiaeeae*（藜科），*Caryophyllaceae*（石竹科）等 6.25m

7. 紫红色泥岩与灰白色中薄层状含膏泥灰岩互层，两者比为2：1，石膏呈雪花状或不规则粒状散布于泥灰岩中，含量约10%～15% 17.06m

6. 紫红色薄板状或薄片状泥岩，局部水平层理发育 29.67m

5. 灰紫、紫红色中厚层状细砾岩。砾石以灰岩为主，次有砂岩、硅质岩和脉石英，砾径2～5mm，磨圆度中等，钙质和膏泥质胶结，具正粒序层理 11.10m

4. 灰白色中薄层状膏灰岩夹灰、灰紫色中层状细砾岩，石膏含量约5%～10%，呈星点状散布于灰岩中，灰岩见水平层理；砾岩砾石以灰岩为主，次有脉石英、硅质岩和砂岩，砾径2～6mm，磨圆度中等，为钙质和膏泥质接触式胶结，局部见粒序层理，灰岩：砾岩为（5.5～6）：1 13.22m

3. 灰至灰白色薄层状含膏灰岩，石膏呈星点状分布于岩石中 28.55m

2. 灰、灰紫色薄中层状细砾岩夹灰白色薄层状含膏灰岩，两者比为10：6。砾岩砾石以灰岩为主，砾径一般4～8mm，磨圆及分选性中等，由钙质和膏泥质胶结，略具粒序层理。石膏呈星点状散布于灰岩中，风化溶蚀后呈黄褐色斑点或斑纹，含量<5% 20.19m

1. 灰、灰紫色中层状细砾岩，砾石以灰岩为主，次为硅质岩、砂岩。砾径5～8mm，磨圆度中等，有一定分选性，钙质胶结 64.19m

~~~~~~角度不整合~~~~~~

古近系始新统康托组（E_2k）：紫红色中层至厚层状砾岩

2）岩石组合及上下接触关系

本组岩性组合为：上部为紫红色薄板状或薄片状泥岩与灰白色中薄层状含膏灰岩，灰色薄层状含膏泥灰岩和灰白色薄中层状含膏藻灰岩构成互层或夹层；下部为灰、灰紫色薄中层状细砾岩和灰白色薄层状含膏灰岩互层，底部为灰、灰紫色中层状细砾岩，局部夹厚数米至十余米的白色-褐色硅质条带。厚大于293.62m，含草本和木本植物花粉。与唢呐湖一带代表剖面相比，那里砂质成分重，而含膏灰岩成分很少，石膏更为发育，厚度更大，含淡水生物化石，可能与唢呐湖一带地势高差相对较大，物源更为丰富，沉积速率较快有关。

唢呐湖组上多未见顶或被更新统松散堆积物所覆，下可角度不整合盖于始新统康托组及侏罗系、三叠系等不同层位之上。

区域上唢呐湖组总体表现为一套湖相沉积特征的地层体，以灰色、杂色、紫红色泥岩、泥灰岩、粉砂岩为主，次有石膏，底见砂砾岩，特别上部的淡水灰岩，标记清楚，易于识别，横向上显示自南而北和自西而东，碳酸盐岩成分减少，石膏成分和泥质碎屑岩增加的特征，在纵向上显示一个向上变细的退积序列。

3）基本层序及沉积环境分析

唢呐湖组基本层序类型有：①灰、灰紫色薄中层状细砾岩与灰白色薄层状含膏灰岩组成向上粒度变细、灰质增多的基本层序；②紫红色薄板状或薄片状泥岩与灰白色中薄层状含膏泥灰岩、灰白色中
~~~~~~

薄层状含膏泥晶（藻）灰岩组成向上泥质减少、钙质增多的基本层序。

在类型①基本层序中，砾岩中砾石以灰岩为主，次有脉石英、硅质岩和砂岩，砾径 2～6mm，磨圆度中等，有一定分选性，为钙质和膏泥质充填胶结，局部见粒序层理；含膏灰岩中石膏呈星点状、雪花状或不规则粒状散布于岩石中，或沿水平纹理分布，含量约为 5%～15%，溶蚀后呈黄褐色斑点、斑纹或空洞，局部见水平层理，其沉积环境为滨湖。

在类型②基本层序中，泥岩呈薄层状，发育水平纹层；泥灰岩中发育水平纹层，石膏含量约为 6%～9%，成粒状或不规则状、雪花状散布于泥灰岩中，石膏溶蚀常留下空洞；灰岩中水平纹理发育，沿水平层纹见石膏分布，石膏成粒状或不规则状散布于灰岩中，含量约为 10%，藻多呈纹层状或豆粒状分布于岩层中，石膏熔蚀后常形成孔洞。含木本、草本植物花粉，其沉积环境为干旱湖泊。

（三）第四系

测区第四系广泛分布，出露面积约为 5 126km²，占测区总面积的 33.17%。按成因类型主要有冲积、洪冲积、湖积、残坡积、风积等，其中以洪冲积最为普通。主要分布于河床两岸阶地、湖滨地带、宽缓的山坡、浑圆状的山包、冰川前缘以及新、老泉眼附近等地段。根据野外观察，遥感图像解译以及 1∶10 万石油地质调查资料综合研究分析，将测区第四系分为两统：更新统（Qp）和全新统（Qh）。划分的基本原则是：把一级阶地以下的现代河床堆积和现代冲洪积（洪冲积）扇、湖积、沼泽、残积和沙丘等定为全新统，时代为 Q_4；一级阶地及以上的松散洪冲积堆积物为更新统，时代为 Q_{1-3}。

1. 更新统洪冲积（Qp^{pal}）

测区内更新统主要分布在河湖一级阶地以上至高原夷平面（Ⅲ级夷平面）地带。其层理近水平，只有那些切割较深的河岸或山坡上才能见到厚度不一的剖面，仅划分出洪冲积一种成因类型。

1）剖面描述

（1）西藏双湖地区红水沟更新统（Qp）实测剖面（图 2-1-45）。

位于江爱藏布南的支流红水沟，原为一更新统的洪冲积扇，卫片上扇体特征清晰，现被红水沟切割而露出该剖面，剖面测于该扇中部分。

6. 紫红色卵石-粗砾石层，由卵石（30%）、粗砾石（40%）及砂质组成，砾径一般 2～11cm，个别达 30cm　2m
5. 紫红色粗砾石层与紫红色中砾石层组成的两个堆积韵律，每个韵律厚 1.5m　3m
4. 紫红色含砾细砂，砾石含量小于 10%，砾径 0.5～1cm　0.5m
3. 紫红含砾粗砂层，砾石含量 10%～20%，砾径 0.5～1cm　0.5m
2. 紫红色含粗砾中砾石层，砾石含量 60%～70%，砾径一般 0.8～1.5cm，大者达 3cm　1m
1. 紫红色含卵粗砾石层，砾石含量 60%～70%，砾石成分以砂岩、灰岩、火山岩为主，次为泥岩、脉石英、绿帘石岩，砾径 2～6cm，大者达 10cm，次圆状，分选性差，砾间以砂质充填为主，少量泥质，密实状。自然稳定角约 80°　3m

（未见底）

（2）西藏双湖地区大沙河更新统（Qp）实测剖面（据长春科技大学，1997）（图 2-1-46）。

16. 红色含细粒的细砂层，其中含有较多的钙泥质结核，结核成圆球状，直径在 4～6cm　0.09m
15. 灰色含砂中细粒砾石层　0.19m
14. 含细粒的紫红色细砂层，含大量的钙泥质结核，结核成圆球状，直径在 2～5mm　0.36m
13. 灰色含砂中细粒砾石层　0.28m
12. 紫红色含砾细砂岩，其中含有大量的钙泥质结核，含量约占 10%，发育小型板状斜层理　0.72m
11. 灰色含砂砾石层，含膏盐结核，结核碎裂后见其中的膏盐晶体垂直圆形壁生长　0.19m

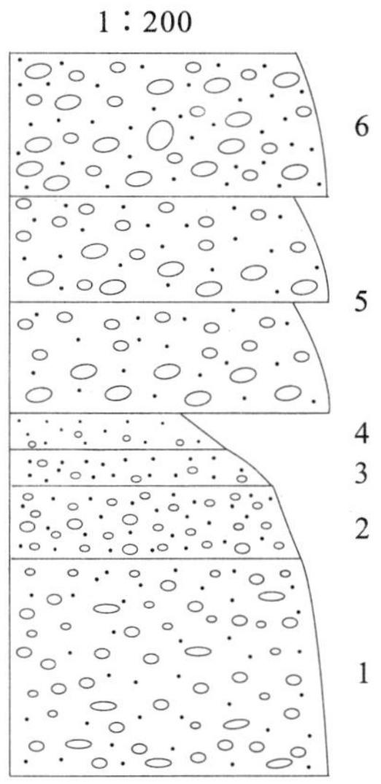

图 2-1-45　西藏双湖地区红水沟更新统（Qp）实测剖面柱状图

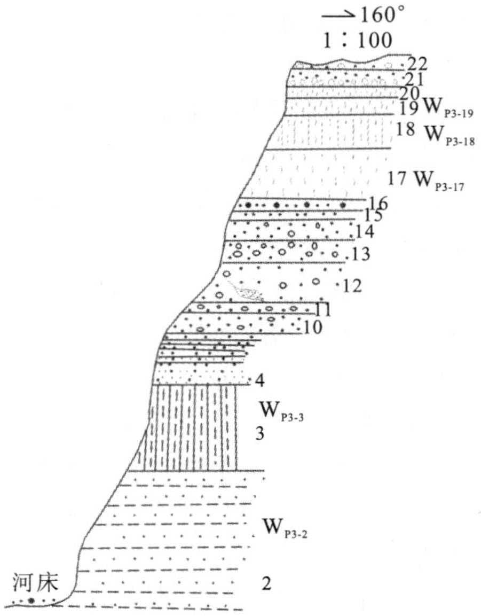

图 2-1-46　西藏双湖地区大沙河更新统（Qp）实测剖面图
（据长春科技大学青藏高原研究所，1997）

10. 灰色含砾细砾砂层　0.28m

9. 紫红色含砾细砂层，具平行层理，含少量膏盐结核，长轴约 5～8cm，膏盐晶体垂直圆形壁生长，长轴方向平行沉积层理　0.09m

8. 灰色含细粒粉砂层　0.08m

7. 灰色含砂的细砾砾石层　0.19m

6. 紫红色含细粒粗砂层，具平行层理并发育正粒序层理　0.09m

5. 灰色细砂层，具平行层理　0.05m

4. 紫红色含砾、砂的亚粘土层　0.18m

3. 厚红土层，具平行平纹层，局部见有碳屑　1.35m

2. 紫红色半固结细粉砂层，其中见有 2.0cm 厚石膏层，石膏晶体垂直圆形壁生长，呈梳状　1.85m

（未见底，被河床砂、砾石覆盖）

2）岩性组合特征

更新统岩性组合为：紫红色含卵粗砾石、中砾石、细砾石，紫红含砾粗砂、紫红色细砂岩、紫红色半固结细粉砂层，紫红色含砾、砂的亚粘土层。厚大于 10m。产孢粉化石。

更新统上被全新统整合所覆，下可角度不整合盖于不同时期的地层之上。

3）基本层序及沉积环境分析

可识别出的基本层序有：①由紫红色砾石、紫红含砾粗砂、紫红色含砾细砂组成向上变细的基本层序；②紫红色细粉砂层、紫红色含砾、砂的亚粘土层组成向上变细的基本层序。从岩性组合及沉积构造看，主要反映其沉积环境为洪冲积扇和河流相。

2. 全新统（Qh）

测区内全新统主要沿河床、湖滨地带、宽缓的山坡、冰川前缘以及新泉眼附近等处分布，按成因类型主要有冲积、洪冲积、湖积、残坡积、风积等。分布面积约 1 762.83km^2。

1）冲积、洪冲积

分布于大小河流、冲沟及部分两岸阶地，山前倾斜平原、洪冲积扇等地貌区，以松散的砾、砂、泥堆积为特征，多具二元结构，即下部主要为砾、砂；上部为粉砂、泥。厚度大于 3m。

2）残坡积

这一类型在测区内随处可见，由大小不等、未经搬运或滚动不远的砾石、粗细砂和泥质构成，其物质组成与基岩性质密切相关。

3）湖积

见于大小湖泊及周围已干涸的湖泛区，测区内主要分布于玛尔果茶卡、龙尾错、角木茶卡、肖茶卡、孔孔茶卡、恰岗错等大型湖泊及湖滨，包括湖底含盐泥质沉积和湖滨平原，沉积物主要为细砂、粉砂、泥和盐类物质。在孔孔茶卡，其沉积主要为石盐，沉积规模较大，现已有多年的开采历史。

4）冰碛

测区内该类型的堆积物仅见于江爱山、那底岗日、角木日等常年有积雪的山峰的部分沟谷中，因分布面积较小，未在图上反映。冰水堆积物主要为砂、泥混砾石，且多被山洪破坏，仅有一些大型冰川漂砾残留于河谷和阶地上。

5）风沙堆积

测区内主要见于玛尔果茶卡东山与湖泊宽缓地带，沙丘发育，成群分布，形成此起彼伏的沙包，由浅黄色细-中粗砂组成。风积发育地区，使草原严重沙漠化。

6）泉华

主要见于玛尔果茶卡南东山群泉、红水沟温泉，属现代泉华堆积，位于泉眼周围，属钙质泉华。在红水沟，泉华厚约 5m。因分布面积较小，图上未反映。

第二节　生物地层及年代地层

生物地层带（生物带）是生物地层单位的统称。各种生物带具有特定的含义和具体的应用范围。它所表现的含义和术语分别有延限带、组合带、富集带等，在诸多实测地层剖面的基础上，通过剖面中所产出的各类生物化石的系统研究，在对各门类化石正确定名的基础上，研究所产化石的水平及垂直分布规律，划分和建立不同的生物地层单位。

测区生物地层工作始于 20 世纪 80 年代中期，到 90 年代中期发展到了一个新的阶段，以西藏区调队和成都环资所、四川碳酸盐岩研究中心（以下简称川碳中心）、江汉石油勘探开发研究院等为代表的羌塘盆地区域石油地质调查工程队，在羌塘盆地西区做了以三叠系、侏罗系为重点的生物地层单位创建工作。赵政璋等（2001）对 1994 年以来各石油地质调查工程队的生物地层成果，做了比较系统的总结，编辑完成了《青藏高原地层》专著。在前人研究的基础上，结合近年来在羌塘盆地西区开展 1∶25 万区调中取得的一些新成果，对测区泥盆系、石炭系、二叠系、三叠系和中、上侏罗统的生物地层单位作进一步探讨。

测区晚古生代地层普遍有变质现象，从而影响生物地层单位的划分和建立完整的生物地层系统。本次工作在晚古生代地层中新获各门类生物化石见表 2-2-1，对划分本区生物组合或生物层有关门类重要的属、种数目见表 2-2-2。

一、泥盆纪生物地层及年代地层

测区仅出露中晚泥盆世地层。由于受海西期、印支期和燕山期造山运动的强烈影响，晚古生代地层多无顶、底界线，地层间多以断层接触，或逆掩到新地层之上，如双湖地区查桑中泥盆统查桑组逆掩在早石炭世地层之上。

吴瑞忠等（1985）曾在双湖查桑西测有泥盆系地层剖面，将其中第 5～19 层命名为中泥盆统查桑组，在剖面第 15 层中出现欧州波希米亚晚泥盆世弗拉斯期最重要的菊石带化石 *Manticoceras* 和 *Tornoceras*，剖面第 11 层出现的化石比较复杂，有我国湖南晚泥盆世弗拉斯期标准化石中国分珊瑚 *Sinodisphyllum* sp.，欧、亚、北美、澳大利亚中泥盆世常见的六方珊瑚 *Hexagonaria hexagona*（Goldfuss）和贵州中泥盆世晚期拉长隐弧贝 *Cryptonella elongata* Xian 共生，第 9 层所见腕足类为中泥盆世早期的普安石燕 *Puanospirifer* 与中泥盆世晚期的粗糙刺无洞贝 *Spinathypa* cf. *aspera*（Schlothein），拉长隐弧贝 *Cryptonella elongata* Xian 等。

表 2-2-1 测区晚古生代各门类化石采集、鉴定标本的属、种数目一览表

门 类	珊瑚(数)				腕足(数)				䗴(数)				牙形刺(数)				双壳类(数)				海绵(数)				苔藓虫(数)				海百合(数)				微体鱼牙		菊石(数)		
时代及属、种	标本	属	种	未定种	标本	属	种	未定种	标本	属	种	未定种	标本	属	种	未定种	标本	属	种	未定种	标本	属	种	未定种	标本	属	种	未定种	标本	属	种	未定种	标本		标本	属	未定种
泥盆纪	5	5	2	2	5	4	4	2																									7		1	1	1
石炭纪	10	8	7	2	4	3	1	3					2	1	2	1																					
二叠纪	3	3	2	1	9	9	8	1	43	13	20	15	1	1	1		6	6	1		4	4		4	2	2	2		3	2	2						
各门类属、种总数	标本总数 109 件，62 个属，55 个种，35 个未定种及 7 个属、种未定的微体鱼牙																																				

表 2-2-2 划分本区晚古生代生物组合或生物层有关门类重要的属、种数目表

门 类	珊瑚			腕足			䗴			菊石			牙形刺			双壳类			苔藓			海绵		
时代属、种数	属	种	未定种	属	种	未定种	属	种	未定种	属	种	未定种	属	种	未定种	属	种	未定种	属	种	未定种	属	种	未定种
泥盆纪	12	5	7	7	9	1				1		1												
石炭纪	6	5	1										2	2	1									
二叠纪	7	10	1	2	2		17	18	4										1	1	1	1	3	
各门类重要化石总数	56 个属与 5 个种、17 个未定种																							

上述资料表明，目前该区泥盆纪生物地层的研究工作尚处于初始阶段。

朱同兴等（1996）在双湖查桑西测制的泥盆系剖面中找到中泥盆世腕足类：湖南白石无洞贝 *Desquamatia*（*Peshiatrypa*）*huanensis*（Grabau），广西刺无洞贝 *Spinatrypa kwangsiensis*（Grabau），及亚广西刺无洞贝 *Spinatrypa subkwangsiensis*（Tien），杯珊瑚 *Cyathophyllum* sp.。

在江额赛采到床板珊瑚类肿胀灌木孔珊瑚 *Thamnopora tomeoforma* Tchi；晚泥盆世简单中国分珊瑚 *Sinodisphyllum* cf. *simplex* Sun 及湖南内沟珊瑚 *Hunanophrentes* sp. 等，进而将查桑地区泥盆系划分为中泥盆统查桑组和上泥盆统拉竹龙组。

2004 年项目组在查桑地区又补采到一批化石，经鉴定为斯克拉顿珊瑚 *Scruttonia* sp.，中国分珊瑚 *Sinodisphyllum* sp.，以及一个新属、种（未刊）查桑拟十珊瑚 *Paradecaphyllum chasangense* Fan. Zhu et Li（gen et sp. nov. M. S.）。*Scruttonia* 是英国、德国晚泥盆世弗拉斯期典型的皱纹珊瑚，*Sinodisphyllum* 则是中国南方晚泥盆世弗拉斯期的标准分子。此外还在江额赛采到湖南晚泥盆世法门期 *Tenticospirifer murchisoniana*（Koninck），*T. vilis*（Grabau）及日土楠嘴贝 *Cupularostrum jinek* Sun。这些重要资料的获得，极大地提高了该区的生物地层研究程度。

双湖地区和日土拉竹龙地区泥盆纪生物地层所含的许多腕足是相同的，这两个地区生物地层可以对比，但研究程度相对还低，仅发现少数底栖化石，例如皱纹珊瑚 *Sinodisphyllum*、*Cyathophyllum* 等 11 个属，5 个种，床板珊瑚 *Scoliopora*、*Favosites* 等 4 个属，腕足类 *Spinatrypa* 等 24 个属，15 个种；三叶虫 *Dechenella* 等 3 个属，2 个种；浮游生物仅有菊石 *Manticoceras*、*Tornoceras* 等 4 个属，1 个种。微体化石研究尚属空白。

本区生物地层单位自下而上划分出 3 个（表 2-2-3），主要分布于中泥盆世吉维特阶、晚泥盆世弗拉斯阶和法门阶。

表 2-2-3　测区泥盆纪生物地层及年代地层对比表

<table>
<tr><td colspan="3" rowspan="2">生物地层
年代地层</td><td colspan="2">华南地区（侯鸿飞等，2000；廖卫华等，2003）</td><td colspan="2">西藏双湖地区（本报告，2005）</td></tr>
<tr><td>腕足组合带</td><td>皱纹珊瑚带</td><td>腕足组合带</td><td>珊瑚组合带</td></tr>
<tr><td rowspan="9">泥盆系</td><td rowspan="8">上泥盆统</td><td rowspan="5">法门阶</td><td>Acanthoplecta mesoloba</td><td>Cystophrentis</td><td rowspan="2"></td><td rowspan="5"></td></tr>
<tr><td>Trifidorostellum longhuiensis</td><td>Ceriphyllum</td></tr>
<tr><td>Yunnanella supersynplicate—Tenticospirifer triplisiosus</td><td rowspan="3">Smithiphyllum</td><td rowspan="6">Tenticospirifer murchisoniana-T. markamensis</td></tr>
<tr><td>Yunnanellina grandis—Tenticospirifer gortani</td></tr>
<tr><td>Yunnanellina hanburyi—Crytospirifer davidsoni</td></tr>
<tr><td rowspan="3">弗拉斯阶</td><td>Crytospirifer hunanensis</td><td rowspan="2">Peneckiella-Pseudozaphrentis</td><td rowspan="3">Sinodisphyllum-Scruttonia</td></tr>
<tr><td>Hypothyridina cuboides</td></tr>
<tr><td>Crytospirifer sinensis</td><td>Sinodisphyllum</td></tr>
<tr><td>中泥盆统</td><td>吉维特阶</td><td>Stringocephalus</td><td>Endophyllum-Sunophyllum</td><td>Spinatrypa kwangsiensis-Desquamatia（Peshiatrypa）huanensis</td><td></td></tr>
</table>

1. *Spinatrypa kwangsiensis* - *Desquamatia*（*Peshiatrypa*）*huanensis* 组合带

这一腕足类组合代表中泥盆世吉维特期化石面貌，其代表分子 *Spinatrypa kwangsiensis*（Grabau）分布在贵州独山组上部；*Desquamatia*（*Peshiatrypa*）*huanensis*（Grabau）是华南东岗岭组的重要代表分子。共生化石有：出现于华南地区中泥盆统东岗岭组的 *Spinatrypa subkwangsiensis*（Tien）；出现于西欧（英国、德国、法国、比利时）和乌拉尔地区中泥盆世吉维特晚期至晚泥盆世早期的 *Hexagonaria hexagona*（Goldfuss）；出现于西班牙中泥盆世的 *Heterophrentis* sp.；出现于法国、比利时中泥盆世的床板珊瑚 *Scoliopora* sp. 以及出现于贵州中泥盆统独山组的 *Cryptonella elongata* Xian。另外，共生分子还有 *Disphyllum* sp.，*Favosites* sp.，*Heterophrentis*，*Scoliopora* 等。

2. *Sinodisphyllum-Scruttonia* 组合带

这一皱纹珊瑚组合代表晚泥盆世弗拉斯期化石面貌。典型分子 *Sinodisphyllum* cf. *simplex* Sun，*Sinodisphyllum* sp，*Hunanophrentis* sp. *Disphyllum longiseptatum* Yoh 和 *Scruttonia* sp. 都是英国、德国及我国华南地区晚泥盆世弗拉斯期的代表性分子。共生分子还有新发现的查桑拟十珊瑚 *Paradecaphyllum chasangense* Fan. Zhu et Li（gen et sp. nov. M. S.），以及菊石：*Manticoceras* 和 *Tornoceras* 等。

3. *Tenticospirifer merchisoniana* - *T. markamensis* 组合带

这一腕足类组合代表晚泥盆世弗拉斯期-法门期化石组合面貌。组合中典型分子 *Tenticospirifer merchisoniana*（Koninck），*T. markamensis* Wang 主要产于我国华南地区中泥盆统地层以及西藏日土拉竹龙地区拉竹龙组地层中。共生化石有 *Tenticospirifer vilis*（Grabad）*Sinodisphyllum* sp，*Hunanophrentis* sp. 以及菊石 *Tornoceras* 等。

二、石炭纪生物地层及年代地层

本次工作在石炭系中新获各门类生物化石数量见参表 2-2-1，对划分生物组合或生物层有关门类重要的属、种数目参见表 2-2-2。

本图幅内石炭系出露很少，分布比较零星，走向近东西方向，出露的生物面貌表现为两种完全不同的沉积背景：一种是冈瓦纳型冷水生物化石，如查桑西的鱼日嘎采到产于申扎地区早石炭世维宪期永珠组中的 *Mirusophyllum*（奇异珊瑚）- *Rhopalolasma*（棒珊瑚）组合带内的共生分子美丽哥特兰珊瑚 *Groenlandophyllum pulchrun* Fan；另一种为华南型暖水生物化石，如在孔孔茶卡南发现晚石炭世早期（Namurian）美丽自由颚刺 *Adetognathus lautus*（Gunnen），似美丽自由颚刺 *A. paralautus* Orchara 及 *Lonchodina* sp.。

Adetognathus lautus（Gunnen）是王成源（1993）建立的我国石炭纪牙形刺 *Idiognathoides sinuatus-Idiognathodus sinuosus* 组合中的重要成员，这个组合的代表性分子在我国苏浙皖、华南、西南、西北等地均有分布，代表晚石炭世早期。

双湖地区出现 *Adetognathus lautus*（Gunnen），证明测区存在晚石炭世 Namurian 期沉积物。

在查桑地区采到出现于改则茶布区日湾茶卡组袁氏珊瑚带的共生化石——简单尖杯珊瑚 *Acrocythus* cf. *simplex* Fan，似始剑珊瑚 *Prosmilia jiaomuchakaensis* Zhang et Zhang（sp. nov，M. S）及床板珊瑚小刺毛珊瑚 *Chaetetella filiformis* Sokolov，证实查桑地区存在早石炭世维宪期地层。此外还建立了一些新属、新种。石炭纪拟建立 3 个生物地层单位，前两个为暖水型生物地层单位，后一个为冷水型生物地层单位。

1. *Acrocyathus* cf. *simplex* 珊瑚生物层

除代表分子外，共生分子还有 *Prosmilia jiaomuchakaensis* Zhang et Zhang（sp. nov，M. S），*Chaetetella filiformis* Sokolov 等。*Acrocyathus* cf. *simplex* 主要分布于改则茶布地区日弯茶卡组。这一生物层代表的地质时代为早石炭世 Visean 期。

2. *Adetognathus lautus* 牙形石生物层

本报告新建。除代表分子外，共生分子还有 *Adetognathus paralautus* Orchara，*Lonchodina* sp.，*Lithostrotion* sp.。代表分子 *Adetognathus lautus*（Gunnen）是 *Idiognathoides sinuatus-I. sinuosus* 组合带的重要分子，其分布除本区外，还广泛分布在苏皖一带上石炭统黄龙组底部白云岩中。这一生物层代表的地质时代为晚石炭世 Namurian 期。

3. *Groenlandophyllum pulchrun* 珊瑚生物层

本报告新建。代表性分子为*Groenlandophyllum pulchrun* Fan，共生分子还有*Amolexum* cf. *coralloidea* Sowerby。代表分子*Groenlandophyllum pulchrun* Fan分布在西藏申扎地区的下石炭统永珠组中。这一生物层代表的地质时代为早石炭世维宪期。

三、二叠纪生物地层及年代地层

测区只出露早中二叠世地层，走向近东西方向，主要分布在角木日、知塞、角木茶卡、查桑、江额赛、肖茶卡及玛日保索古来等地，以中二叠世晚期地层及茅口期生物最发育，未见其顶界。

早二叠世生物地层中产有许多重要的标准分子，如角木日—知塞一带，采获的圆形球希瓦格䗴*Sphaeroschwagerina glomerosa*（Schwager），膨胀强壮希瓦格䗴*Robustoschwagerina obesa* Yang，广西强壮希瓦格䗴*Robustoschwagerina guangxiensis* Yang，*R.* sp.，普通假纺锤䗴*Pseudofusulina vulgaris*（Schellwie et Dyhrenfurth），假希瓦格䗴*Pseudoschwagerina* sp.，广西小泽䗴*Ozawainella guangxiensis* Chen et Wang，多孔苔藓虫*Polypora* sp.，始网苔藓虫*Protoretepora* sp.等（李才、程立人等，2004）；玛日保索古来采有李氏文褶贝*Liraplecta richthoferi* Chao等。西藏区调队（1986）在肖茶卡采获的皱纹珊瑚，经俞学光鉴定为早二叠世双湖柯坪珊瑚*Kepingophyllum shuanghuense* Yu。

中二叠世早期栖霞期以䗴类化石为主。在知塞剖面采有丰富的䗴化石，双湖希瓦格䗴*Schwagerina shuanghuensis* Wang et Zhang，米斯䗴*Misellina* sp.，南京䗴*Nankinella* sp.；腕足：肥厚粗肋贝*Costiferina obesa* Fang，西藏弯嘴贝*Streptorhynchus tibetanus* Chang；钝管海绵：*Amblysiphonella randuiensis* Deng，*A. radicifera* Waagen et Wentzel，*A. markamensis* Deng；苔藓虫：难鲜窗格苔藓虫*Fenestella elusa* Reed，中华二叠奥格皮苔藓虫*Ogbinopora sinopermiana* Fan，海百合茎：*Cyclocyclicus* cf. *lubricus* Li及皱纹珊瑚：瓦岗珊瑚*Waagenophyllum* sp.等。

中二叠世晚期茅口期以䗴类和珊瑚化石占优势。在知塞采有球形费伯克䗴*Verbeekina spheara* Ozawa，华丽似纺锤䗴*Parafusulina splendens* Dunbar，椭圆形似纺锤䗴*Parafusulina elliptica* Sheng，拟湖南南京䗴*Nankinella* cf. *quasihunnensis* Sheng，始夏通道䗴*Eupolydiexodina* sp.，苏门答腊䗴*Sumatrina* sp.，阿富汗䗴*Afghannella* sp.以及皱纹珊瑚：知塞文采尔星珊瑚（新种、未刊）*Wentzelellites zhisaiensis* Zhang et Zheng（sp. nov，M. S.）。在角木茶卡采有：䗴状苏门答腊䗴*Sumatrina fusiformis* Sheng，安娜苏门答腊䗴*S. annae* Voly，沈克氏阿富汗䗴*Afghannella schencki* Thompson，网格新希瓦格䗴*Neoschwagerina craticulifera*（Schwager），假纺锤䗴*Pseudofusulina* sp.。在查桑出现江苏似纺锤䗴*Parafusulina jiangsuensis* Chen，罗斯氏拟纺锤䗴*Parafusulina rothi* Dunbar et Skinner，条带拟纺锤䗴*P. lineate* Dunbar et Skinner及美丽拟纺锤䗴*P. splendens* Dunbar et Skinner。在肖茶卡产有新希瓦格䗴*Neoschwagerina* sp.，苏门答腊䗴*Sumatrina* sp.和双形厚墙珊瑚*Multimurinus biformis* Fontaine，多角四川珊瑚*Szechuanophylum polygonale* Yu，拟四川珊瑚*Szechuanophylum paraszechuanense* Yu，典型双湖珊瑚*Shuanghuphyllia typical* Yu，肖茶卡双湖珊瑚*S. xiaochakaensis* Yu，简单双湖珊瑚*S. simplex* Yu，窄床板双湖珊瑚*S. stenostabulata* Zhang（sp. nov，M. S.），中间型山板本泽珊瑚*Sakamotosawenella intermedia* Yu等。

依据上述生物资料和前人对我国相同时代建立的多门类化石的生物序列及相关年代地层划分标准，测区下中二叠统自下而上划分为4个生物地层单位，其中早二叠世1个，中二叠世3个。

1. *Robustoschwagerina-Sphaeroschwagerina* 组合带

代表分子有：*Robustoschwagerina obesa* Yang，*Sphaeroschwagerina glomerosa* Schwager，主要共生分子有：*Robustoschwagerina guangxiensis* Yang，*Pseudoschwagerina* sp.，*Ozawainella guangxiensis* Chen et Wang，*Pseudofusulina vulgaris* Schellwie et Dyhrenfurth。这些生物化石广泛分布在我国华南贵州、广西、陕西镇安西口及西藏双湖地区下二叠统地层中，代表的地质时代为早二叠世

早中期。

2. *Schwagerina shuanghuensis-Misellina* 组合带

在这个组合里有代表性䗴分子：*Schwagerina shuanghuensis* Wang，*Misellina* sp.，主要共生分子有䗴：*Nankinella* sp；腕足类：*Costiferina obesa* Fang，*Streptorhynchus tibetanus* Chang；海绵：*Amblysiphonella randuiensis* Deng，*A. radicifera* Waagen et Wentzel，*A. markamensis* Deng，苔藓虫：*Fenestella elusa* Reed 及皱纹珊瑚：*Waagenophyllum* sp.。以 *Schwagerina shuanghuensis* 和 *Misellina* 为代表，*Schwagerina* 属主要分布在中国、俄罗斯、美国、日本及中南半岛的中二叠统栖霞期地层中；在我国西藏双湖地区中二叠统下部首次发现新属种 *Schwagerina shuanghuensis* 及 *Misellina* 属。*Misellina* 广泛分布在华南、帕米尔、东南亚、日本、高加索和南斯拉夫南部中二叠统下部栖霞组地层中。该组合带代表的地质时代为中二叠世早期。

3. Neoschwagerina-Sumatrina 组合带

在这个组合里有代表性䗴分子：*Neoschwagerina craticulifera* (Schwager)，*Sumatrina fusiformis* Sheng，*S. annae* Voly，共生化石主要有：*Verbeekina spheara* Ozawa，*Parafusulina splendens* Dunbar et Skinner，*P. elliptica* Sheng，*P. kiangsuensis* (Chen)，*Parafusulina rothi* Dunbar et Skinner，*Afghannella schencki* Thompson，*Eupolydiexodina* sp. *Nankinella* cf. *quaslhunnensis* Sheng 等。这一组合以 *Neoschwagerina* 及 *Sumatrina* 两个属为代表，*Neoschwgerina* 及 *Sumatrina* 广泛分布在我国各地，以及帕米尔、东南亚、苏门塔腊岛、日本和北美等地中二叠统上部地层中（相当于华南地区茅口组）。该组合代表的地质年代为中二叠世茅口期。

在这个组合中还出现不少具三级隔壁的皱纹珊瑚，形成与该组合平行的皱纹珊瑚组合带。

4. *Wentzelellites-Shuanghuphyllia* 组合带

本组合的代表性分子有：*Wentzelellites zhisaiensis* Zhang et Zhang (sp.，nov，M. S)，*Shuanghuphyllia typical* Yu，Sh. *xiaochakaensis* Yu，Sh. *simplex* Yu，Sh. *stenostabulata* Zhang et Zhang (sp. nov，M. S.)，共生分子中除䗴与上述 *Neoschwagerina-Sumatrina* 组合带相同外，共生皱纹珊瑚还有 *Multimurinus biformis* (Fontaine)，*Szechuanophylum polygonale* Yu，Sze. *Paraszechuanense* Yu. 及 *Sakamotosawenella intermedia* Yu 等。

该组合主要以 *Shuanghuphyllia* 为代表，因为该属目前仅发现在中国西藏申扎和双湖地区，它是西藏地方性分子，层位稳定，而且均与 *Neoschwagerina* 䗴化石共生；其次是 *Wentzelellites* 属型标本产于意大利中二叠统上部，与 *Shuanghuphyllia* 层位相同。这个属的多数种的层位与属型相同，少数种在整个中二叠统中均能产出；*Wentzelellites* 主要分布欧洲、亚洲各地中二叠统地层中。因此该组合代表的地质年代为中二叠世茅口期。

四、三叠纪生物地层及年代地层

测区内三叠纪生物化石丰富，特别是本次工作中，在江爱达日那一带新发现的三叠系中，新采获了大量的化石，极大地提升了本区三叠纪生物地层研究程度。三叠纪，不少古生代特有门类或属种，如䗴类、大部分腕足属，珊瑚中的四射、床板珊瑚等都已灭绝，取而代之的是六射珊瑚的兴起。

三叠系中本次工作共采获 9 个门类，94 属 131 种 44 未定种生物化石（表 2-2-4），其中大部分在测区范围内为首次采获。从图幅所在的整个羌塘盆地西区三叠系来看，我们初步统计，现已发现的古生物化石至少有 12 个门类，206 个属 222 种。从出现层位来看：下三叠统含有 63 属 91 种；中三叠统 33 属 41 种，其中本次新获 14 属 19 种；上三叠统共发现 110 属 90 种。就化石门类来讲，以双壳类、腕足、牙形石为盛，次为菊石、珊瑚，而时代意义较强者当首推双壳、菊石、牙形石，次为腕足，其他门类或属种皆因演化缓慢，延时较长，地质时代意义不大。

表 2-2-4　测区三叠系新获生物化石及层位分布一览表

化　石　名　称	T_1k	T_1y	T_2k	T_3T	T_3x	T_3j	T_3z
1. 双壳类							
Amonotis sp.［无耳髻蛤（未定种）］				*			
Amonotis cf. *rothpletzi yushensis* Sha et Chen（玉树圆无耳蛤）				*			
Asoella gangcaensis Zhang（刚察麻生海扇）				*			
? *Burmesia* sp.（? 缅甸蛤未定种）					*		
? *Bakevellia* aff. *tealei* (Cox)（? 倾斜贝荚蛤（新近种））		*					
Cardium（*Tulongocardium*）*neguam* Healy（缅甸土隆鸟蛤）						+	
Cardium（*Tulongocardium*）sp.（土隆鸟蛤未定种）				*			
Cardiomorph? cf. *gymnitum nyanangensis* Zhang（聂拉木心形蛤）		*					
? *Chlamys* sp.（套海扇未定种）					*		
Claraia dulanensis Zhang（都兰克氏蛤）		*					
Costatoria simplex Lin 新种（sp.　nov.）（简单脊蛤）				+			
? *Enantiostreon* sp.（? 反向蛎（未定种））			*				
Entolium sp.（光海扇未定种）	* *	*	*	*		+	
Entolium obliquus Li（斜形光海扇）	*						
Entolium discites microtis（Bittner）（盘光海扇小耳亚种）	*						
Entolium cf. *discites* Schlo（盘形光海扇（比较种））	*	*					
Entolium sp.　cf.　*E.*　*discites microtis*［近似于盘光海扇（小耳亚种）］		*					
Entolium cf. *tenuistriatum rotundum* Chen（圆细线光海扇）			*				
Entolium quotidianum（Healey）（平凡壳海扇）			*	*			
Entolium cf. *quotidianum*（Healey）［平凡壳海扇（比较种）］			*				
Entolium subdemissus（Münster）（近降光海扇）				+			
Entolium quotidianum（Healey）（平凡光海扇）				+			
? *Entolioides subdemisssus*（Munster）（? 近降夹克海扇）						+	
Eumorphotis（*Asoella*）*Paradoxica* Chen（奇异正海扇）		*					
Eumorphotis（*A.*）*subillyrica*（Hsü）（近琴氏正海扇）		* *					
Eumorphotis（*A.*）cf. *illyrica*（Bittner）（琴氏正海扇）		*					
Eumorphotis cf. *multiformis* Bittner（多饰正海扇）	*						
Eumorphotis teilhardi（Patte）（结节正海扇）	*						
Eumorphotis rugosa Chen（皱正海扇）	*						
Eumorphotis inaequicostata（Benecke）（差棱正海扇）	* *						
Eumorphotis sp.（正海扇（未定种））	* *	+					
Eumorphotis aff. *vemetiana*（Hauer）［威烈正海扇（新近种）］	*						
Eumorphotis multiformis Bittner（多饰正海扇）	*						
Eumorphotis multiformis retiealata Chen（布正海扇网形亚种）		*					
Eumurphotis multiformis cf. *rudaecosta* Kipar		+					
Gervillia lanpingensis Chen（兰坪英蛤）			*				
Halobia sp.（海燕蛤（未定种））			*		*		
Halobia sp.　cf.　*H.*　*Convexa* Chen（海燕蛤未定种近似于吕海燕蛤）							*
Heminajas fissidentata（Wönrmana）（裂齿半拉卡蛤）			*				
Hoernesia filosa Healey（多线霍氏蛤）				+			

续表 2-2-4

化　石　名　称	T_1k	T_1y	T_2k	T_3T	T_3x	T_3j	T_3z
Hyrcanopteris sinensis Li et Tsao（中国奇脉羊齿）							*
Indopecten cf. *himalayensis variocostatus* Wen et Lan（印度海扇）						+	
Indosinion emeiense（Chen et Zhang）（峨眉印支蛤）				+			
Leptochondria albertii（Gold.）（均匀弱海扇）	*						
？*Leptochondria* cf. *michaeli*（Assmann）（？近等弱海扇）	*						
Leptochondria tatuoensis（Zhang）（塔妥弱海扇）			+				
Leptochondria albertii（Goldfuss）（阿氏弱海扇）			+				
Leviconcha ovata（Goldfuss）（卵形光褶蛤）					*		
？*Meleagrinella* sp.（？斑蛤（未定种））			*				
？*Megalodon* sp.（？伟齿蛤（未定种））		*					
？*Monotis*（*M*）cf. *salinaria*（Bronn）[？沙林髻蛤（比较种）]			*				
Myophria（*Neoschizodus*）*laevigata*（Ziethen）（光滑新裂齿蛤）		*					
Myophoria（*Costatoria*）cf. *goldfussi*（Alberti）（双饰脊褶蛤比较种）			+				
？*Myophoria*（*Levicocha*）sp.（？光褶蛤未定种）			+				
Myophoria（*Elegantinia*）cf. *elegans*（Dunker）（优美同心褶蛤）		*					
Myophoria（*Elegantinia*）*venusta* Chen（雅致同心褶蛤）				+			
Myophoria（*costatoria*）*minor* Chen（小褶翅蛤（脊褶蛤））			*				
？*Myophoria*（*Leviconcha*）cf. *ovata* Goldfuss（卵形光褶蛤）	*						
Myophoria（*Costatoria*）sp.（褶翅蛤（脊褶蛤））		*					
Myophria（*Laviconcha*）cf. *pareorbicularis*（Bit.）（前圆褶翅蛤）	*						
Myophria（*Neoschizodus*）*laevigata*（Ziethen）（光滑新裂齿蛤）	*						
Myophoricarddium cf. *tulongensis*（土隆褶鸟蛤比较种）				+			
？*Myophoricardium tulongense* Wen et Lan（？土隆褶鸟蛤）			*				
Mysidioptera qinghaiensis Chen et Zhang（青海闭镜蛤）				+			
Mytilus cf. *lamellosus* Tergum（片状壳蛤比较种）				+			
Mytislus sp.（壳莱蛤未定种）		*		+			
Mytilus eduliformis praecursor（Frech）（腿形壳莱蛤）		*					
Mytilus cf. *eduliformis praecursor*（Frech）（腿形壳莱蛤）		*					
Neoschizodus laevigatus（光滑新裂齿蛤）					*		
？*Nuculana subperlonga* Chen（？近甚长似栗蛤）		*					
Nuculana cf. *miaocunensis* Chen [庙村似栗蛤（比较种）]			*				
Ostrea cf. *praecursor* Chen（前驱牡蛎比较种）				*			
Ostrea sp. [牡蛎（未定种）]			*				
？*Pachycardia* sp. [厚心蛤（未定种）]			*				
Palaeocardita langnongensis Wen et Lan（朗弄古心蛤）				*			
？*Pectines radiate* Xiong et Wang（？射线扇形蛤）				+			
Pichleria incrasata J. Chen（增高匹斯蚶）			+				
Plagiostoma aff. *striatum*（Schl.）[射纹斜铿蛤（新近种）]	*						
plagiostma cf. *striatum*（Sch.）（射纹斜铿蛤比较种）				+			
Pleuromya cf. *sensimstriata* Assmann（疹肋海螂）		*					
Pleuromya mactroides（Schl.）（似蛤蜊肋海螂）		*					
Plicatula sp.（褶劈蛤未定种）				*			
Posidonia sp.（海底蛤未定种）				+			
Posidonia cf. *baiyushiensis* Lu [白玉寺海浪蛤（比较种）]			*				
Posidonia sp. [海浪蛤（未定种）]			*				
Posidonia guangyuanensis Chen（广元海浪蛤）						+	
Posidonia rugosoides Lu（近皱海浪蛤）						+	
Posidonia wengensis Wissmann（温根海浪蛤）						*	
Posidonia elliptica Yin et Gran（椭圆海浪蛤）						*	

续表 2-2-4

化　石　名　称	T_1k	T_1y	T_2k	T_3T	T_3x	T_3j	T_3z
Promyalina（?）*yushuensis* Zhang（玉树原肌束蛤）			+				
Prototrigonia seranensis（Krumbeek）（斯兰船三角蛤）			*				
Pseudocorbula nuculiformis（Zenker）（栗蛤形假蓝蛤）			+				
Schafhaeutlia gigantea（Krumbeck）（大型肖氏蛤）			*				
Schafhaeutlia plana（Münster）（平肖氏蛤）			+				
Schafhaeutlia sphaerioides（Bottger）（球形圆等蛤）				+			
? *Schafphaeutlia* aff. *astartiformis*（Munster）（花蛤形脊及蛤）				+			
? *Schafhaeutlia rugosa* cf. *haueri* Who（? 原心蛤含氏种）				+			
Schafhaeutlia sp.（sp. nov.）（圆穹蛤（未定种））		*					
Schafhaeutlia cf. *rugosa*（Assmann）（皱圆穹蛤）		*					
Trigonia（*Kumatrigonia*）*jingguensis*（J. Chen）（景谷熊本蛤）			*				
Trigonia sp.（三角蛤）				*			
Tulongcardium xizangensis Zhang（西藏土隆鸟蛤）				+			
Unionites cf. *mamuensis*（Reed）				+			
Unionites sp.（蚌形蛤）			*				
Unionites trapezoidalis（Mangsay）（梯形蚌形蛤）				+			
Unionites cf. *canalensis* Catullo（克南蚌形蛤）	*						
Unionites cf. *spicatus* Chen（夫蚌形蛤）	*						
? *Unionites* cf. *fassaensis*（Wissmann）（法萨蚌形蛤）	*						
Unionites cf. *fassaensis*（Wissmann）（法萨蚌形蛤）	*						
Unionites albertii（Assmann）（平行蚌形蛤）	*						
Waagenoperna cf. *aviculaeformis* Chen（燕形无齿股蛤）				+			
2. 腕足类							
Arcosarina biplicata Sun（双褶拱板贝）				*			
Aulacothyris angusta（Schlotheim）（窄小闩孔贝）			+				
Lingula shanglaxiuensis Sun et Li（上拉秀舌形贝）			+				
Rhaetina sp.（瑞提贝（未定种））					*		
Rhaetina angustaeformis（Boeckh）（棱形瑞替贝）			+				
Rhaetinopsis sp.（似瑞替贝（未定种））						+	
Zhidothyris carinata Ching. Sun et Ye（校脊治多贝）						+	
3. 菊石							
Cuccoceras taramellii Mojs（塔拉马里库科菊石）			* *				
Hollandites voiti（Oppet）（伏特豪兰菊石）			* *				
Hollandites hidimba（Diener）（黑丁豪兰菊石）			* *				
Hollandites truncus（Oppet）（基本豪兰菊石）			* *				
Hollandites vyasa（Diener）（务雅沙豪兰菊石）			* *				
Hollandites visvakarma（Diener）（维斯瓦卡玛豪兰菊石）			* *				
Juvavites cf. *xizangensis* Wang et He（西藏侏瓦菊石比较种）				+			
Paraceratites cf. *binodosus*（Hauer）（双瘤副齿菊石比较种）			*				
4. 珊瑚							
? *Conophyllia* sp.［? 松球珊瑚（未定种）］						+	
Conophyllopsis qamdoensis Deng et Zhang（昌都拟同叶珊瑚）						*	
Craspedophyllia cf. *gracilis*（Laube）［薄边叶珊瑚（比较种）］						+	
Craspedophyllia cristata Volz（冠毛变叶珊瑚）						+	
Distichophyllia norica Frech（诺尼克两列叶珊瑚）						* *	
Margarosmilia zieteni Klipstein（齐滕氏珠叶珊瑚）						+	
Margarophyllia cf. *capitata*（Munster）［有头珠叶珊瑚（比较种）］				+		+	
? *Margarophllia* sp.［? 珠叶珊瑚（未定种）］						*	
Margarophyllum decora Wu（华美珍珠珊瑚）						+ *	
Montlivaltia tenuise Deng et Zhang（薄高壁珊瑚）						*	

续表 2-2-4

化　石　名　称	T_1k	T_1y	T_2k	T_3T	T_3x	T_3j	T_3z
Montlivaltia norica Frech（诺列克高壁珊瑚）						+	
? *Montlivaltia cornutiformits elliptica* Greggory（角状高壁珊瑚）						+	
? *Myriophyllum munsteri* Xia et Liao（明斯特多边珊瑚）			+				
Opisthophyllum vesiculare Ogilvie（泡沫后珊瑚）						+	
Paromphalophyllia sparse Deng et Zhang（散生拟脐叶珊瑚）			+				
Promargarosmilia foshanenensis Deng et Zhang（佛山前珠剑珊瑚）						*	
Pseudoretiophyllia nazhacunensis Deng et Zhang（假网叶珊瑚）						*	
Thecosmilia weberi Vinassa de Regny（苇伯剑珊瑚）						+	
Volzeia degeensis Deng et Zhang（德格福尔茨珊瑚）						*	
? *Volzeia chagyabensis* Deng et Zhang（? 察雅福尔茨珊瑚）						*	
5. 牙形石							
Cypridodella sp.			*				
Cypridodella muelleri Tatge		*					
Diplododella magnidentata Tatge		*					
Diplododella triassica Muller		*					
Gen. et. sp. indet A（微体鱼类鱼牙化石种属未定 A）				*			
Gen. et. sp. indet B（微体鱼类鱼牙化石种属未定 B）				*			
Hindeodella navadensis Muller		*					
Hindeodeua suevica（Tatge）（斯瓦此亚欣德刺）		*	*				
Hindeodeua multihamata Huekriede（多钩欣德刺）			*				
Neogondolella sp. A（新舟刺未定种 A，可能为新种）					*		
Xaniognathus abstractus（Clark et Ethingtol）					*		
Pachyeladina bidentata Wang et Cao（双齿厚齿耙刺）		*					
Pachycladina inclinata Staesche（直靠厚齿耙刺）		*					
Pachyeladina multidentata Z. H. Wang et Cao（多齿厚齿耙刺）		*					
Pachyeladina trigona Z. H. Wang et Cao（三角厚齿耙刺）		*					
Pachyeladina sp.（厚齿刺断片（未定种））		*					
Parachirognathus geiseri Clark（盖泽尔拟掌颚刺）		*					
Parachirognathus sp.		*					
6. 孢粉							
Araucariacites sp.				*			
Biretisporites sp.				*			
Cadargasporites sp.				*			
Classopollis sp.				*			
Clathroidites sp.				*			
Concavissisporites sp.				*			
Dictyophyllidites sp.				*			
Deltoidopora sp.				*			
Leiotriletes sp.				*			
Osmundacites sp.				*			
Pinuspollenites sp.				*			
Striomonosaccites sp.				*			
7. 腹足类							
? *Donaldina* sp.［? 准冬纳螺（未定种）］		*					
Dicellonema sp.（叉线螺）				+			
Murchisonia sp.［莫氏螺（未定种）］		*					
8. 植物							
Equisetites cf. *ferganensis* Soward（费午干似木贼比较种）				*			
9. 其他							
Blastochaetetes cf. *karashensis* Cuif et Fischer（卡腊希胚刺毛虫）						+	

注：* 为剖面采获；+为路线采获；* * 表示丰度较高

我们在前人研究的基础上，结合本次新获化石，对时代意义较强的双壳类、腕足类、菊石、珊瑚和牙形石5大门类进行重点研究，对前人已在本区建立的生物地层单位，如其反映的层位与野外观测相符，则主要沿用前人生物地层单位，而对本次新获的化石则根据其时代意义和丰度划分生物组合带或生物层，以反映三叠纪生物地层面貌（表2-2-5）。

表2-2-5　测区三叠纪生物地层单位划分综合对比表

<table>
<tr><th colspan="3">年代地层</th><th colspan="4">生　物　地　层</th></tr>
<tr><th>系</th><th>统</th><th>阶</th><th>双壳组合带</th><th>腕足组合带</th><th>菊石、珊瑚</th><th>牙形石组合带</th></tr>
<tr><td rowspan="6">三叠系</td><td rowspan="3">上统</td><td>瑞替阶</td><td rowspan="3">Indopecten-Palaeocardita</td><td rowspan="3">Caucasorhynchia-Triadithyris</td><td rowspan="2">Margarosmilia-Volzeia（珊瑚）</td><td></td></tr>
<tr><td>诺利阶</td><td rowspan="2">Epigdolella postera-E. abneptis spatulatus</td></tr>
<tr><td>卡尼阶</td><td rowspan="2"></td></tr>
<tr><td rowspan="2">中统</td><td>拉丁阶</td><td rowspan="2"></td><td rowspan="2"></td><td rowspan="2"></td></tr>
<tr><td>安尼阶</td><td>Haydenites-Aristoptychites Hollandites（菊石带）</td></tr>
<tr><td>下统</td><td>奥伦阶</td><td>Eumorphotis multiformis-E. inaequicostata</td><td></td><td></td><td>Pachycladina-Parachirognathus</td></tr>
</table>

（一）双壳类生物地层单位

双壳类动物群在区内共发现71属111种，其中下三叠统20属58种，中三叠统22属29种，上三叠统有20属33种。据其地史分布，建立了2个生物组合带。

1. *Eumorphotis inaequicostata-E. multiformis* 组合带

该组合带为本次根据江爱达日那剖面新获化石新建，见于康鲁组上部—硬水泉组，其代表性分子有 *Eumorphotis inaequicostata*（Benecke），*Eumorphotis multiformis* Bittner。该组合带共生分子主要有 *Eumorphotis teilhardi*（Patte），*Eumorphotis rugosa* Chen，*Eumorphotis* sp.，*Eumorphotis* aff. *vemetiana*（Hauer），*Unionites* cf. *canalensis* Catullo，*Myophria*（Laviconcha）cf. *Pareorbicularis*（Bitter），*Unionites* cf. *spicatus* Chen。这一组合的代表性分子及共生分子多见于西南地区早三叠世地层中，代表早三叠世印度晚期—奥伦期。

2. *Indopecten-Palaeocardita* 组合带

该组合带产出层位是上三叠统，成都环资所（1996）以肖茶卡地区肖茶卡组剖面为基础而建立。测区内见于上三叠统角木茶卡组及土门格拉群。其组成分子主要有 *Indopecten zogangensis*，*I. calamiscriptus*，*I. glabraminor*，*I. himalayaensis*，*I. serraticostus*，*Palaeocardita buruca*，*P. singularis*，*P. langnongensis*，*P.* cf. *globiformis*，*Entolium quotidianum*（Healey），*E. tenuistriatum rotundum*，*E. quotidianum*，*E. subdemissus*，*Krumbeckiella* cf. *subtimorensis*，*Holobia* sp.，*Tulongcardium xizangensis* Zhang，*Indosinion emeiense*（Chen et Zhang）等。这一组合的地质时代为晚三叠世诺利期。

（二）腕足生物地层单位

测区内三叠系地层中新获腕足类化石仅有6属，但在羌塘盆地西区已发现的腕足类动物群初步统计有43属40种，其中上三叠统就占了37属34种，中三叠统只发现6属6种，下三叠统目前尚未发现腕足分子的存在。上三叠统虽然属种不少，但一般多是某个时期的非标准分子，只有少数为诺利阶的常见属种。成都环资所（1996）建立了腕足动物 *Caucasorhynchia-Triadithyris* 组合带。

该组合带的主要分子有 *Caucasorhynchia* cf. *kunensis*，*C.* cf. *trigonatia*，*Crurirhynchia kiparisovae*，*Cr.* cf. *subfissicostata*，*Triadithyris* sp.，*Amphiclina intermedia*，*A. taurica*，*Euxinella levintina*，*Aulacothyris* cf. *angustaeformis*，*Rhaetinopsis zadoensis*，*Rhaetina pentagonalis*，*R.* cf. *jomdaensis*，*Sacothyris sinosa*，*Timorthnchia nimassica*，*T. suleata*，*Zeilleria lingulata*，*Z. moisseiev*，*Z. bukowski* 等。这个组合的代表性分子是上三叠统诺利阶的常见和重要分子，其他也都在诺利阶地层中出现，故把该组合作为诺利阶腕足组合，其层位大致与双壳类 *Indopecten-Palaeocardita* 组合带相当。

（三）菊石生物地层单位

测区菊石动物群主要发育于中三叠统，共计有 9 属 14 种。本次在红水河土门格拉群（地质路线上）中采获 *Juvavites* cf. *xizangensis* Wang et He。*Juvavites* 属仅分布于晚三叠世。1996 年成都环资所在中三叠统地层中建立了一个菊石组合带。本次工作根据江爱达日那剖面第 17 层中发现的大量菊石，新建了一个菊石带。

1. *Haydenites-Aristoptychites* 组合带

该组合带发育于中三叠统康南组，以双湖办事处（西双湖）剖面为基础建立，其组合分子主要有 *Haydenites hatscheki*，*Aristoptychites* sp.，*Arthaberites alexandrae*，*Acrochordiceras* cf. *carlinae*，*Cuccoceras yoga*，*C. tharamelli*，*Balatonites tibeticus*，*Procladiscites crassus*，*P.* cf. *brancoi*，*Gymnites incultus*，*Ptychites* cf. *rugifer*，*P.* cf. *arcestoides*，*P.* cf. *sahadeve*，*P.* cf. *ensomus* 等。其中 *Haydenites hatscheki* 最早见于喜马拉雅山，后来又在北美、东欧相继被发现，因而表现出强烈的特提斯菊石群面貌。*Haydenites* 和 *Aristoptychites* 仅分布于中三叠世安尼期，*Arthaberites*，*Acrochordiceras* 仅限于安尼期中晚期，*Cuccoceras*，*Balatonites* 分布于安尼期，而 *Gymnites* 则分布于中三叠世，因此，这个菊石组合带的地质年代为中三叠世安尼期。

2. *Hollandites* 带

为本次根据江爱达日那剖面新建，分布于中三叠统康南组下部，主要组成分子有 *Cuccoceras taramellii* Mojs，*Hollandites voiti*（Oppet），*H. hidimba*（Diener），*H. truncus*（Oppet），*H. vyasa*（Diener），*H. visvakarma*（Diener），*H.* sp.，*Paraceratites* cf. *binodosus*（Hauer）等，以 Hollandites 属极大丰富为特征，共有 5 种 1 未定种。这些菊石属种常见于特提斯地区，*Paraceratites* cf. *binodosus*（Hauer）原种产于贵州中三叠统青岩组中，*Hollandites* 属的几个种都是产于特提斯地区西欧和日本等地安尼阶地层中，*Cuccoceras* 属是世界各地安尼阶广泛分布的属，常见于我国广西、贵州、云南等地，*Cuccoceras taramellii* 系欧洲类型，产于安尼期中晚期，故我们把 *Hollandites* 菊石带作为安尼阶中部的代表性菊石带。

（四）牙形石生物地层单位

测区内三叠系地层中新获牙形石化石仅有 7 属 13 种 3 未定种，但在羌塘盆地西区已发现的牙形石初步统计有 21 属 43 种，它们大多分布在下三叠统硬水泉组和康鲁组。1996 年成都环资所根据其产出层位和共生组合关系，自下而上建立了两个牙形石生物地层单位。

1. *Pachycladina-Parachirognathus* 组合带

该组合带分布在热觉茶卡剖面和江爱达日那剖面硬水泉组，主要分子有 *Pachycladina tricuspidata*，*P. tridentata*，*P. multidentata*，*P. obliqua*，*Parachirognathus ethingtoni*，*Para. arcus*，*Para. minutus*，*Para. magnus*，*Para. apertus*，*Para. delicatulus*，*Para. orientalis*，*Para. symmetricus*，*Neohindeodella triassica*，*N. nevadensis*，*N. techeriti*，*Hindeodella tumida*，*Radiatignathus radiatus*，*Lanchodina muelleri*，*L. disdentata*，*Neospathodus bicostatus*，*Hadrodontina anceps*，*Cratognathodus* sp. 等。本次在江爱达日那剖面硬泉水组还采获：*Cypridodella muelleri* Tatge，*Diplododella magnidentata* Tatge，*D. triassica* Muller，*Hindeodella suevica*（Tatge），*H.*

navadensis Muller，*Pachycladina bidentata* Wang et Cao，*P. inclinata* Staesche，*P. multidentata* Wang et Cao，*P. trigona* Wang et Cao，*P.* sp.，*Parachirognathus geiseri* Clark，*Para.* sp. 等。该组合带在区域上有着广泛而稳定的层位分布。王志浩等曾以此组合代表川西北下三叠统飞仙关组上部至嘉陵江组下部的牙形石生物地层单位，在我国扬子区也将该组合作为下三叠统中上部的代表，并可与我国西南和喜马拉雅及国际牙形石带（第7～9带）对比，相当于奥伦阶。在剖面中还见该牙形石组合与双壳类 *Eumorphotis* 共生，进一步证实该组合带的地质年代为早三叠世奥伦期。

2. *Epigdolella postera-E. abneptis spatulatus* 组合带

这个组合带的牙形石主要来自菊花山一带的上三叠统灰岩地层和肖茶卡地区角木茶卡组灰岩地层中，其主要组成分子有 *Epigdolella postera*，*E. abneptis spatulatus*，*Neohindeod triassica*，*N. kobayashii*，*Neogondolella* sp.，*Xaniognathus abstractus*（Clark et Ethingtol），*X. deflectenst*。代表性分子 *Epigdolella* 动物群见于滇西保山上三叠统大水塘组和南梳坝组下部，被王志浩等作为诺利阶中上部的带化石，*E. abneptis* 被田传荣（1982）作为藏南聂拉木土隆上三叠统诺利阶下部的带化石，并可与国际三叠系牙形石第20带对比。由此，该牙形石组合带的地质时代为晚三叠世诺利期。

（五）珊瑚生物地层单位

在测区及羌塘盆地西区，尚无人对珊瑚动物群作过生物地层单位的划分。本次在测区范围内采获了较多的珊瑚化石，经范影年研究员鉴定共有12属18种2未定种，主要分布于上三叠统角木茶卡组灰岩地层中。经分析和对比研究，新建了 *Margarosmilia-Volzeia* 组合带。

该珊瑚组合带中主要分子有 *Margarosmilia zieteni* Klipstein，*Volzeia degeensis* Deng et Zhang，*V. chagyabensis* Deng et Zhang，*Promargarosmilia foshanenensis* Deng et Zhang，*Conophyllia* sp.，*Conophyllopsis qamdoensis* Deng et Zhang，*Craspedophyllia* cf. *gracilis* Laube，*C. cristata* Volz，*Distichophyllia norica* Frech，*Margarophyllia* cf. *capitata* Munster，*M. decora* Wu，*Montilivaltia tenuise* Deng et Zhang，*Mon. norica* Frech，*Mon. cornutiformits elliptica* Greggory，*Opisthophyllum vesiculare* Ogilvie，*Pseudoretiophyllia nazhacunensis* Deng et Zhang，*Thecosmilia weberi* Vinassa et Regny 等，上述属种在区域上大都只见于晚三叠世地层中，*Margarosmilia* 更是特提斯分布最广的属，在意大利北部的南提罗尔和帝汶的晚三叠世地层中均有见及；*Volzeia degeensis*，*V. chagyabensis* 在川西、藏东上三叠统卡尼阶曲嘎寺组、东达村组比较常见，其他属种都是世界各地晚三叠世常见属种。因此，该组合带可视为羌塘盆地西区晚三叠世卡尼-诺利期的珊瑚生物地层单位。

综上所述，我们着眼于测区三叠系，适当参考了羌塘盆地西区资料，建立了双壳类生物地层单位2个、菊石生物地层单位2个、牙形石生物地层单位2个和腕足类、珊瑚生物地层单位各1个，各生物地层单位之间以及与年代地层之间的对比关系，参见表2-2-5。

五、侏罗纪生物地层及年代地层

图区内侏罗纪古生物化石比较丰富，计有14个门类，130余属，120余种。其中属种在10个以上的门类有双壳类、腕足类、孢粉和有孔虫。在羌塘盆地西区，经不完全的收集整理，已发现19个门类，290余属，460余种，其中双壳类80余属210余种，腕足类50余属100余种，菊石28属30余种，孢粉60属70余种，珊瑚30余属30余种（主要来自路线），其他如有孔虫、苔藓虫、层孔虫、介形虫、海绵、海胆、藻类、腹足类、海百合茎、箭石、水螅、刺毛虫和植物等，属种多在10个以下，一般时限较长，时代意义欠佳。

对于羌塘盆地西区侏罗系生物地层的研究，主要在20世纪90年代中期，以成都环资所、川碳中心和江汉石油勘探开发研究院等为代表的石油地质调查工程队，根据各自工作成果，结合东区资料，曾对双壳类、腕足类、菊石和孢粉等门类作过生物地层单位的划分。此前西藏区调队（1986）也对中侏罗统的双壳类、腕足类和上侏罗统的菊石作过生物地层单位的初步划分。此后赵政璋等（2001）在总结1994年以来各石油地质调查工程队资料的基础上，从羌塘地区总体出发，也提出了生物地层单位的划分意见。我们在前人生物地层单位划分的基础上，参考近年来 1∶25 万区调取得的成果，着眼于测区和羌塘盆地西区，对双壳类、腕足类、孢粉和珊瑚 4 个大门类生物进行了生物地层单位的划分。侏罗纪共划分出 9 个生物地层单位（表 2-2-6）。

表 2-2-6 测区中、上侏罗统生物地层单位划分综合对比表

<table>
<tr><th colspan="3">年代地层</th><th colspan="4">生 物 地 层 单 位</th></tr>
<tr><th>系</th><th>统</th><th>阶</th><th>双壳组合带</th><th>腕足组合带</th><th>珊瑚组合带</th><th>孢粉组合带</th></tr>
<tr><td rowspan="6">侏罗系</td><td rowspan="3">上统</td><td>提塘阶</td><td rowspan="3">Buchia blanfordiana-Myopholas multicostata-Radulopecten fibrosus</td><td></td><td rowspan="3">Pseudocoenia hexaphyllia-Stylosmilia michalini-Epistrepto-phyllum cornutiformis</td><td rowspan="3">Classopollia annulatus-Lygodiumsorites</td></tr>
<tr><td>基末里阶</td><td rowspan="2">Rutorhynchia jieshanensis-Lacumosella trilobatiformis</td></tr>
<tr><td>牛津阶</td></tr>
<tr><td rowspan="3">中统</td><td>卡洛阶</td><td rowspan="3">Bostra buchii-Camptonectes laminates</td><td></td><td rowspan="2">Chomatoseria cf. complanata-Protethanos blanfordi</td><td rowspan="3">Cyathidites-Neovaestrcki-Minerisporites richardsoni</td></tr>
<tr><td>巴通阶</td><td>Burmirhynchia-Holcothyris-Kutchithyris</td></tr>
<tr><td>巴柔阶</td><td>Lacunarhynchia lungchiangensis -Monsardithris trilineata</td><td></td></tr>
</table>

（一）双壳类生物地层单位

双壳类是测区中、上侏罗统丰度最高的一个门类，计有 29 属 63 种。就羌塘盆地西区而言，经我们的收集整理，双壳类达 80 余属，210 余种，属种在 10 个以上的属有 *Astarte*、*Camptonectes*，5～10 个属的有 *Chlamys*，*Corbula*，*Entolium*，*Gervillilla*，*Liostrea*，*Radulopholas*，*Pleuromya*，*Lopha*，*Modiocarda*，*Plagiostoma*，*Protocarda*，*Myopholas* 等，其余均在 5 个以下。双壳类主要分布在中侏罗统布曲组和上侏罗统索瓦组，次为雀莫错组、夏里组和白龙冰河组。本次在测区建立了双壳类生物地层单位 2 个，其划分沿革见表 2-2-7。

1. *Bostra buchii-Camptonectes laminates* 组合带

该组合带代表性分子有 *Bostra buchii*（Roemer），*B.* cf. *somaliensis* Cox，*Camptonectes laminates*（Sowerby），*C. abscurus*（Sowerby），*C. lens*（Sowerby），*C. auritus*，*C.* sp.，共生分子有 *Parvamussium pumilum*（Lemarch），*P. subersonapum*（Vaeck），*P. subpersonatus*（Vaeck），*Ceratomys concertrica*（Sowerby），*Cercomya*（*Capillimya*）cf. *strata*，*Eligmus* cf. *rollandi* Douville，*Eopecten inaequstrica* Voltz，*Grammatador kunyanus* Cox，*Liostrea jiangjinensis* Wen，*L. acuminate*（Sowerby），*L. eduliformis*，*L. simplex* Cou，*Lopha asella*（Greppin），*L. costata*（Sowerby），*Inoperma perplicatum*，*Ostrea calceola* Zieten，*O. quadrata*，*Placunopsis fibrosa*（Laube），*Nicaniella*（*Trautschoidia*）*aitkeni* Cox，*Thracia toghonheensis* Wen 等。上述组合代表性分子特别是 *Camptonectes laminates* 在羌塘盆地西区只见于中侏罗统雀莫错组、布曲组和夏里组中，以布曲组最为突出。它们所在的层位中，常有典型巴通期最为特征的腕足类 *Bumirhynchia* ，*Holcothyris* 等相伴出现。*Bostra buchii* 在比隆错夏里组油页岩剖面中特别富集，*Thlacia togtonhensis*，*Liostrea acumita* 在夏里组中也很特征，*Placunopsis fibrosa* 目前也只在雀莫错组中见到。因此，我们将此组合带作为以巴通期为主，可能下跨巴柔期，上延至卡洛期的中侏罗世双壳类生物地层单位。

2. *Buchia blanfordiana -Myopholas multicostata -Radulopecten fibrosus* 组合带

该组合带代表性分子主要有 *Buchia blanfordiana*（Stoliczka），*Myopholas multicostata*，*Radulopecten fibrosus* Sowerby，*R. gerzensis* Wen，*R. inaequecostata*（Yong et Bird），*R. moodanensis*（Cox），*R. siliqua*，*R.* cf. *scarburgensis*，*R. tiperi*，共生分子有 *Entolium mangqiongensis*，*E. demissum*（phillps），*E. disciforme*（Schiibler），*E. cingulatum*，*E. xizangensis* Tongi，*Anisocardia kinjeleensis* Cox，*A.*（*A.*）*minima*（Sowerby），*Astarte spitiensis*，*Margaritifera guanyintanensis* Xiong

表 2-2-7　测区中、上侏罗统双壳类生物地层单位划分沿革表

<table>
<tr><th colspan="3">年代地层</th><th rowspan="2">西藏区调队
(1986)</th><th rowspan="2">川碳中心
(1996)</th><th rowspan="2">江汉石油勘探研究院
(1996)</th><th rowspan="2">成都环资所
(1996)</th><th rowspan="2">赵政璋等
(2001)</th><th rowspan="2">本报告
(2005)</th></tr>
<tr><th>系</th><th>统</th><th>阶</th></tr>
<tr><td rowspan="6">侏罗系</td><td rowspan="3">上侏罗统</td><td>提塘阶</td><td rowspan="3"></td><td>Camptonectes abscurus – Loevitrigonia gibbosa 组合</td><td rowspan="3">Myopholas multicostata – Radulopecten fibrosus – Gervillella aviculoides 组合</td><td rowspan="2">Buchia blanfordiana – Inoperna-Sowerbyana 组合</td><td></td><td rowspan="3">Buchia blanfordiana – Myopholas multicostata – Radulopecten fibrosus 组合带</td></tr>
<tr><td>基末里阶</td><td>Lopha gragea – Pereginocan chayunnanensis 组合</td><td rowspan="2">Myopholas multicostata – Radulopecten fibrosus – Gervillella aviculoides 组合</td></tr>
<tr><td>牛津阶</td><td>Radulopecten fibrosus – Myopholas multicostata 组合</td><td>Gervillella aviculoides – Entolium xizangensis 组合</td></tr>
<tr><td rowspan="3">中侏罗统</td><td>卡洛阶</td><td>Myopholas multicotata – Gerillella carentalis – Inoperna sowerbyana – Camptonectes lens 组合</td><td>Chlamys (Radulopectus) tipperi – Ch. (R). vagans – Cercomya 组合</td><td></td><td>Bostra buchii 顶峰带</td><td>Meleagrinella bramburiensis – Pronoella triangularis 组合</td><td rowspan="2">Bostra buchii – Camptonectes laminates 组合带</td></tr>
<tr><td>巴通阶</td><td>Lopha asellus – Liostrea bimaNica – Camptonectes Laminates – Chlamys (Radulopectus) vagans – Ch. (R.) tipperi – Modiolus inbricatus 组合</td><td>Chlamys – Liostrea – Camptonectes 组合</td><td>Camptonectes laminates – Homomya gibbosa – Liostrea bimanica 组合</td><td>Camptonectes laminates – Ceratomys concertrica 组合</td><td>Camptonectes laminates – Radulopecten vagans 组合 Eomiodon angulatus – Isognomon(Mytiloperna) bathonicus 组合</td></tr>
<tr><td>巴柔阶</td><td></td><td></td><td></td><td></td><td>Anisocardia gibbosa – Camptonectes auritus 组合</td><td></td></tr>
</table>

et wang, *Meleagrinella radiate* (Trauti), *Pronella kidugaloensis* Cox 等。上述组合分子当前只出现在羌塘盆地西区上侏罗统索瓦组和白龙冰河组中，个别如 Astarte spitiensis 只在雪山组中发现，其中的 R. fibrosus 是各家一致列为牛津阶或牛津阶-基末里阶的代表分子，也见于英国 Corsllian 组，是欧洲牛津阶的常见分子，但在羌塘盆地西区主要出自白龙冰河组剖面中，索瓦组的路线中也有发现，而其种群多为白龙冰河组路线中所得；*R. moondanensis*，*R.* cf. *scarburgensis* 在欧洲基末里-提塘阶地层中都有产出。*Entolium* 一属中所列各种，比较广泛见于索瓦组中，常见有菊石 *Virgatosphinctes*，*Blanfordiceras*，*Haplophylloceras* 等共生。*Buchia blanfordiana* 出现在长虹河剖面和江爱达日那一带索瓦组，同一层位中见菊石 *Virgatosphinctes*，同时该属在西藏南部上侏罗统门卡墩组中极为丰富，其种群多达 20 种，并有大量上侏罗统菊石共生，同时，也是斯匹提地区常见分子。该组合带的地质年代可能为整个晚侏罗世。

（二）腕足类生物地层单位

腕足动物群在图区所获不多，目前只发现 16 属，23 种，主要分布在布曲组—白龙冰河组，并以索瓦组居多，次为白龙冰河组和布曲组。但在图幅所在的羌塘盆地西区，却是仅次于双壳类的一个生物门类。据我们不完全的收集整理，已发现 50 余属、100 余种，主要产出层位是布曲组、索瓦组，次为夏里组、雀莫错组和白龙冰河组，其中种群在 10 个以上的属有 *Burmirhynchia*，*Holcothyris*，*Kutchithyris*；5～10 个的属是 *Avonothyris*，*Tanggulerarella*，余者都在 5 个以下。

我们在分析研究前人成果的基础上，加入部分近年来的新成果，着眼于羌塘盆地西区进一步做了补充和修订，在测区建立了 3 个腕足类生物地层单位，其划分沿革见表 2-2-8。

表 2-2-8 测区中、上侏罗统腕足类生物地层单位划分沿革表

<table>
<tr><th colspan="3">年代地层</th><th rowspan="2">西藏区调队
(1986)</th><th rowspan="2">川碳中心
(1996)</th><th rowspan="2">成都环资所
(1996)</th><th rowspan="2">赵政璋等
(2001)</th><th rowspan="2">本报告
(2005)</th></tr>
<tr><th>系</th><th>统</th><th>阶</th></tr>
<tr><td rowspan="6">侏罗系</td><td rowspan="3">上侏罗统</td><td>提塘阶</td><td rowspan="3"></td><td>Wottonithyris zodaensis - Kutchithyris pygmae 组合</td><td rowspan="2">Thurmanella rotunda - Rutorhynchia bipticata 组合</td><td></td><td></td></tr>
<tr><td>基末里阶</td><td>Cymatorhynchia - Rhynchonelloiella - Turkmenithyris 组合</td><td>Lacunosella rhombica - Meschia alata 组合</td><td rowspan="2">Rutorhynchia jieshanensis - Lacunosella trilobatiformis 组合带</td></tr>
<tr><td>牛津阶</td><td>Thurmanella rotunda - Rutorhynchia jieshanensis 组合</td><td>Burmirhynchia - Holcothyris - Kutchithyris 顶峰带</td><td>Rutorhynchia jieshanensis 组合</td></tr>
<tr><td rowspan="3">中侏罗统</td><td>卡洛阶</td><td>Thurmanella rotunda - Kutchithyris deqinensis 组合</td><td></td><td>Tanggularella - Avonothyris subpentagona 组合</td><td>Dzhangirhnnchia kokdzharensis - Dorsoplicathyris pentagonalis 组合</td><td></td></tr>
<tr><td>巴通阶</td><td>Burmirhynchia - Holcothris 组合</td><td>Burmirhynchia - Holcothyris - Tanggularella 组合</td><td rowspan="2"></td><td>Burmirhynchia - Holcothyris 组合</td><td>Burmirhynchia - Holcothyris - Kutchithyris 组合带</td></tr>
<tr><td>巴柔阶</td><td></td><td></td><td>Cymatorhynchia densecosta - Monsardithyris ventricosa 组合</td><td>Lacunarhynchia lungchiangensis - Monsardithyris trineata 组合带</td></tr>
</table>

1. *Lacumaerhymchia lungchiangensis* -*Monsardithyris trineata* 组合带

该组合带的代表性组成分子主要有 *Lacumaerhynchia lungchiangensis* Ching, Sun et Ye, *L. vergissonensis* Aleras, *Monsardithyris trineata* Yang et Bird, *Rhynchonelloidella trigonalis* Mairwood, *R. proxima* Rache, *R. praecusor* Roche, *Wattonithyris circumdata* (Deslongchamps), *W. moquensis* 等。主要出现在羌塘盆地中侏罗统雀莫错组地层中，其代表分子也见于藏南中侏罗统聂聂雄拉组中下部、扎达波林优秀沟组下部，在英、法等西欧国家常见与阿林期和巴柔期分子共生；*Rhynchonelloidella* 在特提斯区常与中、晚巴柔期分子共生；*R. proxina* 在法国见于巴柔期顶部。由此，我们将该组合带的地质年代置于中侏罗世巴柔期。

2. *Burmirhynchia* -*Holcothyris* -*Kutchithyris* 组合带

该组合带除代表性分子 *Burmirhynchia* 和 *Holcothyris*、*Kutchithyris* 之外，主要共生分子还有 *Tanggularella abbrevia* Shi, *T. feraxa* Shi, *T. sphenoides*, Shi, *T. rotunda* Ching, Sun et Ye. *Arcomytilum bathonicus* (Morris et Lycett), *Avonothyris sogxianensis* Sun, A. *subpentagona*, Ching, Sun et Ye, *A. gothonicus*, Ching, Sun et Ye , *A. tibetica*, Ching, Sun et Ye, *Gusarella mucleala* Ching, Sun et Ye, *Lotharingella spides* 等。*Burmirhynchia*, *Holcothyris* 两属，据我们的收集整理，在羌塘盆地西区发现的种群共 38 种，占中、上侏罗统腕足动物种群总数的 35%。其中 *Burmirhynchia* 属共有 20 种，在布曲组中都能见到，但 *B. gutta Buckman* 可下延到雀莫错组，*B. cuneata* Ching, Sun et Ye, *B. flanilis* Ching, Sun et Ye, *B. lujiangensis* Reed, *B. nierongensis* Ching, Sun et Ye 和 *B. trilobata* 可上延到夏里组和索瓦组，个别如 *B. cuneata* 在白冰河组也偶有所见；只见于布曲组的是 *B. altilis* Ching, Sun et Ye, *B. bpalaiensis* Buckman, *B. costata* (Reed), *B. hasipawensis*, *B. irragularis*, *B. obessi* Buckman, *B. ovalis Buckman*, *B.* aff. *praestans* 等。*Holcothyris* 属共 18 种，在中侏罗统布曲组中都能见到，但其中 *Holcothyris suboralis* Duckman、*H. trigomaris* Buckman，可下延到雀莫错组，*H. tenuis* Ching, Sun et Ye, *H. golmudensis* Ching Sun et Ye, *H. tanggulaica* Ching Sun et Ye, *H. trigomaris* Buckman 和 *H.* (*Pinguis*) var. *longisulcata* Reed, *H.* (*P.*) var. *olivaeformis* Reed 可上延到索瓦组，只见于布曲组的是 *H. brveseptata*, *H. cooperi*, *H. curvita*, *H. depressa*, *H. flexa* Buckman, *H.* cf. *lujiangensis* Reed, *H. macra* Buckman, *H. pinguis* Reed, *H. undulata* 等。这两个属在地理上有着广泛的分布，从我国的青海、西藏、云南到缅甸禅邦、泰国呵叻，在阿富汗、法国、摩洛哥、阿尔及利亚以及英国等地中侏罗统中期地层中都能见到，其时代多定为巴通期。但从上述我们对其在羌塘盆地西区产出层位的分析中可见，该两属的时代并不只限于巴通期，应该是始于巴柔期，繁盛在巴通期，上延到牛津-基末里期，绝灭于提塘期。因此该组合带的地质时代主要为中侏罗世巴通期。

3. *Rutorhynchia jieshanensis* -*Lacunosella trilobatifornis* 组合带

该组合带的主要组成分子有 *Rutorhynchia jieshanensis* Sun, *R. biplicata* Sun, *R. quadplicata*, *R. elongata*, *Lacunosella trilobatiformos*, *L. trilobata*, *L . rhombica*, *Bihenithyris rectimarginata* Ching, Sun et Ye, *Bicepsirhynchia pyriformis* Hat, *Carainirhynchia rossica* Ben, *Cymetorhynchia densecosta*, *Dorsoplicathyris pentagonalis* Almeras , *Epithyoris oxonica* Arkell, *E. perbellus* Shi, *Juralina* cf. *baulini* (Etallon), *Pentithyris* cf. *pelagica*, *Sepaliphoris compta* Ching, Sun et Ye, *S.* cf. *arduensis*, *Somalirhynchia moravica* , *Turkmenithyris krimbohi* , *Turmanella rotunta* Ching Sun et Ye, *T. pentphyca* Ching, Sun et Ye 等。上列主要分子只见于羌塘盆地西区上侏罗统，主要分布在索瓦组地层中，其中 *Rutorhynchia* 是晚侏罗世才出现的属，所列各种主要来自本图幅白龙冰河剖面索瓦组底部，也见于喀喇昆仑地区红其拉甫组。*Lacumosella trilobatiformis* 曾被史晓颖等（1991）作为北羌塘盆地牛津阶的代表分子之一，*L. rhombica* 也曾被赵政璋等（2001）列为牛津晚期-基末里期的腕足组合的代表分子。*Juralina* cf. *baulini* 其原型种是法国上侏罗统牛津阶重要组成分子。由此，该组

合地质时代应为晚侏罗世牛津-基末里期。

（三）孢粉生物地层单位

图区新获孢粉化石很少。据目前资料，川碳中心（1996）所测的独雪山布曲组剖面，在7个层位中获得以 *Classopollis*，*Leiotriletes*，*Cyathidites*，*Klukisporites*，*Conbaculatisporites*，*Baculatisporites* 和 *Minlerisporites* 等为代表的17属2种，其中突出的是获得了丰富的以 *Minlerisporites* 为代表的大孢子群。成都环资所朱同兴等（1996）实测的那底岗日海相中上侏罗统地层剖面，在包括从中侏罗统雀莫错组—上侏罗统雪山组的10个层位中，共获得51属63种孢粉化石，其中有裸子植物孢粉15属30种，蕨类植物孢子36属33种，为建立测区侏罗系生物地层单位提供了良好素材。上述两家单位曾据各自所获孢粉化石，分别建立了羌塘盆地西区侏罗纪孢粉生物地层单位各2个。我们在此基础上，作了一些补充和修定。侏罗纪孢粉生物地层单位划分沿革见表2-2-9。

表 2-2-9 测区侏罗系孢粉生物地层单位划分沿革表

年代地层		川碳中心 (1996)	成都环资所 (1996)	本报告 (2005)
系	统			
侏罗系	上统	*Classopollis* - *Klukisporites* 组合	*Classopollis* - *Klukisporites* 组合带	*Classopollis* - *Lygodiumsorites* 组合带
	中统	*Classopollis* - *Osmundacidites* 组合	*Classopollis* - *Cyathidites* - *Neoraistrickia* 组合带	*Classopollis* - *Cyathidites* - *Neoraistrickia* 组合带

1. *Classopollis* - *Cyathidites* - *Neoraistrickia* 组合带

该组合带主要见于独雪山剖面布曲组和那底岗日剖面布曲组和夏里组。其主要组成分子有大孢子 *Minerisporites richardsoni*，*M.* sp. *M.* sp. nov，*Pesillitriletes phyllicus*，*Aneuletes* sp. 和少量 *Triletes* sp. 等。*M. richardsoni* 最早见于英国中侏罗统，后在波兰、德国和我国的同期地层中均有发现；*P. phyllicus* 广泛分布于国内、外的中侏罗统，但在波兰、丹麦上侏罗统中也有发现，蕨类植物孢子中的 *Cyathidites* 在布曲组和夏里组中都是常见而主要出现的分子，在独雪山布曲组中含量最高可达11%，次有 *Neoraistrickia*，*Punctatisporites*，*Boculatisporites*，*Canbaculatisporites* 及 *Osmundacidites* 等。裸子植物花粉中 *Classopollis* 占压倒多数，在独雪山剖面布曲组中，最高含量达70%～80%，在那底岗日剖面布曲组—夏里组，所占比例达75%～95%，其主要种群有 *C. atmulatus*，*C. classoides*，*C. major*. *C. parvus*，*C. triangulus*，*C. tristriatus* 等，次有 *Cycadspetes* 及少量 *Caytompollenites*，*Chasmatosmatosporites*，*Eucomidites* 等。其中的 *Classopollis* 是侏罗纪到早白垩世都比较繁盛的一个属，单独出现在地层中很难判定其所在地层的确切时代。*Neoraistrickia* 数量虽少，但还未见在上侏罗统中出现。因此，我们以此组合带作为中侏罗世的一个孢粉生物地层单位。

2. *Classopollis* - *Lygodiumsporites* 组合带

该组合带主要见于那底岗日剖面上侏罗统索瓦组—雪山组下部，以裸子植物花粉占绝对优势，含量达80.2%～96.4%，而蕨类植物孢子只占3.2%～19.8%。在裸子植物花粉中 Classopollis 含量最高，占47.1%～94.4%，主要种群是 *C. annulatus*，*C. monostriatus*，*C. multistriatus*，*C. torosus*，*C. qiyungulus*，次有 *Chasmatosporites*，*Cycadopiotes*，还偶见 *Pristinuspollenites* 等。其中 *C. annulatus* 是中侏罗世开始出现，繁盛于晚侏罗世，衰落于早白垩世的一个属种。蕨类孢子以出现 *Lygodiumsporites*，*Klukisporites*，*Concavissimisporites*，*Ischyosporites*，*Pristinuspollenites* 为特征，而区别于中侏罗统孢粉生物地层单位。前人列为上侏罗统代表分子的 *klukisporites* 延续时间较长，在剖面中从布曲组到雪山组都有它的存在。因此，我们将该组合带作为晚侏罗世的一个孢粉生物地层单位。

（四）珊瑚生物地层单位

珊瑚动物群在图区仅有7属7种的发现，并分散在中侏罗统夏里组和上侏罗统索瓦组和白龙冰河组中，除 *Montlivoltia* sp. 出现在剖面中外，其他均来自路线相当层位，仅据此实难建立该动物群的生物地层单位。由此，我们放眼于羌塘盆地西区，结果发现这个区间各单位相继在剖面和路线中采获了比较丰富的珊瑚动物群。其中尤以上侏罗统最为丰富，不失为特提斯区晚侏罗世造礁珊瑚的繁盛时期。现经我们不完全的收集、整理，在中、上侏罗统中已有约30属40种的发现，所在层位有布曲组、夏里组和索瓦组、白龙冰河组。对于这个区间的珊瑚动物群，因多来自近几年的1∶25万区调中，所以前人只据土门格拉地区和日土多玛地区资料，分别建立了这两个地区侏罗系珊瑚动物群的地层单位。这里我们根据大致间于其间的羌塘盆地西区现有资料，通过分析、对比研究，分别建立了代表中侏罗世巴通期为主的 *Chomatoseris* cf. *complanata* - *Protethanos blanfordi* 组合带和晚侏罗世牛津-基末里期的 *Pseudocoenia hexaphylla* - *Stylosmilia michalini* - *Epistreptophyllum cornutiformis* 组合带。

1. *Chomatoseria* cf. *complanata* - *Protethanos blanfordi* 组合带

该组合带主要组成分子除代表性分子外，还有 *Epistreptophyllum diatritum*，*Donacosmilia* cf. *coralina*，*Complexastraea kochensis*，*Thecosmilia* cf. *rutogensis*，*Th. virgulina*，*Th. weberi* 等，它们都来自中侏罗统布曲组和夏里组，而以布曲组占优势。其中 *Chomatoseris* 广泛分布于亚、欧地区中、下侏罗统，其原型种 *Ch. complanata* 见于法国巴通阶；*Protethanos blanfordi* 是印度库奇地区巴通阶的重要组成分子，并被赵政璋等（2001）定为岗底斯措勤分区中侏罗世珊瑚组合代表分子之一；*Donacosmilia* cf. *coralina* 的原型种是欧洲中侏罗统的常见分子；*Epistroptophyllum diatritum* 也见于云南保山地区中侏罗统柳湾组。据此，我们以该组合带代表羌塘盆地西区中侏罗世巴通期为主的珊瑚生物地层单位。

2. *Pseudocoenia hexaphyllia* - *Stylocmilia michalini* - *Epistreptophyllum cornutiformis* 组合带

该组合带的组成分子非常丰富，不仅地域分布广泛，而且属种繁多，除代表性分子外，还有 *Cryptocoenia octosepta*，*Stylosmilia catemula*，*S. crassitheca*，*S. tanggulaensis*，*Stylina paricosta*，*St. bangoinensis*，*Thecosmilia* cf. *costata*，*Th.* cf. *tibetana*，*Stephanestraea zangbeiensis*，*Epistreptophyllum cornutiformis*，*E.* cf. *densumi*，*E. cyllindratum*，*Dungulia sinplex*，*Domacoenilia Coralina*，*Axosmilis sinensis*，*A.* cf. *sessilis*，*Latiastrea pakongensis*，*Montlivoltia cornutiformis elliptica*，*Parepismilia* cf. *amdoensis* 等。上列组合分子都来自上侏罗统索瓦组及白龙冰河组，其中 *Pseudccoenia hexaphyllia*，*Stylosmilis michalini* 曾被廖卫华（1994）列为班戈帕孔接奴群上部珊瑚组合的代表分子，这里的 *Cryptocoenia octesepta*，*Stylina paricosta*，*Thecosmilia* cf. *costeta*，*Epistreptophyllum* cf. *densumi* 也是组成该组合的组成分子，*E.* cf，*densumi* 还见于云南保山地区上侏罗统柳湾组，廖氏认为这个珊瑚组合中大部分子都是欧洲多国晚侏罗世牛津-基末里期的重要分子，具有与之相似的珊瑚动物群；*Epistreptophyllum cornutiformis* 曾被赵政璋等（2001）选为土门格拉地区晚侏罗世牛津-基末里期珊瑚动物群代表分子之一，其原型种也见于藏南上侏罗统门卡墩组，同见于门卡墩组的还有 *Dungulia simplex*；*E. cylindratum*，*Donacoenilia coralina* 在日土多玛地区上侏罗统地层中也有所见；*Montlivoltia cornutiformis elliptica* 还见于拉贡塘组。由此，我们以该组合带代表羌塘盆地西区晚侏罗世牛津-基末里期珊瑚生物地层单位。

综上所述，我们着眼于羌塘盆地西区，建立了双壳类、腕足类、珊瑚和孢粉等生物门类的生物地层单位9个，其中双壳类、孢粉和珊瑚各2个，腕足类3个。各单位相互之间以及与年代地层之间的对比关系，详见表2-2-6。

第三节 层序地层

一、各时代典型剖面层序划分与描述

测区内地层从前奥陶系—第四系皆有出露，但前奥陶系及西雅尔岗地层分区中的二叠系因变质变形较强，已不能作层序地层的划分；古近系、第四系限于露头差或为陆相碎屑岩堆积，本次亦未作层序地层的划分。其余各岩石地层单位根据岩性组合、沉积相标志、层序界面特征、准层序和体系域构成等，从中泥盆世—早白垩世共划分出23个三级层序，其中中晚泥盆世识别出3个三级层序，石炭纪识别出2个不完整的三级层序，二叠系识别出3个三级层序，三叠纪识别出8个三级层序，中晚侏罗世识别出7个三级层序，各时期年代地层、岩石地层、层序地层等多重地层的划分与对比见表2-3-1。

（一）中泥盆统查桑组（D_2c）

查桑组下未见底，识别出一个三级层序（SQ_1），由海侵体系域（TST）、高水位体系域（HST）组成。

TST：由浅紫红色中层状含生物碎屑细晶灰岩、浅紫红色中层状粉屑生物细晶灰岩组成，构成一退积型准层序组。

HST：由浅紫红色薄中层状含生物碎屑砂屑灰岩、浅灰色中厚层状含生物屑、砂砾屑细中晶灰岩组成，副层序组成表现为进积-加积型。

该三级层序因底界性质不清，且仅能识别出两个体系域，层序类型不清。

（二）上泥盆统拉竹龙组（D_3l）

拉竹龙组上未见顶，共识别出两个Ⅱ型三级层序（SQ_2、SQ_3），由海侵体系域（TST）、高水位体系域（HST）组成，底界皆为SB_2界面。

TST：由浅紫红色中层状含生物碎屑砂砾屑中晶灰岩→浅灰色薄中层状泥灰岩和泥晶灰岩或由浅灰色中层状含生物碎屑细晶灰岩→浅紫红色中厚层状生物碎屑球粒灰岩组成，构成退积型准层序组。

HST：由浅紫灰色—浅紫红色中层状生物灰岩→含生物屑粉屑灰岩和泥晶灰岩或淡紫色或浅紫红色中厚层状结晶灰岩与生物灰岩互层→淡紫色中厚层状含生物碎屑砂砾屑球粒灰岩组成，准层序组表现为进积-加积型。

（三）下石炭统日湾茶卡组（C_1r）

日湾茶卡组未见顶、底，现于不完整的剖面上识别出一个三级层序（SQ_4），由海侵体系域（TST）、高水位体系域（HST）组成。

TST：由浅紫红色中厚层状砂砾屑细晶灰岩、含砂砾屑生物碎屑灰岩→（含）生物碎屑泥晶灰岩组成，构造成退积型准层序组。

HST：由浅紫红色中厚层状砂砾屑细晶灰岩→含砂砾屑生物碎屑灰岩、浅灰色厚层块状珊瑚礁灰岩组成，准层序组成表现为进积-加积型。

该三级层序因底界性质不清，且仅能识别出两个体系域，层序类型不清。

（四）上石炭统擦蒙组（C_2c）

擦蒙组中识别出一个三级层序（图2-3-1），由海侵体系域（TST）和高水位体系域（HST）组成，顶部为Ⅰ型层序界面。

表 2-3-1 测区年代地层、岩石地层、层序地层划分与对比表

年代地层		岩石地层		沉积相	层序地层		
系	统	群、组、段			类型	体系域	层序（3rd）
下白垩统		雪山组		三角洲	SB_2	HST	SQ_{23}
侏罗系	上统	白龙冰河组		泻湖		TST	
		索瓦组		台缘礁	SB_2	HST	SQ_{22}
				开阔台地		TST	
	中统	夏里组	三段	三角洲	SB_2	HST	SQ_{21}
				泻湖		TST	
			二段	浅滩	SB_2	HST	SQ_{20}
			一段	泻湖		TST	
		布曲组		潮坪	SB_2	HST	SQ_{19}
				泻湖		TST	
		雀莫错组	三段	泻湖-三角洲	SB_2	HST	SQ_{18}
						TST	
			二段	潮坪-泻湖-三角洲	SB_1	HST	SQ_{17}
						TST	
			一段	冲积扇-河流		LST	
三叠系	上统	土门格拉群	扎那组	陆棚	SB_2	HST	SQ_{16}
						TST	
				三角洲	SB_2	HST	SQ_{15}
				陆棚		TST	
			角木茶卡组	碳酸盐台地	SB_1	HST	SQ_{14}
						TST	
				水下扇		LST	
			肖切保组	三角洲 火山喷发	SB_1	HST	SQ_{13}
				泻湖		TST	
				三角洲 河流		LST	
	中统	康南组		三角洲	SB_2	HST	SQ_{12}
				浅海		TST	
				浅海	SB_2	HST	SQ_{11}
						CS	
	下统	硬水泉组				TST	
				浅滩	SB_2	HST	SQ_{10}
				开阔台地		TST	
				浅滩	SB_1	HST	SQ_9
		康鲁组		开阔台地		TST	
				三角洲		LST	
二叠系	中统	龙格组		碳酸盐台地-斜坡	SB_2	HST	SQ_8
						TST	
					SB_2	HST	SQ_7
						TST	
	下统	展金组		斜坡		HST	SQ_6
						TST	
石炭系	上统	擦蒙组		三角洲		HST	SQ_5
				陆棚		TST	
	下统	日湾茶卡组		碳酸盐台地		HST	SQ_4
						TST	
泥盆系	上统	拉竹龙组		台缘礁、滩	SB_2	HST	SQ_3
				开阔台地		TST	
				浅滩	SB_2	HST	SQ_2
				开阔台地		TST	
	中统	查桑组		浅滩		HST	SQ_1
				开阔台地		TST	

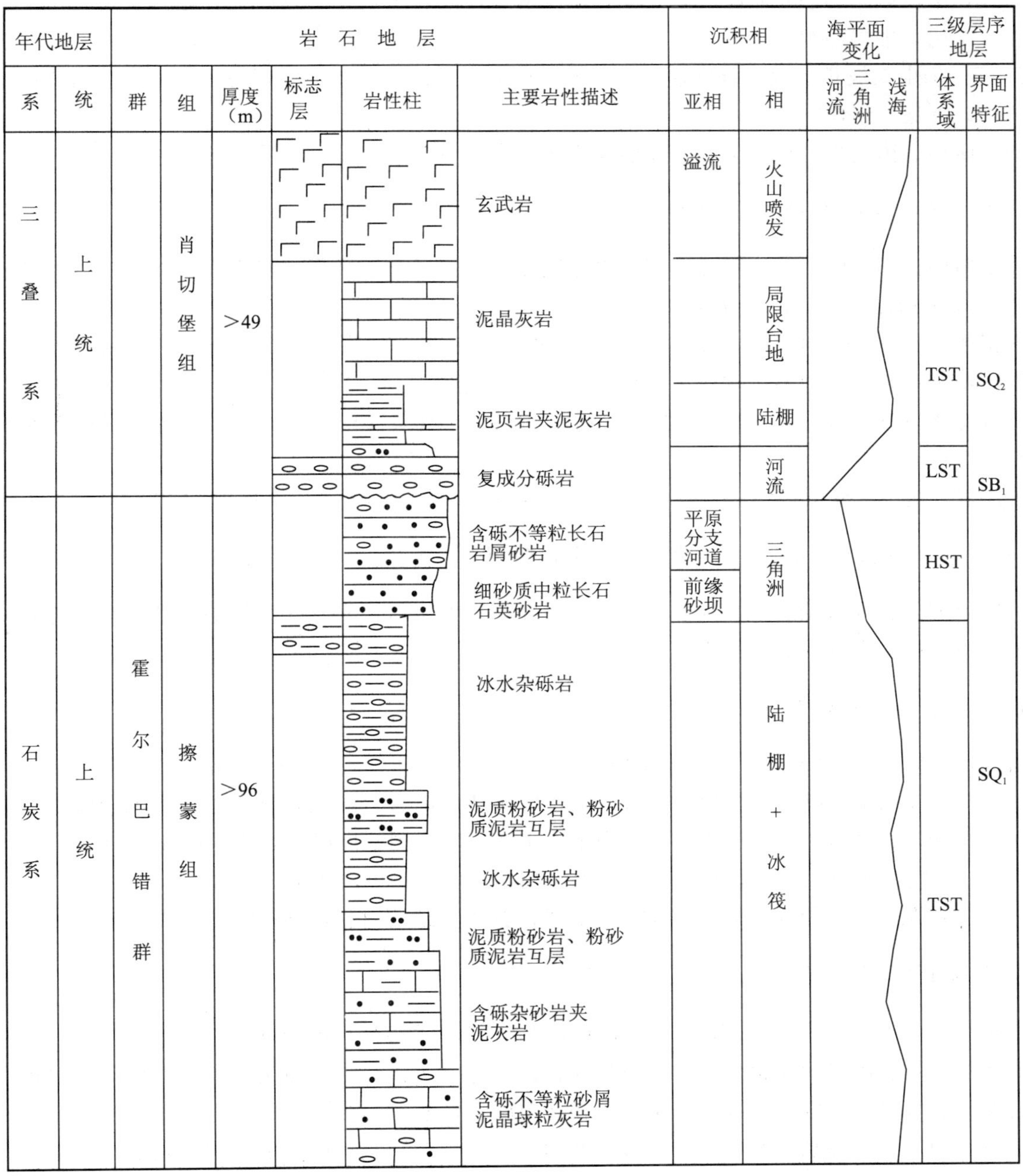

图 2-3-1 西藏双湖地区孔孔茶卡南上石炭统擦蒙组多重地层划分与对比示意图

TST：由下部陆棚相灰色含砾不等粒砂屑泥晶球粒灰岩、灰色薄中层状含砾杂砂岩夹含砾泥灰岩、灰色含砾粉砂质泥岩与含砾泥质粉砂岩互层组成，准层序向上加深，退积叠置结构明显。

HST：由中、上部陆棚-三角洲相碎屑岩组成，层序结构为向上变浅变粗的进积型粉砂质泥岩、粉砂岩、细砂岩、细砾岩，因此该高位体系域准层序组结构向上变浅明显，早期显示加积作用为主，晚期进积作用加强。

该三级层序因底界性质不清，且仅能识别出两个体系域，其层序类型不清。

（五）下二叠统展金组（P_1z）

展金组中层序特征在以火山熔岩为主的玛日保索古来—江额立果日一带，其对海平面变化反映不明显；而在知塞一带，识别出一个三级层序（参见图 2-1-8），由海侵体系域（TST）和高水位体系域（HST）组成，顶部为一 SB_2 界面。

TST：由斜坡相的浊积碳酸盐岩、凝灰质碎屑岩及泥岩组成，由下向上，总体表现为向上变细的退积叠置结构，准层序组向上加深。

HST：仍由斜坡相的浊积碳酸盐岩、凝灰质碎屑岩及泥岩组成，表现为一向上粗碎屑逐渐增多的进积结构，准层序组向上变浅。

该三级层序因底界性质不清，且仅能识别出两个体系域，其层序类型不清。

（六）中二叠统龙格组（P_2l）

龙格组中识别出两个Ⅱ型三级层序（参见图 2-1-8），每个三级层序皆由海侵体系域（TST）和高水位体系域（HST）组成，底界为 SB_2 界面。

海侵体系域（TST）：皆由斜坡相之钙质浊积岩、凝灰质浊积岩及泥晶灰岩、泥岩组成，由下向上准层序组为退积型，地层结构变细、变薄。

高水位体系域（HST）：亦由斜坡相之钙质浊积岩、凝灰质浊积岩、泥岩及火山角砾岩组成，准层序组为进积型。

层序底界为 SB_2 界面，但从野外看，未见明显间断，其识别主要以准层序组的转换为标志。

（七）下三叠统康鲁组（T_1k）、硬水泉组（T_1y）

测区内下三叠统未见底，识别出两个三级层序（图 2-3-2），从组成三级层序的体系域分析，下部为Ⅰ型三级层序，上部为Ⅱ型三级层序。

1. 下部Ⅰ型三级层序

由低水位体系域（LST）、海侵体系域（TST）、高水位体系域（HST）组成。

LST：由浅水型滨岸三角洲相之灰绿色中厚层状砂质砾岩、含砾岩屑粗砂岩、中细粒长石岩屑砂岩、泥质粉砂岩、钙质粉砂岩组成，构成向上变细的沉积序列，准层序组为加积-退积型。

TST：由钙质粉砂岩、粉砂质泥岩、泥晶灰岩组成，准层序组为退积型。

HST：由灰色中厚层状鲕粒灰岩构成，为碳酸盐岩台地浅滩相，准层序组为进积型。

2. 上部Ⅱ型三级层序

由海侵体系域（TST）、高水位体系域（HST）组成，底界为 SB_2 界面。

TST：由灰色薄层状瘤状含生物屑微晶灰岩、灰色薄层状瘤状微晶灰岩、灰黄色薄中层状生物扰动灰岩夹薄层状泥质灰岩、灰绿色薄层状泥岩夹中层状粉砂质泥岩等组成，准层序组为退积型。

HST：由灰色中厚层状鲕粒灰岩、豆粒灰岩、灰色中薄层状粉砂质泥灰岩与灰绿色钙泥质粉砂岩等组成，准层序组为进积型。

（八）中三叠统康南组（T_2k）

康南组三级层序地层划分为两个Ⅱ型层序（图 2-3-2），由海侵体系域（TST）和高水位体系域（HST）组成，其中在 SQ_3 层序中发育由菊石生物灰岩组成凝速层（CS）堆积，底界皆为 SB_2 界面。

TST：由浅海相细碎屑岩、泥岩、泥灰岩组成，构成退积型准层序组。

HST：由前三角洲-三角洲相泥岩、粉砂岩、细中粗粒砂岩组成，准层序组为进积型。

（九）上三叠统

1. 上三叠统肖切保组（T_3x）

肖切保组中、上部以火山岩为主，层序地层特征不明显。下部识别出一个Ⅰ型三级层序之部分（见图 2-3-1），由低水位体系域（LST）、海侵体系域（TST）组成，未见高水位体系域（HST），底界为 SB_1 界面。

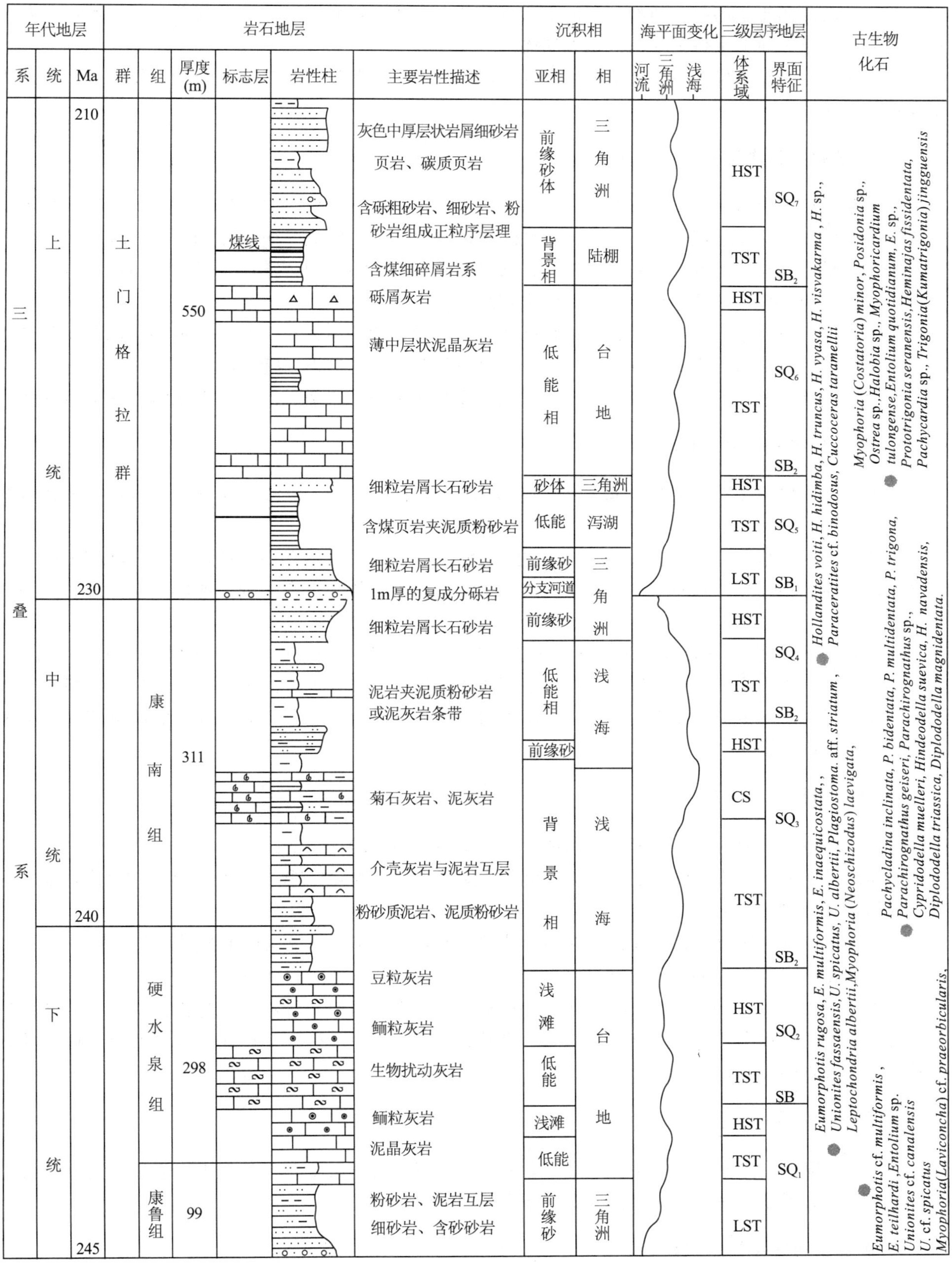

图 2-3-2　江爱达日那地区三叠系年代地层、岩石地层和层序地层划分与对比示意图

LST：由三角洲顶积层分支河道相复成分细砾岩-砂砾岩构成，准层序组结构显示为向上变细的正粒序旋回，地层结构为加积型叠置型式。

TST：由陆棚相、局限台地相灰色薄层、页片状页岩夹薄层状泥灰岩、深灰色中薄层状泥晶灰岩构成，准层序组为向上水体加深的退积型结构。

Ⅰ型底界：为与下伏上石炭统擦蒙组间的不整合界面，其间缺失了二叠系及中、下三叠统，且表现为不整合界线。

2. 上三叠统角木茶卡组（T_3jm）

角木茶卡组识别出一个Ⅰ型三级层序（参见图 2-1-13、图 2-1-14、图 2-1-17、图 2-1-18），由低水位体系域（LST）、海侵体系域（TST）、高水位体系域（HST）组成，底界为 SB_1 型界面。

LST：厚 244.86m，由水下扇的深灰、褐灰色厚层块状火山质砾岩构成，总体具向上砾度变粗、层理变厚的沉积序列，准层序组叠置型式为进积结构。

TST：主要由台地边缘生物礁相的生物礁灰岩夹浅滩相的砾屑灰岩、开阔台地相的泥晶灰岩和生屑灰岩构成，总体具向上加深的沉积序列，准层序组叠置型式为加积-退积结构。

HST：由浅滩相灰色中厚层状生物碎屑灰岩、藻屑细晶灰岩组成，准层序组总体为进积-加积型。

3. 上三叠统扎那组（T_3z）

扎那组识别出两个三级层序（参见图 2-1-17），皆为Ⅱ型层序，由海侵体系域、高水位体系域组成。

TST：由两种结构组成。①由三角洲-陆棚-斜坡相砂岩与页岩间互层构成；②由内陆棚相砂岩夹泥岩以及外陆棚相泥岩夹粉砂岩、泥灰岩构成。总体具向上加深的沉积序列，准层序组叠置型式为退积结构。

HST：由内陆棚-三角洲相砂岩、粉砂岩夹泥岩构成，准层序组为向上变浅的进积型地层结构。

三级层序分析表明，晚三叠世扎那期海平面变化总体处于长期上升时期，每一层序晚期虽有小幅度海平面下降，但又被随之而来的海侵作用所覆盖，沉积环境水体变化不是很大，始终处于内陆棚相或三角洲相沉积背景。

4. 土门格拉群（T_3T）

三级层序地层划分为一个Ⅰ型层序和两个Ⅱ型层序（参见图 2-3-2）。

LST：仅见于下部的Ⅰ型层序中，由三角洲分支河道亚相复成分砾岩-前缘砂体亚相组成，准层序组为加积-弱退积型。

TST：由泻湖低能亚相、台地低能亚相和陆棚低能背景相组成，准层序组为退积型。

HST：由三角洲前缘砂体亚相和台地砾屑灰岩组成，准层序组为进积型。

Ⅰ型层序其底界为 SB_1 界面，表现为上三叠统与中三叠统间的平行不整合界面。层序界面性质的确定为查明羌塘盆地中、上三叠统地层之间的接触关系；为进一步研究早期印支运动对羌塘地区的影响提供了最重要的实际资料。

（十）侏罗系-白垩系

测区内侏罗系出露面积大，层位较全，但下侏罗统那底岗日组主要为一套火山岩，其层序地层特征不明显，故侏罗系层序地层的划分主要是针对中、上侏罗统。

1. 中侏罗统雀莫错组（J_2q）

雀莫错组划分为两个三级层序，一个为Ⅰ型层序，另一个为Ⅱ型层序（图 2-3-3）。

1）Ⅰ型三级层序

见于雀莫错组粗碎屑岩段、灰岩段，由低水位体系域（LST）、海侵体系域（TST）、高水位体系域（HST）组成，其底界为一 SB_1 界面。

LST：相当于粗碎屑岩段中下部分，由河流相砾岩、砂岩组成，准层序组为加积型。该部分由那底岗日向胜利河一带，地层厚度加厚。

TST：相当于粗碎屑岩段上部及灰岩段下部，由三角洲相砂岩、粉砂岩、泥岩、泥灰岩及局限台地相泥灰岩、泥晶灰岩组成退积型准层序组。

HST：相当于灰岩段之上部，由局限台地相泥灰岩、泥晶灰岩和潮坪相含膏灰岩、白云岩组成进积型准层序组。

2）Ⅱ型三级层序

见于雀莫错组含膏细碎屑岩段，由海侵体系域（TST）、高水位体系域（HST）组成，其底界为 SB_2 界面。

TST：相当于含膏细碎屑岩段下部，由前三角洲相粉砂岩、泥岩、泥灰岩组成退积型准层序组。

HST：相当于含膏细碎屑岩段上部，由三角洲相砂岩、粉砂岩、粉砂质泥岩及潮坪相含膏灰岩、钙质泥岩组成进积型准层序组。

2. 中侏罗统布曲组（J_2b）

布曲组划分为一个Ⅱ型三级层序（图 2-3-3），由海侵体系域（TST）、高水位体系域（HST）组成，其底界为 SB_2 界面。

TST：相当于布曲组下部，由泻湖泥晶灰岩、泥灰岩组成退积型准层序组。

HST：相当于布曲组上部，由台内浅滩、潮坪相灰岩、泥灰岩、泥岩、生屑鲕粒灰岩、白云石化核形石灰岩组成进积型准层序组。

3. 中侏罗统夏里组（J_2x）

夏里组划分为两个三级层序，皆为Ⅱ型层序（图 2-3-3），由海侵体系域（TST）、高水位体系域（HST）组成，其底界为 SB_2 界面。

TST：相当于一段及二段上部、三段下部，由泻湖相泥晶灰岩、泥灰岩组成退积型准层序组。

HST：相当于二段中上部及三段中、上部，由浅滩或三角洲相沉积组成，构成进积型准层序组。

4. 上侏罗统索瓦组（J_3s）

索瓦组在那底岗日剖面上，其层序变化不明显，但结合路线分析，可划分一个三级层序，为Ⅱ型层序。由海侵体系域（TST）、高水位体系域（HST）组成，其底界为 SB_2 界面。

TST：相当于索瓦组下部，由局限台地—开阔台地相沉积组成，构成退积型准层序组。

HST：相当于索瓦组上部，由台地边缘滩相、台地边缘生物礁相沉积组成，构成进积型准层序组。

5. 上侏罗统白龙冰河组（J_3b）

白龙冰河组从那底岗日剖面看，其准层序组表现为退积型，仅为三级层序的海侵体系域（TST），其底界为 SB_2 界面。海侵体系域由泻湖相沉积组成，构成退积型准层序组。

6. 上侏罗统-下白垩统雪山组（J_3K_1x）

从那底岗日剖面看，雪山组准层序组表现为加积-进积型，仅为三级层序的高水位体系域（HST），其与下伏白龙冰河组共同构成一个完整的Ⅱ型三级层序。

HST：由三角洲相沉积组成，构成加积-进积型准层序组。

二、层序时空变化及地层格架

建立层序地层的等时格架主要是通过层序界面、初始海侵面和最大海泛面的确认，辅以体系域的空间叠置关系，来实现层序地层格架的建立，从而在一个等时地质年代格架内从三维空间上认识一个有成因联系的沉积组合体，反映岩石地层单位的时、空排列形式。

测区内古生代及早中三叠世地层由于出露较为局限或为变质岩地层，难以建立层序地层格架。

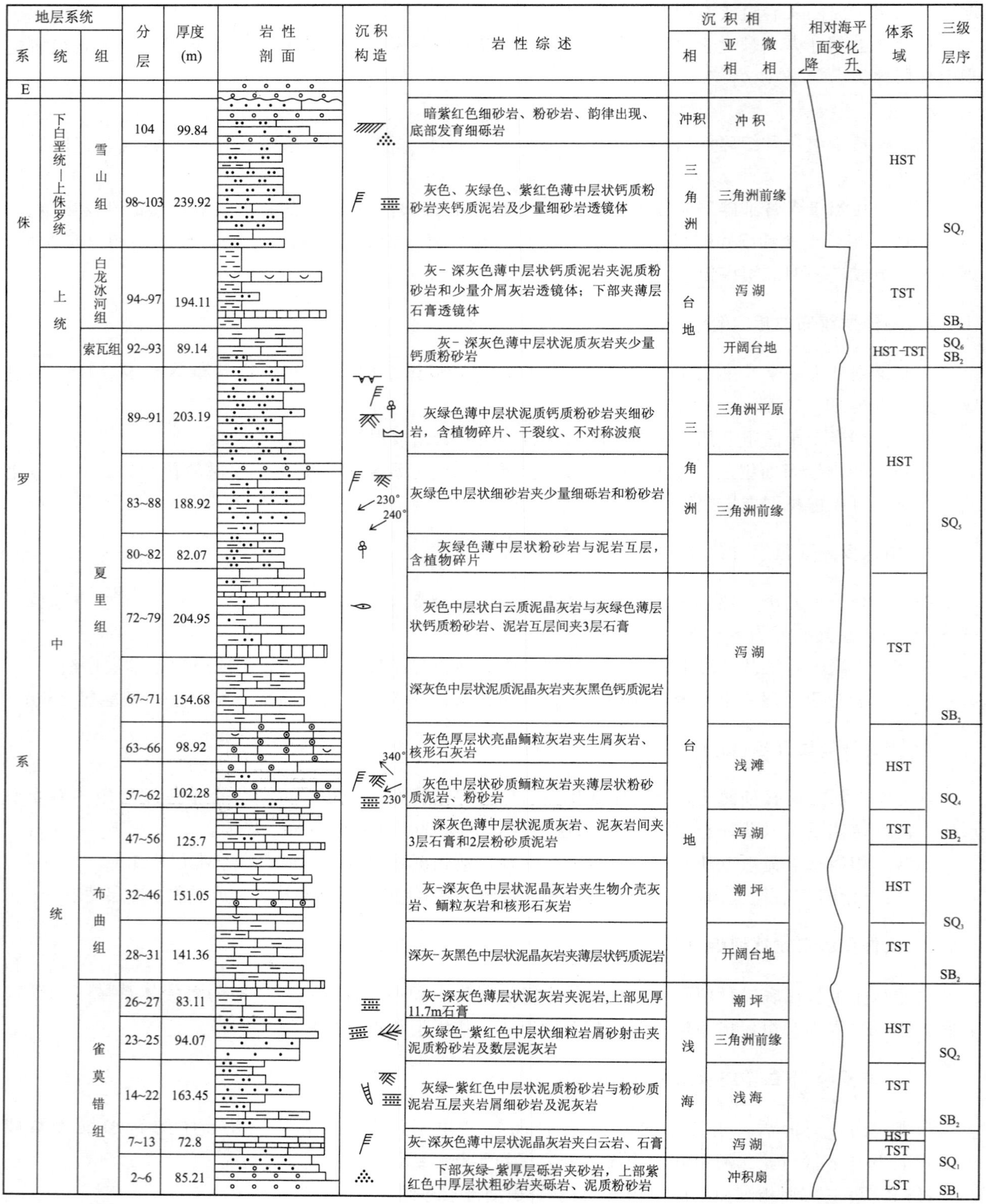

图 2-3-3　那底岗日地区中晚侏罗世三级层序地层划分与对比示意图

1. 晚三叠世三级层序格架

晚三叠世由 4 个三级层序构成（SQ_{13}、SQ_{14}、SQ_{15}、SQ_{16}），其沉积环境及层序地层特征在 NW－SE 方向皆有一定的变化（图 2-3-4）。

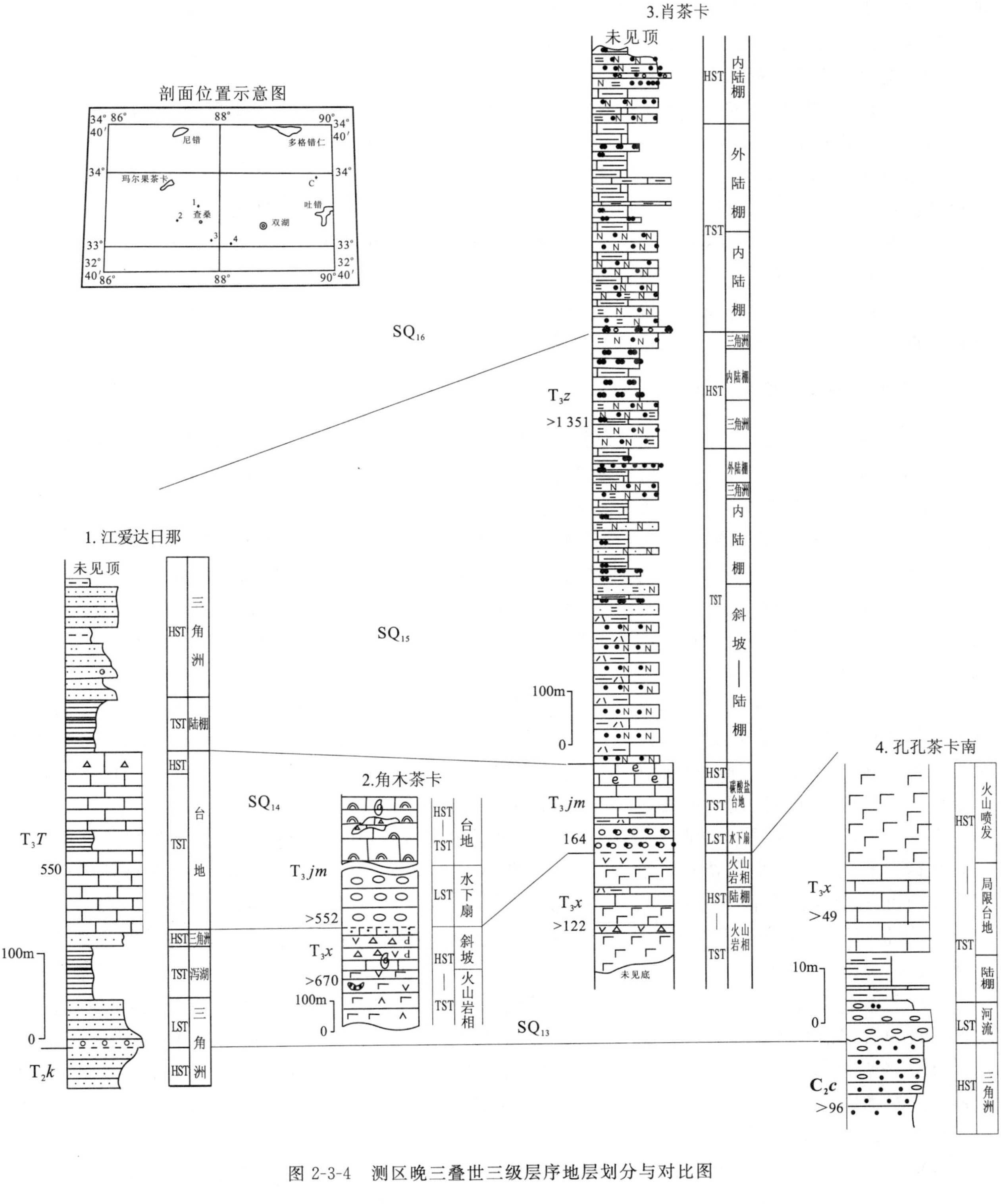

图 2-3-4　测区晚三叠世三级层序地层划分与对比图

SQ_{13}：在测区内表现较为一致，为Ⅰ型层序，底界为 SB_1，由低水位体系域（LST）、海侵体系域（TST）、高水位体系域（HST）构成。在江爱达日那一带，底界表现为与中三叠统之间的平行不整合，LST 由三角洲相分支河道碎屑岩组成，TST 由泥岩、粉砂岩组成，HST 由三角洲相碎屑岩组成；在孔孔茶卡南等地，其底界则表现为与下伏地层（擦蒙组）间的角度不整合界线，LST 由河流相粗碎屑岩组成，TST 由陆棚相、局限台地相页岩夹泥灰岩、泥晶灰岩构成，HST 由火山岩组成。

SQ_{14}：在江爱达日那一带，其表现为Ⅱ型层序，而在角木茶卡、肖茶卡等地，则表现为Ⅰ型层序，其底界面为角木茶卡组与肖切保组间的平行不整合界面。

SQ_{15}：在测区内变化较大，在江爱达日那地区表现为一套含煤碎屑岩系沉积，沉积环境总体处于滨岸或海陆交互环境，TST＜HST，表明海平面总体处于相对缓慢的下降之中；而南部肖茶卡地区则表现为一套以内陆棚为主的砂泥岩组合，局部夹三角洲或深水斜坡相沉积，TST＞HST，表明海平面处于相对缓慢的上升过程。

SQ_{16}：仅见于测区南部的肖茶卡剖面，且厚度大，沉积相以陆棚为主，TST＞HST，表明海平面处于持续上升阶段。

从 SQ_{14} 看，测区内晚三叠世层序地层不具可对比性，说明在晚三叠世时，土门格拉群与南羌塘上三叠统肖切保组、角木茶卡组、扎那组为不同构造背景（盆地）与海平面变化控制下所形成的岩石地层序列。在角木茶卡、肖茶卡一带，SQ_{15}、SQ_{16}厚度巨大，且 SQ_{16}仅见于肖茶卡一带，说明肖茶卡一带为盆地沉降中心。在 SQ_{14} 中，其下部低水位体系域部分为一套宏观极易识别的水下扇砾岩，其厚度由角木茶卡往肖茶卡一带减薄，且砾径变小；其中 HST 在角木茶卡为台缘礁滩相，而在肖茶卡则为开阔台地相，说明水体由角木茶卡往肖茶卡变深。

2. 中晚侏罗世三级层序格架

中晚侏罗世由 7 个三级层序构成（SQ_{17}～SQ_{23}）（图 2-3-5），由下往上，在各层序发育过程中，沉降中心不断地向北迁移，表现为各层序往北地层厚度加大，同时沉积水体加深。

SQ_{17}：由雀莫错组构成，为Ⅰ型三级层序，由 LST、TST、HST 组成，其底界为 SB_1 界面，为 J_2q^1 与 J_1n 间的不整合面，该面在测区内较为清楚。LST 主要由粗、中粒碎屑岩组成，在那底岗日一带，为冲积扇沉积，粒度较粗，分选性差，往西至胜利河一带，变为三角洲相辫状河沉积，粒度变细，分选性较好，同时厚度增大。TST、HST 在那底岗日一带，为浅海相沉积，至胜利河一带，为三角洲、局限台地相沉积。总体看，该层序往北、往西沉积水体加深，地层厚度变厚，表明盆地边缘及沉积物源区在测区的南东部。

SQ_{18}：由雀莫错组构成，为Ⅱ型三级层序，仅由 TST、HST 构成，其底界为 SB_2 界面，主要表现为岩相结构转换面，且初始海泛面与层序底界面重合，TST 为陆棚、三角洲相沉积，HST 在那底岗日、胜利河一带仍为陆棚、三角洲相沉积，而在向阳湖一带则从三角洲相演化为局限台地相沉积。该层序厚度仍以北部向阳湖一带最大，表明沉积中心在北部。

SQ_{19}：为Ⅱ型三级层序，仅由 TST、HST 构成，其底界为 SB_2 界面，主要表现为岩相结构转换面，且初始海泛面与层序底界面重合。TST、HST 区域上沉积相较为稳定，皆为一套碳酸盐岩台地相沉积，但沉积厚度由南往北逐渐加厚，在那底岗日一带该层序厚约 292m，至向阳湖一带加厚为 512m，往北西至测区外的野牛沟一带加厚为 749m。该层序主体由布曲组构成，但 HST 部分上延至夏里组下部。

SQ_{20}和 SQ_{21}：由夏里组组成，皆为Ⅱ型三级层序，仅由 TST、HST 构成，其底界为 SB_2 界面，主要表现为岩相结构转换面，且初始海泛面与层序底界面重合。TST 为开阔台地相—局限台地相沉积，HST 在那底岗日、龙尾错为三角洲相沉积，在长蛇山一带为局限台地相沉积。从沉积厚度看，由南西往北东加厚，从那底岗日一带的 1 000m 左右至龙尾错一带加厚至约达 2 000m，表明该时期沉降中心位于龙尾错一带。

SQ_{22}：由索瓦组组成，为Ⅱ型三级层序，仅由 TST、HST 构成，其底界为一 SB_2 界面，为一岩相结构转换面，且初始海泛面与层序底界面重合。该层序沉积相区域上较为稳定，为碳酸盐岩台地相沉积。层序厚度由南往北逐渐加厚，在那底岗日一带厚仅 89m，而至测区北的长龙河一带厚度加大至 476m。表明该时期沉降速率往北加大。

SQ_{23}：该层序由白龙冰河组及雪山组构成，为Ⅱ型三级层序，仅由 TST、HST 构成，其底界为 SB_2界面，为一岩相结构转换面，且初始海泛面与层序底界面重合。TST 为局限台地相沉积，HST 为

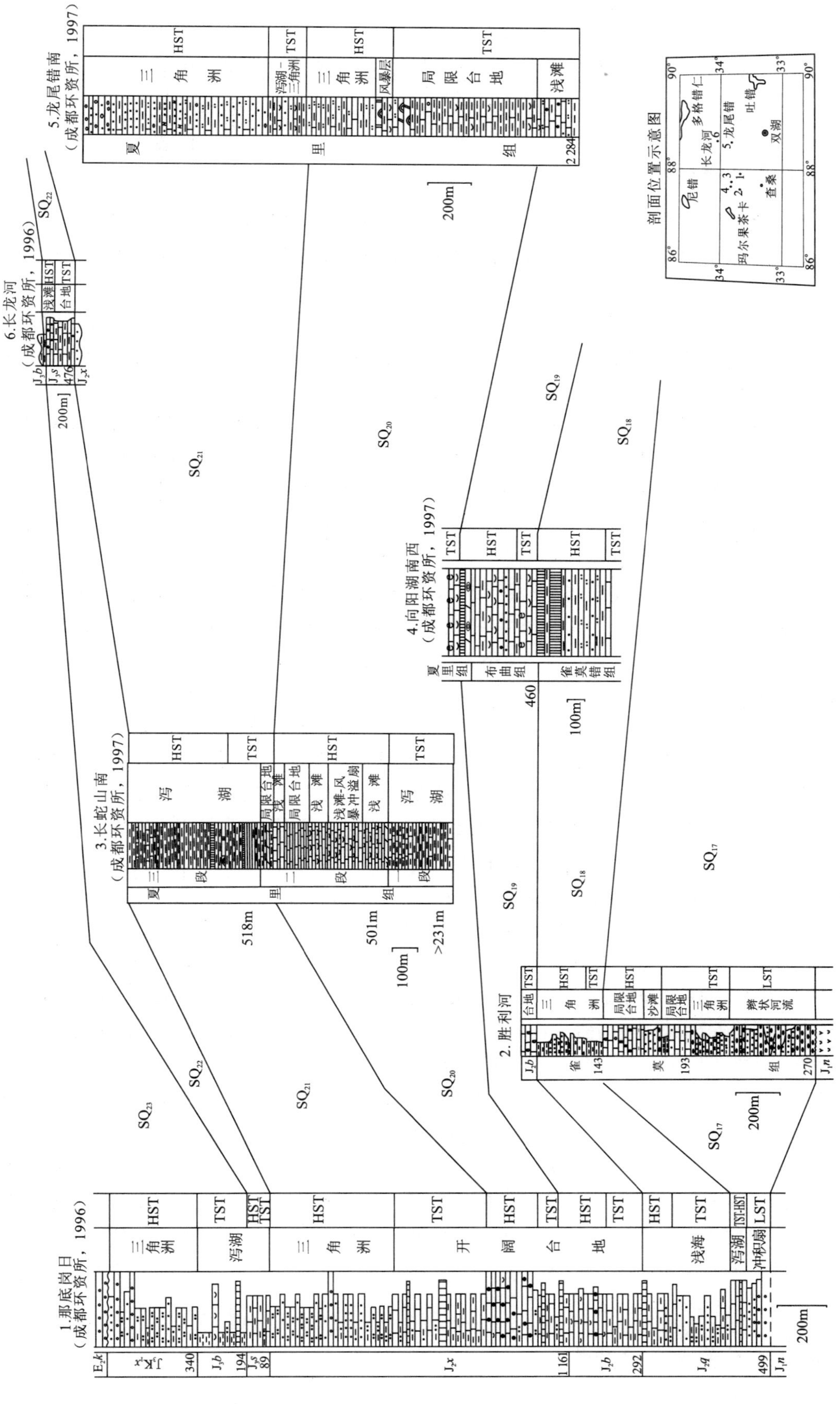

图 2-3-5 中晚侏罗世层序地层划分对比图

三角洲相沉积。该层序分布较为局限，测区内仅保留有 TST，即白龙冰河组部分地层，而相当于 HST 的雪山组仅见于那底岗日一带。

第四节　几个重要地层及地质界线的讨论

一、变质岩系的解体和重新厘定

测区内变质岩系时代归属及划分历来争议很大，不同的研究者把其置于太古宙、中元古代、前震旦纪、前泥盆纪直至中生代。根据其变质程度的差异，认为其属结晶基底、褶皱基底或为俯冲板块的变质产物。

通过本次工作我们发现，测区内的该套岩层为一套中浅变质岩系，岩层大多不同程度地发生变质、变形，受后期变质变形作用的改造，使地层表现为无序或总体无序，而局部有序的状态，各地层间皆为构造接触，形成了构造混杂岩带，且后又受到花岗岩体的侵入破坏，使地层更为零乱。

针对该套地层的实际情况，我们采用构造—地（岩）层—事件法及在混杂带中对基质和岩块分别收集资料等方法，对测区内的变质变形岩层进行了解体，依据岩石特征、岩石组合特征、变质特征、展布特征、相互关系及原岩形成环境等，同时考虑到可填图性，结合相邻图幅最新成果，初步把其分解为蛇绿混杂岩片（Pop）、弧火山岩片（Pva）、复理石岩片（Pfw）等非正式地层单位，及前奥陶系齐陇乌如岩组（AnO*q*）、嘎措岩组（AnO*g*）。

通过对该套岩层的分解及对其原岩组合的恢复，嘎措岩组（AnO*g*）为一套浅变质的粗中粒碎屑岩夹少量绢云千枚岩、钙质千枚岩，其原岩为一套滨海—陆棚相碎屑岩建造。齐陇乌如岩组（AnO*q*）为一套变质较深的以石英片岩、二云片岩、变粒岩为主的变质岩，由于出露局限，变质较强，加之原岩组构已荡然无存，其原岩建造已不清。蛇绿混杂岩片（Pop）为一套绿片岩、蓝片岩、白云石英片岩等为基质，含浅变质的辉长岩、枕状玄武岩、硅质岩及大理岩等岩块的构造混杂岩，其原岩为于洋盆中喷发、沉积的火山岩、碳酸盐岩、硅质岩及镁铁质侵入岩等，代表受变质变形改造的洋壳碎片。弧火山岩片（Pva）为一套以中酸性火山岩夹礁灰岩为主，兼有少量低能环境中沉积的含硅质条带碳酸盐岩及远源浊流沉积之细碎屑岩、泥岩。复理石岩片（Pfw）主体为一套砂、板岩，夹薄中层状含硅质条带大理岩，其原岩应为大陆边缘斜坡堆积。

在嘎措岩组中获得了微体鱼类之鱼牙化石：Gen. et sp. Indet F.，Gen. et sp. Indet G.，Gen. et sp. Indet H.。在弧火山岩片（Pva）中获珊瑚：*Pseudocoenia hexaphyllia*，? *Actinastrea* sp.，*Stylosmia* cf. *chaputi* Alloiteau；介形虫：*Microcheilinella* cf. *subrhombidalis* Xie.，*Langdaia* sp.。在复理石岩片（Pfw）中获有牙形石：*Cypridodella igoanus* sp. nov、*Hibbardella* sp.、*Ozarkodina* sp. A（nov）等。同时在蛇绿混杂岩片（Pop）的变质基性岩中获有 Ar - Ar 年龄（225±5）Ma、（231 ± 15）Ma、（236.8 ± 4.5）Ma 等的变质年龄。

通过对该套岩系的分解及对其岩层变质、变形特征的分析，结合所获得的生物化石、区域背景研究及邻区图幅的一些最新区调成果，我们暂把齐陇乌如岩组（AnO*q*）、嘎措岩组（AnO*g*）置于前奥陶纪，把蛇绿混杂岩片（Pop）、弧火山岩片（Pva）、复理石岩片（Pfw）的原岩建造时期置于二叠纪。

对该套岩系的解体与重新厘定，极大地提高了本区的基础地质研究程度，基本查明了龙木错-双湖构造带在测区内的组成、结构及性质。但限于工作的性质、范围，对一些问题还有待进一步研究，如对齐陇乌如岩组（AnO*q*）、嘎措岩组（AnO*g*）的原岩及变质时代没有解决，代表的大地构造意义不清等。

二、上三叠统肖茶卡群的解体

肖茶卡群由西藏区调队（1986）创名于双湖西肖茶卡，代表羌塘地区的上三叠统。

在朱同兴等（1996）实测肖茶卡地层剖面的基础上，本次对该剖面进行了修订和补充。通过剖面修测、地质填图，我们发现原肖茶卡群包含内容过广。同时，原肖茶卡群内部并非为一套连续的地层，其中有地层的明显缺失现象，这也与群的概念相背，故此，我们对肖茶卡群进行了解体。结合南边1：25万帕度错幅区域地质调查成果（2005年，吉林地调院），把原肖茶卡群由下往上分解为：肖切保组（T_3x）、角木茶卡组（T_3jm）、扎那组（T_3z），建议废除肖茶卡群。

肖切保组岩性主要为水下火山喷溢-喷发相中、基性火山岩、沉火山角砾岩夹灰岩。角木茶卡组岩性两分性清楚，下部是以火山岩砾石为主的砾岩沉积，上部为灰岩、海绵礁灰岩、角砾状灰岩。扎那组为一套碎屑岩沉积。

肖切保组与下伏二叠系间为角度不整合接触，角木茶卡组与肖切保组间为平行不整合接触，扎那组与角木茶卡组间为整合接触。

通过野外填图、综合研究，我们发现晚三叠世时本区沉积类型多样，沉积环境横向变化大，与原肖茶卡群相当的上三叠统肖切保组、角木茶卡组、扎那组仅代表南羌塘地区晚三叠世的地层特征，而不能代表双湖构造混杂岩带和北羌塘地区的晚三叠世沉积地层特征。

三、侏罗系-三叠系之间的接触关系

朱同兴等（2001）认为：在菊花山—甜水河一带，那底岗日组角度不整合于上三叠统肖茶卡组灰岩之上；根据磁性地层研究成果，界面构造缺失年龄为2Ma。在石水河剖面见那底岗日组与菊花山组呈假整合接触。在下侏罗统那底岗日组缺失的地方，见中侏罗统雀莫错组不整合于上三叠统之上。

在测区内，侏罗系与三叠系间的关系仅于沃若山一带见到，表现为中侏罗统雀莫错组角度不整合于上三叠统土门格拉群之上。未见下侏罗统那底岗日组与上三叠统间直接接触，但从岩性组合及其所反映的沉积背景看，上三叠统土门格拉群为相对稳定型海陆交互相沉积，而那底岗日组为以活动型火山喷发为主，夹碎屑岩堆积，两者间的构造背景出现了较大的转变。以此分析，我们认为测区内下侏罗统与上三叠统间关系与区域上相近，应为假整合或是角度不整合接触，而在下侏罗统缺失的地方，侏罗系与上三叠统间为角度不整合接触。

四、康托组、唢呐湖组的时代

前人依据上、下层位关系及少量的微古生物化石，多将康托组、唢呐湖组的时代定为新近纪。但对康托组和唢呐湖组上、下叠置关系尚存有疑问（王剑、谭富文等，2004）。

本次在联测的1：25万吐错幅北部跃进口剖面发现始新统-渐新统鱼鳞山组火山岩与下伏唢呐湖组呈明显角度不整合接触，而这一不整合面之上火山岩同位素年龄集中在32.6～39Ma之间，当属始新世—渐新世。据此，其下伏唢呐湖组时代便只能是古近纪，结合康托组、唢呐湖组中新近发现的轮藻及介形虫等生物化石，将康托组、唢呐湖组时代厘定为始新世。通过对阿布山剖面、东湖南剖面的观察，认为两者之间为上、下接触关系。

同时据1：25万加措幅、丁固幅的最新区调成果（贵州省地质调查院，2005），其在康托组中亦发现有常见于古新世和始新世的轮藻及孢粉化石，在该套地层的底部安山岩中获K-Ar年龄65.1～66.5Ma，说明区域资料亦支持康托组为古近纪地层。

第三章　岩浆岩

测区岩浆岩比较发育（图 3-1-1）。侵入岩出露面积 1 162km²，占图幅总面积的 7.52%。海西期有少量超基性岩和基性岩分布，燕山期表现为大量的酸性岩浆侵入活动，主要分布于双湖构造混杂带上，由大小不等的岩株构成的复合岩基，呈近东西向延伸，与区域构造线基本一致。火山岩分布面积 854km²，占图幅总面积的 5.52%。海西期火山岩主要分布于南羌塘陆块下二叠统展金组、双湖构造混杂岩带二叠系弧火山岩片（Pva）及蛇绿混杂岩片（Pop）中；印支期火山岩分布于南羌塘陆块上三叠统肖切保组（T_3x）中；燕山期火山岩主要分布于下侏罗统那底岗日组（J_1n）中。

本项目工作中，侵入岩类岩石按国际地科联火成岩分类学分委会的要求，采用实际矿物含量的定量分类。分类方法为分委会推荐的 QAP 三角图解法，当薄片鉴定与岩石化学成分有较大出入时，则结合 C. I. P. W. 标准矿物含量计算的 QAP 值进行分类综合命名；火山熔岩的分类命名主要采用实际矿物定量分类命名，当岩石化学成分与之有较大的出入时，则结合 TAS 分类综合命名。火山碎屑岩类主要采用本项目鉴定名称。

第一节　超基性侵入岩

一、区域分布与产出特征

测区内超基性岩仅出露于角木日主峰西侧及玛尔果茶卡东山两处（图 3-1-1）。超基性岩体的规模都很小，在角木日呈岩片状产于下二叠统展金组中，单个岩片宽几十米至几百米不等，两侧与玄武岩及辉长岩为断层接触；在玛尔果茶卡东山超基性岩由 6 个小岩片组成，产于前奥陶系齐陇乌如岩组中，单个岩片宽约 20～40m，长约 50～250m，呈透镜状，长轴沿北东向延伸，总体上岩片群呈雁行排列分布，在地貌上形成一岩片群展布方向一致的平缓小山丘或圆丘突出的小山包群，与围岩呈断层接触，其围岩为齐陇乌如岩组黑云斜长变粒岩、黑云二长变粒岩、黑云片岩和黑云石英片岩。围岩中未见有烘烤、蚀变等现象。

二、岩石学特征

分布于角木日一带的超基性岩，主要为蛇纹石化方辉橄榄岩、二辉橄榄岩。岩石呈绿黑色，具玻基网环结构，中细粒半自形粒状结构，主要矿物成分为橄榄石、单斜辉石和斜方辉石，另外还有少量尖晶石，蛇纹石化玻基橄榄岩中还含少量磁铁矿、磷灰石。岩石中橄榄石呈自形—他形粒状，粒度 0.2～5mm，含量 80%～90%。橄榄石多发生蛇纹石化，被网纹状蛇纹石切割，在晶体核部仍有残留的橄榄石，呈卵斑状产出，或蚀变为透闪石、黑云母、片状-纤维状绿泥石的矿物集群。蚀变强烈者全为针状磁铁矿集合体与蛇纹石，仅保留橄榄石晶形，中间有少量橄榄石残晶。斜方辉石呈半自形—他形粒状，粒度 0.5～1mm，含量在 1%～5%，淡粉色、淡绿色多色性，最高干涉色一级橙，平行消光，常在橄榄石粒间结晶，并发生了一定程度的绢石化、镁铁闪石化，镜下可见包橄结构，属顽火辉石、古铜辉石和紫苏辉石。单斜辉石呈他形粒状，无色，最高干涉色二级黄，斜消光，常在橄榄石粒间结晶，并发生了一定程度的绢石化，含量在 5%左右。分布于玛尔果茶卡一带的超基性岩主要为方辉橄榄岩。岩石呈墨绿色，岩石具网环结构，块状构造，矿物成分主要为橄榄石（62%～70%）、斜方辉石（25%）和少量单斜辉石。橄榄石呈半自形—他形粒状，强烈蛇纹石化和伊丁石化，蛇纹石沿

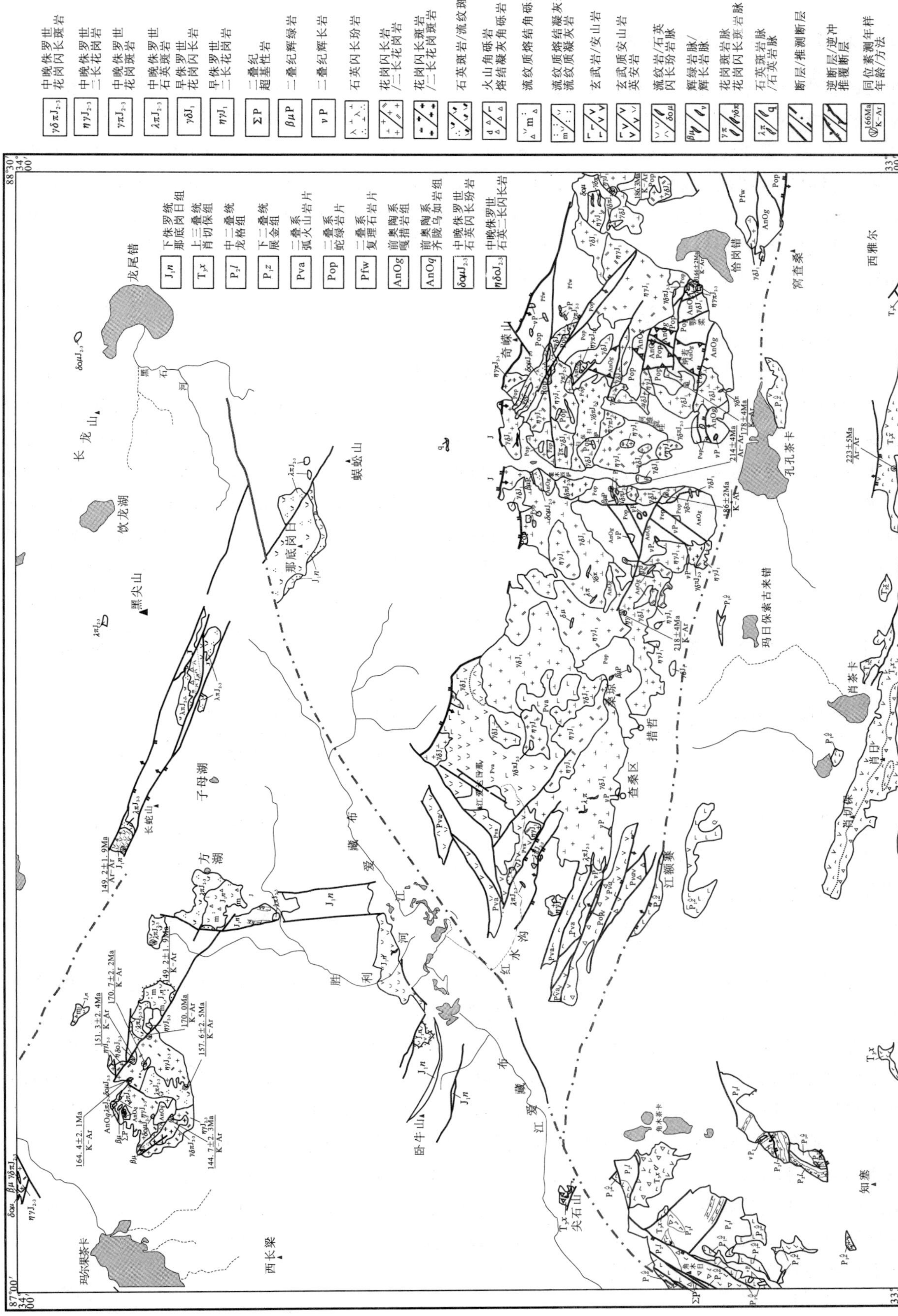

图3-1-1　1：25万江爱达日那幅岩浆岩分布图

橄榄石裂缝和边缘分布，网格中有橄榄石残晶分布，斜方辉石呈半自形粒状，常包含橄榄石形成包橄结构，蛇纹石沿辉石边缘或解理交代辉石而形成反应边结构。黑云母沿辉石解理交代辉石，生成细小片状黑云母，且平行辉石解理排列。岩石中副矿物有尖晶石、锆石、钛铁矿。

三、岩石化学与地球化学特征

测区超基性岩岩石化学成分及主要参数、C. I. P. W. 标准矿物成分见表 3-1-1。分布于角木日一带的超基性岩石中 SiO_2 含量为 38.97%～44%，m/f 值为 5.58～6.53，分属铁质超基性岩和镁质超基性岩，alk＝0.18%～0.28%，TFeO＝10.17%～10.74%，MgO＝33.54%～38.01%，Al_2O_3＝4.93%～5.60%。与模拟地幔岩比较，Al_2O_3 含量偏高，Na_2O 含量偏低，MgO/（MgO＋TFeO）＝0.76～0.79，比地幔岩（0.83）偏低。按 C. I. P. W. 标准矿物可定为方辉橄榄岩和二辉橄榄岩。分布于玛尔果茶卡一带的超基性岩，岩石中 SiO_2 含量为 45.90%～47.09%，m/f 值为 8.25～9.27，alk＝0.16%～0.18%，TFeO＝7.46%～8.60%，MgO＝39.5%～40.4%，Al_2O_3＝2.87%～3.97%。与模拟地幔岩比较，Al_2O_3 含量偏高，Na_2O 含量偏低，MgO/（MgO＋TFeO）＝0.83～0.85，与地幔岩（0.83）相似。按 C. I. P. W. 标准矿物可定为方辉橄榄岩。

超基性岩中的稀土元素及特征参数和微量元素分析结果见表 3-1-1。角木日一带的超基性岩，∑REE总量在（32.0～44.1）$\times10^{-6}$之间，平均 25.55×10^{-6}，是球粒陨石的 7.7 倍。轻稀土轻微富集，重稀土相对亏损，$(La/Sm)_N$＝2.2～2.69，∑LREE/∑HREE＝3.36～4.08。球粒陨石标准化稀土配分曲线（图 3-1-2）呈向右中等倾斜的曲线，可能为地幔岩部分熔融形成。从微量元素分析结果看，相容元素 Cr、Co 含量与原始地幔相似（Bougault，1974），Ni 含量是原始地幔的 0.66 倍，具原始地幔岩的一些特征，弱相容元 Ti 含量是原始地幔的 3.67 倍。在原始地幔标准化的微量元素比值蛛网图（图 3-1-3）上，其分配形式总体较平坦，但相对富集强不相容元素和高场强元素，具较强的 P 正异常和 Sr 负异常，P^*＝3.38～9.20，Sr^*＝0.24～0.52，Nb^*＝1.04～1.21，反映具富集型地幔的特

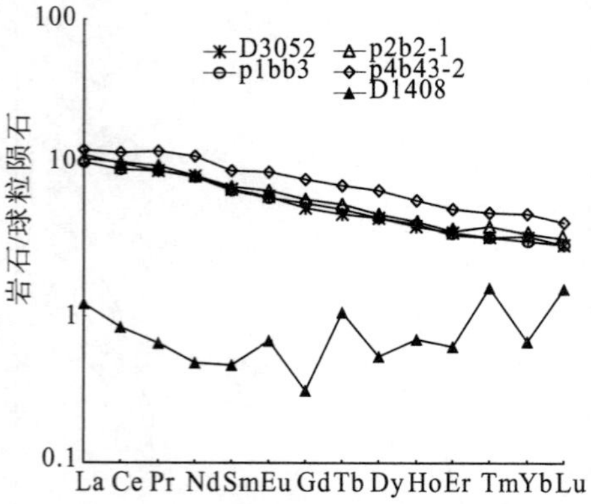

图 3-1-2　超基性岩稀土配分曲线

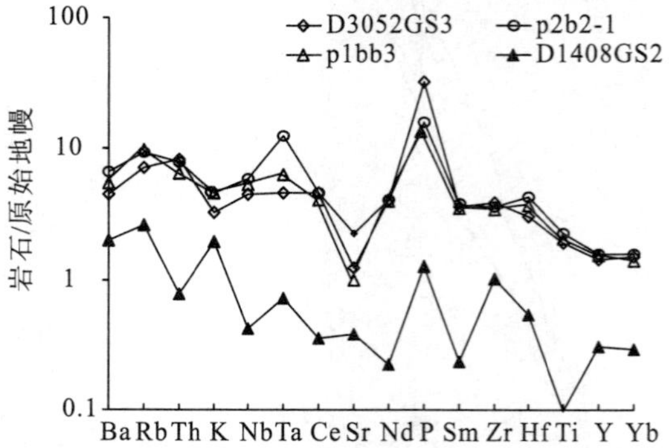

图 3-1-3　超基性岩微量元素比值蛛网图
（据 Pearce，1982）

点，并且为斜长石分离结晶后的残余熔体；分布于玛尔果茶卡一带的超基性岩，其稀土丰度较低，∑REE总量为 3.78，$(La/Sm)_N$＝4.11，∑LREE/∑HREE＝2.17，球粒陨石标准标准化稀土配分曲线呈不对称的 U 型，中稀土亏损强烈，具明显的铕正异常，其 δEu 为 1.77，与典型的蛇绿岩变质橄榄岩稀土元素分配模式相似，但∑REE 总量是球粒陨石的 0.7 倍，大大高于世界蛇绿岩中元素变质橄榄岩稀土总量 0.26×10^{-6}（R. G. Coleman，1978），其稀土亏损程度要低得多。其微量元素总体含量相对较低，具有较高 Cr、Ni、Co 等相容元素含量，Ni、Co 含量与原始地幔相似（Bougault，1974），Cr 含量是原始地幔的 2.4～3.1 倍，弱相容元素 Ti 含量是原始地幔的 0.12～2.02 倍。在以原始地幔标准化的微量元素比值蛛网图（图 3-1-3）上，微量元素丰度总体较低，与角木日一带超基性有明显不同，其分配形式总体较平坦，其相邻元素上下跳动较大，正锯齿状，相对富集活动元素 Rb、Ba、K，反映富集型地幔特点，演化程度较低。

表 3-1-1 超基性侵入岩化学分析、C. I. P. W. 标准矿物、稀土、微量元素分析结果及有关参数表

氧化物含量(w_B%)及主要化学指数

样品号	岩石名称	产地	SiO_2	TiO_2	Al_2O_3	Fe_2O_3	FeO	MnO	MgO	CaO	Na_2O	K_2O	P_2O_5	[Mg]
D3052	二辉橄榄岩	角木日	43.27	0.45	5.13	2.02	8.72	0.18	33.54	6.27	0.11	0.11	0.05	87.27
p1bb3 *	方辉橄榄岩		44.04	0.67	5.60	1.92	8.25	0.22	34.63	4.03	0.02	0.15	0.30	88.21
p2b2 - 1 *	方辉橄榄岩		38.97	1.30	4.93	1.91	8.45	0.21	38.01	5.42	0.13	0.15	0.36	88.91
D1408	方辉橄榄岩	玛尔果茶卡	45.90	0.02	3.97	1.63	6.97	0.11	39.51	1.09	0.12	0.06	0.03	90.99
G15217⊕	方辉辉橄岩		47.09	0.41	2.87	1.41	6.05	0.07	40.94	0.46	0.03	0.13	0.01	92.34

C. I. P. W. 标准矿物含量(%)

样品号	岩石名称	产地	ap	ilm	mt	c	or	ab	an	di			hy		ol	
										wo	en′	fs′	en	fs	fo	fa
D3052	二辉橄榄岩	角木日	0.11	0.86	2.92		0.66	0.94	13.18	7.35	5.64	0.94	7.79	1.30	49.14	9.03
p1bb3 *	方辉橄榄岩		0.70	1.27	2.78		0.91	0.19	14.73	1.38	1.07	0.16	21.43	3.20	44.68	7.35
p2b2 - 1 *	方辉橄榄岩		0.84	2.46	2.78				12.41	5.08	4.00	0.51			63.54	9.00
D1408	方辉橄榄岩	玛尔果茶卡	0.06	0.05	2.36	1.79	0.35	1.05	5.22				32.48	3.83	46.21	6.01
G15217⊕	方辉辉橄岩		0.02	0.79	2.05	1.86	0.75	0.27	2.23				39.96	3.68	43.46	4.41

稀土元素含量($\times10^{-6}$)及特征参数

样品号	岩石名称	产地	La	Ce	Pr	Nd	Sm	Eu	Gd	Tb	Dy	Ho	Er	Tm	Yb	Lu	Y	ΣREE	LREE/HREE	$(La/Yb)_N$
D3052	二辉橄榄岩	角木日	3.77	8.69	1.16	5.26	1.4	0.47	1.38	0.23	1.48	0.29	0.77	0.11	0.72	0.1	6.92	25.830	4.08	3.53
p1bb3 *	方辉橄榄岩		3.34	7.85	1.15	5.16	1.37	0.46	1.5	0.25	1.49	0.3	0.74	0.11	0.67	0.1	7.51	24.490	3.75	3.36
p2b2 - 1 *	方辉橄榄岩		3.55	8.74	1.26	5.33	1.44	0.51	1.58	0.27	1.56	0.31	0.78	0.13	0.75	0.11	7.68	26.320	3.79	3.19
D1408	方辉橄榄岩	玛尔果茶卡	4.11	10.15	1.56	7.19	1.87	0.68	2.15	0.36	2.24	0.43	1.11	0.16	1.02	0.14	10.93	33.170	3.36	2.72
G15217⊕	方辉辉橄岩		0.37	0.68	0.08	0.29	0.09	0.05	0.08	0.05	0.17	0.05	0.13	0.05	0.14	0.05	1.5	2.280	2.17	1.78

微量元素含量($\times10^{-6}$)及特征参数

样品号	岩石名称	产地	Ba	Rb	Sr	Cs	Ta	Nb	Hf	Zr	Ti	Th	U	Sc	Cr	Co	Ni	Li	Be	Ga	Cd
D3052	二辉橄榄岩	角木日	34.3	6.2	28.6	3.79	0.2	2.77	1.07	42.6	2 900	0.8		10.3	1 624	86.5	1 594	29.8	0.23	7.75	0.19
p1bb3 *	方辉橄榄岩		41.1	8.4	22.8		0.27	3.3	1.3	38.1	3 135	0.63	0.2								1.5
p2b2 - 1 *	方辉橄榄岩		50	8.1	52.7		0.54	3.62	1.5	39.8	3 445	0.75	0.19								1.58
D1408	方辉橄榄岩	玛尔果茶卡	15.2	2.27	8.91	0.51	0.031	0.26	0.19	11.3		0.075	0.028	13	2 461	105	2 306	4.49	0.03	1.8	
G15217⊕	方辉辉橄岩		32	4.1	156	1.2	0.2		0.04	238		0.3	0.4	14.4	3 162	107					

注:带 * 号样品数据来源于 1∶25 万玛依岗日幅区调项目;带⊕号样品数据来源于成都环资所(1997)

四、岩相及侵位时代探讨

角木日一带的超基性岩呈断块状产于下二叠统展金组中。在玛尔果茶卡东山，超基性岩由6个小岩片组成，呈断块产于前奥陶系齐陇乌如岩组中。本项目取自角木日主峰西侧的二辉橄榄岩K－Ar法同位素年龄为（191±14）Ma，时代偏新；成都环资所（1997）采自玛尔果茶卡的二辉橄榄岩，K－Ar法同位素年龄为（148.4±51.6）Ma，时代更偏新；原长春地质学院（1996）采自恰格勒拉阿鄂日的蛇纹石化橄榄岩，所测得的Sm－Nd法全岩等时线同位素年龄为272 Ma，相当于早二叠世。测区超基性岩与阿鄂日蛇纹石化橄榄岩处于同一构造带，时代置于二叠纪比较合理。

五、侵位机制及构造环境判别

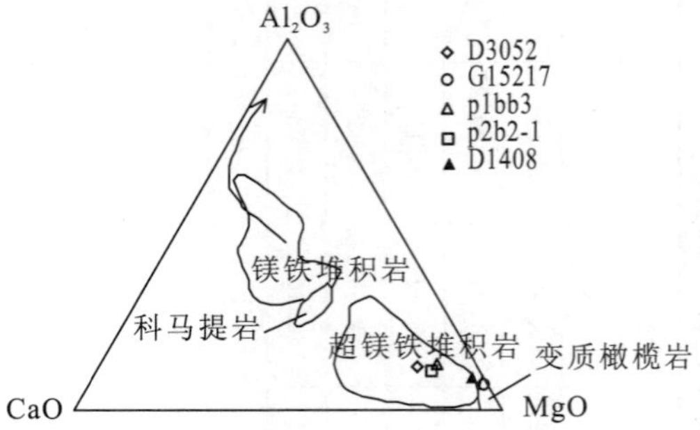

图 3-1-4　超基性岩的 $MgO-CaO-Al_2O_3$ 图解
（据 Coleman，R. G.，1977）

角木日一带的超基性岩岩石类型较单一，主要为蛇纹石化方辉橄榄岩、二辉橄榄岩。均呈断块分布于吞龙共巴组枕状玄武岩中，周围还有一些辉长岩断块分布。李才等（1994）认为属蛇绿岩套组成部分。在$MgO-CaO-Al_2O_3$图解中（图3-1-4），3个样品投影点均落入超镁铁堆积岩区，表明了该类岩石为堆积成因。其轻稀土元素富集，为地幔岩部分熔融形成。从微量元素分析结果看，相容元素Cr、Co含量与原始地幔相似（Bougault，1974），Ni含量是原始地幔的0.66倍，具原始地幔岩的一些特征，具较强的P正异常和Sr负异常，$P^*=3.38\sim9.20$，$Sr^*=0.24\sim0.52$，$Nb^*=1.04\sim1.21$，相对富集强不相容元素和高场强元素，反映富集型地幔的特点，并且为斜长石分离结晶后的残余熔体；原长春地质学院（1996）采自恰格勒拉阿鄂日的蛇纹石化橄榄岩，其εNd值为8.5，$^{143}Nd/^{144}Nd$为0.512 76，暗示其形成于岛弧或洋岛环境。综上所述，测区内角木日一带的超基性岩可能与早二叠世古特提斯洋内地幔柱的活动有关，由于后期构造活动而呈断片的形式从深部被带到玄武岩中来。

玛尔果茶卡一带的超基性岩在$Al_2O_3-CaO-MgO$图解（图3-1-4）中，一个样落入变质橄榄岩区，另一个则落在超镁铁堆积岩区与变质橄榄岩区的界线上，球粒陨石标准化稀土配分曲线呈不对称的U型，中稀土亏损强烈，具明显的Eu正异常，其δEu为1.77，与典型的蛇绿岩变质橄榄岩稀土元素配分模式相似，不同的是其稀土丰度值较高。岩石微量元素丰度总体较低，与角木茶卡一带超基性有明显不同，其分配形式总体较平坦，其相邻元素上下跳动较大，呈锯齿状，相对富集活动元素Rb、Ba、K，反映富集型地幔特点，其演化程度较低。综上所述，玛尔果茶卡一带的超基性岩，可能为上地幔萃取出玄武质岩浆之后留下来的难熔残留体，属地幔部分熔融的残余物，代表了测区内古特提斯洋消减后的下洋壳残片。

第二节　基性侵入岩

测区内的基性侵入岩出露不多，主要呈一些小岩墙和岩脉零星分布于角木茶卡一带及双湖构造混杂带蛇绿混杂岩片中。岩石不同程度经历了绿片岩相变质，所圈出的岩块均为变质变形不均匀保留下来的弱应变残块，卷入强变形变质的基性侵入岩已成为绿片岩类。下面主要对角木茶卡一带基性侵入岩进行简述，蛇绿混杂岩片（Pop）中的基性侵入岩并入火山岩部分蛇绿岩片中分述。

一、区域分布与产出特征

角木茶卡一带基性侵入岩仅有少量分布于下二叠统展金组、中二叠统龙格组地层中，均呈岩墙、岩脉状产出，并有少量同期的脉岩相伴产出。此外，在角木日主峰西侧则呈断块产出，与超基性岩及展金组玄武岩呈断层接触。在奇嵘山南一带复理石岩片（Pfw）中多呈岩脉状侵入泥质板岩、粉砂质板岩中，与围岩一同卷入了后期绿片岩相变质。岩脉宽50～160m，延伸长100～400m。

二、岩石学特征

岩石类型主要有：辉长岩、辉绿辉长岩、橄榄辉长岩。

辉长岩：分布于角木日主峰一带，在角木日主峰西侧呈断块分布，断块内部可见中细粒辉长岩与细粒辉绿辉长岩呈宽数十厘米至数米的岩墙状相间，在角木日主峰北侧一带呈宽10～50cm的岩墙分布于下二叠统展金组中。岩石具中细粒自形-半自形粒状结构。矿物成分为斜长石（31%～36%）、钾长石（15%～20%）、普通辉石（8%～13%）、斜方辉石（31%～36%）、蛇纹石（8%～13%）、方解石（3%）、硅质火山玻璃（10%）。副矿物为磷灰石（1%），金属矿物为磁铁矿（3%）及赤铁矿（1%）。斜长石多为拉-中长石，呈长板状、柱状，具钠长石双晶、环带构造。钾长石为正长石，辉石部分蛇纹石化，磷灰石呈0.05～0.8mm的自形针状、柱状，磁铁矿呈0.2～1mm的他形-半自形条块状，赤铁矿呈0.2～1mm的不规则片状。部分辉石呈微晶分布于长石形成的三角格架中，大部分蛇纹石化。

辉绿辉长岩：分布于知塞南西和角木日主峰一带。在知塞南西以宽300m，长900m的岩床呈北东向产于中二叠统龙格组中。在角木日主峰西侧呈断块分布，断块内部可见中细粒辉长岩与细粒辉绿辉长岩呈宽数十厘米至数米的岩墙状相间；在角木日主峰北侧一带呈宽10～50cm的岩墙分布于下二叠统展金组中。岩石具辉绿辉长结构，矿物成分为中基性斜长石（45%～60%）、单斜辉石（6%～25%）、斜方辉石（13%～18%）、绿泥石（9%～14%）、火山玻璃（2%）和少量磷灰石、磁铁矿、赤铁矿、钛铁矿。斜长石多为拉长石，呈0.2～1.8mm的自形-半自形长柱状、针状，具钠长石双晶、部分环带构造，不同程度绿泥石化、碳酸盐化。单斜辉石为普通辉石、易变辉石或透辉石，斜方辉石为紫苏辉石和古铜辉石。

蛇纹石化橄榄辉长岩：主要有两个侵入体，一个在角木日主峰南侧7.5km处呈宽200m，延伸长300m左右的岩床近南北向分布于下二叠统展金组中；另一个在知塞南西7km处呈宽200m，长1 200m的岩墙北西向分布于中二叠统龙格组枕状玄武岩之中。岩石具次辉绿辉长结构。矿物成分为橄榄石（3%）、紫苏辉石（5%～13%）、古铜辉石（2%～12%）、易变辉石（小于1%～2%）、蛇纹石（15%～23%）、钾长石（16%～32%）、斜长石（20%～41%）、铁质（4%～6%）、火山玻璃（小于2%）及少量方解石。橄榄石呈半自形粒状，大部分蛇纹石化或被蛇纹石网脉或长石网脉所切割，部分伊丁石化。蛇纹石呈不规则片状、弯曲纤维状集合体，局部含橄榄石残晶。橄榄石、辉石和铁质大都充填于长石构成的三角格架中。

三、岩石化学与地球化学特征

基性侵入岩岩石化学成分及主要参数、C. I. P. W. 标准矿物成分见表3-2-1。10件样品分析数据显示，SiO_2=42.34%～52.76%，Na_2O=1.95%～4.57%，K_2O=0.21%～1.01%，TiO_2=0.83%～4.31%。m/f=0.53～1.80，属铁质基性岩类；岩石的［Mg］指数为47.26～77.18，接近与地幔橄榄岩平衡的原始玄武岩浆的［Mg］指数（65～72），固结指数在18.42～54.67，接近地幔源未分异的原生固岩石的固结指数40，表明母岩浆在堆积辉长质岩石或喷发前发生的分离结晶作用并不强烈，演化程度较低。岩石的C. I. P. W. 标准矿物组合可分为4类：一类为q＋or＋ab＋an＋di＋hy，共有3件样品出现过饱合矿物石英，而无不饱合矿物橄榄石，为SiO_2过饱合铝正常类型，该类岩石中的SiO_2过饱合可能沿裂隙充填的石英有关；二类为c＋or＋ab＋an＋hy＋ol，仅有一件样品出现刚玉，为SiO_2低度不饱合铝过饱合类型；三类为or＋ab＋an＋di＋hy＋ol，为SiO_2低度不饱合铝正常类型；四类为or＋ab＋an＋di＋ol＋ne，共有3件样品出现霞石，为SiO_2极度不饱合碱过饱合类型。在硅碱图（图3-2-1）上有2个样品投点于碱性玄武岩系列，其余均落入亚碱性玄武岩系列。用AFM图解进一步判别（图3-2-2），4件属亚碱性岩系之拉斑玄武岩序列，2件样品位于钙碱性玄武岩序列与拉斑玄武岩的分界线上，2件样品属钙碱性玄武岩系列，位置比较靠近拉斑玄武岩。总体上属拉斑玄武岩系列，其演化上有明显的富铁趋式。

表 3-2-1　基性侵入岩化学分析、C. I. P. W. 标准矿物及主要化学指数表

氧化物含量(w_B%)及主要化学指数

代号	样品号	岩石名称	产地	SiO_2	TiO_2	Al_2O_3	Fe_2O_3	FeO	MnO	MgO	CaO	Na_2O	K_2O	P_2O_5	[Mg]	SI
νP	D3052GS1	碱性辉长岩	角木日	48.52	2.93	14.78	3.12	9.81	0.25	5.26	9.45	4.40	0.76	0.72	48.89	22.54
	p1b2－1＊	碱性辉长岩		41.34	1.47	15.59	2.73	8.69	0.24	16.50	10.68	2.01	0.25	0.40	77.18	54.67
	p1b3－1＊	辉长岩		50.96	1.11	14.75	3.53	7.71	0.21	6.60	10.11	4.05	0.47	0.49	60.41	29.51
	p1b19－1＊	辉长岩		48.31	1.27	17.78	3.08	8.01	0.22	9.33	7.59	2.30	1.17	0.91	67.50	39.07
	p1bb1＊	辉长岩		50.35	0.83	16.98	3.19	7.61	0.24	6.81	9.46	3.53	0.21	0.75	61.49	31.93
	p1bb2＊	辉长岩		52.55	1.03	13.16	3.04	9.53	0.30	5.03	9.58	3.96	0.75	1.06	48.45	22.52
	p2b1－1＊	辉长岩		48.97	1.39	15.78	2.40	6.69	0.16	8.47	12.93	2.09	0.60	0.49	69.30	41.84
	p2b3－1＊	辉长岩		48.32	0.95	15.41	2.00	5.85	0.21	7.91	16.48	1.95	0.45	0.39	70.70	43.57
	p2b6－1＊	辉长岩		52.76	1.57	17.69	3.72	7.33	0.23	3.68	7.14	4.57	0.69	0.63	47.26	18.42
	ZSP7GS1	辉绿辉长岩	知塞	52.13	4.31	12.55	4.51	9.34	0.21	5.42	6.23	3.79	1.01	0.43	50.86	22.52
βμJ_2	G15215☆	辉绿岩脉	玛尔果茶卡	51.69	1.02	17.05	2.95	6.49	0.16	6.82	8.76	2.58	2.16	0.19	65.19	32.47

C. I. P. W. 标准矿物含量(%)

代号	样品号	岩石名称	产地	ap	ilm	mt	c	q	or	ab	an	di			hy		ol		ne
												wo	en′	fs′	en	fs	fo	fa	
νP	D3052GS1	碱性辉长岩	角木日	1.70	5.57	4.53		0.00	4.49	32.71	18.33	9.97	5.24	4.43			5.51	5.13	2.44
	p1b2－1＊	碱性辉长岩		0.94	2.78	3.95			1.45	3.64	32.77	7.35	5.22	1.49			25.13	7.91	7.25
	p1b3－1＊	辉长岩		1.17	2.11	5.11			2.79	34.31	20.64	10.97	6.52	3.88	2.28	1.36	5.35	3.51	
	p1b19－1＊	辉长岩		2.15	2.41	4.47	1.11		6.91	19.42	31.72				18.52	8.35	3.31	1.65	
	p1bb1＊	辉长岩		1.79	1.57	4.62			1.22	29.84	29.89	5.06	2.98	1.83	10.84	6.65	2.21	1.49	
	p1bb2＊	辉长岩		2.52	1.96	4.41		0.61	4.46	33.54	15.90	10.32	4.84	5.35	7.68	8.49			
	p2b1－1＊	辉长岩		1.16	2.64	3.49			3.52	17.68	31.91	12.13	8.07	3.17	8.07	3.17	3.48	1.51	
	p2b3－1＊	辉长岩		0.92	1.80	2.90			2.68	13.08	31.97	19.72	13.06	5.24			4.66	2.06	1.85
	p2b6－1＊	辉长岩		1.48	2.97	5.40		1.98	4.07	38.68	25.71	2.34	1.20	1.08	7.97	7.14			
	ZSP7GS1	辉绿辉长岩	知塞	1.03	8.20	6.54		5.96	5.99	32.05	14.25	5.77	3.62	1.79	9.88	4.89			
βμJ_2	G15215☆	辉绿岩脉	玛尔果茶卡	0.44	1.93	4.28			12.75	21.87	28.55	5.72	3.63	1.73	11.52	5.50	1.30	0.68	

注：带＊号样品数据来源于1∶25万玛依岗日幅区调项目；带☆号样品数据来源于成都环资所(1997)

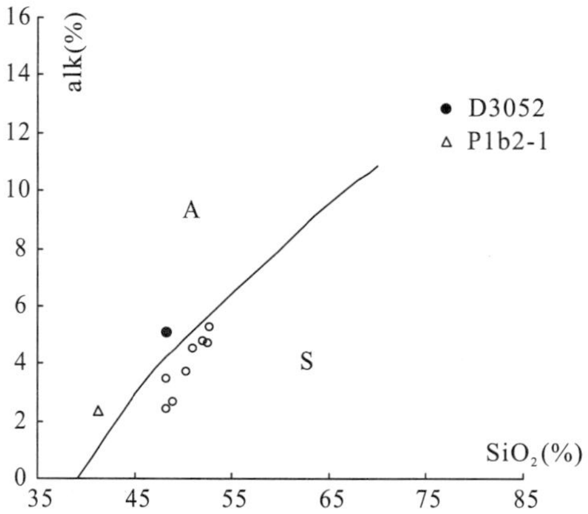

图 3-2-1 基性侵入岩硅碱图

(据 Irvine T. N. 等，1971)

A. 碱性系列；S. 亚碱性系列

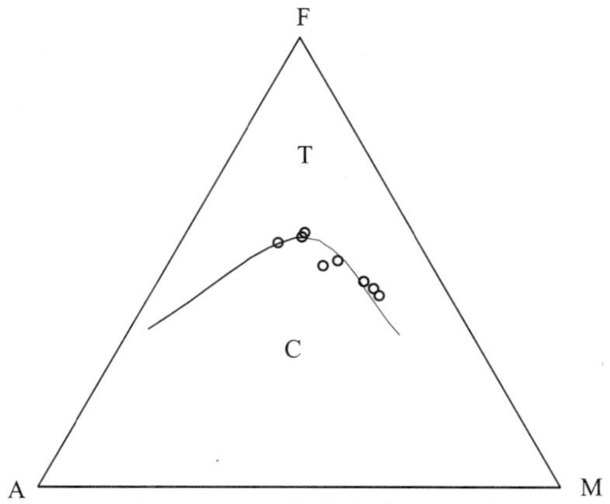

图 3-2-2 基性侵入岩 AFM 图

(据 Irvine T. N. 等，1971)

T. 拉斑玄武岩系列；C. 钙碱性玄武岩系列

基性侵入岩稀土元素分析结果及特征参数见表 3-2-2。稀土元素配分曲线见图 3-2-3。基性岩稀土元素配分曲线总体上比较一致，为向右倾斜的轻稀土富集型，仅稀土总量不同，稀元素丰度分两个级别，一类稀土总量较高，ΣREE＝218.53～298.19，LREE/HREE＝5.65～6.96，轻稀土相对较富集，$(La/Sm)_N$＝2.29～3.54，$(Gd/Yb)_N$＝1.59～2.06，轻稀土分馏较重稀土明显，δEu＝0.84～1.12，Eu 具弱的亏损、无异常或弱正异常，变化较小，异常不明显，具洋岛玄武岩的稀土配分型式特点；另一类稀土总量较低，ΣREE＝88.57～143.93，LREE/HREE＝4.01～4.24，轻稀土富集程度相对低一些，$(La/Sm)_N$＝ 1.62～2.30，$(Gd/Yb)_N$＝1.51～1.80，轻稀土分馏较重稀土明显，δEu＝0.96～1.05，Eu 具弱的亏损、无异常或弱正异常，与洋岛拉斑玄武岩相似，仅在 La、Ce、Pr 等轻稀土元素较洋岛拉斑玄武岩富集，可能与岩石来源于未亏损或富集的地幔源有关或结晶过程有磷灰石的晶出，这在较多薄片中出现磷灰石副矿物得到证实。基性岩的 $(La/Yb)_N$＝3.53～7.95，平均 5.86，具地幔柱洋中脊玄武岩特点。

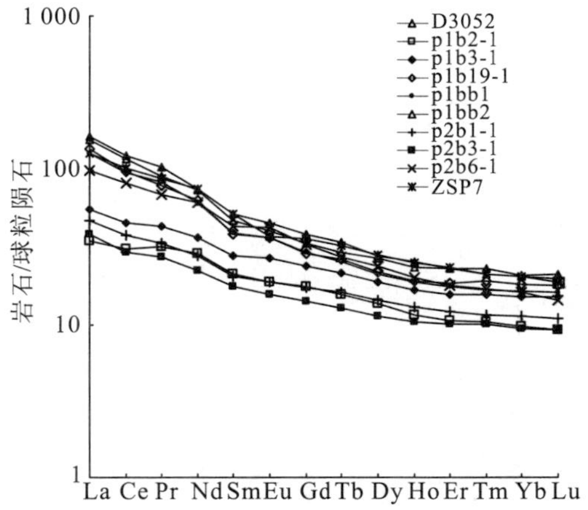

图 3-2-3 基性侵入岩稀土配分曲线

基性岩的微量元素分析结果见表 3-2-2。在以原始地幔标准化的微量元素比值蛛网图（图 3-2-4）上，主体上表现为强不相容元素（大离子亲石元素）富集的分配形式，非活动性元素 Nb、Ta 富集，具典型洋岛玄武岩的分配样式。在以洋中脊玄武岩标准化的微量元素比值蛛网图（图 3-2-5）上，基性岩类也多表现为板内拉斑玄武岩的大隆起形式，属不相容元素富集的分配型式，具典型洋岛玄武岩特点，部分岩石中 Ba、Hf 和 K 呈现负异常，表现出过渡型玄武岩特点。

基性岩的 $(Rb/Yb)_N$ 多在 1.73～5.36 之间，Nb^* 多在 0.93～1.49 之间，平均 1.18，P^* 多在 1.12～1.96，表明形成岩石的岩浆为富集地幔源，熔融程度低的熔体或分离结晶程度强的残余熔体，其在形成和演化过程中基本未受到陆壳物质的混染，部分 Nb^* 在 0.78～0.93（3 件）。Sr^*＝0.31～0.93，K^*＝0.13～0.80，表明其形成与消减作用无关。Ni 的含量在 16.1～28.7 之间，Cr 的含量在 8.27～51.5，远低于判别原始岩浆的参考数值（Ni 为 250μg/g，Cr 为 300μg/g，Wendlandt et al.，1995)，表明它们是原始岩浆演化的产物，并且在演化过程中橄榄石和单斜辉石的分离结晶起重要作用。

四、岩相及侵位时代探讨

角木茶卡一带的基性侵入岩，在角木日主峰南西一带主要呈断块状分布于下二叠统展金组中，呈宽数十厘米至数米的岩脉状相间产出。角木日北坡有少量呈岩脉和岩墙侵位于下二叠统展金组（P_1z）

表 3-2-2　基性侵入岩稀土元素、微量元素分析结果及有关参数表

稀土元素含量($\times10^{-6}$)及特征参数

代号	样品编号	岩石名称	La	Ce	Pr	Nd	Sm	Eu	Gd	Tb	Dy	Ho	Er	Tm	Yb	Lu	Y	ΣREE	LREE/HREE	δEu	$(La/Sm)_N$	$(Gd/Yb)_N$	$(La/Yb)_N$	$(Ce/Yb)_N$
νP	D3052	碱性辉长岩	48.6	95.4	11.3	44.9	9.28	2.98	8.74	1.4	8.72	1.71	4.92	0.69	4.35	0.66	41.9	243.650	6.81	1.00	3.29	1.62	7.53	5.67
	p1b2－1＊	碱性辉长岩	10.78	24.93	3.94	17.36	4.19	1.39	4.6	0.75	4.47	0.84	2.25	0.34	2.06	0.31	21.1	99.31	4.01	0.96	1.62	1.80	3.53	3.13
	p1b3－1＊	辉长岩	17.34	37.22	5.32	22.14	5.44	2	6.22	1.04	6.15	1.22	3.29	0.51	3.17	0.51	32.36	143.93	4.05	1.05	2.01	1.58	3.69	3.04
	p1b19－1＊	辉长岩	42.64	78.99	9.71	38.81	7.57	2.7	7.55	1.27	7.14	1.38	3.93	0.63	3.82	0.6	36.89	243.63	6.85	1.08	3.54	1.59	7.53	5.35
	p1bb1＊	辉长岩	40.09	78.56	10.35	37.35	7.67	2.7	7.61	1.22	6.95	1.36	3.71	0.55	3.45	0.54	30.69	232.8	6.96	1.07	3.29	1.78	7.83	5.89
	p1bb2＊	辉长岩	51.53	101.4	12.78	45.54	10.22	3.35	10.1	1.63	9.05	1.85	4.89	0.75	4.37	0.71	40.02	298.19	6.74	1.00	3.17	1.87	7.95	6.00
	p2b1－1＊	辉长岩	14.68	30.93	4.16	16.91	4.02	1.41	4.5	0.78	4.67	0.94	2.56	0.38	2.38	0.37	21.5	110.19	4.35	1.01	2.30	1.53	4.16	3.36
	p2b3－1＊	辉长岩	12.01	23.92	3.36	13.47	3.44	1.16	3.68	0.61	3.71	0.76	2.15	0.33	1.97	0.31	17.69	88.57	4.24	0.99	2.20	1.51	4.11	3.14
	p2b6－1＊	辉长岩	30.85	67.01	8.57	37.15	8.47	3.16	8.66	1.32	7.8	1.45	3.82	0.56	3.39	0.48	35.84	218.53	5.65	1.12	2.29	2.06	6.14	5.11
	ZSP7	辉绿辉长岩	39.7	84.2	10.8	45.8	10.3	2.74	9.34	1.54	9.2	1.82	4.98	0.7	4.35	0.63	41.9	268	5.94	0.84	2.42	1.73	6.15	5.01
$\beta\mu J_2$	G15215☆	辉绿岩脉	9.6	19.9	2.41	9.45	2.62	0.88	2.71	0.46	2.94	0.611	1.67	0.24	1.45	0.247		55.188	4.34	1.00	2.30	1.51	4.46	3.55

微量元素含量($\times10^{-6}$)及特征参数

代号	样品编号	岩石名称	Ba	Rb	Sr	Cs	Ta	Nb	Hf	Zr	Ti	Th	U	Sc	Cr	Co	Ni	Li	Be	Ga	Cd	Rb/Sr	Nb*	K*
νP	D3052	碱性辉长岩	360	13.6	561	5.65	2.42	32	4.88	205	14 900	6.25		36.9	51.5	33.1	28.7	30.8	1.59	28.1	0.19	0.02	1.12	0.38
	p1b2－1＊	碱性辉长岩	139	8.3	222		0.78	8.57	2.4	116	8 642	1.93	0.41									0.04	1.21	0.45
	p1b3－1＊	辉长岩	131	20.1	224		1.38	15.3	5	151	10 542	2.26	0.46									0.09	1.26	0.52
	p1b19－1＊	辉长岩	213	31	357		2.72	27.6	4.8	167	10 109	4.38	1.63									0.09	0.93	0.58
	p1bb1＊	辉长岩	109	6.3	500		1.82	23	5	161	9 018	4.52	1.71									0.01	1.18	0.13
	p1bb2＊	辉长岩	361	13.7	700		2.07	27.6	6.3	215	11 755	6.18	2.26									0.02	0.93	0.39
	p2b1－1＊	辉长岩	295	23	315		1.14	12.4	3.5	113	6 091	3.24	0.6									0.07	1.01	0.80
	p2b3－1＊	辉长岩	104	16.8	236		1.26	14.4	3.9	96.2	5 657	2.89	0.51									0.07	1.49	0.61
	p2b6－1＊	辉长岩	219	16.5	341		2.18	24.9	8.1	265	13 844	4.44	0.82									0.05	1.23	0.46
	ZSP7	辉绿辉长岩	295	22.6	281	2.12	1.34	21.2	8.31	325	22 400	7.24		30.2	8.27	48.6	16.1	23.9	1.28	22.8	0.16	0.08	0.78	0.74
$\beta\mu J_2$	G15215☆	辉绿岩脉	463	88	212	3.6	0.3		1.3	314		2.60	0.7	44	142	35.4						0.42		6.33

注:带＊号样品数据来源于1∶25万玛依岗日幅区调项目;带☆号样品数据来源于成都环资所(1997)

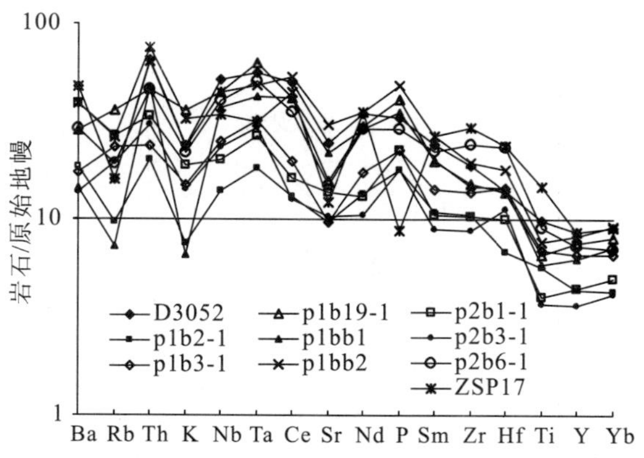

图 3-2-4 基性岩微量元素比值蛛网图

（据 Ellam，1988）

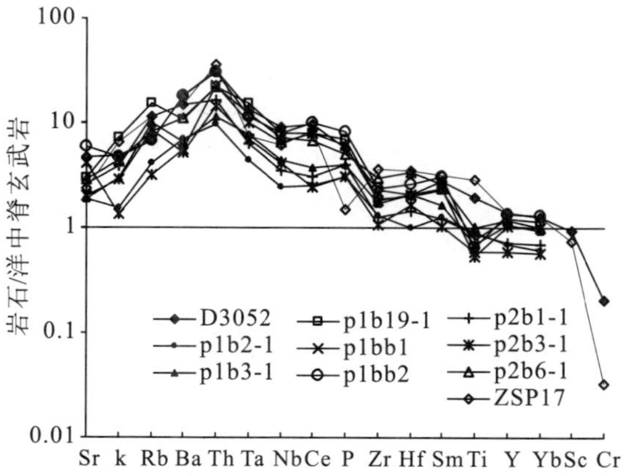

图 3-2-5 基性岩微量元素比值蛛网图

（据 Pearce，1982）

中，在知塞一带呈岩墙状侵入于中二叠统吞龙格组枕状玄武岩和火山质碎屑岩中。基性侵入岩岩石地球化学特征与角木茶卡一带下二叠统展金组和中二叠统吞龙格组中火山岩相同，两者应为同源产物，即本区基性侵入岩侵位时代为中二叠世。

五、侵位机制及构造环境判别

角木茶卡一带的基性岩，在化学成分特征上表现为以拉斑玄武岩系列为主，部分属碱性玄武岩系列，微量元素表现为不相容元素富集，具洋岛玄武岩的特点，部分岩石有 Ba、Hf 和 K 负异常，表现出过渡型玄武岩特点。在 $MgO-CaO-Al_2O_3$ 图解（图 3-2-6）中，绝大多数样品的投影点位于镁铁质堆积岩区。根据玄武质岩石中 Nb、Zr 丰度推测地幔类型（图 3-2-7），其投影点主要落入富集型地幔和过渡型地幔及附近区域中。在火山岩 Ti/100－Zr－3Y 图（图 3-2-8）上，火山岩的投点大部分位于板内玄武岩区，部分位于板内玄武岩区界线附近的洋脊玄武岩区。在 $FeO^*-MgO-Al_2O_3$ 图（图 3-2-9）上，火山岩投点主要位于大陆板块内部区，部分落入洋中脊及洋底火山岩区。在 Ti－Zr 判别图解（图 3-2-10）中，大部分样品投影点落入板内玄武岩区内，少量落入洋中脊玄武岩区。

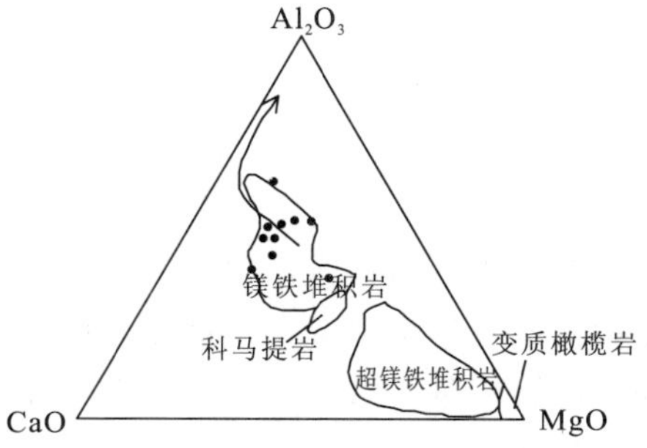

图 3-2-6 基性岩的 $MgO-CaO-Al_2O_3$ 图解

（据 Coleman，R. G.，1977）

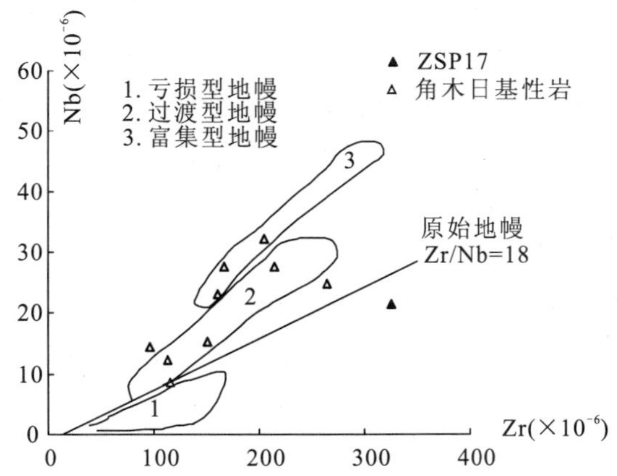

图 3-2-7 基性侵入岩 Nb－Zr 图

（据 Le Roex 等，1983）

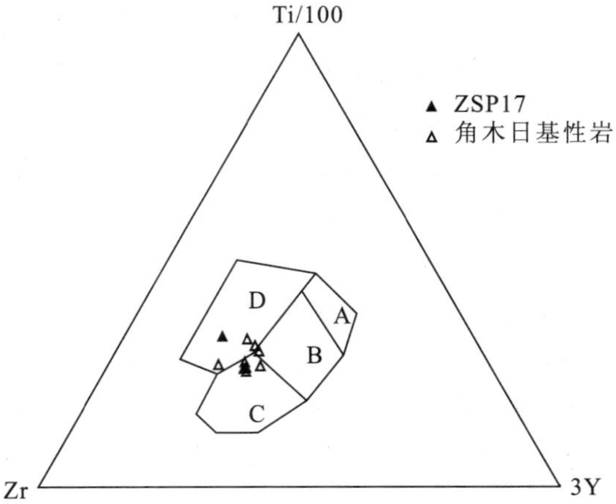

图 3-2-8 基性侵入岩 Ti/100－Zr－3Y

（据 Pearce，1973）

A. 岛弧拉斑玄武岩；B. 岛弧钙碱性玄武岩；C. 洋脊玄武岩；D. 板内玄武岩

综上所述，并结合区域地质资料分析，测区内角木茶卡一带超基性岩可能与早、中二叠世古特提斯洋内地幔柱的活动有关。基性侵入岩与火山岩在岩石化学特征与地球化学特征上有较大的相似性，

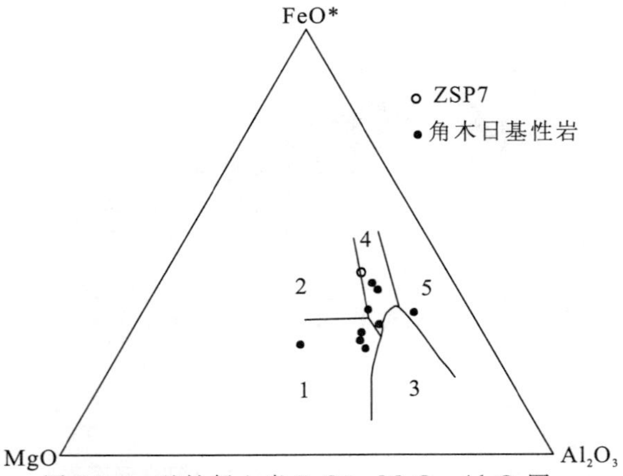

图 3-2-9 基性侵入岩 $FeO^* - MgO - Al_2O_3$ 图

（据 Perce，1977）

1. 洋中脊及洋底；2. 大洋岛屿；3. 造山带；4. 大陆板块内部；5. 扩张中心岛屿（冰岛）

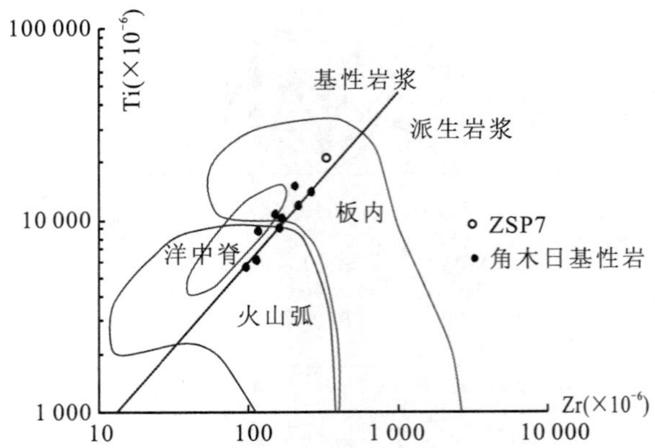

图 3-2-10 基性侵入岩 Ti－Zr 判别图解

（据 Pearce，1982）

说明两者在源区组成、成岩过程、构造背景上均有较大的一致性，可能为同一岩浆活动的产物。

第三节 中酸性侵入岩

测区内中酸性侵入岩较为发育，主要集中分布于江爱藏布山—嘎措一带，长约 17～33km，呈近东西向沿双湖构造混杂带展布，由大小不等的岩株构成一个较大的复合岩基。此外，在玛尔果茶卡—那底岗日一带有大小不等的岩株沿北西向断裂带断续出露。岩浆的侵位时代分属早侏罗世和中晚侏罗世。早侏罗世以深侵位的花岗闪长岩类和二长花岗岩类为主体，中晚侏罗世主要为浅成、超浅成侵入岩体，总体上表现为随时间的推移，岩浆的侵位活动由中深成岩向浅成岩、超浅成岩演变，岩浆活动强度降低。

一、早侏罗世酸性侵入岩

（一）区域分布与产出特征

早侏罗世酸性侵入岩主要以深侵位的花岗闪长岩类和二长花岗岩类为主体，两者在空间分布上密切伴生，也可见两者之间相互穿插的现象，表明两者应属大致同时上侵、定位的岩浆冷凝而成。

花岗闪长岩在测区内出露最多，主要沿双湖构造混杂带侵位，在空间分布上与二长花岗岩密切伴生，呈带状近东西向展布，构成测区内侵入岩的主体岩类。分布面积 540.67km^2。岩体主要呈大小不等的岩株状产出，并有较多同期脉岩相伴分布，与构造混杂带中蛇绿岩片（Pop）、弧火山岩岩片（Pva）、土门格拉群（T_3T）等为侵入接触（图 3-3-1，图 3-3-2）。

二长花岗岩与花岗闪长岩密切伴生，构成测区内侵入岩的主体岩类之一，在空间位置上，二长花岗岩大致沿东西向展布的花岗闪长岩条带的中心部位呈断续状出露，岩体主要呈大小不等的岩株状产出，并有部分同期脉岩相伴分布，共有 8 个大小不等的侵入体，最大达 77km^2，最小为 2.1km^2，总分布面积为 326.85km^2。二长花岗岩与围岩为侵入接触。

（二）岩石学特征

1. 花岗闪长岩类

根据主要造岩矿物粒度及暗色矿物种类和含量，花岗闪长岩类可细分为细粒花岗闪长岩、细粒黑云母花岗闪长岩、细粒角闪花岗闪长岩、细粒黑云角闪花岗闪长岩、中细粒黑云花岗闪长岩、中细粒

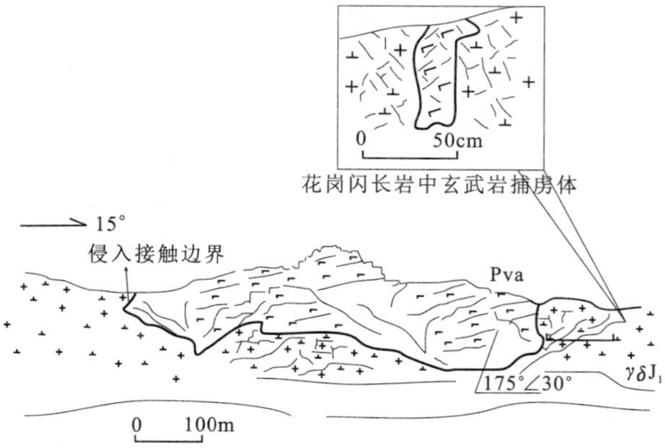

图 3-3-1 花岗闪长岩与弧火山岩侵入接触关系素描图

（查桑曲 5552 高地南东）

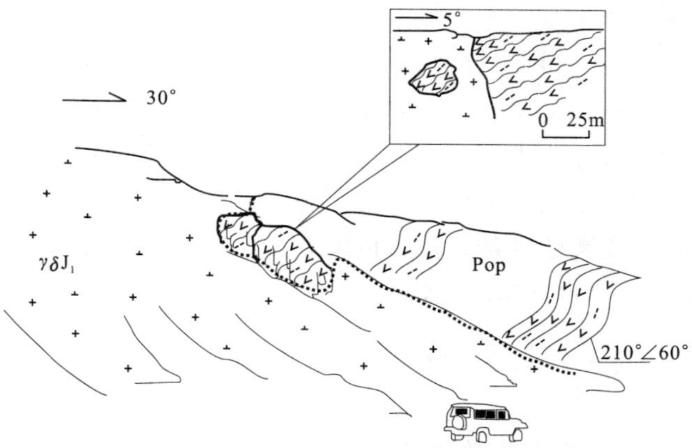

图 3-3-2 花岗闪长岩与蛇绿岩片黑云角闪片岩侵入接触关系素描图

（达日阿陇剖面终点）

黑云角闪花岗闪长岩和中粗粒黑云角闪花岗闪长岩、似斑状中细粒紫苏角闪花岗闪长岩、似斑状中细粒含石榴黑云花岗闪长岩。不同的岩石类型之间均为渐变过渡关系，岩石中暗色矿物主要为黑云母、角闪石，局部偶见少量紫苏辉石和古铜辉石，含量一般在 5%～15%，部分可小于 5%或大于 15%，岩石中的黑云母和角闪石的含量常呈此长彼消的变化。岩石粒度有细粒、中细粒、中粗粒，但主体上以细粒为主。岩石经 C. I. P. W. 标准矿物含量计算后在深成岩的分类图解（图 3-3-3）上投点，大部分岩石落入花岗闪长岩区。

细粒黑云花岗闪长岩：岩石为灰、浅灰色，具细粒花岗结构，块状构造，矿物粒度为 0.625～2mm，矿物成分为石英（21%～25%）、中长石（42%～57%）、正长石（18%～26%）、黑云母（4%～7%）及少量磷灰石和金属矿物。斜长石呈自形板状，环带构造发育，聚片双晶不发育，中部钠黝帘石化明显。正长石半自形至他形板状。黑云母自形板状。绿泥石化较明显。石英呈他形粒状或等轴粒状，呈聚晶分布在长石和暗色矿物的间隙中。在查桑北一带，岩石中黑云母含量小于 2%，向两侧渐变过渡为细粒角闪花岗闪长岩。

2. 二长花岗岩类

根据主要造岩矿物粒度和暗色矿物种类和含量，分为中细粒黑云二长花岗岩、似斑状中细粒黑云二长花岗岩、细粒二长花岗岩。其中似斑状中细粒黑云二长花岗岩仅局部出现于中细粒黑云二长花岗岩的边部，表现为渐变过度的岩相分带关系。二长花岗岩暗色矿物含量一般在 5%～15%，成分主要为黑云母。岩石经 C. I. P. W. 标准矿物含量计算后在深成岩的分类图解（图 3-3-3）上投点，均落入二长花岗岩区。

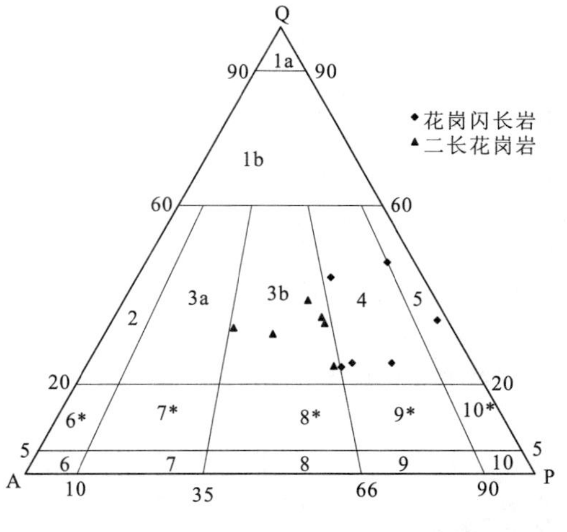

图 3-3-3 深成岩类的分类图解

（据 Streckeisen，1973；Le Maitre 等，1989）

3b. 花岗岩（二长花岗岩）；4. 花岗闪长岩；5. 英云闪长岩

（其他从略，下同）

中细粒黑云二长花岗岩：岩石具中细粒花岗结构。矿物成分为石英（25%～36%）、斜长石（20%～36%）、钾长石（18%～40%）和黑云母（5%～10%）。副矿物为磷灰石和锆石。斜长石为更、中长石，呈 0.1～4mm 的半自形—自形板状，具钠长石双晶，卡钠双晶带，环带构造，被后期钾长石或石英交代或残留在钾长石或石英中，部分不同程度绢云母化。钾长石为条纹长石和微斜长石及正长石，不同程度绢云母化，部分边缘被石英交代或包熔。在陇纳博中细粒黑云二长花岗岩岩体南部边缘，岩石中暗矿物黑云母减少，粒度变细，过渡为细粒二长花岗岩。

似斑状中细粒黑云二长花岗岩：呈岩株状分布于柯雄陇哇中细粒黑云二长花岗岩岩体的南部边

缘，两者呈渐变过渡，出露面积 3km²。岩石具似斑状中细粒花岗结构。矿物成分为石英（35%～40%）、斜长石（25%～30%）、钾长石（25%～30%）、黑云母（5%）和普通角闪石（1%），副矿物为锆石，金属矿物为菱铁矿。斜长石为拉长石，呈 0.5～5mm 的半自形—自形板状，不同程度绢云母化，部分边缘被石英交代。钾长石为条纹长石，呈 0.1～5mm 的自形—半自形板状，具钠长石嵌晶，不同程度绢云母化，部分边缘被石英交代。石英呈 0.1～5mm 的他形粒状。黑云母大部分蚀变为硅线石，仅残留少量。普通角闪石呈 0.1～2.5 mm 的菱形，被斜长石、钾长石和石英熔蚀。锆石呈小于 0.1mm 的自形双锥状。

（三）岩石化学与地球化学特征

1. 岩石化学特征

花岗闪长岩类及二长花岗岩类的岩石化学分析、C. I. P. W. 标准矿物及岩石化学指数见表 3-3-1。

岩石 SiO_2 多在 62.89%～77.67%，在 C. I. P. W. 标准矿物中，石英含量较高（18.65%～43.18%），为 SiO_2 过饱合岩石类型。Al_2O_3＝11.62%～16.08%，在 C. I. P. W. 标准矿物中，部分出现刚玉矿物，A/CNK＝0.89～1.07，A/NK＝1.10～2.92，属过铝质岩石类型和偏铝质岩石类型。在硅碱图（图 3-3-4）和 AFM 图（图 3-3-5）中，花岗闪长岩类和二长花岗岩类岩石的样品投点位于亚碱性系列和钙碱性系列区。分异指数（DI）为 47.18～96.43，平均 75.06，表明岩浆分异演化作用比较彻底。

2. 地球化学特征

花岗闪长岩类、二长花岗岩类的稀土元素分析结果及特征参数见表 3-3-2，稀土元素配分曲线见图 3-3-6、图 3-3-7。

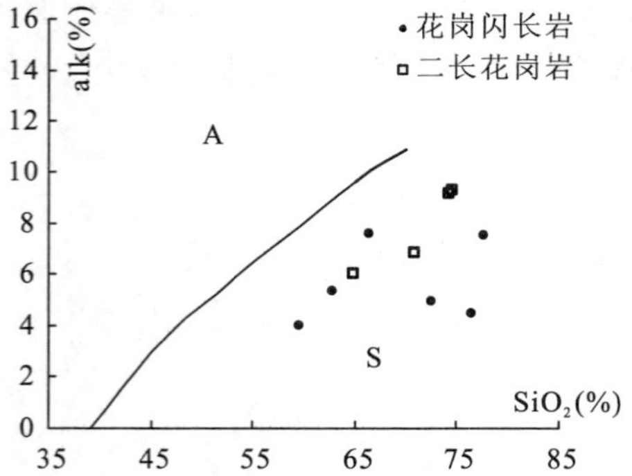

图 3-3-4　硅碱图

（据 Irvine T. N. 等，1971）

A. 碱性系列；S. 亚碱性系列

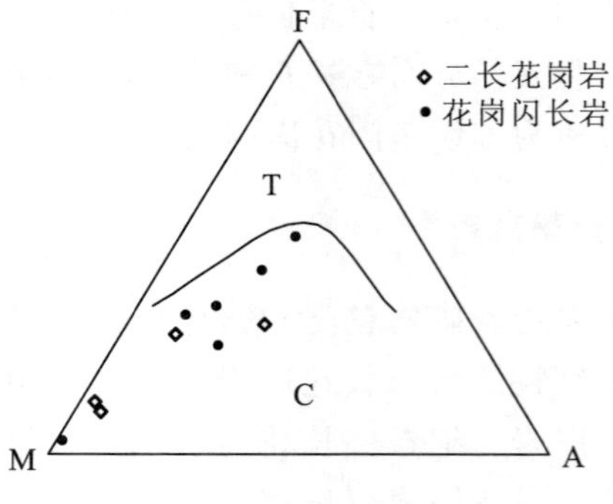

图 3-3-5 AFM 图

（据 Irvine T. N. 等，1971）

T. 拉斑玄武岩系列；C. 钙碱性玄武岩系列

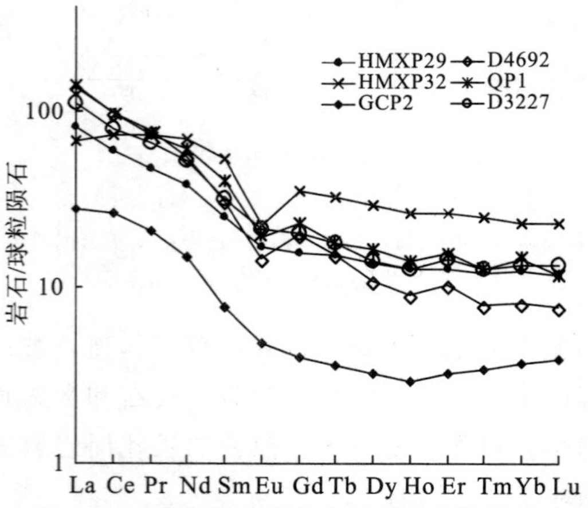

图 3-3-6　花岗闪长岩稀土元素配分曲线图

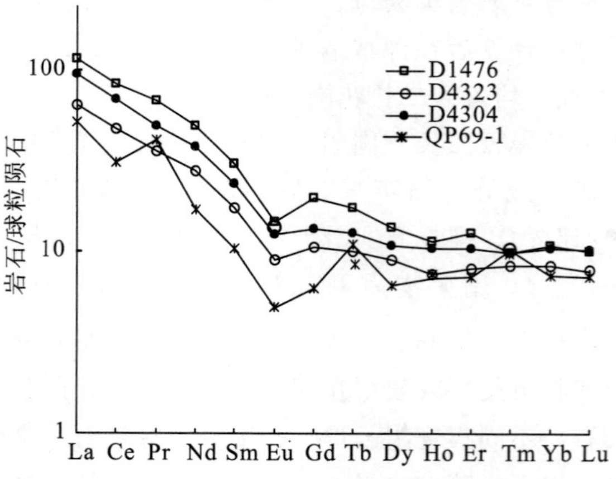

图 3-3-7　二长花岗岩稀土元素配分曲线图

表 3-3-1　早侏罗世中酸性侵入岩氧化物、C. I. P. W. 标准矿物含量表

氧化物含量(w_B%)及主要化学指数

代号	编号	岩石名称	产地	SiO_2	TiO_2	Al_2O_3	Fe_2O_3	FeO	MnO	MgO	CaO	Na_2O	K_2O	P_2O_5	alk	K_2O/Na_2O	σ	AR	A/CNK	A/NK	CI	DI
$\gamma\delta J_1$	HMXP29	中粗粒角闪黑云花岗闪长岩	霍木西萨	72.55	0.50	13.15	1.37	2.39	0.08	1.57	3.33	2.18	2.73	0.12	4.90	1.25	0.81	1.85	1.05	2.01	18.47	73.69
	HMXP32			59.63	1.12	15.82	2.69	6.08	0.20	3.72	6.57	1.97	2.00	0.20	3.98	1.02	0.95	1.43	0.91	2.92	35.82	47.18
	GCP2	似斑状细粒黑云花岗闪长岩	嘎措	77.67	0.17	13.46	0.05	0.20	0.00	0.09	0.63	7.19	0.30	0.22	7.50	0.04	1.62	3.27	1.01	1.11	1.86	96.43
	D4692	蚀变细粒花岗闪长岩	查桑西	76.44	0.37	11.62	0.72	1.51	0.04	1.74	2.98	3.60	0.83	0.15	4.43	0.23	0.59	1.87	0.95	1.70	16.42	78.52
	QP1 *	细粒花岗闪长岩	齐陇乌如	62.89	0.60	15.44	1.61	5.27	0.13	3.12	5.34	2.16	3.19	0.25	5.36	1.48	1.44	1.70	0.92	2.20	28.99	56.81
	D3227	中细粒黑云花岗闪长岩	查桑西	66.44	0.48	16.08	1.96	2.73	0.11	1.46	2.88	3.71	3.87	0.23	7.58	1.05	2.45	2.33	1.04	1.56	15.35	75.35
$\eta\gamma J_1$	D1476	细粒黑云二长花岗岩	千秋岭西	70.89	0.40	14.25	1.39	1.98	0.07	1.31	2.77	3.03	3.77	0.14	6.79	1.24	1.65	2.33	1.01	1.57	15.11	78.36
	D4323	细粒黑云二长花岗岩	赛茸东	74.32	0.11	13.02	0.34	0.78	0.27	0.60	1.41	2.14	6.94	0.08	9.09	3.24	2.64	4.40	0.96	1.18	6.77	90.31
	D4304	细粒黑云二长花岗岩	嘎措北东	64.94	0.47	14.76	0.67	3.98	0.10	4.10	4.84	2.36	3.68	0.10	6.04	1.56	1.66	1.89	0.89	1.88	27.60	60.83
	QP69－1 *	二长花岗岩	齐陇乌如	74.67	0.10	13.19	0.01	1.37	0.02	0.35	0.81	3.47	5.78	0.24	9.24	1.67	2.70	4.88	0.98	1.10	3.08	93.18

C. I. P. W. 标准矿物含量(%)

代号	编号	岩石名称	产地	ap	ilm	mt	c	q	or	ab	an	di			hy	
												wo	en′	fs′	en	fs
$\gamma\delta J_1$	HMXP29	中粗粒角闪黑云花岗闪长岩	霍木西萨										0.00		3.92	2.59
	HMXP32			0.46	2.13	3.90		18.65	11.84	16.70	28.38	1.22	0.65	0.53	8.61	6.93
	GCP2	似斑状细粒黑云花岗闪长岩	嘎措	0.52	0.32	0.07	0.68	33.78	1.78	60.88	1.70		0.00		0.23	0.05
	D4692	蚀变细粒花岗闪长岩	查桑西	0.36	0.70	1.05		43.18	4.88	30.47	13.10	0.28	0.19	0.07	4.15	1.58
	QP1 *	细粒花岗闪长岩	齐陇乌如	0.59	1.14	2.33		19.63	18.88	18.31	22.97	0.79	0.39	0.38	7.39	7.22
	D3227	中细粒黑云花岗闪长岩	查桑西	0.54	0.91	2.84	1.10	21.07	22.89	31.37	12.80		0.00		3.64	2.81
$\eta\gamma J_1$	D1476	细粒黑云二长花岗岩	千秋岭西	0.34	0.77	2.02	0.49	30.51	22.25	25.61	12.83		0.00		3.25	1.93
	D4323	细粒黑云二长花岗岩	赛茸东	0.19	0.21	0.49		31.16	41.02	18.14	5.39	0.45	0.23	0.22	1.27	1.24
	D4304	细粒黑云二长花岗岩	嘎措北东	0.24	0.90	0.97		19.11	21.73	19.99	18.81	1.89	1.12	0.68	9.09	5.48
	QP69－1 *	二长花岗岩	齐陇乌如	0.57	0.19	0.01	0.33	29.74	34.13	29.33	2.46		0.00		0.88	2.37

注：带 * 号样数据来源于原长春地质学院(1997)

表 3-3-2　早侏罗世花岗闪长岩、二长花岗岩稀土、微量元素分析结果及特征参数表

稀土元素含量($\times10^{-6}$)及特征参数

代号	样品编号	岩石名称	La	Ce	Pr	Nd	Sm	Eu	Gd	Tb	Dy	Ho	Er	Tm	Yb	Lu	Y	ΣREE	LREE/HREE	δEu	δCe	$(La/Sm)_N$	$(Gd/Yb)_N$	$(La/Yb)_N$
$\gamma\delta J_1$	HMXP29	中粗粒角闪黑云花岗闪长岩	24.9	47.7	5.77	22.5	4.81	1.23	4.07	0.72	4.43	0.91	2.67	0.39	2.57	0.39	21.7	123.06	6.62	0.83	0.93	3.26	1.28	6.53
	HMXP32	中粗粒角闪黑云花岗闪长岩	20.7	58.9	8.99	41.5	10.5	1.64	9.06	1.52	9.51	1.9	5.54	0.81	4.84	0.77	45.4	176.18	4.19	0.50	1.04	1.24	1.51	2.88
	GCP2	似斑状细粒黑云花岗闪长岩	8.55	21.4	2.54	8.98	1.5	0.35	1.03	0.17	1.04	0.21	0.69	0.11	0.77	0.13	5.85	47.47	10.44	0.82	1.09	3.59	1.08	7.49
	D4692	蚀变细粒花岗闪长岩	41.3	76.3	9.06	32.3	5.91	1.02	5.03	0.7	3.43	0.63	2.08	0.25	1.64	0.25	18.1	179.90	11.84	0.56	0.91	4.40	2.47	16.98
	QP1 *	细粒花岗闪长岩	43.49	78.03	8.92	36.36	7.8	1.42	6.04	0.85	5.31	1	3.28	0.41	3.01	0.39	32.55	196.31	8.68	0.61	0.91	3.51	1.62	9.74
	D3227	中细粒黑云花岗闪长岩	34.5	64.1	7.98	31.1	6.21	1.55	5.29	0.85	4.55	0.91	3.02	0.41	2.81	0.44	26.7	163.72	7.96	0.81	0.90	3.49	1.52	8.28
$\eta\gamma J_1$	D1476	细粒黑云二长花岗岩	36	68	8.17	29.4	5.95	1.06	5.13	0.82	4.4	0.82	2.64	0.32	2.23	0.33	24.1	165.27	8.90	0.57	0.92	3.81	1.86	10.88
	D4323	细粒黑云二长花岗岩	19.9	38.5	4.37	16.6	3.4	0.66	2.75	0.47	2.89	0.54	1.71	0.27	1.74	0.26	14.4	94.06	7.85	0.64	0.95	3.68	1.28	7.71
	D4304	细粒黑云二长花岗岩	29.6	55.7	6.01	22.5	4.57	0.91	3.44	0.6	3.48	0.74	2.17	0.32	2.15	0.34	18.8	132.53	9.01	0.67	0.95	4.07	1.29	9.28
	QP69－1 *	二长花岗岩	16.09	25	4.98	10.24	2.01	0.36	1.64	0.52	2.08	0.51	1.52	0.33	1.54	0.24	20.1	67.06	7.00	0.59	0.67	5.04	0.86	7.04

微量元素含量($\times10^{-6}$)及特征参数

代号	样品编号	岩石名称	Ba	Rb	Sr	Cs	Ta	Nb	Hf	Zr	Th	U	Sc	Ti	V	Cr	Co	Ni	Li	Be	Ga	Cd	Bi	Zn
$\gamma\delta J_1$	HMXP29	中粗粒角闪黑云花岗闪长岩	510.00	96.40	195.00	2.79	0.82	9.61	5.48	182.00	9.44		11.80	3 200		33.50	18.40	9.10	8.13	2.13	15.80	0.05	0.01	
	HMXP32	中粗粒角闪黑云花岗闪长岩	468.00	99.90	204.00	4.54	1.09	15.80	3.48	116.00	4.51		31.60	6 600		27.70	18.40	9.63	31.00	1.52	19.00	0.12	0.07	
	GCP2	似斑状细粒黑云花岗闪长岩	44.50	5.66	97.60	2.88	0.94	7.79	3.11	111.00	9.71		2.22	1 400		14.90	13.10	2.14	0.55	1.72	11.10	0.08	0.10	
	D4692	蚀变细粒花岗闪长岩	162.00	24.50	409.00	4.70	0.64	7.89	5.99	230.00	15.70	1.69	6.12	2 200	46.00	20.30	7.41	11.10	12.10	2.05	13.60			13.00
	QP1 *	细粒花岗闪长岩	725.20	124.70	226.80						23.60				44.30	105.80	6.30	9.20						45.00
	D3227	中细粒黑云花岗闪长岩	826.00	131.00	297.00	2.51	0.86	13.80	5.43	224.00	8.79	1.50	13.20	2 800	64.10	8.72	12.90	3.81	5.41	1.93	19.50			80.00
$\eta\gamma J_1$	D1476	细粒黑云二长花岗岩	505.00	172.00	166.00	5.33	1.15	11.70	5.43	202.00	15.20	2.49	9.35	2 400	42.30	20.70	18.50	8.07	26.10	3.98	19.20			
	D4323	细粒黑云二长花岗岩	476.00	261.00	77.90	5.42	1.32	5.43	2.37	63.10	15.30		3.72	674		9.55	10.50	3.26	13.80	1.50	14.30	0.09	1.14	
	D4304	细粒黑云二长花岗岩	568.00	151.00	274.00	7.48	1.06	8.48	3.43	115.00	14.20		16.20	2 900		132.00	16.60	23.10	22.80	2.88	18.80	0.07	0.07	
	QP69－1 *	二长花岗岩	242.00	354.40	76.60						20.00				7.70	103.70	4.70	2.40						
酸性岩平均值(维氏,1962)			830	200	300		3.5	20		200	18	3.5	3	2 300	25	439			40	5.5			0.01	

注:带 * 号样数据来源于原长春地质学院(1997)

花岗闪长岩类岩石的稀土总量多为（123.06～196.31）$\times10^{-6}$，其中仅样品 GCP2 的稀土总量为 47.47$\times10^{-6}$。稀土配分曲线均为向右倾斜的轻稀土富集型，$(La/Yb)_N$=6.53～16.98，$(La/Sm)_N$=3.26～4.40，$(Gd/Yb)_N$=1.08～2.47，轻稀土元素分馏程度明显高于重稀土元素分馏程度，重稀土元素配分曲线较平缓，分馏不明显。δEu=0.50～0.83，具明显亏损，暗示了岩石在结晶分异过程中有长石类矿物的分离结晶作用。δCe=0.90～1.09，具弱负异常或弱正异常。

二长花岗岩类岩石的稀土总量在（67.06～165.27）$\times10^{-6}$，稀土配分曲线均为向右倾斜的轻稀土富集型，$(La/Yb)_N$多在 7.04～10.88，$(La/Sm)_N$=3.49～5.04，$(Gd/Yb)_N$=0.86～1.86，轻稀土元素分馏程度明显高于重稀土元素分馏程度，重稀土元素配分曲线总体较平缓，分馏不明显。δEu 为 0.57～0.67，暗示了岩石在结晶分异过程中有长石类矿物的分离结晶作用。δCe=0.67～0.95，具负异常。

花岗闪长岩类和二长花岗岩类样品的稀土元素配分曲线相似，δEu、δCe、$(La/Yb)_N$、$(La/Sm)_N$、$(Gd/Yb)_N$差别较小，各类岩石总体上基本相似，表明它们具有类似的源区及成岩过程。

花岗闪长岩类、二长花岗岩类的微量元素分析结果见表 3-3-2。花岗闪长岩类岩石的微量元素丰度与维诺格拉夫酸性岩平均值（1962）相比，Ba、Th 多数明显偏低，Rb、Sr、Ta、Nb、Cr、Li、Be 明显偏低。在洋中脊玄武岩标准化的微量元素比值蛛网图（图 3-3-8）中，花岗闪长岩类岩石的配分形式与阿曼和中国西藏的同碰撞花岗岩的相似，总体富集大离子亲石元素 K、Rb、Ba，具 Ta、Nb 亏损，Ba 强烈亏损，其中 GCP2 样品的配分形式与牙买加弧火山花岗岩相似。二长花岗岩类岩石的微量元素丰度与维诺格拉夫酸性岩平均值（1962）相比，多数 Ba、Rb、Sr、Ta、Nb、Cr 偏低，Sc 明显偏高。在以洋中脊玄武岩标准化的微量元素比值蛛网图（图 3-3-9）中，微量元素的配分形式与阿曼和中国西藏的同碰撞花岗岩的相似，总体富集大离子亲石元素 K、Rb、Ba，具 Ta、Nb 亏损，Ba 强烈亏损，大部分岩石 Hf、Zr、Y、Yb 丰度略高于同碰撞花岗岩。

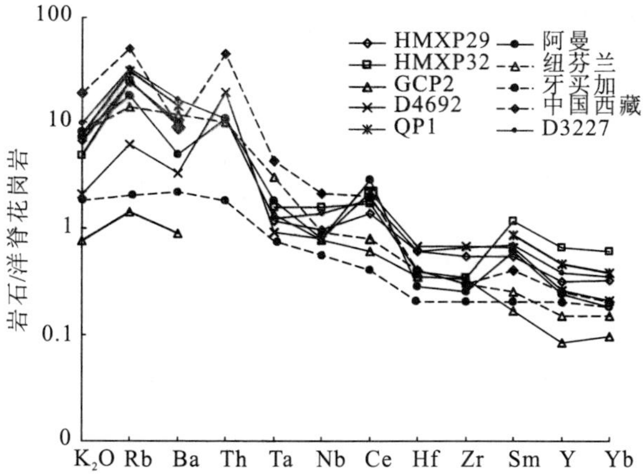

图 3-3-8 花岗闪长岩微量元素比值蛛网图
（据 Pearce，1982）

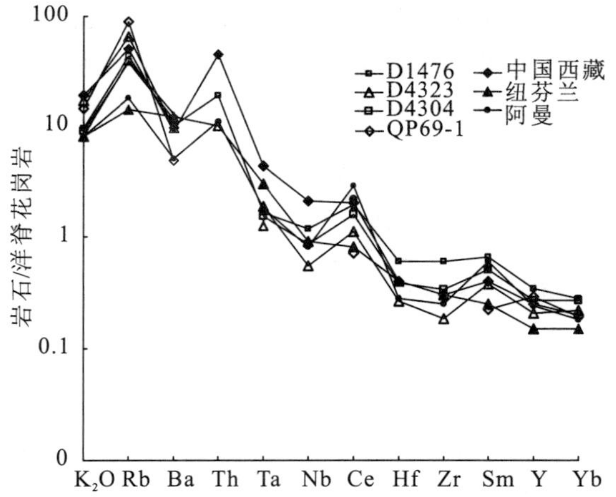

图 3-3-9 二长花岗岩微量元素比值蛛网图
（据 Pearce，1982）

（四）岩相及侵位时代探讨

测区内的花岗闪长岩、二长花岗岩，主要沿双湖构造混杂带侵位，与围岩具明显的侵入接触关系。在空间分布上花岗闪长岩与二长花岗岩密切伴生，呈大小不等的岩株状产出，总体构成一个较大的复合岩基呈带状近东西向展布，构成测区内侵入岩的主体。二长花岗岩大致沿东西向展布的花岗闪长岩条带的中心部位呈断续出露，两者之间多为渐变过渡关系，也可见两者之间相互穿插的现象，表明两者应属大致同时上侵、定位的岩浆冷凝而成。围岩常有不同程度的蚀变，或矽卡岩化，在扎陇那博一带还出现较大面积的接触交代变质岩带。花岗闪长岩粒度有细粒、中细粒、中粗粒，但主体上以细粒为主。二长花岗岩粒度以中细粒为主，主要分布于岩体边缘。上述岩石的结构、构造、矿物特征、围岩蚀变等特征表明，测区内的花岗闪长岩和二长花岗岩为中深成侵入岩相。

西藏区调队（1986）在嘎措北东约16km处采集黑云母二长花岗岩，黑云母K－Ar法同位素年龄值为186.3Ma，时代为早侏罗世；中国科学院青藏高原科考队在玛威山南西约20km，相当于嘎措北7km处采花岗闪长岩，黑云母K－Ar法同位素年龄值为178.4Ma，时代为早侏罗世；本项目在霍木西萨剖面采集花岗闪长岩，K－Ar法同位素年龄值为（186±2）Ma，时代为早侏罗世。测区花岗闪长岩和二长花岗岩侵入的最高地层层位为上三叠统，因此测区内花岗闪长岩和二长花岗岩的侵位时间为早侏罗世。

此外，在曲捷日南一带中细粒黑云花岗闪长岩中含一些片麻状细粒黑云二长花岗岩捕虏体，宽数米，延伸长十多米，捕虏体岩石均发育片麻状构造而与赋存岩石不同。本次工作中取自上述片麻状细粒黑云二长花岗岩捕虏体，黑云母Ar－Ar法同位素年龄值为（215±4）Ma，时代为晚三叠世，暗示测区早在晚三叠世就曾经有过岩浆活动。

（五）侵位机制及构造环境判别

早侏罗世花岗闪长岩、二长花岗岩中暗色矿物主要为黑云母和角闪石，并出现一些辉石，副矿物出现榍石和磁铁矿，具有花岗岩构造环境成因分类中ACG花岗岩的一些特点。岩石为偏铝质，出现部分过铝质岩石类型，在ACF图解（图3-3-10）中，早侏罗世花岗闪长岩、二长花岗岩岩石化学成分投点多落入S型花岗岩区，在K_2O-Na_2O图解（图3-3-11）上，花岗闪长岩样主要落入I型区；二长花岗岩有3件落入S型花岗岩区，另有3件样落入A型区，但大部分均位于与I型分界附近，具过渡类型特征。在不同构造环境花岗岩的非活动性元素判别图（图3-3-12）上，花岗闪长岩投影点又多位于火山弧-同碰撞花岗岩区，更多地显示了火山弧花岗岩的特征。在R_1-R_2图解（图3-3-13）上，花岗闪长岩类的投影点分散，二长花岗岩多数点位于“同碰撞花岗岩”区；在不同构造环境花岗岩Rb/30－Hf－3Ta判别图（图3-3-14）上，花岗闪长岩类的投影点分散，二长花岗岩位于“火山弧花岗岩”与“同碰撞花岗岩”区。片麻状黑云二长花岗岩捕虏体在不同构造环境花岗岩Rb－Hf－Ta判别图上，投影点均位于“火山弧花岗岩”区，反映其成因与板块俯冲消减有着密切的联系。

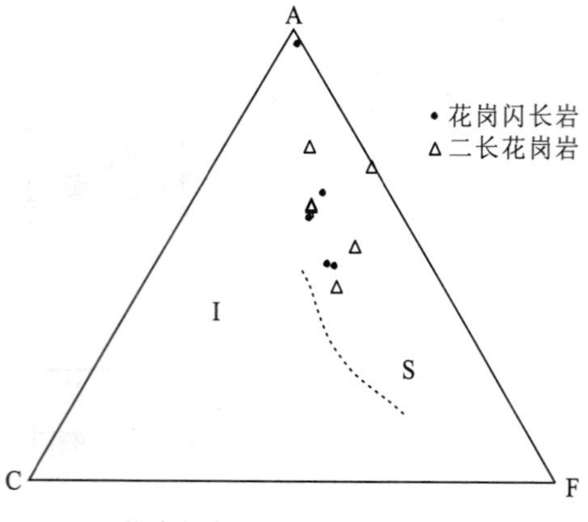

图3-3-10　花岗闪长岩、二长花岗岩ACF图解

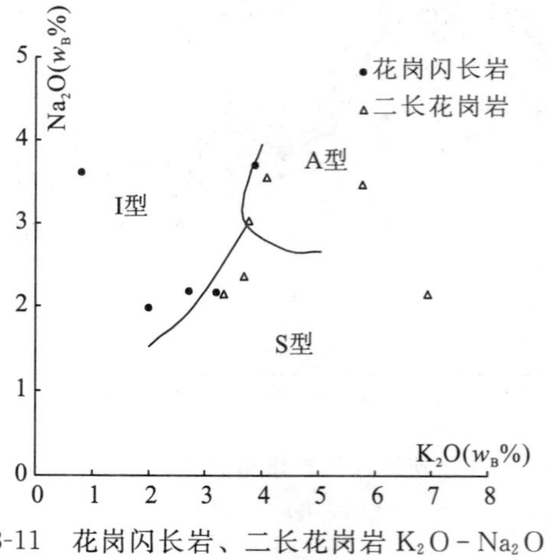

图3-3-11　花岗闪长岩、二长花岗岩K_2O-Na_2O图解

（据Collins W.J.等，1982）

综上所述，常量地球化学特征显示，测区内花岗闪长岩和二长花岗岩具I型与S型的某些特征，而微量元素则显示了火山弧花岗岩和同碰撞花岗岩特征。结合区域地质资料分析，对测区内早侏罗世花岗闪长岩、二长花岗岩的形成过程可作如下推测：测区内古特提斯洋盆的发展在二叠纪达到鼎盛，并开始了洋壳由南向北的俯冲和消减，由于俯冲洋壳之上承载的深海沉积物在俯冲带下的脱水作用导致了下地壳的部分熔融，同时俯冲洋壳也可能由于受到地幔的加热而发生部分熔融，形成了原始的玄武质岩浆。这些岩浆在上升过程中伴有较多陆壳物质的混杂，发生了程度不一的结晶分异，形成了少量的闪长质岩浆，早侏罗世二长花岗岩和花岗闪长岩中的一些深色闪长岩包体也可能是这一时期的产物。而残余的基性熔体部分停留在地壳的深部，并为测区内玛尔果茶卡一带的侏罗纪基性侵入岩的形成提供了源区。随着时间的推移，俯冲作用日趋强烈，至二叠纪末期，由脱水作用形成的流体数量逐

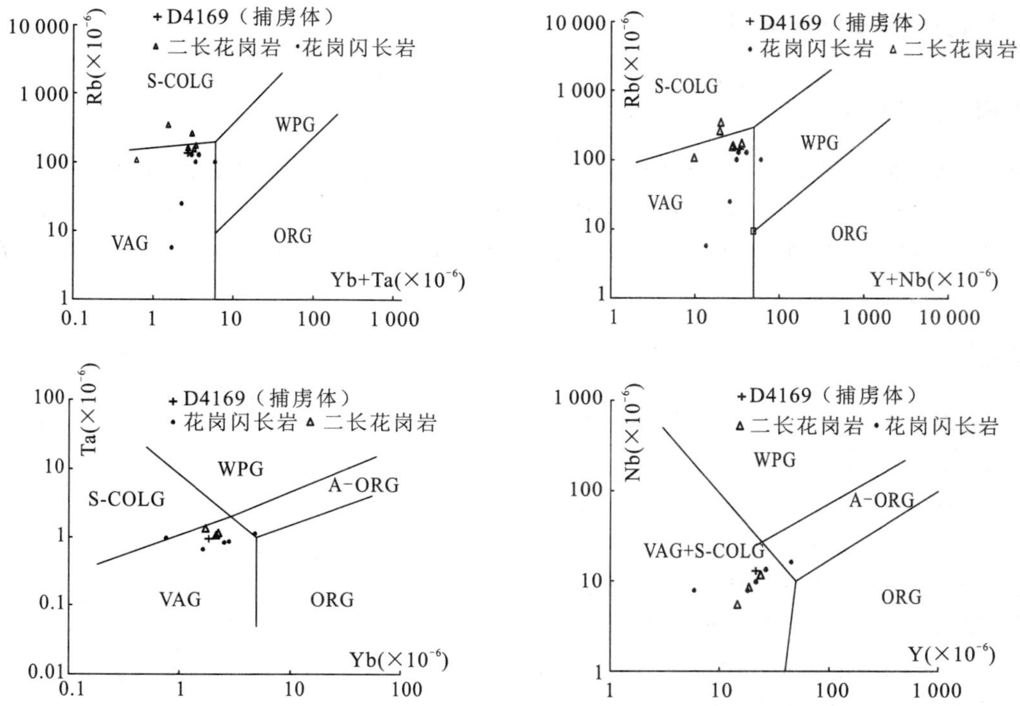

图 3-3-12　不同构造环境花岗岩的非活动性元素判别图

（据 Pearce 等，1984）

VAG. 火山弧花岗岩；WPG. 板内花岗岩；S-COLG. 同碰撞花岗岩；ORG. 洋中脊花岗岩；A-ORG. 异常洋中脊花岗岩

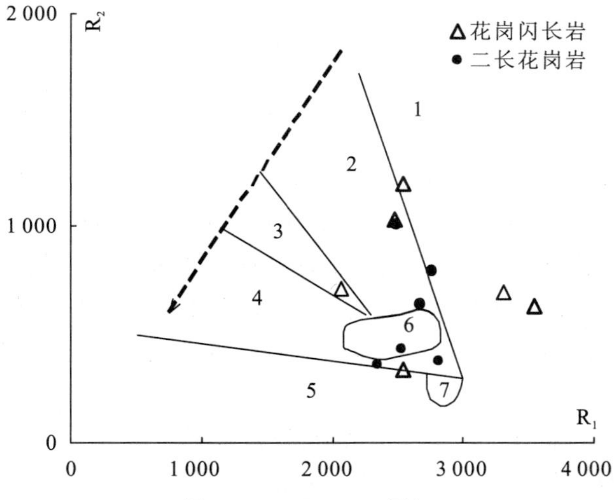

图 3-3-13　R_1-R_2 图解

（据 Batchelor R. A. 等，1985）

1. 地幔分异的花岗岩；2. 碰撞前花岗岩；3. 碰撞后隆起的花岗岩；4. 造山晚期-晚造山期花岗岩；5. 非造山期花岗岩；6. 同碰撞花岗岩；7. 造山期后花岗岩

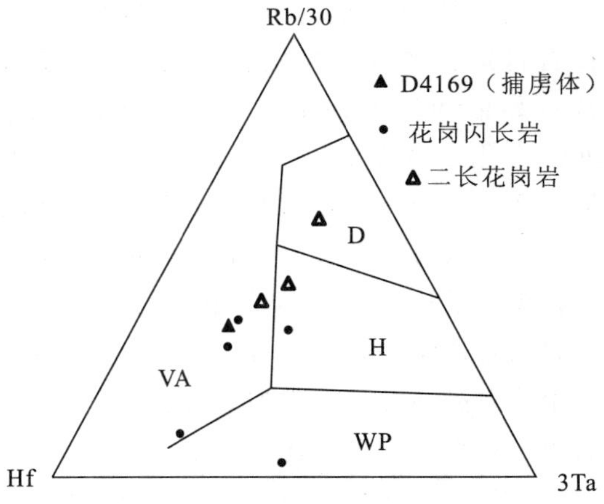

图 3-3-14　不同构造环境花岗岩 Rb/30－Hf－3Ta 判别图

（据 Harris，1986）

VA. 火山弧花岗岩；WP. 板内花岗岩；D. 同碰撞花岗岩；H. 碰撞后花岗岩

渐增加，发生熔融作用的区域逐渐上移，源区物质的基性程度逐渐降低，产生的初始熔融体的酸性程度增加，形成了大量酸性岩浆。这些岩浆在上升、侵位过程中发生了程度不一的结晶分异。晚三叠世至早侏罗世，区内古特提斯洋完全闭合并发生陆-陆碰撞，导致岩浆上侵，形成了测区内大规模的花岗闪长岩和二长花岗岩的岩浆侵入活动，并在上侵过程中同时与上地壳物质发生程度不一的同化混染作用。早侏罗世花岗岩应属俯冲作用鼎盛时期形成，碰撞时期发生演化的连续的岩浆活动的产物，因而其地球化学特征更多地显示了火山弧花岗岩的特点。

二、中晚侏罗世中酸性花岗岩

1. 区域分布与产出特征

测区中晚侏罗世中酸性花岗岩分布比较零星，在双湖构造混杂带中呈岩脉和岩株状产出，较大的岩体主要分布在扫保扫萨东、天鹤湖、奇嵘山、长蛇山、那底岗日及玛尔果茶卡一带，分布面积285km^2。与中侏罗统、双湖构造混杂岩带中不同岩片及早侏罗世花岗闪长岩、二长花岗岩为侵入接触关系。

2. 岩石学特征

中晚侏罗世中酸性花岗岩岩石类型主要有二长花岗岩、二长花岗斑岩、花岗闪长斑岩，石英二长闪长岩、石英闪长玢岩和石英斑岩等（图 3-3-15）。

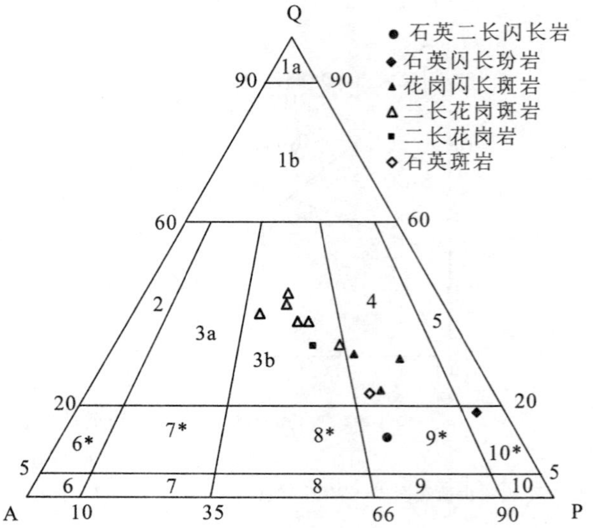

图 3-3-15　深成岩类的分类图解

（据 Streckcisen，1973；Le Maitre 等，1989）

3a. 花岗岩；3b. 二长花岗岩；4. 花岗闪长岩；5. 英云闪长岩；8＊. 石英二长岩；9＊. 石英二长闪长岩；10＊. 石英闪长岩

石英闪长玢岩：分布在天鹤湖、奇嵘山南西及玛尔果茶卡一带。岩石呈灰、灰黑色，斑状结构。斑晶矿物成分为角闪石（11%～20%）、斜长石（5%～25%）、黑云母（0～8%），石英（1%～10%）。角闪石斑晶呈0.2～3mm的自形、半自形柱状体，含斜长石的包体，部分蚀变强烈，主要是绿泥石化、绢云母化。黑云母呈片状，部分绿泥石化。斜长石自形、半自形板柱状、板条状，具钠长石双晶带和环带构造，少量具聚片双晶，强烈云母化，边缘具轻微熔蚀现象。石英斑晶呈0.2～1.5mm的他形粒状、自形六方柱状。基质含量60%～67.5%，由粒度小于0.1mm的微晶角闪石、黑云母和斜长石、石英构成，不同程度绿泥石化和绢云母化。副矿物有磷灰石、锆石。

石英二长闪长岩：岩石呈灰、浅灰色，半自形粒状结构。矿物成分为斜长石（30%）、钾长石（35%）、普通角闪石（30%～32%）、石英（5%）。斜长石为中长石，呈自形长板状，具简单环带结构，聚片双晶不发育，强烈绢云母化。钾长石为微斜长石，呈半自形板状，具不发育的格子状双晶。普通角闪石普遍绿泥石化。

黑云二长花岗岩：呈灰、灰白色，自形、半自形粒状花岗结构。矿物成分为石英（15%～26%）、斜长石（13%～55%）、正长石（8%～20%）、黑云母（4%～10%）和普通角闪石（6%～10%），副矿物为磷灰石、锆石、榍石和磁铁矿。斜长石为更、中长石，呈0.2～4mm的自形板条状，环带构造和钠长双晶发育，强烈绢云母化和碳酸盐化。钾长石为正长石，常交代斜长石而形成蠕英结构。黑云母部分绿泥石化。

黑云二长花岗斑岩：岩石呈浅灰色多斑结构，斑晶含量20%～35%，成分以长石（25%～35%）为主。斑晶粒度多在6～15mm，斜长石斑晶呈自形—半自形，多具环带构造，不同程度绢云母化，有时呈聚斑状。黑云母斑晶边缘有熔蚀，不同程度绿泥石化。石英斑晶中有时有黑云母包晶，其裂隙中有钾长石充填。基质含量为32%～50%，由小于0.3mm的微细粒状石英、部分钾长石和少量斜长石、黑云母、角闪石微晶组成。副矿物为磷灰石、锆石。部分岩石暗色矿物物减少而过渡为二长花岗斑岩。

花岗闪长斑岩：岩石为斑状结构，基质微粒花岗结构、球粒结构、霏细结构。斑晶粒度0.2～4mm，成分为斜长石（5%～26%）和石英（9%～20%），部分含一些黑云母（5%～10%）和角闪石（7%～15%）。斜长石斑晶呈0.1～2mm的半自形柱状、长板条状。石英斑晶呈微晶，具港湾状熔蚀边，黑云母斑晶部分绿泥石化，角闪石斑晶绿泥石化或碳酸盐化。基质含量42%～85%，由小于

0.08mm微粒石英、长石（钾长石为主）组成，不同程度绢云母化、绿泥石化。副矿物为磷灰石和锆石。

石英斑岩：包括部分超浅成相的流纹斑岩。岩石为斑状结构，基质球粒结构、霏细结构，隐晶质结构。斑晶含量10%～52%，成分主要为石英，次为斜长石和少量钾长石，偶见黑云母和角闪石。石英斑晶呈半自形柱粒状、他形粒圆粒状，部分具爆裂纹，熔蚀现象明显，具港湾状、齿状等熔蚀外形。斜长石斑晶呈自形板条状，个别见环带构造，绢云母化和碳酸盐化。暗色斑晶全部被绿泥石和碳酸盐取代。基质含量48%～90%，由细微粒长石、石英、长英质和玻璃质组成，长英质呈纤维状组成球粒，玻璃质经脱玻化形成绢云母和绿泥石。岩石中副矿物为榍石、锆石、磷灰石和绿帘石。

此外，在奇嵘山南和尕扎纳扎一带有少量花岗斑岩小岩株分布。

3. 岩石化学与地球化学特征

1）岩石化学特征

石英闪长玢岩、石英二长闪长岩等中性侵入岩类及二长花岗岩、二长花岗斑岩、花岗闪长斑岩、石英斑岩等酸性岩类的岩石化学成分分析结果及岩石主要化学指数、C. I. P. W. 标准矿物见表3-3-3。

中性侵入岩SiO_2＝56.53%～60.60%，在C. I. P. W. 标准矿物中，石英含量较高（7.29%～13.67%），为SiO_2过饱合岩石类型。Al_2O_3＝12.75%～15.43%，A/CNK＝0.58～0.80，A/NK＝1.89～2.45，为次铝质岩石类型。C. I. P. W. 标准矿物组合类型为q＋or＋ab＋an＋di＋hy＋ap＋ilm＋mt。在硅碱图（图3-3-16）和AFM图（图3-3-17）中，样品投点于亚碱性系列区和钙碱性系列区。结晶指数（CI）为33.12～43.06，分异指数（DI）为34.82～51.34，平均43.58，表明岩浆分异演化作用比较彻底。

酸性岩类岩石的SiO_2＝64.30%～77.54%，在C. I. P. W. 标准矿物中，石英含量较高（14.84～39.77），为SiO_2过饱合岩石类型。Al_2O_3＝9.80%～14.87%，在C. I. P. W. 标准矿物中，多数出现刚玉矿物，A/CNK＝0.78～1.62，A/NK＝1.11～2.49，为过铝质岩石类型，部分为次铝质岩石类型。C. I. P. W. 标准矿物组合类型为q＋or＋ab＋an＋c＋hy＋ap＋ilm＋mt或q＋or＋ab＋an＋di＋hy＋ap＋ilm＋mt。在硅碱图（图3-3-16）和AFM图（图3-3-17）中，样品投点于亚碱性系列区和钙碱性系列区。结晶指数（CI）为2.43～37.23，分异指数（DI）为46.57～92.49，平均78.47，表明岩浆分异演化作用比较彻底。

2）地球化学特征

石英闪长玢岩、石英二长闪长岩等中性侵入岩类及二长花岗岩、二长花岗斑岩、花岗闪长斑岩、石英斑岩稀土分析结果及特征参数见表3-3-4，稀土元素分配曲线见图3-3-18、图3-3-19。

中性岩类岩石的稀土元素总量多在（112.20～186.07）$\times10^{-6}$。稀土配分曲线均为向右倾斜的轻稀土富集型，$(La/Yb)_N$＝6.16～11.22，$(La/Sm)_N$＝3.07～4.32，$(Gd/Yb)_N$＝1.51～1.71，重稀土元素配分曲线较平缓，δEu多在0.69～0.73，具明显亏损，暗示了岩石在结晶分异过程中有长石类矿物的分离结晶作用，δCe＝1.03～1.15，具弱正异常。

酸性岩类岩石的稀土元素总量在（119.4～222.50）$\times10^{-6}$，稀土配分曲线均为向右倾斜的轻稀土富集型，$(La/Yb)_N$＝3.64～13.31，$(La/Sm)_N$＝2.97～5.48，$(Gd/Yb)_N$＝0.86～3.84，轻稀土元素分馏程度明显高于重稀土元素分馏程度，重稀土元素配分曲线较平缓，分馏不明显。δEu多在0.40～0.78，暗示了岩石在结晶分异过程中有长石类矿物的分离结晶作用。δCe＝0.93～1.23，具负异常或弱正异常。

石英闪长玢岩、石英二长闪长岩等中性侵入岩类及二长花岗岩、花岗闪长斑岩、二长花岗斑岩、石英斑岩多数样品的稀土元素配分曲线相似，δEu、δCe、$(La/Yb)_N$、$(La/Sm)_N$、$(Gd/Yb)_N$差别较小，各类岩石总体上基本相似，表明它们具有类似的源区及成岩演化过程，NRNP9样品具强烈的Tb负异常，可能与后期蚀变有关。

石英闪长玢岩、石英二长闪长岩等中性侵入岩类及二长花岗岩、花岗闪长斑岩、二长花岗斑岩、石英斑岩微量元素分析结果见表3-3-4 。

表 3-3-3　中晚侏罗世中酸性侵入岩化学分析、C. I. P. W. 标准矿物及主要化学指数表

氧化物含量(w_B%)及主要化学指数

代号	野外号	岩石名称	产地	SiO_2	TiO_2	Al_2O_3	Fe_2O_3	FeO	MnO	MgO	CaO	Na_2O	K_2O	P_2O_5	alk	K_2O/Na_2O	σ	AR	A/CNK	A/NK	CI	DI
$\eta\delta oJ_{2-3}$	G15214⊕	石英二长闪长岩	玛尔果茶卡	56.53	0.76	12.75	1.47	7.29	0.16	7.82	9.15	1.62	2.34	0.10	3.96	1.45	1.16	1.44	0.58	2.45	43.06	34.82
$\delta o\mu J_{2-3}$	GS350 *	石英闪长玢岩		60.60	0.52	15.43	1.79	3.57	0.13	6.00	6.90	2.61	2.23	0.20	4.84	0.86	1.33	1.55	0.80	2.30	38.17	48.94
$\eta\gamma J_{2-3}$	G16175－1⊕	角闪黑云二长花岗岩	玛尔果茶卡	70.08	0.58	13.35	1.53	2.92	0.06	1.76	2.69	2.52	4.38	0.11	6.90	1.74	1.76	2.51	0.97	1.50	15.42	76.38
$\gamma\delta\pi J_{2-3}$	G14203⊕	花岗闪长斑岩		67.38	0.52	14.47	2.46	4.21	0.12	1.38	3.45	3.77	2.09	0.11	5.86	0.56	1.41	1.97	0.98	1.71	18.80	70.30
	C376 *		奇嵘山	64.30	0.67	15.09	2.52	4.07	0.10	3.41	3.14	3.61	2.93	0.18	6.53	0.81	2.00	2.12	1.02	1.66	20.34	66.59
	GCP4 *		嘎措	66.10	0.64	14.87	2.03	3.53	0.10	3.60	3.21	2.66	3.06	0.15	5.72	1.15	1.42	1.93	1.10	1.93	21.26	65.92
$\eta\gamma\pi J_{2-3}$	GCP1	黑云二长花岗斑岩		76.07	0.44	9.80	1.37	1.89	0.07	1.28	2.08	2.52	4.26	0.14	6.78	1.69	1.39	3.65	0.78	1.12	7.53	86.31
	HMXP26		霍木西萨	69.07	0.53	14.54	2.68	4.02	0.07	2.12	0.20	2.64	3.97	0.12	6.60	1.51	1.67	2.62	1.62	1.68	3.86	79.09
	C360 *		扫把扫萨东	63.55	0.45	14.69	2.09	4.62	0.08	4.21	2.01	2.43	5.68	0.20	8.11	2.34	3.20	2.89	1.06	1.45	16.01	68.98
	C383 *		溪水河沟口	77.54	0.05	11.32	0.30	1.18	0.03	0.52	0.82	2.37	5.80	0.06	8.18	2.45	1.94	5.13	0.97	1.11	4.15	92.80
	NRNP9	二长花岗斑岩	那若南	67.89	0.66	14.46	2.18	3.29	0.09	2.46	1.99	3.28	3.33	0.33	6.62	1.02	1.76	2.35	1.14	1.61	12.02	75.02
	D4026		奇嵘山南	76.06	0.04	13.39	0.40	0.87	0.30	0.59	0.31	3.63	4.37	0.02	8.01	1.20	1.94	3.81	1.19	1.25	2.43	92.49
$\lambda\pi J_{2-3}$	G15049⊕	石英斑岩	玛尔果茶卡东	71.76	0.15	13.99	1.10	1.15	0.08	0.50	1.12	0.15	9.88	0.04	10.03	67.79	3.50	4.95	1.08	1.28	6.23	89.24

C. I. P. W. 标准矿物含量(%)

代号	野外号	岩石名称	产地	ap	ilm	mt	c	q	or	ab	an	di			hy	
												wo	en′	fs′	en	fs
$\eta\delta oJ_{2-3}$	G15214⊕	石英二长闪长岩	玛尔果茶卡									10.07	6.05	3.49	13.41	7.72
$\delta o\mu J_{2-3}$	GS350 *	石英闪长玢岩		0.48	0.99	2.60		13.67	13.21	22.06	23.80	3.80	2.67	0.80	12.28	3.66
$\eta\gamma J_{2-3}$	G16175－1⊕	角闪黑云二长花岗岩	玛尔果茶卡	0.26	1.11	2.22		29.20	25.86	21.33	12.19	0.19	0.10	0.08	4.29	3.18
$\gamma\delta\pi J_{2-3}$	G14203⊕	花岗闪长斑岩		0.25	0.99	3.57		26.01	12.37	31.90	16.38	0.01	0.01	0.01	3.42	5.03
	C376 *		奇嵘山	0.42	1.27	3.65	0.72	18.80	17.29	30.51	14.39		0.00		8.49	4.47
	GCP4 *		嘎措	0.35	1.21	2.94	1.69	25.27	18.11	22.51	14.97		0.00		8.96	3.95
$\eta\gamma\pi J_{2-3}$	GCP1	黑云二长花岗斑岩		0.34	0.83	1.98		39.77	25.15	21.32	2.87	2.73	1.66	0.91	1.52	0.83
	HMXP26		霍木西萨	0.29	1.00	3.88	5.85	33.31	23.45	22.30	0.16		0.00		5.28	4.43
	C360 *		扫把扫萨东	0.47	0.86	3.03	1.36	14.84	33.59	20.55	8.67		0.00		10.48	6.16
	C383 *		溪水河沟口	0.14	0.10	0.44		38.43	34.30	20.08	3.09	0.24	0.10	0.14	1.21	1.75
	NRNP9	二长花岗斑岩	那若南	0.78	1.25	3.16	2.62	27.53	19.70	27.77	7.73		0.00		6.12	3.32
	D4026		奇嵘山南	0.06	0.08	0.57	2.16	35.89	25.85	30.75	1.40		0.00		1.47	1.78
$\lambda\pi J_{2-3}$	G15049⊕	石英斑岩	玛尔果茶卡东	0.08	0.28	1.60	1.09	29.53	58.41	1.23	5.35		0.00		1.25	1.11

注：带 * 号样数据来源于原长春地质学院(1997)；带⊕号样数据来源于成都环资所(1997)

表 3-3-4 中晚侏罗世中酸性侵入岩稀土、微量元素分析结果及特征参数表

稀土元素含量(×10⁻⁶)及特征参数																							
代号	样品编号	岩石名称	La	Ce	Pr	Nd	Sm	Eu	Gd	Tb	Dy	Ho	Er	Tm	Yb	Lu	Y	ΣREE	LREE/HREE	δEu	δCe	$(La/Sm)_N$	$(Gd/Yb)_N$	$(La/Yb)_N$
$\eta\delta J_{2-3}$	G15214⊕	石英二长闪长岩	20.10	44.40	5.14	20.30	4.12	0.94	4.11	0.74	5.04	1.12	3.26	0.49	2.20	0.52		112.48	5.44	0.69	1.03	3.07	1.51	6.16
$\delta\mu J_{2-3}$	GS350 *	石英闪长玢岩	35.77	92.39	10.22	24.97	5.21	1.19	4.55	1.02	4.18	0.92	2.61	0.52	2.15	0.37	36.27	186.07	10.40	0.73	1.15	4.32	1.71	11.22
$\eta\gamma J_{2-3}$	G16175－1⊕	角闪黑云二长花岗岩	56.9	123	12.45	45.5	8.49	1.06	5.62	0.97	6.33	1.342	3.75	0.55	3.38	0.517		269.86	11.02	0.44	1.07	4.22	1.34	11.35
$\gamma\delta\pi J_{2-3}$	G14203⊕	花岗闪长斑岩	31.40	70.40	8.29	33.30	6.64	0.94	4.97	0.88	5.92	1.29	3.71	0.56	3.54	0.54		172.38	7.05	0.48	1.03	2.97	1.13	5.98
	C376 *		50.89	84.23	9.17	35.30	7.76	1.45	5.95	0.77	5.22	0.98	3.17	0.45	2.85	0.38	27.11	208.57	9.55	0.63	0.87	4.13	1.68	12.04
	GCP4		31.10	60.10	6.70	25.20	4.81	1.10	3.61	0.60	3.77	0.78	2.28	0.34	2.16	0.33	17.60	142.88	9.30	0.78	0.96	4.07	1.35	9.71
$\eta\gamma\pi J_{2-3}$	GCP1	黑云二长花岗斑岩	45.60	82.60	8.49	30.70	5.23	1.17	3.67	0.57	3.22	0.63	1.79	0.26	1.69	0.25	14.60	185.87	14.39	0.78	0.94	5.48	1.75	18.19
	HMXP26		30.80	58.60	6.35	23.60	4.26	0.96	3.45	0.59	3.84	0.79	2.36	0.33	2.42	0.37	18.50	138.72	8.80	0.74	0.96	4.55	1.15	8.58
	C360 *		35.13	83.22	7.62	21.90	4.49	0.90	3.21	0.46	3.41	0.59	1.90	0.26	1.78	0.26	26.24	165.13	12.91	0.69	1.17	4.92	1.46	13.31
	C383 *		32.44	89.66	9.17	18.85	4.62	0.78	3.64	0.85	3.38	0.78	2.21	0.44	1.95	0.30	20.99	169.07	11.48	0.56	1.23	4.42	1.51	11.22
	NRNP9	二长花岗斑岩	34.30	64.20	7.24	27.10	5.27	1.15	4.38	0.27	4.13	0.79	2.35	0.35	2.31	0.35	19.20	154.19	9.33	0.71	0.93	4.09	1.53	10.01
	D4026		25.40	48.90	5.36	19.50	4.47	0.55	3.81	0.66	4.30	0.85	2.39	0.37	2.46	0.38	21.80	119.40	6.84	0.40	0.96	3.57	1.25	6.96
	G15049⊕	石英斑岩	36.30	84.30	9.95	40.70	10.40	1.37	8.96	1.60	10.86	2.39	6.92	1.06	6.72	0.97		222.50	4.64	0.42	1.05	2.20	1.08	3.64

微量元素含量(×10⁻⁶)及特征参数																								
代号	样品编号	岩石名称	Ba	Rb	Sr	Cs	Ta	Nb	Hf	Zr	Th	U	Sc	Ti	V	Cr	Co	Ni	Li	Be	Ga	Cd	Bi	Zn
$\eta\delta J_{2-3}$	G15214⊕	石英二长闪长岩	449.00	71.80	258.00	2.80	0.54		2.50	629.00	6.40	1.20	48.10			532.00	34.50							116.00
$\delta\mu J_{2-3}$	GS350	石英闪长玢岩	436.80	59.60	153.90						21.90				38.20	174.00	8.80	15.80						
$\eta\gamma J_{2-3}$	G16175－1⊕	角闪黑云二长花岗岩	652.00	171.00	157.00	6.80	1.01		7.00	186.00	28.00	3.70	19.50			61.70	13.10							89.50
$\gamma\delta\pi J_{2-3}$	G14203⊕	花岗闪长斑岩	570.00	70.80	204.00	1.20	1.00		5.40	245.00	11.20	5.40	27.20			27.90	8.10							110.00
	C376 *		955.80	82.40	95.40						20.80				21.50	42.50	4.00	4.90						
	GCP4		623.00	92.90	181.00	11.90	0.82	8.06	4.64	159.00	11.40		18.30	3 800		113.00	16.90	24.00	15.40	1.69	16.20	<0.05	0.17	
$\eta\gamma\pi J_{2-3}$	GCP1	黑云二长花岗斑岩	809.00	175.00	289.00	71.00	1.18	11.80	4.03	138.00	18.70		7.68	2 600		21.20	14.10	6.92	16.10	3.23	16.90	0.11	0.07	
	HMXP26		485.00	112.00	51.50	2.36	0.83	9.09	4.36	160.00	13.50		10.70	3 300		8.40	8.41	3.43	11.80	1.18	16.60	0.43	0.12	
	C360 *		699.30	245.90	177.00						18.90				61.80	119.80	9.10	8.30						
	C383 *		600.60	200.10	95.30						21.60				13.00	177.70	4.60	2.90						
	NRNP9	二长花岗斑岩	719.00	86.60	149.00	2.40	0.87	10.50	6.22	224.00	13.50		14.80	4 400		55.40	13.80	10.60	25.70	1.61	16.40	0.31	0.30	
	D4026		451.00	142.00	65.90	3.12	1.32	9.66	2.39	56.90	19.10		3.37	239		4.67	13.60	1.73	6.25	2.25	17.00	0.10	0.03	
$\lambda\pi J_{2-3}$	G15049 ⊕	石英斑岩	1 291.00	336.00	147.00	9.90	1.70		7.00	161.00	26.10	2.60	7.10			18.80	1.30							111.00
中性岩平均值(维氏,1962)								20		260					100	68	10	55		0.8				72
酸性岩平均值(维氏,1962)			830	200	300		3.5	20		200	18	3.5	3	2 300	25	439			40	5.5			0.01	

注:带 * 号样数据来源于原长春地质学院(1997);带⊕号样数据来源于成都环资所(1997)

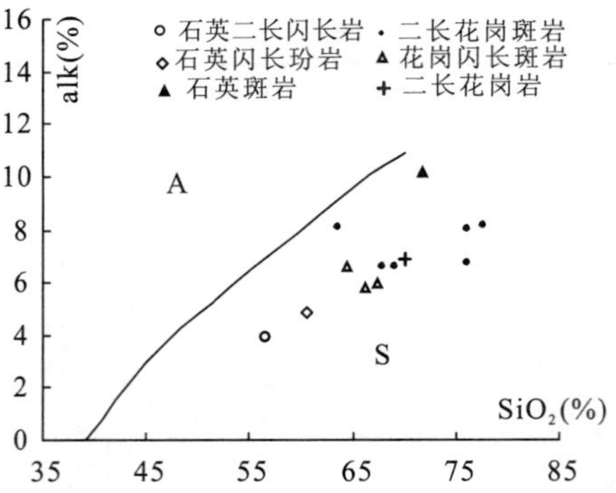

图 3-3-16　中酸性侵入岩类硅碱图

（据 Irvine T. N. 等，1971）

A. 碱性系列；S. 亚碱性系列

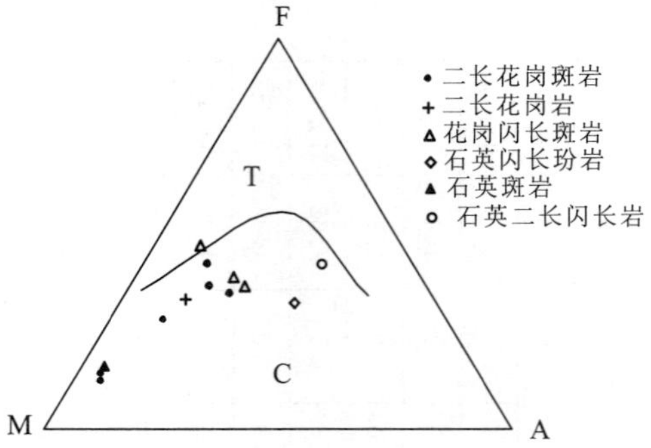

图 3-3-17　中酸性侵入岩类 AFM 图

（据 Irvine T. N. 等，1971）

T. 拉斑玄武岩系列；C. 钙碱性玄武岩系列

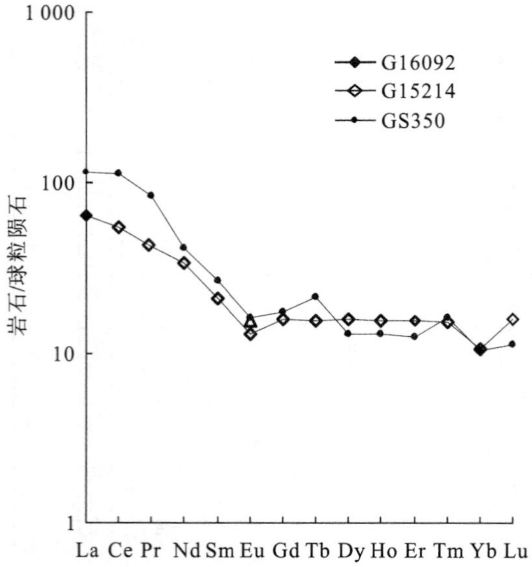

图 3-3-18　中性侵入岩类稀土元素配分曲线

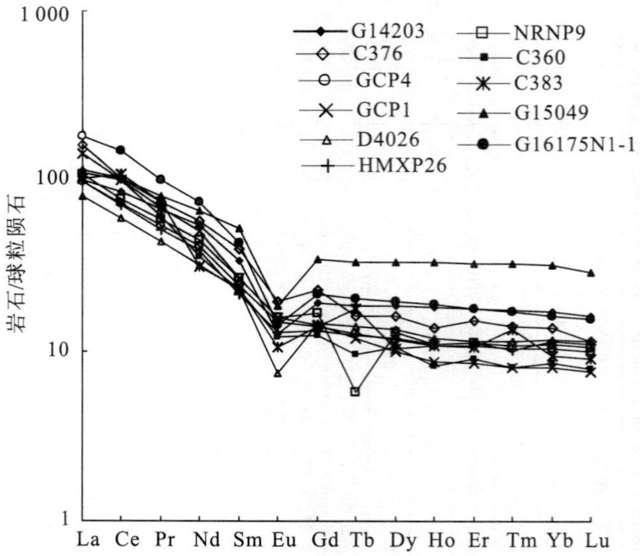

图 3-3-19　酸性侵入岩类稀土元素配分曲线

中性岩类岩石的微量元素丰度与维诺格拉夫中性岩平均值（1962）相比，Zr 多数偏低，Th 明显偏低，Cr、Co、Zn 明显高于维氏值。酸性岩类岩的微量元素丰度与维诺格拉夫酸性岩平均值（1962）相比，多数 Ba、Rb、Sr、Cr 偏低，Sc 明显偏高。在以洋中脊玄武岩标准化的微量元素比值蛛网图（图 3-3-20，图 3-3-21）中，闪长岩类、花岗闪长斑岩类、二长花岗斑岩类、花岗斑岩类、石英斑岩类岩石的配分形式与阿曼和中国西藏的同碰撞花岗岩的相似，总体富集大离子亲石元素 K、Rb、Ba，具 Ta、Nb 亏损，不同的是 Ba 无强烈的亏损，反映出一些火山弧花岗岩的特点。

3）岩相及侵位时代探讨

本期的岩浆活动，既表现为中深成的岩浆侵入活动，又有岩浆的浅成和超浅成侵入活动。中深成侵入岩主要为二长花岗岩，与中侏罗统为明显侵入接触关系。浅成侵入岩体主要为花岗闪长斑岩、二长花岗斑岩和石英斑岩，与早侏罗世花岗闪长岩和二长花岗岩的侵入关系多处可见，并有小岩枝穿入围岩中。

嘎措地区二长花岗斑岩年龄为（166±2）Ma。资料表明（表 3-3-5），玛尔果茶卡地区中酸性侵入岩年龄值为 144～164Ma，表明中酸性岩浆活动时间大致为中晚侏罗世。

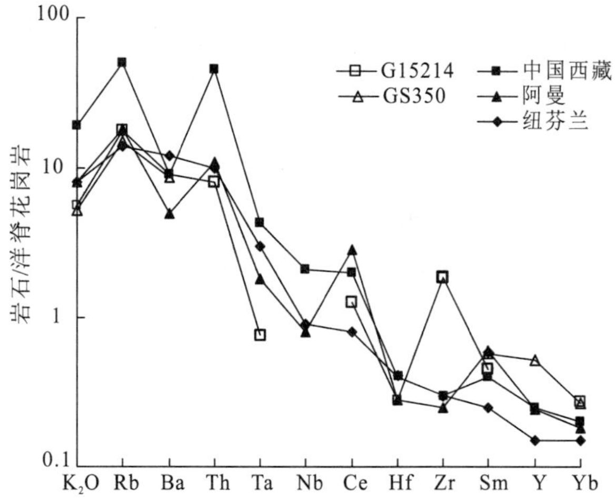

图 3-3-20 闪长岩类微量元素比值蛛网图
（据 Pearce，1982）

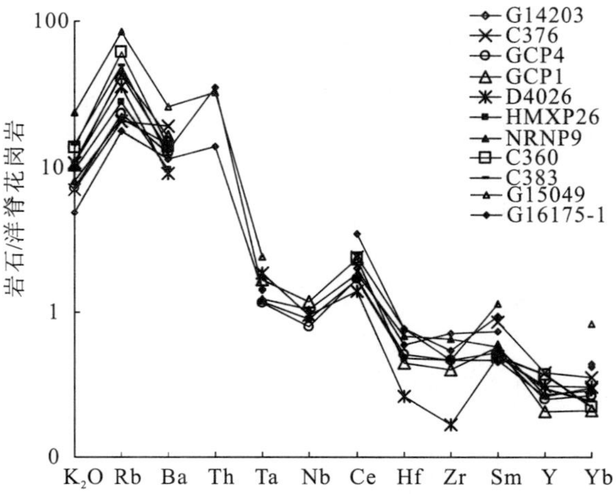

图 3-3-21 花岗岩类微量元素比值蛛网图
（据 Pearce，1982）

表 3-3-5 中晚侏罗世闪长岩类、花岗岩类同位素测定年龄值表

样品编号	岩性	产地	测试方法	测定年龄值（Ma）
GCP1	黑云二长花岗斑岩	嘎措剖面	K－Ar	166±2
G15049＊	石英斑岩	玛尔果茶卡东		149.2±1.9
G14203＊	花岗闪长斑岩			144.7±2.3
G14256＊	石英斑岩			157.6±2.5
G16092＊	石英闪长岩			122.0±1.6
G16222＊	闪长玢岩			164.4±2.1
G15214＊	二长闪长岩			151.3±2.4

注：带＊号样年龄值来源于成都环资所朱同兴等（1997）

4）侵位机制及构造环境判别

在 ACF 图解（图 3-3-22）中，中、晚侏罗世中酸性侵入岩岩石化学成分投点落入 S 型区，表明其成分具有壳源特征。在 Rb/30－Hf－3Ta 图（图 3-3-23）上，大部分投影点位于弧花岗岩区，且靠近碰撞后花岗岩区。在不同构造环境判别图（图 3-3-24）上，大部分岩石投影点位于弧花岗岩区，显示了火山弧花岗岩特征。上述特点与测区内早侏罗世花岗岩相似，说明两者在源区组成、构造背景上有一致性，为同一岩浆活动演化的产物。

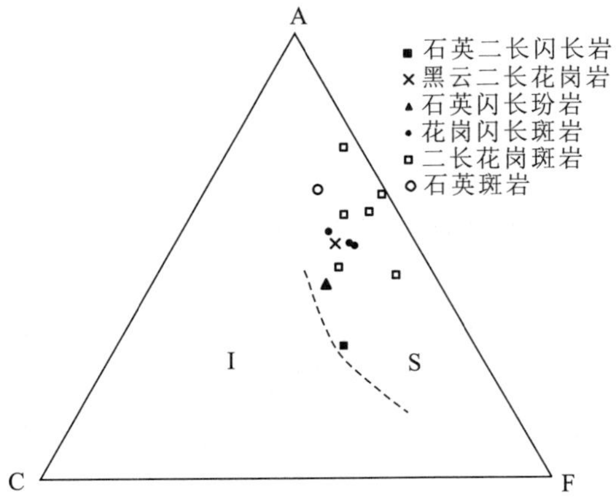

图 3-3-22 闪长岩类、花岗岩类 ACF 图解

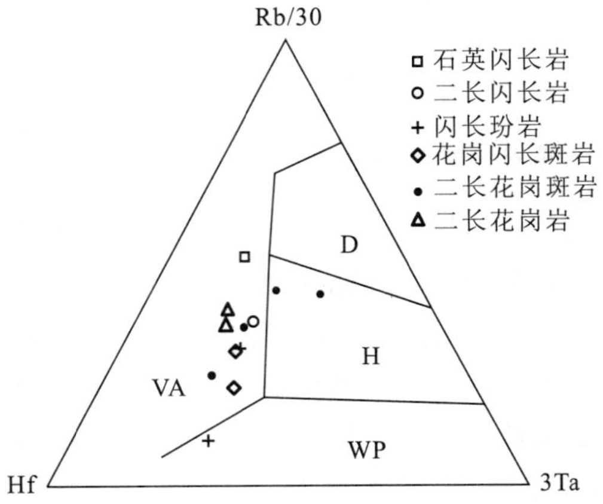

图 3-3-23 花岗岩 Rb/30－Hf－3Ta 判别图
VA. 火山弧花岗岩；WP. 板内花岗岩；
D. 同碰撞花岗岩；H. 碰撞后花岗岩

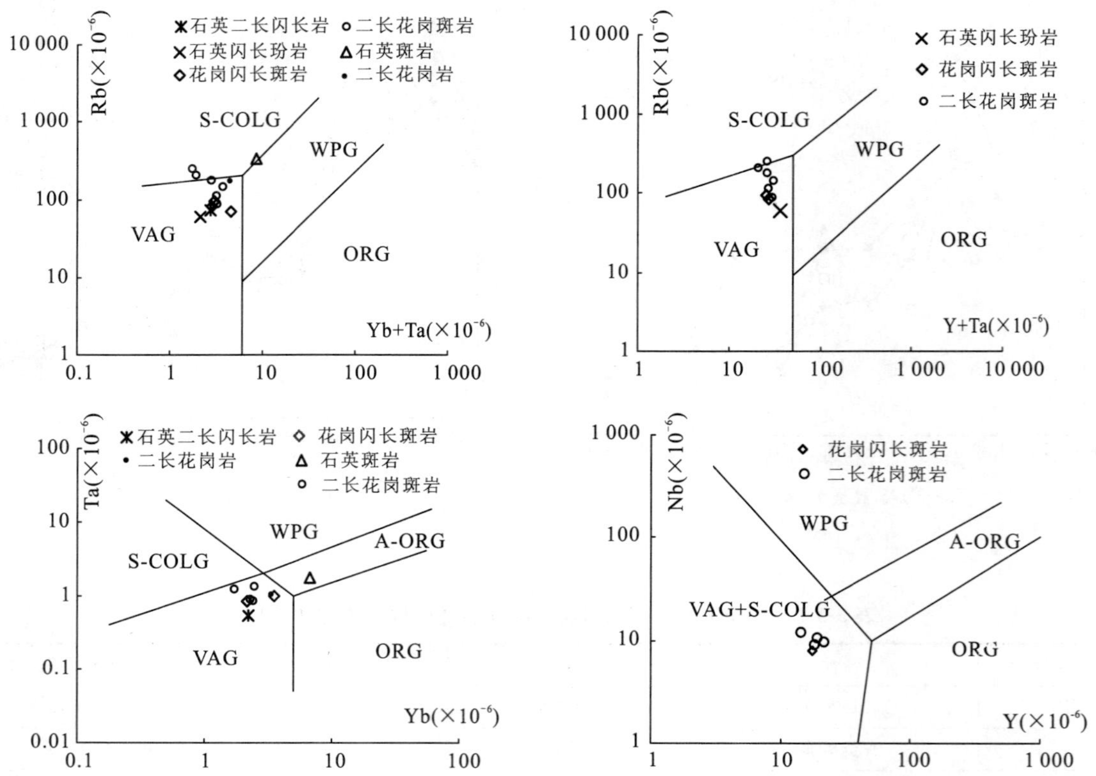

图 3-3-24　不同构造环境花岗岩的非活动性元素判别图

（据 Pearce 等，1984）

VAG. 火山弧花岗岩；WPG. 板内花岗岩；S-COLG. 同碰撞花岗岩；ORG. 洋中脊花岗岩；A-ORG. 异常洋中脊花岗岩

第四节　脉　岩

测区内脉岩较发育，主要分布于双湖构造混杂岩带中，在图幅南西角木茶卡一带也有少量分布。脉岩与侏罗纪侵入岩有着密切的关系，主要分布在侵入岩岩体内或围岩之中。脉岩类型有基性岩脉、中性岩脉和酸性岩脉。岩脉延伸方向受局部构造控制，主要延伸方向为近东西向。岩脉规模大小不一，大部分规模较小，地质图上只选择性予以标示。

一、基性岩脉

基性岩脉在测区内分布不多，仅见于角木茶卡、玛尔果茶卡及胜利河一带。

1. 在角木茶卡一带

基性岩脉主要分布于二叠纪基性侵入岩体及附近的展金组和龙格组围岩之中，宽仅数米，与基性侵入岩体为同期岩浆活动的产物。岩石类型有辉绿岩、霓辉辉长岩。

辉绿岩：灰绿色，辉绿结构。岩石中含较多灰色钙质泥岩、绿灰色凝灰岩捕虏体，大小十多厘米至 1.5m。矿物成分为中基性斜长石（55%～60%）、单斜辉石（25%）、绿泥石（10%）和金属矿物（6%）。中基性斜长石呈长柱状，中等-强绢云母化，部分绿泥石、绿帘石化。辉石呈短柱状、柱粒状，部分绿泥石化。

霓辉辉长岩：灰绿色，辉长辉绿结构。矿物成分为霓辉石（43%～48%）、斜长石（40%～48%）、绿泥石（4%～9%）、碳酸盐（小于 3%）、磁铁矿（1%）及少量火山玻璃。霓辉石呈自形-半自形长柱状、针状，部分呈三角格架排列，或分布于斜长石及其三角格架中。

2. 在玛尔果茶卡一带

仅有少量呈近南北向或北西向基性岩脉侵入于中晚侏罗世二长花岗岩和石英闪长玢岩中。

岩脉岩石类型主要为辉绿岩，其岩石化学成分分析及 C. I. P. W. 标准矿物参见表 3-2-1。岩石固结指数为 32.47，远小于地幔源未分异的原生岩浆固结指数 40，表明母岩浆在堆积辉长质岩石前已发生了较为强烈的分离结晶作用，具有残余岩浆性质。岩石的 C. I. P. W. 标准矿物组合为 or＋ab＋an＋di＋hy＋ol，为 SiO_2低度不饱合铝正常类型；在硅碱图（图 3-4-1）上样品投点于亚碱性玄武岩区；用 AFM 图解（图 3-4-2）进一步判别，样品投点于钙碱性玄武岩区。

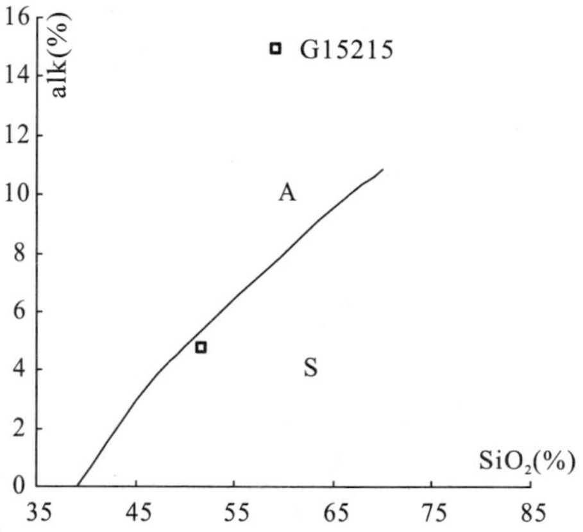

图 3-4-1 基性侵入岩硅碱图

（据 Irvine T. N. 等，1971）

A. 碱性系列；S. 亚碱性系列

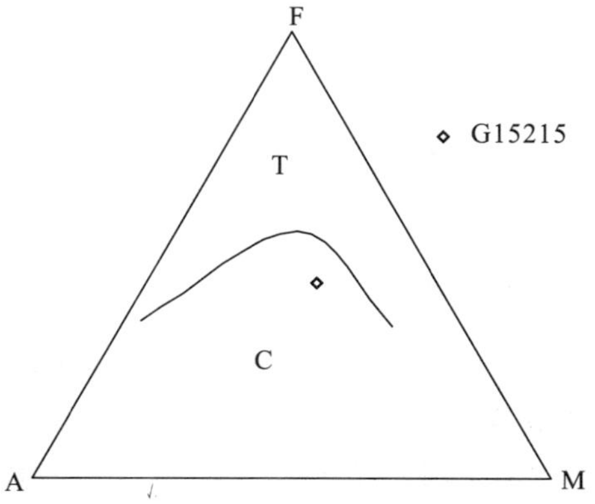

图 3-4-2 基性侵入岩 AFM 图

（据 Irvine T. N. 等，1971）

T. 拉斑玄武岩系列；C. 钙碱性玄武岩系列

辉绿岩脉的稀土、微量元素分析结果及特征参数参见表 3-2-2。稀土元素配分曲线见图 3-4-3，为向右缓倾斜的 LREE 富集型，稀土总量较高，∑REE＝55.19，为球粒陨石的 16.6 倍，LREE/HREE＝4.34，$(La/Sm)_N$＝2.30，$(Gd/Yb)_N$＝ 1.5。

辉绿岩脉在化学成分特征上表现为钙碱性玄武岩系列，具有明显的弧火山岩的烙印。在不同构造环境玄武岩的 Ti－Zr 判别图解（图 3-4-4）中，样品投影点落入板内玄武岩区与火山弧界线附近。在 TiO_2－MnO－P_2O_5图解（图 3-4-5）上，辉绿岩脉投点落入岛弧拉斑玄武岩区。结合区域地质构造特征分析，辉绿岩脉可能由于玛尔果茶卡-长蛇山北西向深断裂带的活动而得到活化发生上侵。成都环资所（1997）采自玛尔果茶卡东的辉绿岩脉，所做 K－Ar 法同位素年龄为（170.7±2.2）Ma，表明其侵位时代可能为中侏罗世。

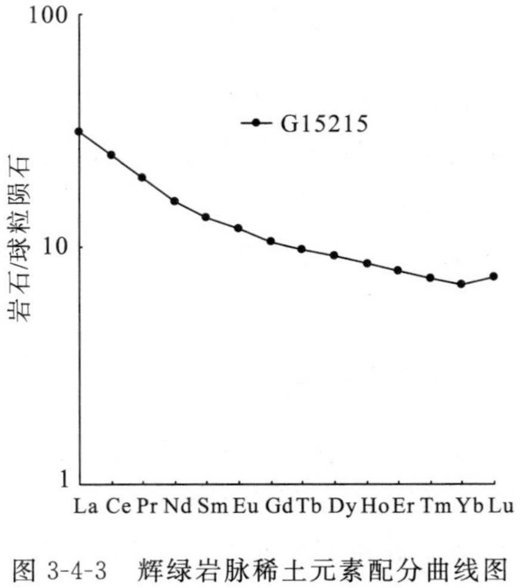

图 3-4-3 辉绿岩脉稀土元素配分曲线图

3. 在胜利河一带

基性脉岩侵入于下侏罗统那底岗日组中，与玛尔果茶卡侵入岩体中的辉绿岩脉应为同期岩浆活动的产物。岩石类型有蚀变辉长岩和霓辉辉长岩。

蚀变辉长岩：岩石为辉长结构，矿物成分为橄榄石（小于 2%）、紫苏辉石（15%～20%）、易变辉石（小于 4%）、斜长石（50%～55%）、蚀变普通角闪石（24%）及少量蛇纹石和磁铁矿。辉石呈半自形板状。斜长石为培长石和拉长石，呈半自形板状，多钠黝帘石化和绢云母化。橄榄石呈残晶包裹于辉石中，全部蛇纹石化、碳酸盐化及纤闪石化。普通角闪石呈半自形板柱状，部分强烈纤闪石化。

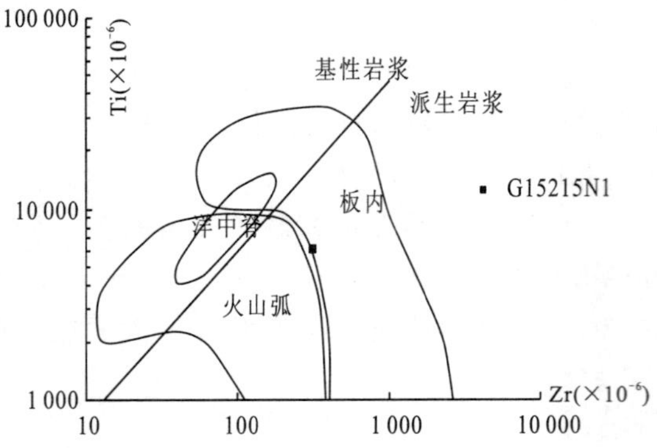

图 3-4-4　辉绿岩脉 Ti－Zr 判别图解

（据 Pearce，1982）

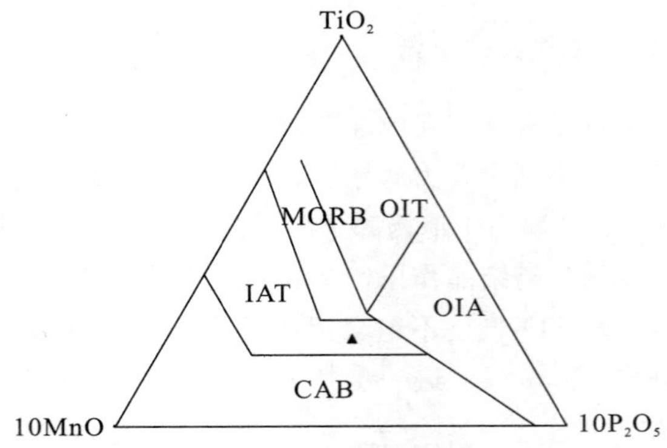

图 3-4-5　辉绿岩脉 TiO_2－10MnO－10P_2O_5 图解

（据 Mullen E. D.，1983）

MORB. 洋中脊玄武岩；IAT. 岛弧拉斑玄武岩；CAB. 钙碱性玄武岩；OIT. 洋岛拉斑玄武岩；OIA. 洋岛碱性玄武岩

二、中性脉岩

测区内中性脉岩只有石英闪长玢岩岩脉，仅在双湖构造混杂带中少量出露。在桑琼北东一带分布于早侏罗世花岗闪长岩中；在奇嵘山南东分布于早侏罗世黑云二长花岗岩中；在达日阿陇侵入于蛇绿混杂岩片变火山岩中；在玛尔果茶卡侵入岩体中分布于中晚侏罗世黑云二长花岗岩及齐陇乌如岩组中。脉岩一般宽数米至十多米，延伸数米至数十米，在奇嵘山南石英闪长玢岩侵入体南南东的岩脉宽可达 1m 左右，延伸长 100 多米。它们与中晚侏罗世石英闪长玢岩为同时代岩浆活动的产物。

三、酸性岩脉

酸性岩脉在测区内分布较多，主要分布在双湖构造混杂带中。岩石类型有花岗闪长斑岩脉、花岗斑岩脉、石英斑岩脉及石英岩脉。岩脉沿岩石层面、裂隙、节理侵入，规模大小不等，宽数米至数十米，延伸数米至一百多米，与区内中晚侏罗世酸性侵入岩为同一时期岩浆活动的产物。

1. 花岗闪长斑岩脉

花岗闪长斑岩脉零星分布于沿双湖构造混杂带侵入的早侏罗世花岗闪长岩和黑云二长花岗岩中，大部分延伸方向与主构造线一致，花岗闪长斑岩脉宽 5m，延伸长数十米。岩石具斑状结构，斑晶含量 45％～50％，成分为中长石（20％）、普通角闪石（15％）、黑云母（5％～10％）和石英（10％）。基质含量 50％，由石英（30％）、钾长石（20％）及少量斜长石组成，呈微粒状，蚀变有绢云母化、绿泥石化。

2. 花岗斑岩脉

花岗斑岩脉在测区内仅见及三处，均呈东西向展布，在尕扎纳东北东侵入于复理石等岩片中，在天鹤湖南东侵入于早侏罗世花岗闪长岩中，在尖石山沿东西向断裂侵入于下二叠统展金组中。岩石具斑状结构，斑晶矿物成分为石英（5％）、钾长石（10％～15％）、斜长石（5％～10％）和普通角闪石（0～4％）。石英斑晶 0.5～1.5mm，他形、自形粒状。钾长石斑晶为正长石和条纹长石，呈 0.1～2.2mm 的自形-半自形板状，正长石具卡氏双晶，条纹长石具条纹嵌晶，部分钾长石呈聚斑状分布。斜长石斑晶呈 0.2～2mm 的半自形板状，具钠长双晶带，不同程度绢云母化。普通角闪石斑晶呈 0.2～0.4mm 的半自形粒柱状，局部绢云母化。基质含量为 75％～80％，由 0.01～0.4mm 的微晶斜长石、石英、绢云母片和赤铁矿组成。副矿物为磷灰石。

3. 石英斑岩脉

石英斑岩脉在测区内主要分布于江爱达日那南坡至曲捷日一带北侧的早侏罗世酸性侵入岩体及三叠纪地层中。岩石具斑状结构，基质霏细结构。斑晶粒度 0.2～2mm，较均匀分布于基质中，成分为石英（15%～40%）、斜长石（0～7%）、方解石（0～5%）和暗色矿物（5%）。石英斑晶呈他形-自形柱粒状，部分呈聚斑晶，具港湾状、齿状等熔蚀外形。斜长石斑晶呈自形板状，全部绢云母化或碳酸盐化。基质含量48%～80%，由粒度小于0.05mm的微粒石英、长石及绢云母、碳酸盐、赤铁矿组成，含少量磷灰石等副矿物。

4. 石英岩脉

测区内较大规模的石英岩脉主要见及两处，分布于千秋岭一带，沿断裂旁侧或其附近分布，呈东西向延伸，脉宽70～80m，延伸长1km左右。石英岩脉侵入于中侏罗统及早侏罗世花岗闪长岩中。部分石英岩脉见方铅矿、黄铜矿化，其形成明显与断裂活动有关。

第五节　火山岩

测区内火山岩出露面积约854km^2，主要赋存于二叠系展金组、三叠系肖切保组及侏罗系那底岗日组地层中，占图幅总面积的5%。二叠纪火山岩主要分布于角木茶卡和双湖构造混杂岩带中，三叠纪火山岩主要呈东西向分布于肖茶卡及孔孔茶卡南侧，侏罗纪火山岩主要分布于玛尔果茶卡—那底岗日一线（参见图3-1-1）。

一、二叠纪火山岩

二叠纪火山岩分布于角木茶卡、江爱达日那及桑琼—嘎措一带，岩石类型以基性火山岩为主，在江爱达日那地区还有酸性火山岩分布。

（一）角木茶卡一带的基性火山岩

1. 分布、岩性组合及喷发特征

零星分布于测区南部角木茶卡、江额赛、孔孔茶卡一带下二叠统展金组地层中。

江额赛一带的展金组火山岩岩性、层位稳定。主要为灰绿色、墨绿色中厚层块状隐晶质致密状玄武岩、杏仁状玄武岩、含长石斑晶杏仁状玄武岩，少量紫灰色、浅紫色致密块状含长石斑晶杏仁状安山质玄武岩，夹火山角砾岩、凝灰岩、砂岩。由基性熔岩-正常沉积岩组成两个喷溢-沉积-喷溢-爆发韵律，厚度大于800m。

角木日一带的展金组火山岩为灰绿色、墨绿色中厚层块状、枕状（安山质）玄武岩、致密状玄武岩、火山角砾岩夹中厚层状凝灰质砂岩、沉火山角砾岩，局部夹火山质砾岩。在角木浦候一带，与火山岩伴生产出的还有深灰色薄中层状泥晶灰岩和放射虫硅质岩。在角木日一带，火山岩经历了4个由弱至强的喷发过程。火山岩厚度971m，根据火山岩的层序、岩性变化及接触关系，将其划分4个喷溢-沉积韵律，由下至上分别为：

韵律Ⅳ：块状玄武岩（大于614m）；

韵律Ⅲ：枕状玄武岩（105m）→沉火山角砾岩（159m）→钙质粉砂岩（148m）；

韵律Ⅱ：块状玄武岩和枕状玄武岩（138m）→火山质砾岩（3m）；

韵律Ⅰ：枕状玄武岩（114m）→钙质粉砂岩（14m）。

此外，在知塞一带龙格组中也有基性枕状熔岩、火山碎屑岩及部分沉火山碎屑岩分布。

2. 岩石学特征

野外观察和室内薄片鉴定表明，角木茶卡一带的火山岩主要为一套基性火山岩，包括熔岩类、火山碎屑岩类及沉火山碎屑岩类。

枕状玄武岩：岩石呈灰绿色，玻基微晶交织结构，枕状构造、气孔状构造、杏仁体构造。斑晶主

要为单斜辉石，少量斜长石，含量 0～15%。基质矿物为斜长石微晶（30%）、单斜辉石（20%）、绿帘石（0～45%）、碳酸盐（15%）、绿泥石（5%～10%）、磁铁矿（10%～12%）、钛铁矿（2%～3%）或少量火山玻璃。单斜辉石斑晶为聚斑晶，呈短柱状、柱粒状。斜长石斑晶不同程度钠黝帘石化、碳酸盐化、绿泥石化。基质斜长石微晶呈细柱状、针柱状，部分绢云母化、绿泥石化，部分斜长石具有典型的骸晶结构，这种结构是岩浆水下喷发，快速冷凝的结果。填隙粒状矿物有单斜辉石、绿帘石、次生碳酸盐和绿泥石。填间粒状矿物为磁铁矿和钛铁矿。碳酸盐主要呈网脉状和团块状集合体分布。岩石中气孔或杏仁体含量 8%～20%，大小 0.5～2mm，大者可达 3～4mm，多呈圆孔状和不规则孔状，分布不均匀。杏仁体由绿泥石和方解石、浊沸石或伊丁石充填，部分具碳酸盐核心。岩石枕状构造发育，有些岩枕还具有流动构造和扭动构造，大部分岩枕长轴倾伏方向与总体层面倾斜方向一致。单个岩枕一般长 0.20～3m，多在 0.7～2m，横切面直径 0.15～1m，多在 0.3～0.8m，岩枕边缘可见 1～2cm 厚的隐晶质冷凝边。岩枕之间三角空隙中充填物为凝灰质、玄武质熔岩，局部为长英质或火山角砾岩充填。

玄武质火山角砾岩：岩石呈灰绿色，块状构造，火山角砾结构。角砾含量 55%～70%，大小 5～60mm，岩石中含少量集块，大小 7～30cm。角砾和集块成分以气孔杏仁状玄武岩为主，部分玄武岩呈棱角状，无分选，杂乱分布，角砾之间充填物为凝灰质。

玄武质沉火山角砾岩：岩石呈灰绿色，沉火山角砾结构，层状构造明显。角砾含量 50%～75%，角砾成分以玄武岩为主，少量泥晶灰岩。岩石中局部夹绿灰色含砾中粗粒晶屑凝灰质岩屑砂岩透镜体（厚 30cm），局部见粉砂岩夹层。

3. 岩石化学与地球化学特征

1）岩石化学特征

角木茶卡一带火山岩的岩石化学成分、C. I. P. W. 标准矿物成分见表 3-5-1。根据 TAS 分类图（图 3-5-1），火山岩的定量化学命名以玄武岩为主，少量玄武安山岩。

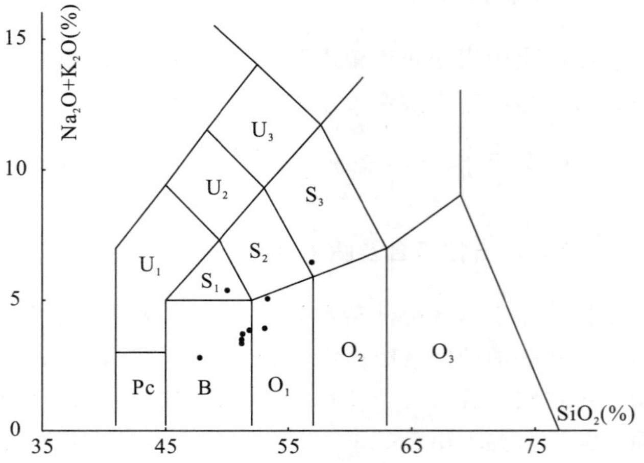

图 3-5-1 火山岩的全碱（K_2O+Na_2O）-SiO_2 图（TAS 图）
（据 Le Bas M. J. 等，1986；IUGS，1989）
B. 玄武岩；O_1. 玄武安山岩；O_2. 安山岩；S_1. 粗面玄武岩；S_2. 玄武粗安岩；S_3. 粗安岩

从岩石化学成分看，SiO_2 含量 47.81%～56.95%，Al_2O_3 含量 13.95%～18.97%，K_2O 含量 0.44%～1.56%，全碱 alk＝2.80～6.46，K_2O/Na_2O＝0.06～0.36，Al_2O_3 含量高及全碱含量低，富钠，贫钾。TiO_2 含量 0.91%～2.97%，变化较大，里特曼指数σ＝1.34～4.05。在 SiO_2-alk 图（图 3-5-2）中，绝大部分样品落入亚碱性岩区；经 AFM 图（图 3-5-3）进一步划分，大部分样位于拉斑玄武岩系列区，部分位于钙碱性玄武岩区且邻近分界线，具过渡类型特点。总体岩石上富铁趋势较明显，主要属拉斑玄武岩系列。在 FeO^*/MgO 与 SiO_2、FeO^*（图 3-5-4）上，火山岩大部分样品投点落入拉斑玄武岩系列区，少量投点落入拉斑玄武岩系列与钙碱性玄武岩系列的过渡区。

火山岩固结指数（SI）为 17.45～43.65，平均值为 28.35，明显小于 40（幔源原始岩浆 SI 值为 40）。火山岩的分异指数（DI）变化大，平均值为 36.74，比戴里平均值（玄武岩 DI＝35）高。镁值指数［Mg］为 47.24～72.03，小于公认的与地幔橄榄岩平衡的原始玄武岩浆的［Mg］指数（65～72），表明母岩浆在喷发前已发生了较为强烈的分离结晶作用，岩浆分异程度较高。

2）地球化学特征

火山岩稀土元素及主要特征参数见表 3-5-2。稀土丰度中等，$\sum$REE＝（109～251）$\times10^{-6}$。稀土配分曲线见图 3-5-5，为向右缓倾斜的轻稀土富集型，$(Ce/Yb)_N$＝2.40～9.42，轻稀土相对富集。

表 3-5-1　二叠纪角木茶卡火山岩化学分析、C. I. P. W. 标准矿物含量及化学指数表

氧化物含量(w_B%)及主要化学指数

层位	样品号	岩石名称	产地	SiO_2	TiO_2	Al_2O_3	Fe_2O_3	FeO	MnO	MgO	CaO	Na_2O	K_2O	P_2O_5	SI	DI	[Mg]	A/CNK	A/NK	K_2O/Na_2O	alk
P_2l	ZSP17GS1	枕状玄武岩	知塞	53.32	2.02	14.89	3.94	6.26	0.14	7.78	6.30	4.60	0.44	0.21	33.80	42.00	68.90	0.76	1.85	0.10	5.04
P_1z	D1337GS1	枕状玄武岩	角木浦候	50.05	2.97	13.95	4.95	7.85	0.22	5.79	8.53	4.54	0.80	0.27	24.18	43.20	56.78	0.58	1.67	0.18	5.34
	p1b22－1＊	块状玄武岩	角木日	47.81	0.94	14.08	3.05	6.77	0.24	9.79	14.03	2.52	0.28	0.49	43.65	21.41	72.03	0.47	3.16	0.11	2.80
	p2b11－1＊	块状玄武岩		51.23	1.78	18.97	4.93	9.46	0.15	5.72	3.70	2.80	0.66	0.46	24.26	40.07	51.87	1.57	3.56	0.24	3.46
	p3b2－1＊	块状玄武岩		53.13	0.96	16.37	4.21	7.52	0.19	4.46	8.87	3.03	0.87	0.41	22.21	37.06	51.39	0.74	2.77	0.29	3.89
	p6b4－2＊	块状玄武岩		51.29	1.35	16.10	3.04	8.48	0.31	5.48	9.77	3.45	0.22	0.50	26.51	31.77	53.54	0.68	2.72	0.06	3.68
	p7b8－2＊	块状玄武岩		56.95	0.91	14.95	3.15	6.98	0.15	3.51	6.21	4.89	1.56	0.73	17.45	55.12	47.24	0.71	1.53	0.32	6.46
	p7b9－2＊	块状玄武岩		51.24	0.93	14.84	3.90	7.31	0.20	6.74	11.00	2.45	0.87	0.45	31.68	28.42	62.16	0.59	2.98	0.36	3.32
	p7b16－2＊	块状玄武岩		51.83	1.03	14.32	3.62	6.36	0.28	6.34	11.84	2.89	0.95	0.52	31.45	31.57	63.99	0.52	2.48	0.33	3.83

C. I. P. W. 标准矿物含量(%)

层位	样品号	岩石名称	产地	σ	ap	ilm	mt	c	q	or	ab	an	di			hy		ol		ne
													wo	en′	fs′	en	fs	fo	fa	
P_2l	ZSP17GS1	枕状玄武岩	知塞	2.46	0.50	3.84	5.71		0.45	2.63	38.89	18.68	4.67	3.36	0.89	16.03	4.27			
P_1z	D1337GS1	枕状玄武岩	角木浦候	4.05	0.64	5.64	7.17			4.71	38.46	15.30	10.55	6.97	2.82	0.32	0.13	4.99	2.23	
	p1b22－1＊	块状玄武岩	角木日	1.64	1.16	1.78	4.43			1.66	17.88	26.27	16.76	11.36	4.11			9.12	3.64	1.88
	p2b11－1＊	块状玄武岩		1.46	1.09	3.39	7.15	8.02	12.42	3.92	23.70	15.35				14.24	10.63			
	p3b2－1＊	块状玄武岩		1.50	0.98	1.82	6.11		6.34	5.11	25.63	28.51	5.34	2.85	2.33	8.26	6.76			
	p6b4－2＊	块状玄武岩		1.63	1.19	2.57	4.41		1.22	1.32	29.24	27.76	7.27	3.84	3.21	9.81	8.19			
	p7b8－2＊	块状玄武岩		2.99	1.74	1.73	4.57		4.50	9.24	41.40	14.21	4.94	2.39	2.46	6.34	6.52			
	p7b9－2＊	块状玄武岩		1.34	1.06	1.77	5.65		2.53	5.15	20.73	26.93	10.33	6.33	3.41	10.44	5.62			
	p7b16－2＊	块状玄武岩		1.67	1.22	1.96	5.25		1.55	5.60	24.43	23.31	13.40	8.50	4.04	7.29	3.46			

注:带＊号样品数据来源于 1∶25 万玛依岗日幅区调项目(2005)

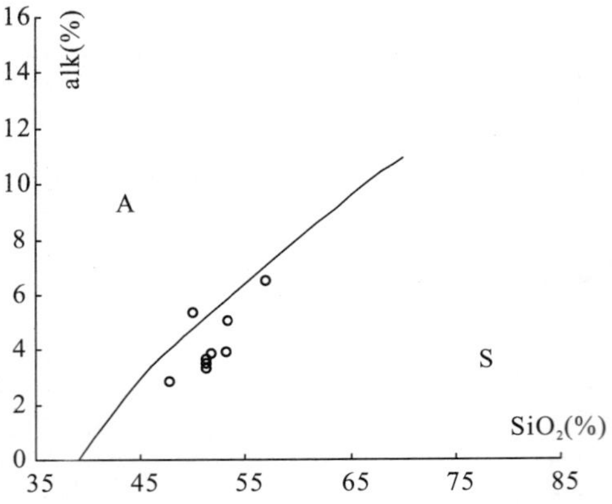

图 3-5-2 角木茶卡火山岩硅碱图

（据 Irvine T. N. 等，1971）

A. 碱性系列；S. 亚碱性系列

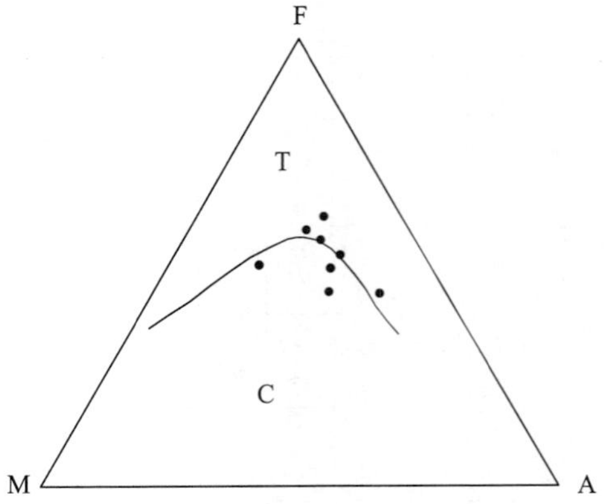

图 3-5-3 角木茶卡火山岩 AFM 图

T. 拉斑玄武岩系列；C. 钙碱性玄武岩系列

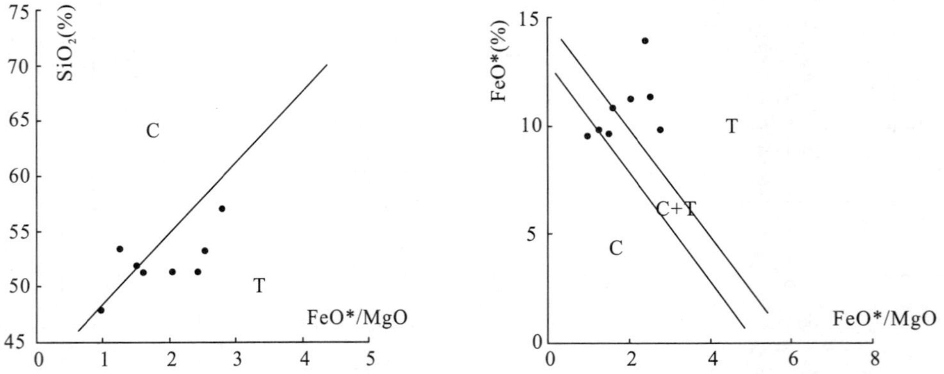

图 3-5-4 角木茶卡火山岩 FeO^*/MgO 与 SiO_2、FeO^* 图

（据 IYASHIRO A.，1974）

T. 拉斑玄武岩系列；C. 钙碱性玄武岩系列

$(La/Sm)_N=1.65\sim2.17$，$(Gd/Yb)_N=1.38\sim2.45$，轻、重稀土分馏程度相似。δEu＝0.81～1.01，Eu 弱亏损或无亏损，个别具弱正异常，δCe＝0.93～0.97，Ce 弱亏损，配分模式与洋岛拉斑玄武岩或洋岛碱性玄武岩相似，仅 La 元素丰度偏高。轻稀土富积反映了形成岩石的母岩浆熔融程度较高。而 Ce 弱亏损反映火山岩形成于较低的氧逸度环境。

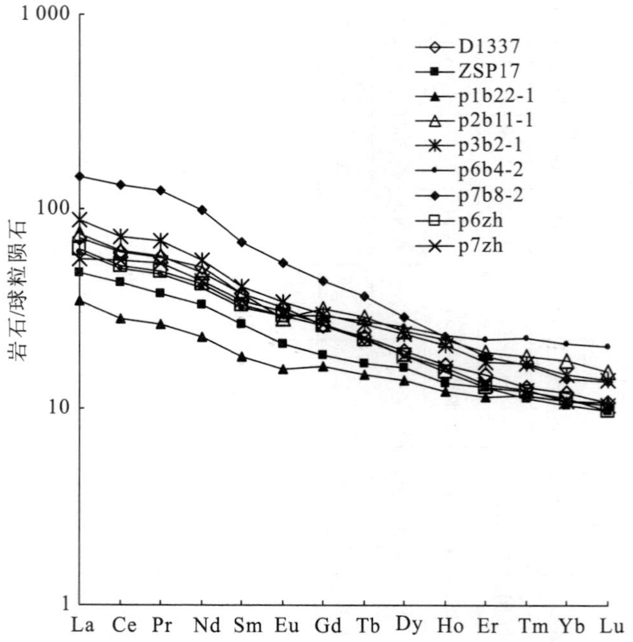

图 3-5-5 角木茶卡火山岩稀土配分曲线图

火山岩的微量元素分析结果及主要参数亦见表 3-5-2。经原始地幔（Wood，1979）标准化后，该期火山岩微量元素比值蛛网图见图 3-5-6，总体上表现为强不相容元素（大离子亲石元素）富集型的分配形式，与洋岛玄武岩特征相似，不同的是出现 Sr、K 的强烈负异常。以洋中脊玄武岩（Pearce，1982）标准化后，该期火山岩微量元素比值蛛网图见图 3-5-7，表现为板内玄武岩的大隆起形式，均为不相容元素富集的分配形

表 3-5-2 角木茶卡地区二叠纪火山岩稀土、微量元素分析结果及特征参数表

稀土元素含量($\times10^{-6}$)及特征参数

代号	样品编号	岩石名称	产地	La	Ce	Pr	Nd	Sm	Eu	Gd	Tb	Dy	Ho	Er	Tm	Yb	Lu	Y	ΣREE	LREE/HREE	δEu	$(La/Sm)_N$	$(Gd/Yb)_N$	$(La/Yb)_N$	$(Ce/Yb)_N$
P_2l	ZSP17XT1	枕状玄武岩	知塞	14.8	34.6	4.56	19.9	5.14	1.54	4.78	0.79	5.09	0.96	2.67	0.36	2.14	0.32	21.9	119.55	4.71	0.94	1.81	1.80	4.66	4.18
P_1z	D1337XT1	枕状玄武岩	角木浦候	22.3	49.4	6.93	30.7	7.35	2.34	6.7	1.07	6.18	1.18	3.08	0.41	2.48	0.35	28.4	168.87	5.55	1.00	1.91	2.18	6.06	5.15
	p1b22－1＊	玄武岩	角木日	10.67	22.74	3.21	13.68	3.55	1.15	4.19	0.7	4.43	0.87	2.39	0.37	2.27	0.35	22.41	92.98	3.53	0.91	1.89	1.49	3.17	2.59
	p2b11－1＊	玄武岩		23.32	49.95	7.1	28.56	7.31	2.06	8.15	1.34	7.84	1.58	4.01	0.59	3.61	0.5	36.14	182.06	4.28	0.81	2.01	1.82	4.36	3.58
	p3b2－1＊	玄武岩		27.33	59.01	8.42	33.32	7.94	2.52	7.67	1.24	7.52	1.48	3.57	0.54	3.05	0.46	33.31	197.38	5.43	0.97	2.17	2.03	6.04	5.00
	p6b4－2＊	玄武岩		18.88	40.68	5.72	24.06	6.26	2.14	7.51	1.29	8.12	1.66	4.62	0.72	4.39	0.67	37.19	163.91	3.37	0.95	1.90	1.38	2.90	2.40
	p7b8－2＊	玄武岩		45.36	106.3	15.21	58.93	13.38	3.93	11.31	1.71	9.12	1.64	3.77	0.53	2.92	0.45	36.58	311.14	7.73	0.95	2.13	3.13	10.47	9.42
	p7b9－2＊	玄武岩		19.48	41.75	5.92	25.35	6.39	2.14	6.65	1.04	5.89	1.08	2.66	0.39	2.32	0.32	26.1	147.48	4.96	1.00	1.92	2.31	5.66	4.65
	p7b16－2＊	玄武岩		17.53	44.82	6.48	26.14	6.69	2.25	6.81	1.06	5.94	1.14	2.75	0.4	2.24	0.34	23.81	148.4	5.02	1.01	1.65	2.45	5.28	5.18

微量元素含量($\times10^{-6}$)及特征参数

层位	样品编号	岩石名称	产地	Ba	Rb	Sr	Cs	Ta	Nb	Hf	Zr	Ti	Th	U	Sc	Cr	Co	Ni	Rb/Sr	$(Rb/Yb)_N$	K^*	Nb^*	Sr^*	P^*	Zr^*
P_2l	ZSP17XT1	枕状玄武岩	知塞	97.4	8.49	344	2.73	0.81	10.7	3.9	143	11 300	3.64		26.4	191	43.4	71.6	0.02	2.20	0.70	1.00	0.89	0.73	1.13
P_1z	D1337XT1	枕状玄武岩	角木浦候	130	15.7	461	3.08	1.42	20.2	5.16	197	16 700	2.83		25.5	120	44.3	78	0.03	3.51	0.79	1.15	0.80	0.65	1.13
	p1b22－1＊	玄武岩	角木日	44.4	9.3	251.6		0.835	10.96	3.2	95.9	6 601	2.775	0.566					0.04	2.27	0.52	1.48	0.97	2.30	0.55
	p2b11－1＊	玄武岩		49.5	30.2	160.6		2.402	26.95	5.9	228.8	17 956	6.653	1.121					0.19	4.64	0.46	1.63	0.29	1.06	1.05
	p3b2－1＊	玄武岩		280.8	21.3	405.9		2	19.14	7.4	233.9	17 231	7.298	1.896					0.05	3.87	0.65	0.93	0.62	0.82	1.06
	p6b4－2＊	玄武岩		48.2	5.5	208.4		1.566	17.71	4.5	175.7	12 629	4.02	0.813					0.03	0.69	0.22	1.70	0.45	1.44	0.82
	p7b8－2＊	玄武岩		385.5	30.4	358.2		2.56	30.69	11.9	403.3	19 256	10.48	2.01					0.08	5.77	0.80	0.88	0.31	0.85	1.07
	p7b9－2＊	玄武岩		110.7	29.9	348.5		1.615	18.23	5.8	174.6	14 221	2.42	0.632					0.09	7.15	0.85	1.07	0.73	1.15	0.85
	p7b16－2＊	玄武岩		158.7	28.3	343.2		2.353	26.73	6.5	189.8	14 985	2.567	0.741					0.08	7.01	0.76	1.57	0.68	1.24	0.83

注:带＊号样品数据来源于1:25万玛依岗日幅区调项目(2005)

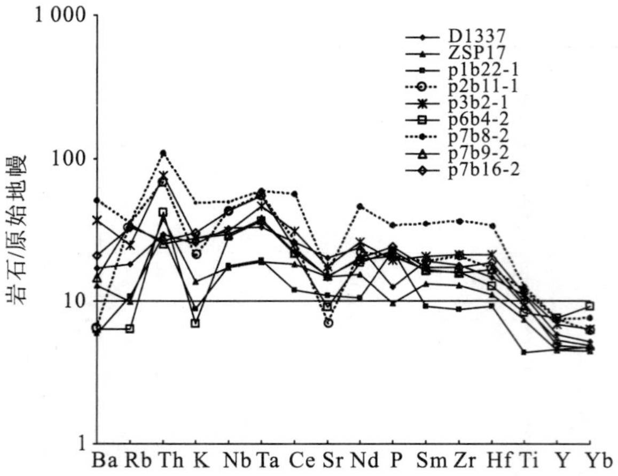

图 3-5-6　角木茶卡火山岩微量元素比值蛛网图

（据 Ellam，1988）

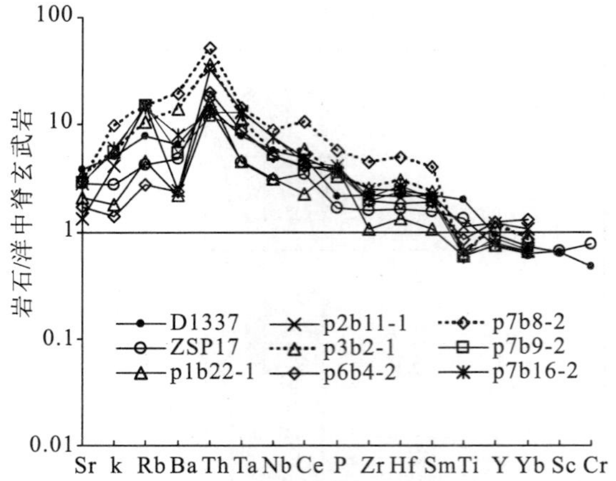

图 3-5-7　角木茶卡火山岩微量元素比值蛛网图

（据 Pearce，1982）

式，与板内碱性玄武岩和板内过渡型玄武岩的分配形式相似，部分出现 Ti 元素的亏损。

火山岩的（Rb/Yb）$_N$多在 2.20～7.15 之间，表明形成岩石的岩浆为富集地幔源。Nb* 多在 0.88～1.71 之间，平均为 1.27，P* 多在 0.65～2.3 之间，平均为 1.14，Zr* 大部分在 0.55～0.85 之间，表明形成岩石的岩浆在形成和演化过程中没受到陆壳物质的混染作用，或为有锆石英参加分离结晶的残余熔体。K* =0.22～0.85，Sr* =0.29～0.97，表明岩浆的形成与消减作用无关，其地幔源可能在上隆过程中发生流体的交代作用使活动性元素流失而引起亏损，或在岩浆的演化过程中出现斜长石的分离结晶作用。

4. 火山岩岩相及喷发时代探讨

角木茶卡一带展金组火山岩主要为一套海相裂隙式爆发-溢流相基性、中基性火山岩系，以溢流相熔岩及爆发相火山碎屑岩为主，熔岩中枕状构造非常发育。角木日一带的火山岩为水下喷发的中厚层块状、枕状（安山质）玄武岩、致密状玄武岩、火山角砾岩夹中厚层状凝灰质砂岩、沉火山角砾岩。在角木浦候一带，与火山岩相伴生的还有深水相薄中层状泥晶灰岩和放射虫硅质岩。

成都环资所（朱同兴等，1996）在测区外南西依布茶卡剖面上采集火山岩（层位相当于展金组）所做一件 K－Ar 法年龄测定值为（278.6±8.4）Ma，表明角木茶卡一带火山岩喷发时代主体为早二叠世。

5. 喷发构造环境判别

从岩石化学成分看，大部分属拉斑玄武岩系列。其稀土配分模式与洋岛拉斑玄武岩相似，轻稀土比较富集，火山岩的微量元素表现为强不相容元素（大离子亲石元素）富集，与洋岛玄武岩特征相似。

根据一些非活动性元素 Nb、Zr 和 Y 的相关图解对火山岩进行其原岩地幔类型和成因类型的判别，这些元素在玄武岩中的含量基本上能代表源区地幔的成分，其含量不因地幔岩的部分熔融程度和玄武质岩浆的分离结晶程度的改变而发生变化，也不会因风化、蚀变而改变。在 Nb－Zr 图（图 3-5-8）上，火山岩的投点大部分落入过渡型地幔区，少量火山岩的投点落入原始地幔线上。在 Y－Zr 图（图 3-5-9）上，火山岩的投点部分落入过渡型地幔区，部分落入富集型地幔区。在火山岩 Ti－Zr 图（图 3-5-10）上，火山岩的投点大部分位于板内玄武岩区内，少量位于洋中脊玄武岩区与板内玄武岩区界线附近。在火山岩 Ti/100－Zr－3Y 图（图 3-5-11）上，火山岩的投点主要位于板内玄武岩区，有少量位于岛弧钙碱性玄武岩区与板内玄武岩区界线附近，这可能与岩石地幔源区发生地幔交代作用而导致不相容元素 Zr 的富集有关。

根据火山岩岩石的一些常量元素进行判别，在火山岩 FeO*－MgO－Al_2O_3图（图 3-5-12）上，火山岩投点大部分位于大陆板块内部区，部分落入洋中脊与洋底火山岩区，总体上具较强的离散型边界

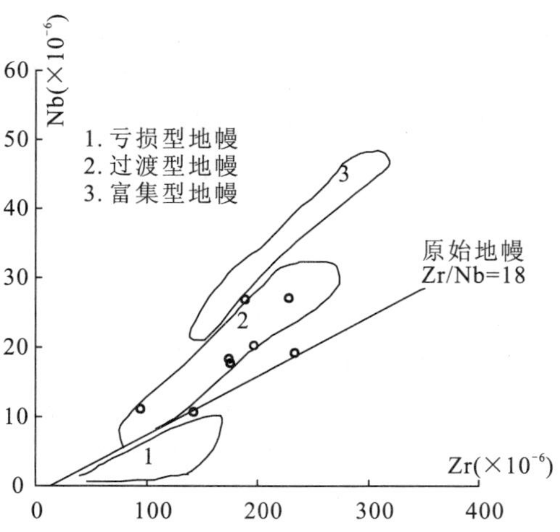

图 3-5-8　角木茶卡火山岩 Nb－Zr 图

（据 Le Roex 等，1983）

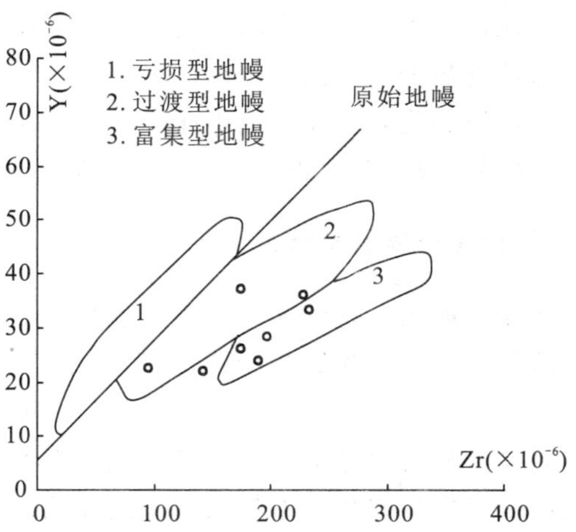

图 3-5-9　角木茶卡火山岩 Y－Zr 图

（据 Le Roex 等，1983）

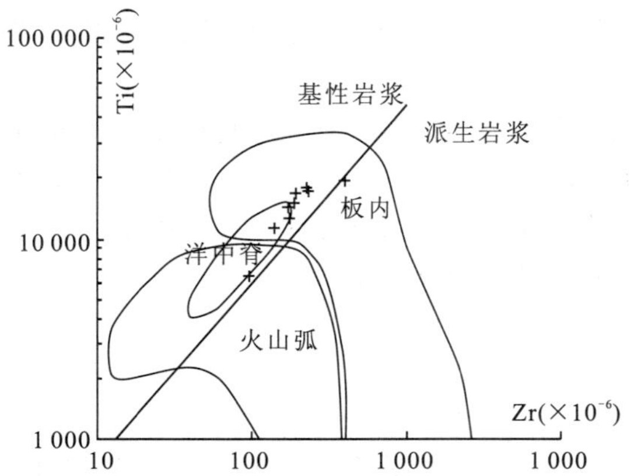

图 3-5-10　角木茶卡火山岩 Ti－Zr 判别图解

（据 Pearce，1982）

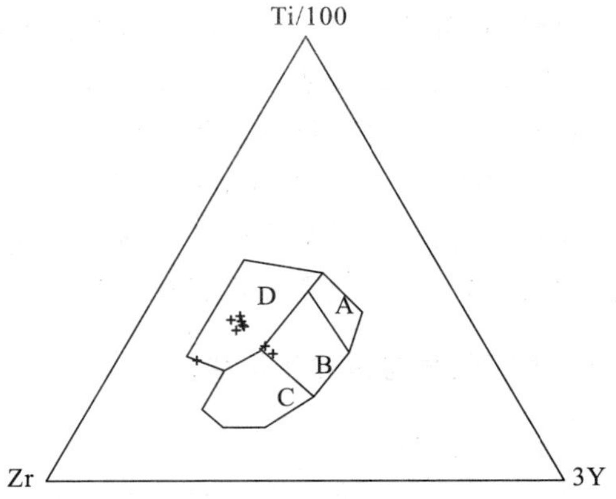

图 3-5-11　角木茶卡火山岩 Ti/100－Zr－3Y 图

（据 Pearce，1973）

A. 岛弧拉斑玄武岩；B. 岛弧钙碱性玄武岩；

C. 洋脊玄武岩；D. 板内玄武岩

（伸展机制）火山岩的特点。

综上所述，结合区域地质资料分析，角木茶卡一带火山岩形成于伸展环境机制，并可能与早、中二叠世古特提斯洋内地幔柱的活动有关。早、中二叠世，由下地幔物质上涌形成的地幔柱在上升过程中，发生重熔形成大量的玄武质岩浆，形成了测区大面积分布的早、中二叠世洋岛火山岩的岩浆喷发活动。由于地幔柱活动的位置可能靠近洋中脊，部分地幔柱源的富集地幔与洋中脊亏损型地幔发生混合，形成了一些具过渡型地幔特征的火山岩。

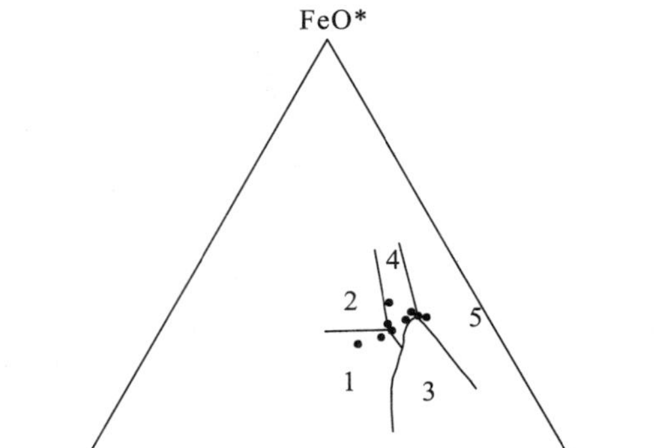

图 3-5-12　角木茶卡火山岩 $FeO^*-MgO-Al_2O_3$ 图

（据 Perce T. H.，1977）

1. 洋中脊及洋底；2. 大洋岛屿；3. 造山带；

4. 大陆板块内部；5. 扩张中心岛屿（冰岛）

（二）江爱达日那一带二叠纪弧火山岩

1. 分布特征与岩性组合

分布于江爱达日那一带的二叠纪火山岩受后期构造改造及岩体侵入影响，呈大小不等的岩块分布，与围岩皆为断层接触。

在江额由本一带，火山岩岩石组合主要为厚层块状火山角砾岩、玄武岩、玄武质安山岩夹灰色透镜状海绵礁灰岩。在江爱山东，火山岩岩性为厚层块状玄武岩、玄武安山岩、英安岩夹礁灰岩、泥晶灰岩、泥质硅质岩。在江爱山北，岩性主要为玄武岩、玄武安山岩、英安岩、流纹岩夹礁灰岩、泥晶灰岩、凝灰质粗-粉砂岩、含凝灰质硅质泥岩。

2. 火山岩岩石学特征

江爱山地区二叠纪火山岩为一套基性至酸性火山岩组合。

流纹岩：岩石为斑状结构，基质似显微球粒结构、球粒结构。斑晶成分为斜长石（5%～15%）、石英（0～20%）和正长石（0～2%）。石英斑晶呈自形柱粒状，具港湾状、齿状等熔蚀外形，部分具爆炸裂纹。长石斑晶呈自形板状，边部具熔蚀状外形，部分绢云母化。基质由长英质（48%～93%）组成，长英质呈似显微球粒状结构或球粒结构。

英安岩：岩石具多斑结构，斑晶成分为石英（50%）、钾长石（10%～12%）、斜长石（5%）和黑云母（5%）。斜长石斑晶绿泥石化、碳酸盐化强烈，多被交代呈残斑。钾长石斑晶呈板柱状，绢云母化强烈，多被绢云母交代而呈长石假象。石英斑晶大小不一，具熔蚀状外形，多具熔蚀再生边结构，部分呈联斑状。黑云母斑晶呈自形条板状，强烈绿泥石化和碳酸盐化。基质主要由微粒石英、部分蚀变长石和次生蚀变矿物——绿泥石和绢云母组成。

蚀变玄武岩：岩石具变余斑状结构、变余交织结构。斑晶为基性斜长石和暗色矿物。斜长石斑晶呈自形长板状，聚片双晶不发育，蚀变强烈，全部钠黝帘石化。暗色矿物呈自形柱状，全部绿泥石化。基质由斜长石微晶组成，呈自形长板状微晶，钠黝帘石化强烈，杂乱分布，其间隙中分布有暗色矿物。暗色矿物全部蚀变为阳起石，金属矿物白钛石颗粒不均匀分布于基质中。

3. 岩石化学与地球化学特征

1）岩石化学特征

江爱达日那一带火山岩的岩石化学成分及 C. I. P. W. 标准矿物成分含量见表 3-5-3。根据 TAS 分类图（图 3-5-13），基性火山岩的定量化学命名主要为玄武岩，少量粗面玄武岩，酸性火山岩定量化学命名为流纹岩和英安岩。

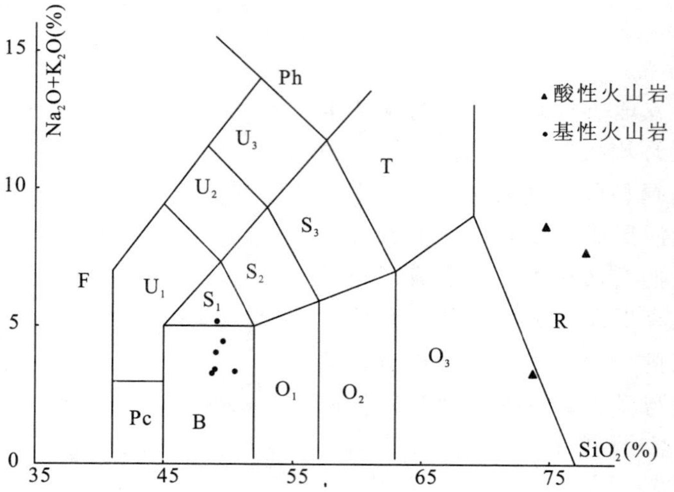

图 3-5-13　火山岩的全碱（K_2O+Na_2O）－SiO_2 图（TAS 图）

（据 Le Bas M. J. 等，1986；IUGS，1989）

F. 副长石岩；Ph. 响岩；Pc. 苦橄玄武岩；B. 玄武岩；T. 粗面岩和粗面英安岩；U_1. 碧玄岩和碱玄岩；U_2. 响岩质碱玄岩；U_3. 碱玄质响岩；O_1. 玄武安山岩；O_2. 安山岩；O_3. 英安岩；S_1. 粗面玄武岩；S_2. 玄武粗安岩；S_3. 粗安岩；R. 流纹岩

表 3-5-3　江爱达日那地区二叠纪火山岩化学分析、C. I. P. W. 标准矿物、稀土、微量元素分析结果及有关参数表

氧化物含量(w_B%)及主要化学指数

样品号	岩石名称	产地	SiO_2	TiO_2	Al_2O_3	Fe_2O_3	FeO	MnO	MgO	CaO	Na_2O	K_2O	P_2O_5	alk	K_2O/Na_2O	σ	[Mg]	A/CNK	A/NK	SI	DI
D4707	流纹斑岩	乱石沟	77.72	0.22	11.70	0.52	0.59	0.04	0.35	1.13	2.61	5.08	0.04	7.68	1.95	1.70	51.10	0.99	1.20	3.79	92.24
D1500	流纹岩	江爱达日那北坡	74.69	0.42	14.22	0.65	0.50	0.02	0.20	0.60	4.96	3.64	0.08	8.61	0.73	2.34	42.03	1.08	1.17	2.03	94.39
D1866	英安岩	黑山	73.64	0.57	10.30	0.90	4.66	0.12	3.01	3.43	0.50	2.82	0.06	3.32	5.60	0.36	53.54	1.02	2.65	25.31	66.18
查桑西 *	块状玄武岩	查桑西	50.57	1.92	12.36	4.86	9.21	0.23	4.61	12.36	3.25	0.10	0.22	3.36	0.03	1.49	47.16	0.44	2.26	20.92	30.97
查桑西 *	块状玄武岩		49.14	2.37	13.70	5.17	10.87	0.22	5.70	7.26	4.24	0.91	0.41	5.15	0.21	4.32	48.32	0.65	1.72	21.21	41.24
查桑西 *	块状玄武岩		48.96	1.59	15.59	4.16	8.35	0.25	6.54	10.87	2.49	0.92	0.16	3.41	0.37	1.95	58.25	0.63	3.06	29.11	26.52
查桑西 *	块状玄武岩		49.64	1.40	13.90	5.70	9.78	0.29	5.96	8.74	3.66	0.76	0.08	4.42	0.21	2.94	52.06	0.61	2.03	23.04	35.49
查桑弄巴 *	块状玄武岩	查桑弄巴	48.79	1.20	16.84	4.23	8.96	0.31	5.60	10.56	1.05	2.21	0.24	3.26	2.1	1.84	52.70	0.72	4.08	25.39	24.11
查桑弄巴 *	块状玄武岩		49.09	1.34	20.14	2.83	6.85	0.19	5.19	10.15	3.85	0.19	0.18	4.04	0.05	2.68	57.43	0.81	3.08	27.42	33.68

C. I. P. W. 标准矿物含量(%)

										di				hy		ol
样品号	岩石名称	产地	ap	ilm	mt	c	q	or	ab	an	wo	en′	fs′	en	fs	fo	fa
D4707	流纹斑岩	乱石沟	0.11	0.43	0.75		40.17	29.99	22.08	5.22	0.04	0.03	0.01	0.84	0.34		
D1500	流纹岩	江爱达日那北坡	0.20	0.81	0.44	1.23	30.54	21.51	42.01	2.41				0.50			
D1866	英安岩	黑山	0.13	1.08	1.31	0.32	45.01	16.67	4.26	16.64				7.50	7.08		
查桑西 *	块状玄武岩	查桑西	0.52	3.65	7.05		2.76	0.61	27.51	18.83	17.15	8.86	7.83	2.63	2.32		
查桑西 *	块状玄武岩		0.96	4.50	7.50			5.37	35.89	15.65	7.41	3.87	3.32	2.95	2.53	5.18	4.90
查桑西 *	块状玄武岩		0.38	3.02	6.04			5.43	21.06	28.66	10.12	6.01	3.59	8.39	5.01	1.32	0.87
查桑西 *	块状玄武岩		0.19	2.67	8.26			4.48	30.98	19.27	9.83	5.35	4.13	5.14	3.97	3.05	2.60
查桑弄巴 *	块状玄武岩	查桑弄巴	0.57	2.28	6.14		2.14	13.06	8.91	34.71	6.72	3.56	2.95	10.39	8.59		
查桑弄巴 *	块状玄武岩		0.44	2.54	4.11			1.15	32.54	37.11	5.02	2.90	1.89	0.63	0.41	6.58	4.71

稀土元素含量($\times10^{-6}$)及特征参数

样品号	岩石名称	产地	La	Ce	Pr	Nd	Sm	Eu	Gd	Tb	Dy	Ho	Er	Tm	Yb	Lu	Y	ΣREE	LREE/HREE	δEu	$(La/Sm)_N$	$(Gd/Yb)_N$	$(La/Yb)_N$	$(Ce/Yb)_N$
D4707	流纹斑岩	乱石沟	41.5	77.3	9.23	32.9	6.26	1.06	5.7	0.86	4.67	0.88	2.92	0.37	2.54	0.38	26.1	212.67	9.18	0.53	4.17	1.81	11.02	7.87
D1500	流纹岩	江爱达日那北坡	28.1	56.8	6.95	25.5	5.03	1	4.44	0.72	4.02	0.82	2.86	0.4	2.78	0.43	25.9	165.75	7.49	0.63	3.51	1.29	6.81	5.28
D1866	英安岩	黑山	22.8	41.8	4.61	17.6	3.53	0.88	3.49	0.56	2.95	0.57	1.85	0.25	1.7	0.27	16.5	119.36	7.84	0.76	4.06	1.66	9.04	6.36
查桑西 *	块状玄武岩	查桑西	8.27	23.21	3.64	14.48	4.05	1.38	4.17	0.26	4.7	1	2.27	0.26	2.46			70.15	3.64	1.02	1.28	1.37	2.27	2.44

微量元素含量($\times10^{-6}$)及特征参数

样品号	岩石名称	产地	Ba	Rb	Sr	Cs	Ta	Nb	Hf	Zr	Th	U	Sc	V	Cr	Co	Ni	Rb/Sr	$(Rb/Yb)_N$	K*	Nb*	Sr*	P*	Zr*
D4707	流纹斑岩	乱石沟	1 472	128	155	0.81	0.92	9.27	4.86	151	17.4	2.37	6.79	11.8	7.93	5.12	2.61	0.83	27.95	4.19	0.13	0.20	0.11	1.49
D1500	流纹岩	江爱达日那北坡	1 034	62.5	84.8	0.32	1.06	16.2	7.47	309	8.33	2.48	4.55	14	4.34	5.96	2.2	0.74	12.47	3.73	0.33	0.15	0.20	3.27
D1866	英安岩	黑山	524	97.4	52.2	1.53	0.44	7.39	4.82	184	8.61	1.29	13.6	83.2	110	31.5	30.3	1.87	31.78	0.39	0.19	0.13	0.21	2.77

注：* 样品据王成善等(2001)

从岩石化学成分看，基性火山岩的 SiO_2 含量介于 48.96%～50.57%之间，Al_2O_3 含量 12.36%～20.14%，K_2O 含量 0.10%～0.92%，K_2O/Na_2O＝0.03～0.37，低钾，富钠，全碱 alk＝3.26～5.15，里特曼指数σ＝1.49～4.32。酸性火山岩 SiO_2 含量 73.64%～77.72%，Al_2O_3 含量为 10.30%～14.22%，K_2O 含量 2.82%～5.08%，K_2O/Na_2O＝0.73～5.6，全碱 alk＝3.32～8.61，里特曼指数σ＝0.36～2.34。

在 SiO_2－alk 图（图 3-5-14）中，火山岩样品位于亚碱性岩区；经 AFM 图（图 3-5-15）进一步划分，玄武岩样品位于钙碱性与拉斑玄武岩区过渡区，酸性火山岩样品则明显地位于钙碱性玄武岩区。

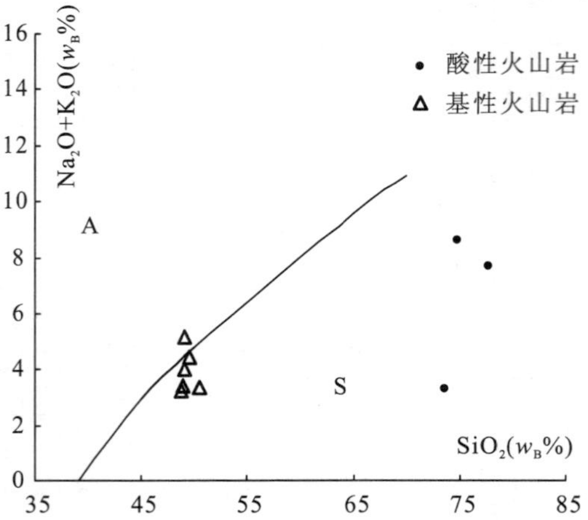

图 3-5-14　江爱达日那地区火山岩硅碱图

（据 Irvine T. N. 等，1971）

A. 碱性系列；S. 亚碱性系列

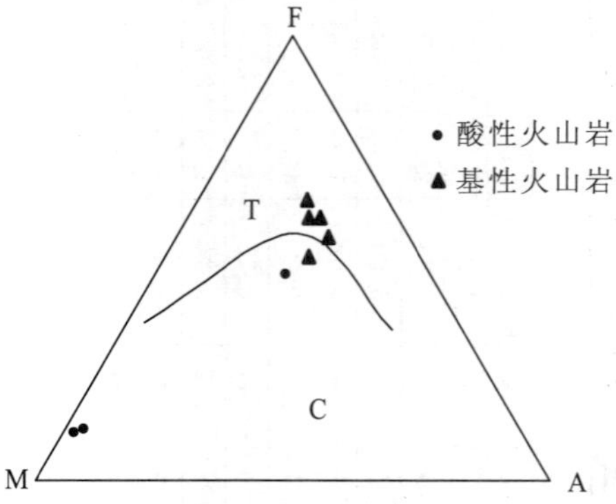

图 3-5-15　江爱达日那地区火山岩 AFM 图

（据 Irvine T. N. 等，1971）

T. 拉斑玄武岩系列；C. 钙碱性玄武岩系列

玄武岩固结指数（SI）为 20.92～29.11，明显小于 40（幔源原始岩浆 SI 值为 40）；分异指数（DI）为 26.52～41.24，比戴里平均值（35）略低；镁值指数［Mg］为 47.16～58.25，远小于原始玄武岩浆（65～72），表明母岩浆在喷发前已发生了较为强烈的分离结晶作用，岩浆分异程度较高。

流纹岩的固结指数（SI）主要为 2.03～3.79，分异指数（DI）主要为 92.24～94.39，高于流纹岩平均值（流纹岩 DI 平均值为 88）。镁值指数［Mg］为 42.03～53.54，岩浆分异程度较高。

2）地球化学特征

火山岩稀土元素丰度及主要参数见表 3-5-3。其中酸性火山岩稀土元素丰度中等，稀土总量 $\sum$ REE＝(119.36～212.67)×10^{-6}。稀土配分曲线见图 3-5-16，为向右倾斜的轻稀土富集型。$(Ce/Yb)_N$＝5.28～7.87，轻稀土富集。$(La/Sm)_N$＝3.51～4.17，$(Gd/Yb)_N$＝1.29～1.81，轻稀土分馏程度较重稀土分馏程度高。δEu＝0.51～0.76，Eu 弱亏损。

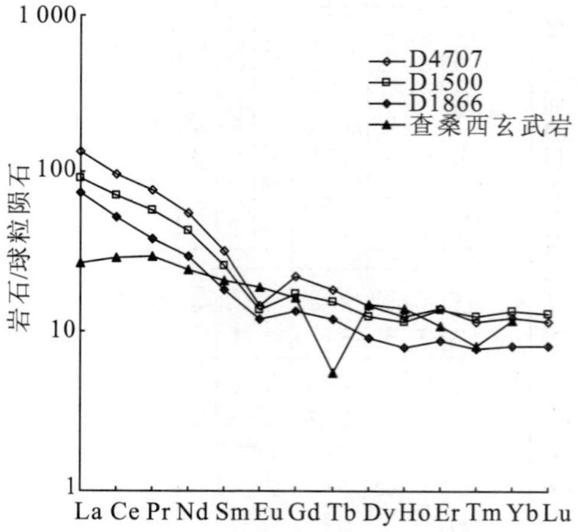

图 3-5-16　江爱达日那地区火山岩稀土配分曲线图

查桑地区的二叠纪基性火山岩的稀土元素丰度相对酸性火山岩低，$\sum$REE＝70.15×10^{-6}。稀土配分曲线见图 3-5-16，与酸性火山岩的稀土配分曲线有明显差异，为向右缓倾斜的轻稀土富集型。$(Ce/Yb)_N$＝2.44，轻稀土富集。$(La/Sm)_N$＝1.28，$(Gd/Yb)_N$＝1.37，轻、重稀土分馏程度相似。δEu＝1.02，Eu 具弱正异常，Tb 具明显负异常。

酸性火山岩微量元素分析结果及主要参数见表 3-5-3。以原始地幔（Wood，1979）标准化后，酸性火山岩微量元素比值蛛网图见图 3-5-17，表现为强不相容元素 Ba、Th、K 富集的分配形式，并出现 Sr、P、Ti 的强烈负异常，与新西兰岛弧英安岩和流纹岩的特征相似，不同在于活动性元素 Nb、Ta 弱亏损程度相对较弱。Sr、P、Ti 的强烈负异常，可能与岩石演化过程中出现斜长石和富钛矿物及磷灰石的分离结晶作用有关，并受到地壳物质的同化混杂。以洋中脊玄武岩（Pearce，1982）标准化后，酸性火山岩微量元素比值蛛网图见图 3-5-18，为强不相容元素 K、Rb、Ba、Th 强烈富集的分配形式，非活动性元素 Nb、Ta 亏损，P 和过渡元素 Ti、Cr 强烈亏损。酸性火山岩的 $(Rb/Yb)_N$ 多在 12.47～31.78 之间，表明形成岩石的岩浆为富集地幔源，分离结晶程度强的残余熔体。Nb^* 在 0.13～0.33 之间，P^* 在 0.11～0.21 之间，Zr^* 在 1.49～3.27 之间，表明形成岩石的岩浆在形成和演化过程中受到陆壳物质的混染作用。K^* =3.73～4.39，表明岩浆的形成与消减作用有关。Sr^* =0.13～0.20，可能与岩石演化过程中出现斜长石分离结晶作用有关。

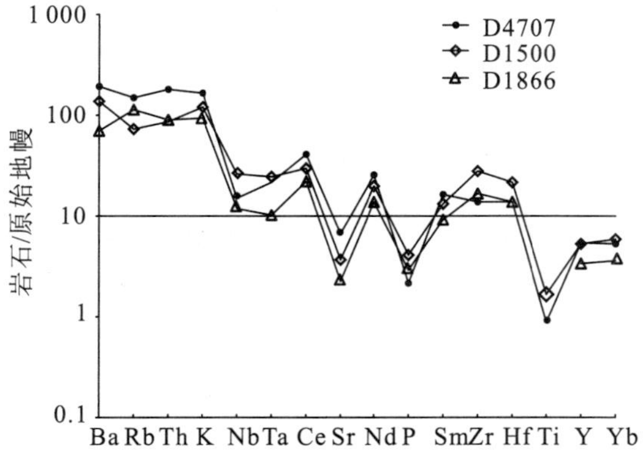

图 3-5-17 江爱达日那地区弧火山岩微量元素比值蛛网图

（据 Ellam，1988）

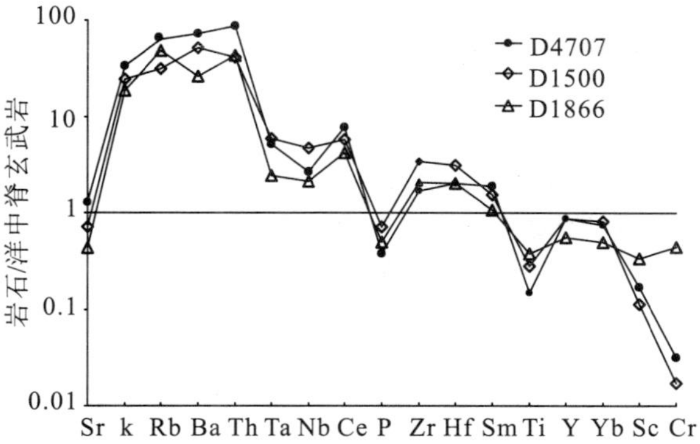

图 3-5-18 江爱达日那地区弧火山岩微量元素比值蛛网图

（据 Pearce，1982）

4. 火山岩岩相及喷发时代探讨

江爱达日那一带的火山岩以溢流相熔岩为主，夹沉火山碎屑岩。

在江爱达日那北，岩性主要为一套溢流相的熔岩夹泥晶灰岩、礁灰岩、凝灰质粗-粉砂岩、含凝灰质硅质泥岩。在江额由本一带，火山岩喷发于深灰色薄中层状泥晶灰岩夹条带状硅质岩之上，火山岩中所夹灰色透镜状礁灰岩含二叠纪珊瑚化石。在江爱达日那东，火山岩层层序多已不清，岩性为一套溢流相的熔岩夹礁灰岩、薄层泥晶灰岩与灰绿色薄层泥质硅质岩，含二叠纪珊瑚化石。

火山岩现呈被后期花岗岩侵入破坏的大小不一的构造块体，与围岩皆为断层接触。根据火山岩中沉积岩夹层所含二叠纪珊瑚化石，可以确定火山岩的喷发时代为二叠纪。

5. 喷发机制及构造环境判别

从岩石化学成分看，火山岩主要属钙碱性玄武岩系列，酸性火山岩的微量元素特征与新西兰岛弧英安岩和流纹岩的特征相似。在不同构造环境花岗岩的非活动性元素(Yb+Ta)- Rb 判别图（图 3-5-19）上，酸性火山岩投影点均落在火山弧区。在 lgσ - lgτ 图（图 3-5-20）上，火山岩投影点主要落在消减带火山岩区内。在 TiO_2 - 10MnO - $10P_2O_5$ 图（图 3-5-21）上，火山岩大部分投点落入岛弧拉斑玄武岩区。在 F_1 - F_2 - F_3 图解（图 3-5-22）上，基性火山岩投点主要位于低钾拉斑玄武岩（岛弧拉斑玄武岩）区内。综合上述资料，结合区域地质资料分析，本区火山岩具有火山弧性质，其形成主要与古特提斯洋壳由南向北俯冲和消减作用有关。

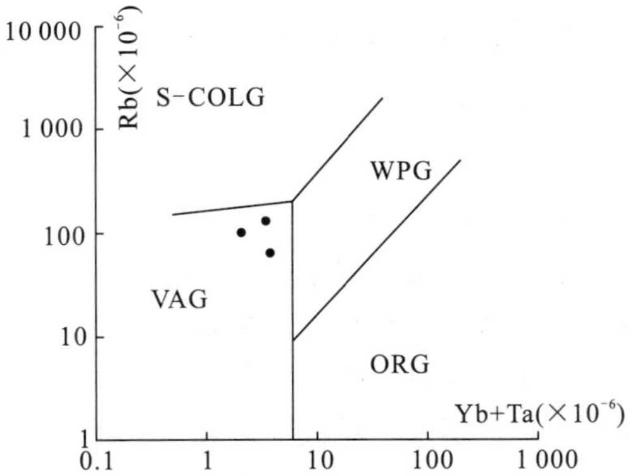

图 3-5-19 不同构造环境花岗岩的非活动性元素判别图

（据 Pearce 等，1984）

VAG. 火山弧花岗岩；WPG. 板内花岗岩；S-COLG. 同碰撞花岗岩；ORG. 洋中脊花岗岩

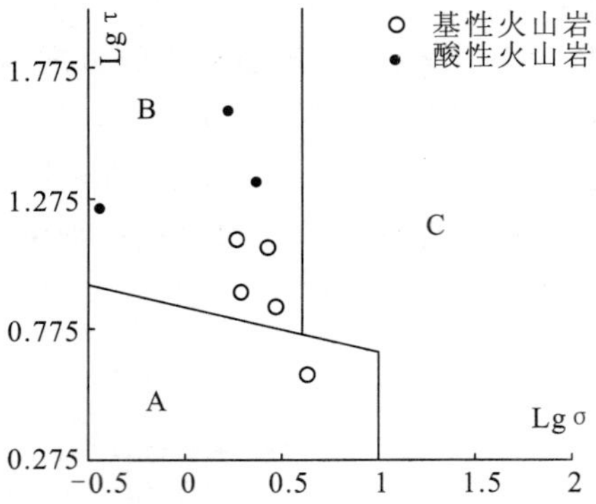

图 3-5-20　江爱达日那地区火山岩 lgσ－lgτ 图

（据 Rittmann A.，1970）

A. 板内稳定区火山岩；B. 消减带火山岩；

C. A、B 区演化的碱性火山岩

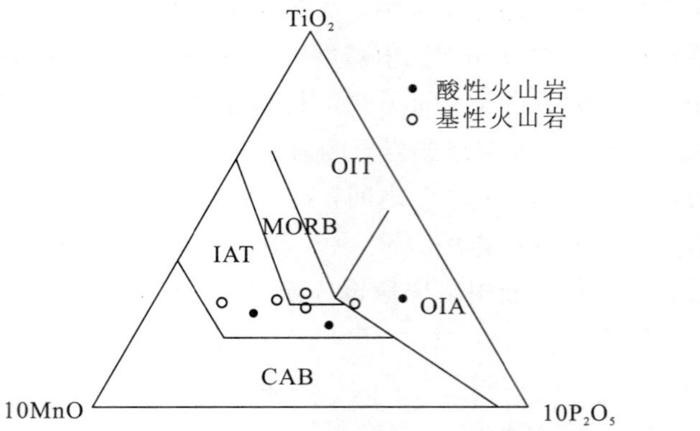

图 3-5-21　江爱达日那地区火山岩 $TiO_2-10MnO-10P_2O_5$ 图解

（据 Mullen E. D.，1983）

OIT. 大洋岛屿拉斑玄武岩；OIA. 大洋岛屿碱性玄武岩；

MORB. 洋中脊玄武岩；IAT. 岛弧拉斑玄武岩；CAB. 钙碱性玄武岩

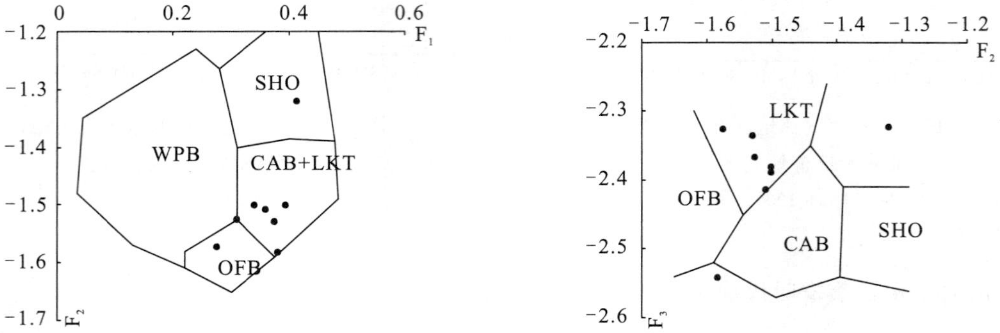

图 3-5-22　江爱达日那地区火山岩 $F_1-F_2-F_3$ 图解

（据 Pearce J. A.，1976）

WPB. 板内玄武岩；LKT. 低钾拉斑玄武岩（岛弧拉斑玄武岩）；

CAB. 钙碱性（高铝）玄武岩；SHO. 钾玄岩；OFB. 洋底（洋中脊）玄武岩

（三）桑琼—嘎措一带的二叠纪蛇绿混杂岩

1. 蛇绿岩的分布特征及岩性组合特征

蛇绿岩呈大小不等的岩片分布，遭受不同程度的区域变质和动力变质作用改造，形成了复杂的变质岩石组合。

霍木西萨一带各蛇绿混杂岩片之间表现为脆性逆冲断层接触，各岩块大小不等，小者仅出露数米，最大达 4km。各岩片岩性为绿片岩、大理岩、变质硅质岩、辉长岩、蓝片岩等，其变质变形各异，但仅从岩性组合看，仍具有某些蛇绿岩组分特征。

鄂柔、嘎措一带蛇绿混杂岩片具基质与岩块之分，岩块与基质间为构造接触。基质以绿片岩为主，岩块包括未变质或变质较弱的枕状玄武岩、火山角砾岩、辉长岩、辉绿岩、薄层硅质岩、薄层含硅质条带灰岩等。岩块中岩石变形变质相对较弱，还保留较多反映火山岩特征的残余结构、构造。结合区域上尚有超基性岩块分布，其明显具有蛇绿岩组分特征。

达日阿陇一带分布的变火山岩片为一套黑云阳起石片岩、黑云钠长片岩、角闪片岩夹变基性火山角砾岩、变质角砾凝灰岩、变基性熔结火山凝灰角砾岩的变质岩岩石组合，变质作用达高绿片岩相。经过剖面测制和综合研究，原岩火山喷发特征还可不同程度地恢复出来，为基性火山角砾岩、玄武岩与凝灰岩组成多个喷发层序。

2. 蛇绿岩岩石学特征

1）火山岩类

以基性火山岩为主，少量中基性或酸性火山岩。岩石均遭受不同程度的变质变形改造。

蚀变中酸性晶屑凝灰岩：岩石为凝灰结构，薄厚层块状构造。由斜长石晶屑（60%）、石英晶屑（10%～15%）、火山岩屑（5%）、氧化铁和火山灰胶结物（15%～20%）组成。斜长石晶屑为碎屑状、板条状，基本为中酸性斜长石，其中长石有碳酸盐化现象。火山岩屑为长英质岩屑。火山灰已黑云母化。

片理化中基性凝灰岩：岩石具显微纤柱状变晶结构、变余凝灰结构，片状构造。矿物成分为透闪石（82%～86%）、金属矿物（12%～15%）和钠长石（2%～3%）。透闪石呈纤柱状变晶集合体，部分透闪石集中定向排列形成片状构造。

蚀变玄武岩：岩石为显微半晶质结构，显微多玻质结构。矿物成分为透闪石（20%～25%），玄武质火山玻璃（65%～70%），硅质火山玻璃（5%）和磁铁矿（3%～5%）。透闪石呈长柱状、针状定向排列，玄武质火山玻璃呈不规则团块状、云雾状大致定向排列，其内夹不规则条块状、团块状硅质火山玻璃。

片理化变枕状玄武岩：岩石具变余斑状结构，基质具残余交织结构，片理化构造，以及枕状构造、气孔状构造、杏仁状构造。岩石斑晶含量为3%～7%，成分为基性斜长石（0～7%）、普通辉石（0～3%）。普通辉石斑晶为具自形柱状，少数被阳起石和绿泥石集合体取代，但仍具辉石假象。基性斜长石斑晶呈板状外形，全钠黝帘石化或被云母取代。基质由基性斜长石（30%～56%）、辉石（15%～38%）、阳起石（3%～39%）、绿泥石（6%～23%）、绿帘石（8%～18%）、雏晶黑云母（5%），绢云母（0～8%）、白云母（0～1%）、榍石（1%）、方解石（3%～6%）和金属矿物（1%～5%）组成。基质中基性斜长石蚀变强烈，由钠长石、斜黝帘石和雏晶黑云母取代，部分保留斜长石自形板状外形，其间隙中分布有阳起石、绿泥石、绿帘石及金属矿物，呈残余交织结构。普通辉石具自形柱状，多数被阳起石和绿泥石集合体取代，但仍具辉石假象。少数辉石无明显蚀变，零星分布在斜长石板条假象的间隙中。岩石劈理化明显，具显著的强弱分带现象，在强应变带中，原岩结构、构造已不清。

片理化变基性熔结火山凝灰角砾岩：岩石为浅灰—灰色，具变余凝灰角砾结构，块状构造，片理化构造。火山角砾含量（50%～60%），大小一般0.2～3cm。角砾成分以蚀变基性火山岩（36%～40%）、蚀变基性凝灰岩（17%～20%）为主。凝灰质岩屑（28%～33%）成分与角砾相同，大小0.15～2mm。胶结物（8%～17%）为蚀变火山灰。角砾和凝灰质岩屑均压扁拉长，长轴定向平行排列，并全部蚀变生成黑云母、阳起石、透闪石和钠长石。在碎屑的接触处有少量火山灰物质蚀变而成的黑云母、阳起石、金属矿物和相对较多的白钛石-榍石微粒。岩石中凝灰物质不均匀分布在角砾间隙中，大小形状不一，呈透镜状、长透镜状、条带状、纺锤状，并以长轴方向彼此定向排列，岩屑之间由火山灰结晶出的黑云母、阳起石、透闪石等新生矿物胶结。

变质角砾凝灰岩（黑云母角闪石片岩）：岩石呈灰黑色，具纤柱状变晶结构，片状构造。由普通角闪石（含量83%）、钠长石（含量8%）、黑云母（4%）、金属矿物（5%）组成。普通角闪石呈纤柱状变晶颗粒，平行定向排列，钠长石透镜状集合体沿片理断续定向分布，黑云母鳞片变晶相对聚集，呈条痕状沿片理定向排列，金属矿物长板颗粒状沿片理定向分布。该岩石野外可见含40%直径0.5～1cm大小的火山角砾（风化面上可见），角闪石变质矿物不仅分布在火山角砾中，基质中亦有。

变基性火山角砾岩：岩石为灰色厚层状，变质变形不均匀。在强应变带中原岩结构多已不保存，出现了阳起石、钠长石、绿泥石、斜黝帘石、雏晶黑云母等变质矿物；而在弱应变域中原岩结构、构造保存完好，具残余火山角砾结构，变余块状构造。角砾含量40%～80%，直径1～6cm，部分呈7～20cm的集块。角砾呈棱角—次棱角状，部分被压扁拉长。成分以玄武质、凝灰质为主。强应变带中岩石镜下为变余火山角砾结构，角砾与胶结物已全部由阳起石（40%）、钠长石（19%）、绿泥石（21%）、斜黝帘石（8%）、雏晶黑云母（7%）等变质矿物取代，但仍保留有火山碎屑和火山角砾外形。

2）基性侵入岩类

基性侵入岩类均呈大小不等的岩块夹于绿片岩中，遭受了不同程度的变质变形改造。

绿泥石化辉绿岩：岩石具鳞片粒状变晶结构、变余辉绿结构，块状构造。矿物成分为古铜辉石（0～6%）、紫苏辉石（4%～8%）、普通辉石（1%～5%）、阳起石（0～47%）、绿泥石（10%～23%）、透闪石（0～30%）、绿帘石（0～8%）、斜长石（34%～52%）、硬柱石（0～2%）、碳酸盐（5%）、黑（白）云母（2%～10%）和方柱石（0～3%），含少量硅质火山玻璃。副矿物为磷灰石。金属矿物为磁铁矿（0～3%）、白钛石（0～5%）。辉石呈长柱状或自形—半自形粒状，不同程度绿泥石化、黑云母化、钠黝帘石化。斜长石呈他形粒状，或自形长板状杂乱分布，普遍钠黝帘石化，其间隙中由绿泥石、绿帘石和雏晶黑云母充填，构成残余辉绿结构。

蚀变辉长岩：岩石具变余辉长结构、斑状变晶结构，由透闪石（11%～16%）、镁铁闪石(25%～30%)、纤闪石（25%～30%）、辉石（2%）、斜长石（2%～6%）、斜方闪石（4%～9%）、方解石（12%～16%）和少量方柱石、白云母、绿帘石、泥质和硅质火山玻璃组成。岩石中的斑晶辉石、斜长石以及构成基质的长柱状、长板条状斜长石均发生不同程度的退变，辉石被钙质、铁质交代形成透辉石、透闪石及少量绿帘石，并进一步蚀变为纤闪石，部分蚀变为镁铁闪石和斜方闪石，在上述退变矿物之中，仅剩下少量的熔蚀状辉石残晶。斜长石出现方柱石化、绿帘石化、白云母化、碳酸盐化。

3. 岩石化学与地球化学特征

1）火山岩类

(1) 岩石化学特征：桑琼—嘎措一带二叠纪蛇绿构造混杂岩带中火山岩岩石化学成分、C. I. P. W. 标准矿物成分及主要化学特征参数见表 3-5-4。根据 TAS 分类图（图 3-5-23），火山岩的定量化学命名以玄武岩为主，少量碱玄岩、玄武安山岩、粗面玄武岩和粗面岩。

从岩石化学成分看，SiO_2 含量为 46.69%～54.56%，个别高达 64.21%，个别低于 45%。Al_2O_3 含量介于 7.48%～16.2%之间，K_2O 含量介于 0.13%～4.4%，全碱 alk 主要为 3.55～8.89，K_2O/Na_2O 主要为 0.21～0.98，Al_2O_3 含量低及全碱含量较高，富钠，贫钾。里特曼指数 σ = 2.2～7.26。在硅碱图（图 3-5-24）中，5 个样位于碱性系列区，其余 8 个样位于亚碱性系列区；8 个样经 AFM 图（图 3-5-25）进一步划分，多数位于拉斑玄武岩区，部分位于钙碱性玄武岩区且多邻近分界线，具过渡类型特点，但岩石具明显富铁趋势，主体上属拉斑玄武岩系列。在 FeO^*/MgO 与 SiO_2、FeO^*（图 3-5-26）上，多数样品投点落入拉斑玄武岩系列与钙碱性玄武岩系列的过渡区。

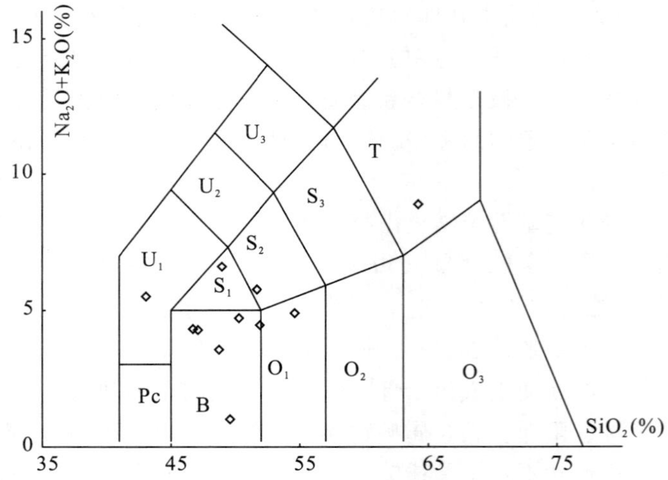

图 3-5-23　蛇绿岩片火山岩的 TAS 图

（据 Le Bas M. J. 等，1986；IUGS，1989）

Pc. 苦橄玄武岩；B. 玄武岩；T. 粗面岩和粗面英安岩；U_1. 碧玄岩和碱玄岩 U_2. 响岩质碱玄岩；U_3. 碱玄质响岩；O_1. 玄武安山岩；O_2. 安山岩；O_3. 英安岩；S_1. 粗面玄武岩；S_2. 玄武粗安岩；S_3. 粗安岩

火山岩的 A/CNK=0.30～0.95，A/NK=1.30～4.61，为正常类型。标准矿物组合有 4 个样为 or+ab+an+di+hy+ol+ap+ilm+mt，为 SiO_2低度不饱和正常类型，有 5 个样为 q+or+ab+an+di+hy+ap+ilm+mt，为 SiO_2过饱和正常类型，有 2 件样品出现霞石、白榴石和锥灰石，为碱性玄武岩系列。

表 3-5-4　二叠纪蛇绿岩片火山岩、基性侵入岩化学分析、C. I. P. W. 标准矿物及主要化学指数表

氧化物含量(w_B%)及主要化学指数

样品号	岩石名称	产地	SiO_2	TiO_2	Al_2O_3	Fe_2O_3	FeO	MnO	MgO	CaO	Na_2O	K_2O	P_2O_5	SI	DI	[Mg]	σ	A/CNK	A/NK	K_2O/Na_2O	alk
D1022	中酸性晶屑凝灰岩	嘎措北	64.21	0.52	15.83	2.78	2.69	0.10	2.26	2.44	4.49	4.40	0.13	13.61	76.47	59.96	3.72	0.95	1.30	0.98	8.89
D4025	片状斜长角闪岩(原岩为基性火山岩)		48.73	2.72	13.25	2.22	10.06	0.20	6.36	12.54	2.79	0.76	0.37	28.66	28.08	52.98	2.20	0.47	2.45	0.27	3.55
ERP1	蚀变基性火山岩(原岩为基性火山岩)	鄂柔	46.69	3.14	10.54	4.47	8.63	0.16	5.02	15.92	3.56	0.74	0.69	22.38	27.80	50.88	5.01	0.30	1.58	0.21	4.30
ERP4	黑云绿泥石片岩(原岩为基性火山岩)		51.66	2.58	16.20	4.87	7.32	0.16	4.41	6.05	4.42	1.33	0.96	19.71	47.51	51.76	3.82	0.82	1.86	0.30	5.75
ERP10	蓝闪-青铝闪石岩(原岩为基性火山岩)		48.97	2.48	16.24	5.52	7.93	0.11	2.20	7.88	4.54	2.04	1.68	9.91	50.63	33.12	7.26	0.68	1.68	0.45	6.58
ERP18	蚀变基性火山岩(原岩为基性火山岩)		47.06	3.16	10.47	4.77	8.84	0.18	10.69	9.17	2.69	1.58	1.34	37.41	32.09	68.31	4.49	0.46	1.71	0.59	4.27
ZLNP3	透闪阳起石片岩(原岩为基性火山岩)	嘎措	54.56	2.16	11.22	2.87	6.87	0.38	6.98	9.84	3.86	1.02	0.25	32.32	40.72	64.44	2.06	0.44	1.50	0.26	4.88
GCP7	黑云蓝闪石片岩(原岩为基性火山岩)		43.03	2.35	12.30	4.49	8.89	0.16	4.59	17.92	3.33	2.17	0.20	19.57	24.38	47.95	1.95	0.30	1.57	0.65	5.50
HMP7-1	蓝闪绿泥阳起石片岩(原岩为基性火山岩)	霍木西萨	49.54	1.67	7.48	3.64	9.02	0.20	19.11	7.89	0.90	0.13	0.36	58.26	8.40	79.06	0.16	0.47	4.61	0.14	1.03
HMXP7-2	阳起石化蓝闪石片岩(原岩为基性火山岩)		51.78	3.07	9.62	4.22	7.11	0.15	8.08	10.84	3.42	1.07	0.49	33.82	36.27	66.95	2.29	0.36	1.42	0.31	4.48
HMXP7-3	阳起石化蓝闪石片岩(原岩为基性火山岩)		50.35	4.38	11.87	4.62	7.76	0.15	5.23	9.92	3.50	1.17	0.68	23.48	40.29	54.59	2.97	0.47	1.69	0.33	4.67
措折 *	块状玄武岩	措折	50.94	2.11	13.93	5.32	10.16	0.22	4.33	9.03	0.82	2.37	0.24	18.82	31.41	43.16	1.28	0.69	3.56	2.89	3.19
措折 *	块状玄武岩		51.38	1.91	13.60	5.37	9.96	0.22	4.77	9.10	2.55	0.74	0.24	20.41	33.07	46.08	1.29	0.63	2.72	0.29	3.29
D3008	绿泥石化辉绿岩	鄂柔	49.57	2.23	18.05	4.43	7.72	0.18	3.64	6.59	4.89	1.58	1.05	16.33		45.62					
D1009	辉长岩	达日阿陇	49.42	4.41	12.31	3.59	11.64	0.25	4.50	8.93	3.29	1.29	0.38	18.52		40.79					
D4691	蚀变辉长岩	查桑西	48.12	1.03	18.45	2.86	7.56	0.16	7.58	10.92	2.55	0.35	0.28	36.27		64.12					

C. I. P. W. 标准矿物含量(%)

样品号	岩石名称	产地	ap	ilm	mt	q	or	ab	an	di			hy		ol		ne	lc	cs
										wo	en′	fs′	en	fs	fo	fa			
D1022	中酸性晶屑凝灰岩	嘎措北	0.30	0.99	4.03	12.39	25.97	38.00	10.05	0.51	0.35	0.12	5.28	1.85					
D4025	片状斜长角闪岩(原岩为基性火山岩)		0.87	5.17	3.22		4.47	23.62	21.39	16.05	8.66	6.85	0.65	0.51	4.58	3.99			
ERP1	蚀变基性火山岩(原岩为基性火山岩)	鄂柔	1.63	5.97	6.48		4.37	16.97	10.60	20.87	12.50	7.28					7.13		8.63
ERP4	黑云绿泥石片岩(原岩为基性火山岩)		2.27	4.91	7.07	2.27	7.88	37.37	20.46	1.38	0.87	0.43	10.11	5.01					
ERP10	蓝闪-青铝闪石岩(原岩为基性火山岩)		3.97	4.71	8.00		12.05	38.42	17.90	4.27	2.00	2.22	1.22	1.36	1.59	1.95			
ERP18	蚀变基性火山岩(原岩为基性火山岩)		3.17	6.00	6.92		9.33	22.77	11.83	10.41	7.43	2.06	6.97	1.94	8.57	2.63			
ZLNP3	透闪阳起石片岩(原岩为基性火山岩)	嘎措	0.58	4.10	4.16	2.01	6.01	32.70	10.27	15.41	10.07	4.28	7.32	3.11					
GCP7	黑云蓝闪石片岩(原岩为基性火山岩)		0.48	4.47	6.50		3.01		12.19	21.18	11.44	9.02					15.26	7.70	15.27
HMP7	蓝闪绿泥阳起石片岩(原岩为基性火山岩)	霍木西萨	0.86	3.17	5.27		0.75	7.64	15.97	8.69	6.37	1.50	37.88	8.90	2.34	0.61			
HMXP7	阳起石化蓝闪石片岩(原岩为基性火山岩)		1.16	5.83	6.12	1.01	6.30	28.91	7.77	17.88	13.09	3.10	7.02	1.66					
HMXP7	阳起石化蓝闪石片岩(原岩为基性火山岩)		1.62	8.33	6.70	3.60	6.92	29.65	13.20	13.17	9.47	2.52	3.57	0.95					
措折 *	块状玄武岩	措折	0.57	4.00	7.71	10.33	13.98	6.94	27.34	6.64	3.21	3.33	7.57	7.86					
措折 *	块状玄武岩		0.56	3.63	7.78	7.06	4.38	21.58	23.46	8.41	4.25	3.97	7.63	7.12					
D3008	绿泥石化辉绿岩	鄂柔	2.48	4.24	6.43		9.33	41.22	22.64	1.33	0.72	0.57			5.84	5.09	0.10		
D1009	辉长岩	达日阿陇	0.91	8.37	5.20	1.11	7.60	27.82	15.03	11.17	5.40	5.59	5.81	6.01					
D4691	蚀变辉长岩	查桑西	0.67	1.95	4.14		2.08	21.58	37.87	6.03	3.70	1.99	6.98	3.75	5.74	3.39			

注:其中带 * 样品据王成善等(2001)

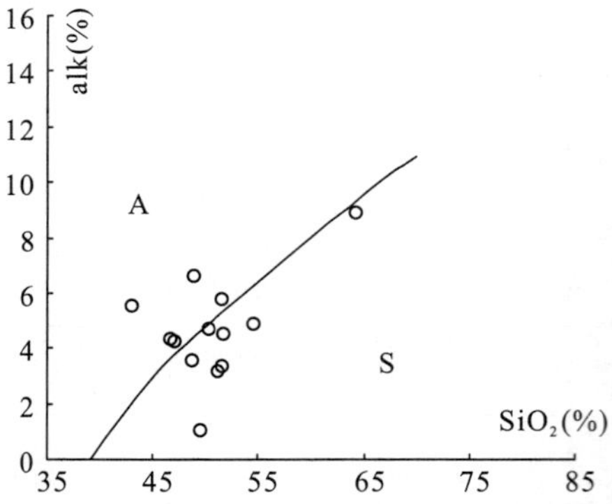

图 3-5-24　蛇绿岩片火山岩硅碱图

(据 Irvine T. N. 等，1971)

A. 碱性系列；S. 亚碱性系列

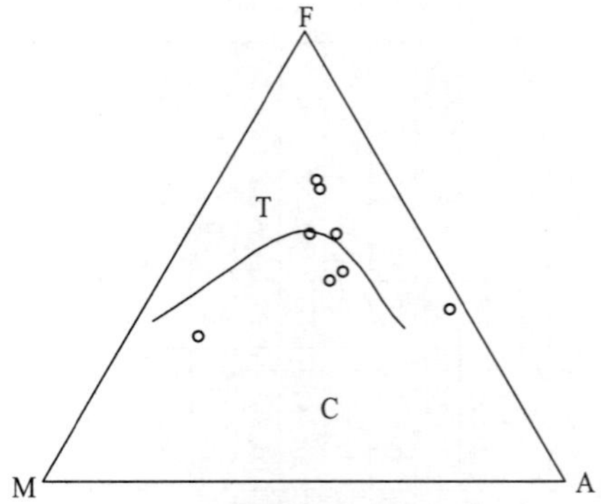

图 3-5-25　蛇绿岩片火山岩 AFM 图

(据 Irvine T. N. 等，1971)

T. 拉斑玄武岩系列；C. 钙碱性玄武岩系列

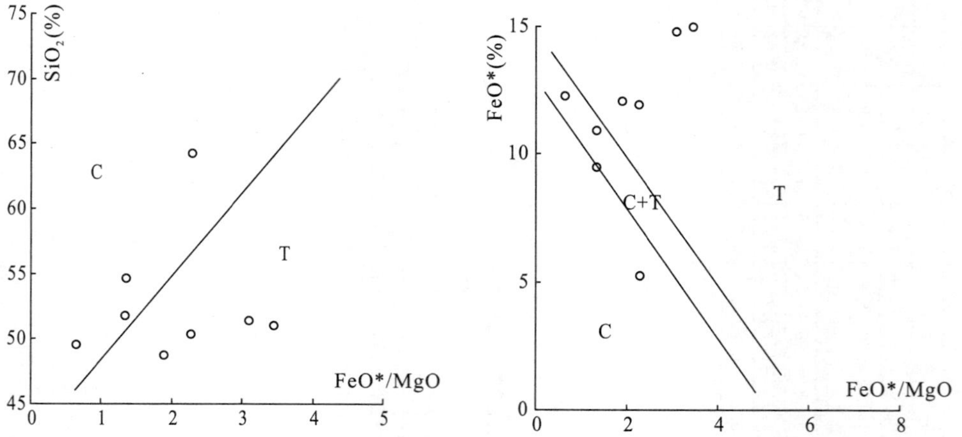

图 3-5-26　蛇绿岩片火山岩 FeO* /MgO 与 SiO_2、FeO* 图

(据 IYASHIRO A.，1974)

T. 拉斑玄武岩系列；C. 钙碱性玄武岩系列

火山岩固结指数（SI）为 9.91～58.26，变化较大，多小于幔源原始岩浆 SI 值（40）；镁值指数［Mg］为 33.12～68.31，小于与地幔橄榄岩平衡的原始玄武岩浆的［Mg］指数（65～72），表明母岩浆在喷发前已发生了较为强烈的分离结晶作用，岩浆分异程度较好。

（2）地球化学特征：火山岩的稀土元素丰度及主要参数见表 3-5-5。岩石的稀土元素丰度中等，$\sum REE = (127.5 \sim 313.7) \times 10^{-6}$。稀土配分曲线见图 3-5-27，为向右倾斜的轻稀土富集型，$(Ce/Yb)_N = 5.51 \sim 13.82$，轻稀土相对富集。$(La/Sm)_N = 1.76 \sim 3.88$，$(Gd/Yb)_N = 1.32 \sim 3.30$，轻、重稀土分馏程度相似。$\delta Eu = 0.74 \sim 1.14$，Eu 弱亏损或弱正异常。除稀土总量有差异外，岩石具有相似的配分模式，其配分模式与洋岛碱性玄武岩相似。轻稀土富积反映了形成岩石的母岩浆熔融程度较高。

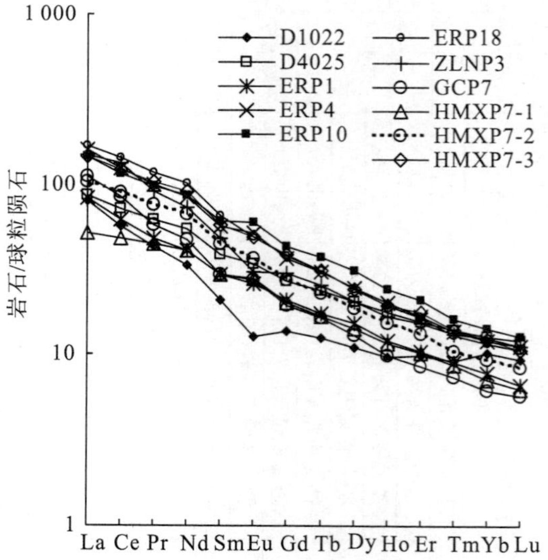

图 3-5-27　蛇绿岩片火山岩稀土配分曲线图

火山岩的微量元素分析结果及主要参数见表 3-5-5，经原始地幔（Wood，1979）标准化后，火山岩微量元素比值蛛网图见图 3-5-28，表现为不相容元素富集型的分配形式，与洋岛玄武岩特征相似，不同的是出现 Sr 和部分 K 的强烈负异常。仅

表 3-5-5　二叠纪蛇绿岩片火山岩稀土、微量元素分析结果及特征参数表

稀土元素含量($\times10^{-6}$)及特征参数

样品编号	岩石名称	产地	La	Ce	Pr	Nd	Sm	Eu	Gd	Tb	Dy	Ho	Er	Tm	Yb	Lu	Y	ΣREE	LREE/HREE	δEu	$(La/Sm)_N$	$(Gd/Yb)_N$	$(La/Yb)_N$	$(Ce/Yb)_N$
D1022	中酸性晶屑凝灰岩	嘎措北	25	46	5.28	20	4.05	0.94	3.53	0.59	3.54	0.7	2.09	0.3	2.16	0.31	18.4	132.9	7.66	0.74	3.88	1.32	7.80	5.51
D4025	片状斜长角闪岩(原岩为基性火山岩)		26.5	57.9	7.54	32.5	7.6	2.48	6.9	1.13	6.63	1.26	3.28	0.45	2.65	0.4	30	187.2	5.93	1.03	2.19	2.10	6.74	5.65
ERP1	蚀变基性火山岩(原岩为基性火山岩)	鄂柔	25.6	50.2	5.91	24.4	5.69	1.9	5.41	0.83	4.94	0.87	2.19	0.29	1.63	0.22	19.4	149.5	6.94	1.03	2.83	2.68	10.59	7.97
ERP4	黑云绿泥石片岩(原岩为基性火山岩)		49.4	99.5	12.1	50.5	11.1	3.8	9.45	1.45	7.88	1.45	3.49	0.44	2.5	0.37	30	283.4	8.38	1.11	2.80	3.05	13.32	10.29
ERP10	蓝闪-青铝闪石岩(原岩为基性火山岩)		45.2	93	11.9	51.4	11.9	4.36	11.2	1.78	10	1.73	4.36	0.52	2.97	0.42	38.6	289.3	6.60	1.14	2.39	3.04	10.26	8.10
ERP18	蚀变基性火山岩(原岩为基性火山岩)		51.9	116	14.3	60.6	12.7	3.57	9.9	1.46	7.76	1.38	3.47	0.42	2.42	0.35	27.5	313.7	9.54	0.94	2.57	3.30	14.46	12.40
ZLNP3	透闪阳起石片岩(原岩为基性火山岩)	嘎措	45.8	107	11	43.9	9.45	2.26	7.7	1.2	6.55	1.2	3.2	0.43	2.6	0.37	26.9	269.6	9.44	0.79	3.05	2.39	11.88	10.64
GCP7	黑云蓝闪石片岩(原岩为基性火山岩)		34.3	68.4	7.08	28.1	5.71	2	5.03	0.78	4.2	0.71	1.8	0.24	1.28	0.19	17.8	177.6	10.23	1.12	3.78	3.17	18.07	13.82
HMXP7－1	蓝闪绿泥阳起石片岩(原岩为基性火山岩)	霍木西萨	16.1	38.6	5.43	24.6	5.76	2.04	5.24	0.79	4.61	0.83	2.15	0.28	1.5	0.21	19.4	127.5	5.93	1.12	1.76	2.82	7.24	6.66
HMXP7－2	阳起石化蓝闪石片岩(原岩为基性火山岩)		32	71.4	9.15	39.7	8.66	2.69	7.09	1.09	5.97	1.09	2.75	0.34	1.95	0.28	23.9	208.1	7.96	1.02	2.32	2.93	11.06	9.47
HMXP7－3	阳起石化蓝闪石片岩(原岩为基性火山岩)		45.3	98.6	12.6	54.2	11.3	3.61	10	1.46	7.8	1.38	3.73	0.45	2.55	0.35	30.8	284.1	8.14	1.02	2.52	3.16	11.98	10.00
D3008	绿泥石化辉绿岩	鄂柔	59.2	128	15.7	67.8	14.7	4.77	12.9	1.9	10.5	1.86	4.76	0.6	3.47	0.5	41.3	367.96	7.95	1.04	2.53	3.00	11.50	9.54
D1009	辉长岩	达日阿陇	33.3	73.6	9.64	43	9.75	2.9	8.87	1.41	8.29	1.53	4.12	0.56	3.13	0.45	36.6	237.15	6.07	0.94	2.15	2.29	7.17	6.08
D4691	蚀变辉长岩	查桑西	6.69	14.7	2.23	10.2	2.72	1.05	2.18	0.5	3.01	0.6	1.86	0.25	1.62	0.25	17.7	65.56	3.66	1.28	1.55	1.09	2.78	2.35

微量元素含量($\times10^{-6}$)及特征参数

样品编号	岩石名称	产地	Ba	Rb	Sr	Cs	Ta	Nb	Hf	Zr	Th	Sc	Cr	Co	Ni	Li	Be	Rb/Sr	$(Rb/Yb)_N$	K*	Nb*	Sr*	P*	Zr*
D1022	中酸性晶屑凝灰岩	嘎措北	449	148	117	5.49	0.96	11.2	3.85	143	13.9	17.4	88.2	13.4	13.5	26.7	2.34	1.26	38.00	4.74	0.21	0.26	0.44	1.59
D4025	片状斜长角闪岩(原岩为基性火山岩)		148	19.1	462	0.42	1.83	26.5	5.11	209	4.14	25.6	129	37.9	87.9	8.62	1.61	0.04	4.00	0.61	1.39	0.72	0.87	1.02
ERP1	蚀变基性火山岩(原岩为基性火山岩)	鄂柔	263	11.1	511	0.28	0.68	13.9	3.28	112	3.43	18.4	255	50.8	165	24.5	1	0.02	3.78	0.88	0.76	0.98	2.18	0.45
ERP4	黑云绿泥石片岩(原岩为基性火山岩)		294	25.2	563	0.96	3.17	56.8	6.51	264	5.15	5.64	5.33	27.6	6.47	15.8	1.79	0.04	5.59	0.59	1.64	0.53	1.54	0.66
ERP10	蓝闪-青铝闪石岩(原岩为基性火山岩)		437	44.8	617	0.91	2.88	44	7	263	4.54	7.33	7.2	22.5	13.2	29	1.93	0.07	8.37	1.00	1.10	0.60	2.63	0.44
ERP18	蚀变基性火山岩(原岩为基性火山岩)		394	31.3	159	0.97	2.14	33	8.64	334	3.85	22.5	555	60.2	380	28.4	1.5	0.20	7.17	0.82	0.86	0.13	1.74	0.64
ZLNP3	透闪阳起石片岩(原岩为基性火山岩)	嘎措	79.1	27.9	256	0.34	2.15	31.6	5.24	202	6.98	16.5	342	44.3	213	4.84	1.32	0.11	5.95	0.57	1.05	0.25	0.47	1.02
GCP7	黑云蓝闪石片岩(原岩为基性火山岩)		207	49.7	324	5.05	1.97	35.6	4.17	171	4.35	15.4	363	46.2	219	8.16	1.15	0.15	21.54	1.34	1.03	0.49	0.52	1.32
HMXP7－1	蓝闪绿泥阳起石片岩(原岩为基性火山岩)	霍木西萨	5.49	1.05	55	0.18	0.83	10.7	4.68	183	2.4	18.4	720	59.3	538	8.08	0.9	0.02	0.39	0.19	1.30	0.12	1.01	1.06
HMXP7－2	阳起石化蓝闪石片岩(原岩为基性火山岩)		245	17.8	250	0.43	2.11	29.7	6.49	258	4.46	20.2	391	52.4	269	4.7	2.75	0.07	5.06	0.71	1.22	0.32	0.92	1.04
HMXP7－3	阳起石化蓝闪石片岩(原岩为基性火山岩)		243	19.1	207	0.44	1.19	19.6	8.52	330	4.75	24	121	47.6	71.8	6.43	1.87	0.09	4.15	0.81	0.63	0.19	0.96	0.98
D3008	绿泥石化辉绿岩	鄂柔	536	51.3	518	1.14	3.72	57.6	9.44	392	8.01	5.15	3.61	15.5	2.92	16.7	2.53	0.10		0.59	1.39			
D1009	辉长岩	达日阿陇	326	38.6	400	0.54	1.82	33.2	7.25	292	3.95	25.9	20.3	37.5	37.9	13.5	1.87	0.10		0.92	1.22			
D4691	蚀变辉长岩	查桑西	72.5	14.9	472	2.14	0.21	3.51	1.68	72.3	0.38	35.5	209	36.8	116	12.2	0.55	0.03		1.62	0.54			

HMXP7 样品具洋中脊玄武岩的特征，出现大离子亲石元素 Ba、Rb、K 的亏损。经洋中脊玄武岩（Pearce，1982）标准化后，火山岩微量元素比值蛛网图见图 3-5-29，大多数表现为板内玄武岩的大隆起形式，均为不相容元素富集的分配形式，与板内碱性玄武岩分配形式相似，火山岩的 $(Rb/Yb)_N$ 多在 3.78～38 之间，表明形成岩石的岩浆为富集地幔源。仅 HMXP7 一个样出现大离子亲石元素的亏损，不相容元素的分馏不太明显，其 $(Rb/Yb)_N$ 小于 1，反映形成岩石的岩浆为亏损地幔源。火山岩的 Nb^*、P^*、Zr^* 部分小于 1，部分大于 1，无规律性，可能受后期变质和蚀变影响。K^* 多在 0.19～1.34 之间，平均为 0.75，Sr^* =0.12～0.98，表明岩浆的形成与消减作用有关，岩浆的演化过程中出现斜长石的分离结晶作用。

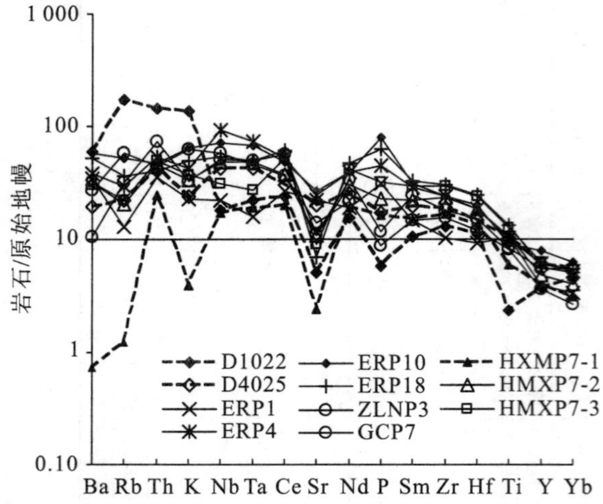

图 3-5-28 火山岩微量元素比值蛛网图

（据 Ellam，1988）

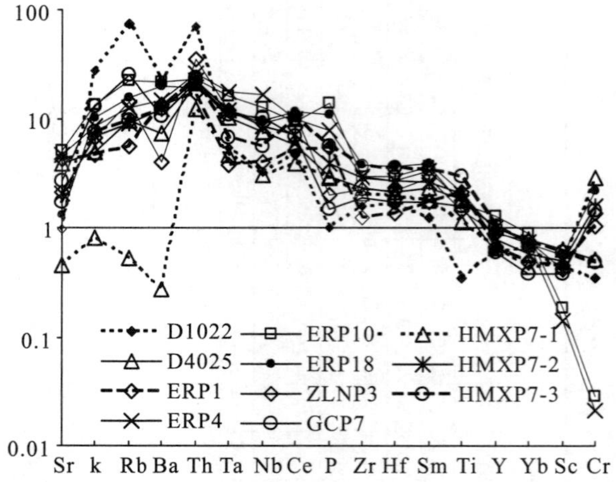

图 3-5-29 火山岩微量元素比值蛛网图

（据 Pearce，1982）

2）基性侵入岩

（1）岩石化学特征：蛇绿岩片中的基性侵入岩岩石化学分析、C. I. P. W. 标准矿物及主要化学指数见表 3-5-4。由 3 件样品的分析结果看，其 SiO_2 =48.12%～49.57%，Na_2O =2.55%～4.89%。有两件样品 K_2O =1.29%～1.58%，TiO_2 =2.23%～4.81%，有一件样品 K_2O =0.28%，TiO_2 =1.03%。就 TiO_2 含量而言，基性岩 1 件样品介于典型洋岛拉斑玄武岩与典型岛弧拉斑玄武岩之间，表现出特殊的过渡类型，2 件样品 TiO_2 含量大于 2%，具有洋岛拉斑玄武岩的地球化学特点。m/f=0.53～1.31，按吴利仁的分类属铁质基性岩类。C. I. P. W. 标准矿物组合可分为 3 类：第一类为 q+or+ab+an+di+hy，出现过饱合矿物石英，而无不饱合矿物橄榄石，为 SiO_2 过饱合铝正常类型，该类岩石中的 SiO_2 过饱合可能与沿裂隙充填的石英有关；第二类为 or+ab+an+di+hy+ol，为 SiO_2 低度不饱合铝正常类型；第三类为 or+ab+an+di+ol+ne，出现霞石，为 SiO_2 极度不饱合碱过饱合类型。在硅碱图（图 3-5-30）上，有一件样品投点于碱性玄武岩系列，一件位于钙碱性玄武岩序列与亚碱性序列之分界线上，一件落入亚碱性玄武岩系列。用 AFM 图解（图 3-5-31）进一步判别，样品投点落入拉斑玄武岩系列中。

（2）地球化学特征：基性侵入岩的稀土元素分析结果及特征参数见表 3-5-5。稀土元素配分曲线（图 3-5-32）总体上比较一致，为向右倾斜的 LREE 富集型，仅在稀土总量上有所不同。稀土元素丰度分两个级别。一类稀土总量较高，$\sum$REE=237.15～367.96，轻稀土相对较富集，倾斜度较大，LREE/HREE=6.07～7.95，$(La/Sm)_N$ =2.15～2.53，$(Gd/Yb)_N$ =2.29～3.00，轻、重稀土分馏程度相似，δEu=0.94～1.04，异常不明显，具洋岛碱性玄武岩的稀土分配型式特点；另一类稀土总量较低，$\sum$REE=65.56，轻稀土富集程度相对较低，LREE/HREE=3.66，$(La/Sm)_N$ =1.55，$(Gd/Yb)_N$ =1.09，轻、重稀土分馏程度相似，δEu=1.28，具明显正异常，野外局部可见层状堆晶结构，其 Eu 正异常显然为分离结晶作用而使斜长石堆积的结果，$(La/Yb)_N$ =2.78，较其他样品低，表现为过渡类型。

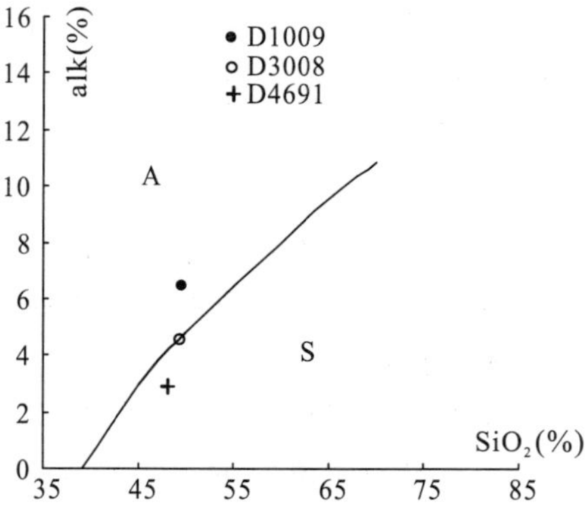

图 3-5-30　基性侵入岩硅碱图

（据 Irvine T. N. 等，1971）

A. 碱性系列；S. 亚碱性系

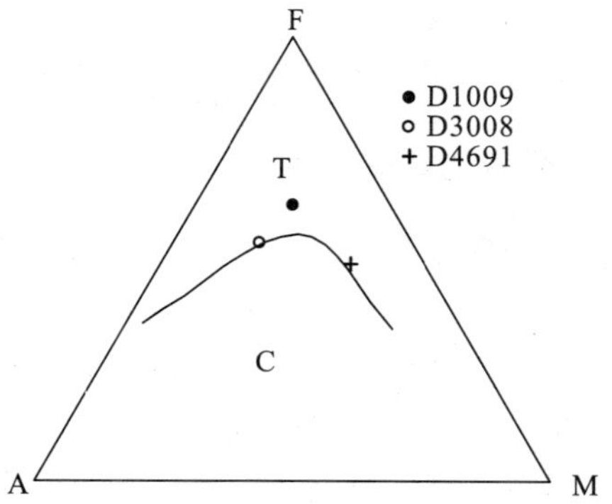

图 3-5-31　基性侵入岩 AFM 图

（据 Irvine T. N. 等，1971）

T. 拉斑玄武岩系列；C. 钙碱性玄武岩系列

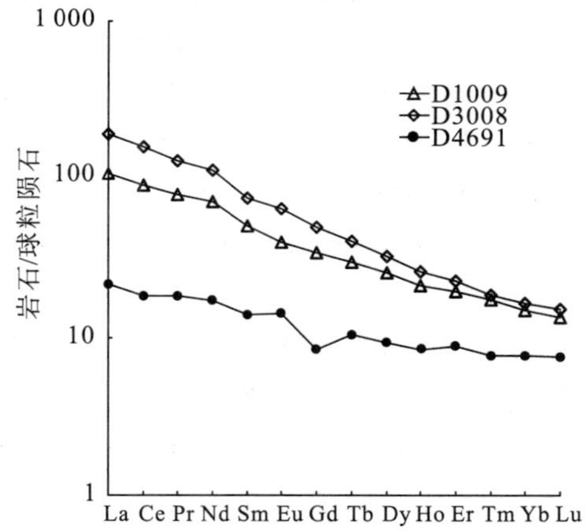

图 3-5-32　蛇绿岩片中基性侵入岩稀土配分曲线图

基性侵入岩的微量元素分析结果见表 3-5-5。经原始地幔（Wood，1979）标准化后，火山岩微量元素比值蛛网图如图 3-5-33 所示，表现为两种类型。一类主体上表现为强不相容元素（大离子亲石元素）富集的分配形式，非活动性元素 Nb、Ta 富集，具典型洋岛玄武岩的分配样式，特殊的是出现 K 或 Sr 的强烈负异常；另一类以 D4691 样品为代表，无强不相容元素（大离子亲石元素）的富集，与典型洋中脊玄武岩的分配形式相似，具非活动元素 Nb、Ta 和强不相容元素 Th 的亏损，其源区为亏损地幔源，Sr 元素表现强烈正异常。在以洋中脊玄武岩标准化（Pearce，1982）的微量元素比值蛛网图（图 3-5-34）上，基性侵入岩类也多表现为两种类型。一类表现为板内拉斑玄武岩的大隆起形式，为不相容元素富集的分配型式，具典型洋岛玄武岩的特点，$(Rb/Yb)_N$ 在 6.84～8.20 之间，Nb* 在 1.22～1.49 之间，

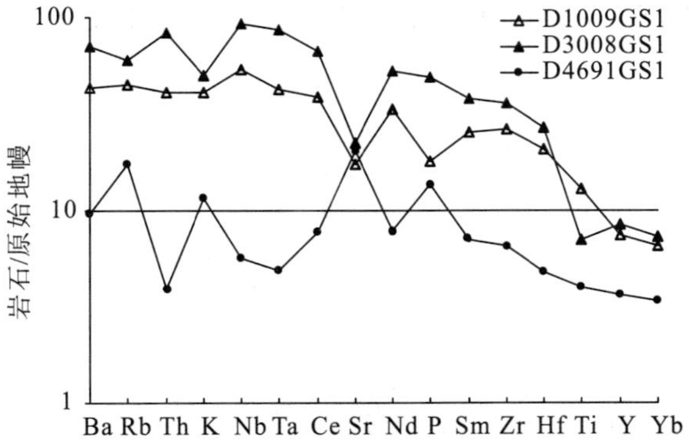

图 3-5-33　火山岩微量元素比值蛛网图

（据 Ellam，1988）

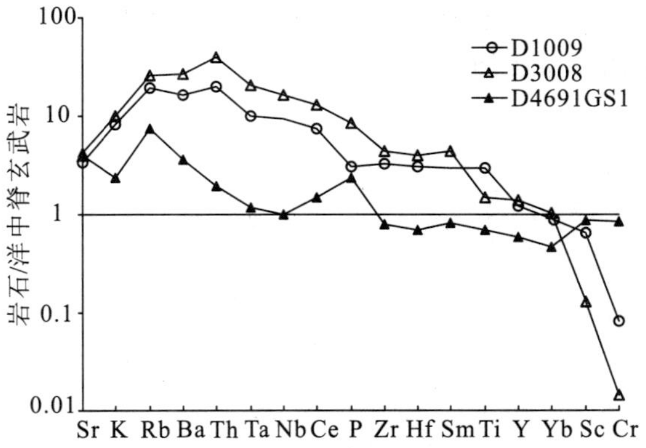

图 3-5-34　火山岩微量元素比值蛛网图

（据 Pearce，1982）

P* 多在 0.66～1.23，表明形成岩石的岩浆为富集地幔源，其在形成和演化过程中基本未受到陆壳物质的混染作用。Sr* =0.38～0.48，K* =0.59～0.92。另一类以 D4691 样品为代表，分配曲线平坦，与洋中脊玄武岩的分配形式相似，只是 K、Sr、Rb 有一定程度富集，从 Zr 到 Cr 基本上未发生分馏，具非活动元素 Nb、Ta 和强不相容元素 Th 的亏损，其源区为亏损地幔源。Sr* =2.62，表明有斜长石参加的堆积岩。K* =1.62，Nb* =0.54，显示岩石具陆壳成分的混染。P* =2.14 则显示其在分离结晶过程中有磷灰石的晶出。Ni 的含量在 2.92～116 之间，Cr 的含量为 3.61～209，远低于判别原始岩

浆的参考数值（Ni 为 250μg/g，Cr 为 300μg/g，Wendlandt et al.，1995），表明它们是原始岩浆演化的产物，并且在演化过程中橄榄石和单斜辉石的分离结晶起重要作用。

4. 蛇绿岩的形成时代

原长春地质学院（1996）采自纳若的变枕状玄武岩，所做 Sm－Nd 法全岩等时线同位素年龄为（252±4.6）Ma，采自东侧吐错幅阿木岗北坡的玄武岩，所做 Rb－Sr 法年龄值为 251.3Ma，相当于晚二叠世；采自双湖西齐陇乌如的斜长角闪岩，所做 Sm－Nd 同位素年龄值为（268±5.6）Ma，相当于中二叠世；采自双湖西恰格勒拉山口阿鄂日的蛇纹石化橄榄岩，所做 Sm－Nd 同位素年龄值为 272Ma，相当于早二叠世。上述取自蛇绿岩中不同的岩石，采用不同的同位素测年方法，所得年龄值比较接近，说明构造混杂带中组成蛇绿岩的岩石主体上形成于二叠纪。

5. 蛇绿岩形成构造环境判别

玄武岩形成的构造环境是确定蛇绿岩形成的大地构造背景的关键。区内玄武岩以拉斑玄武岩为主，部分碱性玄武岩。而玄武岩地球化学特征显示，大部分火山岩的岩浆来源于富集型地幔，微量元素和稀土元素与角木茶卡洋岛玄武岩相似，在一些相关的判别图解上与角木茶卡洋岛玄武岩显示的特征相似。在 Nb－Zr 图（图 3-5-35）上，火山岩的投点多数落入富集型地幔、过渡型地幔及附近，少量落入亏损型地幔区附近。在火山岩 Ti－Zr 图（图 3-5-36）上，火山岩的投点大部分位于板内玄武岩区内，少量位于洋中脊玄武岩区及附近，个别投点位于火山弧玄武岩区内。在火山岩 Ti/100－Zr－3Y 图（图 3-5-37）上，火山岩的投点主要位于板内玄武岩区，个别点位于洋中脊玄武岩区。在火山岩 FeO^*－MgO－Al_2O_3图（图 3-5-38）上，火山岩投点主要位于大洋岛屿拉斑玄武岩区，部分位于大陆板块内部区，有少量落入扩张中心岛屿区，显示了离散型边界（伸展机制）火山岩的特点。在 TiO_2－10MnO－$10P_2O_5$图（图 3-5-39）上，火山岩大部分投点落入大洋岛屿碱性玄武岩区，其余投点分别落入洋中脊玄武岩区、岛弧拉斑玄武岩区和大洋岛屿拉斑玄武岩区。此外，在另外一些相关的判别图解上，也显示了与洋中脊玄武岩有关的一些成因。在火山岩 La－Ta 图（图 3-5-40）上，火山岩投点大部分落入标准洋中脊玄武岩区内，少量投点落入岛弧拉斑玄武岩区及钙碱性玄武岩区内。综上所述，混杂带中火山岩具有洋中脊玄武岩和洋岛玄武岩某些共有的属性，而玄武岩地球化学特征显示，大多数岩石的岩浆来源于富集型地幔和过渡型地幔，说明研究区玄武岩可能形成于洋中脊/准洋中脊环境，成因可能与冰岛的热点活动相似，为扩张洋脊上有热点型岩浆活动叠加的火山岩类型，是地幔柱与洋中脊相互作用的结果。

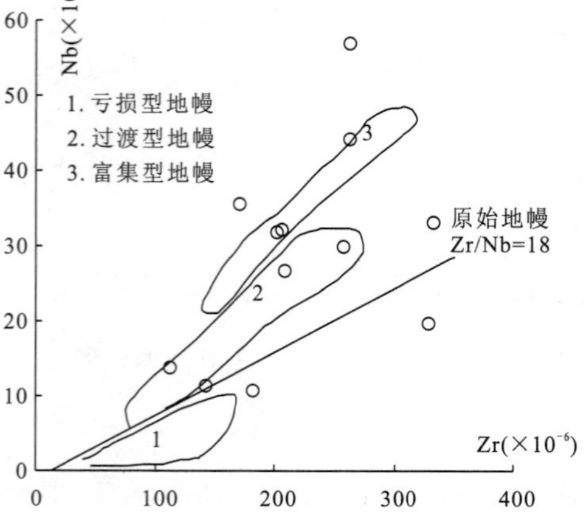

图 3-5-35　蛇绿岩片火山岩 Nb－Zr 图

（据 Le Roex 等，1983）

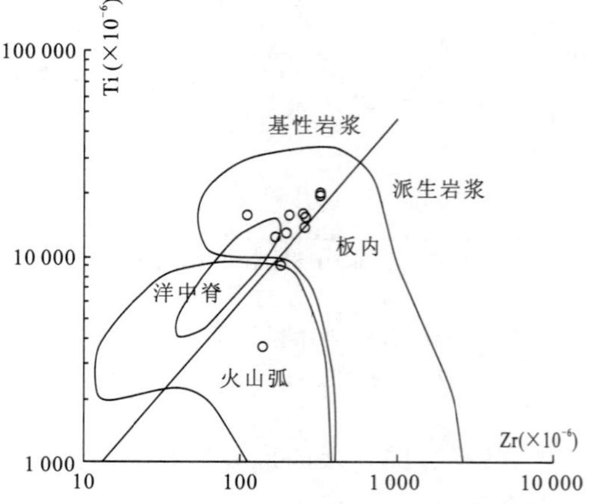

图 3-5-36　蛇绿岩片火山岩 Ti－Zr 判别图解

（据 Pearce，1982）

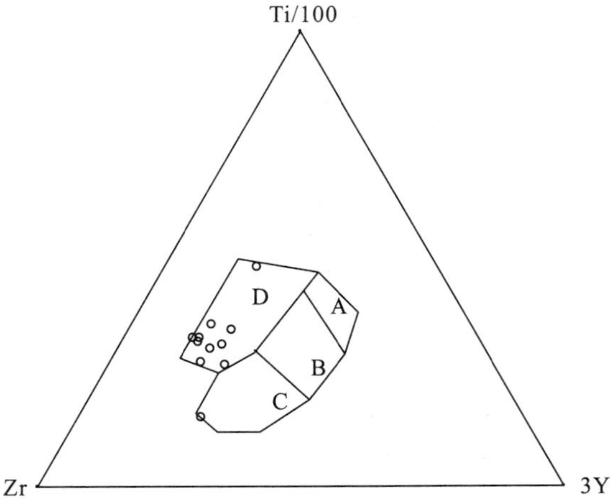

图 3-5-37　蛇绿岩片火山岩 Ti/100 - Zr - 3Y 图

（据 Pearce，1973）

A. 岛弧拉斑玄武岩；B. 岛弧钙碱性玄武岩；

C. 洋脊玄武岩；D. 板内玄武岩

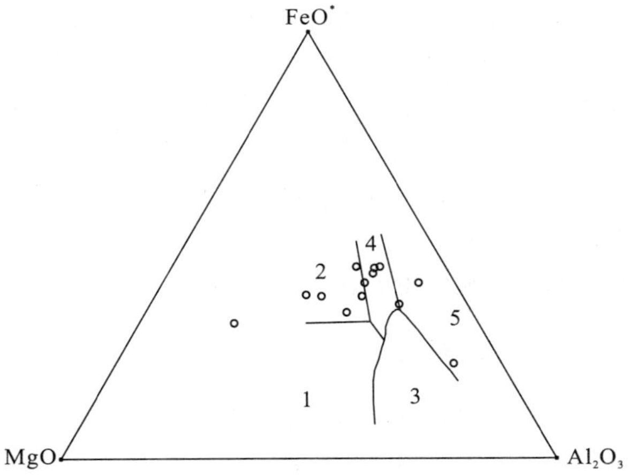

图 3-5-38　蛇绿岩片火山岩 FeO^{*} - MgO - Al_2O_3 图

（据 Perce T. H.，1977）

1. 洋中脊及洋底；2. 大洋岛屿；3. 造山带；

4. 大陆板块内部；5. 扩张中心岛屿（冰岛）

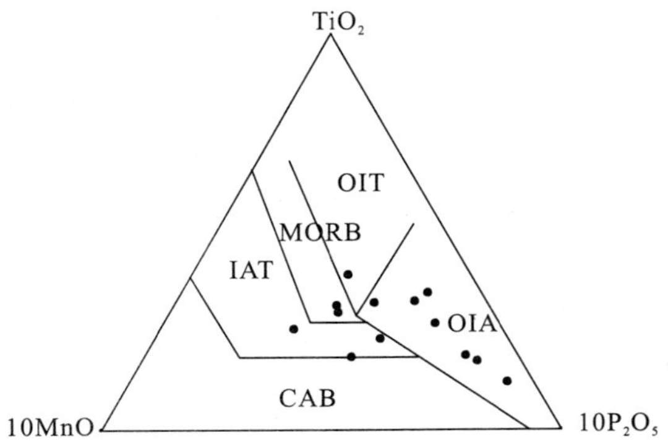

图 3-5-39　蛇绿岩片火山岩 TiO_2 - 10MnO - $10P_2O_2$ 图解

（据 Mullen E. D.，1983）

OIT. 大洋岛屿拉斑玄武岩；OIA. 大洋岛屿碱性玄武岩；

MORB. 洋中脊玄武岩；IAT. 岛弧拉斑玄武岩；

CAB. 钙碱性玄武岩

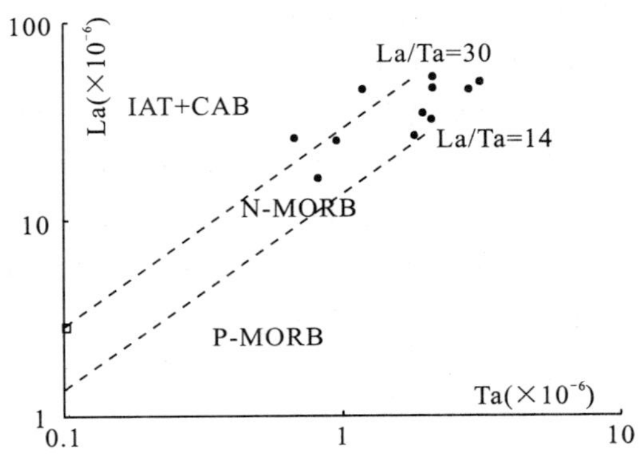

图 3-5-40　蛇绿岩片火山岩 La - Ta 图解

（据 Wood 等，1979）

IAT. 岛弧拉斑玄武岩；CBA. 钙碱性玄武岩；

N - MOBR. 标准洋中脊玄武岩；

P - MOBR. 富积型洋中脊玄武岩

二、晚三叠世火山岩

1. 分布、岩性组合及喷发特征

晚三叠世火山岩分布于测区南部上三叠统肖切保组，主要沿肖日—肖切保—阿日艾呈近东西向延伸，在角木茶卡西等地还有部分出露，分布面积为 $178km^2$。

在肖茶卡南，肖切保组火山岩为灰绿色中厚层块状气孔、杏仁状玄武岩夹玄武质火山角砾岩、玄武质安山岩。由玄武岩-安山岩组成两个喷溢（夹爆发）喷发韵律，厚度大于 122m。

在角木茶卡西，火山岩主要为一套灰绿色厚层块状玄武安山质沉火山角砾岩、玄武岩、玄武安山岩、安山岩，下未见底，上被角木茶卡组假整合覆盖。由 3 个喷发-沉积韵律组成（图 3-5-41），厚度大于 670.4m，由下至上如下。

韵律Ⅲ：为灰、灰绿色、灰紫色玄武安山质角砾集块岩（厚 28.68m）→灰褐色薄层状磁铁玄武岩（厚 2m）→灰、深灰紫色厚层块状枕状安山岩（厚 178.02m）→暗灰绿色致密块状玄武岩（厚 16.44m）→暗紫红色枕状玄武质安山岩（厚 15.68m）-暗紫红色中厚层状玄武质安山岩（厚 6.34m）→灰绿色厚层块状安山质沉火山角砾岩（厚 47.46m）→灰绿色中层状凝灰质泥岩（厚 2.71m）。

韵律Ⅱ：为灰紫色、褐灰色厚层块状、枕状安山岩（厚15.46m）→灰、灰紫色玄武质安山岩-灰紫色薄层状安山岩组成5个韵律层（厚35.69m）→灰、绿灰色中厚层状玄武安山质沉火山角砾岩（厚18.24m）。

韵律Ⅰ：为中厚层块状含杏仁体或气孔玄武岩、枕状玄武岩、致密状玄武岩（厚122.68m）→为灰、灰绿色块状玄武质沉火山角砾岩（厚125m）。

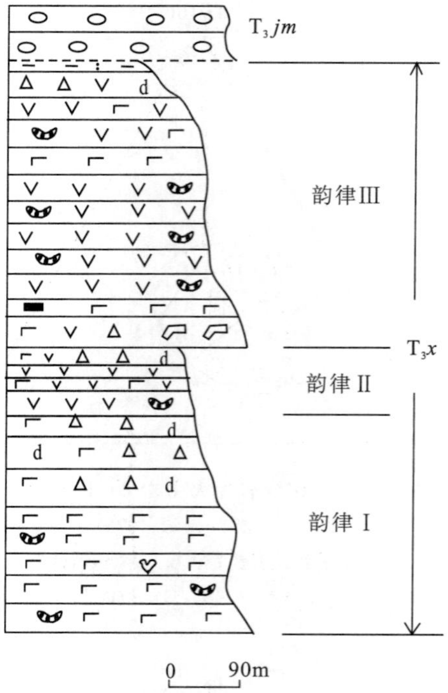

图 3-5-41　角木茶卡肖切保组火山岩喷发特征

2. 岩石学特征

野外观察和室内薄片鉴定结果表明，测区角木茶卡一带的火山岩主要为一套基性、中基性和中性熔岩类，部分火山碎屑岩类（路线中局部见酸性火山岩夹层）。主要岩石类型有以下几种。

玄武岩：灰绿色斑状结构，基质为间粒间隐结构，气孔、杏仁状构造。斑晶为斜长石（1%～15%）和单斜辉石（0～10%），部分还含橄榄石（伊丁石化，1%～8%）。基质矿物成分为斜长石（15%～35%）、单斜辉石（1%～10%）、绿帘和绿泥石（0～15%）、隐晶玻璃质（10%～35%）和碳酸盐（5%～30%）。斜长石斑晶呈长柱状、不同程度绢云母化，绿帘、绿泥石化，碳酸盐化。单斜辉石斑晶大部分已强绿泥石化，仅保留假象，少数新鲜者呈短柱状。基质中长石微晶呈细柱状、针柱状不规则组成格架，辉石呈填隙粒状。部分岩石中含15%～30%的杏仁体，呈圆形、椭圆形、不规则长条状，充填物主要为石英，次为碳酸盐和绿泥石。在角木茶卡西一带岩石中枕状构造发育，岩石中绿泥石、碳酸盐呈不规则状、网脉状分布，将岩石分割成大小不等的角砾状，局部沿裂隙有孔雀石充填。

玄武质安山岩：暗紫红色、灰紫色，具斑状结构，基质为间粒间隐结构，局部为交织结构。斑晶成分为斜长石（5%）、单斜辉石（小于1%），基质矿物成分为斜长石（20%）、单斜辉石（5%）、绿泥石（20%）、碳酸盐（20%）和铁质氧化物（30%）。斜长石斑晶呈长柱状，不规则状排列，强绢云母化、绿泥石化。单斜辉石斑晶呈短柱状，有的全绿泥石化。基质斜长石局部半定向排列，单斜辉石呈粒状填隙，绿泥石呈不规则状填隙，铁质氧化物为玻璃质蚀变物。岩石强碳酸盐化呈不规则状、网脉状分布，使岩石呈0.3～4cm不等的角砾状。在角木茶卡西一带岩石发育枕状构造。岩石裂隙发育，沿裂隙有灰绿色斑状孔雀石分布，呈细脉状或浸染状。

安山岩：灰紫色，斑状结构，基质为玻基交织结构，部分为霏细结构。斑晶成分主要为斜长石（10%～15%），少量单斜辉石（1%）。基质矿物成分为斜长石（25%～50%）、单斜辉石（2%～25%）、碳酸盐（0～10%）、隐晶玻璃质（10%～50%）和绿泥石（0～10%）。斜长石斑晶呈长柱状、自形板状，具简单环带构造，绢云母化明显，基质中斜长石微晶呈细柱状、针柱状定向、半定向排列，隐晶玻璃质已蚀变为氧化铁。部分岩石气孔发育，呈不规则状，部分被绿泥石充填。在角木茶卡西一带岩石发育枕状构造。

玄武质火山角砾岩：灰绿色，火山角砾结构。岩石中角砾含量65%以上，成分主要为玄武岩，大小数厘米至几十厘米不等，呈棱角状，角砾之间为凝灰质或玄武质熔岩胶结。

此外，晚三叠世火山岩中还发育粗安岩、英安岩等岩石类型。

3. 岩石化学与地球化学特征

1）岩石化学特征

火山岩的岩石化学成分、C.I.P.W. 标准矿物成分及主要化学特征参数见表3-5-6。根据TAS分类图（图3-5-42），火山岩的定量化学命名为玄武岩、玄武安山岩、安山岩，个别粗安岩及英安岩。

从岩石化学成分看，SiO_2 含量主要在 48.43%～60.84%，属中基性火山岩。Al_2O_3 含量 10.20%～17.01%，alk＝2.64～7.86，K_2O / Na_2O ＝ 0.1～0.8，少量在 1.1～1.5（2 件），Al_2O_3 含量高及全碱含量低，富钠，贫钾，少部分钾含量相对较高。里特曼指数 σ＝0.76～4.41，多在 0.76～2.99。TiO_2 含量 0.71%～2.99%，变化较大。在硅碱图（图 3-5-43）中，仅 1 件样品（XP4）投点落入碱性岩区，其余均样品投点落入亚碱性岩区；经 AFM 图（图 3-5-44）进一步划分，大部分样品位于拉斑玄武岩系列与钙碱性玄武岩分界线附近，具过渡类型特点。在 FeO^*/MgO 与 SiO_2、FeO^* 图（图 3-5-45）上，火山岩大部分样品投点落入拉斑玄武岩系列与钙碱性玄武岩系列的过渡区。

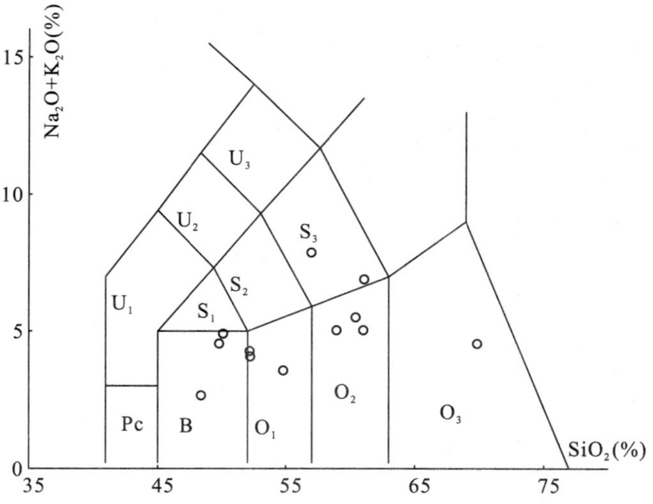

图 3-5-42 上三叠统肖切保组火山岩 TAS 图

（据 Le Bas M. J. 等，1986；IUGS，1989）

B. 玄武岩；O_1. 玄武安山岩；O_2. 安山岩；O_3. 英安岩；S_1. 粗面玄武岩；S_2. 玄武粗安岩；S_3. 粗安岩

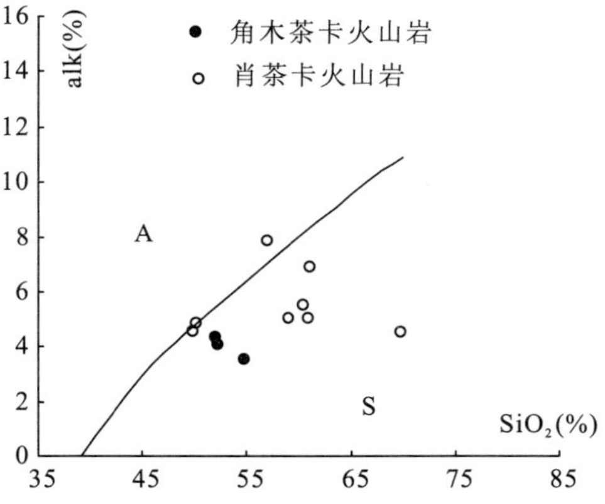

图 3-5-43 晚三叠世火山岩硅碱图

（据 Irvine T. N. 等，1971）

A. 碱性系列；S. 亚碱性系列

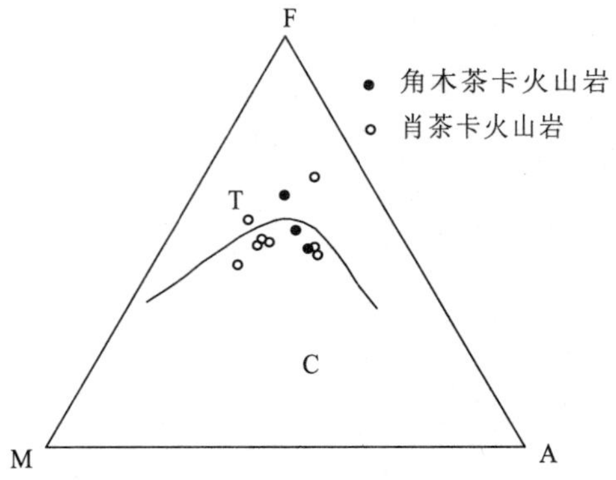

图 3-5-44 晚三叠世火山岩 AFM 图

（据 Irvine T. N. 等，1971）

T. 拉斑玄武岩系列；C. 钙碱性玄武岩系列

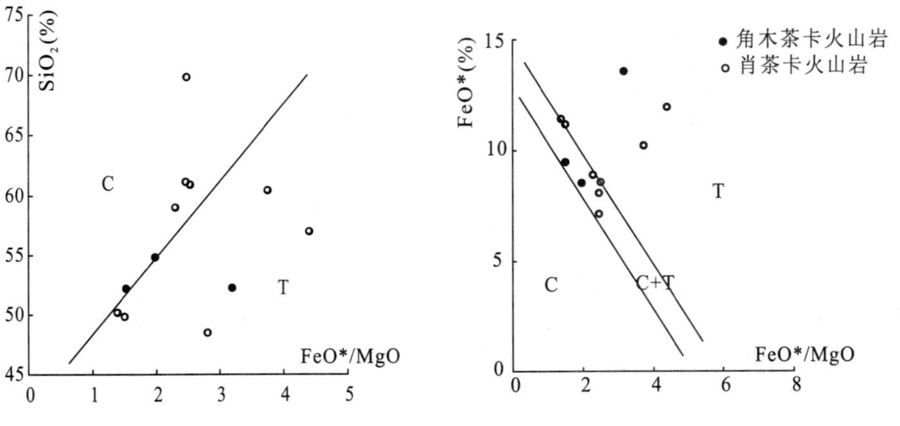

图 3-5-45 晚三叠世火山岩 FeO^*/MgO 与 SiO_2、FeO^* 图

（据 IYASHIRO A.，1974）

T. 拉斑玄武岩系列；C. 钙碱性玄武岩系列

表 3-5-6　上三叠统肖切保组火山岩化学分析、C. I. P. W. 标准矿物及主要化学指数表

氧化物含量(w_B%)及主要化学指数

样品号	岩石名称	产地	SiO_2	TiO_2	Al_2O_3	Fe_2O_3	FeO	MnO	MgO	CaO	Na_2O	K_2O	P_2O_5	SI	DI	[Mg]	A/CNK	A/NK	K_2O/Na_2O	alk	σ
JMP5	玄武质安山岩	角木茶卡	54.78	1.99	14.13	3.22	5.64	0.18	4.29	11.57	2.30	1.25	0.44	25.69	37.92	57.54	0.54	2.75	0.54	3.56	1.07
JMP6			52.22	1.41	16.34	3.62	6.23	0.15	6.22	9.36	3.68	0.37	0.17	30.90	35.02	64.01	0.70	2.53	0.10	4.05	1.78
JMP11			52.15	2.21	14.03	5.28	8.81	0.18	4.25	7.86	3.79	0.49	0.31	18.79	40.98	46.26	0.67	2.07	0.13	4.28	2.00
KKP13	玄武岩	孔孔茶卡南	48.43	2.99	13.38	5.29	11.14	0.23	5.65	9.87	2.24	0.40	0.31	22.86	25.92	47.51	0.61	3.24	0.18	2.64	1.29
XP1	蚀变安山岩	肖茶卡	60.42	1.72	14.77	4.56	6.12	0.14	2.73	3.82	2.20	3.30	0.23	14.44	59.26	44.31	1.05	2.05	1.50	5.50	1.74
XP4	蚀变玄武质安山岩		56.99	1.46	15.66	5.89	6.64	0.07	2.71	1.92	6.08	1.77	0.21	11.74	67.30	42.11	1.02	1.31	0.29	7.86	4.41
XP1Yh6 *	玄武岩		49.92	1.65	15.74	3.49	8.06	0.20	7.39	9.01	3.84	0.71	0.00	31.46	36.66	62.04	0.67	2.22	0.19	4.55	2.99
XP3Yh2 *			50.28	1.27	14.35	4.45	7.41	0.21	8.22	8.87	2.67	2.21	0.00	32.93	35.68	66.41	0.63	2.11	0.83	4.88	3.27
GS242 ⊙	蚀变安山岩	肖茶卡西	60.84	1.43	14.70	2.58	6.23	0.12	3.38	5.54	2.34	2.66	0.15	19.68	53.85	49.19	0.87	2.18	1.14	5.00	1.40
GS243 ⊙	安山质熔结火山角砾岩		61.11	1.45	15.36	3.43	4.98	0.09	3.27	3.28	3.60	3.27	0.16	17.64	64.13	53.94	1.00	1.62	0.91	6.87	2.61
GS2342 ⊙	安山岩		58.98	1.54	15.70	1.98	7.11	0.10	3.87	5.51	4.19	0.85	0.17	21.52	51.60	49.27	0.88	2.01	0.20	5.04	1.59
D1453GS1	英安岩	阿日艾西	69.87	0.71	10.20	3.34	4.11	0.09	2.87	3.84	2.49	2.03	0.30	19.33	68.78	55.44	0.77	1.62	0.81	4.52	0.76

C. I. P. W. 标准矿物含量(%)

样品号	岩石名称	产地	ap	ilm	mt	c	q	or	ab	an	di			hy		ol	
											wo	en′	fs′	en	fs	fo	fa
JMP5	玄武质安山岩	角木茶卡	1.05	3.78	4.67		10.96	7.40	19.49	24.51	12.53	8.09	3.60	2.60	1.16		
JMP6			0.39	2.68	5.25		1.60	2.20	31.13	26.97	7.67	5.04	2.08	10.44	4.31		
JMP11			0.73	4.19	7.66		5.75	2.91	32.07	19.81	7.16	3.84	3.08	6.75	5.42		
KKP13	玄武岩	孔孔茶卡南	0.74	5.67	7.67		4.56	2.39	18.96	25.26	9.06	4.82	3.96	9.26	7.61		
XP1	蚀变安山岩	肖茶卡	0.53	3.27	6.61	1.18	21.16	19.53	18.59	17.47				6.80	4.89		
XP4	蚀变玄武质安山岩		0.49	2.78	8.53	0.74	4.96	10.48	51.47	8.17				6.75	5.05		
XP1Yh6 *	玄武岩			3.14	5.06			4.20	32.46	23.63	8.79	5.45	2.83	0.41	0.21	8.79	5.03
XP3Yh2 *				2.42	6.46			13.07	22.60	20.65	9.75	6.45	2.59	4.62	1.86	6.59	2.91
GS242 ⊙	蚀变安山岩	肖茶卡西	0.37	2.72	3.74		18.31	15.73	19.82	21.74	1.98	1.04	0.88	7.39	6.29		
GS243 ⊙	安山质熔结火山角砾岩		0.39	2.76	4.97	0.32	14.33	19.33	30.47	15.21				8.15	4.08		
GS2342 ⊙	安山岩		0.40	2.92	2.87		11.14	5.01	35.45	21.52	1.97	0.99	0.93	8.66	8.14		
D1453GS1	英安岩	阿日艾西	0.71	1.34	4.84		35.62	11.97	21.10	10.66	2.69	1.66	0.88	5.49	2.91		

注:带⊙号样来源于西藏区调队(1986);带 * 号样来源于朱同兴等(1996)

火山岩的 A/CNK＝0.53～1.05，A/NK＝1.31～5.00，主要为正常类型，少量铝过饱和类型。标准矿物组合有 12 件为 q＋or＋ab＋an＋di＋hy＋ap＋ilm＋mt，为 SiO_2 过饱和正常类型，有 4 件样为 q＋or＋ab＋an＋c＋hy＋ap＋ilm＋mt，为 SiO_2 过饱和铝过饱和类型，有 2 件样为 or＋ab＋an＋di＋hy＋ol＋ ilm＋mt，为 SiO_2 低度不饱和正常类型。岩石标准矿物中 hy 均大于 3%，Al_2O_3 大部分均小于 16%，属拉斑玄武岩系列，与图解判别基本一致。

中基性火山岩固结指数（SI）为 17.64～32.93，明显小于幔源原始岩浆 SI 值（40）。中性火山岩的固结指数（SI）为 11.74～19.92。火山岩的分异指数（DI）变化大，在 25.92～68.78 之间。镁值指数［Mg］为 42.11～66.41，小于原始玄武岩浆的［Mg］指数（65～72），表明母岩浆在喷发前已发生了较为强烈的分离结晶作用，岩浆演化程度较高。

2）地球化学特征

肖切保组火山岩的稀土元素丰度及主要参数见表 3-5-7。岩石稀土元素丰度中等，∑REE＝（109～252）$\times10^{-6}$。稀土配分曲线见图 3-5-46，为向右缓倾斜的轻稀土富集型，$(Ce/Yb)_N$＝3.20～4.91，轻稀土相对富集。$(La/Sm)_N$＝1.58～3.09，$(Gd/Yb)_N$＝1.34～1.68，轻稀土分馏较重稀土元素明显。火山岩 δEu＝0.71～1.12，Eu 弱亏损，个别具弱正异常，δCe＝0.90～0.97，Ce 弱亏损。在岩浆演化过程中斜长石有一定的分离结晶作用。轻稀土富集反映形成岩石的母岩浆熔融程度较高。

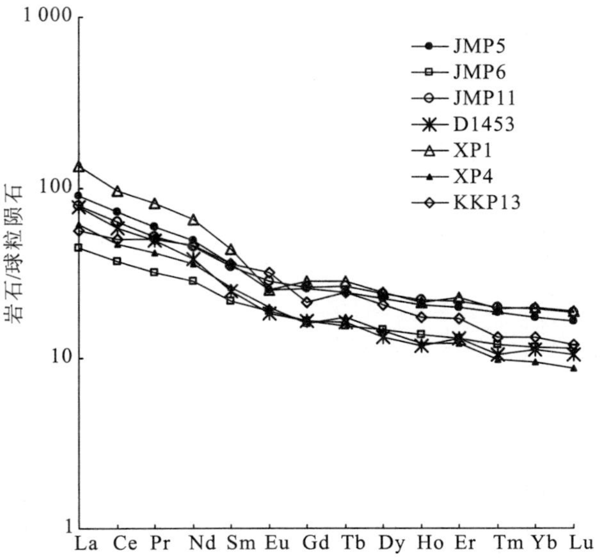

图 3-5-46　火山岩稀土元素配分曲线图

火山岩的微量元素分析结果及主要参数见表 3-5-7，经原始地幔（Wood，1979）标准化后，该期火山岩微量元素比值蛛网图见图 3-5-47。肖茶卡一带的火山岩主体上表现为强不相容元素 Ba、Rb、Th、K 富集的分配形式，具 Nb、Ta、Sr 和 Ti 的亏损，与大陆拉斑玄武岩的分配样式相似。角木茶卡一带的火山岩，则无强不相容元素的明显富集，具 Rb、K 亏损，Nb、Ta 弱富集，与裂谷初期玄武岩的分配样式相似，并具洋中脊玄武岩的一些特征，曲线总体较平坦，分镏不明显。在经洋中脊玄武岩（Pearce，1982）标准化后的微量元素比值蛛网图（图 3-5-48）上，肖茶卡一带的火山岩主体上表现为强不相容元素 Ba、Rb、Th、K 富集的分配形式，与板内碱性玄武岩的分配样式相似，特殊的 Nb、Ce、P 的富集程度低于板内碱性玄武岩。角木茶卡一带的火山岩，Ba、Rb、Th、K 富集程度低于板内碱性玄武岩，具过渡型玄武岩的一些特征，从 Ta 至 Yb 分馏不明显，曲线较平坦，表现

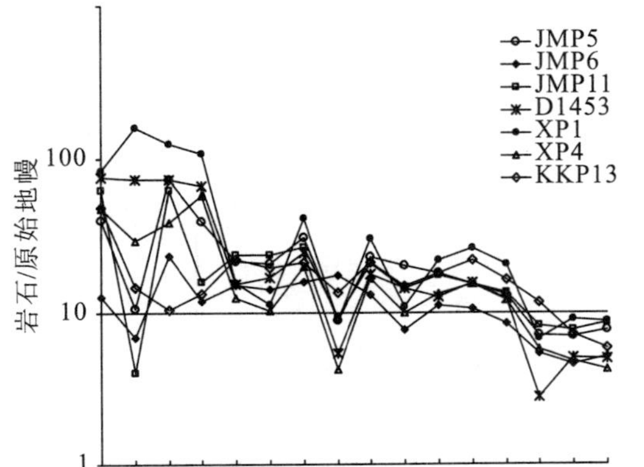

图 3-5-47　晚三叠世火山岩微量元素比值蛛网图

（据 Ellam，1988）

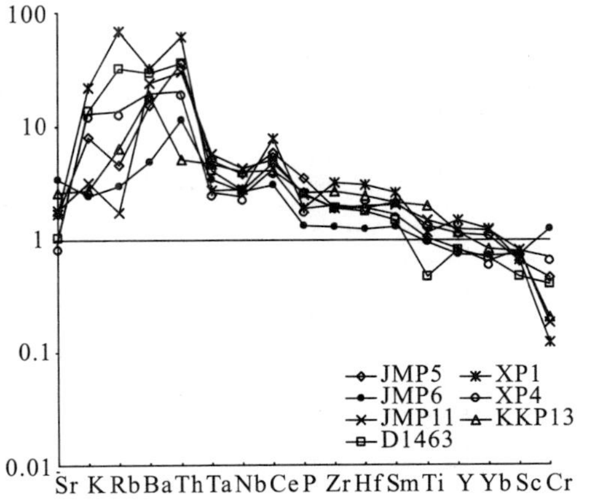

图 3-5-48　晚三叠世火山岩微量元素比值蛛网图

（据 Pearce，1982）

表 3-5-7　上三叠统肖切保组火山岩稀土、微量元素分析结果及特征参数表

稀土元素含量($\times10^{-6}$)及特征参数																					
样品编号	岩石名称	产地	La	Ce	Pr	Nd	Sm	Eu	Gd	Tb	Dy	Ho	Er	Tm	Yb	Lu	Y	ΣREE	LREE/HREE	δEu	$(La/Sm)_N$	$(Gd/Yb)_N$	$(La/Yb)_N$	$(Ce/Yb)_N$
JMP5	玄武质安山岩	角木茶卡	28.1	58.3	7.23	29.8	7	1.87	6.7	1.16	7.24	1.48	4.17	0.61	3.66	0.55	34	191.87	5.17	0.82	2.53	1.48	5.18	4.12
JMP6			13.9	30.1	3.88	16.9	4.26	1.39	4.27	0.74	4.75	1	2.74	0.39	2.43	0.38	22.4	109.53	4.22	0.99	2.05	1.42	3.86	3.20
JMP11			24.2	50.8	6.29	27.1	6.73	2.08	6.8	1.26	7.69	1.59	4.55	0.65	4.09	0.62	37.4	181.85	4.30	0.93	2.26	1.34	3.99	3.21
KKP13	玄武岩	孔孔茶卡南	17.5	40.3	6.08	27.5	6.96	2.34	5.52	1.15	6.66	1.25	3.62	0.43	2.78	0.4	34.8	157.29	4.62	1.12	1.58	1.60	4.24	3.75
XP1	蚀变安山岩	肖茶卡	41.7	78.3	9.92	39	8.49	1.87	7.34	1.34	7.8	1.54	4.79	0.64	4.16	0.63	44.3	251.82	6.35	0.71	3.09	1.42	6.76	4.87
XP4	蚀变玄武质安山岩		18.9	38	5.08	21.4	5.13	1.47	4.16	0.83	4.69	0.88	2.57	0.32	2	0.29	23.4	129.12	5.72	0.94	2.32	1.68	6.37	4.91
D1453	英安山	阿日艾西	24	47.1	6.01	23.1	4.85	1.34	4.3	0.78	4.33	0.86	2.75	0.34	2.36	0.35	24.4	146.87	6.62	0.88	3.11	1.47	6.86	5.16
微量元素含量($\times10^{-6}$)及特征参数																								
样品编号	岩石名称	产地	Ba	Rb	Sr	Cs	Ta	Nb	Hf	Zr	Th	U	Sc	V	Cr	Co	Ni	Rb/Sr	$(Rb/Yb)_N$	K*	Nb*	Sr*	P*	Zr*
JMP5	玄武质安山岩	角木茶卡	303	9.15	205	0.14	0.9	13.4	4.56	169	7.06		25.8		115	41.9	72.7	0.04	1.39	1.30	0.55	0.33	1.12	0.80
JMP6			96.6	5.92	403	0.28	0.61	9.35	2.94	116	2.25		29.6		309	36.5	126	0.01	1.35	0.70	0.96	1.21	0.72	1.12
JMP11			478	3.44	216	0.24	1.02	14.7	4.76	170	6		32.4		45.6	44.5	37.4	0.02	0.47	0.55	0.95	0.39	0.84	0.97
KKP13	玄武岩	孔孔茶卡南	370	12.7	313	2.52	0.84	13.8	5.76	240	1.01	0.25	31.4	436	51.9	48.7	53.9	0.04	2.53	0.60	1.17	0.64	0.80	1.32
XP1	蚀变安山岩	肖茶卡	637	138	205	2.52	0.49	9.76	7.21	288	12.1	2.12	26.2	196	30.7	26.6	10.5	0.67	18.40	3.10	0.19	0.25	0.43	1.59
XP4	蚀变玄武质安山岩		360	25.1	97.5	0.42	0.44	7.78	4.21	168	3.7	0.51	29.8	248	161	39.2	63.7	0.26	6.96	3.17	0.30	0.23	0.70	1.31
D1453	英安山	阿日艾西	581	63.4	124	1.12	0.73	9.53	4.27	171	7.14	1.24	18.9	126	100	28.8	48.5	0.51	14.90	2.63	0.31	0.25	0.97	1.15

出一些洋中脊玄武岩的特点。角木茶卡一带的火山岩，其 $(Rb/Yb)_N$ 在 0.47～1.39 之间，平均 1.07，具过渡型地幔的特点。肖茶卡一带的火山岩，其 $(Rb/Yb)_N$ 多在 2.53～18.4 之间，表明形成岩石的岩浆为富集地幔源。火山岩的 Nb^* 多在 0.3～0.96 之间，P^* 多在 0.43～0.97 之间，表明形成岩石的岩浆在形成和演化过程中受到陆壳物质的混染作用。Sr^* 多在 0.23～0.64 之间，表明其形成与消减作用有关。Ni 的含量在 $(10.5～126)\times10^{-6}$ 之间，Cr 的含量在 $(30.7～309)\times10^{-6}$ 之间，远低于判别原始岩浆的参考数值（Ni 为 250×10^{-6}，Cr 为 300×10^{-6}）（Wendlandt et al.，1995）。

4. 岩相及喷发时代探讨

在肖茶卡南，火山岩主要以溢流相熔岩为主，夹爆发相火山角砾岩。熔岩中气孔和杏仁状构造发育，火山岩中夹海相微晶灰岩、深灰色薄-极薄层状凝灰质泥岩。在角木茶卡西，火山岩为爆发相火山角砾岩与溢流相熔岩交替出现。溢流相熔岩中枕状构造发育，部分爆发相火山角砾岩中也见枕状构造，在火山岩的层间及枕状体枕间夹砂屑（质）灰岩透镜体，局部可见泥晶灰岩、凝灰质灰岩夹层，产珊瑚化石。

本次在角木茶卡西一带火山岩中灰岩夹层或透镜体中采获较多晚三叠世珊瑚化石，在孔孔茶卡南一带，肖切保组底部火山岩之下的泥灰岩中含晚三叠世双壳化石。本次在角木茶卡剖面采集安山岩，所做 Ar－Ar 法年龄值为（206±4）Ma；在孔孔茶卡剖面采集玄武岩所做 Ar－Ar 法年龄值为（223±5）Ma；在肖茶卡南采集玄武岩所做 K－Ar 法年龄值为（206±7）Ma。上述不同地区、不同岩性、不同测龄方法得到的年龄值均为晚三叠世，与火山岩夹层中所获化石年代一致，表明肖切保组火山岩喷发时代应为晚三叠世。

5. 喷发机制及构造环境判别

常量化学元素特征显示，肖切保组火山岩主要为拉斑玄武岩系列。岩石中 TiO_2 含量 0.71%～2.99%，Zr 的含量为 $(116～288)\times10^{-6}$。肖茶卡一带的火山岩在微量元素方面表现为强不相容元素 Ba、Rb、Th、K 强烈富集，而其他元素分馏相对不明显，具大陆拉斑玄武岩和板内碱性玄武岩的一些特征。其 $(Rb/Yb)_N$ 多在 2.53～18.4 之间，表明形成岩石的岩浆为富集地幔源。角木茶卡一带的火山岩，Ba、Rb、Th、K 富集程度低于板内碱性玄武岩，具过渡型玄武岩和洋中脊玄武岩的一些特征，其 $(Rb/Yb)_N$ 在 0.47～1.39 之间，具过渡型地幔的特点。

根据非活动性元素 Zr 和 Y 的相关图解进行其原岩地幔类型的判别（图 3-5-49），角木茶卡一带火山岩的投点落入过渡型地幔区，而肖茶卡一带火山岩的投点主要落入富集型地幔区。在火山岩 Ti－Zr 图（图 3-5-50）上，角木茶卡一带火山岩的投点位于洋中脊玄武岩区与板内玄武岩区界线上，而肖茶卡一带火山岩的投点主要位于板内玄武岩区及其附近。在火山岩 Ti/100－Zr－3Y 图（图 3-5-51）上，火山岩投点位于洋中脊玄武岩区和板内玄武岩区。在 FeO^*－MgO－Al_2O_3 图（图 3-5-52），上火山岩投点主要位于大陆板块内部区及扩张中心岛屿火山岩区，有少量落入附近的造山带火山岩区，总体上具较强的离散型边界（伸展机制）火山岩的特点。在 TiO_2－10MnO－$10P_2O_5$ 图（图 3-5-53）上，火山岩大部分投点落入大洋岛屿拉斑玄武岩区和大洋岛屿碱性玄武岩区，部分投点落入洋中脊玄武岩区。

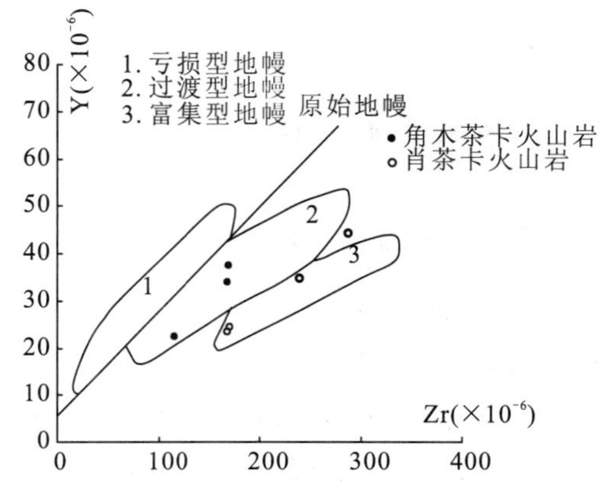

图 3-5-49　晚三叠世火山岩 Y－Zr 图
（据 Le Roex 等，1983）

综上所述，测区内肖切保组火山岩主要形成于伸展构造环境下的洋脊/洋岛/板块内部裂谷。结合区域地质资料分析，对其形成过程可作如下推测：在晚三叠世，随着区内古特提洋的最终关闭，局部发育拉张构造环境，进入了裂谷演化阶段，在肖茶卡一带出现富集型大陆拉斑玄武岩火山活动。在裂谷扩张鼎盛阶段，局部出现初始小洋盆，出现具过渡型洋脊玄武岩特点的火山岩，角木茶卡一带的火

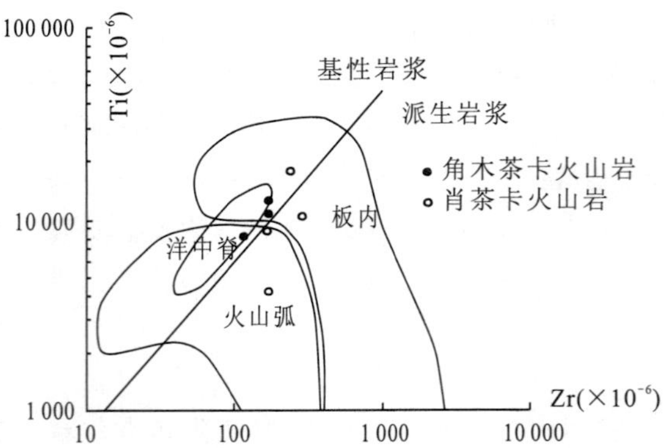

图 3-5-50　晚三叠世火山岩 Ti - Zr 判别图解
（据 Pearce，1982）

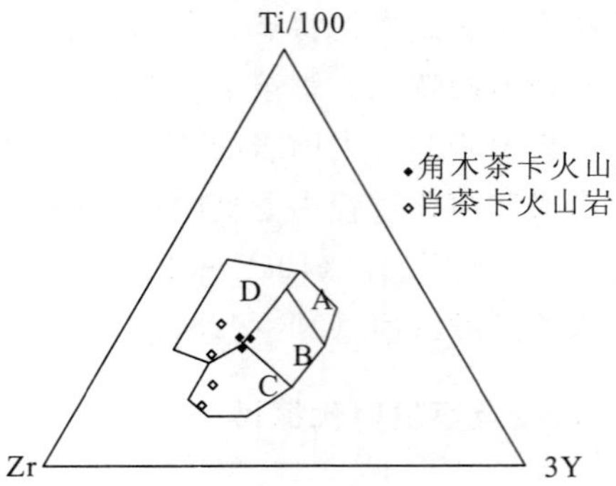

图 3-5-51　晚三叠世火山岩 Ti/100 - Zr - 3Y 图
（据 Pearce，1973）
A. 岛弧拉斑玄武岩；B. 岛弧钙碱性玄武岩；
C. 洋脊玄武岩；D. 板内玄武岩

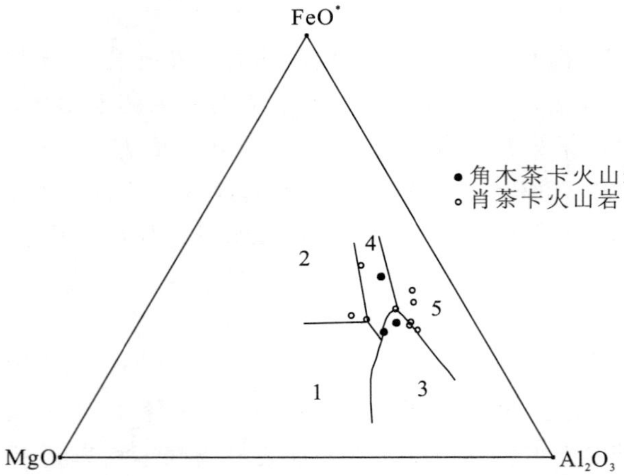

图 3-5-52　晚三叠世火山岩 FeO^* - MgO - Al_2O_3 图
（据 Perce T. H.，1977）
1. 洋中脊及洋底；2. 大洋岛屿；3. 造山带；
4. 大陆板块内部；5. 扩张中心岛屿（冰岛）

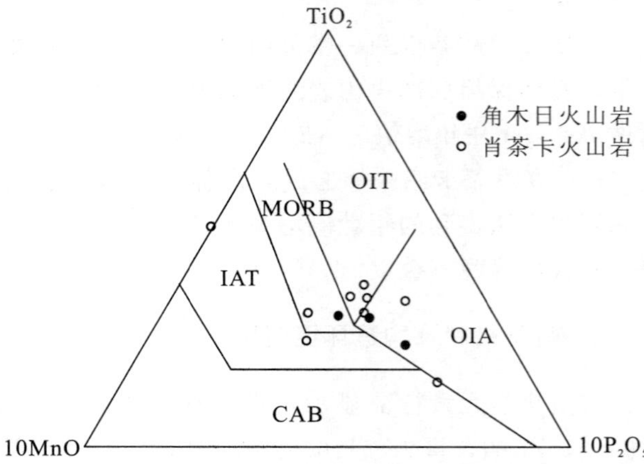

图 3-5-53　晚三叠世火山岩 TiO_2 - 10MnO - $10P_2O_5$ 图
（据 Mullen E. D.，1983）
OIT. 大洋岛屿拉斑玄武岩；OIA. 大洋岛屿碱性玄武岩；
MORB. 洋中脊玄武岩；IAT. 岛弧拉斑玄武岩；
CAB. 钙碱性玄武岩

山岩就是这一阶段的产物。

三、早侏罗世火山岩

1. 分布、岩性组合及喷发特征

下侏罗统那底岗日组火山岩主要分布于测区中、北部，沿那底岗日北西向断裂带断续分布，为一套裂隙式爆发-喷溢相中酸性熔岩及火山碎屑岩系，局部夹（火山）沉积岩。本次通过路线地质调查，在长蛇山一带测制了一条那底岗日组路线地质剖面（CSP），基本查明其岩石类型为一套酸性火山岩。

在胜利河东，那底岗日组火山岩主要呈夹层产于紫红色砾岩、砂岩及泥岩中，下部夹层为灰褐色、紫褐色基性火山角砾岩，上部夹层为灰褐色、紫褐色厚层状中酸性火山角砾岩（厚 51.77m）。火山角砾岩沿走向厚度变化大，岩性逐渐过渡为气孔状安山质流纹岩，甚至为角砾集块岩。那底岗日组火山岩由基性火山角砾岩-陆源碎屑岩-中酸性火山角砾岩-陆源碎屑岩组成两个喷发韵律，火山岩总厚度大于 129.1m。

在三角坪南、长蛇山、黑尖山南、那底岗日一线北西向分布的那底岗日组主要为一套酸性火山岩，由火山碎屑岩-熔岩组成两个爆发-溢流喷发韵律，火山岩总厚度大于 851.79m。由下而上为如下韵律。

韵律Ⅱ（335.86m）：灰绿色块状火山角砾岩（21.46m）→灰紫色块状流纹质凝灰岩（158.09m）

→灰紫色块状蚀变英安岩（156.31m）；

韵律Ⅰ（515.93m）：灰绿色块状流纹质火山角砾岩（165.06m）→灰紫色流纹岩（350.87m）。

2. 岩石学特征

野外观察和室内薄片鉴定结果表明，测区那底岗日火山岩主要为一套酸性火山熔岩及火山碎屑岩。主要岩石类型有以下几种。

流纹质熔结凝灰角砾岩：熔结凝灰角砾结构，由大量的角砾（60%～87%）、凝灰质（15%～32%）和石英晶屑（8%～13%）组成。角砾和凝灰质岩屑成分为流纹岩。凝灰质岩屑粒度为0.3～2mm，角砾砾径为2～8mm。流纹岩角砾多具球粒结构，为火山玻璃分解和长英质重结晶形成。石英晶屑呈棱角状及港湾状熔蚀外形，部分具爆炸裂纹，不均匀分布在岩屑间隙中。

流纹质熔结岩屑晶屑凝灰岩：熔结凝灰结构，流纹构造，由流纹岩岩屑（37%）、英安岩岩屑（10%）和石英晶屑（53%）组成。岩石中石英晶屑粒度0.152～1.58mm，呈棱角状、熔蚀状及等轴状外形，部分具爆炸裂纹。岩屑粒度0.35～1.8mm，呈棱角状外形，流纹岩多呈球粒结构，英安岩为霏细结构。岩屑和晶屑分布较均匀，彼此之间呈熔结胶结。

流纹质凝灰岩：火山凝灰结构，岩石中碎屑含量大于40%，由晶屑（长石和石英）和岩屑组成。岩屑为流纹岩，遭受强烈氧化形成玻璃质和隐晶质，并形成流动构造。胶结物为火山玻璃和火山灰泥，部分经脱玻化而生成石英和绿泥石、绢云母，具定向排列，形成流纹构造。岩石副矿物为锆石和磷灰石。

流纹岩：岩石为斑状结构，基质具霏细结构、玻璃质结构、球粒结构，流纹构造，个别具石炮构造和杏仁构造。斑晶由石英（2%～10%）和钠-更长石（3%～6%）组成，部分还含少量正长石斑晶（0～4%）。石英斑晶呈他形、自形柱粒状，大者可达2mm，边缘常被熔蚀成齿状、港湾状和不规则状，具爆炸裂纹，部分石英和钾长石呈文象连生，形成微文象结构。钠-更长石斑晶呈自形宽板状，部分边缘具不平直的熔蚀外形，聚片双晶不发育，泥化（高岭石化）现象显著。基质含量80%～92%，由霏细长英质或酸性玻璃质组成，部分霏细长英质呈纤维状放射状排列构成球粒，部分球粒呈同心圆状叠层生长，具多层构造。

英安岩：斑状结构，基质具显微球粒结构，交织结构，玻基交织结构。斑晶由石英（9%～18%）和斜长石（4%～7%）组成，部分含少量暗色矿物辉石和角闪石（5%）。石英斑晶呈自形粒状，边缘常被熔蚀成齿状、港湾状和不规则状。斜长石斑晶呈自形板状，部分边缘具不平直的熔蚀外形，环带构造发育，聚片双晶不明显，蚀变强烈，高岭石化、绢云母化。角闪石呈柱粒状，具暗化边和阳起石化、方解石化蚀变。辉石已蚀变为绿泥石、绿帘石集合体，但仍保留辉石晶形。基质含量为82%～87%，由隐晶-霏细长英质组成似显微球粒，微晶斜长石大致定向排列，全部钠黝帘石化，玻璃质、绿泥石呈隐晶质鳞片状集合体充填于斜长石的空隙中，金属矿物零星分散在基质中。岩石中副矿物为锆石、磷灰石、磁铁矿和榍石。

3. 岩石化学与地球化学特征

1）岩石化学特征

早侏罗世火山岩岩石化学、C.I.P.W.标准矿物及主要化学特征参数见表3-5-8。根据TAS分类图（图3-5-54），火山岩的定量化学命名为流纹岩和英安岩。

从岩石化学成分看，SiO_2含量主要介于58.64%～88.11%之间，Al_2O_3含量5.95%～13.97%，K_2O含量0.72%～8.59%，alk=2.93～8.9，Al_2O_3含量高及

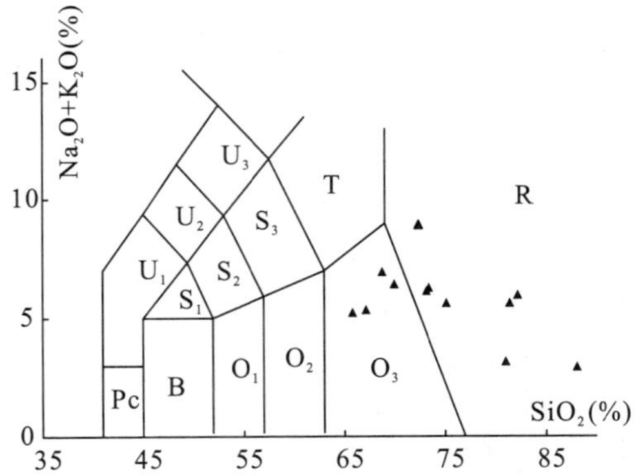

图3-5-54　火山岩的全碱（K_2O+Na_2O）-SiO_2图（TAS图）
（据Le Bas M. J. 等，1986；IUGS，1989）
B. 玄武岩；O_1. 玄武安山岩；O_2. 安山岩；O_3. 英安岩；R. 流纹岩

表 3-5-8　早侏罗世火山岩化学分析、C. I. P. W. 标准矿物及主要化学指数表

氧化物含量(w_B%)及主要化学指数

样品号	岩石名称	产地	SiO_2	TiO_2	Al_2O_3	Fe_2O_3	FeO	MnO	MgO	CaO	Na_2O	K_2O	P_2O_5	SI	DI	[Mg]	A/CNK	A/NK	σ	K_2O/Na_2O	alk
G11021⊕	流纹质晶屑凝灰岩	胜利河	72.400	0.55	13.59	1.83	1.49	0.02	0.57	0.49	0.31	8.59	0.09	4.46	89.38	40.64	1.27	1.39	2.69	27.60	8.90
G11029⊕	英安质火山角砾岩		68.80	1.04	9.44	3.27	3.25	0.11	2.85	4.06	4.05	2.88	0.11	17.46	74.80	60.94	0.55	0.96	1.86	0.71	6.93
D3192	流纹质熔结凝灰角砾岩		81.07	0.23	7.64	0.85	1.01	0.05	1.09	4.81	0.36	2.76	0.07	17.93	77.89	65.69	0.62	2.13	0.26	7.68	3.12
SLPD1	流纹岩		73.40	0.15	13.16	1.71	1.69	0.06	1.51	1.78	3.76	2.48	0.21	13.56	82.4	61.52	1.09	1.48	1.28	0.66	6.24
G12292⊕	流纹质晶屑凝灰岩	那底岗日	88.11	0.51	5.95	0.69	0.70	0.02	0.44	0.58	0.13	2.80	0.04	9.26	92.63	52.79	1.38	1.83	0.19	21.00	2.93
G17055⊕			73.12	0.41	10.40	2.06	2.18	0.03	0.73	4.72	0.14	5.97	0.05	6.62	76.35	37.49	0.68	1.55	1.24	43.23	6.11
G17046⊕	英安质晶屑凝灰岩	石头嘴	70.00	0.48	12.85	2.31	2.59	0.07	2.57	2.57	4.35	2.02	0.06	18.59	76.22	63.89	0.92	1.38	1.50	0.47	6.37
D1424	流纹岩		75.18	0.13	12.28	0.84	0.87	0.04	1.42	3.62	3.91	1.67	0.04	16.28	80.34	74.34	0.83	1.49	0.97	0.43	5.58
G18001⊕	英安岩	长蛇山	65.78	0.61	13.44	2.68	3.37	0.12	3.85	4.81	1.27	3.96	0.06	25.46	61.00	67.08	0.89	2.11	1.20	3.12	5.23
CSP8	流纹岩		82.22	0.06	10.23	0.38	0.32	0.02	0.29	0.52	5.21	0.72	0.03	4.23	95.94	62.00	0.99	1.09	0.90	0.14	5.93
CSP12	英安岩		67.15	0.56	13.97	1.92	2.45	0.06	3.62	4.85	2.65	2.65	0.11	27.23	64.32	72.49	0.87	1.93	1.16	1.00	5.30
G15225⊕	流纹质凝灰岩	向阳湖南西	81.40	0.07	9.68	0.85	0.79	0.02	0.37	1.12	0.13	5.50	0.03	4.79	90.06	45.05	1.18	1.57	0.82	43.92	5.63

C. I. P. W. 标准矿物含量(%)

样品号	岩石名称	产地	ap	ilm	mt	c	q	or	ab	an	di			hy		ac	cs
											wo	en′	fs′	en	fs		
G11021⊕	流纹质晶屑凝灰岩	胜利河	0.21	1.04	2.65	3.11	35.93	50.[illegible]5	2.63	1.83				1.42	0.34		
G11029⊕	英安质火山角砾岩		0.27	1.98	3.96		25.17	17.00	32.54		8.11	5.67	1.76	1.42	0.44	1.56	
D3192	流纹质熔结凝灰角砾岩		0.17	0.44	1.24		58.95	16.32	3.05	11.08	3.90	2.72	0.87		0		1.83
SLPD1	流纹岩		0.49	0.29	2.48	1.55	35.84	14.64	31.85	7.48				3.76	1.53		
G12292⊕	流纹质晶屑凝灰岩	那底岗日	0.10	0.97	0.83	1.74	74.82	16.55	1.13	2.63				1.10			
G17055⊕			0.11	0.79	2.98		40.42	35.29	1.17	10.13	3.59	1.83	1.68				2.71
G17046⊕	英安质晶屑凝灰岩	石头嘴	0.15	0.90	3.35		27.38	11.95	36.80	9.57	1.17	0.80	0.27	5.61	1.92		
D1424	流纹岩		0.10	0.24	1.22		37.40	9.85	33.07	11.03	2.77	2.06	0.45	1.47	0.32		
G18001⊕	英安岩	长蛇山	0.15	1.16	3.88		26.85	23.37	10.74	19.29	1.72	1.19	0.39	8.40	2.79		
CSP8	流纹岩		0.06	0.12	0.55	0.01	47.60	4.24	44.10	2.38				0.73	0.22		
CSP12	英安岩		0.25	1.06	2.79		26.23	15.66	22.42	18.40	2.07	1.52	0.35	7.49	1.74		
G15225⊕	流纹质凝灰岩	向阳湖南西	0.06	0.13	1.23	1.56	56.45	32.50	1.06	5.36				0.91	0.68		

注：带⊕样品据成都环资所朱同兴等(1997)

岩石富钾，里特曼指数 σ=0.19～2.69，TiO_2含量在 0.07%～1.72%。在 SiO_2-alk 图（图 3-5-55）中，所有样品投点均位于亚碱性岩区；经 AFM 图（图 3-5-56）进一步划分，所有样品均为钙碱性玄武岩系列。

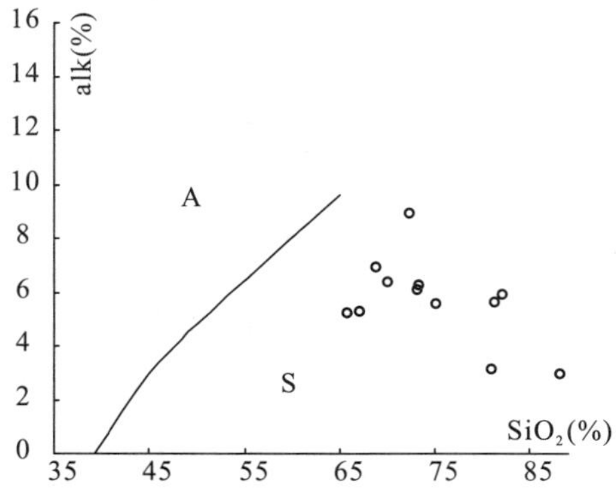

图 3-5-55　早侏罗世火山岩硅碱图

（据 Irvine T. N. 等，1971）

A. 碱性系列；S. 亚碱性系列

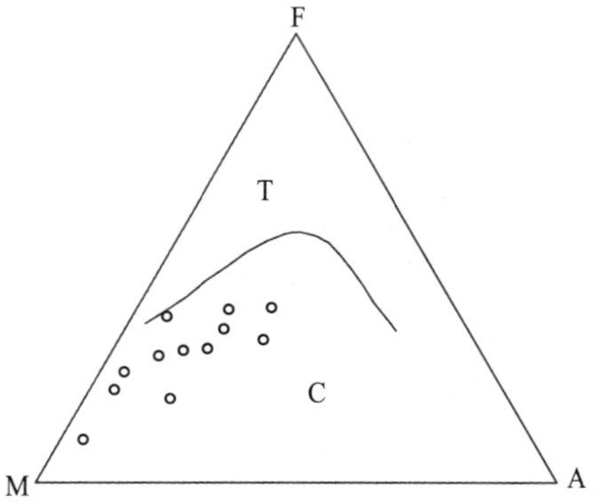

图 3-5-56　早侏罗世火山岩 AFM 图

（据 Irvine T. N. 等，1971）

T. 拉斑玄武岩系列；C. 钙碱性玄武岩系列

火山岩的 A/CNK=0.55～1.38，A/NK 在 0.96～2.13 之间。标准矿物组合有 7 件样品为 q+or+ab+an+di+hy+ap+ilm+mt，为 SiO_2过饱和正常类型，有 5 件样品为 q+or+ab+an+c+hy+ap+ilm+mt，为 SiO_2过饱和铝过饱和类型。火山岩固结指数（SI）为 4.46～27.23，明显小于幔源原始岩浆 SI 值（40）。酸性火山岩的分异指数（DI）在 61～95.94 之间，多数样品比流纹岩平均值(DI=88)略低。镁值指数［Mg］为 40.64～74.34，小于与地幔橄榄岩平衡的原始玄武岩浆的［Mg］指数（65～72），表明母岩浆在喷发前已发生了较为强烈的分离结晶作用，岩浆演化程度较高。

2）地球化学特征

火山岩的稀土元素丰度及主要参数见表 3-5-9。岩石稀土总量变化较大，丰度中等，$\sum$REE =(114～438) $\times10^{-6}$。稀土配分曲线见图 3-5-57，为向右倾斜的轻稀土富集型，$(Ce/Yb)_N$=5.01～11.19，轻稀土相对富集。$(La/Sm)_N$=1.90～4.38，$(Gd/Yb)_N$= 1.08～2.20，轻稀土分馏较重稀土元素明显。δEu=0.40～0.95，Eu 中等程度亏损或弱亏损。在岩浆演化过程中斜长石分离结晶明显。除 Eu 的亏损程度和稀土总量有差异外，大部分岩石具有相似的配分模式。其中 G11021 样品具强烈的 Er 负异常。

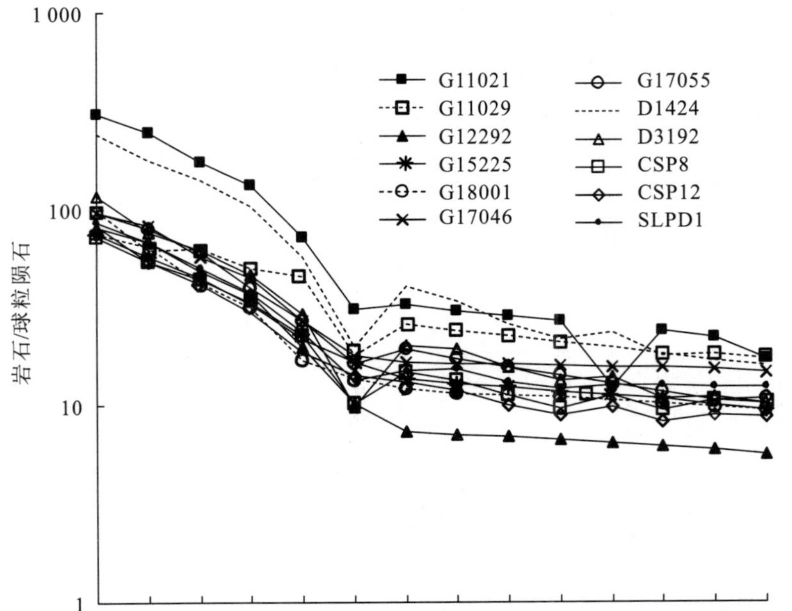

图 3-5-57　早侏罗世火山岩稀土配分曲线图

表 3-5-9　早侏罗世火山岩稀土、微量元素分析结果及特征参数表

稀土元素含量($\times10^{-6}$)及特征参数

样品号	岩石名称	产地	La	Ce	Pr	Nd	Sm	Eu	Gd	Tb	Dy	Ho	Er	Tm	Yb	Lu	Y	ΣREE	LREE/HREE	δEu	$(La/Sm)_N$	$(Gd/Yb)_N$	$(La/Yb)_N$	$(Ce/Yb)_N$
G11021⊕	流纹质晶屑凝灰岩	胜利河	93.6	198	21.32	79.5	14.1	2.27	8.44	1.43	9.21	1.93	2.59	0.77	4.63	0.576		438.37	13.82	0.59	4.18	1.47	13.63	11.06
G11029⊕	英安质火山角砾岩		23.3	46.2	5.38	19.6	4.22	1.23	3.53	0.607	3.97	0.84	2.35	0.35	2.12	0.313		114.01	7.10	0.95	3.47	1.34	7.41	5.64
D3192	流纹质熔结凝灰角砾岩		35.9	61.4	7.55	27.8	5.69	0.73	5.18	0.92	5.05	0.97	2.93	0.35	2.3	0.34	36.5	193.61	7.71	0.40	3.97	1.82	10.52	6.91
SLPD1	流纹岩		26.3	54.6	6.05	22.4	4.61	0.98	3.88	0.73	4.22	0.88	2.67	0.41	2.61	0.41	21.8	152.55	7.27	0.69	3.59	1.20	6.79	5.41
G12292⊕	流纹质晶屑凝灰岩	那底岗日	24.8	54.5	5.82	22	3.87	0.75	1.93	0.336	2.23	0.479	1.36	0.2	1.26	0.187		119.72	14.00	0.75	4.03	1.24	13.27	11.19
G17055⊕			29.8	64.3	7.315	23.8	5.19	1.2	4.99	0.817	5.08	1.025	2.72	0.38	2.22	0.36		149.2	7.48	0.71	3.61	1.81	9.05	7.49
G17046⊕	英安质晶屑凝灰岩	石头嘴	29.8	66.6	6.98	26.4	5.23	1.32	4.3	0.77	5.21	1.15	3.32	0.51	3.22	0.494		155.3	7.19	0.83	3.58	1.08	6.24	5.35
D1424	流纹岩		75.2	144	17.1	61.4	11.1	1.44	10.5	1.61	8.29	1.56	4.92	0.58	3.85	0.57	42.7	384.82	9.73	0.40	4.26	2.20	13.17	9.67
G18001⊕	英安岩	长蛇山	23.2	51.9	5.123	18.8	3.33	1.01	3.15	0.55	3.66	0.789	2.24	0.33	2.08	0.318		116.48	7.88	0.94	4.38	1.22	7.52	6.45
CSP8	流纹岩		22.4	43	5.31	20.1	4.44	0.76	3.8	0.64	3.61	0.7	2.35	0.31	2.22	0.34	21.9	131.88	6.87	0.55	3.17	1.38	6.80	5.01
CSP12	英安岩		25.4	43	5	17.6	3.65	1.05	3.42	0.57	3.22	0.64	2.06	0.27	1.86	0.29	19.6	127.63	7.76	0.90	4.38	1.48	9.21	5.98
G15225⊕	流纹质凝灰岩	向阳湖南西	30.1	49.9	7.59	29.8	8.74	1.31	6.69	1.13	7.25	1.51	4.12	0.59	3.57	0.532		152.83	5.02	0.50	2.17	1.51	5.68	3.62

微量元素含量($\times10^{-6}$)及特征参数

样品号	岩石名称	产地	Ba	Rb	Sr	Cs	Ta	Nb	Hf	Zr	Ti	Th	U	Sc	Cr	Co	Ni	Zn	Rb/Sr	$(Rb/Yb)_N$	K*	Nb*	P*	Zr*	Sr*
G11021⊕	流纹质晶屑凝灰岩	胜利河	1 820	218	121	10.7	1		10.1	310		26.6	4.5	14.3	47.1	2.6		123	1.80	26.12	3.52		0.09	1.38	0.06
G11029⊕	英安质火山角砾岩		223	12.4	326	2.7	0.72		5	178		6.8	3.1	17.2	93.8	16.5		141	0.04	3.24	3.74		0.36	1.99	0.72
D3192	流纹质熔结凝灰角砾岩		635	106	30.8	7.23	0.63	7.56	5.81	232	1 300	11.7	1.42	7.02	19.6	5.06	6.4	19	3.44	25.56	2.79	0.17	0.18	2.32	0.05
SLPD1	流纹岩		224	65.2	85.9	2.47	0.52	6.57	4.34	152	2 000	10.4		8.85	7.63	9.67	2.82		0.76	13.86	3.23	0.18	0.65	1.28	0.69
G12292⊕	流纹质晶屑凝灰岩	那底岗日	1 660	76.7	80	4.1	0.65		3.9	154		9.6	1.2	2.4	48.9	2.4		43.6	0.96	33.76	3.59		0.14	2.33	0.15
G17055⊕			888	244	131	11.6	0.38		6.4	199		10.8	1.4	12.8	49.6	2.8		42.1	1.86	60.96	7.29		0.12	2.32	0.22
G17046⊕	英安质晶屑凝灰岩	石头嘴	441	76	127	4.6	0.82		6.5	237		15	3	14.2	20.3	4.4		95.1	0.60	13.09	2.02		0.14	2.63	0.20
D1424	流纹岩		127	69.6	68.5	4.93	0.83	9.99	6.07	204	720	23.1	2.87	15.8	6.47	3.23	2.89	18	1.02	10.03	0.88	0.20	0.06	1.20	0.05
G18001⊕	英安岩	长蛇山	1 328	31.1	318	0.85	0.48		4.4	132		9.8	0.8	24	173	16.7		127	0.10	8.29	5.67		0.22	2.07	0.66
CSP8	流纹岩		248	50.7	75.7	3.03	0.7	7.1	2.91	83.1	3 600	11.3	2.2	2.46	5.11	3.68	1.59	16	0.67	12.67	0.99	0.42	0.11	1.18	0.17
CSP12	英安岩		6.29	87.9	175	3.56	0.56	6.73	4.61	186	3 100	9.97	1.41	22.1	199	14.6	5.22	78	0.50	26.21	3.58	0.18	0.38	2.32	0.42
G15225⊕	流纹质凝灰岩	向阳湖南西	223	146	688	4.7	0.88		3.5	135		17.3	2.2	6.2	25.5	1.2		79	0.21	22.68	5.52		0.08	1.02	1.21

注：带⊕样品据成都环资所朱同兴等(1997)

火山岩的微量元素分析结果及主要参数见表3-5-9。经原始地幔（Wood，1979）标准化后，该期火山岩微量元素比值蛛网图见图3-5-58，主体上表现为强不相容元素（大离子亲石元素）富集的分配形式，与新西兰火山弧英安岩和流纹岩的分配形式相似，具非活动性元素Nb、Ta的亏损，并出现Sr、P、Ti的强烈负异常，反映了形成岩石的岩浆来自地幔楔区形成的玄武质岩浆，元素Sr、P、Ti负异常可能与岩石演化过程中出现斜长石和钙钛矿、榍石和磷灰石分离结晶作用有关，并受到地壳物质的同化混杂，这些矿物的分离结晶造成酸性残余熔体对上述元素的亏损。火山岩的$(Rb/Yb)_N$在1.10～60.96之间，Sr^*大部分在0.05～0.72之间，表明形成岩石的岩浆可能为分离结晶程度高并有斜长石分离的残余熔体，Nb^*多在0.17～0.42之间，P^*在0.08～0.77之间，Zr^*在1.02～4.60之间，表明形成岩石的岩浆在形成和演化过程中受到陆壳物质的混染作用，并为有锆石英的分离结晶。Ni的含量在1.59～6.4之间，Cr的含量在5.11～309之间，远低于判别原始岩浆的参考数值（Ni为250×10^{-6}，Cr为300×10^{-6}）（Wendlandt et al.，1995）。

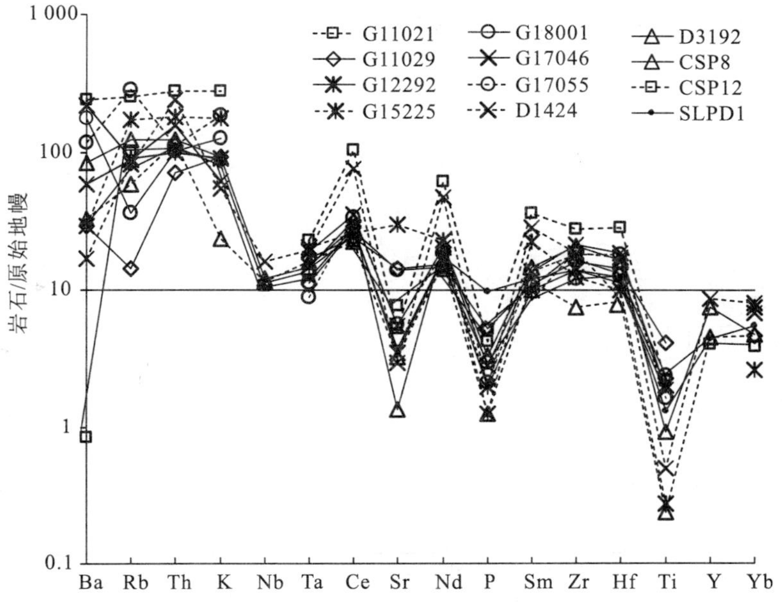

图3-5-58 早侏罗世火山岩微量元素比值蛛网图
（据Ellam，1988）

4. 火山岩岩相及喷发时代探讨

区内下侏罗统那底岗日组为一套陆相喷发酸性火山岩，溢流相与爆发相交替进行，熔岩与火山碎屑岩互层产出，具裂隙式火山喷发的层状火山岩特征。在那底岗日剖面、胜利河剖面、长蛇山剖面及测区其他地区，该套火山岩系普遍被中侏罗统雀莫错组假整合覆盖。

据同位素测年资料（表3-5-10），测区内火山岩的同位素年龄值介于168～194Ma之间。结合野外地质资料，那底岗日组火山岩被中侏罗统雀莫错组假整合覆盖，因此183Ma、194Ma这两个Ar-Ar法坪年龄值比较可靠，可以代表该期火山岩的喷发时代，即主体为早侏罗世。

表3-5-10 早侏罗世火山岩同位素测定年龄值表

样品编号	岩性	产地	测试方法	年龄值（Ma）	资料来源
SLPD1N1	流纹岩	胜利河剖面	Ar-Ar	157±3（谐合线）	本项目（2005）
				146±3（坪年龄）	
CSP12N1	英安岩	长蛇山	Ar-Ar	194±4（坪年龄）	
JP2N1	流纹质熔结凝灰岩	菊花山	Ar-Ar	183±3.6（坪年龄）	朱同兴等（1996）
JP4N1	流纹质晶屑凝灰岩	菊花山	K-Ar	168±4.4	

5. 喷发机制及构造环境判别

地球化学特征显示，早侏罗世中酸性火山岩为钙碱性玄武岩系列，微量元素表现为强不相容元素富集，非活动性元素 Nb、Ta 亏损，Sr、P、Ti 的强烈负异常，具弧火山岩地球化学特征。在不同构造环境花岗岩的非活动性元素（Yb＋Ta）－Rb 判别图（图 3-5-59）上，火山岩投影点主要落在弧火山岩区。在 lgσ－lgτ 图（图 3-5-60）上，火山岩投影点主要落在消减带火山岩区内。结合区域地质资料分析，早侏罗世火山岩的岩石化学特征和地球化学特征与早侏罗世中酸性侵入岩基本一致，说明两者在源区组成、成岩过程、构造背景上有较大的一致性，可能为同一岩浆活动的同时而不同相产物。岩浆对源区的早期属性有较强的继承性，与喷发时期的构造环境不一致，属“滞后”型火山岩。

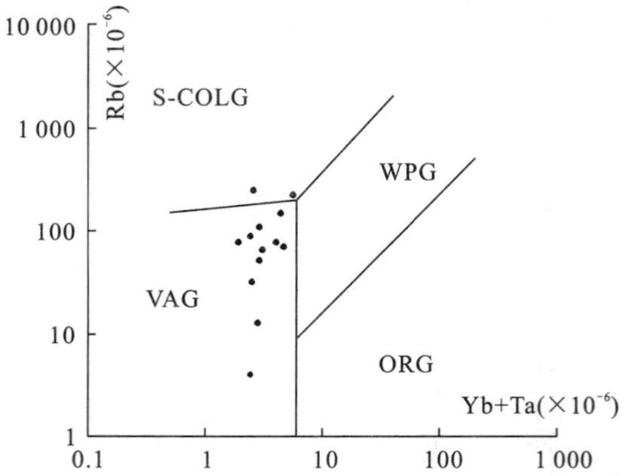

图 3-5-59　早侏罗世火山岩的非活动性元素（Yb＋Ta）－Rb 判别图

（据 Pearce 等，1984）

VAG. 火山弧花岗岩；WPG. 板内花岗岩；S－COLG. 同碰撞花岗岩；ORG. 洋中脊花岗岩

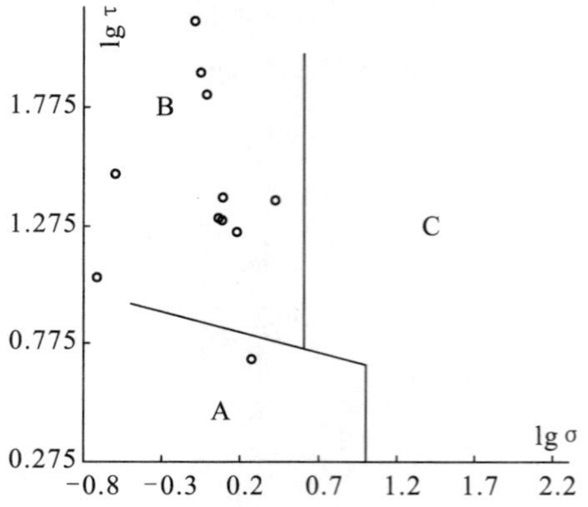

图 3-5-60　早侏罗世火山岩 lgσ－lgτ 图

（据 A. Rittmann，1970）

A. 板内稳定区火山岩；B. 消减带火山岩；C. A、B 区演化的碱性火山岩

第六节　岩浆作用的时空演化规律

测区岩浆活动比较强烈，具有活动期次多、类型多样、阶段性强的特点，表现了岩浆形成演化过程与板块构造演化之间的关系。岩浆作用的主要活动时期可以划分为海西期、印支期、燕山期 3 个阶段。

一、海西期岩浆活动

晚古生代羌塘中部地壳演化经历了一个完整的威尔逊旋回，沿龙木错—双湖一线发生的大陆裂解，进一步扩张以至形成洋盆，成为古特提斯域的一部分，测区内古特提斯洋盆的发展在晚石炭世—早二叠世达到鼎盛，中二叠世开始了洋壳的由南向北俯冲和消减，二叠纪末—三叠纪发生的南、北羌塘陆块的闭合，结束了这一威尔逊旋回的全过程。测区内与此相对应的岩浆活动，主要以海相基性火山喷发为主，并伴随有少量超基性岩浆侵入活动，形成与地幔柱活动有关的洋岛或洋脊型拉斑玄武岩系列（蛇绿岩）和与洋壳消减有关的岛弧型钙碱性玄武岩系列（弧火山岩）。前者主要分布于角木茶卡、孔孔茶卡一带下二叠统展金组，后者仅残留于江爱达日那一带，以构造岩片产出为特征。

二、印支期岩浆活动

晚三叠世是羌塘地区古地理演化的转折时期，龙木错—双湖古特提洋的最终关闭，使南、北羌塘地区的古地理格局发生根本性改变。在肖茶卡一带，由于受班公湖-怒江洋盆的影响，局部开始处于拉张构造环境，进入了裂谷演化阶段，出现了大陆拉斑玄武岩系列和少量大陆碱性玄武岩系列的火山活动。在裂谷扩张鼎盛阶段，局部还出现了具一定规模的初始小洋盆，发育具洋脊玄武岩特点的火山岩，角木茶卡一带的火山岩（肖切保组）就是这一阶段演化的产物。

三、燕山期岩浆活动

晚三叠世末期，区内古特提斯洋完全闭合并发生陆-陆碰撞。板块会聚导致陆内逆冲、扭动构造和地块的横向水平面挤压和逃逸。这种地质条件极易诱发岩浆活动，导致俯冲和主碰撞阶段所形成的岩浆上侵，从而形成测区内大规模的早侏罗世花岗闪长岩和二长花岗岩的岩浆侵入活动以及那底岗日组中酸性火山岩的喷发活动。早侏罗世侵入岩和火山岩的源岩应属二叠纪俯冲作用鼎盛时期形成、晚三叠世碰撞时期发生演化、早侏罗世发生大规模上侵的不同构造环境中连续的一系列岩浆活动演化的产物，因而早侏罗世岩浆岩的地球化学特征更多地显示了弧火山岩岩石特点，反映为一种“滞后型”岩浆活动。测区内中晚侏罗世中酸性侵入岩则为早侏罗世岩浆活动的延续。中晚侏罗世，由于地壳的不断抬升，压力降低，随着岩浆的高位上侵，形成了较多的浅成和超浅成侵入岩，其稀土元素等地球化学特征与早侏罗世花岗岩非常相似，说明其与早侏罗世花岗岩应为同源岩浆。

第四章 变质岩与变质作用

测区变质岩仅分布于玛尔果茶卡东、查桑东以及孔孔茶卡北、恰岗错等地，构造上属双湖构造变质岩带。变质岩出露总面积约 588km²，约占测区总面积的 4%，主要为一套中浅变质岩系。

本次区域地质调查中，对测区变质岩系从剖面到路线进行了比较系统的调查研究。应用变质岩新理论、新方法对变质变形岩层进行了解体。依据变质岩岩石组合特征、原岩形成环境、变质变形特征、变质作用类型及变质作用时期的差异，初步把测区变质岩系分解为二叠系蛇绿混杂岩岩片(Pop)、二叠系复理石岩片（Pfw）等构造岩片及前奥陶系齐陇乌如岩组（AnO*q*)、嘎措岩组(AnO*g*）等构造-地层单位。测区变质岩分布及变质地质图见图 4-1-1。

本报告对变质作用类型的划分主要依据《中国变质作用及其与地壳演化的关系》（董申保等，1986）和《变质岩区 1∶5 万区域地质填图方法指南》(房立民等，1991)，将区内变质作用划分为区域变质作用、接触变质作用、动力变质作用 3 种类型（表 4-1-1）。

表 4-1-1 变质作用类型划分对照表

<table>
<tr><td colspan="2">董申保（1986）</td><td colspan="2">房立民等（1991）</td><td colspan="3">本报告（2005）</td></tr>
<tr><td>变质作用类型</td><td>变质相</td><td colspan="3">变质作用类型</td><td>变质相</td><td>变质地层（体）</td></tr>
<tr><td></td><td></td><td colspan="2">接触变质作用</td><td>接触变质作用</td><td></td><td rowspan="2">Pop、AnOg、AnOq</td></tr>
<tr><td></td><td></td><td colspan="2">动力变质作用</td><td>动力变质作用</td><td>低绿片岩相</td></tr>
<tr><td rowspan="2">埋深变质作用</td><td>浊沸石相和葡萄石-绿纤石相型</td><td rowspan="7">区域变质作用</td><td>埋深变质作用</td><td></td><td></td><td></td></tr>
<tr><td>蓝闪石-硬柱石相型</td><td rowspan="2">俯冲带变质作用</td><td rowspan="2">俯冲带变质作用</td><td rowspan="2">蓝闪绿片岩相</td><td rowspan="2">Pop</td></tr>
<tr><td rowspan="3">区域低温动力变质作用</td><td>蓝闪绿片岩相型</td></tr>
<tr><td>低绿片岩相（千枚岩）型</td><td rowspan="2">区域低温动力变质作用</td><td rowspan="2">区域低温动力变质作用</td><td rowspan="2">低绿片岩相</td><td rowspan="2">AnOg、Pfw</td></tr>
<tr><td>绿片岩相型</td></tr>
<tr><td rowspan="2">区域动力热流变质作用</td><td>低压相系型</td><td rowspan="2">区域动力热流变质作用</td><td rowspan="2">区域动力热流变质作用</td><td rowspan="2">低角闪岩相</td><td rowspan="2">AnOq</td></tr>
<tr><td>中压相系型</td></tr>
</table>

第一节 区域动力热流变质作用

受变质地层为前奥陶系齐陇乌如岩组（AnO*q*)，零星分布于玛尔果茶卡一带，呈大小不等的残片零星分布于中晚侏罗世二长花岗岩中，最大岩片 4.45km²，最小 0.01km²，分布总面积为 11.8km²。另外，在霍木西萨一带早侏罗世花岗闪长岩中呈大量的十多厘米至几十厘米的捕虏体分布。由于印支、喜马拉雅造山运动的破坏及韧性剪切变形作用的叠加改造，使其变形、变质更趋复杂。区域动力热流变质作用形成的主要变质岩石类型为变粒岩、黑云片岩、黑云石英片岩和少量片麻岩（片麻岩呈捕虏体分布于早侏罗世花岗闪长岩中）。

一、主要变质岩石类型及特征

1. 变粒岩类

按矿物组成细分为黑云斜长变粒岩和黑云二长变粒岩，主要出现在玛尔果茶卡一带齐陇乌如岩组

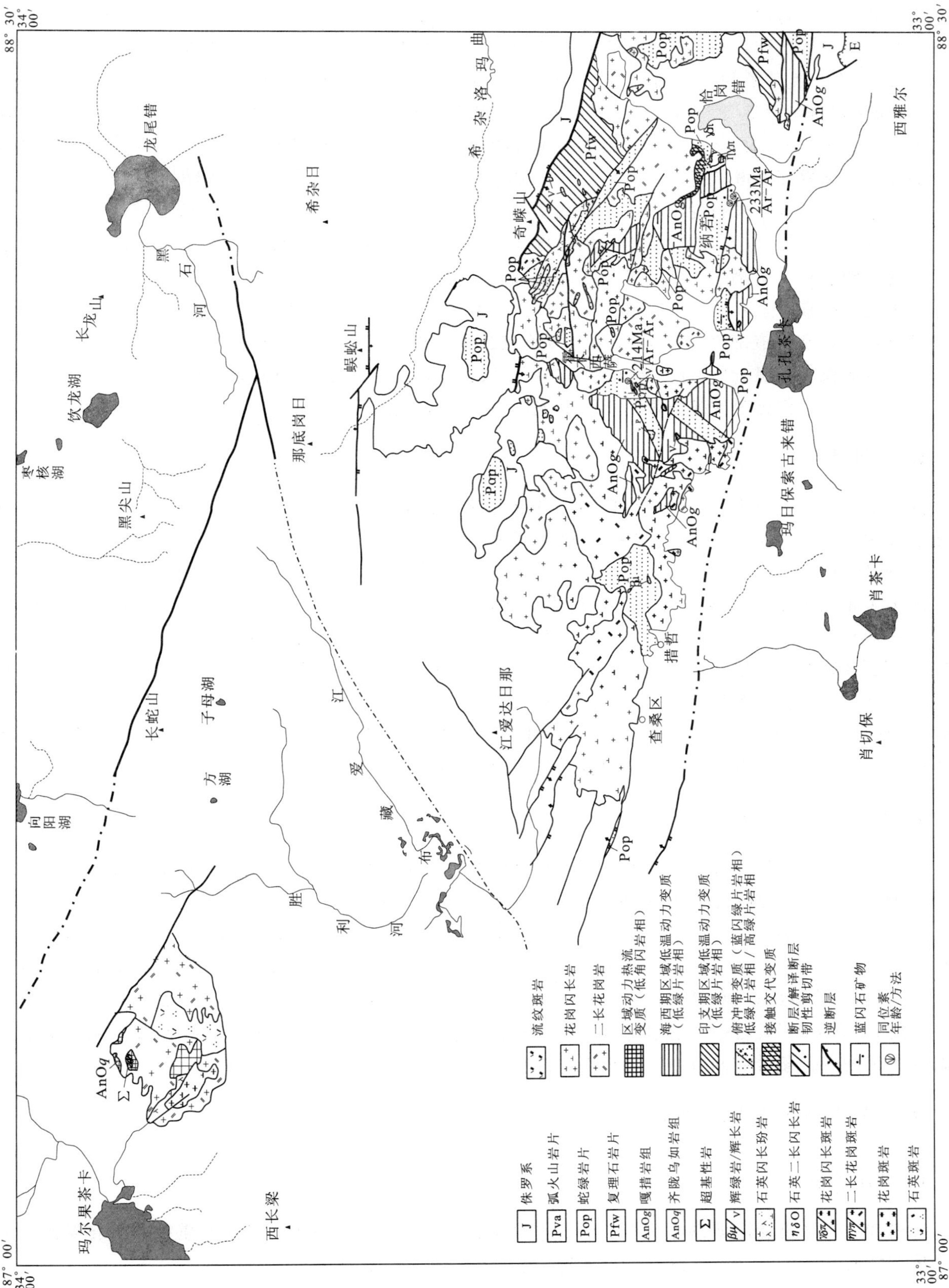

图4-1-1 江爱达日那幅(1∶25万)变质地质略图

中，部分在霍木西萨一带早侏罗世花岗闪长岩和二长花岗岩中呈捕虏体分布。

黑云斜长变粒岩：岩石为细粒鳞片粒状变晶结构，定向构造。矿物成分由斜长石（30%～44%）、石英（36%～42%）、黑云母（12%～20%）、钾长石（0～5%）及赤铁矿（0～2%）组成，呈粒状变晶相互镶嵌。斜长石为更长石，Np′∧（010）＝10°～12°，An＝27～28，呈0.05～0.4mm他形粒板状、自形—半自形板状，具聚片双晶纹，大部分发生强烈钠黝帘石化及绢云母化。钾长石呈0.05～0.5mm的他形—半自形板状，石英呈0.08～0.4mm的他形、半自形粒状。黑云母Ng′—棕褐色，Np′—浅黄色，部分已退变成白云母及绢云母，或蚀变形成纤维状、细丝状矽线石。岩石中黑云母线痕状聚集，与斜长石、石英和矽线石组成的条带相间定向排列。板柱状斜长石与粒状石英及少量钾长石沿层面呈平直界面镶嵌状接触，有的三界面以120°交汇于一点，呈典型的平衡结构。

黑云二长变粒岩：岩石为细粒鳞片粒状变晶结构，定向构造。矿物成分由斜长石（24%～40%）、钾长石（18%～20%）、石英（30%）、黑云母（10%～25%）及少量绿帘石及磁铁矿组成，部分岩石还含少量石榴子石。矿物呈粒状变晶相互镶嵌状大致定向排列。斜长石为钠、更长石，呈他形、自形-半自形板状、粒板状，具聚片双晶纹，Np′∧（010）＝10°，An＝27，局部绢云母化。钾长石呈他形、半自形粒状，具条纹嵌晶及格子状双晶，为条纹长石和微斜长石，表面有泥化现象。石英呈他形粒状，部分定向拉长。黑云母Ng′—棕褐色，Np′—浅黄色，部分已退变成白云母及绢云母，在岩石中云母片呈定向分布。部分磁铁矿为黑云母退变成白（绢）云母析出。

2. 片岩类

仅出现在玛尔果茶卡一带，根据矿物成分或含量的不同可以出现不同的岩石类型，常见岩石类型有黑云母片岩、黑云石英片岩。岩石为粒状鳞片变晶结构，片状构造。矿物成分由斜长石（0～25%）、钾长石（0～20%）、黑云母（30%～35%）、石英（35%～50%）及少量绿帘石和电气石组成。矿物呈相互镶嵌状定向排列或相对富集呈条痕条纹状定向排列。斜长石为更长石，呈他形粒板状，具聚片双晶纹，Np′∧（010）＝10°～12°，An＝27～28，部分强烈钠黝帘石化。钾长石他形，负低突起，表面有泥化现象。石英呈他形粒状。黑云母Ng′—棕褐色，Np′—浅黄色，部分已退变成白云母及绢云母。电气石呈短柱状，褐黄色。岩石中零星可见磁铁矿微粒，部分磁铁矿为黑云母退变成白（绢）云母后析出。岩石叠加后期韧性剪切变形，片状矿物呈透镜条痕条带状定向富集。暗色矿物条带中长石、石英碎裂、细粒化明显，部分石英沿片理呈拉长状。弱应变域中片状矿物定向性弱。

3. 透辉二长片麻岩

呈大小不等的捕虏体分布于霍木西萨一带早侏罗世花岗闪长岩中。岩石具柱粒状变晶结构，条纹条带状构造、片麻状构造。矿物成分由透辉石（30%～35%）、斜长石（20%～25%）、钾长石（10%～15%）、石英（25%～30%）和磁铁矿（小于5%）组成。透辉石呈0.03～1.5mm的自形—半自形柱、粒状。斜长石呈0.05～0.4mm的他形—半自形板状，强烈绢云母化。钾长石具条纹嵌晶及格子状双晶，为条纹长石和微斜长石。石英呈0.05～0.5mm的他形粒状。岩石中透辉石-石英-斜长石、透辉石-石英-钾长石相对聚集定向排列构成的深色条带与石英-斜长石、石英-钾长石相对聚集定向排列构成的浅色条带相间分布，斜长石、钾长石边缘不同程度被石英熔蚀。

二、变质作用类型及特征

1. 变质矿物

区内变质岩虽遭受后期韧性剪切变形变质的叠加，但主期变质作用形成的变质矿物仍有保留，主要变质矿物有石榴子石、黑云母、石英、斜长石、钾长石、透辉石等。

2. 变质作用类型

测区内的变质岩石类型主要为变粒岩、黑云母片岩、黑云石英片岩，少量片麻岩，其矿物共生组合有：

（1）斜长石＋黑云母＋石英（黑云斜长变粒岩、黑云石英片岩）；

（2）斜长石＋钾长石＋黑云母＋石英±石榴子石＋电气石（黑云二长变粒岩、黑云母片岩）；

（3）斜长石＋石英＋钾长石＋透辉石（透辉二长片麻岩）。

以上各类岩石中的矿物组合均为低角闪岩相组合。结合测区东侧恰格勒拉一带齐陇乌如岩组变质岩石中出现了石榴子石、十字石、矽线石等特征变质矿物分析，其变质作用类型可能为区域动力热流变质作用。据青藏地区羌塘盆地1∶5万蜈蚣山幅、达尔沃错温幅区域石油地质调查报告（李才等，1997），根据十字石-石榴子石矿物对计算的变质温度为450～500℃，黑云母-石榴子石矿物对计算温度为450℃，石榴子石-角闪石计算变质温度为480～510℃。

三、变质作用时代探讨

对该套变质岩系，目前区内唯一一个Rb－Sr年龄数据为（547.12±19.5）Ma（成都环资所，1995），取自于双湖构造混杂岩带北侧兰新岭附近的矽线石白云母斜长片麻岩和花岗片麻岩，时代反映属于震旦纪末期，可能受泛非运动的影响，形成了羌塘地区的变质基底，并发生区域变质作用。由于后期造山运动的破坏及韧性剪切变形构造作用的叠加，使该套中深变质岩早期的构造变形和变质作用难于恢复。目前对于该期变质作用的研究程度较低，可供借鉴的资料有限，有待今后深入研究。

四、退变质作用

本区基底岩系的后期退变质作用主要表现为韧性剪切带的退变质作用，叠加于早期低角闪岩相变质岩之上，在岩石中形成了一些叠加片理和糜棱岩化带，带中黑云母已退变成绿泥石、白云母及绢云母。早期长石、石英矿物质沿片理或糜棱理碎裂、细粒化，部分石英沿片理呈拉长状。此外斜长石发生强烈的钠黝帘石化及绢云母化，部分黑云母蚀变形成纤维状、细丝状矽线石，并析出白云母片，部分斜长石与石英或钾长石发生交代作用，蚀变形成纤维状、针状矽线石。

第二节　区域低温动力变质作用

区域低温动力变质作用分布于双湖构造混杂带中，受变质地层或地质体为前奥陶系嘎措岩组（AnOg）和二叠系复理石岩片（Pfw）。嘎措岩组主要分布于测区霍木西萨西侧、纳若南、恰岗错东及曲柔鄂茸一带，呈大小不等的构造岩片分布，并被早侏罗世花岗岩侵吞蚕食，分布面积为183.6km^2；二叠系复理石岩片分布于奇嵘山南东及恰岗错南东一带，面积为138.82km^2（参见图4-1-1）。

一、主要变质岩石类型及特征

（一）前奥陶系嘎措岩组

嘎措岩组变质岩石类型主要为一套变质（含砾）石英砂岩，局部夹绢云石英千枚岩和大理岩。

1. 大理岩

岩石类型主要为含透辉绢云大理岩。岩石具中粗晶粒状变晶结构，定向构造。岩石中矿物由方解石（96%）、绢云母（2%）、透辉石（1%）及少量绿帘石组成。方解石呈粗晶粒状变晶，一般0.1～0.6mm，常为0.2～0.4mm，大都压扁拉长定向排列。绢云母呈粒状鳞片状集合体，透辉石呈粒状，无色—微带绿色，绿帘石呈他形细小粒状分布。

2. 绢云石英千枚岩

岩石具粒状鳞片变晶结构，千枚状构造。岩石中矿物由绢云母（35%～40%）、石英（50%）、磁铁矿和铁质氧化物（10%）组成。石英呈极细粒状，一般小于0.05mm，呈条带状集合体与绢云母条带相间平行分布。绢云母呈显微鳞片状集合体，局部千枚理发生波状微褶，并出现间隔褶劈理。褶劈理透入性差，与千枚理锐角相交。磁铁矿和铁质氧化物呈微层纹（理）条带排列。原岩为泥质较重的粉砂岩。

3. 变质（含砾）石英砂岩

它是区域低温动力变质作用的主体岩石，主要有片理化变质石英砂砾岩、变质（含砾）细粒石英砂岩、变质（含砾）中细粒石英砂岩，其原岩为一套稳定构造环境下的滨浅海石英砂岩建造。

变质（含砾）石英砂岩为灰色、灰白色，具变余（含砾）砂状碎屑结构，鳞片粒状镶嵌变晶结构，定向构造。岩石中不定量含一些石英砾（0～10%），砂屑成分由石英（80%～95%）、绢云母（1%～20%）、绿泥石（0～1%）、次闪石（0～3%）、绿帘石（0～3%）和少量磁铁矿、钛铁矿（1%～5%）组成。石英砾石砾径2～3mm，以灰黑色脉石英、灰白色脉石英为主，磨圆中等，球度高。石英砂粒粒径0.08～1mm，呈他形镶嵌粒状接触，可见颗粒重结晶和次生加大边，部分齿状镶嵌，明显长轴定向排列，较大颗粒周围均有细粒石英和绢云母环绕显示砂状结构特征，部分石英明显压扁拉长呈条纹-条带状、弱透镜状平行定向排列。绢云母呈鳞片状集合体，细条纹-网脉状定向排列，部分呈不规则状、网脉状、填隙状鳞片状集合体不均匀分布。黑云母在绢云母-白云母网脉状集合体中局部集结，一般浅棕色。次闪石呈细小不规则团块状、呈纤维状集合体分布于绢云母条带中。绿帘石呈单晶粒稀疏分布，磁铁矿呈微粒状集合体。钛铁矿呈厚板条状、长条状。根据石英颗粒粒度，岩石可进一步细分为变质（含砾）细粒石英砂岩、变质（含砾）中细粒石英砂岩。

（二）二叠系复理石岩片

二叠系复理石岩片变质岩石类型为变质细粒石英砂岩、变质粉砂岩、板岩、千枚岩及少量白云石英片岩和大理岩。该套浅变质岩系变质程度总体较浅，其变形变质具强弱不均匀分布的特点，劈理S_1平行层理S_0，故原始沉积叠置关系、单层的总体特征等尚存。岩石中发育变余正粒序层理，还可见砂板岩组成鲍玛层序，为一套斜坡相的浊流复理石沉积。

1. 变质细粒石英砂岩

岩石为变余细粒砂状结构，块状构造、半定向构造。碎屑以石英（85%）为主，部分绢云母（10%～15%）。石英砂屑大小以小于0.2mm的细粒为主，磨圆度较好，以次圆状为主，定向-半定向分布。由泥质变质而成的绢云母充填于碎屑间呈孔隙式胶结。磁（褐）铁矿微粒呈星点状分布，偶可见电气石微粒。后期隐晶-微晶硅质不均匀交代基质绢云母及石英碎屑，局部还可见穿入石英碎屑中。

2. 变质粉砂岩

岩石具变余粉砂结构，劈理化构造。新生变质矿物有石英、绢云母、绿泥石，绢云母多呈鳞片状聚集定向。

3. 绿泥绢云千枚岩

岩石为显微鳞片变晶结构，千枚状构造。矿物以$d \leqslant 0.1$mm的绢云母（55%）为主，次为绿泥石（30%）及石英（10%）。绢云母、绿泥石呈显微鳞片状，局部可见较集中的石英微粒变晶相互镶嵌。铁镁质矿物变质成为绿泥石时有较大量的土状白钛石析出。岩石中以片理S_1为变形面并发生波状揉皱。

4.（含）碳质粉砂质板岩

岩石具变余粉砂质结构，板状构造。矿物成分以粉砂级石英（60%～74%）为主，次为绢云母（12%～30%），碳泥质（1%～5%）及绿泥石（1%～4%）。粉砂级石英以次棱角状为主，碳泥质及由其变质而成的绢云母组成网纹状定向分布，显示板状构造。岩石中可见绿泥石斑点及磁（褐）铁矿斑点呈星点状分布。

5. 钠长绿泥白云石英片岩

岩石为细粒鳞片粒状变晶结构，片状构造。矿物成分以 d≤0.8mm 的石英（53%）为主，次为白云母（20%）、绿泥石（15%）、钠长石（10%）。石英、钠长石呈粒状变晶相互镶嵌。白云母、绿泥石呈鳞片状定向分布，磁（褐）铁矿微粒呈星点状分布，偶可见电气石微粒。岩石中以片理 S_1 为变形面并发生波状揉皱。

6. 片理化含绿帘阳起细晶大理岩

岩石为细粒粒状变晶结构，片状构造。矿物以他形粒状细晶方解石（94%）为主，少量阳起石（4%）和绿帘石（2%）。粒状变晶方解石相互镶嵌。岩石中阳起石、绿帘石呈定向分布，显示片理化构造。

二、变质作用类型及特征

嘎措岩组变质岩中主要新生变质矿物有石英、黑云母、绢云母（白云母）、绿泥石、方解石、绿帘石、透闪石等。其主要变质矿物共生组合有：

(1) 方解石＋绿泥石＋绿帘石（大理岩）；

(2) 绢云母＋石英（绢云石英千枚岩）；

(3) 石英＋绢云母＋黑云母＋绿帘石（变质石英砂岩）；

(4) 石英＋绢云母＋透闪石＋绿帘石（变质石英砂岩）；

(5) 石英＋绢云母＋绿泥石（变质石英砂岩）。

复理石岩片变质岩中出现的主要变质矿物为绢云母、绿泥石、石英、方解石等，岩石中变质矿物组合也很简单，主要为：

(1) 绢云母＋石英±绿泥石（变质石英砂岩、板岩、千枚岩）；

(2) 方解石＋阳起石＋绿帘石（大理岩）；

(3) 石英＋白云母＋绿泥石＋钠长石（钠长绿泥白云石英片岩）。

上述低温变质矿物由泥质和杂基重结晶生成，总体表现为变质程度低、变形较强的特点。绢云母、绿泥石、绿帘石呈显微鳞片状集合体，大多具有定向性分布的特点。石英和方解石表现为碎屑重结晶或部分重结晶加大，大部分呈他形齿状镶嵌接触，长轴平行片理定向排列。变质变形作用形成的面理 $S_1 // S_0$。根据上述变质矿物组合可以确定其为低绿片岩相变质，变质作用类型为区域低温动力变质作用。

三、变质作用时代探讨

嘎措岩组原岩为一套稳定构造环境下的滨浅海石英砂岩建造，岩性比较单调。在该套浅变质地层中没有可靠的化石依据。根据区域上的对比认为属前奥陶纪，其变质作用时期可能为海西中晚期甚至更早。

二叠系复理石岩片发生的区域低温动力变质作用，与南、北羌塘陆块发生陆-陆碰撞的造山运动有关。在碰撞过程中，复理石地质体发生下插俯冲形成低绿片岩相的变质作用，其变质作用时代为晚三叠世。

四、叠加变质作用

本期浅变质岩系的叠加变质作用与逆冲推覆构造有关，表现为嘎措岩组岩石中发育一系列的韧性剪切带，在岩石中形成了叠加片理和糜棱岩化带，并形成相应的片岩和糜棱岩化岩石。变形表现为以早期 S_1 面理为变形面形成一系列的顺层平卧褶皱，并形成相应的 S_2 褶劈理，在强应变剪切带中，早期 S_1 面理已被 S_2 褶劈理强烈置换，仅在局部弱应变域保留，并与 S_2 褶劈理大角度斜交或垂直，局部在 S_2

褶劈理的微劈石中还残留有紧闭无根褶皱。沿 S_2 劈理域中新生的矿物为绢云母、石英，部分出现少量钠长石，变质程度属低绿片岩相。该期逆冲推覆导致嘎措岩组上覆于印支期变质的蛇绿岩片和复理石岩片之上，并被早侏罗世花岗岩侵入破坏。叠加变质作用时间为晚三叠世。

第三节　俯冲带变质作用

俯冲带变质作用分布于双湖构造混杂带中，受变质地质体为二叠系蛇绿岩片（Pop），由于早侏罗世花岗岩的上侵，呈大小不等的残片分布，出露面积为253.8km^2。主要变质岩石类型为蓝片岩类、绿片岩类、角闪质岩类、云母片岩类、石英片岩类。部分受后期韧性剪切变形叠加改造而形成一些构造片岩类（片糜岩）。

一、主要岩石类型及特征

（一）蓝片岩类

区内出露的蓝片岩及其退变质岩石类型包括蓝闪石岩类、（含）蓝闪石片岩类和（含）蓝闪石角闪片岩类。

1. 蓝闪石岩类

主要出现在嘎措乡鄂柔一带，呈大小不等的岩块和透镜体夹于蓝片岩或绿片岩构成的基质中，或表现为片岩基质中的透镜状弱应变域。蓝闪石岩片理发育不好，无明显的定向性，主体呈块状，结合镜下观察，蓝闪石纤柱状变晶均匀分布在岩石中，少数呈较大的柱粒状变斑晶，部分则分布于片理（剪切面理）之间的弱应变域中，不具明显的定向性，而是杂乱无规则排列，其结晶似早于片理形成的时间。出现的变质矿物种类除蓝闪石（10%～64%）外，还有绿泥石、绿帘石、白云母、斜黝帘石及少量硬柱石等。个别岩石中可见一些变余辉绿结构、变余火山玻璃结构。主要岩石类型有蓝闪石（青铝闪石）岩、白云绿帘蓝闪石岩、阳起绿泥蓝闪石岩和硬柱绿泥石蓝闪石岩等。

2.（含）蓝闪石片岩类

蓝闪石片岩不均匀分布于绿片岩中，具有明显的片状构造，见变余斑状结构（残留斑晶为辉石、角闪石）、变余交织结构、变余杏仁状火山玻璃熔蚀结构。变质矿物为蓝闪石、阳起石、绿泥石、绿帘石。蓝闪石主要出现于片理中，长轴平行片理定向分布，与片理为同期形成，少量较大的蓝闪石明显切割片理，为构造期后结晶形成。在部分岩石中可见蓝闪石交代残留辉石的现象，并可见蓝闪石向阳起石和黑云母转变的反应关系，在阳起石晶体内或集合体内常含有蓝闪石的残留颗粒。主要岩石类型有黑云母蓝闪石片岩、绿帘蓝闪石片岩、阳起石化蓝闪石片岩及蓝闪绿泥千糜岩。

（1）黑云母蓝闪石片岩：岩石为灰绿色，显微鳞片纤柱状变晶结构，片状构造。岩石由蓝闪石（26%）、黑云母（30%）、绿泥石（18%）、阳起石（16%）、钠长石（3%）、斜黝帘石（5%）、榍石（2%）和金属矿物（小于1%）组成。蓝闪石呈0.3～1.6mm的针状、纤柱状。岩石中蓝闪石、阳起石呈纤状变晶颗粒均匀分布，彼此相间平行排列，黑云母和绿泥石显微鳞片则不均匀分布在蓝闪石和阳起石间隙中，呈柱状和粒状变晶不均匀分布，白云母显微鳞片集合体零星分布在蓝闪石-青铝闪石和绿帘石间隙中，黝帘石呈显微隐晶均匀分布在岩石中。钠长石微粒沿片理零星分布。少量较大的蓝闪石明显切割片理，为构造期后结晶形成。

（2）绿帘蓝闪石片岩：岩石为灰绿色、绿灰色，柱粒状变晶结构，片状构造。矿物成分为蓝闪石（40%～55%）、方解石（10%～35%）、斜（钠）长石和石英（10%～15%）和绿帘石（10%～15%）。蓝闪石呈柱状—长柱状、纤维状、针柱状、放射状，定向排列平行片理面分布，大部分蓝闪石退变为细鳞片状黑云母，仅保留残留晶体，变为黑云母后常与自形-他形绿帘石共生在一起。方解石呈粒状，聚集成短的条带或团块，或与粒状长英质矿物在一起，可能为后期热液蚀变矿物。长英质矿物常包裹有蓝闪石、绿帘石等。蓝闪石片岩不均匀分布于黑云绿泥片岩、白云绿泥石片岩中。

（3）阳起石化蓝闪石片岩：岩石为粒柱状变晶结构，片状构造。岩石由阳起石（65%～80%）、绿帘石（10%～15%）、白云母（2%～15%）、石榴子石（0～5%）以及少量石英、斜长石和方解石、黑云母和白云母组成。岩石中大部分蓝闪石已变为阳起石，残留的小部分蓝闪石呈蓝紫色，一级干涉色，近于平行消光，正延长。有的晶体部分为蓝闪石，部分为阳起石，为渐变过渡关系。阳起石呈细长针状、叶柱状定向排列，石榴子石呈他形粒状，常包含有蓝闪石，不同程度绿帘石化。绿帘石大多为他形粒状或半自形粗晶状分布于阳起石粒间空隙中，方解石呈粒状集合体局部出现，含阳起石嵌晶，黑云母呈细片状分布于阳起石之间，白云母呈叶片状。

（4）蓝闪绿泥阳起石片岩：岩石为绿灰色，细粒粒状鳞片变晶结构，片状构造。岩石矿物以阳起石（60%）为主。阳起石浅绿色，无多色性，正中突起，呈长柱状-针柱状定向分布而显示片状构造，中混杂绿泥石（12%）、蓝闪石（8%）呈长柱状—针柱状杂乱分布。Ng′—天蓝色，Np′—浅绿黄色，正吸收，正中突起。钠长石（15%）呈变斑晶，中见包含有蓝闪石及绿帘石，说明其形成稍晚于这两种矿物。绿帘石呈细粒状—尘状，尘状绿帘石呈线纹状聚集沿片理分布，中混杂榍石。绿帘石、榍石均为铁镁质矿物变质成为绿泥石时所析出。岩石中零星可见磁铁矿微粒。

（5）蓝闪绿泥千糜岩：岩石为绿灰色，糜棱结构，千枚状构造。岩石矿物以绿泥石（80%）为主，显微鳞片绿泥石呈定向分布并具揉皱而显示千枚状构造，在绿泥石中可见残留有少量的蚀变角闪石残斑（5%）。角闪石残斑呈小于 0.75mm 的柱状，沿千枚理呈透镜状分布，残斑绝大部分已经蚀变成为绿泥石，但角闪石短柱状假象尚存，从透镜体两端拖尾及矿物晶内面理的多米诺斜列判别，岩石受到右行韧性剪切力的作用。绿泥石显微鳞片状，绿色—淡黄绿色，具异常干涉色。岩石中出现的蓝闪石（10%）为变斑晶，呈小于等于 2mm 的长柱状，Ng′—天蓝色，Np′—浅绿黄色，正吸收，正中突起。它是糜棱岩化作用较后期的产物，其长柱状杂乱分布，部分沿千枚理分布，部分斜交千枚理。尘状帘石聚集呈线纹状混杂铁泥质沿千枚理定向分布。蓝闪石在岩石中杂乱分布并切割千枚理，说明蓝闪石的结晶稍晚于糜棱岩化作用时期。

3. 蓝闪角闪片岩类

原岩主要为一些变基性侵入岩类。岩石多具有明显的片状构造，少量可见一些变余斑状结构（残留斑晶为辉石、角闪石），变余火山玻璃熔蚀结构。出现的变质矿物为蓝闪石，主要出现于片理中，长轴平行片理定向分布，与片理为同期形成。在部分岩石中可见蓝闪石交代残留辉石和角闪石的现象，并可见角闪石向蓝闪石转变的反应关系，部分蓝闪石保留角闪石晶形，并可见蓝闪石向阳起石和钠黝帘石转变的反应关系。

（1）蓝闪角闪片岩：岩石为灰色，柱粒状变晶结构、变余火山玻璃结构，片状构造、条带状构造。矿物成分为普通角闪石（40%～70%）、蓝闪石（4%～18%）、阳起石（0～8%）、钾长石（0～25%）、火山玻璃（0～20%）、黝帘石（0～10%），部分含少量透辉石、方解石及石榴子石。普通角闪石呈0.05～1.4mm 的长柱状、针状聚晶，定向排列构成片理，黄绿—绿褐、绿色微多色性。普通角闪石析出铁质，钙质流失，局部形成蓝闪石。蓝闪石呈 0.05～1mm 的半自形长柱状、针状聚晶，淡黄绿—淡绿微多色性。部分与角闪石呈反应关系，呈微晶出现在角闪石大的晶体之中，两者界线呈渐变状，部分蓝闪石保留角闪石晶形，其中残留角闪石残晶。石榴子石粒度 0.05～0.1mm，呈六边形。蓝闪石与普通角闪石和钾长石分别聚集呈条带定向分布。部分蓝闪石中有少量辉石残晶。蓝闪石不同程度阳起石化、黝帘石化。

（2）蓝闪角闪片糜岩：岩石为灰色，中细粒柱状变晶结构，片糜状构造。矿物以小于 3mm 的绿色普通角闪石（40%）、细晶石英（20%）为主，次为蓝闪石（15%）。蓝闪石呈小于 2mm 的长柱状，Ng′—天蓝色，Np′—浅绿黄色，正吸收，正中突起。绿色角闪石呈小于 3mm 的长柱状，Ng—兰绿色、Np—淡黄色。斜长石呈 0.2～0.5mm 他形粒板状，表面强烈钠黝帘石化，隐约可见聚片双晶纹。部分角闪石及斜长石呈残碎斑晶状，其中的重结晶细小石英晶粒与角闪石蚀变产生的尘状帘石聚集呈线纹状定向分布并绕过角闪石残碎斑晶，与定向分布的长柱状角闪石、蓝闪石共同显示片状构造。蓝闪石为绿色角闪石转变而成，两者呈犬齿交错的协调过渡关系。部分角闪石斑晶的长柱状生长方向与现岩石的总体片理方向斜交甚至垂直，显示 S－C 组构特征，而蓝闪石分布于剪切面理中，可能与剪切同期或稍晚一些生成。

（二）绿片岩类

岩石以绿色调为主，出现的变质矿物种类复杂，主要以低温绿色矿物为主。经常出现的矿物有绿泥石、阳起石、绿帘石等，部分出现绢云母、透闪石、黑云母，还可出现白云母、石英、钠长石等常见造岩矿物。由于矿物含量的不同，可以出现许多不同的岩石类型，常见类型有阳起石片岩类、绿泥石片岩类及其过渡类型。岩石多具有明显的片状构造，片理化明显，少量可见一些变余斑状结构（残留斑晶为辉石、角闪石），变余杏仁构造。在弱应变带中岩石片状构造较弱，定向构造不明显，常见大量的变余火山角砾结构、变余枕状构造。主要岩石类型如下。

（1）阳起石片岩：岩石呈灰绿色，纤柱状、粒柱状变晶结构，显微鳞片纤状变晶结构、变余斑状结构，片状构造。岩石主要由阳起石（59％～91％）组成，其他可出现的矿物有绿帘石（0～25％）、绿泥石（5％～25％）、透闪石（0～15％）、钠长石（0～17％）、黑云母（0～8％）、石英（0～15％）、斜黝帘石（0～4％）、金属矿物（0～7％）、辉石（0～10％），部分岩石还含少量方解石、绢云母、石榴子石、普通角闪石和火山玻璃。阳起石为浅绿色，呈长条状—他形粒柱状、纤柱状微粒变晶集合体，与绿泥石、云母等显微鳞片状、片状矿物相间定向分布而显示片状构造；辉石残留体呈眼球状、透镜状残斑沿片理不均匀零星分布。斜黝帘石呈隐晶质尘状微粒不均匀分布在阳起石集合体中。岩石中可见阳起石向绿泥石、透闪石向阳起石、辉石向阳起石的反应关系。由于矿物含量的不同，可以出现不同的岩石类型。常见岩石类型有黑云母阳起石片岩、透闪阳起石片岩、绿泥阳起石片岩、绿帘阳起石片岩、钠长阳起石片岩。

（2）绿泥石片岩：岩石呈墨绿色、灰绿色，具鳞片柱粒状变晶结构，纤状、粒状（显微）鳞片状变晶结构，变斑状结构，部分变余杏仁状构造。岩石主要由绿泥石（30％～75％）组成，其他可出现的矿物有阳起石（0～30％）、黑云母（20％～25％）、绿帘石（0～5％）、石英（10％～30％）、白云母（0～25％），方解石（0～30％）和碳质（0～10％）。绿泥石呈叶片状或细鳞片状集合体和其他片柱状、纤维状矿物阳起石、（显微）片状矿物云母定向平行排列，形成片状构造或形成条纹条带状构造。部分岩石中可见阳起石转变为绿泥石的反应关系，少量阳起石切割片理，为构造后结晶矿物。由于矿物含量的不同，可以出现不同的岩石类型。常见岩石类型有黑云绿泥石片岩、白云绿泥石片岩、绿帘阳起绿泥石片岩、绿灰色阳起绿泥石片岩、阳起绿泥石片岩。

（3）阳起黑云母片岩：岩石呈绿灰色，显微粒状鳞片变晶结构，片状构造。岩石由雏晶黑云母（46％）、阳起石（26％）、绿泥石（9％）、斜黝帘石（6％）、透闪石（8％）、钠铁闪石（2％）、钠长石（1％）、榍石（2％）组成。岩石中阳起石、透闪石和钠铁闪石相对集中和雏晶黑云母构成的显微条带相间平行定向排列，绿泥石、斜黝帘石零星分布于岩石中。

（三）角闪质岩类

角闪质岩类有 3 种产出形式，一种呈夹层分布于其他片岩中，一种呈断块分布于混杂带中，一种呈捕掳体残留于花岗岩中。部分仍保留有基性火山熔岩、火山角砾岩和基性侵入岩的结构、构造。出现的变质矿物为普通角闪石、黑云母、斜长石，部分还出现透辉石。其岩石类型有片状角闪石岩、片状斜长角闪岩和钾长角闪片岩。

（1）片状角闪石岩：具纤柱状变晶结构、变余斑状结构、变余辉长结构。条带状构造、片状构造。岩石主要由普通角闪石（含量 50％～84％）组成，还可出现的矿物有普通辉石（0～38％）、黑云母(0～32％)、绿泥石（0～3％)、钠长石（含量 0～8％）和榍石（0～6％）。普通角闪石呈纤柱状变晶颗粒，断续集聚呈条痕状定向排列。普通辉石短柱状，集中呈条带状半定向排列，部分普通辉石呈碎粒集合体或残斑晶，断续沿片理定向分布，在角闪石条带中还有辉石的残晶分布，表明普通角闪石是由辉石退变质作用生成。黑云母鳞片变晶相对集聚，呈断续条痕状与角闪石相间定向分布，使岩石具条带状构造。部分黑云母退变为绿泥石隐晶。由于矿物含量的不同，可以出现不同的岩石类型。常见岩石类型有片状角闪石岩、片状辉石角闪石岩和片状黑云母角闪石岩。野外片状黑云母角闪石岩中可见含40%直径0.5～1cm大小的火山角砾，原岩为角砾凝灰岩。角闪石变质矿物不仅分布在火山角砾中，基质中亦有。

（2）片状斜长角闪岩：岩石具柱、粒状变晶结构，显微鳞片粒状纤状变晶结构，变余火山玻璃结构，片状-条带状构造。岩石主要由普通角闪石（45%～78%）和斜长石（10%～45%）组成，其他可出现的矿物有黑云母（0～20%）、透辉石（0～21%）、石英（0～10%）、方解石（0～15%）和硅质火山玻璃（0～2%）。普通角闪石呈0.1～0.5mm半自形短柱状、粒状，无色、淡黄—淡绿、绿色弱多色性，大致定向排列，或聚晶呈条带状或不连续条痕状定向分布。部分普通角闪石退变阳起石化而析出较多赤铁矿。斜长石多为更、中长石，呈小于1mm的长柱状，聚集呈条带状与角闪石条带相间分布，或呈等轴晶粒，较均匀分布在角闪石、透辉石、黑云母间隙中呈显微粒状变晶结构。透辉石呈显微短柱状不均匀分布在角闪石间隙中彼此镶嵌，黑云母鳞片状变晶不均匀分布在角闪石和普通透辉石的间隙中，大致定向排列或沿片理相对集聚定向排列。岩石中分布有较多铁泥质、火山玻璃质碳酸盐团块，并出现较多磷灰石、锆石副矿物，原岩为玄武质火山岩。由于矿物含量的不同，可以出现不同的岩石类型。常见岩石类型有片状斜长角闪岩、片状黑云斜长角闪岩、片状黑云透辉斜长角闪岩。

（3）钾长角闪片岩：岩石具片状构造，鳞片柱粒状变晶结构。矿物粒度为0.01～1.5mm。岩石由普通角闪石（25%～55%）、正长石（14%～22%）、黑云母（4%）、石英（5%～26%）、方解石（8%～25%）和少量火山玻璃组成。普通角闪石呈0.1～1.5mm的自形长柱状，长石呈他形、半自形柱粒状。岩石中角闪石、长石和方解石、石英分别相对聚集定向排列，呈数毫米的条带相间分布，黑云母主要在角闪石-长石条带中定向分布。

（四）云母片岩类

不均匀分布在绿片岩中，常出现的变质矿物有钠长石、石英、黑云母、白云母，还可出现少量的绿泥石、绿帘石和阳起石。岩石类型有白云片岩、钠长白云片岩和绿泥黑云片岩、二云片岩等。

（五）石英片岩类

主要与大理岩和绿片岩伴生，在霍木西萨一带常与大理岩相间产出，在变形较弱的地段保留有变余薄层状构造，变余条纹条带状构造，原岩为薄层状硅质岩。其片理 S_1 平行层理 S_0，沿片理有少量绢云母、绿泥石形成。在强应变带中片状构造发育，沿片理生成较多白云母，部分还生成细片状黑云母。岩石类型有（石榴）白云石英片岩、黑云石英片岩等。

（1）（石榴）白云石英片岩：岩石为鳞片粒状变晶结构，片状构造。岩石由石英（70%～92%）、白云母（6%～25%）、石榴子石（0～10%）、钠长石（小于1%）、正长石（0～2%）、黑云母（0～5%）和水针铁矿（0～1%）组成。石英具压扁拉长长轴，彼此镶嵌定向排列。白云母呈鳞片状，平行片理与石英相间排列，形成条带状构造。钠长石呈微粒变晶与少量黑云母零星分布，正长石和钠长石呈微粒零星分布。石榴子石呈筛状变晶，包裹有石英定向排列形成的残缕，具一定的旋转，为同构造结晶矿物，其延伸方向与片理一致。

（2）黑云石英片岩：鳞片状变晶结构，片状构造。岩石由石英（70%～80%）、黑云母（15%～30%）、斜长石（小于5%）和少量透辉石、透闪石组成。石英呈粒状变晶。黑云母呈鳞片状相对聚集呈断续条纹或条痕状定向排列，少数黑云母有绿泥石化。透辉石呈筛状变晶，常包裹细粒石英，聚集呈条痕、条带状与石英和黑云母相间定向分布。透闪石细晶组成条纹分布。

二、原岩建造与大地构造环境探讨

（一）变质岩原岩建造

1. 蓝片岩原岩建造类型

区内出露的蓝片岩及其退变岩石类型包括蓝闪石岩、（含）蓝闪石片岩，蓝闪角闪片岩。少量岩石中可见一些变余辉绿结构、变余火山玻璃结构，还可见一些变余斑状结构（残留斑晶为辉石、角闪石）、变余交织结构、变余杏仁状火山玻璃熔蚀结构。岩石中主要矿物组合为绿泥石、绿帘石、阳起石、蓝闪石、青铝闪石等铁镁矿物，岩石中基本不出现或很少出现长石、石英等硅铝矿物，说明其原岩化学成分为基性岩，因此它们的原岩主要为基性侵入岩或基性火山岩。蓝片岩的化学成分和尼格里数值特征见表 4-3-1，用威尔逊 al－alk 与 c 图解（图 4-3-1）和西蒙南（al＋fm）－（c＋alk）与 Si 图解（图 4-3-2）推断其原岩性质，在威尔逊图解中，大部分蓝片岩投点均落入玄武岩区或附近，个别落入白云质泥灰岩区。在西蒙南图解中，多数蓝片岩投点均落入火山岩区，个别落入泥质和钙质沉积岩区。

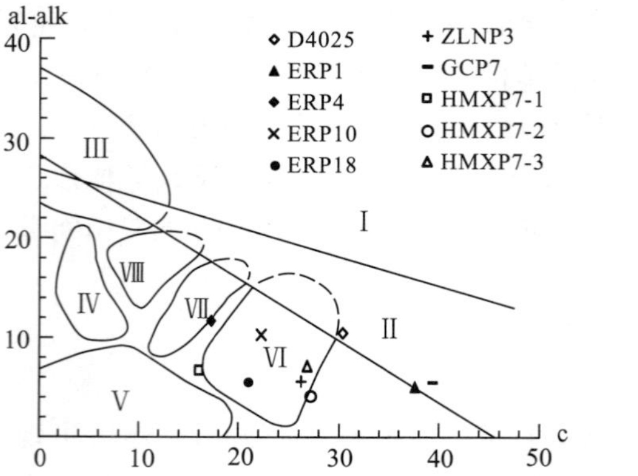

图 4-3-1　变质岩 al－alk 与 c 图解

Ⅰ. 泥灰岩区及细碧角斑岩区；Ⅱ. 白云质泥灰岩区；Ⅲ. 粘土岩区
Ⅳ. 富钾中酸性凝灰岩区；Ⅴ. 酸性凝灰岩区；Ⅵ. 玄武岩区
Ⅶ. 二长安山质凝灰岩区；Ⅷ. 安山质凝灰岩区

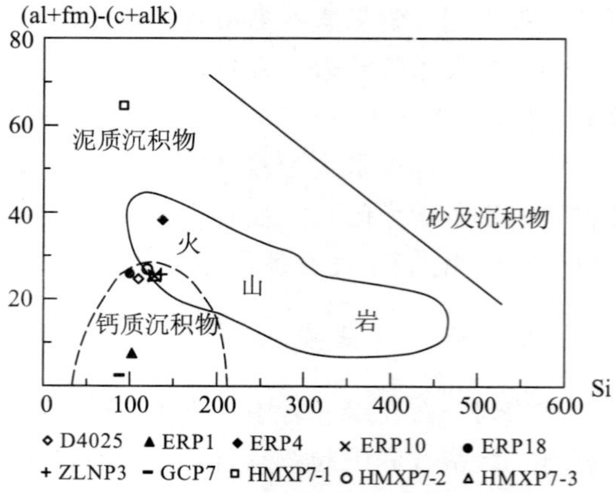

图 4-3-2　变质岩（al＋fm）－（c＋alk）与 Si 图解

（据 Simonen，1953）

2. 绿片岩原岩建造类型

区内出露的绿片岩常见类型有阳起石片岩类、绿泥石片岩类及其过渡类型。变质岩主要矿物组合为绿泥石、绿帘石、阳起石、蓝闪石等铁镁矿物，岩石中基本不出现或很少出现长石、石英等硅铝矿物，说明其原岩化学成分为基性岩。岩石多具有明显的片状构造，但其变形明显具强应变带与弱应变域相间分布的特点。在强应变带中少量岩石仍可见一些变余斑状结构（残留斑晶为辉石、角闪石），变余杏仁构造，在弱应变带岩石片状构造较弱，定向构造不明显，绝大部分原岩的组构及岩相学标志得以保留，常见一些变余辉长结构，大量的变余火山角砾结构、变余枕状构造。上述特征表明绿片岩原岩明显为一套以基性火山岩为主，混有部分基性侵入岩的组合。在威尔逊 al－alk 与 c 图解（图 4-3-1）中，4 件样中有 2 件样投点均落入玄武岩区，1 件样投点落入安山质凝灰岩区，1 件样投点落入白云质泥灰岩区（该件样在野外明显保留有变余枕状构造）。在西蒙南（al＋fm）－（c＋alk）与 Si 图解（图 4-3-2）中，4 件样中有 2 件样投点均落入火山岩区，其余两件样落入钙质沉积岩区，结果明显与野外实际不符。

表 4-3-1　变质岩化学成分和尼格里数值特征

样品号	岩石名称	产地	氧化物重量 (w_B%)										
			SiO_2	TiO_2	Al_2O_3	Fe_2O_3	FeO	MnO	MgO	CaO	Na_2O	K_2O	P_2O_5
D4025	片状斜长角闪岩	奇嵘山南	48.73	2.72	13.25	2.22	10.06	0.20	6.36	12.54	2.79	0.76	0.37
ERP4	钠长石化黑云绿泥石片岩	鄂柔	51.66	2.58	16.20	4.87	7.32	0.16	4.41	6.05	4.42	1.33	0.96
ERP1	钠长阳起片石岩（变基性火山岩）		46.69	3.14	10.54	4.47	8.63	0.16	5.02	15.92	3.56	0.74	0.69
ERP18	阳起石片岩（变基性火山岩）		47.06	3.16	10.47	4.77	8.84	0.18	10.69	9.17	2.69	1.58	1.34
ZLNP3	透闪阳起石片岩	扎陇纳博	54.56	2.16	11.22	2.87	6.87	0.38	6.98	9.84	3.86	1.02	0.25
ERP10	蓝闪-青铝闪石岩	鄂柔	48.97	2.48	16.24	5.52	7.93	0.11	2.20	7.88	4.54	2.04	1.68
GCP7	黑云蓝闪石片岩	嘎措	43.03	2.35	12.30	4.49	8.89	0.16	4.59	17.92	3.33	2.17	0.20
HMXP7－1	蓝闪绿泥阳起石片岩	霍木西萨	49.54	1.67	7.48	3.64	9.02	0.20	19.11	7.89	0.90	0.13	0.36
HMXP7－2	阳起石化蓝闪石片岩		51.78	3.07	9.62	4.22	7.11	0.15	8.08	10.84	3.42	1.07	0.49
HMXP7－3	阳起石化蓝闪石片岩		50.35	4.38	11.87	4.62	7.76	0.15	5.23	9.92	3.50	1.17	0.68

样品号	岩石名称	产地	尼格里数值								
			al	fm	c	alk	si	c/fm	k	mg	qz
D4025	片状斜长角闪岩	奇嵘山南	17.68	44.68	30.43	7.22	110.31	0.68	0.15	0.48	−18.56
ERP4	钠长石化黑云绿泥石片岩	鄂柔	25.36	43.79	17.22	13.63	137.19	0.39	0.17	0.40	−17.32
ERP1	钠长阳起片石岩（变基性火山岩）		13.68	40.10	37.58	8.64	102.84	0.94	0.12	0.41	−31.73
ERP18	阳起石片岩（变基性火山岩）		13.22	57.98	21.05	7.74	100.81	0.36	0.28	0.59	−30.17
ZLNP3	透闪阳起石片岩	扎陇纳博	16.46	46.36	26.23	10.94	135.80	0.57	0.15	0.56	−7.96
ERP10	蓝闪-青铝闪石岩	鄂柔	25.26	37.40	22.28	15.05	129.28	0.60	0.23	0.23	−30.94
GCP7	黑云蓝闪石片岩	嘎措	14.83	36.41	39.31	9.44	88.09	1.08	0.30	0.38	−49.69
HMXP7－1	蓝闪绿泥阳起石片岩	霍木西萨	8.35	73.81	16.03	1.81	93.90	0.22	0.08	0.73	−13.35
HMXP7－2	阳起石化蓝闪石片岩		13.32	50.00	27.30	9.38	121.66	0.55	0.17	0.57	−15.86
HMXP7－3	阳起石化蓝闪石片岩		17.63	45.12	26.80	10.45	126.96	0.59	0.18	0.44	−14.83

3. 角闪质岩类的原岩类型

角闪质岩类有 3 种产出形式，第一类呈夹层分布于其他绿片岩中，第二种呈捕掳体残留于花岗闪长岩中，第三种呈断块分布于混杂带绿片岩基质中。

第一种产出形式的角闪质岩石，岩石类型为片状角闪石岩和片状斜长角闪岩，主要分布于达日阿陇一带，呈大套的层状分布于绿片岩中，片理 S_1 平行层理。该套岩石中残留大量的变余火山角砾结构，在角闪石条带中还有辉石的残晶分布其中，野外特征和室内岩相学标志明确，为一套基性凝灰角砾岩和基性角砾凝灰岩。

第二类角闪质岩石产于花岗闪长岩中，呈捕虏体状，它们与围岩的接触关系都呈不协调状，但岩石的片理或条带都与云母片岩的片理产状基本一致。除角闪石和斜长石外，薄片中还发现有单斜辉石的残留，部分具变余辉长结构，该类角闪质岩的原岩为基性火山岩。

第三类角闪质岩类呈断块分布于混杂带中，薄片中具变余火山玻璃结构，部分具变余辉长结构。该类角闪质岩的原岩可能为基性火山岩或基性侵入岩。仅有的一个样在威尔逊 al－alk 与 c 图解（图 4-3-1）和西蒙南（al＋fm）－（c＋alk）与 Si 图解（图 4-3-2）中，分别落入玄武岩区和火山岩区附近。

4. 云母片岩类的原岩类型

云母片岩主要与其他绿片岩和石英片岩伴生，片理面与成分层基本平行，其原岩应为泥质岩石。

（二）大地构造环境探讨

邓希光等（2002）对羌塘中部冈玛日—桃形错地区蓝片岩做过研究，通过对其主量元素、微量元素和稀土元素的地球化学特征的综合研究，认为冈玛日—桃形错地区蓝片岩是板块构造边界的产物，其原岩属于洋岛型碱性玄武岩。

测区蛇绿岩片中的变质岩，主要呈大小不等的断片分布于双湖构造混杂带中，该套变质岩的变质与变形表现出较大的不均匀性，具强弱相间的特点。在以绿片岩为基质的变质岩中，还混杂有较多未变质或弱变质的岩块。恢复其原岩，为一套以基性火山岩为主，并出现较多的薄层状含硅质条带灰岩、薄层硅质岩、辉长岩等的岩系，其虽变质变形各异，但仅从岩性组合看，仍具有某些蛇绿岩组分特征。测区内蓝片岩、绿片岩、变火山岩或其中一些变质变形较弱的玄武岩、基性侵入岩的岩石及地球化学成分特征具有洋中脊玄武岩和洋岛玄武岩某些共有的属性，其微量元素和稀土元素与三江地区洋脊/准洋脊型玄武岩相似。在一些相关的构造环境判别图解上，本区的火山岩多位于洋岛型玄武岩或大陆板块内部玄武岩区，而在大多数微量元素构造判别图上则多位于洋脊玄武岩区（详见火山岩部分第五节二叠纪火山岩），说明研究区的玄武岩可能形成于洋中脊/准洋中脊环境。

对双湖构造混杂岩带中的蓝片岩的成因也存在较大分歧。多数研究者认为代表了板块碰撞闭合过程发生的高压低温变质作用（李才，1987；胡克等，1995；李才等，1995、2001；鲍佩声等，1999）；部分学者认为蓝片岩中蓝闪石定向不明显，蓝闪石亦非高压成因（呙中平等，1996；夏邦栋等，2001）；也有的学者认为是变质核杂岩，是拆离作用形成的（Kapp et al.，2000）。我们赞同第一种观点，认为测区内的蓝片岩为板块俯冲的碰撞闭合过程发生的高压低温变质作用的产物。

三、变质作用类型及特征

（一）变质岩石矿物学特征

本区蛇绿岩片变质岩中出现的特征变质矿物主要有 3 种类型：其一是可能代表高压蓝片岩相变质作用的钠质角闪石类特征变质矿物蓝闪石及青铝闪石，局部出现少量硬柱石等；其二是代表低绿片岩相变质作用的特征变质矿物绿泥石、绿帘石、阳起石，部分出现一些绢云母、透闪石、雏晶黑云母、石榴子石等；其三是代表高绿片岩相变质作用的特征变质矿物普通角闪石、黑云母和绿泥石。下面对一些主要的特征变质矿物作简要的描述。

1. 钠质角闪石类

钠质角闪石类矿物电子探针分析及计算结果见表 4-3-2，其成分主要为蓝闪石、铁蓝闪石、青铝闪石，少量的镁钠闪石（图 4-3-3）。显微镜下可见钠质角闪石类矿物多呈 0.05～1mm 的长柱状、针柱状，部分呈（0.2～0.3）mm×（0.6～1.6）mm 的板柱状，呈特有的紫、淡紫（Ng）—深蓝、天蓝（Nm）—无色、浅黄色、淡绿黄（Np）多色性，（010）面上消光角（$c \wedge Ng = 6° \sim 22°$，2V（—）＝30°～60°，正中突起。在显微镜下蓝闪石与青铝闪石特征相似，蓝闪石为正延性，青铝闪石延性可正可负。此外，在钠钙质角闪石类矿物中还出现少量蓝透闪石和冻蓝闪石（图 4-3-4），以蓝绿色或蓝色多色性为特征，不具有钠质角闪石类矿物特有的蓝紫色多色性。

在不同的岩石类型中，蓝闪石、青铝闪石的含量及特点有所不同。在蓝闪石岩中，寄主岩石的片理发育不好，无明显的定向性，主体呈块状。蓝闪石（青铝闪石）呈 0.05～1mm 的长柱状、长板状、纤柱状变晶均匀分布在岩石中，不具明显的定向性，杂乱无规则排列。局部与绿泥石呈渐变过渡的反应关系，局部可见蓝闪石（青铝闪石）的边部还生成部分黑云母；在蓝闪石片岩中，蓝闪石-青铝闪石主要出现于片理中，长轴平行片理定向分布，与片理为同期形成，少量较大的蓝闪石明显切割片理，为构造期后结晶形成；此外，有少量则分布于片理（剪切面理）之间的弱应变域中，不具明显的定向性，杂乱无规则排列，其结晶似早于片理形成的时间。在部分岩石中可见蓝闪石交代残留辉石的现象，并可见蓝闪石向阳起石和黑云母转变的反应关系，在阳起石晶体内或集合体内常含有蓝闪石的残

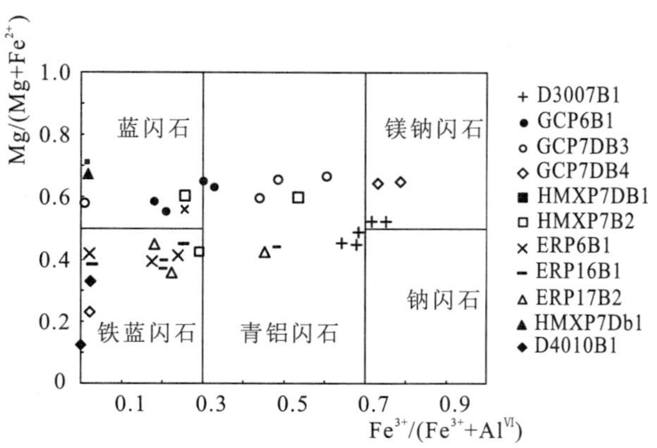

图 4-3-3　钠质角闪石分类图解

（据 Leake B. E.，1978）

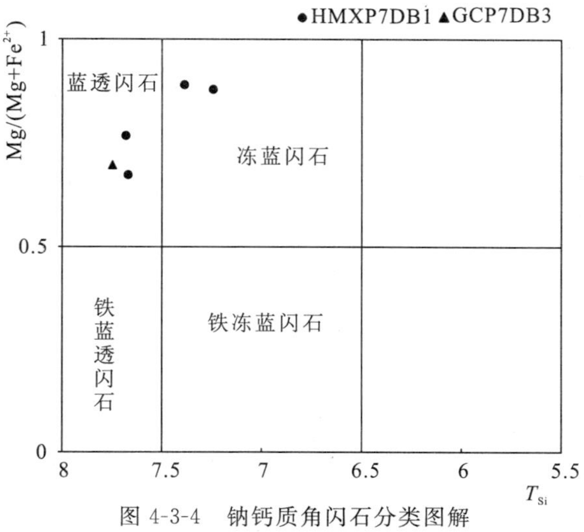

图 4-3-4　钠钙质角闪石分类图解

（据 Leake B. E.，1978）

留颗粒；在蓝闪角闪片岩中，蓝闪石-青铝闪石主要出现于片理中，长轴平行片理定向分布，与片理为同期形成，在部分岩石中可见蓝闪石交代残留辉石和角闪石的现象，并可见角闪石向蓝闪石转变的反应关系，部分蓝闪石保留角闪石晶形，并可见蓝闪石向阳起石和钠黝帘石转变的反应关系。

2. 硬柱石

硬柱石仅少量出现在不具片理的块状硬柱蓝闪绿泥石岩和硬柱石绿泥石化辉绿岩中，呈 0.05～0.2mm 的针状、柱状、长方形柱状不均匀零星分布。

3. 阳起石

阳起石在薄片中为淡绿色，呈 0.05～1.5mm 的纤状、纤柱状，或放射状集合体，具闪石式解理，正中突起，Ng—绿、淡蓝色，Nm—淡绿黄色，Np—淡黄色、无色，$Ng \wedge c=10°\sim18°$。阳起石多呈长轴定向平行片理分布。在蓝闪石片岩中，部分阳起石与蓝闪石相间平行定向分布，为共生矿物组合。部分阳起石与蓝闪石为反应关系，蓝闪石大部分转化为阳起石，在阳起石晶体内或集合体内常含有蓝闪石的残留颗粒，阳起石为晚世代矿物。

4. 绿泥石

绿泥石为绿—黄绿色，Ng 淡绿、绿、蓝绿色，Np 无色或淡黄色，异常蓝灰、紫灰、一级蓝紫色干涉色，多呈鳞片状集合体产出。显微镜下可见绿泥石有两种类型：一类绿泥石为小片状，与蓝闪石、绿帘石、阳起石等矿物界限清楚，它们一起构成片理，显示它们为平衡共生关系；另一类绿泥石多呈鳞片状集合体分布于阳起石、辉石、普通角闪石等矿物的周围或沿矿物的裂隙、解理充填交代，它们在岩石中分布无方向，这类绿泥石形成显然晚于被其交代的矿物。

5. 绿帘石

绿帘石广泛分布在各类岩石中，但含量较少。主要寄主岩石有绿片岩、蓝片岩、云母片岩、大理岩等。绿帘石呈无色—黄绿色，$d\leqslant0.2\sim1.2$mm，呈半自形柱状-他形粒状、微粒状变晶，正高突起，Ng—淡黄绿色，Np—浅黄色、无色。镜下绿帘石分为两种类型：一种呈粗细不等的变晶集合体充填于阳起石、绿泥石等其他矿物空隙中，或呈微粒状变晶不均匀与长英质矿物分布在一起，经常与蓝闪石、绿泥石、钠长石类矿物共生；另一类为变余杏仁体中充填物，属后期注入充填物。

6. 普通角闪石

普通角闪石主要出现在角闪质岩石中，含量一般多在 45%～83%之间，主要寄主岩石为片状角闪

表 4-3-2　蓝片岩中钠质角闪石的化学成分(电子探针分析,%)

样品号	GCP6B1				GCP7DB3					GCP7DB4			HMXP7DB1					HMXP7B2		
探针点号	133	134	135	136	101	102	107	108	110	47	53	54	71	72	73	74	76	117	118	119
Na_2O	5.59	6.44	5.84	6.41	5.87	5.46	5.21	6.38	9.63	6.18	11.43	6.63	5.01	3.71	5.27	3.23	11.41	2.90	3.17	5.94
MgO	9.15	8.25	8.85	9.26	8.73	10.44	10.24	9.94	1.30	9.25	0.03	9.31	12.63	13.94	11.54	12.47	0.20	11.84	11.73	8.79
Al_2O_3	7.82	8.50	8.61	8.45	6.37	5.14	6.42	6.34	18.78	3.23	19.53	3.62	5.46	5.15	5.58	4.61	19.18	4.50	4.58	6.56
SiO_2	54.06	53.73	52.91	54.08	53.09	53.64	53.71	54.94	61.21	53.95	68.31	54.09	52.15	50.69	53.38	52.85	65.58	49.32	48.76	53.16
K_2O	0.12	0.00	0.00	0.00	0.00	0.10	0.28	0.00	1.49	0.00	0.12	0.00	0.00	0.04	0.48	0.00	0.00	0.01	0.19	0.00
CaO	2.50	1.25	1.52	1.06	1.54	3.14	2.08	1.50	0.41	1.29	0.14	1.18	3.62	6.15	3.04	6.91	1.18	5.99	8.11	2.40
TiO_2	0.22	0.25	0.27	0.47	0.03	0.00	0.00	0.13	0.04	0.05	0.06	0.02	1.11	0.11	0.11	0.00	0.01	0.10	0.07	0.00
Cr_2O_3	0.16	0.28	0.33	0.00	0.30	0.28	0.07	0.34	0.71	0.07	0.00	0.00	0.07	0.63	0.09	0.47	0.82	0.08	0.00	0.00
MnO	0.07	0.14	0.05	0.18	0.25	0.02	0.02	0.03	0.00	0.00	0.00	0.29	0.00	0.00	0.02	0.37	0.00	0.15	0.15	0.06
FeO	13.91	14.82	14.34	13.59	16.77	17.48	16.27	16.52	1.69	20.09	0.17	21.51	16.24	16.02	15.73	15.26	0.17	18.62	18.16	18.51
NiO	0.00	0.01	0.00	0.04	0.05	0.03	0.07	0.14	0.12	0.04	0.00	0.00	0.00	0.00	0.06	0.15	0.00	0.00	0.07	0.09
Total	93.61	93.65	92.72	93.53	93.01	95.72	94.36	96.26	95.38	94.15	99.78	96.65	96.29	96.43	95.29	96.33	98.55	93.49	94.91	95.50
O－cat	23	23	23	23	23	23	23	23	23	23	23	23	23	23	23	23	23	23	23	23
Na	1.59	1.83	1.66	1.80	1.69	1.53	1.46	1.76	2.80	1.76	3.15	1.85	1.38	1.03	1.47	0.91	3.25	1.67	1.96	2.02
Mg	2.00	1.80	1.94	2.00	1.93	2.25	2.20	2.11	0.29	2.03	0.01	2.00	2.67	2.97	2.47	2.70	0.04	1.90	1.81	1.30
Al	1.35	1.47	1.49	1.45	1.11	0.88	1.09	1.07	3.32	0.56	3.27	0.61	0.91	0.87	0.95	0.79	3.32	1.12	1.42	1.67
Si	7.92	7.88	7.78	7.85	7.87	7.76	7.75	7.84	9.18	7.94	9.70	7.79	7.38	7.24	7.68	7.66	9.62	7.72	7.87	7.67
K	0.02	0.00	0.00	0.00	0.00	0.02	0.05	0.00	0.28	0.00	0.02	0.00	0.00	0.01	0.09	0.00	0.00	0.00	0.00	0.00
Ca	0.39	0.20	0.24	0.17	0.24	0.49	0.32	0.23	0.07	0.20	0.02	0.18	0.55	0.94	0.47	1.07	0.19	0.37	0.17	0.16
Ti	0.02	0.03	0.03	0.05	0.00	0.00	0.00	0.01	0.00	0.01	0.01	0.00	0.12	0.01	0.01	0.00	0.00	0.00	0.03	0.02
Cr	0.02	0.03	0.04	0.00	0.04	0.03	0.01	0.04	0.08	0.01	0.00	0.00	0.01	0.07	0.01	0.05	0.10	0.00	0.00	0.01
Mn	0.01	0.02	0.01	0.02	0.03	0.00	0.00	0.00	0.00	0.00	0.00	0.04	0.00	0.00	0.00	0.05	0.00	0.01	0.00	0.01
FeO	1.70	1.82	1.76	1.65	2.08	2.11	1.96	1.97	0.21	2.47	0.02	2.59	1.92	1.91	1.89	1.85	0.02	2.25	1.87	2.34
Ni	0.00	0.00	0.00	0.00	0.01	0.00	0.01	0.02	0.01	0.00	0.00	0.00	0.00	0.00	0.01	0.02	0.00	0.01	0.01	0.00
Fe^{3+}	0.28	0.36	0.62	0.56	0.78	0.98	1.22	0.86	0.00	1.36	0.00	1.51	1.59	1.50	1.13	0.54	0.00	0.98	0.44	0.56
Fe^{2+}	1.42	1.46	1.14	1.09	1.30	1.14	0.74	1.11	0.21	1.11	0.02	1.08	0.33	0.42	0.76	1.31	0.02	1.27	1.42	1.78
Al^{VI}	1.27	1.35	1.27	1.30	0.99	0.64	0.84	0.90	3.32	0.50	3.27	0.41	0.29	0.11	0.62	0.45	3.32	0.85	1.29	1.34
Al^{IV}	0.08	0.12	0.22	0.15	0.13	0.24	0.25	0.16	0.00	0.06	0.00	0.21	0.62	0.76	0.32	0.34	0.00	0.28	0.13	0.33
$Mg/(Mg+Fe^{3+})$	0.58	0.55	0.63	0.65	0.60	0.66	0.75	0.66	0.58	0.65	0.20	0.65	0.89	0.88	0.77	0.67	0.67	0.60	0.56	0.42
$Fe^{3+}/(Fe^{3+}+Al^{VI})$	0.18	0.21	0.33	0.30	0.44	0.61	0.59	0.49	0.00	0.73	0.00	0.79	0.84	0.93	0.65	0.54	0.00	0.54	0.25	0.29
矿物名称	蓝闪石	蓝闪石	青铝闪石	青铝闪石	青铝闪石	青铝闪石	蓝透闪石	青铝闪石	蓝闪石	镁钠闪石	镁钠闪石	铁蓝闪石	冻蓝闪石	冻蓝闪石	蓝透闪石	蓝透闪石	蓝闪石	青铝闪石	蓝闪石	铁蓝闪石

续表 4-3-2

样品号	D3007B1					ERP6B1				ERP16B1							ERP17B2			D4010B1	
探针点号	139	140	141	142	143	120	121	122	123	85	86	87	88	89	90	91	33	34	35	31	32
Na_2O	6.69	7.14	7.10	6.70	7.26	7.08	7.04	6.92	7.11	7.20	7.08	7.50	7.17	5.93	7.16	6.84	7.49	7.05	6.69	10.49	10.68
MgO	6.85	6.75	6.43	6.74	6.31	8.49	7.67	8.27	8.52	6.03	5.76	5.82	6.12	6.58	6.07	5.95	5.97	5.34	6.50	0.02	0.01
Al_2O_3	4.21	4.14	4.63	3.61	4.67	8.55	8.76	8.82	8.47	9.77	9.80	9.97	9.92	7.79	9.90	9.34	9.41	9.93	5.35	21.33	21.48
SiO_2	53.04	52.93	53.21	52.72	52.22	54.85	54.86	54.82	55.28	52.89	52.91	53.11	53.14	52.75	53.49	53.32	55.43	54.11	53.20	64.46	63.90
K_2O	0.00	0.00	0.00	0.00	0.00	0.00	0.00	0.00	0.00	0.02	0.00	0.00	0.00	0.01	0.00	0.00	0.00	0.00	0.00	0.00	0.07
CaO	0.41	0.37	0.50	0.00	0.18	0.97	1.08	1.01	1.13	1.03	0.78	0.86	1.25	2.16	1.24	1.07	0.68	0.75	1.04	2.41	2.22
TiO_2	0.04	0.08	0.58	0.18	0.84	0.02	0.00	0.01	0.30	0.16	0.10	0.12	0.09	0.12	0.23	0.00	0.06	0.00	0.75	0.00	0.01
Cr_2O_3	0.00	0.00	0.00	0.07	0.00	0.00	0.12	0.03	0.00	0.09	1.07	0.00	0.00	0.01	0.04	0.04	0.04	0.00	0.00	0.29	0.00
MnO	0.00	0.00	0.00	0.07	0.00	0.18	0.21	0.06	0.00	0.06	0.06	0.23	0.28	0.00	0.00	0.00	0.00	0.10	0.05	0.00	0.00
FeO	23.30	23.07	23.71	23.28	22.81	15.75	16.17	14.59	15.67	19.29	15.97	18.47	19.07	21.30	19.00	18.87	19.13	19.12	21.16	0.07	0.15
NiO	0.13	0.00	0.00	0.09	0.14	0.05	0.00	0.00	0.08	0.02	0.05	0.00	0.17	0.00	0.00	0.09	0.07	0.13	0.09	0.06	0.08
Total	94.53	94.47	96.16	93.46	94.41	95.94	95.88	94.51	96.55	96.56	93.56	96.07	97.20	96.66	97.12	95.51	98.27	96.53	94.81	99.13	98.62
O - cat	23	23	23	23	23	23	23	23	23	23	23	23	23	23	23	23	23	23	23	23	23
Na	1.92	2.06	2.02	1.95	2.11	2.06	2.12	2.01	1.96	2.01	1.67	2.00	1.94	2.06	1.98	1.93	2.06	1.98	1.93	2.95	3.01
Mg	1.51	1.50	1.41	1.51	1.41	1.29	1.27	1.32	1.81	1.32	1.42	1.30	1.30	1.26	1.15	1.44	1.26	1.15	1.44	0.00	0.00
Al	0.74	0.73	0.80	0.64	0.82	1.74	1.72	1.69	1.42	1.69	1.33	1.68	1.61	1.58	1.70	0.94	1.58	1.70	0.94	3.64	3.68
Si	7.86	7.89	7.82	7.91	7.82	7.95	7.75	7.68	7.87	7.68	7.65	7.70	7.79	7.88	7.84	7.91	7.88	7.84	7.91	9.34	9.29
K	0.00	0.00	0.00	0.00	0.00	0.00	0.00	0.00	0.00	0.00	0.00	0.00	0.00	0.00	0.00	0.00	0.00	0.00	0.00	0.00	0.01
Ca	0.06	0.06	0.08	0.00	0.03	0.13	0.13	0.19	0.17	0.19	0.34	0.19	0.17	0.10	0.12	0.16	0.10	0.12	0.16	0.37	0.35
Ti	0.00	0.01	0.06	0.02	0.09	0.01	0.01	0.01	0.03	0.01	0.01	0.02	0.00	0.01	0.00	0.08	0.01	0.00	0.08	0.00	0.00
Cr	0.00	0.00	0.00	0.01	0.00	0.13	0.00	0.00	0.00	0.00	0.00	0.00	0.00	0.00	0.00	0.00	0.00	0.00	0.00	0.03	0.00
Mn	0.00	0.00	0.00	0.01	0.00	0.01	0.03	0.03	0.00	0.03	0.00	0.00	0.00	0.00	0.01	0.01	0.00	0.01	0.01	0.00	0.00
FeO	2.89	2.88	2.91	2.92	2.86	2.01	2.25	2.30	1.87	2.30	2.58	2.29	2.31	2.27	2.32	2.63	2.27	2.32	2.63	0.01	0.02
Ni	0.02	0.00	0.00	0.01	0.02	0.01	0.00	0.02	0.01	0.02	0.00	0.00	0.01	0.01	0.02	0.01	0.01	0.02	0.01	0.01	0.01
Fe^{3+}	1.46	1.30	1.26	1.49	1.15	0.00	0.31	0.43	0.44	0.43	1.00	0.47	0.00	0.36	0.37	0.79	0.36	0.37	0.79	0.00	0.00
Fe^{2+}	1.43	1.58	1.65	1.44	1.70	2.01	1.94	1.87	1.42	1.87	1.59	1.82	2.31	1.92	1.95	1.84	1.92	1.95	1.84	0.01	0.02
Al^{VI}	0.60	0.62	0.62	0.55	0.64	1.69	1.47	1.37	1.29	1.37	0.98	1.38	1.61	1.45	1.53	0.84	1.45	1.53	0.84	3.64	3.68
Al^{IV}	0.14	0.11	0.18	0.09	0.18	0.05	0.25	0.32	0.13	0.32	0.35	0.30	0.00	0.12	0.16	0.09	0.12	0.16	0.09	0.00	0.00
$Mg/(Mg+Fe^{3+})$	0.51	0.49	0.46	0.51	0.45	0.39	0.39	0.41	0.56	0.41	0.47	0.42	0.36	0.40	0.37	0.44	0.40	0.37	0.44	0.32	0.12
$Fe^{3+}/(Fe^{3+}+Al^{VI})$	0.71	0.68	0.67	0.73	0.64	0.00	0.17	0.24	0.25	0.24	0.50	0.25	0.00	0.20	0.19	0.48	0.20	0.19	0.48	0.00	0.00
矿物名称	镁钠闪石	青铝闪石	青铝闪石	镁钠闪石	青铝闪石	铁蓝闪石	铁蓝闪石	铁蓝闪石	蓝闪石	铁蓝闪石	铁蓝闪石	铁蓝闪石	铁蓝闪石	铁蓝闪石	铁蓝闪石	青铝闪石	铁蓝闪石	铁蓝闪石	青铝闪石	铁蓝闪石	铁蓝闪石

石岩及片状斜长角闪岩。多呈 0.1～3mm 的自形、半自形纤柱状、短柱状、粒状、长柱状变晶颗粒，Ng—绿色、兰绿色，Nm—淡绿色、黄绿色，Np—淡黄色、具角闪石式解理。大部分平行片理定向排列，局部可见辉石与角闪石的反应关系，在部分角闪石条带中还有辉石的残晶分布其中。

（二）变质作用类型

蛇绿岩片变质岩中出现的变质矿物复杂，特征变质矿物类型十分复杂。已发现的特征变质矿物主要有 3 种类型：其一是代表高压蓝闪绿片岩相变质作用的特征变质矿物蓝闪石及青铝闪石，局部出现少量硬柱石等；其二是代表低绿片岩相变质作用的特征变质矿物绿泥石、绿帘石、阳起石等；其三是代表高绿片岩相变质作用的一些特征变质矿物普通角闪石、黑云母和绿泥石。

1. 蓝闪绿片岩相变质矿物组合

出现代表蓝闪绿片岩相变质作用的钠质角闪石类特征变质矿物蓝闪石及青铝闪石，其他特征变质矿物还有绿帘石、绿泥石、阳起石、白云母、斜黝帘石，但没有出现硬玉、硬柱石等典型洋壳俯冲带变质矿物。主要岩石类型有蓝闪石岩类、（含）蓝闪石片岩类及（含）蓝闪角闪片岩类。根据详细的岩相学和矿物学研究，所确定的具有代表性的各类岩石的矿物共生组合特征如下：

（1）蓝闪石（青铝闪石）＋绿帘石＋白云母（白云绿帘蓝闪石岩）；
（2）蓝闪石（青铝闪石）＋斜黝帘石＋绿泥石＋阳起石＋绢云母（阳起绿泥蓝闪石岩）；
（3）蓝闪石（青铝闪石）＋绿帘石＋硬柱石＋白云母（硬柱蓝闪绿泥石岩）；
（4）硬柱石（青铝闪石）＋绿泥石＋白云母（硬柱石绿泥石化辉绿岩）；
（5）蓝闪石（青铝闪石）＋阳起石＋绿泥石（黑云母蓝闪石片岩）；
（6）蓝闪石（青铝闪石）＋绿帘石（绿帘蓝闪石片岩）；
（7）蓝闪石（青铝闪石）＋绿泥石＋石英（蓝闪绿泥石片岩）。

蓝闪石（青铝闪石）有 3 种不同赋存方式：第一种是赋存在蓝闪石岩中，寄主岩石的片理发育不好，无明显的定向性，主体呈块状。蓝闪石（青铝闪石）均匀分布在岩石中，不具明显的定向性，杂乱无规则分布。少量则分布于蓝闪石片岩中片理（剪切面理）之间的弱应变域中，不具明显的定向性，其结晶似早于片理形成的时间，与前述蓝闪石岩中的蓝闪石可能为同世代矿物，代表较早出现的蓝闪石（青铝闪石）；第二种是赋存在（含）蓝闪石片岩中，蓝闪石（青铝闪石）主要出现于片理中，长轴平行片理定向分布，与片理为同构造期形成；第三种是赋存于蓝闪石片岩中，呈少量较大的蓝闪石（青铝闪石）变晶，明显切割片理，为构造期稍后结晶形成。

2. 绿片岩相变质矿物组合

1）低绿片岩相变质作用

出现代表低绿片岩相变质作用的特征变质矿物有绿泥石、绿帘石、阳起石，部分出现一些绢云母、透闪石、雏晶黑云母、石榴子石等，主要岩石类型有绿片岩类、云母片岩类、石英片岩类、大理岩及透闪片岩、钠长绿帘透辉片岩。根据详细的岩相学和矿物学研究，所确定的具有代表性的各类岩石的矿物共生组合特征如下：

（1）黑云母＋阳起石＋绿泥石＋斜黝帘石（黑云阳起石片岩）；
（2）阳起石＋透闪石（透闪阳起石片岩）；
（3）阳起石＋石榴石＋黝帘石（古铜辉石阳起石片岩）；
（4）阳起石＋绿帘石＋石英（绿帘阳起石片岩）；
（5）阳起石＋钠长石＋石英（钠长阳起石片岩）；
（6）阳起石＋绿泥石＋黑云母（黑云绿泥阳起石片岩）；
（7）绿泥石＋黑云母＋石英（黑云绿泥石片岩）；
（8）绿泥石＋白云母＋石英（白云绿泥石片岩）；
（9）绿帘石＋绿泥石＋阳起石（绿帘阳起绿泥石片岩）；

(10) 阳起石+锥晶黑云母+透闪石+斜黝帘石(黑云母微晶片岩);
(11) 钠长石+绿泥石+锥晶黑云母+绿帘石(钠长白云母微晶片岩);
(12) 白云母+石英+钠长石+绿泥石±绿帘石(绿泥白云长英片岩);
(13) 白云母+石英+黑云母(云母石英片岩);
(14) 白云母+石英+石榴子石(石榴白云石英片岩);
(15) 石英+黑云母+透闪石(黑云石英片岩);
(16) 钠长石+绿帘石+次透辉石(钠长绿帘透辉片岩);
(17) 方解石±石英(大理岩);
(18) 方解石+阳起石+绿帘石(含绿帘阳起石大理岩);
(19) 方解石+白云母+石英(白云母石英大理岩);
(20) 方解石+绿泥石±黑云母(含黑云绿泥石大理岩)。

2) 高绿片岩相变质矿物组合

出现代表高绿片岩相变质作用的一些特征变质矿物有普通角闪石、黑云母和绿泥石。主要分布于达日阿陇一带的蛇绿岩片中,呈大套的层状变基性凝灰角砾岩和变基性角砾凝灰岩分布,片理 S_1 平行层理,岩石类型为片状角闪石岩和片状斜长角闪岩。少量呈断块分布于混杂带中,或呈捕掳体残留于花岗岩中。根据详细的岩相学和矿物学研究,所确定的具有代表性的各类岩石的矿物共生组合特征如下:

(1) 普通角闪石+黑云母(片状黑云角闪岩);
(2) 普通角闪石+钠长石+黑云母(片状黑云斜长角闪岩);
(3) 普通角闪石+中长石(片状斜长角闪岩);
(4) 普通角闪石+透辉石+黑云母+更长石(片状黑云透辉斜长角闪岩);
(5) 普通角闪石+黑云母+钠长石(片状透辉黑云斜长角闪岩)。

上述各类岩石中矿物组合清楚,组合1(蓝闪绿片岩相)与组合2(绿片岩相)中部分矿物存在明显的反应关系,部分矿物(阳起石、绿泥石、绿帘石、白云母)属于贯通矿物,在组合1或组合2中都能稳定存在。组合1代表峰期阶段的矿物组合,组合2代表峰期后退变质阶段矿物组合,并可见蓝闪石向阳起石、黑云母和钠黝帘石转变的反应关系。对上述变质矿物、矿物共生组合及其转化关系的研究表明,本区蓝闪绿片岩相变质作用可以明显地划分为两个演化阶段,即峰期蓝闪绿片岩相变质作用和峰期后绿片岩相变质作用(以低绿片岩相为主,局部达高绿片岩相)。

蓝片岩仅产于较高压和中—低温变质条件,这一结论符合于全世界造山带中蓝片岩的变质作用。钠质角闪石中蓝闪石、青铝闪石组分(NaM)与变质压力之间的相关变化一直为人们所公认。钠质角闪石中 NaM 的含量随压力的增大而升高,故可作为有用的相对压力计。在 NaM_4-Al^{IV} 相关图(图4-3-5)上,测区内含蓝闪石、青铝闪石的蓝片岩,其变质压力介于0.67~0.75GPa之间。根据双湖地区蓝片岩的矿物组合及所估算的变质压力(0.67~0.75GPa),借助于蓝片岩变质作用的 $P-T$ 图解(图4-3-6),可估算其变质温度约为410~460℃,与鲍佩声、李才、胡克(1999)所确定的羌塘中部蓝片岩带变质作用温度压力范围相当。

已有的实验资料表明,蓝片岩相矿物组合也可以根据不同的变质反应形成,因此蓝片岩相变质作用的温度压力范围较宽,温度可变化于200~450℃,压力0.3~1.2GPa。工作区蓝闪片岩中特征变质矿物为蓝闪石、青铝闪石、阳起石、绿帘石及硬柱石等,没有发现硬玉等典型高压矿物,同时也没有发现浊沸石、葡萄石等极低温浊沸石相典型矿物和典型绿片岩相矿物黑云母,因此本区蓝闪绿片岩相峰期变质条件可限制在一个相对较窄的范围内。

本区形成蓝闪石的变质反应可能为:

$$绿泥石+钠长石=蓝闪石+H_2O$$

这一反应的边界条件大致为200℃,0.5GPa;350℃,0.7GPa(Winkler,1967)。

经对钠质闪石类蓝闪石、青铝闪石 $Al^{IV}-Al^{VI}$ 进行图解(图4-3-7)判别,部分投在低绿片岩相区内,部分投入绿片岩相(高绿片岩相)靠下部区域,这与实际岩石中出现的变质矿物组合是一致的。

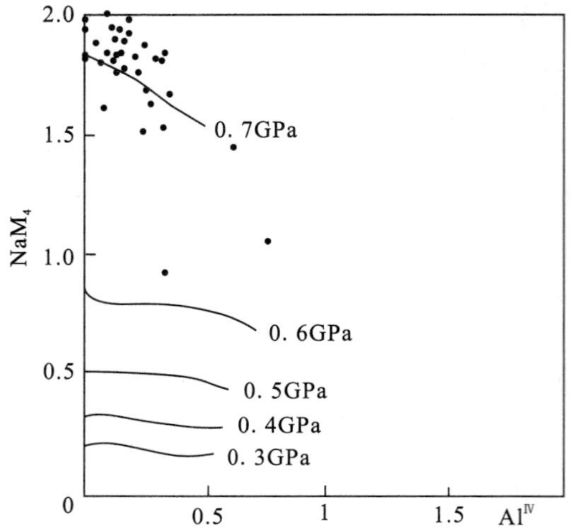

图 4-3-5　角闪石 NaM_4－Al^{IV} 相关图

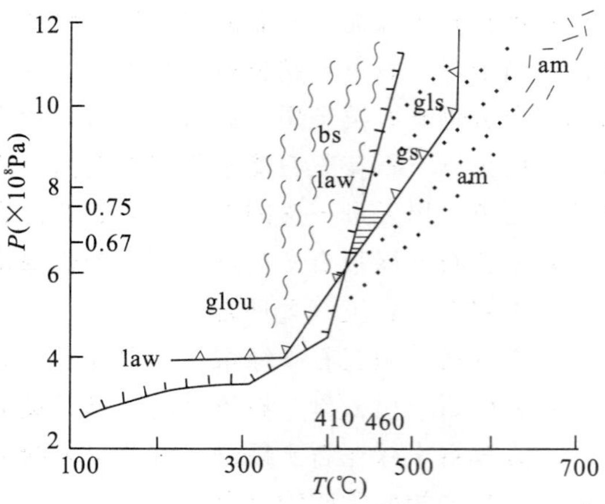

图 4-3-6 蓝片岩变质作用的 $P-T$ 图

（据 Moody et al.，1983 简化）

硬柱石（law）稳定区据 Liou（1971）；蓝闪石（glou）稳定区据 Maresch（1977）；bs. 蓝片岩单元；gls、gs. 绿片岩单元的蓝闪绿片岩；am. 角闪石单元；黑点区．蓝闪绿片岩及角闪岩单元的 $P-T$ 估算区；横线区．测区蓝片岩估算的 $P-T$ 区间

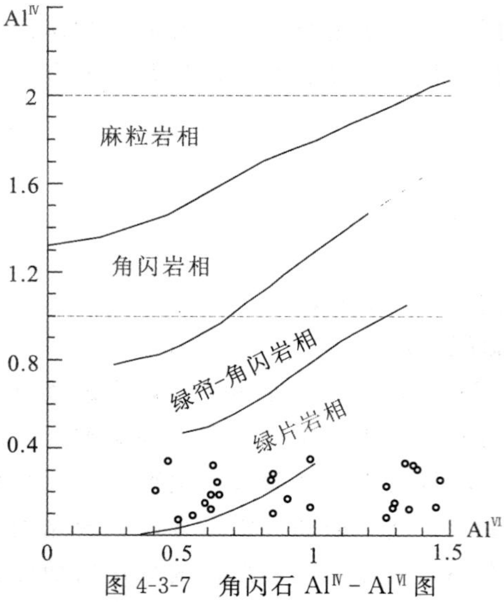

图 4-3-7　角闪石 Al^{IV}－Al^{VI} 图

由蓝闪绿片岩相到绿片岩相的变质反应存在较多的模式，不同的反应模式所标定的温度压力区间变化范围也不同。本区蓝闪蓝片岩向绿片岩的转变主要表现为蓝闪石向阳起石的转变，因此，可参考借鉴 Brown（1978）所提出的反应模式：

青铝闪石＋绿帘石＝钠长石＋阳起石＋绿泥石＋FeO

这一反应的边界条件接近于蓝闪石稳定的上限(Brown，1978)。绿片岩相变质作用的压力低于峰期蓝闪绿片岩相的压力，估计发生这一转变的温度应在 420～450℃之间，相当于绿片岩相的绿泥石带。

四、变质作用时代探讨

测区内蛇绿岩片的时代，已有的同位素测年数据为（252.0±4.6）Ma（纳若变枕状玄武岩，Sm－Nd法），251.3Ma（阿木岗北坡玄武岩，Rb－Sr 法），272Ma（恰格勒拉山口北侧阿鄂日的蛇绿杂岩，Sm－Nd 法），(268±5.6) Ma（恰格勒拉山口的脉状斜长角闪岩，Sm－Nd 法）。上述年龄值比较接近，说明构造混杂带中组成蛇绿岩的岩石主体上形成于二叠纪。关于蓝片岩的变质作用时代，朱弟成（2003）采于测区鄂柔一带的蓝闪石片岩中的蓝闪石所做 Ar－Ar 法同位素测年值为（235.9±2.6）Ma（坪年龄）；本项目采于同一构造混杂岩带上才多茶卡蓝闪石片岩中的蓝闪石所做 Ar－Ar 法同位素测年值为（236.8±4.5）Ma（坪年龄）；李才等（1997）采于测区纳若蓝片岩中的青铝闪石 Ar－Ar 法同位素年龄为（222.5±3.7）Ma；而区域上在同一构造混杂岩带上的改则县冈玛日地区蓝片岩中已获得了 275Ma 和 282Ma 的 Ar－Ar 法蓝闪石年龄（邓希光等，2000、2001）。上述年龄值分两个阶段：一是（222.5±3.7）～（236.8±4.5）Ma 的中三叠世至晚三叠世早期年龄值，二是 275～282Ma 早二叠世年龄值。后者可能代表了区内古特提斯洋开始俯冲早期阶段形成的蓝闪石，相当于不具定向构造的蓝闪石岩和蓝闪片岩中片理间弱应变域中定向性差或不具定向性的蓝闪石。前者可能代表冈瓦纳大陆与欧亚大陆碰撞、古特提斯洋消失阶段形成的蓝闪石年龄，伴随板块的俯冲、碰撞，冈瓦纳大陆边缘的火山-沉积岩系和部分蛇绿岩组合俯冲至欧亚板块之下的不同深度，发生了蓝闪绿片岩相的高压变质作用，形成了定向构造的蓝片岩，这一阶段的蓝闪石主体平行片理生长。蓝闪石片岩中少量切割片理的蓝闪石，可能为这一阶段的最晚期形成。由于构造推覆作用，使蓝片岩块体构造抬升、就位，伴随这一过程，发生了绿片岩相的叠加退变质作用，致使蓝片岩块体遭到了不同程度的改造，形成了蓝片岩中复杂的矿物组合关系。

五、叠加变质作用

本期浅变质岩系的叠加变质作用与韧性剪切有关，表现为岩石中发育一系列的韧性剪切带，在岩石中形成了叠加片理和糜棱岩化带，并形成相应的片岩和糜棱岩化岩石。叠加变质作用发生可能与晚二叠世—晚三叠世区内古特提斯的消失有关，随着南、北羌塘陆块发生陆-陆碰撞，在俯冲板块发生快速的折返抬升过程中发生了相应的动力变质作用。其变质作用主体时期为晚三叠世。

第四节　动力变质作用

测区动力变质作用比较强烈。根据构造变形层次分为两种类型：韧性剪切变质作用和脆性碎裂变质作用。

一、韧性剪切变质作用

韧性剪切变质作用主要形成一系列糜棱岩类变质岩石。糜棱岩是在地壳较深层次（10～30km）下，原岩矿物在高度韧性应变下发生以塑性变形为主导、并经动态重结晶和压熔等作用而形成的一套具有特殊组构的岩石。宏观上具流动构造——叶理或线理，微观上矿物形成特有的显微构造，如石英等矿物的细粒化、齿状变晶、丝带构造、核幔构造、带影状构造和压力影；长石的布丁构造、剥皮构造等。糜棱岩系一般呈狭长带状分布于韧性剪切带中。

测区韧性剪切变质作用根据其变质作用时期分为印支期和燕山期两期。

（一）印支期韧性剪切变质作用

印支期韧性剪切带主要分布于蛇绿岩片中，在鄂柔、达日阿陇及霍木西萨一带比较发育。剪切面理总体产状与蛇绿岩片中绿片 S_1 片理一致。由于受后期脆性断裂的改造，蛇绿岩片呈大小不等的块体杂乱分布，剪切带的原始位态已不能恢复。其次，在玛尔果茶卡一带齐陇乌如岩组（AnO*q*）残片中也有少量分布，但剪切带尺度较小。

1. 主要变质岩石类型及其特征

根据岩石重结晶作用的性质和强度、主要颗粒的大小以及基质的含量，可分为糜棱岩类和构造片岩类。

1）糜棱岩类

按糜棱岩化的强度、细粒化基质的含量，可分为糜棱岩化岩石和糜棱岩；根据岩石中碎斑成分并结合原岩类型，可分为角闪质糜棱岩、基性岩质糜棱岩（片糜岩）、钙质糜棱岩类等。

（1）角闪质糜棱岩：岩石具糜棱结构，眼球-透镜状构造、条带状构造。矿物成分为普通角闪石（40%～67%）、阳起石（0～18%）、黑云母（小于4%）、黝帘石（3%～10%）、紫苏辉石（4%～10%）、石英（0～40%）及少量火山玻璃及碳酸盐。岩石中石英波状消光，细粒化明显，呈大小不等的眼球状透镜体定向排列，辉石已退变为角闪石、阳起石，阳起石、黑云母、绿泥石和角闪石分别构成眼球-透镜状条带平行分布，角闪石不同程度细粒化、碎裂化。

（2）基性岩质糜棱岩（片糜岩）：岩石具糜棱结构，眼球状、透镜状碎斑结构，片（糜）状构造。矿物成分为钠长石（8%～67%）、阳起石（28%～53%）、黑云母（0～16%）、蓝闪石、青铝闪石（0～1%）、白云母（0～8%）、石英（0～20%），部分还含少量辉石或角闪石，并含少量副矿物榍石、磷灰石和金属矿物。岩石在剪切应力作用下，产生强烈错碎，形成较多的眼球状、透镜状、长透镜状、条状碎粒基质和碎斑。碎斑成分主要为钠长石（8%～67%）、角闪石、辉石（0～3%）和阳起石（0～5%）、黑云母（绿泥石化）和白云母。斜长石和阳起石被错碎成显微隐晶、微粒集合体相间定向分布，糜棱叶理围绕残斑分布而形成石香肠结构。糜棱基质生成大量的阳起石、黑云母（0～30%）、绿泥石（6%～28%）、绿帘石（0～11%）和白云母（0～2%），呈显微纤柱状、鳞片状变晶集合体定向排列，部分岩石遭受后期方解石交代而碳酸盐化。主要岩石类型有钠长阳起石片糜（棱）岩、二云母钠长片糜（棱）岩、阳起黑云钠长片糜岩、绿泥阳起片糜岩和辉长质糜棱岩。原岩为基性火山岩、基性侵入岩和绿片岩、蓝片岩。

（3）钙质糜棱岩：岩石具粒状鳞片柱状变晶结构，糜棱纹理结构，条纹条带状构造。岩石中主要矿物为黑云母、透辉石，次为方解石、阳起石，少量钠闪石、石榴子石。透辉石、阳起石不同程度细粒化，分别相对聚集呈条纹条带状微粒变晶集合体分布。部分透辉石、阳起石在弱应变域中呈晶形较好、粒度较粗的晶体，细粒化不明显，少量呈残斑分布。

2）构造片岩类

构造片岩类主要为黑云母阳起石片岩和二云石英片岩。

（1）黑云母阳起石片岩：显微鳞片纤状变晶结构，残碎斑结构，片状构造。岩石由阳起石（46%～47%）、黑云母（26%～30%）、绿泥石（11%）、斜黝帘石（3%）、榍石（2%）、金属矿物（5%～8%）组成，部分还含一些钠长石（19%）残斑。阳起石呈纤柱状变晶集合体，较均匀分布，彼此定向排列，黑云母、绿泥石呈显微鳞片变晶集合体不均匀分布在阳起石间隙中，少量大的阳起石残斑分布于细碎的阳起石集合体中，部分具压力影，被千糜理包绕。一些钠长石被压扁拉长呈残斑状分布于阳起石基质中。

（2）二云石英片岩：岩石为细粒鳞片粒状变晶结构，片状构造。矿物以 0.1～0.7mm 的石英（55%）、黑云母（30%）为主，次为白云母（15%）及少量磁铁矿微粒及褐帘石颗粒。矿物呈粒状变晶相互镶嵌。石英呈他形粒状，黑云母绝大部分已退变成绿泥石、白云母及绢云母，退变生成的白云母部分呈放射状，在岩石中云母片呈条痕状、网纹状聚集定向分布而显示片状构造。部分石英沿片理呈拉长状。透镜状弱应变域中矿物定向不明显，黑云母退变为放射状白云母。

2. 变形与变质作用特征

韧性剪切带主要为地壳中深部层次的构造变形所形成的狭长高应力变质带，在岩石中矿物产生的变形以塑性变形为主，形成一套糜棱岩系列岩石和相应的各种显微组构。在测区内总体表现出的特征为岩石变形程度强、变质程度较低的特点。韧性断裂带中岩石的变形宏观上出现不连续状况，具强应变带与弱应变域相间分布的特点。在强应变带中，早期面理已被强烈置换，仅残留一些以 S_1 片理面为变形面形成的小型紧闭无根褶皱（图 4-4-1）。而在弱应变域中，岩石中以 S_1 片理面为变形面形成较多露头尺度的不同级次的不对称近平卧褶皱、斜卧褶皱，局部还出现一些大型平卧褶皱，平行褶皱轴面出现 S_2 褶劈理，S_2 与 S_1 片理斜交或平行。在鄂柔一带，韧性剪切带变形总体较强，剪切带中早期面理已被强烈彻底置换，混杂带中较多岩块之间均为韧性剪切带分割。受后期脆性断层改造，剪切带产状变化大，有的近直立展布，有的近水平展布，横向上延伸较差。

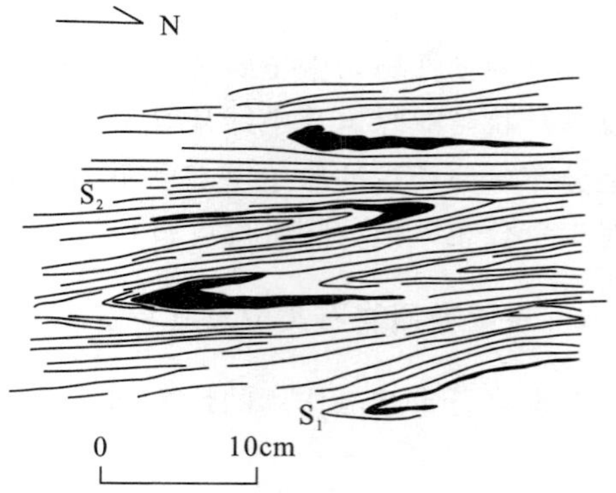

图 4-4-1　韧性剪切带中以 S_1 面理形成的无根褶皱
（霍木西萨剖面 33 层）

该期韧性剪切带中变质岩沿剪切面理出现的新生变质矿物为绿泥石、绿帘石、阳起石、石英和部分雏晶黑云母，变质矿物组合有：

（1）绿泥石＋绿帘石＋石英；

（2）绿泥石＋阳起石＋石英；

（3）雏晶黑云母＋石英；

（4）阳起石＋石英±雏晶黑云母。

剪切带岩石中的石英主体表现为塑性变形，为条带状、豆荚状，常发生动态重结晶。长石大多数表现为脆性变形，碎裂化形成大量碎斑，部分表现为塑性变形，形成一些透镜状条带。角闪石、辉石均为脆性变形，以碎裂化为主，形成碎斑或残斑。矿物变形总体上反映中深层次的剪切变形，部分构造片岩中以新生片状矿物为主，结晶程度较好，片径较大，平行片理定向排列，其构造层次可能相对要更深一些。综上所述，测区韧性变形带属中深部构造相，变质程度为低绿片岩相。

该期变质作用大致与晚二叠世—晚三叠世区内古特提斯洋的消失有关，在俯冲板块发生快速的折返抬升过程中形成了相应的动力变质作用。变质作用时期可能为晚三叠世，与蓝片岩中发生的绿片岩相退变质作用大致同时期或稍晚一些。

（二）燕山期韧性剪切变质作用

该期韧性剪切变质作用主要与测区内的推覆构造有关，嘎措岩组（AnO*g*）变质石英砂岩由南往北逆冲推覆于双湖构造混杂岩带中蛇绿岩片之上，韧性剪切带主要发育在推覆体与下伏蛇绿岩片之间的接触带上及推覆体中。

1. 主要变质岩石类型及其特征

该期韧性剪切变质作用主要叠加于嘎措岩组变质石英砂岩之上，形成一些长英质糜棱岩、云母（构造）片岩和石英（构造）片岩，而推覆体下伏的早期变质程度达绿片岩相的蛇绿岩片则主要以变形为主。

1）长英质糜棱岩

岩石类型主要以片理化（糜棱岩化）变质（含砾）石英砂岩为主，少量黑云石英糜棱岩。

（1）黑云石英糜棱岩：岩石具糜棱结构，透镜状构造。矿物成分为石英（80%～84%）、黑云母（15%～20%）和少量钾长石及铁质、钙质。岩石中石英、钾长石、黑云母呈宽窄不一的条纹条带定向排列，石英被压扁拉长呈齿状镶嵌定向排列，细粒化明显，并形成大量的眼球状碎粒或碎斑，碎斑周围有由新生石英细晶组成的亚颗粒。

（2）片理化（糜棱岩化）变质（含砾）石英砂岩：岩石具变余（含砾）砂状变晶结构，片理化构造。岩石由石英（75%～90%）、绢云母（8%～25%）、黑云母（0～5%），绿泥石（0～5%）透闪石（3%）、绿帘石（0～1%）及少量磁铁矿组成。石英砂屑粒径0.1～1mm，少量为细砾，呈他形镶嵌粒状，齿状接触，绢云母呈条纹-条带状细小鳞片状集合体定向分布，构成片理，部分石英沿绢云母呈条纹-条带压扁拉长，呈弱透镜状分布。这些残斑部分具新生晶粒组成的亚颗粒集合体，部分石英被强烈拔丝。

2）云母（构造）片岩

岩石具鳞片粒状变晶结构，片状构造。矿物成分主要为石英（45%～55%）和绢云母（25%～35%），少量长石（5%～10%）、黑云母（10%～15%）和铁质（1%）。石英呈他形粒状、镶嵌齿状接触，短轴0.05～0.3mm，多压扁拉长定向。长石有的颗粒表面呈现条纹状结构，有的弱绢云母化。黑云母呈显微鳞片状、不规则鳞片状集合体，棕褐色。绢云母主要呈波状、条带状，次为不规则条带鳞片状集合体。铁质呈微粒状。岩石中片状矿物呈条带状平行片理富集，条带中石英细粒化碎裂化明显，部分拔丝明显。部分条带中残留有石英和片状矿物带纹相间形成的成分层形成的紧闭无根褶皱。

3）绢云石英（构造）片岩

在剪切带中分布较多，岩石具变余细中粒砂碎屑结构，鳞片粒状镶嵌变晶结构，条纹、糜棱纹理构造，条带状定向构造，片状构造。矿物成分主要为石英（55%～70%）和绢云母（20%～30%），少量绿泥石（0～5%）、绿帘石（1%）、次闪石（0～2%）和金属矿物磁铁矿、钛铁矿。石英呈0.06～0.4mm的他形粒状、齿状镶嵌接触，常呈条带状集合体，与绢云母条带相间平行出现，大部分颗粒压扁拉长定向排列，部分强烈拔丝。绢云母呈条纹条带鳞片状集合体或网纹线痕状富集定向分布，少量环绕砂粒周边分布。绿帘石呈单晶散布，磁铁矿呈等轴粒状分布，钛铁矿呈厚板条状、长条状。

2. 变形与变质作用特征

该期韧性剪切带主要为地壳中浅层次的构造变形所形成的狭长高应力变质带，其形成主要与测区内嘎措岩组由南往北逆冲推覆于双湖构造混杂带中蛇绿岩片之上的推覆作用有关。总体表现出岩石变形程度强、变质程度较低的特点。韧性断裂带中岩石的变形出现宏观上的不连续状况，具强应变带与弱应变域相间分布的特点。在强应变带中，早期 S_1 面理已被 S_2 面理强烈置换，仅残留一些以 S_1 片理面为变形面形成的一些小型紧闭无根褶皱；在弱应变域中，岩石中以 S_1 片理面为变形面形成较多的露头尺度的不同级次的不对称近平卧褶皱、斜卧褶皱。岩石中发育两期面理（图 4-4-2）。早期面理由微劈石中片状矿物定向形成，并与 S_2 斜交或垂直，晚期面理为宏观产出面理，表现为带状褶劈理性质，间隔 1～3mm，微劈域宽 0.06～0.2mm，由新生绢云母和早期片状矿物拖曳平行化形成，局部沿 S_2 有新生变斑晶钠长石，长轴平行 S_2 面理分布，包含早期片状矿物形成的残缕与 S_2 垂直。

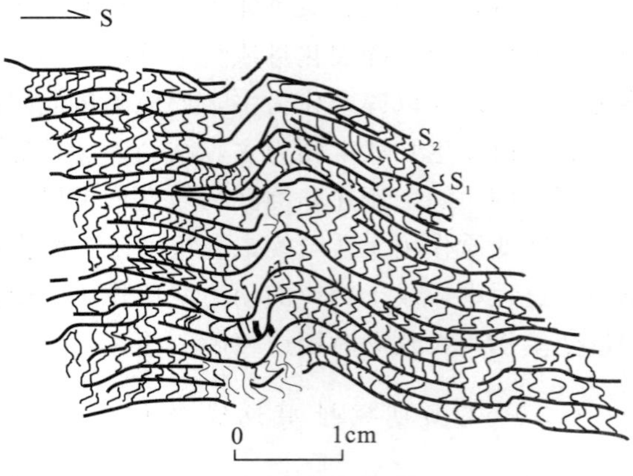

图 4-4-2　那若北变质石英砂岩中 S_1 与 S_2 面理特征

该期韧性剪切带变质作用主要叠加于嘎措岩组变质石英砂岩之上，形成一些碎屑岩质糜棱岩、千枚岩和石英片岩以及结晶钙质片岩，岩石中沿剪切面理出现的新生变质矿物为石英、绢云母、绿泥石、绿帘石、钠长石、方解石和部分雏晶黑云母。变质矿物组合有：

石英＋绢云母±雏晶黑云母±绿泥石±绿帘石

石英＋绢云母＋钠长石

方解石＋石英＋绿泥石

剪切带岩石中的石英主体表现为塑性变形，为条带状、豆荚状，鳞片状矿物结晶程度较差，常发生动态重结晶，岩石以片状构造和千枚状构造为主，总体上反映中浅层次的剪切变形。综上所述，测区本期韧性变形带属中浅部构造相，变质程度为低绿片岩相。

该期逆冲推覆使嘎措岩组（AnOg）叠置于晚三叠世发生变质的二叠系蛇绿岩（Pop）岩片之上，并被早侏罗世花岗岩侵入。其变质作用大致发生在晚三叠世末期。由于昆仑地块向南俯冲碰撞造山和南羌塘陆块向北俯冲碰撞造山，板块会聚产生的挤压继续作用，产生强大的挤压应力，导致发生大规模的推覆构造运动。

二、脆性碎裂变质作用

测区脆性碎裂变质作用与不同方向、不同阶段的脆性断裂密切相伴，主要沿一些较大的断裂带分布，包括东西向的分界断裂和一些多期活动的北东向和北西向的区域性断裂带。碎裂岩构成物一般以上、下两盘岩石的碎裂成分为主，大小不等，并由钙质、硅质或泥质胶结，结构疏松。整体特征表现为变质程度低、变形层次低的浅表层次脆性动力变质作用。

1. 岩石类型及特征

碎裂岩是在浅层次（0～10km）背景下，原岩经压、碾、拉等机械破碎作用而产生的脆性破坏产物，包括未固结的断层角砾、断层泥和固结的压碎岩等。按主要颗粒粒径和碎基含量，将碎裂岩分为断层角砾岩、碎裂岩和碎粒岩。

1）断层角砾岩

这类岩石主要沿张性断裂破碎带分布。岩石具角砾状结构，以原岩机械破碎，形成大量的角砾状碎块为特征，斑杂构造。角砾多呈尖棱角状或棱角状，大小混杂，排列紊乱，碎块间被次级碎屑、泥质、钙质及硅质等充填、胶结，但原岩成分、组构可辨。构造角砾岩的角砾大小、规模均受断块规模限制。

2）碎裂岩

分布于脆性断裂带两侧，具碎裂结构，块状构造。受应力作用，岩石不同方向的裂隙发育，岩石被裂隙切割破碎，局部还产生小的位移，形成大小不等的不规则碎块，但原岩整体结构保存较好。裂隙被原岩碎屑物或次生铁质、碳酸盐或硅质脉等充填。

3）碎粒岩

分布于脆性断裂带的中心部位，碎裂程度极强，大部分矿物为碎粒、碎粉，碎粒大小为0.1～0.5mm，碎斑较少，碎基含量50％～90％，颗粒较均一，且趋于圆化。岩石原生结构已基本消失。应变特征表现为碎块边缘碎粒化，方解石单晶破裂，双晶解理弯曲、扭折等，波状消光十分清楚。

4）断层泥

主要分布于压性断裂带内，由较弱的碳质页岩、泥岩、粉砂岩经挤压、高度粒化而形成的未固结的碎粉，呈膏泥状，矿物颗粒难以辨认，具强烈的碳化、褐铁矿化现象，部分高能干性的石英、硅质岩屑及砂岩呈大小不等的碎斑状混杂在其内。部分粉碎物发生重结晶形成少量绢云母、绿泥石、石英、方解石、高岭土等矿物。

2. 变质变形特征

测区浅层次脆性断裂广泛分布，规模大小不一。脆性断裂所生成的碎裂岩系列表现出变形主要为一系列物理性态的改变，岩石内对应力作用敏感的矿物如石英、长石、方解石等波状消光，双晶弯曲、扭折，碎块边缘碎粒化。岩石中胶结物或碎粉物多是原岩析出物或钙泥质，碎粉物局部重结晶形成绢云母、绿泥石、石英、方解石、高岭土等矿物。

第五节　接触变质作用

双湖构造混杂带内广泛发育燕山期中酸性侵入岩，以早侏罗世花岗闪长岩和二长花岗岩构成的大型复式岩基为主。侵入岩侵入于混杂带中蛇绿岩片、嘎措岩组、复理石岩片中，在接触带附近，围岩一般都受到程度不同的接触变质作用，形成角岩化岩石、角岩或矽卡岩。其中规模较大的接触变质岩带主要出现在嘎措北扎陇纳博一带，以接触交代变质作用为主，发育在大面积分布的早侏罗世二长花岗岩与以变基性火山岩为主体岩性的蛇绿岩片接触部位，形成一系列的矽卡岩。接触交代变质带面积约2km^2，矽卡岩呈似层状产出，产状总体近水平，厚度大于110m（图4-5-1）。

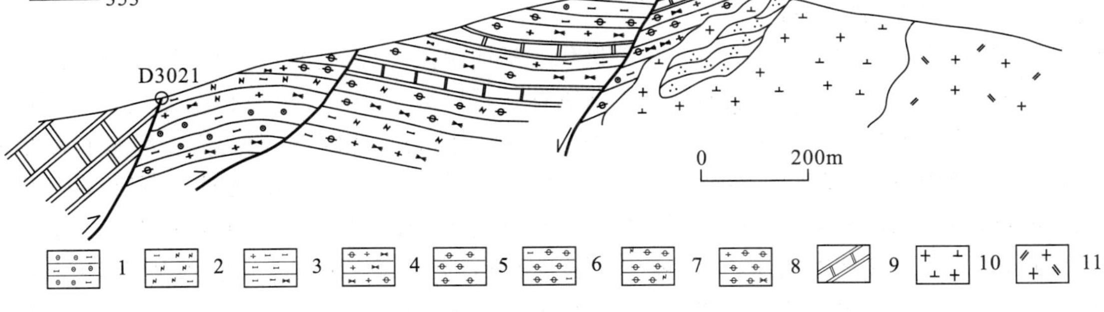

图4-5-1　扎陇那博一带接触变质作用剖面图

（D3021地质点附近）

1. 透辉石榴矽卡岩；2. 透辉钠长石岩；3. 透闪阳起透辉石岩；4. 绿帘透闪阳起石岩；5. 绿帘石岩；6. 透辉绿帘石岩；7. 钠长绿帘石岩；8. 透闪阳起绿帘石岩；9. 大理岩；10. 花岗长岩；11. 二长花岗岩

本次区调工作中，对该接触交代变质带进行了较为深入的观察研究。接触交代变质岩岩石类型主要有透闪石-阳起石岩类、绿帘石岩类、透辉钠长石岩类、透辉石榴矽卡岩等。

（1）透闪石-阳起石岩类：粒状、纤状、束状变晶结构，劈理化、片理化定向构造，条纹条带状构造。矿物成分主要为透闪石-阳起石（50%～80%）和绿帘石（8%～45%），透辉石、钠长石、榍石、石英、磁铁矿和铁质条带。透闪石-阳起石为长柱状、叶片状、纤状、放射状、束状等集合体呈不规则状、条带状平行片理分布。绿帘石呈粒状集合体条带定向，或呈粒状分布于透闪石-阳起石条带中。透辉石、钠长石呈粒状，集合体呈不规则状、条带状不均匀分布。部分钠长石被绿帘石交代，在绿帘石粗粒集合体中呈残留斑块。

（2）绿帘石岩类：粒状、束状、柱状变晶结构，条纹条带状定向构造。矿物成分主要为绿帘石（50%～95%），透闪石-阳起石（0～40%）、钠长石（0～20%）、透辉石（0～45%）、石英（0～5%）、绢云母（0～3%）。绿帘石呈粒状、柱状集合体分布，或聚集呈条带状集合体定向分布。透闪石-阳起石呈纤状、细柱状、放射状、束状，呈条带状集合体定向平行片理分布。钠长石呈他形粒状，少量柱状，偶见双晶，有的形似填隙状，含绿帘石嵌晶。绢云母呈鳞片状集合体，透辉石呈柱状分布于绿帘石集合体中。岩石类型有绿帘石岩、（钠长石）透辉石绿帘石岩、（透辉）透闪石-阳起石绿帘石岩、碳酸盐化钠长石绿帘石岩。

（3）透辉钠长石岩类：粒状、纤状、柱状变晶结构，糜棱纹理条带状构造。岩石主要由钠长石（50%～53%）和透辉石（30%～35%），透闪石（0～10%）、黝帘石和绿帘石（0～5%）、碳酸盐（5%）、磁铁矿和铁质（2%）组成。岩石中钠长石呈他形不等粒状镶嵌，透辉石总体呈条带状、不规则状柱粒状集合体，两者各自分别聚集呈宽窄不一的浅色条带定向分布。钠长石强绢云母化，部分可见钠长石双晶和卡钠联合双晶，黝帘石、绿帘石呈条带状集合体，碳酸盐呈不规则状、细脉状分布，磁铁矿和氧化铁呈不规则状细小条带。部分绢云母呈鳞片状集合体分布于糜棱岩化塑性条带中，透闪石呈纤状集合体，部分交代透辉石。岩石类型有糜棱岩化透辉石钠长石岩、糜棱岩化透闪石透辉石钠长石岩。

（4）透辉石榴矽卡岩：纤维状、柱状、粒状变晶结构，块状构造。岩石由石榴子石（30%～70%）、透辉石（15%～20%）、碳酸盐（8%～20%）、石英（2%～5%）、绿泥石（2%～5%）和绿帘石(0～25%）组成。钙铝榴石呈自形等轴粒状，六边形切面，粒径0.4～3mm，部分达6mm，见环带构造，裂纹发育，沿裂纹少量绿泥石化，常有碳酸盐、铁质充填。透辉石长轴0.3～0.5mm，呈短柱状、柱粒状。绿帘石呈0.2～0.4mm的粒状集合体。碳酸盐呈不规则状分布，包含石榴子石及绿帘石嵌晶，为后期蚀变矿物。石英呈他形填隙粒状集合体。绿泥石呈纤维状集合体。

（5）透闪石-阳起石透辉石岩：纤状、柱状变晶结构。岩石由透辉石（50%）、透闪石-阳起石（20%）、碳酸盐（15%）、石英（12%）、绿帘石（3%）和少量磁铁矿组成。柱状透辉石因后期蚀变交代作用，常被分割成孤立岛屿状。纤闪石呈纤维状集合体，可见交代透辉石边缘。石英呈不规则填隙粒状。绿帘石呈细粒集合体与纤闪石及铁质条带相伴。碳酸盐为后期热液蚀变的不规则状集合体，可见呈细脉状、楔形穿切透辉石。

上述矽卡岩中出现的矿物可分为两个矿物世代。早期阶段出现的接触交代矿物以无水硅酸盐矿物透辉石、石榴子石和钠长石为主，岩石类型为透辉钠长石岩类、透辉石榴矽卡岩及透闪石-阳起石透辉石岩。晚期阶段出现的接触交代矿物以含水硅酸盐矿物透闪石、透闪石-阳起石、绿帘石和绿泥石为主，岩石类型为透闪石-阳起石类、绿帘石岩类。岩石中可见晚期世代矿物透闪石-阳起石交代早期世代钠长石和透辉石、绿泥石交代石榴子石现象。接触交代变质带中矽卡岩以晚期阶段的透闪石-阳起石类、绿帘石岩类为主，宏观上透闪石-阳起石类与绿帘石岩类呈深灰色与黄绿色薄中层状或条纹条带状相间产出，其界线呈渐变过渡状，总体平行岩石中的劈理或片理（S_1），靠近矽卡岩带上部层位岩石中平行片理出现较多浅灰白色细晶大理岩条带，断续透镜化条带或眼球状透镜体，而在剖面相应位置上则为一些细晶大理岩断续成分条带。上述大理岩应为剪切带中的剪切应变分解条带，即早期存在一个规模较大的韧性剪切带，该矽卡岩岩带可能为热液大致沿上述早期存在的韧性剪切带运移交代蚀变形成，其规模、产状受早期剪切带控制，因此矽卡岩矿物成分层及条带宏观上总体平行剪切带产状，矿物长轴也大致平行早期片理或劈理。在镜下可见矽卡岩矿物交代条带部分斜切早期糜棱理条带，露头上局部还残留早期韧性剪切形成的小型平卧褶皱。

根据有关资料，形成矽卡岩矿物的温度、范围较广，其上限不超达800℃。早阶段形成石榴子石、辉石的高温阶段，一般为400～600℃。而大量阳起石、绿帘石和绿泥石矿物出现的晚期热液期，可能低至200～300℃。此外，辉石和石榴子石通常为辉石角岩相特征矿物。辉石角岩相是一种高温变质，温度范围约为650～800℃，压力小于0.3GPa，所以矽卡岩变质带属于低压相系、高温变质类型。

第六节　变质变形序列及演化

一、变质变形序列

区内变质岩系的变质变形作用十分复杂，不同变形幕在岩石中留下了不同的构造形迹。利用构造解析的方法，经过野外观察和室内的综合分析，我们认为测区内变质岩至少经历了五幕变形作用和五期变质作用的叠加和改造。

1. 第一幕变质变形（D_1）作用

测区内变质岩中能识别的最早的一期变形和变质作用，仅见于前奥陶系齐陇乌如岩组。变形表现为以岩石中出现的片理（D_1S_n）为特征，其以前的构造形迹已不能识别，变质作用为低角闪岩相，属区域动力热流变质作用。后期叠加绿片岩相的动力变质作用，构造置换强烈，塑性变形特征明显。

2. 第二幕变质变形（D_2）作用

该期变形变质作用，仅见于前奥陶系嘎措岩组，表现为岩石中片理由一些新生鳞片矿物定向和部分石英长轴定向排列形成，形成的片理D_2S_1总体上平行岩石的原生层理S_0，变质程度为低绿片岩相，属区域低温动力变质作用。

3. 第三幕变质变形（D_3）作用

该期变形变质作用，主要见于双湖构造混杂带中的蛇绿岩片和复理石岩片中，是区内最强的一次变形作用，以韧性变形为主，变形作用不均匀。与该期变形作用相伴，在蛇绿岩片中发生了本区最重要的一期变质作用——蓝闪绿片岩相的变质作用。该期变形作用和与之相伴的变质作用在岩石中留下了明显的印迹。在区域上，主要形成一些紧闭的褶皱，局部形成斜卧紧闭褶皱和无根褶皱，在岩石中表现为强烈的片理构造（D_3S_1）。该期面理与层理S_0关系，大部分已不清，在达日阿陇一带的角闪片岩中，大部分S_1表现为大致平行S_0。该期变形变质形成一些蓝闪石片岩、角闪片岩和大量的绿片岩。沿片理分布的蓝闪石（青铝闪石）及其他特征变质矿物还有绿帘石、绿泥石、阳起石、白云母，斜黝帘石和少量硬柱石等等显然是与变形作用同期形成的。但有些蓝闪石，如不具定向构造的蓝闪石岩中的蓝闪石，蓝闪片岩中微劈石中不具定向构造的蓝闪石，可能为该期变形前或变形早期应力较弱时形成，属构造期前矿物。还有少量蓝片岩中的蓝闪石，其分布明显切割片理，不具定向构造，可能属构造晚期形成。本区蓝闪绿片岩相变质作用可以明显地划分为两个阶段演化阶段，即峰期蓝闪绿片岩相变质作用和峰期后绿片岩相变质作用（以低绿片岩相为主，局部达高绿片岩相）。在复理石岩片中，则发生了低绿片岩相的区域低温动力变质作用，其变形变质具强弱不均匀分布的特点，在岩石中形成了大致平行层理S_0的D_3S_1劈理（劈理表现为板劈理、千枚理及片理），沿劈理出现的主要变质矿物为绢云母、绿泥石、石英、方解石等。变形变质在时间上大致稍晚于蛇绿岩片中峰期后绿片岩相变形变质作用。

4. 第四幕变质变形（D_4）作用

该期变形变质作用主要叠加于双湖构造混杂带中的蛇绿岩片及玛尔果茶卡一带的前奥陶系齐陇乌

如岩组中，表现为韧性剪切变形。在蛇绿岩片中叠加于早期蓝片岩和绿片岩之上，并发生了低绿片岩相的变质作用，总体表现出的特征为岩石变形程度强、变质程度都较低的特点。韧性剪切带中岩石的变形出现宏观上的不连续状况，具强应变带与弱应变域相间分布的特点。在强应变带中，早期 D_3S_1 面理已被 D_4S_2 面理强烈置换，仅残留一些以 D_3S_1 片理面为变形面形成的一些小型紧闭无根褶皱。而在弱应变域中，岩石中以 D_3S_1 片理面为变形面形成较多的露头尺度的不同级次的不对称近平卧褶皱、斜卧褶皱，局部还出现一些大型平卧褶皱，平行褶皱轴面出现 D_4S_2 褶劈理，与 S_1 片理斜交或平行。沿剪切面理出现的新生变质矿物为绿泥石、绿帘石、阳起石、石英和部分雏晶黑云母等。在齐陇乌如岩组中叠加于低角闪岩相的变粒岩、片麻岩之上，产生低绿片岩相的退变质作用，叠加片理 D_3S_{n+1} 大致平行早期片理或片麻理。大部分黑云母已退变成绿泥石、白云母等。变形变质的时间稍晚于第三幕变质变形作用，为同一造山事件持续过程中稍晚阶段发生。

5. 第五幕变质变形（D_5）作用

测区内该期变形变质作用表现为韧性剪切变形，主要叠加于嘎措岩组变石英砂岩之上及部分蛇绿岩片的绿片岩之上，并发生了低绿片岩相的变质作用。在嘎措岩组中该期变形作用总体表现出的特征为岩石变形程度强、变质程度较低，具强应变带与弱应变域相间分布的特点。在强应变带中，早期 D_3S_1 面理已被 D_5S_2 面理强烈置换，仅残留一些以 D_3S_1 片理面为变形面的一些小型紧闭无根褶皱；而在弱应变域中，岩石中以 D_3S_1 面理为变形面形成较多的露头尺度的不同级次的不对称近平卧褶皱、斜卧褶皱，岩石中发育两期面理，早期 D_3S_1 面理由微劈石中片状矿物定向形成，并与晚期 D_5S_2 面理斜交或垂直，晚期面理为宏观产出面理，表现为带状褶劈理性质，间隔 1～3mm，微劈域宽 0.06～0.2mm，由新生绢云母和早期片状矿物拖曳平行化形成，部分沿 D_5S_2 有新生变斑晶钠长石，长轴平行 D_5S_2 面理分布，包含早期片状矿物形成的残缕与 D_5S_2 面理垂直。沿剪切面理出现的新生变质矿物为石英、绢云母、绿泥石、绿帘石、钠长石、方解石和部分雏晶黑云母。在蛇绿岩片中该期变形变质质作用较弱，仅局部形成一些钙质糜棱岩。岩石中以 D_3S_1 面理为变形面形成一些露头尺度的不同级次的不对称近平卧褶皱、斜卧褶皱，岩石中出现 D_5S_2 面理劈理，透入性相对较差，仅局部强应变带中 D_5S_2 面理强烈置换早期 D_3S_1 面理，沿新生剪切面理出现少量方解石、石英和绿泥石等变质矿物。

二、变质变形演化阶段划分

野外调查和室内综合研究均表明，区内变质岩石经历了 3 个构造演化阶段的变质变形作用。变形与变质地质事件的关系见表 4-6-1。

表 4-6-1　测区变形作用与变质地质事件关系表

<table>
<tr><th>年代</th><th>变形系列</th><th>受变质地质体</th><th>构造演化阶段</th><th>变质事件</th><th>变质程度</th><th>主期变形面理</th></tr>
<tr><td>J_{2-3}</td><td></td><td>蛇绿岩岩片（Pop）、嘎措岩组（AnOg）J_2x、J_2b、J_2q</td><td>后碰撞阶段</td><td>接触变质作用</td><td></td><td></td></tr>
<tr><td rowspan="2">J_1</td><td rowspan="2">D_5</td><td rowspan="2">蛇绿岩岩片（Pop）、嘎措岩组（AnOg）</td><td rowspan="5">俯冲-碰撞阶段</td><td rowspan="2">动力变质作用</td><td rowspan="2">低绿片岩相</td><td>D_5S_2</td></tr>
<tr><td>D_5S_2</td></tr>
<tr><td rowspan="3">T_3</td><td rowspan="2">D_4</td><td rowspan="2">齐陇乌如岩组（AnOq）、蛇绿岩岩片（Pop）</td><td rowspan="2">动力变质作用</td><td rowspan="2">低绿片岩相</td><td>D_5S_{n+1}</td></tr>
<tr><td>D_4S_2</td></tr>
<tr><td rowspan="2">D_3</td><td>复理石岩片（Pfw）</td><td>区域低温动力变质作用</td><td>低绿片岩相</td><td rowspan="2">D_3S_1</td></tr>
<tr><td>T_2-P_{1-2}</td><td>蛇绿岩岩片（Pop）</td><td>俯冲带变质作用</td><td>蓝闪绿片岩相</td></tr>
<tr><td rowspan="2">AnO</td><td>D_2</td><td>嘎措岩组（AnOg）</td><td rowspan="2">基底</td><td>区域低温动力变质作用</td><td>低绿片岩相</td><td>D_2S_1</td></tr>
<tr><td>D_1</td><td>齐陇乌如岩组（AnOq）</td><td>区域动力热流变质作用</td><td>低角闪岩相</td><td>D_1S_n</td></tr>
</table>

1. 基底变质变形阶段

包括区内第一幕、第二幕变质变形。第一幕变质变形是测区变质岩中能识别出的最早一期变质变形作用，仅见于前奥陶系齐陇乌如岩组，区域上均分布于双湖构造混杂带中，该期变质作用形成的变质岩系在空间上具有变质分带的特点，具递增变质作用特征，区域上普遍发育片理及各种变晶结构。测区东侧恰格勒拉一带齐陇乌如岩组变质岩石中还出现了石榴子石、红柱石、十字石、矽线石、堇青石等特征变质矿物，其变质作用为低角闪岩相，属区域动力热流变质作用。测区内齐陇乌如岩组分布较少，主要呈大小不等的残片零星分布于中晚侏罗世二长花岗岩中。变形表现为岩石中出现的片理，并有后期剪切面理叠加，其以前的构造形迹已不能识别，使基底早期的构造变形和变质作用难于恢复，可能受泛非运动的影响，形成了羌塘地区的变质基底，并发生了区域变质作用；第二幕变质变形，受变质地层为前奥陶系嘎措岩组（AnO*g*），该期变质变形作用形成的面理 S_1 总体上平行层理 S_0，其变质作用时期可能为海西中晚期甚至更早。

2. 俯冲-碰撞变质变形阶段

包括第三幕、第四幕及第五幕变质变形。早中二叠世，区内古特提斯洋开始由南向北俯冲消减，并发生了高压低温变质，形成了测区内早期的蓝闪石岩类，相应的同位素年龄值为 275～282Ma。随着洋壳的进一步俯冲和消减，大致在晚三叠世，南、北羌塘陆块发生陆-陆碰撞，伴随板块的俯冲、碰撞，古特提斯最终消失，南羌塘陆块边缘的火山-沉积岩系和部分蛇绿岩组合俯冲至北羌塘陆块之下的不同深度，发生了蓝闪绿片岩相的高压变质作用，形成区内定向构造明显的蓝片岩。该期变质作用伴随强烈的变形，在岩石中表现为强烈的片理构造。这一阶段的蓝闪石主体平行片理生长，蓝闪石片岩中少量切割片理的蓝闪石，可能为这一阶段的最晚期形成，相应的同位素年龄值为 222.5～236.8 Ma。与此同时，二叠系复理石沉积楔发生下插俯冲，产生低绿片岩相的区域低温动力变质作用，其变形形成的 S_1 劈理大致平行层理 S_0。稍晚阶段，由于板块的会聚导致大规模的陆内逆冲，并形成一系列的韧性剪切带，发生了第四幕变质变形作用（D_4），形成的剪切面理（D_4S_2）总体产状与蛇绿岩片中绿片岩 S_1 片理一致，剪切带中岩石重结晶程度较高，形成较多的角闪质糜棱岩、基性糜棱岩（片糜岩）和构造片岩。早侏罗世，由于板块的持续会聚，发生了第五幕变质变形作用（D_5），表现为测区内前奥陶系嘎措岩组被逆冲推覆于二叠系蛇绿岩岩片之上，韧性剪切变质作用主要发育于推覆体与下伏蛇绿岩岩片之间的接触带上及推覆体内部。

3. 后碰撞变质变形阶段

测区中侏罗世开始进入后碰撞造山作用时期，由于板块的会聚导致大规模的陆内逆冲，并导致早期阶段形成的蓝片岩块体的快速构造抬升。推覆构造是后碰撞阶段最明显的构造变形特征，表现为泥盆系-石炭系碳酸盐岩岩片逆冲推覆到二叠系蛇绿岩岩片之上，以及二叠系蛇绿岩岩片被逆冲推覆到中上侏罗统之上。

第五章 构 造

第一节 大地构造位置及构造单元划分

一、大地构造位置

测区大地构造位置属于东特提斯构造域羌塘构造区。测区位于班公湖-怒江缝合带、拉竹龙-金沙江缝合带之间，中部发育近东西向展布的龙木错-双湖缝合带（图 5-1-1）。以龙木错-双湖缝合带为界，测区又被分为南羌塘陆块和北羌塘陆块。

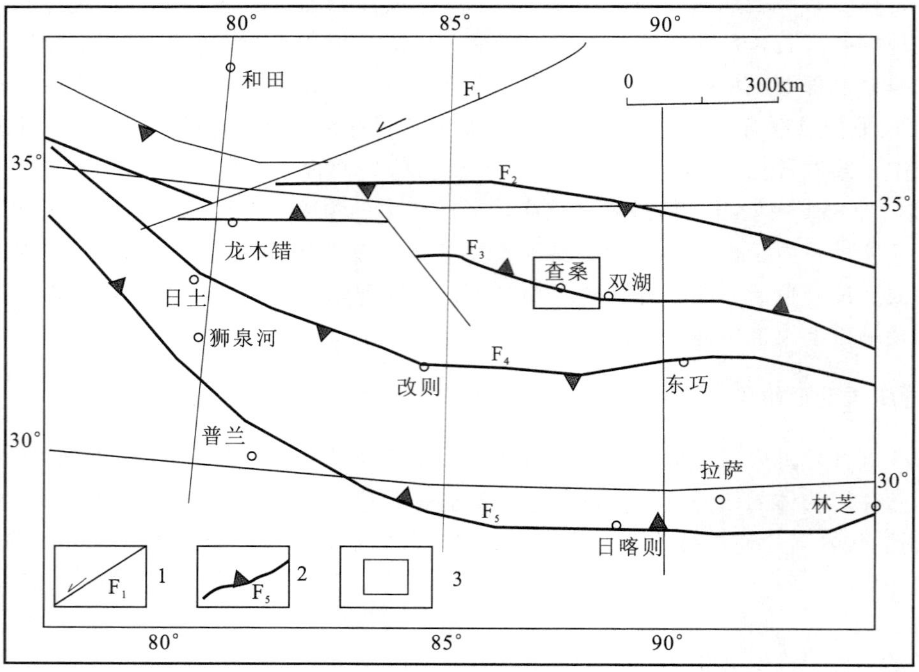

图 5-1-1 测区大地构造位置图

1. 走滑断层及编号；2. 缝合带及编号；3. 测区；F_1. 阿尔金走滑断层；F_2. 拉竹龙-金沙江缝合带；F_3. 龙木错-双湖缝合带；F_4. 班公-怒江缝合带；F_5. 雅鲁藏布江缝合带

二、区域地球物理场及深部构造特征

（一）重力异常特征

青藏高原为全国最低重力负异常。在中国布格重力异常图上，显示出高原轮廓基本上被$-350\times10^{-5}m/s^2\sim-400\times10^{-5}m/s^2$布格异常等值线所包围。南北边缘均为陡变的重力异常梯度带，高原内部重力值变化较小。高原内部最低重力值达$-540\times10^{-5}m/s^2\sim-550\times10^{-5}m/s^2$。总体上呈东西向分布的条带结构，自北向南分别由格尔木密集带、羌塘复杂重力低带、尼玛-安多重力密集带、改则-那

曲重力高带、冈底斯-念青唐古拉重力低带、喜马拉雅密集带组成。这些东西向分布的深部重力异常条带主要反映了高原新生代的大型断块构造。其中出现南北向线性正异常、密集带、异常限制带等形式的错断带将东西向条带切成块状。该南北向的异常可能属横向伸展系，为一组根基较深、正在发展中的活动构造体系和断裂带。

另外，该地区的次级异常与地形、壳内低阻层负相关，即重力高对应低地及壳内低阻层浅埋区，重力低对应高地及壳内低阻层深埋区。如普若岗日重力低大体由 $-530\times10^{-5}\,m/s^{-2}$ 圈出，它对应 5 000～5 400m 高地，对应壳内低阻层深埋区顶深达 40km。而绒马南北向重力高对应 5 000～4 600m 南北向低地，有江爱藏布等河湖分布。

测区基本处于布格重力异常的低负值区域，习称羌塘复杂重力低带。沿查桑—双湖—唐古拉山口一线有一条近东西向的重力梯级带将区域重力场分为南北两部分（图 5-1-2），这一位置与区内划分玛尔果茶卡-纳若构造混杂带的南界线大致吻合。北部重力场显示出为北西西走向，布格重力异常等值线较稀，常出现若干孤立的重力高、低异常区；南部重力场布格重力等值线较密，梯度大，重力异常带多呈带状分布，呈现近东西走向，重力高、低异常转换带的线性特征尤为突出，常与断裂带重合。

布格重力异常是由地壳、上地幔物质密度分布不均匀而产生的，是历史上发生的各地质构造作用结果的综合反映，但主要是现代大地构造和岩石圈构造的反映。据研究，青藏高原深部重力场、莫霍面起伏和地表槽地、线性盆地、伸展体系、碱性火山岩、高地温区相符，反映了高原深部地幔物质正处于活动阶段（赵政璋，2001）。

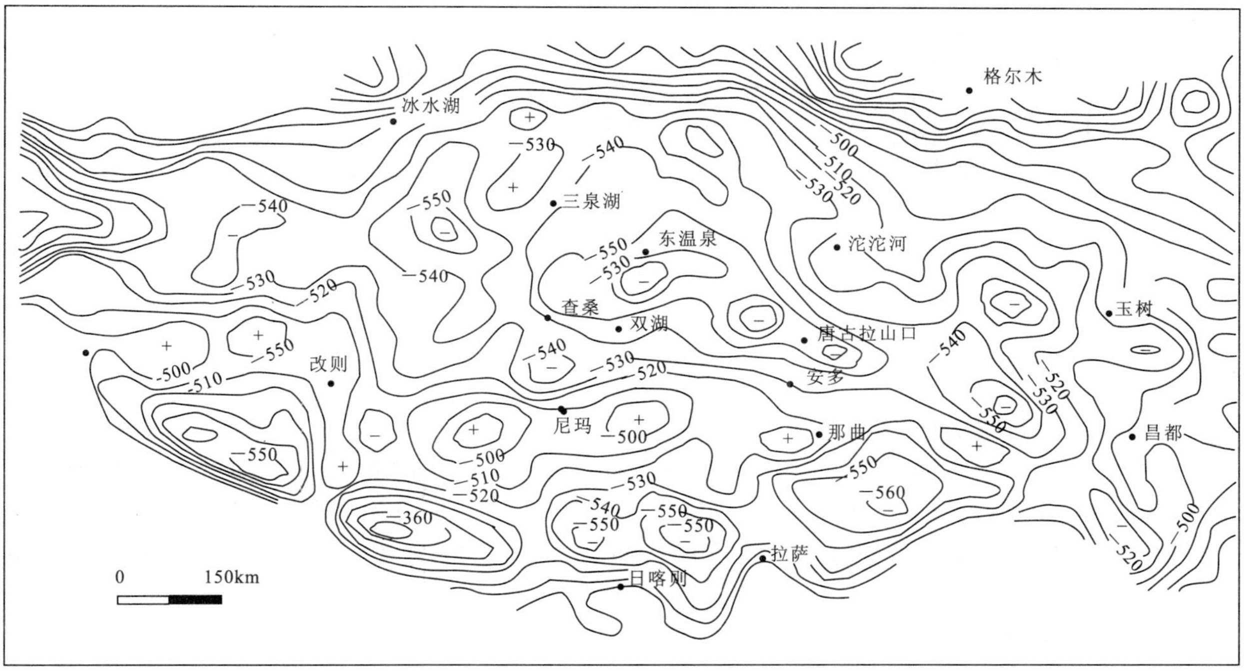

图 5-1-2 青藏高原深部重力异常图

（据赵政璋，2001）

（二）航磁异常特征

青藏高原以其低弱的区域磁场背景与其北部的塔里木地块、阿拉善地块，东部的扬子陆块及南部的印度次大陆所展现的强度较大的宽缓正磁异常形成了鲜明的对比，显示了青藏高原与周缘地块不同的磁性及地质构造特征。羌塘地区磁场特征表现为区域性平缓降低磁异常带上叠加不同方向的团块状局部磁异常，强度一般为 60～200nT，推测该区平稳的负磁场是弱磁性基底岩石的反映，局部磁异常主要由区内不同时代花岗岩类岩石和火山岩引起。中部基底埋深较浅，一般为 0.5～2km；北部和南部较深，一般为 3～7km。在高原低弱的区域磁场背景上分布几条近东西向的磁异常带，测区内磁异常以查桑、恰岗错磁异常突变接触带（刘池洋，2002）为界，分割为两个不同的次级构造单元（图 5-1-3）。

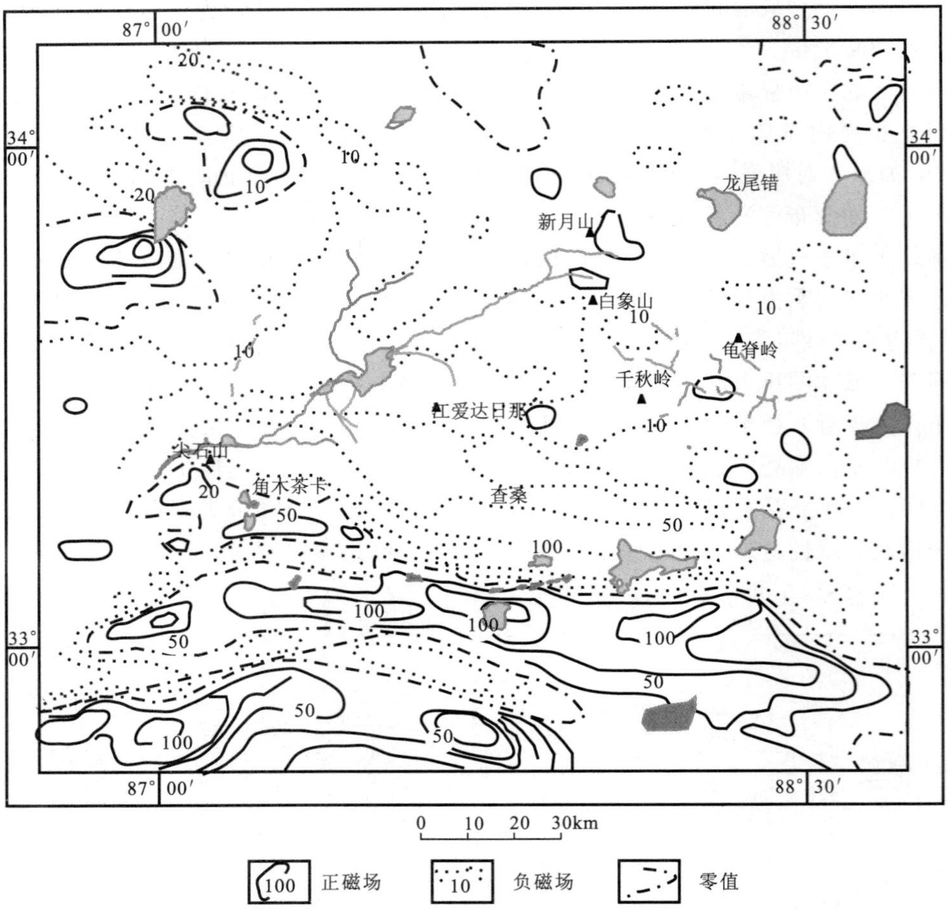

图 5-1-3　测区航磁△T 平面等值线图

（据汪忠民，2001）

南部具有明显的南北分带、东西分块和垂向分层的结构、构造特征，呈密集线状、正负相间展布，磁异常在±150nT 之间，变化极为强烈。东西向特高和极低正负磁异常带相间展布，磁异常水平梯度陡峻，可达 20～90nT/km，将航磁△T 向上延拓 2km、5km，此磁异常格局和特征仍十分清楚。显然，在其间存在规模较大、活动较强的近东西向断裂构造。与其南邻区为渐变过渡关系。该区磁异常水平梯度明显地呈北陡南缓。垂向分层明显，在地壳中上部至少有两个低阻层，所在的深度分别为 15±5km 和约 40km 之下。

北部磁场平静，磁异常变化弱，特征是在北西向平稳的弱区域背景（0～10nT）上叠加了 5～15nT 的串珠状异常，向上延拓 2km 后，异常基本消失。较强的异常均分布在玛尔果茶卡附近，呈北西向短轴状，异常强度为－20～40nT。在地壳中上部有一个下部低阻层。

（三）区域地壳结构特点

1994—1998 年间，原中国石油天然气总公司新区勘探事业部青藏项目经理部在羌塘地区开展了首轮以油气勘探为目的的综合地球物理普查工作，其中在羌塘地区部署了 12 条大地电磁测深剖面（MT）（图 5-1-4），其结果对于进一步认识羌塘地区的地壳结构、揭示高原腹地的隆升机制会带来启示（鲁兵，2003）。

基底结构特点主要表现在电性结构上，以玛尔果茶卡—双湖一线为界，南部基底电阻率显著高于北部。基底结构呈现分区块的特点。南羌塘西部基底呈现整体厚大层块，与东部基底的碎小层块形成鲜明对比。北羌塘与南羌塘又呈现出较显著的差异。在北羌塘地区，无论西、中、东部 MT 剖面，均

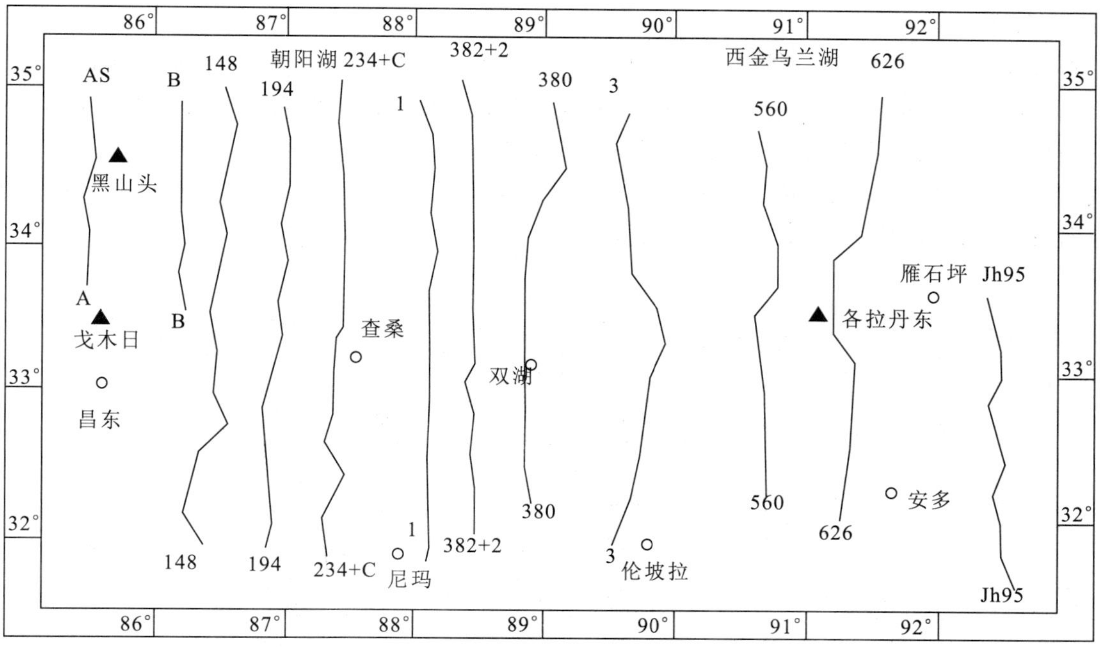

图 5-1-4 羌塘地区大地电剖面位置图

发育有壳内低阻层和极低阻异常柱，造成基底的明显不完整性，部分地段似曾存在壳下拆沉块体，发育有层位较高、MT 反演可探测得到的壳幔混合层。综合 MT 剖面显示出北羌塘下地壳的壳下部分熔融特点较为明显。南羌塘坳陷区下伏层出现两个壳内低阻层，第一层电阻率仅 10～60Ω·m，在剖面中南段均有分布，深约 6～12km。下部第二层低阻层顶界面埋深 40～45km，比北羌塘坳陷区埋深大（杨兴科，2003）

据相关研究所成果（赵政璋等，2001），羌塘地区地壳电性结构有以下特征：

第一电性层（相当于 Q、N 地层）分布局限，电阻率变化较大，在 10～200Ω·m。

第二电性层（相当于 J 地层）电阻率一般在 10～50Ω·m。

第三电性层（相当于 T_3 地层）电阻率一般在 65～100Ω·m。

第四电性层（相当于 T_2—P 地层）电阻率一般在 150～200Ω·m。

第五电性层（相当于火山岩、变质岩）为高阻标志层，电阻率一般在 250Ω·m 以上。南羌塘的高阻层厚度大、分块性强，主要分布在深 10～50km 的范围内，且分布范围广，在有的测线如 234＋C 线、382＋2 线、380 线上表现双高阻层；北羌塘的高阻层较薄，厚度均匀，平均在 20km 左右，电阻率值偏低。

第六电性层为地壳上部低阻层，电阻率一般在 10～40Ω·m。顶面埋深在－10～－45km 之间变化，起伏较大，普遍存在。厚度平均 20km 左右。在有的剖面上其较平缓（图 5-1-4，3 线），有的剖面起伏较大（560 线）。在平面等值线图上南北二分，其分界线呈北西西走向，并与地质构造上北羌塘坳陷区的南界十分贴近。对比后发现，其在北羌塘平缓，厚度均匀，埋藏较浅，在海拔－20km 以上，面积较开阔。平面上走向多呈北西西方向，和地面侏罗系、断裂、构造走向吻合。在东经 87°10′，88°40′，89°30′，91°明显存在南北向分界而东西分块。低阻层顶面形态以东西分块为主。由东到西由大面积坳—隆—坳—隆—坳五大区块构成。分界线多呈南北走向和重、磁资料解释的隐伏大断裂位置贴近；南羌塘地区该层多在海拔－30km 以下，且凹隆较窄、变化快。低阻层顶面形态呈较窄狭的南北分带为特征。

这套低阻层的另一特点是在一些部位直接与深部地幔物质呈柱形式相通。断面上多以“△”块状体出现。有的呈巨大的蘑菇体从－100km 深度上升直逼地表。

从断面上看与第二、第三、第五电性层呈镜像关系，即基底下陷的拗陷区，高导层埋藏较浅。从大地电剖面上看中央隆起带下和低阻层对应的高阻块体呈“▼”状，表明其边界多接近逆冲（背冲）性质（图 5-1-5）。

羌塘地区大面积存在壳内低阻层，起伏较大，具有大起大落楔块状结构；低阻层顶面形态总体上和基底高阻层形态呈镜像关系：基底坳陷区低阻层上隆；基底隆起区低阻层下拗。低阻层和地形起伏也有呈镜像关系，在北羌塘地区和南部尼玛—伦坡拉公路沿线地区较为明显，证明它是壳内最重要的均衡调节面；壳内低阻层是壳内脆弱活动带，分布受南北向隐伏断裂制约，和基底高阻层呈镜像关系，说明近代地壳活动继承了中新生代构造大格局。

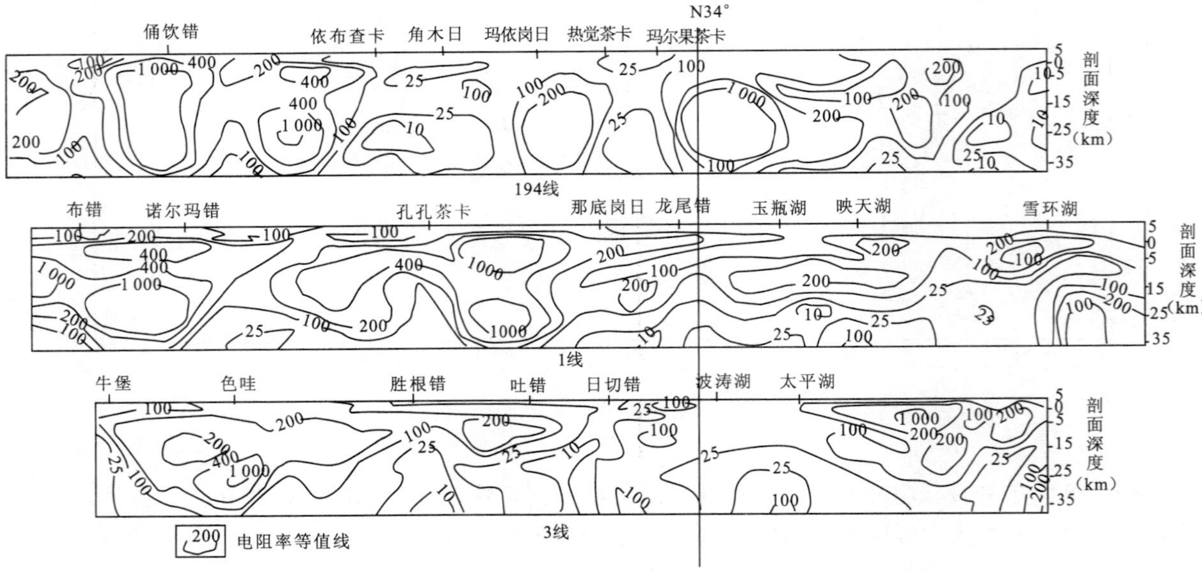

图 5-1-5　羌塘地区 194、1、3 线大地电磁测深一维连续介质反演剖面图

（据赵政璋，2001）

结合地质调查与 MT、地震剖面解释成果，综合分析可知，双湖-鲁谷断裂是下切到壳幔混合层中的断裂，是重、磁异常的明显分界线，对人工地震剖面分析表明它早期往往显示为正断层的性质，后期受南北向的挤压作用而表现为走滑、逆冲性质。其总体特点是有的地方高阻层厚度大，可直达上地幔顶部，使高导层发生较强褶皱变形；这种特点在南羌塘表现较显著。而在北羌塘有的地方高导层厚度比较均匀，平缓连续，褶皱变形较弱。上地壳的构造变形与中地壳低阻层间存在着某种对应的关系，也就是说，中地壳对上地壳的变形具有调节作用（鲁兵，2003）。

重力、航磁、MT 资料显示的南北向结构，表明该区存在隐伏的南北向断裂，它们是深部地幔流体活动的通道。新生代构造在一定程度上承袭着古老构造格局，并受其制约。

地球物理测深成果，使我们能从三维空间来认识地壳底结构，虽然多数现象只是近代地壳底结构特征，壳幔界面和岩石圈底面的变化情况不能完全代表中生代或更早时期的状况，但一些残留的痕迹仍然为我们探索早期的深部构造提供了思索的空间。

三、次级构造单元划分

在大洋岩石圈构造体制向大陆岩石圈构造体制转换演化过程中都会形成一些动力学上互相联系的构造单元，但大洋岩石圈构造体制演化中形成的一些构造单元大多消失，仅有部分残存在弧盆系和碰撞结合带中，而大陆岩石圈构造体制演化形成的一些构造单元保存较好。这些保存较好的和从残片中反映出来的地质构造单元信息，正是我们划分大地构造单元的基础。根据对测区沉积建造、岩浆作用、变质变形和构造形迹的组合特征进行的综合分析，结合区域构造和地球物理场特征进行次级构造单元划分，共划分出 3 个二级构造单元、5 个三级构造单元和 5 个四级构造单元（表 5-1-1、图 5-1-6）。

表 5-1-1　江爱达日那幅次级构造单元划分表

二级构造单元	三级构造单元	四级构造单元
北羌塘陆块（Ⅰ）	南缘断褶带（Ⅰ$_1$）	
双湖构造混杂岩带（Ⅱ）	纳若断块（Ⅱ$_1$）	
	江爱山断块（Ⅱ$_2$）	江爱山岛弧火山岩岩片（Ⅱ$_2^1$）
		洪水沟三叠纪残留海沉积岩岩片（Ⅱ$_2^2$）
		查桑 D－C 台地碳酸盐岩岩片（Ⅱ$_2^3$）
	玛尔果茶卡断块（Ⅱ$_3$）	沃若山复背斜构造带（Ⅱ$_3^1$）
		湖东山复背斜构造带（Ⅱ$_3^3$）
南羌塘陆块（Ⅲ）	北缘断褶带（Ⅲ$_1$）	

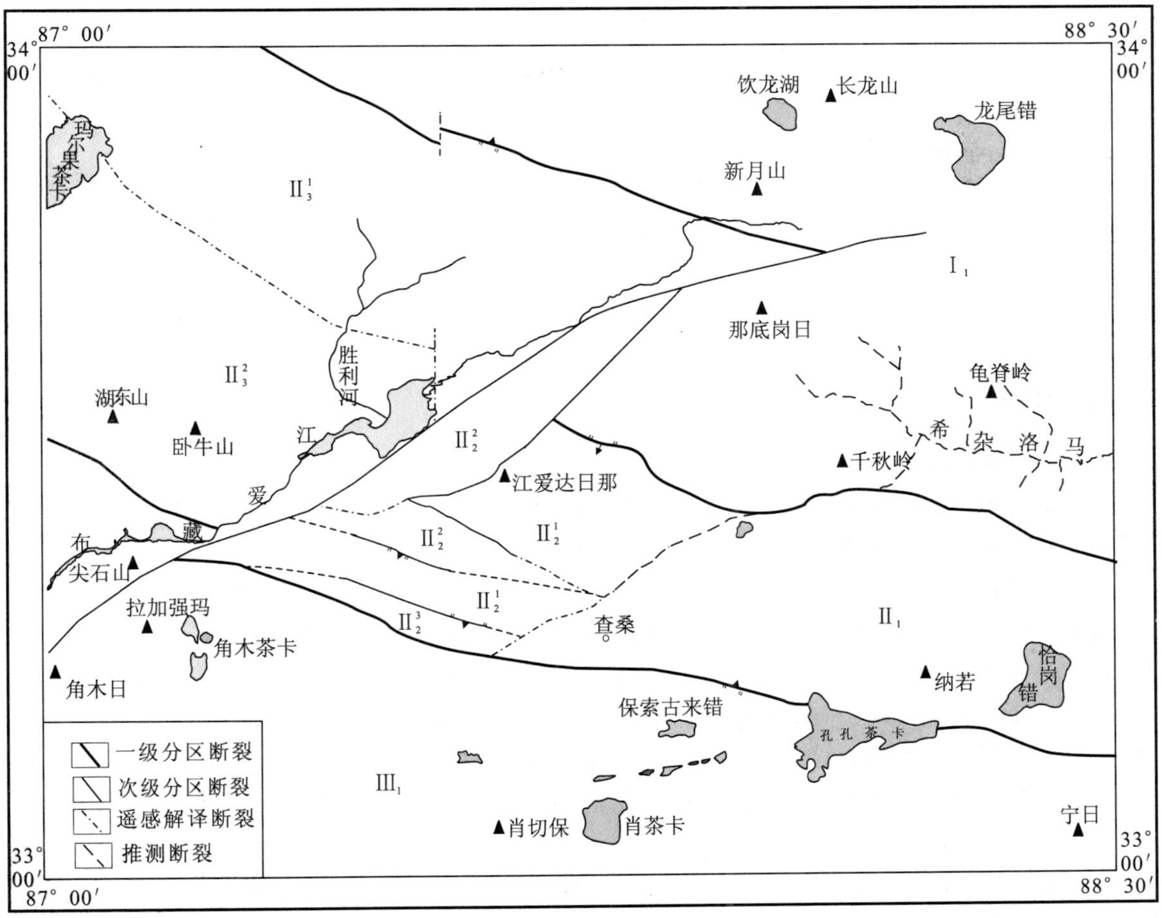

图 5-1-6　测区次级构造单元分区图
（图中次级构造单元代号见表 5-1-1）

第二节　各次级构造单元地质构造特征

一、北羌塘陆块

（一）构造单元基本特征

测区北部为北羌塘陆块，其南部边界是长蛇山-奇嵘山断裂，向北西延入黑虎岭幅，向东延入吐错幅。北羌塘陆块出露地层由老至新为下侏罗统那底岗日组，中侏罗统雀莫组、布曲组、夏里组，上侏罗统索瓦组、白龙冰河组，上侏罗统-下白垩统雪山组，古近系始新统康托组、唢呐湖组以及第四系。

区域上，北羌塘陆块可以划分为南缘断褶带、中部褶皱带、北缘冲断带 3 个次级构造单元。测区仅出露南缘断褶带，构造样式总体表现为以下侏罗统那底岗日组为背斜核部的大型复背斜。以希杂日北断裂（F_{57}）为界，可进一步划分出两个次级单元，即北侧的龙尾错复背斜和南侧的那底岗日复背斜（图 5-2-1）。龙尾错复背斜轴线主要为北西西向，那底岗日复背斜主要为东西向（图 5-2-2）。

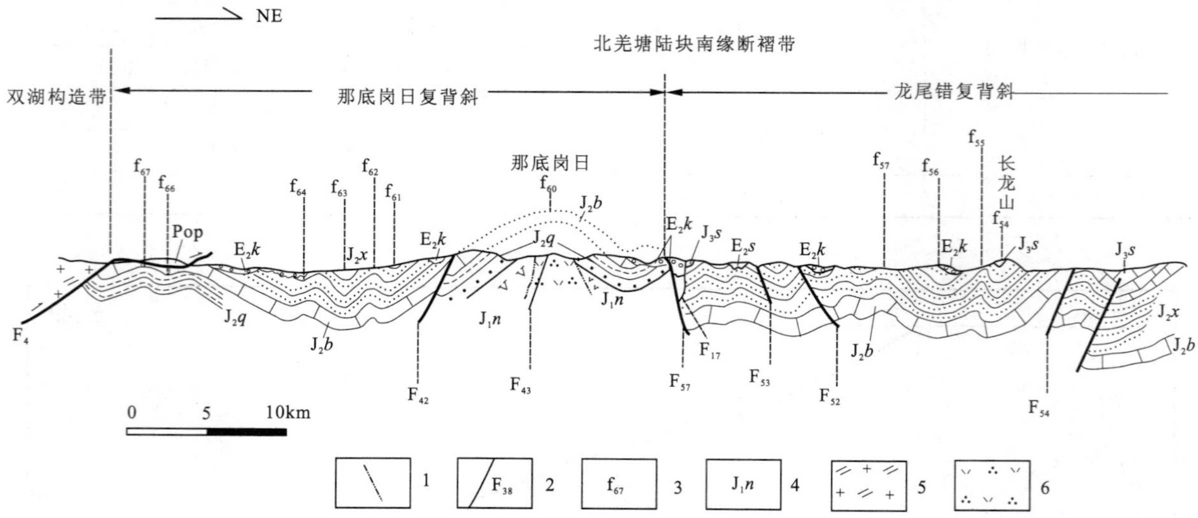

图 5-2-1　北羌塘陆块南缘断褶带构造剖面图

1. 岩体侵入界线；2. 断层及编号；3. 褶皱编号；4. 地层代号；5. 二长花岗岩；6. 石英斑岩

1. 褶皱构造特征

北羌塘陆块南缘断褶带褶皱构造较发育，总体具有以下 6 个明显特征：

（1）具区域规模的主级褶皱和翼部伴生的次级褶皱多级组合，总体为一大型复背斜。核部地层为下侏罗统那底岗日组，翼部地层主要为中侏罗统夏里组。

（2）按照其轴向可以分为东西向、北西向、北东向、南北向褶皱，局部还出现褶皱叠加现象。从区域动力学分析，区内不同构造层褶皱主体受南北向挤压体制制约，特别是时代较老的构造层经历了多期南北向挤压短缩变形，其现今褶皱形态和组合方式是多期构造近于共轴叠加的结果。褶皱轴向主要为东西向、北西西方向，在向阳湖东呈北东向，在新月山、奇嵘山零星见南北向褶皱。

（3）靠近南部双湖构造混杂岩带褶皱分布密度较大，形态也较为紧闭，而向北褶皱密度相对较小，形态也较为开阔。褶皱绝大部分属于平行褶皱，同一褶皱的各层在厚度上基本保持一致，具等厚特征。

（4）大部分褶皱属于开阔褶皱和平缓褶皱，其翼间角大多在 80°～120°之间，转折端大多圆滑，属中等偏弱变形强度。个别地段可见较为紧闭的褶皱。侏罗系中多为开阔褶皱和平缓褶皱（图 5-2-3），古近系地层中多为平缓褶皱（图 5-2-4）。

（5）褶皱轴面以近直立为主，具有向南或向北微倾，少数褶皱轴面倾向北北东、北北西或南南西、南南东，仅个别褶皱轴面西倾或东倾。这说明褶皱轴向以近东西向占绝对优势，并以直立褶皱为主，仅少数走向北北西-北西或北北东-北东，反映形成时挤压作用方式以南北向挤压为主。绝大多数褶皱枢纽倾伏方向为近东或近西，极少数倾伏方向为北西-南东或北东-南西。个别倾伏方向近南北。倾伏角均很小，近于水平。反映区内以水平褶皱为主，少数为微倾伏褶皱。

（6）褶皱在横剖面上总体特征显示背斜相对向斜宽度小，而向斜则大多宽缓；转折端平坦、开阔，为“类隔挡”式褶皱。另外，复背斜、复向斜极为常见。平面上以平行成带排列为主。单个褶皱长短轴比值较小，大多在 3～10 之间，为短轴褶皱，少数褶皱长短轴比超过 10，呈线状褶皱，个别褶皱长短轴比小于 3，显示为穹窿状构造。

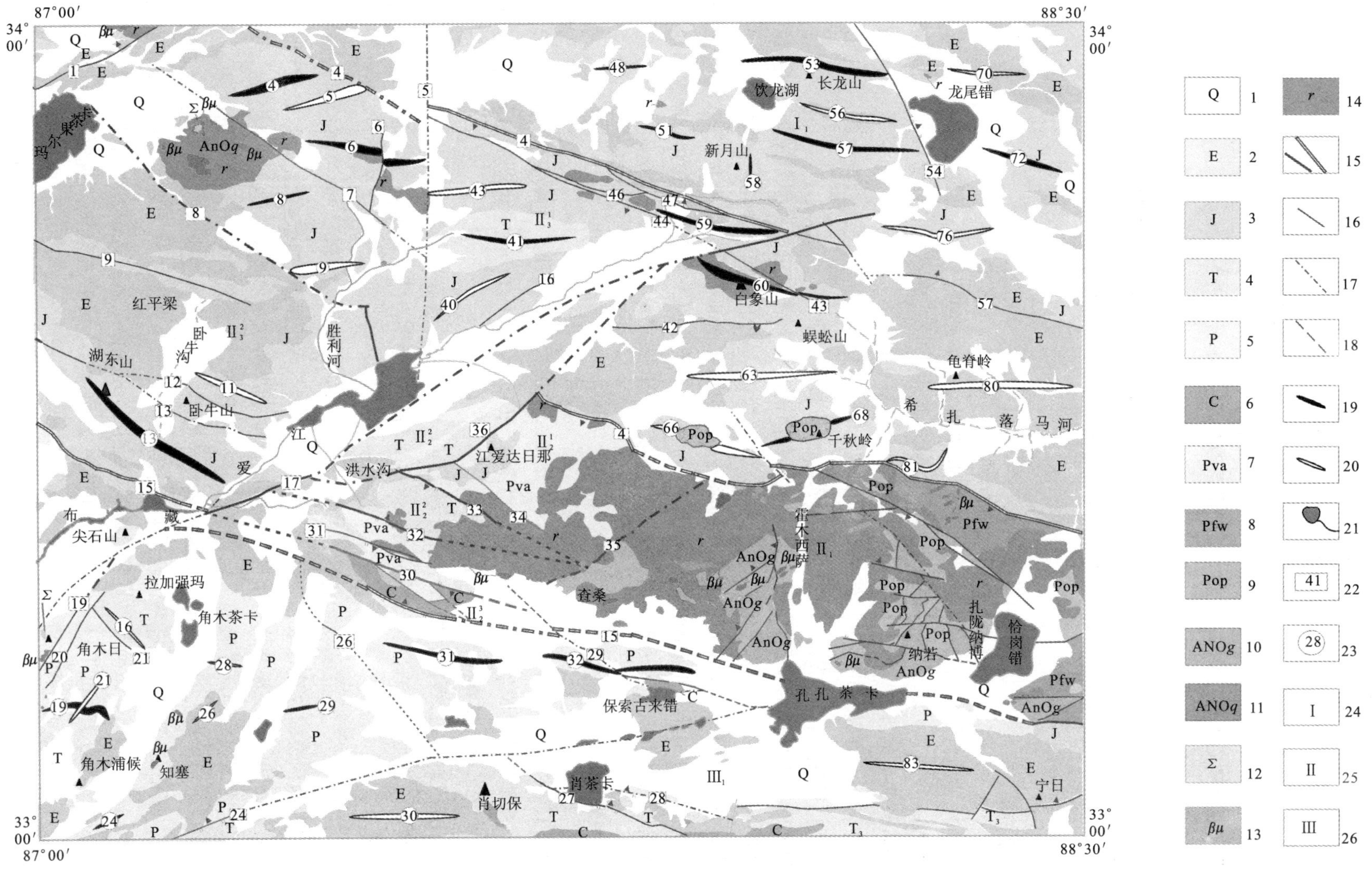

图 5-2-2 江爱达日那幅地质构造纲要图

1.更新统/全新统;2. 古近纪构造层;3.侏罗纪构造层;4.三叠纪构造层;5.二叠纪构造层;6.泥盆、石炭纪构造层;7.二叠系弧火山岩片;8.复理石岩片;9.蛇绿混杂岩片;10.前奥陶系褶皱基底;11.前奥陶系结晶基底;12.超基性侵入岩;13.基性岩脉(墙);14.中酸性侵入岩;15.分区断裂;16.实测断裂/韧性剪切带;17.遥感解译断裂;18.推测断裂;19.背斜构造;20.向斜构造;21.河流及湖泊;22.断层编号;23.褶皱编号;24.北羌塘陆块;25.双湖构造混杂岩带;26.南羌塘陆块

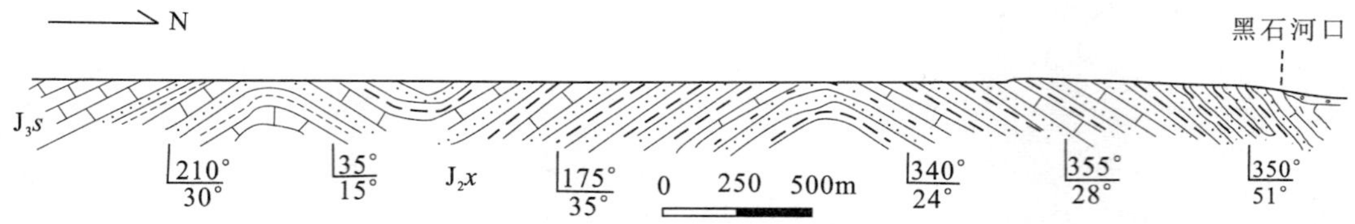

图 5-2-3　龙尾错黑石河一带夏里组路线地质剖面示意图

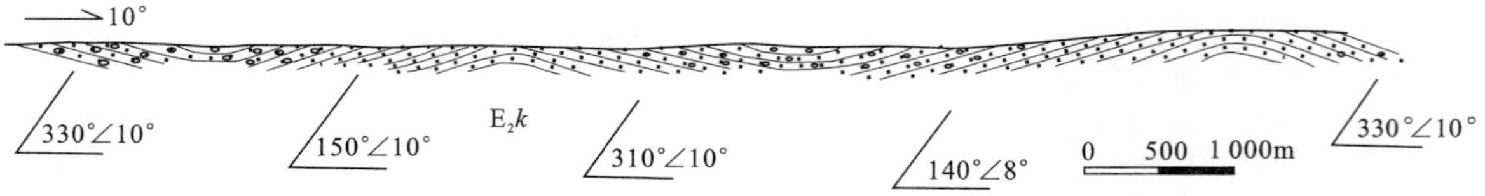

图 5-2-4　龟脊岭北古近系康托组路线地质剖面示意图

2. 断裂构造特征

（1）断裂构造以北西西向为主，其次为东西向和北西向。北西西向断层不但规模大而且数量多，居本区构造格架的主导地位，其性质多为断面南倾、向北逆冲断层。断层大多数都具有明显的破碎带，与两侧岩块有较明显的界线。断层岩的碎裂结构清晰，多为角砾岩、碎裂岩、断层泥，可形成挤压构造透镜体、劈理化。在新月山、龙尾错一带尚有近南北向断层明显地错断北西向断层。遥感影像特征显示，龙尾错西断层（F_{54}）为控制龙尾错湖泊的活动型新构造断裂。

（2）规模较大的断裂往往是具有多期活动性，如北西西向断裂和北东东向断裂是羌塘盆地的基底断裂，MT、航磁解译表明，羌塘盆地的基底被北东东、北西西向两组共轭断裂相互切割成若干个菱形的凸起和凹陷，以后每次构造运动都有其表现的踪迹。喜山期在南北向挤压应力作用下，北西西向断裂表现为继承性逆冲，而北东东向断层却表现为左行走滑切割北西西、北西以及东西向断层。

（3）北西西向断裂在剖面上多表现为叠瓦型排列组构。

（二）边界断裂特征

长蛇山-奇峰山断裂（F_4）：该断裂呈北西西向展布于三角坪、长蛇山北、奇峰山一线，地表长达110km以上，被后期断层改造呈现较复杂的面貌。空间分布上看，长蛇山-奇峰山断裂（F_4）被南北向方湖断裂（F_5）、北东向江爱藏布断裂（F_{17}）分成3段。

长蛇山-奇峰山断裂（F_4）西段，隐伏于古近系之下，这从古近系不整合界线呈北西西向线性分布以及南侧发育中晚侏罗世酸性岩浆岩等特征可以看出。另在航磁异常图上亦有显示，表现为沿线存在一条正负磁异场分界。

长蛇山-奇峰山断裂（F_4）中段，断裂线性特征十分明显，并与F_{44}、F_{46}、F_{47}等断层平行展布。断面向南倾，受到后期构造的改造，倾角较陡，一般为60°～70°，断面具波状起伏，常形成宽约数十米的破碎带，带内碎裂岩、断层泥、构造角砾岩，岩石片理化及揉皱变形现象普遍，断裂上盘老地层覆盖于下盘新地层之上，显示逆断层性质。南侧沃若山一带出露上三叠统，而北侧侏罗纪以来的地层发育，说明燕山期以来由南向北挤压而引发的大规模逆冲推覆，造成南盘上升遭受长期剥蚀，而北盘下降接受沉积。沿北西西向断裂带，有燕山晚期酸性岩浆侵位，而在岩体侵位之后，又被这些断层切错，显然，此组断层在侏罗纪的活动导致岩浆沿断裂带定位。还有多处古近系康托组呈北西西向狭长带状展布并被断层改造。石头嘴北D1422地质点见南侧索瓦组（J_3s）中厚层状泥晶灰岩盖于北侧康托组（E_2k）紫红色灰质砾岩、含砾粗砂岩之上。

长蛇山-奇峰山断裂（F_4）东段，分布于乱石沟—奇峰山一线，在大地电磁测深剖面（1线）上其南侧双湖构造混杂岩带对应的高阻块体呈倒三角形，表明该边界断裂断面向南倾。地表在千秋岭一带该断裂以北尚有南侧变质岩的推覆体分布，亦表明其向北逆冲推覆。受其影响，北侧侏罗系地层中褶皱较为紧闭，局部出现轴面南倾的同斜倒转褶皱。奇嵘山南（D3209 地质点）断裂北侧为布曲组（J_2b）灰色中层状泥晶灰岩夹生物碎屑泥晶灰岩，岩石大部分呈残坡积碎块沿山坡分布。南侧见较多二叠纪灰色、灰绿色玄武岩、劈理化玄武岩坡积碎块分布。地貌上两者沿南东-北西向冲沟分界，线性特征明显。红土梁南（D1847 地质点）断裂南侧为二叠纪灰绿色安山玄武岩夹灰白色中厚层状含生物碎屑灰岩，断裂北侧为索瓦组（J_3s）灰色中层状泥晶灰岩，岩石较为碎裂，灰岩中方解石脉发育。断面向南倾，断层下盘索瓦组泥晶灰岩中形成一系列轴面向南倾斜、枢纽近水平的小型背向斜构造，为一由南向北的逆冲断层（图 5-2-5）。

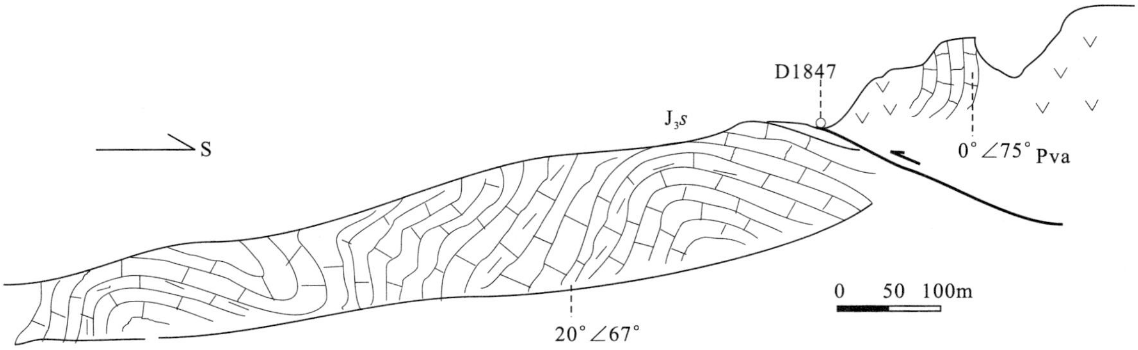

图 5-2-5 江爱达日那山北坡红土梁南长蛇山-奇嵘山逆冲断裂素描

（三）构造形迹

1. 褶皱构造

北羌塘陆块南缘断褶带构造形迹以褶皱为主。褶皱构造主要分布于侏罗系构造层中，统计结果显示，具有一定规模的褶皱构造有 39 个（表 5-2-1、图 5-2-6）。下面分别描述主要褶皱构造的展布和形态特征。

表 5-2-1 测区北羌塘陆块南缘断褶带主要褶皱特征一览表

编号	地理位置	类型	地层时代		两翼产状			轴面倾向	枢纽产状	翼间夹角	规模（km）	
			翼部	核部	西部	中部	东部				长	宽
35	乱石沟北	向斜	E_2s	E_2s	180°∠20° 330°∠40°		240°∠15° 330°∠30°	90°		120°	8	
36	乱石沟北		E_2k	E_1k	10°∠25°	340°∠75°	176°∠20° 330°∠22°	68°		138°		
37	白象山南西		E_2k	E_1k			115°∠15° 300°∠24°	30°		141°		
46	向阳湖东	背斜	J_3s	J_3s		280°∠70° 110°∠25°		50°			6	2
47	向阳湖东	向斜	J_3s	J_3s		170°∠35° 330°∠32°		66°			4	2
48	马鞍山东	背斜	J_3s	J_2x		170°∠35° 330°∠34°		90°			6	2
49	马鞍山东	向斜	J_3s	J_3s		226°∠50° 15°∠65°		270° 209°∠82°	296°∠22°	71°	5	2.2
50	马鞍山东		J_3s	J_3b		80°∠82° 330°∠40°	290°∠35°	360°			5	3
51	黑尖山西	背斜	J_2x	J_2x		325°∠70° 220°∠47°		102° 177°∠76°	254°∠42°	93°	1.8	0.4
52	长蛇山南		J_2x	J_2x		355°∠58° 196°∠49°		94°			>4	2
53	小龙山		J_2b	J_2x		20°∠46° 195°∠48°		95° 18°∠89°	107°∠3°	86°	15	3

续表 5-2-1

编号	地理位置	类型	地层时代		两翼产状			轴面倾向	枢纽产状	翼间夹角	规模 (km)	
			翼部	核部	西部	中部	东部				长	宽
54	长龙山	向斜	J_2x	J_3s	20°∠35°	195°∠33° 39°∠58°	200°∠40° 30°∠45°	98° 210°∠70°	122°∠11°	91°	17	4
55	长龙山南	背斜	J_2x	J_2x	20°∠35° 210°∠44°	20°∠56° 190°∠26°	190°∠50° 30°∠25°	102° 20°∠86°	296°∠4°	101°	13	2
56	长龙山南	向斜	E_2k J_2x	E_2k	210°∠44° 24°∠28°	170°∠20° 10°∠40°	190°∠26° 20°∠38°	100° 28°∠82°	298°∠2°	108°	14	2
57	龙尾错	背斜	J_2x	J_2x	20°∠35° 200°∠43°	40°∠20° 153°∠15°	351°∠30° 181°∠31°	103° 192°∠87°	102°∠10°	151°	22	1
58	新月山南东		J_2x	J_2x		340°∠40° 35°∠60°		360° 260°∠70°	33°∠40°	135°	1.7	0.5
60	白象山		J_2x J_2q	J_2q J_1n	220°∠48°	15°∠37° 160°∠25°		114° 178°∠79°		117°	15	8
61	紫阴山南	向斜	J_2x	E_2k	170°∠42° 340°∠32°	200°∠20° 12°∠34°		87° 190°∠87°	284°∠2°	126°	13	3
62	麻丝河	背斜	J_2x	J_2x	320°∠38° 150°∠20°	9°∠34° 185°∠26°		90° 174°∠86°	98°∠1°	120°	13	4
63	5109 高地	向斜	J_2x	J_2x	178°∠26° 330°∠12°	210°∠18° 355°∠24°		88° 190°∠88°	258°∠4°	142°	15	3
64	千秋岭北西		J_2x	J_2x		132°∠24° 18°∠40°		80° 170°∠80°	88°∠18°	126°	10	2
65	千秋岭北西		J_2x	J_2x		150°∠58° 330°∠45°		80° 330°∠78°	66°∠0	77°	12	2
66	天际湖北	向斜	J_3s	J_3s	130°∠13° 30°∠25°		220°∠32° 5°∠27°	100°				
67	天际湖北	背斜	J_3s	J_3s	30°∠25° 160°∠32°		0∠32° 180°∠28°	90°				
68	千秋岭北		J_2b	J_2b	330°∠43° 190°∠43°	170°∠22° 10°∠39°	10°∠40° 170°∠38°	75°			16	8
69	龙尾错北东	向斜	J_3s	J_3b	220°∠32°	220°∠55° 15°∠57°		110°			>8	
70	龙尾错北东		E_2k	E_2k		170°∠20° 25°∠25°		90° 193°∠88°		135°	>7	4
71	龙尾错东		J_3b	J_3b		210°∠37° 18°∠36°		113° 24°∠90°	294°∠4°	107°	>10	2
72	龙尾错东	背斜	J_3s	J_2x	20°∠57° 204°∠23°			106° 201°∠73°	291°∠1°	100°	>7	2
73	龙尾错东南	向斜	J_2x	J_3s		210°∠30° 30°∠48°	13°∠41°	88°			>6	2
74	龙尾错东	背斜	J_3s	J_2x	190°∠35° 30°∠38°	170°∠51°	170°∠57° 15°∠44°	95°			>10	2
75	龙尾错南		J_2x	J_2x	30°∠46° 220°∠35°	10°∠50° 170°∠30°	351°∠55° 170°∠48°	110°			>13	2
76	友谊泉东	向斜	J_2x	J_3s	30°∠24° 190°∠50°	10°∠12° 190°∠20°	330°∠43° 170°∠45°	100°			18	3
77	友谊泉南东		E_2k	E_2k	175°∠28° 340°∠25°	160°∠30° 12°∠47°		90°			21	4
78	龟脊岭北		E_2k	E_2k	170°∠8° 340°∠7°	190°∠24° 10°∠16°	180°∠12° 350°∠30°	90°			16	
79	龟脊岭	背斜	E_2k	E_2k	10°∠10° 208°∠16°	355°∠32°	20°∠35° 208°∠70°	95°			26	
80	龟脊岭南	向斜	E_2k	E_2k		208°∠70° 355°∠25°		90°			14	
81	奇峡山		J_2b	J_2b	350°∠50° 160°∠32°	220°∠30° 35°∠37°	135°∠35° 170°∠38°	110°				
82	奇峡山		J_2b	J_2b		135°∠35° 185°∠30°		130°∠80°	166°∠21°	158°	4	7

注：两翼产状数据第一行为北翼，第二行为南翼，走向上按西、中、东 3 段采集（下同）

图 5-2-6 1∶25万江爱达日那幅构造形迹分布图

1.一级分区断裂；2.二级分区断裂；3.实测断裂/韧性剪切带；4.遥感解译断裂；5.推测断裂；6.向斜构造；7.背斜构造；8.褶皱编号；9.断裂编号；10.河流及湖泊

1）龙尾错复背斜

该复背斜位于测区北部，背斜两端被龙尾湖和饮龙湖大片第四系覆盖。以长达22km的f_{57}号背斜为主背斜，南翼受断裂改造，次级褶皱规模较小，北翼包括f_{52}、f_{53}、f_{54}、f_{55}、f_{56}等大小不等之背、向斜。卷入地层全为中侏罗统夏里组，岩石主要为灰绿色砂泥质岩夹灰岩。褶皱轴向总体近北西西，中偏西部受南北向构造叠加而向南微凸，西段受F_{50}断层影响而偏为北西向。两翼倾角大多小于40°，大部分翼间角在120°～150°之间，轴面近直立（倾角80°～87°），背斜枢纽向东或向西起伏（倾伏角5°～18°），属平缓型线状复式褶皱。复背斜南翼虽因断裂改造而未能标识与北翼规模相当的次级褶皱，但多数规模较小的次级褶皱一翼或两翼倾角变陡，翼间角仅80°～101°，或为不对称形态，显示出轴面向南倾的Z形样式，据区域上侏罗系中褶皱幅度由地表往下变小的特点推测，此复式背斜在下部可能变为一个平缓大背斜或箱状背斜。

（1）f_{57}号背斜：东段轴向呈东西向，形态平缓正常，北翼宽2～2.5km，倾角多小于30°，南翼次级褶皱较北翼发育，西段受F_{52}影响轴向偏转为北西西向，两翼倾角增大达35°～43°，中段向南突出呈弧形。核部出露夏里组下部杂色砂泥岩（东段）或灰绿色砂泥岩。东端枢纽总体向东倾伏，倾伏角4°～13°，西端被第四系掩盖而不清，是一个规模大且未受破坏，深部有布曲组（J_2b）、雀莫错组等生烃岩系和储集岩系的重要背斜构造圈闭。该背斜两翼倾角缓，属于平缓开阔型，而发现沥青脉的地区正好位于该背斜的范围内。该区域储盖组合对油气的储集保存是非常有利的。

（2）f_{56}号向斜：是龙尾湖复背斜中另一个规模较大的向斜，居主背斜（f_{57}）之北侧，其长度大于14km（东端被龙尾湖覆盖）。该向斜的特点是核部为古近系始新统康托组，其与下伏夏里组为不整合覆盖，但褶皱变形比较协调，北翼倾角仅比下伏夏里组中稍缓（5°）。其轴向100°，翼间夹角108°。

2）黑尖山南褶皱群（f_{48}、f_{49}、f_{50}、f_{51}、f_{58}）

位于龙尾错复背斜的西南部。此褶皱群依轴向由东往西可分为三段，共有大小背斜13个，主要褶皱轴向呈近东西向，中段有南北向褶皱叠加（图5-2-7）。在叠加区内东西向褶皱形迹变得不明显，出现了一部分南北向的穹状或短轴背向斜。

3）那底岗日复背斜

测区内指F_{57}以南，F_4以北的那底岗日、龟脊岭、夷泯曲一带。褶皱近东西向展布。在那底岗日有较大规模的石英斑岩岩体沿复背斜核部侵入占据。复背斜北翼受F_{57}、F_{43}逆冲断裂改造破坏，南翼发育较好，尤其是蜈蚣山、千秋岭一带的侏罗系构造层中密集出现东西向展布的褶皱，且不论背斜还是向斜的轴面均向南倾。主要褶皱有如下几个。

（1）麻丝河背斜（f_{62}）：位于紫阴山南，长约13km，宽约4km，由夏里组砂岩、泥岩组成。东端被第四纪沉积物覆盖，西端转折端产状285°∠15°、250°∠20°。东段北翼产状9°∠34°，南翼185°∠26°，轴面产状174°∠86°，枢纽98°∠1°，翼间角120°，西段北翼产状320°∠28°，南翼产状150°∠20°，轴面168°∠86°，枢纽235°∠1°，翼间角132°，从产状数据可知该背斜向东西两端倾伏，轴面向南陡倾。

（2）千秋岭北背斜（f_{68}）：位于千秋岭北，轴线呈向南略凸出的弧形。东西长约16km，宽8km。在卫片上也有清晰的显示，平面上呈椭圆形，好似穹隆。两翼布曲组地层产状变化较大，向两端倾伏，倾伏角8°～18°，在背斜核部部位分布有二叠系大理岩和石英片岩等变质岩系，这些变质岩本身并不构成千秋岭背斜构造的核部。真正构成千秋岭短轴背斜核部地层的是布曲组灰岩，由灰岩构成一个背斜型圈闭构造。布曲组与变质岩间呈断层接触关系。野外追索发现，二叠系变质岩实际上位于千秋岭背斜翼部发育的次级向斜之上。在其西侧，二叠系变质岩则完全位于向斜（f_{66}）核部部位，地形上亦处于相对高的地带，沿两者接触面还发现，下伏布曲组灰岩中发育沿次级断裂的铅锌矿化。

（3）奇嵘山复向斜（f_{81}）：奇嵘山复向斜北西被第四纪沉积物覆盖，其南为双湖构造混杂岩带二叠纪变质岩，组成该褶皱的地层为布曲组，其岩性为泥晶灰岩、泥灰岩、生物碎屑灰岩、藻灰岩等。两翼产状变化较大，沿褶皱两翼追索，发现组成向斜两翼的地层产状相背或相对（图5-2-8）。奇嵘山复向斜是在原来东西向向斜的基础上，再次受后期应力作用形成的叠加褶皱。

龟脊岭一带以广泛发育古近纪构造层并主要为东西向宽缓褶皱为特征，以构造形迹图上标识出的

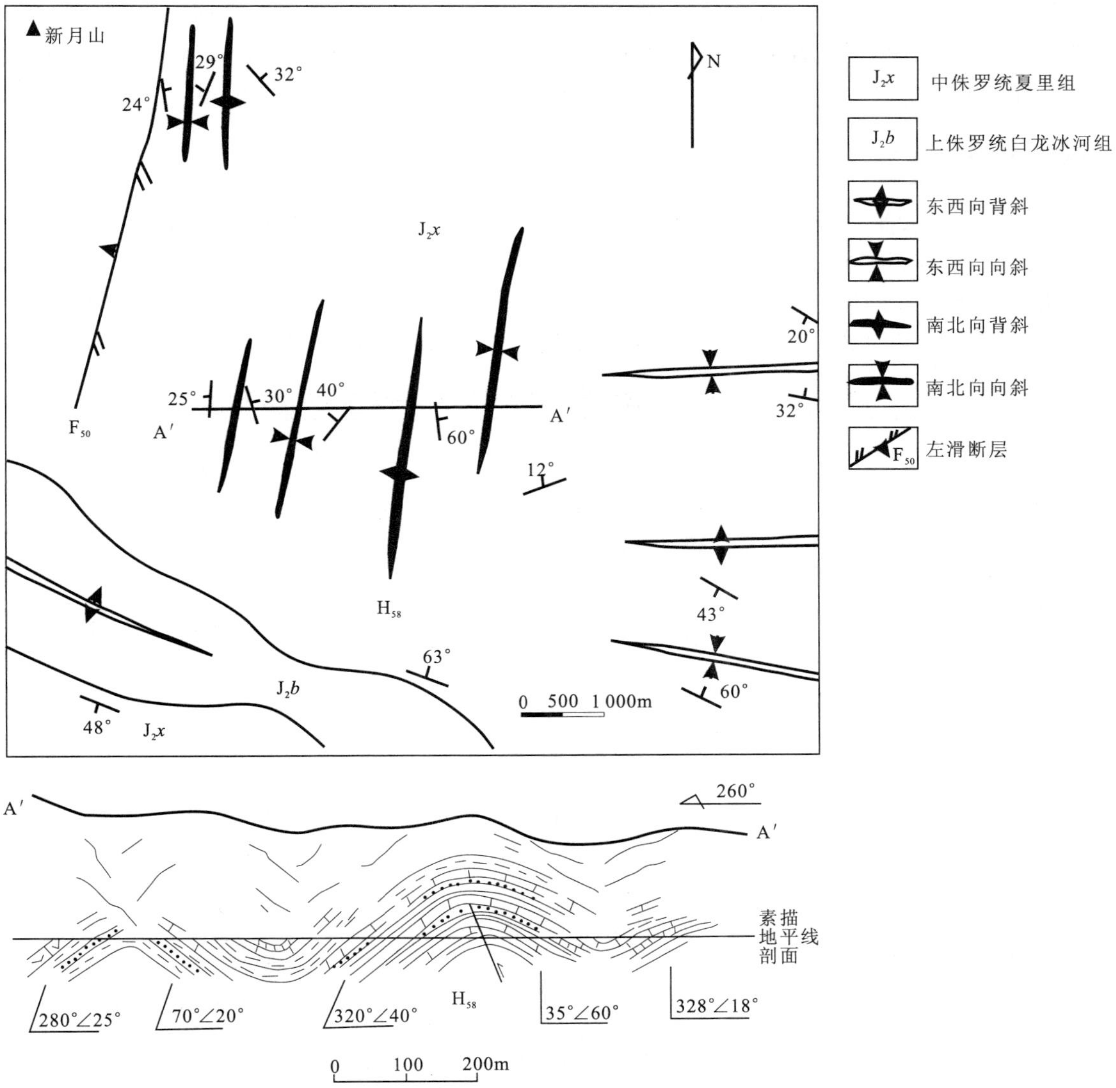

图 5-2-7　新月山南北向褶皱特征示意图

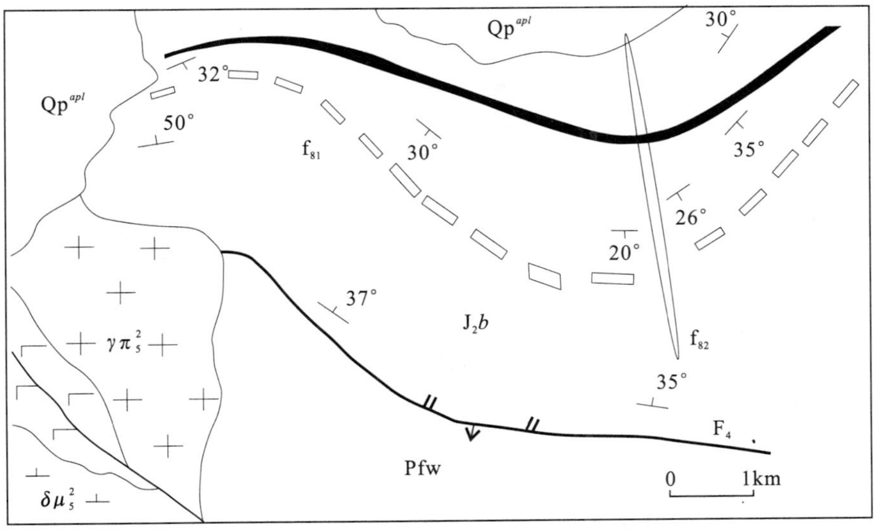

图 5-2-8　奇崃山叠加褶皱平面图

f_{78}、f_{79}、f_{80}号褶皱为代表，为轴面直立，东西走向的宽缓褶皱类型；夷泯曲一带虽然也是以古近纪构造层发育为主，但由于受江爱藏布断裂以及东部的侏罗纪构造层基底的影响其褶皱样式较为复杂，其南部靠近双湖构造混杂岩带北侧岩层产状向北陡倾，褶皱轴向近东西向（以 f_{35}号褶皱为代表），北部见北东向、北北东向宽缓褶皱（以 f_{36}、f_{37}号褶皱为代表）。

2. 断裂构造

断裂以北西西向为主，多为断面向南倾的逆冲性质，断层绝大多数都具有明显的破碎带，与两侧岩块有较明显的界线，构造岩的碎裂结构清晰，多为角砾岩、碎裂岩、断层泥，可形成挤压构造透镜体、劈理化。在新月山、龙尾错一带尚有近南北向断层，其错断北西、北东向断层。比较大的有代表性的断裂有 17 条（表 5-2-2，图 5-2-6）。下面分别描述主要断裂的展布和形态特征。

表 5-2-2 测区内北羌塘陆块南缘断褶带主要断裂特征一览表

编号	断裂名称	长度(km)	走向	倾向	性质	特征简述
4	长蛇山-奇嵘山	110	100°	S	逆冲推覆	北为中生代地层，南为双湖构造混杂岩带，详见正文。
39	千秋岭西		环形		推覆断裂	呈环形，古生代变基性岩飞来峰耸立于中生代地层组成的向斜 f_{66}之上。
40	千秋岭		环形		推覆断裂	呈环形，古生代变基性岩飞来峰耸立于中生代地层组成的复背斜 f_{68}之上。沿断裂带见铅锌矿化。
41	天鹤湖	10	310°		左行	错移 F_{38}以及千秋岭复背斜 f_{68}、f_{67}。
42	蜈蚣山	30	90°	N	逆冲	遥感解译断层，其对南北两侧褶皱样式、南侧新生代古近纪盆地有明显控制作用。
43	白象山北	40	320°		右行	北段破坏白象山背斜 f_{60}，中、南为遥感解译断层。
48	鸭子泉北	10	65°			南侧为 J_3s，北侧为 J_2x。产状相抵。G14271 控制。
49	黑尖山	9	90°	S	逆冲	北盘为 E_2k，南盘为 J_2x，发育牵引褶皱。
50	新月山东	20	10°	W	逆冲	断层发育于 J_2x 中，带宽 50～80m，带内地层破碎严重，产状较乱，斜向擦痕，东盘岩层被拖曳而陡立，远离断层产状恢复正常。
51	小龙山北	25	100°	S	逆冲	北盘为 E_2k，南盘为 J_2x，东部被 F_{54}右行错移。D1805 点北为康托组紫红色厚层状灰质砾岩，点南布曲组灰色中层状生物碎屑灰岩。点处岩石碎裂岩化明显，见 1m 破碎带。布曲组灰岩覆盖在康托组砾岩之上。卫片上线性特征明显。为一逆断层。
52	饮龙湖南	14	120°	N	逆冲	两盘均为 E_2k、J_2x，但北东盘 E_2k 向南东错移约 2.5km，南盘产状陡立。南端被 F_{53}所限。D1814 点北东为夏里组下部灰绿色、细粒岩屑长石砂岩、泥岩，南西为夏里组中部灰色中层状泥晶灰岩、钙质泥岩。点处岩石碎裂岩化明显，见 10m 破碎带，地貌上表现为负地形，卫片上线性特征明显，断层走向为北西-南东向。
53	饮龙湖南	20	75°		逆冲	两盘均为 E_2k、J_2x，推测从属 F_{17}走滑断裂。
54	龙尾错西	25	155°	E	正	遥感解译断层，控制第四系。
55	龙尾错东	10	130°	SW	逆冲	南侧为 J_3s，北侧为 J_3b。断层带内岩层十分破碎，方解石脉发育，两侧岩层产状相抵。中部为第四系掩盖，北端南侧见安山玢岩岩体侵入。D2211 点北为白龙冰河组泥质泥晶灰岩，点南为索瓦组中厚层状生物碎屑灰岩，索瓦组和白龙冰河组产状相交，索瓦组逆冲覆盖在白龙冰河组之上。
56	龙尾错南东	51	135°	E	右行逆冲	遥感解译断层，望龙山西通过基岩，破碎带宽 50m，带中一连串透镜状灰岩分布，斜向擦痕发育。北东盘 J_2x 灰岩直立呈墙状，F_{17}及褶皱向南水平错移 3～5km。沿断层多河谷、湖盆且有泉水出露。
57	希杂日北	30	110°	N	逆冲	东段北为 J_3s 泥晶灰岩逆冲于南侧 E_2s 之上。

1）希杂日北断裂（F_{57}）

分布于友谊泉南—希杂日北—小沙河一线，断裂走向 110°，友谊泉南一带被第四系掩盖，地表出露大于 30km，为断面向北倾的逆冲断层。东段上，北侧索瓦组（J_3s）泥晶灰岩逆冲于南侧唢呐湖组（E_2s）之上；中段断层两侧均为康托组（E_2k）紫红色厚层状砾岩，紫红色粗粒岩屑砂岩，但断层明

显破坏了 f_{77} 号褶皱，使康托组地层沿走向产状相抵。断层沿线岩石比较破碎，可见断层泥。地貌上表现为负地形。卫片上线性特征明显。

2）新月山东南北向断裂（F_{50}）

断层发育于 J_2x 中，断层带宽 50～80m，带内岩石破碎严重，地层产状较乱，斜向擦痕，东盘岩层被拖曳而陡立，远离断层产状恢复正常。新月山东见侏罗系向东逆冲（图 5-2-9）。

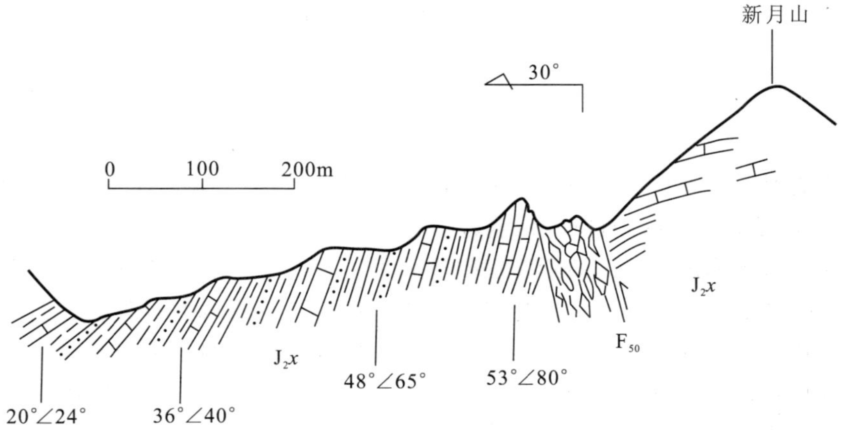

图 5-2-9　新月山东侧近南北向逆冲断层（F_{50}）横剖面图

3）龙尾错东断层（F_{55}）

分布于望龙山—龙尾错东一线，地表出露长度大于 10km，走向 130°，中部为第四系掩盖，属断面倾向南西的逆冲断层。北端望龙山一带南侧上盘为中侏罗统夏里组，其中见闪长玢岩岩体侵入，北侧断层下盘为康托组。东南段南侧为索瓦组，北侧为白龙冰河组。断层带内岩石十分破碎，方解石脉发育，两侧岩层产状相抵。龙尾错东 5423 高地北坡（D2211 地质点）北为白龙冰河组灰色薄中层状泥晶灰岩、泥质泥晶灰岩。点南为索瓦组灰、浅灰色中厚层状夹薄层状泥晶灰岩为主，夹深灰色中薄层状生物碎屑灰岩。点处索瓦组和白龙冰河组产状相交；索瓦组逆冲覆盖在白龙冰河组之上。

4）饮龙湖南断层（F_{52}）

断层走向为北西-南东向（120°），南端被北东东向断层 F_{53} 所限，北西端被饮龙湖第四系掩盖，地表出露 14km。断层面向北陡倾，为逆冲断层，与南 2km 的另一条同向断层组成对冲式构造。断层构成北东侧龙尾错复背斜与南西侧黑尖山褶皱群的分界。自东向西依次由 D1814、G1138、G15484 等地质点控制，断层两盘均为康托组和夏里组地层，但北东盘康托组地层向南东错移约 2.5km，南盘产状陡立。沿线北东侧夏里组灰绿色细粒岩屑长石砂岩、泥岩与南西侧夏里组灰色中层状泥晶灰岩、钙质泥岩间见构造破碎带 10m，破碎带中见碎裂岩分布，地貌上表现为负地形，卫片上线性特征明显。

二、双湖构造混杂岩带

其北界为长蛇山-奇嵘山逆冲推覆断层（F_4），南以查桑逆冲推覆断层（F_{15}）为界。双湖构造混杂岩带以断续分布的蓝闪石高压变质矿物和构造混杂岩片以及零星分布的前奥陶系变质岩系为标志，经历过复杂的洋-陆、盆-山转换过程以及海西期、印支期、燕山期和喜山期构造运动的叠加改造，使不同时期、不同大地构造相的地质体拼合、混杂在一起，组成现今极为复杂的构造混杂岩带。在该混杂岩带内识别出若干次级构造单元（参见表 5-1-1，图 5-1-6）。

根据区域资料，双湖构造混杂岩带最新一次变质作用为 216～223Ma 的一次高压低温变质作用，以后没有再发生区域变质作用，区域性地壳运动由强转弱，中晚侏罗世北羌塘地区接受巨厚的海相磨拉石建造沉积。

燕山期中酸性侵入岩体主要分布于天鹤湖、查桑、江爱达日那、玛尔果茶卡东等地区，主要岩石类型有花岗闪长（斑）岩、二长花岗（斑）岩等，并发育规模不等的各类型脉岩。岩体分布总体走向北西西-南东东向，与区域构造线一致。在这些岩体中获得了 166～186Ma 的 K－Ar 法年龄值。燕山早期的侵入岩体与围岩的关系主要为侵入接触，另外还有断层接触。

（一）次级构造单元划分及特征

双湖构造混杂岩带由于遭受燕山期中酸性侵入岩的改造，构造形迹特征不甚清楚。但从沉积建造、火山建造、岩浆建造、变质建造和构造形迹的组合特征进行综合分析，可分出3个较大的三级构造单元，即纳若断块（$Ⅱ_1$）、江爱山断块（$Ⅱ_2$）、玛尔果茶卡断块（$Ⅱ_3$）和5个更次级（四级）构造单元。

1. 纳若断块（$Ⅱ_1$）

分布在双湖构造混杂岩带东部，西以桑琼韧性剪切带F_{35}为界，北以长蛇山-奇嵘山逆冲推覆断层F_4为界，南以查桑断裂F_{15}为界的曲捷日、纳若、扎陇纳博一带。以广泛发育晚古生代的变质岩和燕山期花岗岩为特征。地质体被各方向的断裂切割成大小不等的岩块，构造混杂块体上褶皱不发育，没有一个称得上规模的褶皱。变质岩石主要为绿泥片岩、白云石英片岩、石英岩、蓝闪大理岩、变质枕状玄武岩、变质辉长辉绿岩等，部分地段见有斜长角闪岩等。后期的岩浆岩为酸性岩，其岩石类型有花岗斑岩、英云闪长岩、二长花岗斑岩、花岗闪长岩、花岗闪长斑岩，以花岗闪长岩为主，其侵位于构造混杂带中，为构造混杂作用后之产物。从变质变形以及原岩组合差异可将该断块的变质岩归为三大类。

图 5-2-10　纳若一带前奥陶系嘎措岩组（AnOg）向北推覆在二叠纪绿片岩（Pop）之上

（1）前奥陶系嘎措岩组变质岩岩片：总体为向南中等倾斜的单斜构造，现存宏观面理为S_1。底与下伏二叠系变基性火山岩岩片（Pop）呈韧性剪切断裂接触，顶为第四系掩盖。主要为一套变质石英砂岩。该套变质砂岩岩片空间上呈一飞来峰覆盖于二叠系变基性火山岩岩片（Pop）之上（图5-2-10）。岩片以浅灰、灰黄色调、含细砾石英砂岩为主，$S_1 /\!/ S_0$。原岩可能为中粗粒含砾石英砂岩与粉砂岩组成向上变细的韵律。变质强度达绿片岩相，变质矿物以绢云母（主要为不规则条带鳞片状集合体，少量叶片状白云母）、次闪石（透闪石-阳起石，不规则集合体产于绢云母集合体条带中呈团块状）、绿帘石、绿泥石、阳起石、钠长石、雏晶黑云母为主。岩片内部发育一组顺层韧性剪切断裂及顺层褶皱，变形面为S_1（图5-2-11），呈近东西向展布的强应变带与弱应变域相间排列的格局。

（2）二叠系复理石岩片：岩石类型以变质粉砂岩和绢云母千枚岩夹大理岩、硅质岩为特征，顶底均为断层接触。构造变形主要以顺层变形现象为主，表现$S_1 /\!/ S_0$为特征，恰岗错东深灰色板岩板理发育，板理间隔小于1mm。夹于变质砂板岩中的灰白色角闪石大理岩发育以S_1为变形面形成的褶皱（图5-2-12），沿S_1面理见绢云母、白云母分布。S_2表现为非透入性褶劈理。

在奇嵘山南D1024—D1026地质路线见主要为深灰色泥质、粉砂质板岩夹中层状变质石英砂岩，局部尚夹有片理化辉石斜长透闪片岩透镜体（60m×300m），呈南西-北东向展布其间。$S_1 /\!/ S_0$总体产状向北西倾330°∠40°，发育一组线理10°∠25°～30°。在其东侧D3209—D3212地质路线中则发现面理主要呈北西西走向（D3209绿泥片岩中60°∠10°，D3212大理岩中240°∠40°）。前人在石油调查中在同一路线也标示出4个北西向背、向形构造。由于条件限制未能进一步研究，但上述现象反映该套岩石中比较复杂的变形面貌。

（3）二叠系蛇绿混杂岩岩片：分布于鄂柔、达日阿陇、霍木西萨一带，混杂带内断裂极为发育，

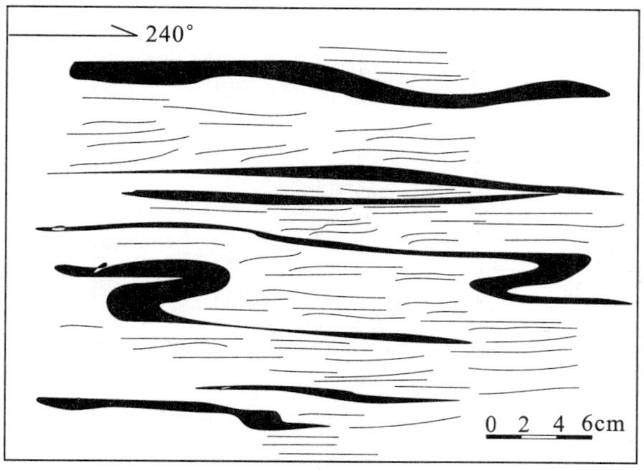

图 5-2-11　纳若北前奥陶系嘎措岩组中石英脉褶表现的顺层变形素描图

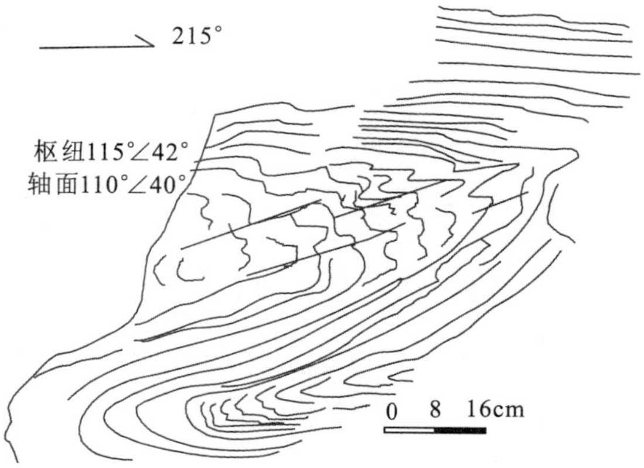

图 5-2-12　恰岗错东南 D1867 地质点附近大理岩中褶皱形态素描图

这些断裂多具多期次活动特征，将不同的地质体分割成大小不等、形态各异的块体，表现出明显的无序状态。

鄂柔一带构成混杂带的基质（主体）部分为一套变质基性岩、片糜岩，少量钠长白云母片岩夹二云母钠长片糜岩。其变质变形不均一，在部分绿片岩之弱应域中，尚能看出其原岩为玄武岩、辉长岩、火山角砾、含硅质泥岩等。其变质相为蓝闪绿片岩相，变质作用类型为中高压区域低温动力变质作用，其上叠加有后期之线性动力变质作用。岩块原岩为薄层含泥硅质岩、薄层碳酸盐岩夹硅质条带、灰绿色蚀变枕状玄武岩、辉长质碎粒岩、变质基性火山角砾岩等。变质变形较弱，原岩结构、构造保留较好。岩块与基质间为构造接触，岩块与基质间之接触关系有两种：一种为脆性断层接触，另一种为韧性剪切分割，如剖面中灰绿色绿泥阳起石片糜岩夹强烈蚀变玄武岩透镜体，两者组成强弱相间的网结状构造。沿走向与含透闪方解石片岩（图 5-2-13）、白云母片岩夹透镜状白云母石英片岩相抵，两者为断层接触。同时在岩块中未见有明显之糜棱岩化作用，而只有碎裂岩化现象，岩块间层序已不清（图 5-2-14、图 5-2-15）。

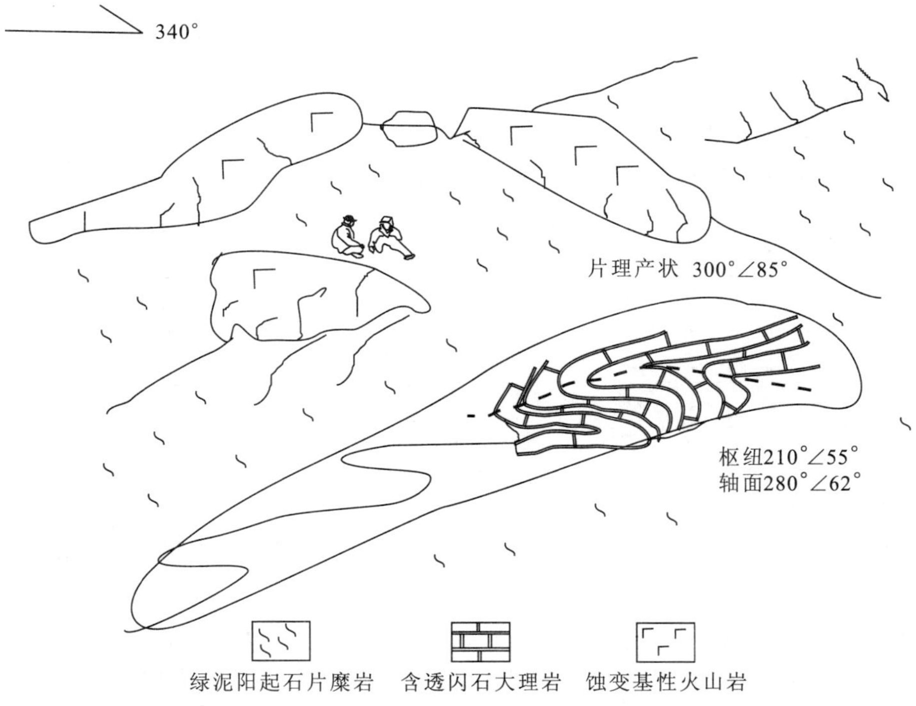

图 5-2-13　鄂柔剖面蛇绿混杂岩中大理岩岩块产状素描图

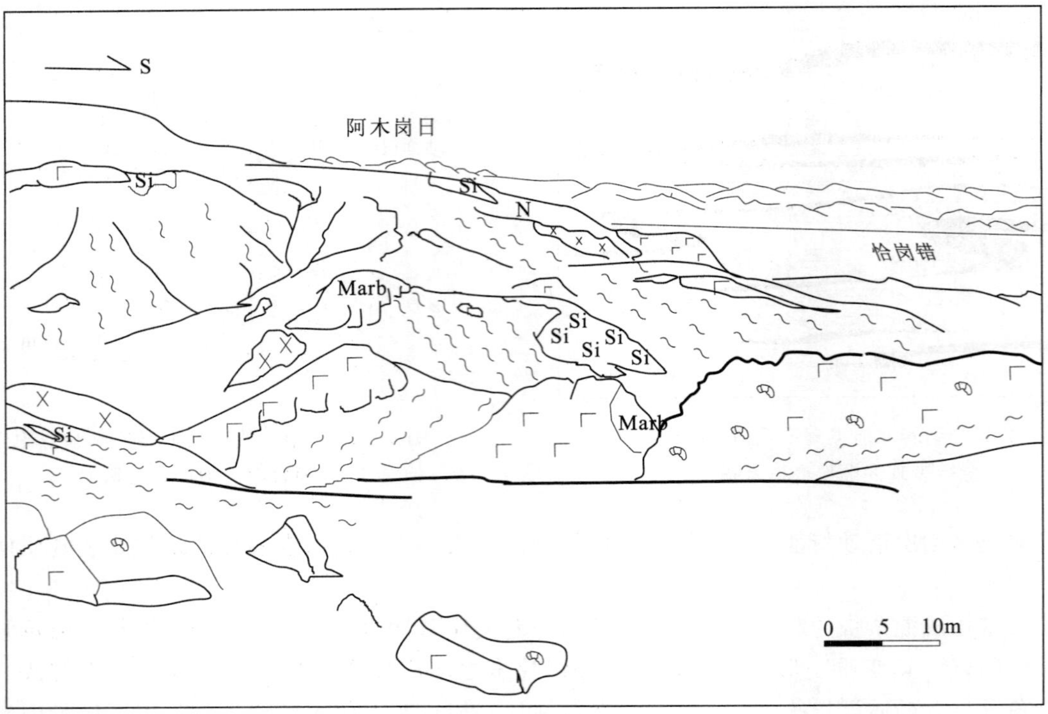

图 5-2-14　鄂柔蛇绿混杂岩地貌特征示意图

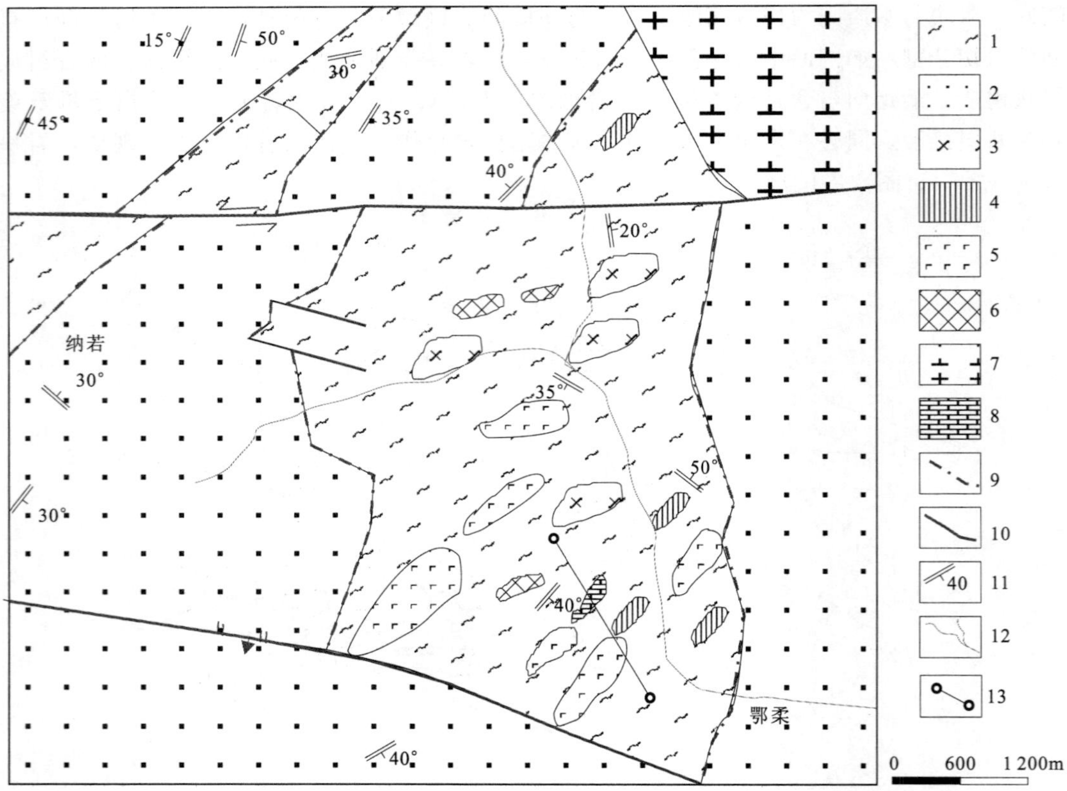

图 5-2-15　鄂柔混杂岩平面图

1. 绿泥石片岩夹蓝片岩；2. 前奥陶纪变质砂岩；3. 变辉绿岩；4. 硅质岩；5. 变玄武岩；6. 变辉长岩；7 花岗闪长岩；8. 大理岩；9. 推覆断层；10 逆冲、走滑断层；11. 片理产状；12. 河流；13. 鄂柔蛇绿混杂岩剖面

结合在剖面之东部的同一构造带上尚有超基性岩块分布，其明显具有蛇绿岩组分特征。混杂作用可能与基质发育的线性动力变质作用同期，即基质中糜棱岩的形成为混杂作用时期，而脆性断层为后

期浅表层次的构造的叠加。

在达日阿陇一带，该套变质岩空间上呈一构造岩片位于变质石英砂岩岩片之下。岩片以灰黑色调、含大量角闪石变质矿物、$S_1 // S_0$与区域上绿片岩有一定差别。该岩片原岩为玄武质熔结火山角砾岩、凝灰岩夹硅质岩、基性火山岩。其中，常见火山角砾岩与凝灰岩组成向上变细厚约 2～10m 的喷发旋回。变质强度达高绿片岩相，变质矿物以绿色角闪石、绿泥石、透闪石、阳起石、钠长石、雏晶黑云母为主。构造上呈近东西向展布的复式背形，核部受两条对冲断裂的改造，变形面为 S_1，局部已产生 S_2。

霍木西萨一带混杂岩明显为不同构造岩片叠堆混杂，岩片间现为浅表层次之脆性断层接触，断层多为逆冲性质，早期由北往南的逆冲构造带中，各岩片岩性为绿片岩、大理岩、变质硅质岩、辉长岩、蓝闪石片岩、凝灰岩等，恢复其原岩，应为玄武岩、薄层状含硅质条带灰岩、薄层硅质岩、辉长岩等，其虽现变质变形各异，但仅从岩性组合看，仍具有某些蛇绿岩组分特征。而由南往北逆冲的岩片中，其岩性较为单一，原岩为变质（含砾）石英砂岩。在由北往南逆冲的构造带中，有蓝闪石片岩岩片出现，说明部分岩片曾经历了中高压变质作用。在变质岩片中，从变质岩中矿物组合看，其变质相为蓝闪绿片岩相。结合构造分析，其变质作用类型为中高压区域低温动力变质作用，在绿片岩中发现尚有糜棱岩化现象，且这种糜棱岩化现象仅见于局部，说明在绿片岩上尚有线性动力变质作用叠加。

2. 江爱山断块（$Ⅱ_2$）

东以桑琼韧性剪切带 F_{35} 为界，西以江爱藏布断层 F_{17} 为界的江爱山、江赛额、洪水沟、乱石沟一带。以广泛发育晚古生代的岛弧火山岩、燕山期花岗岩夹中下三叠统为特征。根据块体间的差异可进一步划分出 3 个次级单元（图 5-2-16）：①江爱山弧火山岩岩片；②洪水沟三叠纪沉积岩岩片；③查桑 D－C 台碳酸盐岩岩片。

（1）江爱山岛弧火山岩岩片（$Ⅱ_2^1$）：主要为一套中酸性火山岩夹灰黑色中层状含生物碎屑泥晶灰岩。火山岩上部以酸性流纹岩为特征，下部以基性玄武岩为特征，夹中基性安山质玄武岩。普遍发育杏仁状构造；地球化学特征显示岛弧环境。

（2）洪水沟三叠纪残留海沉积岩岩片（$Ⅱ_2^2$）：分布于洪水沟—乱石沟一线，中下三叠统康鲁组为三角洲相碎屑岩建造；硬水泉组为一套浅水陆棚和浅滩相碳酸盐岩建造；康南组为碳酸盐岩-碎屑岩建造，为浅海陆棚-浅滩相沉积；上三叠统土门格拉群为三角洲相碎屑岩夹煤线建造。

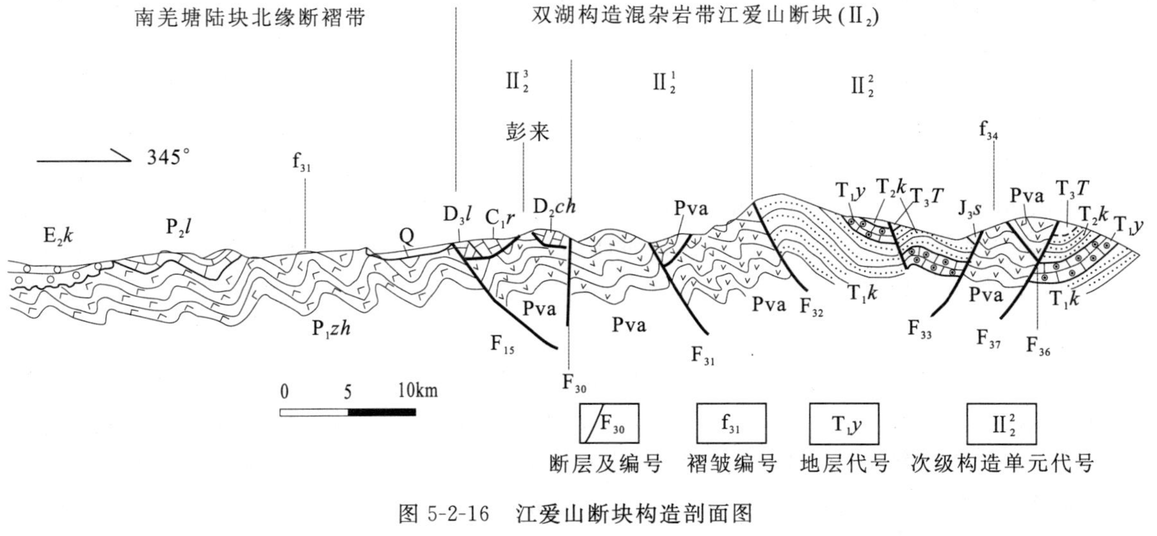

图 5-2-16　江爱山断块构造剖面图

该套三叠纪碎屑岩均未变质，构造变形以轴面向北西倾伏的斜歪-同斜褶皱和脆性断裂为主（图 5-2-17），总体呈断块分布。

（3）查桑 D－C 台地碳酸盐岩岩片（$Ⅱ_2^3$）：分布于双湖查桑一带的题玛茶卡、江额赛等地。主要

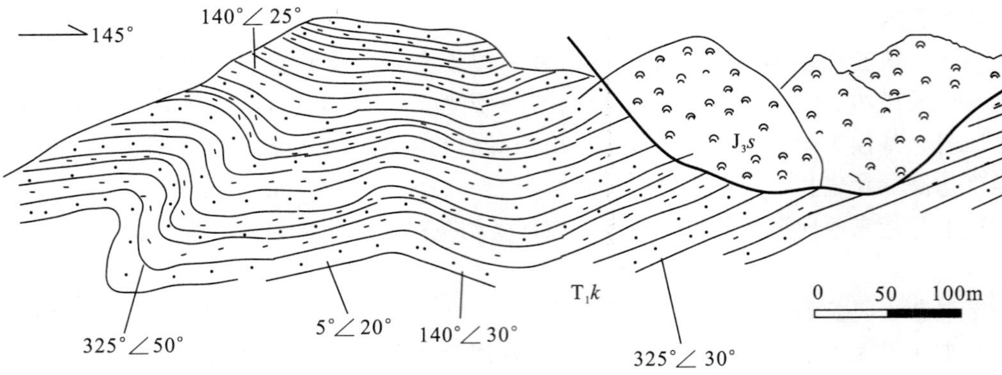

图 5-2-17 洪水沟东下三叠统康鲁组地层变形特征
(D3238 地质点附近野外照片素描)

包括泥盆系查桑组、拉竹龙组和石炭系日湾查卡组。查桑组（D_2c）：岩性为浅灰、浅紫色中厚层状生物碎屑细晶灰岩、生物碎屑砂砾屑灰岩夹泥灰岩。以富含中泥盆世腕足类、珊瑚为特征；拉竹龙组（D_3l）：岩性为浅紫、浅灰色中厚层状生物碎屑细晶灰岩、生物碎屑灰岩夹一层层孔虫礁灰岩，含珊瑚、菊石化石，未见顶，底部与查桑组整合接触。石炭系日湾查卡组：岩性组合以一套碳酸盐岩沉积为特征，夹碎屑岩。以含丰富的珊瑚和腕足类化石为特征。

该套台地碳酸盐岩现今呈断块展布在弧火山岩之南，与南大陆同时代地层有很大差别。推测为北大陆边缘台地碳酸盐岩移置到此的。

3. 玛尔果茶卡断块（$Ⅱ_3$）

在测区指双湖构造混杂岩带中江爱藏布断裂 F_{17} 以西部分。主要出露侏罗纪构造层。据其下伏上三叠统为含煤碎屑岩建造以及玛尔果茶卡一带出露的变质基底岩系等特征，结合航磁异常推测晚古生代其构造演化与纳若一带相当。根据块体间的差异可进一步划分出 2 个次级（四级）构造单元：沃若山复背斜带和湖东山复背斜带。

（1）沃若山复背斜带（$Ⅱ_3^1$）：位于玛尔果茶卡断块北部，东与江爱山断块以江爱藏布北东向断裂 F_{17} 为界，北以长蛇山-奇嵘山断裂 F_4 为界，南与卧牛山复背斜以玛尔果茶卡东断裂 F_8 为界。主要为一个近东西向复式背斜构造，复背斜大致以胜利河北西（f_8）背斜—子母湖南（f_{41}）背斜为主轴，受断层破坏北翼较南翼发育，北翼西端玛尔果茶卡东侧，大面积出露中晚侏罗世中酸性岩体、前奥陶系变质基底岩片以及超基性岩透镜体。

东段沃若山一带，该背斜最显著的特征是燕山中晚期成生的大背斜以包容方式叠加在印支晚期褶皱之上，大面积出露的上三叠统沉积也说明其抬升的历史。该复式背斜构造南翼次级褶皱受江爱藏布断裂改造而呈北东轴向，北翼靠近长蛇山断裂有较多石英斑岩岩体侵入。复式背斜由 f_{41} 号主背斜及两翼的背、向斜组成，北起子母湖西北的背斜，南至江爱藏布江边，南北宽达 11～25km，东西最长超过 30km。共有主、次背斜 4 个，轴向均呈近东西向，南翼地层主要为侏罗系下部的雀莫错组，北翼有雀莫错组、布曲组和夏里组。核部由上三叠统土门格拉群碎屑岩组成。主背斜（f_{41}）称子母湖南背斜，居复背斜中部，轴向东西，出露长度 19km，宽 3～4km，西端被第四系掩盖，实际长度大于 20km，翼间角 117°～149°，轴面近直立，枢纽大部近水平，轴向总体呈北东东。卷入地层主要为雀莫错组一段，在其轴部还有长 7km、宽 1.5km 的上三叠统土门格拉群煤系出露，从而表明此大背斜卷入了两个构造层。填图观察显示，土门格拉群岩层并不构成一个轴向与该大背斜一致的单一背斜，而是一群与侏罗系褶皱特点有差异的小型背向斜。这一不协调现象，显然是一个燕山中晚期成生的大背斜以包容方式叠加在印支晚期褶皱之上，而燕山中晚期背斜又受印支期北东东向构造影响的一个典型实例（图 5-2-18）。沃若山复式背斜主背斜和次级背斜规模均较大，而且形态宽缓，无断层破坏或岩浆岩侵位，本是良好的圈闭构造。可惜出露的地层层位偏低，故对油气勘探的意义不大。

中段受一系列南北向断层 F_5、F_{10}、F_{11} 和方湖西山中晚侏罗世石英斑岩岩体侵入改造，复背斜特

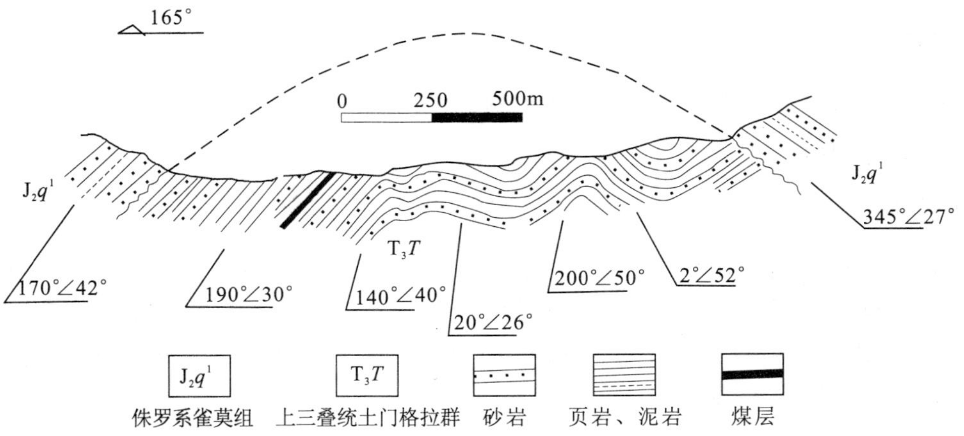

图 5-2-18 沃若山中侏罗世构造层叠加包容晚三叠世构造层

征不明显。

西段玛尔果茶卡东侧，复背斜北翼侏罗系构造层中以密集出现北东、北东东向展布的宽缓褶皱为特征。断裂以北西向为主，测区西北角发育一组北东向断裂 F_1、F_2 与江爱藏布断裂同期，其切割北西向断裂。南西侧出露超基性岩、片岩及石英斑岩、花岗闪长岩侵入体。从其分布看，超基性岩呈大小不一的透镜体存在，每个大小从 10～30m 至 50～250m 不等，长轴方向相近，皆为北东东-南西西展布。岩石未见变质现象，与围岩（石英片岩）明显不同。主要表现在变质、变形的不协调上，结合在围岩中未见有烘烤、蚀变等现象，故推测其可能为构造透镜体。

前奥陶系变质岩断续零星分布于玛尔果茶东一带，岩性为含榴二云石英片岩、石榴斜长角闪岩、变基性岩。变质岩呈大小不一的块体分布于花岗岩中，为侵蚀残留体。这套变质岩受两期以上变质作用叠加，前期以区域变质的绿片岩相—角闪岩相为特征，并以角闪岩相为主，后期叠加绿片岩相的动力变质作用，构造置换强烈，塑性变形特征明显。

（2）湖东山复背斜带（$Ⅱ_3^2$）：江爱藏布断裂 F_{17} 以西，北以玛尔果茶卡东断裂 F_8 为界，南以查桑断裂 F_{15} 为界的湖东山、卧牛山一带，主要以侏罗纪构造层中出现北西向展布的宽缓褶皱而与北侧的次级构造单元有别。卧牛山一带侏罗系中发育规模较大的褶皱构造，以湖东山背斜（f_{13}）为主褶皱、走向北西的复背斜核部为夏里组碎屑岩，翼部为索瓦组灰岩（图 5-2-19）。次级褶皱大部分翼间角在 110°～124°之间，轴面近直立（倾角 80°～87°），背斜枢纽向东或向西起伏变化倾伏（倾伏角 5°～18°），属平缓型线状复式褶皱。

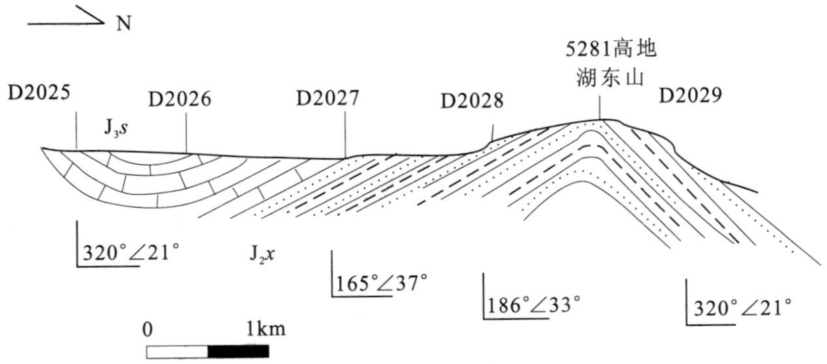

图 5-2-19 湖东山夏里组复背斜构造剖面示意图

该单元西北部的古近系始新统大面积分布，其下伏在红平梁—胜利河一线尚可能存在一个复向斜，由于大致沿轴部发育的 F_9 以及 F_{12}、F_{13} 断裂破坏，向斜的形态不易识别，但向斜东部的扬起端由雀莫错组组成的一系列呈北西向的次级褶皱和由夏里组地层组成的北翼（F_9 断裂北侧）单斜十分清晰。

（二）构造形迹

本构造单元褶皱、断裂十分发育，比较大的褶皱有 24 个，断裂 44 条（参见图 5-2-6）。下面分别描述主要褶皱和断裂的展布及形态特征。

1. 褶皱构造

褶皱构造主要分布于侏罗纪构造层之中（表 5-2-3）。褶皱主要分布在沃若山、方湖西、湖东山一带。褶皱规模一般较小，褶皱卷入地层以侏罗系为主，次为三叠系。褶皱轴向以近东西向、北西向为主，少量北东向、南北向褶皱主要分布于北东向、南北向断裂带中。除三叠系地层中褶皱较为紧闭外，总体为直立开阔型等厚褶皱。

表 5-2-3　测区内双湖构造混杂岩带主要褶皱统计表

编号	地理位置	类型	地层时代		两翼产状			轴向倾向	枢纽产状	翼间夹角	规模（km）	
			翼部	核部	西部	中部	东部				长	宽
1	玛尔果茶卡北东	背斜	J_2x^3	J_2x^2		170°∠32°		7°∠78°	95°∠9°	143°	10	2.5
2		背斜	J_2x^3	J_2b	305°∠48° 146°∠26°	320°∠35° 190°∠12°	320°∠20° 166°∠16°	64° 133°∠79°	221°∠71°	107°	10	3.5
3		向斜	J_2q	J_2b	166°∠16°			171°∠89°	81°∠1.4°	145°	10	3.5
4		背斜	J_2q	J_1n			195°∠21°	76°				
5	三角坪南	向斜	$J_2x^{1.2}$	J_2x^3		202°∠12° 350°∠24°	213°∠15° 32°∠11°	250° 185°∠84°		144°	14	3
6		背斜	J_2q^3	J_2q^2	35°∠20°		210°∠19°	280° 212°∠89°	81°∠1.4°	141°	5	1.2
7		向斜	J_2q^3	J_2b		210°∠47° 130°∠14°		275° 80°∠85°		119°	5	3
8	胜利河北西	背斜	J_2x^2	J_2x^2		37°∠10° 163°∠16°		78° 10°∠89°		154°		
9	胜利河北	向斜	J_2x^3	J_3s	190°∠15° 300°∠18°	190°∠12° 330°∠18°	300°∠33°	85° 10°∠89°				
10	胜利河东	向斜	J_2x^1 J_2b	J_2x^2	130°∠24°	222°∠20° 38°∠30°	34°∠18°	168°		130°	3	2
11	卧牛山北	向斜	J_2q J_2b	J_2x		216°∠40° 340°∠21°		114° 8°∠82°		119°	10	5
12	卧牛山	向斜	J_3s	J_3s		352°∠70° 210°∠30°		114° 190°∠70°		80°	10	2
13	湖东山	背斜	J_3s	J_3s	5°∠22° 187°∠34°		65°∠20° 212°∠32°	124° 6°∠78°		124°	20	5
14	尖石山	向斜	J_3x	J_3s	190°∠50° 10°∠45°	210°∠50° 355°∠40°	210°∠45°	110°		90°		
34	江爱山西	向斜	T_1k	T_1y								
38	子母湖南东	向斜	J_2q^1	J_2q^2		180°∠35° 50°∠50°		106° 209°∠82°	122°∠20°	104°	2	0.3
39	沃若山南	背斜	J_2q^1	J_2q^1	330°∠16° 160°∠18°	150°∠10°	330°∠30° 140°∠60°	65° 335°∠89°	245°∠2°	146°	7.5	2.5
40		向斜	J_2q^1	J_2q^2	205°∠32° 315°∠28°	150°∠41° 320°∠20°		60° 352°∠88°	263°∠18°	132°	7	3
41	子母湖南	背斜	T_3T	T_3T	310°∠28° 160°∠25°	337°∠19° 176°∠30°	343°∠34° 185°∠30°	280° 162°∠89°		131°	10	3
42		向斜	T_3T	T_3T	343°∠19° 165°∠15°	195°∠36° 337°∠19°	165°∠30° 310°∠20°	288° 337°∠89°	247°∠4°	138°	10	2
43	长蛇山南	向斜	J_2b	J_2x^1	170°∠30° 350°∠40°	150°∠35° 325°∠43°		85° 153°∠86°	63°∠2°	102°	7.5	1.5
44		背斜	J_2x^1 J_2x^2	J_2b		20°∠40° 170°∠30°	335°∠20° 150°∠35°	86° 222°∠83°	136°∠25°	132°	7.2	1.5
45	长蛇山	向斜	J_3s	J_3s	170°∠60° 25°∠22°	190°∠45° 30°∠45°	170°∠30° 18°∠44°	110° 184°∠74°	63°∠2°	149°	8	2
59	石头嘴东	背斜	J_3s J_2x^3	J_2x^2	28°∠65° 185°∠64°	356°∠30° 180°∠12°	175°∠63° 10°∠56°	110°			15	

2. 断层构造

双湖构造混杂岩带断裂十分发育，按走向主要为北东-北东东、北西-北西西向断层，常常有北东东向断层切割北西-北西西向断层的现象。另外，还有近南北向断层和东西向断层。北西西、北东向断层不但规模大而且数量多，居本区构造格架的主导地位，往往是具有多期活动性，如北东向断裂是基底断裂，其多数具有早期中深部层次的韧性剪切历史，晚期抬升至浅表层次后仍有活动，甚至在新构造阶段仍有表现，如江爱藏布大断裂。断裂特征见表 5-2-4。

表 5-2-4 测区内双湖构造混杂岩带主要断裂特征一览表

编号	断裂名称	长度(km)	走向	倾向	性质	特征简述
1	玛尔果茶卡北	18.5	65°	NW	逆-左行走滑	南侧为 J_2x^2、E_2k，北盘为 J_2x^2、E_2k、E_2s、δo。南东侧 J_2x^2 灰岩被错断随北西侧向南西滑移并派生小褶皱。断层带中有被挤压破碎的灰岩块。
2	玛尔果茶卡北东	14	63°			遥感解译断层，区内断层被第四系覆盖。
3	向阳湖西南	10	70°			遥感解译断层，地貌为线性负地形，北西侧 J_2x^2 组成背斜，与南侧背斜间缺失向斜，断层可能沿向斜轴面发展而形成。
5	方湖	40	180°			断层被向阳湖-方湖谷地覆盖，西侧地层北移 2km 左右，东侧有二级河流阶地，而西侧无阶地，显示东升西降的特点，断层西盘有微咸泉水涌流和方湖西山岩体。
6	胜利河东	30	180°			右行错移褶皱约 2km，与 F_5 一起限制方湖西山岩体和那底岗日火山岩的分布。
7	玛尔果茶卡东	31	120°	NE	右行压扭	发育断层破碎带和片理化带，北东盘派生东西向压性断层，闪长岩向南东平移 2km。
8	玛尔果茶卡东	30	120°			遥感解译断层，区内断层被第四系覆盖。
9	西长梁	27	110°	N	右行走滑	断面大致沿西长梁复向斜轴部，南盘 N_1k、J_3s^1，北盘 J_3s^1、J_2x。北盘 J_3s 中有油页岩和稠油点。
10	胜利河东	15	180°			西侧 J_2q，东侧为 J_1n 碎屑岩夹火山岩。
11	胜利河东	15	180°			东侧 J_2q，西侧为 J_1n 碎屑岩夹火山岩。
12	卧牛山	12	300°	N	逆冲	与南侧断层共同挟持 J_1n 碎屑岩夹火山岩透镜呈向南的弧形断裂逆冲在 J_3s 上。
13	伏牛山北	12	290°	N	逆冲	呈向南的弧形断裂逆冲在 J_3s 上，局部沿断裂带挟持 J_1n 碎屑岩夹火山岩透镜。
14	伏牛山南	17	300°	N	逆冲	北侧 J_3s 礁灰岩组成湖东山背斜与南侧 J_2x 产状相抵，南侧发育线性褶皱局部向南倒转。
15	查桑	140	285°	N	逆冲	双湖构造混杂岩带南界断层。沿断裂带见糜棱岩、角砾岩等各种构造岩和破碎带、片理化带。详见正文。
16	沃若山南	10	55°		走滑	北侧为 J_2q^2，南侧为 J_2q^1。产状相抵。断裂向西南被江爱藏布第四系覆盖，卫片显示该断层可能属左行走滑性质。D1433 点北西为 J_2q^2 中层状泥晶灰岩，南东为 J_2q^1 含砾粗砂岩，两者岩层产状明显相抵。平移断层走向约为 55°。
17	江爱藏布断层	140	65°		左行-逆冲	多期活动，切割第四系。沿断裂带见温泉、铁矿化。早期具右行特征，控制始新世沉积。多处造成 E_2k 与侏罗系各组断层相接，西南段形成江爱藏布上游宽谷，东北段形成山区的一连串负地形，为区域性左行-走滑断层。
29	塘窝茸	20	315°			遥感解译断层，控制第四系。
30	色日阿北	18	124°	S	逆断层	断层北为 Pva 火山岩，南为 D_2c、D_3l 地层，西端为 E_2k 地层覆盖。岩层较破碎，发育中小型斜歪褶皱。
31	色日阿北	16	110°	S	逆断层	断层北为 T_3T、Pva，γδ，南为 Pva 地层，西端为 E_2k 地层覆盖。沿断裂带见变基性岩构造透镜体。D1478 点北为花岗闪长岩，岩中发育一组劈理，局部有碎裂岩化。点南为灰绿色绿泥阳起石片岩夹大理岩、变质硅质岩条带，点附近岩石有碎裂岩化现象；两者接触界面线性特征显著，且有系列串珠状泉水分布；在变质岩中，于接触带附近未见有侵入现象。变质岩盖于花岗闪长岩之上，该断层产状约为 195°∠50°。南侧 D1479 点北变质岩盖于点南泥晶灰岩之上。两者之接触界产状约为 20°∠50°。另外沿断层追索，可见康托组岩层亦被该断层切过，说明断层活动时期较新。

续表 5-2-4

编号	断裂名称	长度(km)	走向	倾向	性质	特征简述
32	红水沟南	12	110°	N	逆冲	断层北为 T_1k、ηγ，南为 Pva 地层，西端为 E_2k 地层覆盖。
33	江爱达日那南	11	120°	N	逆断层	断层南为 T_2k，T_3T，北为 Pva、ηγ，西端为 E_2k 地层覆盖，D3233 点北东为 J_3s 中厚层状生物碎屑泥晶灰岩，沿红水沟两岸形成陡崖，点南西为 T_2k 深灰色薄中层状泥灰岩。两者之间界线明显，断层地貌特征明显，地层产状明显交切。断层附近岩石不同程度蚀变，灰岩重结晶明显，并出现一些断层碎裂岩。断层产状：15°∠55°。
34	江爱达日那南	15	128°	S	正断	断层南为 Pva、ηγ，北为 Pva 地层，西端为 F_{36} 改造。
35	桑琼韧性剪切带	30	60°	W	韧性剪切	基底韧性剪切带，发育糜棱岩，中、北部被燕山期花岗岩侵入占据。
36	江爱达日那西	17	60°			断层西为 T_1k，T_2k，东为 Pva 地层，两端为 E_2k 地层覆盖。
37	江爱达日那西	20	60°	SE	逆	断层西为 T_1k，T_2k，东为 Pva 地层，两端为 E_2k 地层覆盖。
41	天鹤湖	10	310°		左行	错移 F_{38} 以及千秋岭复背斜 f_{68}、f_{67}。
44	长蛇山-那底岗日北	40	120°	S	右行逆冲	与 F_4 平行，穿切侏罗系地层和燕山期花岗岩体，断层破碎带宽 20～50m，发育牵引褶皱和灰岩碎块，具多期活动左右行交替特点。D2469 点南为 J_3s 浅灰色中厚层状泥晶灰岩，之上为石膏透镜体。方解石细脉极发育，脉宽小于 5mm，延伸 10～30cm。石膏透镜体长 500m，出露宽大于 30m，变形强烈。点北为 J_1n 紫红色安山岩，岩石较碎裂，裂隙发育。两者间缺失层位，接触面截然，岩石碎裂。点处负地形呈直线状延伸，断层走向 115°～120°。
58	奇嵘山南西	40	130°	S	韧性逆冲	为复理石岩片与蛇绿混杂岩岩片分界断裂。沿断层带内岩石糜棱岩化，岩石破碎。
59	奇嵘山南	28	90°	S	逆冲	为复理石岩片内部断裂。对燕山期花岗岩也有改造。
60	扎陇纳博东	25	320°			遥感解译断层。
61	霍木西萨断层	20	105°	N	逆冲	多期活动，晚期对燕山期花岗岩有改造。沿断层带内岩石破碎。
62	霍木西萨西	20	40°			遥感解译断层。
63	曲捷日北	12	325°			遥感解译断层。
64	曲捷日北	13	325°			遥感解译断层。
65	霍木西萨西	20	40°	W	韧性逆冲	为变质砂岩岩片与蛇绿混杂岩岩片分界断裂。沿断层带内岩石糜棱岩化，岩石破碎。
66	霍木西萨西	20	20°	W	韧性逆冲	为变质砂岩岩片与蛇绿混杂岩岩片分界断裂。沿断层带内岩石糜棱岩化，岩石破碎。
67	达日阿陇	40	100°	S	左行	对燕山期花岗岩有改造。沿断层带内岩石破碎。早期发育糜棱岩。
68	纳若南	20	EW		滑覆	为变质砂岩岩片与蛇绿混杂岩岩片分界断裂。沿断层带内岩石糜棱岩化，岩石破碎。
69	纳若南	20	100°		左行	对燕山期花岗岩有改造。沿断层带内岩石破碎。
70	纳若逆断层	20	SN		推覆	为变质砂岩岩片与蛇绿混杂岩岩片分界断裂。沿断层带内岩石糜棱岩化，岩石破碎。
71	扎陇纳博	20	SN		推覆	为变质砂岩岩片与蛇绿混杂岩岩片分界断裂。沿断层带内岩石糜棱岩化，岩石破碎。
72	恰岗错	25	35°			遥感解译断层。
73	恰岗错南	60	EW	S	走滑	沿断层带内岩石糜棱岩化，岩石破碎。
74	恰岗错南	20	EW	N	滑覆	为变质砂岩岩片与复理石岩片分界断裂。沿断层带内岩石糜棱岩化，岩石破碎。

1）查桑断裂（F_{15}）

该断层为双湖构造混杂岩带南界断层破碎带和片理化带。沿断裂带见糜棱岩、角砾岩等各种构造岩及构造透镜体。以北主要为变质岩及酸性岩浆岩。为一多层次、多阶段、多性质断裂叠加的复合断裂带，大部分指示了由北向南逆冲推覆。

西段（江爱藏布以西）：图西边断裂带挟中厚层状灰紫色白云质灰岩、角砾状灰岩构造透镜体，岩石重结晶明显。强应变带中为大理岩、钙质糜棱岩。沿糜棱面理 S_1 面发育线理（40°∠30°），糜棱面理密集。据野外与李才教授交流，该套薄层大理岩可能为石炭系含砾岩系的一部分。而在尖石山北东 D2345 点以南浅灰色、紫红色白云岩及薄中层状硅质岩构造透镜体再次出露。白云岩碎裂岩化现象极为明显，局部有沿裂隙充填的赤铁矿化。角砾直径小于 1cm 者占 80%以上，部分砾径可达 2～5cm。断层泥状白云质、泥质、铁质紧密胶结。测得断层走向为 300°。向东（D2016 地质点）断裂表现为南侧索瓦组浅灰色中层状泥微晶灰岩与北侧夏里组深灰色薄层状含岩屑长石石英砂岩、含砾岩屑石英砂岩间的脆性断裂为主。两者产状明显不协调，走向上相交。

中段（查桑段）：查桑西 D1483 地质点所控制的该断层北为查桑组(D_2c)灰色薄中层状含生屑细晶灰岩。南为展金组（P_1z）深灰色块状玄武岩夹灰紫色块状玄武质安山岩。地貌上查桑组（D_2c）盖于展金组之上，可见其明显与两者之界线相抵；沿断层沿线可见有宽约 20m 的破碎带。在破碎带中，岩层杂乱分布，火山岩与灰岩皆为角砾岩化、碎裂岩化，且各自呈大小不等的透镜体存在。断层产状为 20°∠70°。东西两端均为始新统不整合掩盖。向东大部分被第四系覆盖。

东端（曲柔鄂茸）：该段表现为北侧蛇绿混杂岩岩片与南侧索瓦组灰紫色生物碎屑灰岩的断层关系。于 D4222 点南边可见索瓦组较好基岩，形成顶厚紧闭褶皱，褶皱枢纽向 110°方向缓倾，轴面直立。北侧为灰绿色杏仁状玄武岩、绿片岩及千枚状板岩夹大理岩透镜体（图 5-2-20、图 5-2-21）。东南侧 5481 高地清楚可见中生代地层形成一背斜。

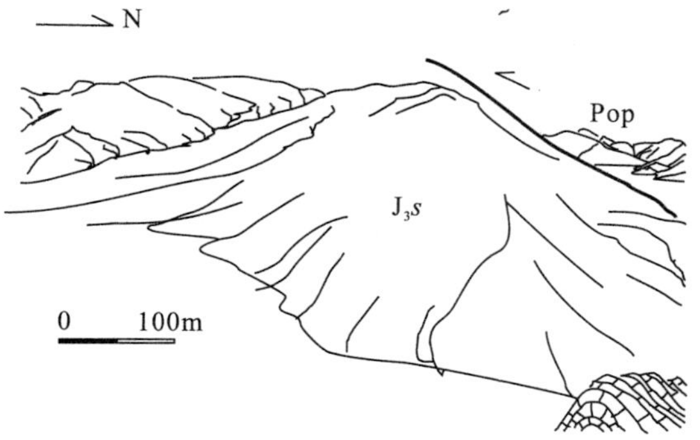

图 5-2-20 恰岗错东南逆冲推覆断层远景示意图

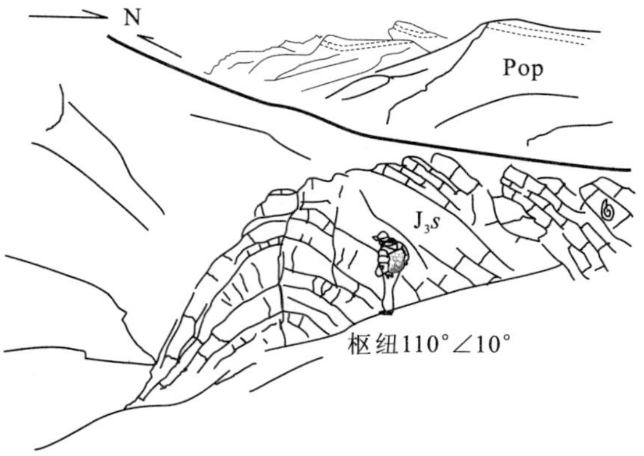

图 5-2-21 F_{15}断层南侧侏罗系褶皱示意图
（恰岗错东南）

2）桑琼韧性剪切带（F_{35}）

呈北东向展布，断面倾向北西，倾角 50 °～70°。中北段从桑琼到天际湖一带被岩体侵入，但大致沿二长花岗岩与花岗闪长岩分界展布，遥感影像特征明显。该韧性剪切断层是纳若断块与江爱山断块之间的分界断层，也是一条呈狭长展布的高应变带。桑琼附近（D2479 地质点）剪切带北西侧为花岗闪长岩，露头良好连续。南东侧为辉长质糜棱岩（图 5-2-22），岩石呈灰黑色，岩石糜棱面理发育，由浅灰色、灰黑色条纹相间定向密集排列组成，浅色条纹为长石质，暗色条纹为辉石、角闪石质。其原岩可能为辉长岩。北西侧花岗闪长岩无构造破坏现象，属后期沿断裂侵入。剪切带中的变基性火山岩具强烈糜棱岩化，发育不对称的旋转碎斑、无根褶皱、拉伸线理及 S/C 组构，其运动学主体反映由北西向南东逆冲。

3）江爱藏布断裂（F_{17}）

江爱藏布断层是一条规模巨大的北东向左行走滑断层，南西和北东延伸进入相邻图幅。江爱藏布大河沿断层展布，在图幅内长达 140km。由东西两条断层构成。西侧断层在地质图上没有表示，根据江爱藏布西侧发育的第四系断层三角面判断，是一条高角度的正断层；东侧的断层断面向东倾，断层破碎带宽 30～50m，在那底岗日北露头良好处见断续分布擦痕发育的灰岩透镜体（图 5-2-23）。构造透镜体大者最宽处 20m，长 40～60m，小者仅 0.5～1m。靠近断层的褶皱轴向被改造成与断层大致平行。

在角木日一带，沿角木日山体的北西山前分布，整体北东向延伸，为 35°～60°方向，倾向 150°，

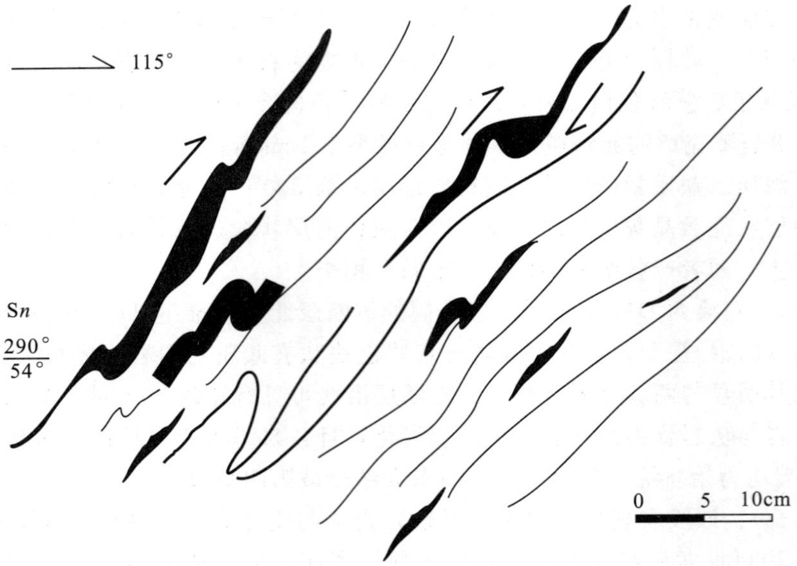

图 5-2-22　韧性剪切带中无根褶皱示北西向南东方向逆冲素描图

（D2479 地质点）

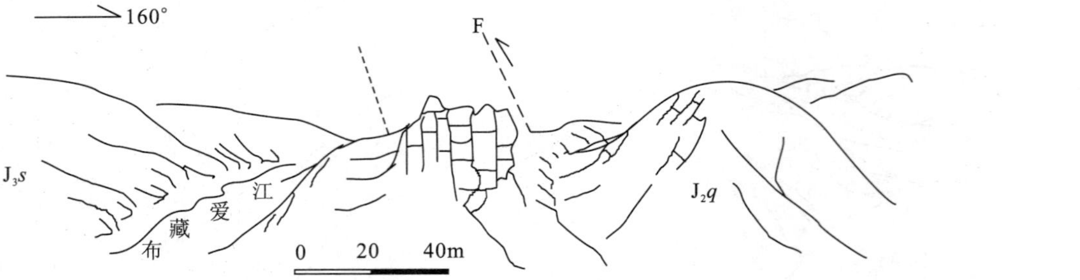

图 5-2-23　江爱藏布北东东向断层中突出的灰岩透镜体素描图

（G17053 地质点）

倾角 40°～70°，在角木日山体与第四系接触部位，多处见到角木日山体向西推覆到第四纪冲积物之上，靠近断裂的沙砾石层强烈变形。卫星影像上明显见到断裂错断现代冲积扇现象。两条断裂之间，第四系产状发生倾斜，整体向西缓倾，角度在 5°左右（图 5-2-24），说明该断裂在晚更新世以来一直有强烈活动。洪水沟口（D3030 地质点处）有一个较大的温泉群，直径 30～50m 范围内均为黄色、白色钙华、硫磺堆积覆盖。温泉出水口处水温可达 40～50℃。

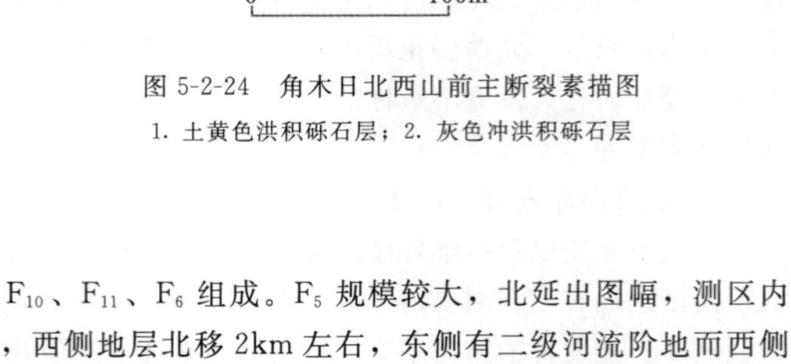

图 5-2-24　角木日北西山前主断裂素描图

1. 土黄色洪积砾石层；2. 灰色冲洪积砾石层

4）方湖南北向断裂带（F_5）

分布于胜利河以北方湖一线，主要由 F_5、F_{10}、F_{11}、F_6 组成。F_5 规模较大，北延出图幅，测区内出露长约 40km。断层被向阳湖-方湖谷地覆盖，西侧地层北移 2km 左右，东侧有二级河流阶地而西侧无阶地，显示东升西降的特点，断层西盘有微咸泉水涌流和方湖西山岩体；F_6 断层于方湖西山特征明显，向南被胜利河河谷掩盖。该断层与 F_5 一起限制方湖南北向构造带的边界，其明显右行错移褶皱约 2km，与 F_5 一起限制方湖西山岩体和那底岗日火山岩的分布；F_{10}、F_{11} 分布于断裂带中南部，南北向平行分布共同限制那底岗日火山岩的南北向展布。

5）纳若逆冲推覆断层（F_{70}）

广泛分布于达日阿陇、纳若一带，断面向南倾，北部平缓，向南断面渐陡。上盘为嘎措岩组，呈残盖分布于高处，岩石以浅灰、灰黄色含细砾变质石英砂岩为主，$S_1 /\!/ S_0$，变质达绿片岩相。下盘为一套变质基性火山岩夹大理岩、硅质岩，变质变形不均匀。沿两者接触面常见变质变形加强的现象，韧性剪切变形十分明显，发育无根褶皱、A型褶皱和拉伸线理。在剪切带变砂岩中可见以S_1为变形面发生纵弯褶皱已产生S_2面理（图5-2-25、图5-2-26），绿片岩中可见塑性褶皱（图5-2-27、图5-2-28、图5-2-29）。

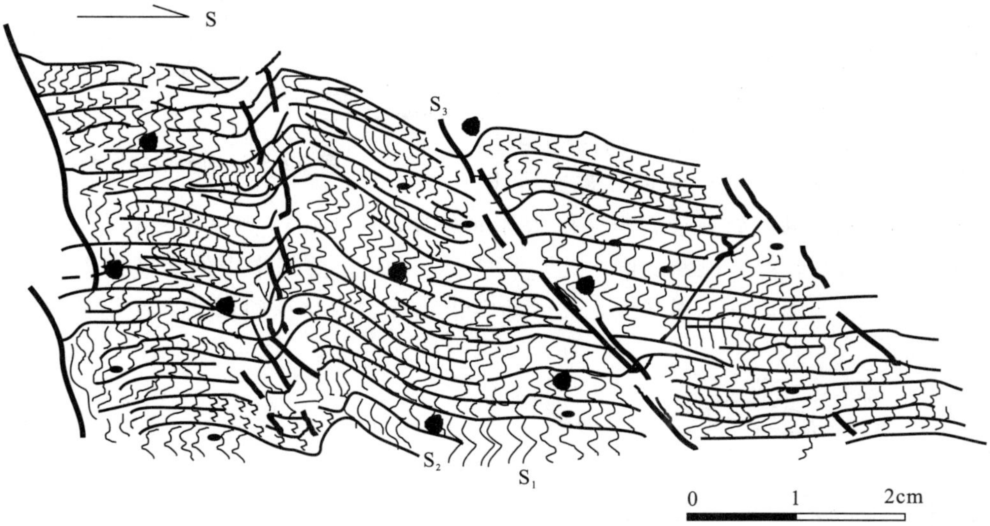

图5-2-25 变质含砾砂岩中三期面理特征素描图

（纳若北D4032地质点）

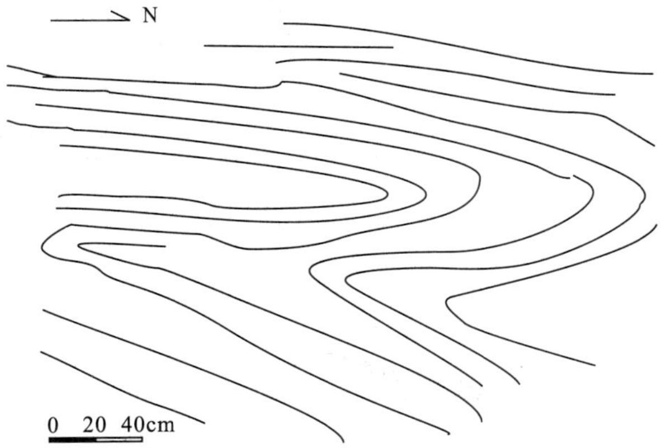

图5-2-26 变质砂岩中平卧褶皱素描图

（霍木西萨剖面第37层）

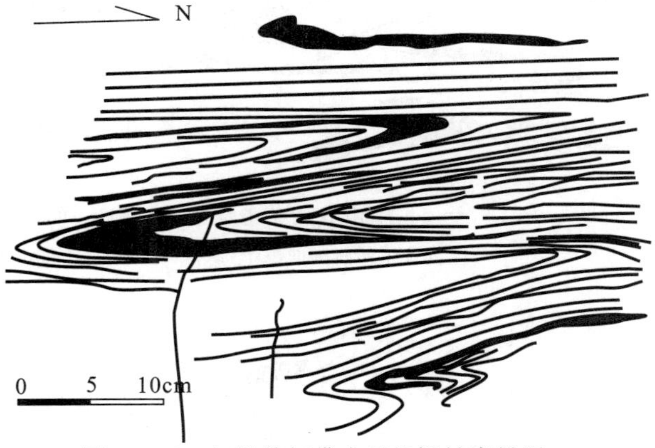

图5-2-27 韧性剪切带中无根褶皱素描图

（霍木西萨剖面第33层）

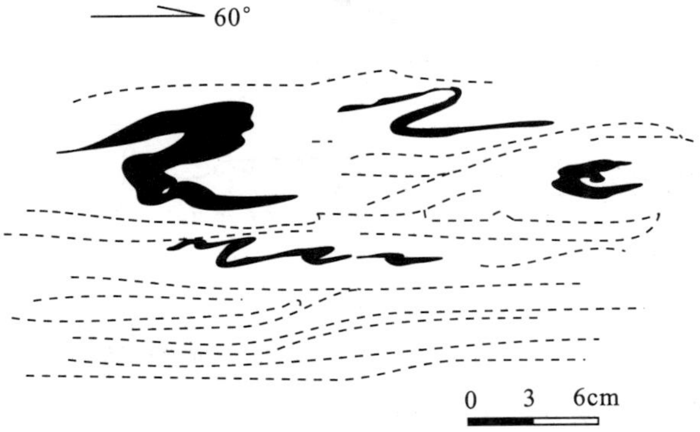

图5-2-28 辉长质糜棱岩中塑性褶皱素描图

（纳若北D4010地质点）

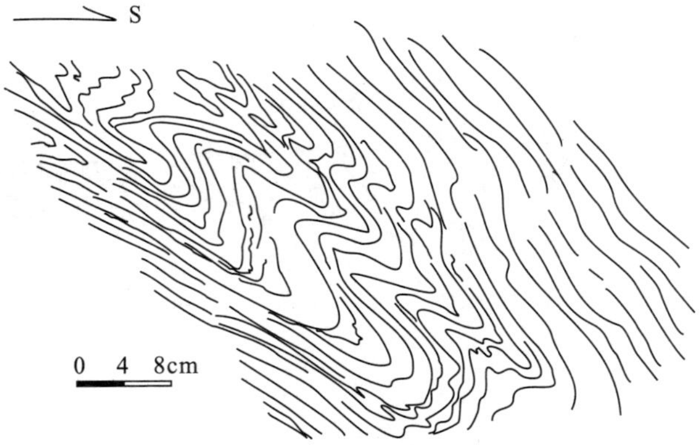

图5-2-29 绿片岩中塑性褶皱素描图

（绞木陇D4145地质点）

6）恰岗错南走滑断层（F_{73}）

沿达日阿陇、纳若南一线近东西向展布，中部、西部被恰岗错、孔孔茶卡第四系掩盖。在纳若南出露较好，断裂两侧均为嘎措岩组。断面向南陡倾—直立，断裂破碎带宽10～30m，剪切带中的变质石英砂岩具强烈糜棱岩化，发育不对称的旋转碎斑、无根褶皱、拉伸线理及S/C组构（图5-2-30），其运动学指示标志主体反映东西向右行剪切。

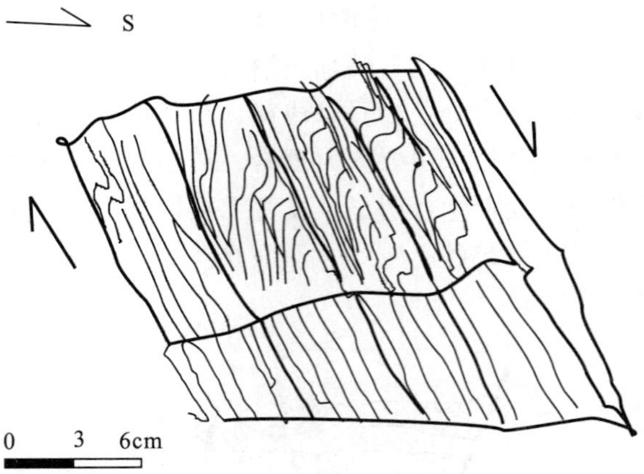

图5-2-30　纳若南右行剪切特征

7）霍木西萨逆冲推覆断层（F_{61}）

呈北西西向分布于霍木西萨—纳若一线，中段露头出露差，但北侧主要为花岗闪长岩而南侧为二长花岗岩；东段从尕扎纳扎到扎陇纳博一带遥感线性影像特征明显，构成北侧蛇绿混杂岩与南侧岩体间分界，在D4012点见糜棱岩化以及铁矿化现象。在霍木西萨剖面起点露头较好，见断面倾向北，倾角50°～70°，剪切带中的变基性火山岩具强烈糜棱岩化，发育不对称的旋转碎斑、无根褶皱，其运动学指示标志主体反映由北向南逆冲（图5-2-31、图5-2-32、图5-2-33）。

图5-2-31　大理岩中由硅质条带褶皱显示向南逆冲

（霍木西萨剖面第11层）

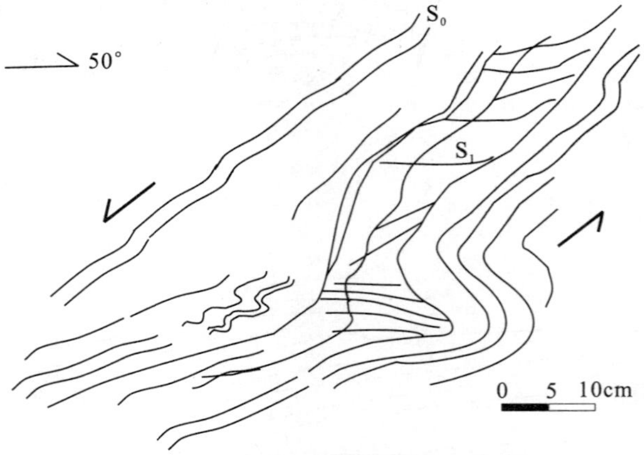

图5-2-32　早期向南逆冲形迹构造变位

（霍木西萨剖面第11层）

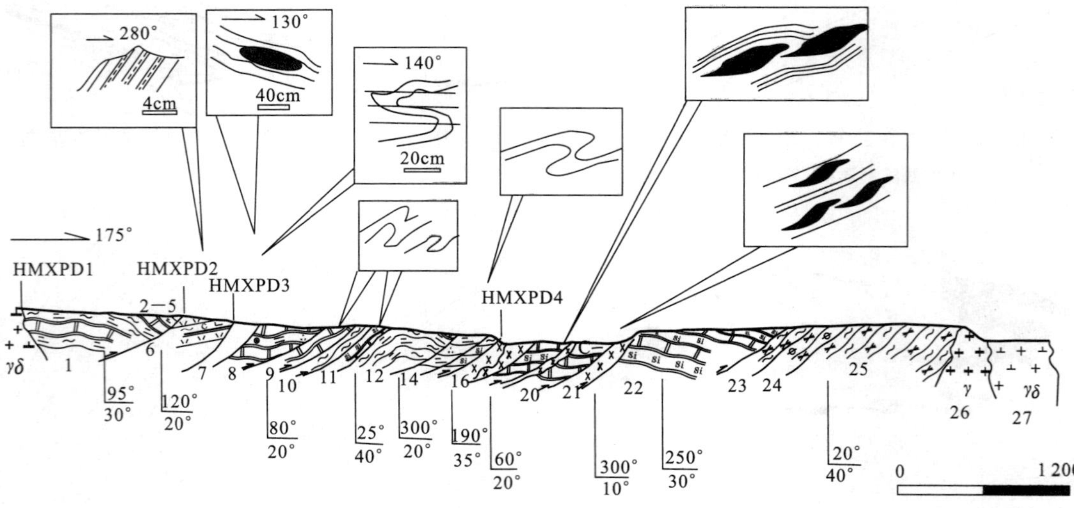

图5-2-33　霍木西萨剖面起点叠瓦状逆冲断裂剖面图

8）卧牛山断裂（F_{12}）

北西向分布于砂碱沟—卧牛山一线，中段被古近纪构造层不整合覆盖，东段由3条断层组成，平面上呈向南的弧形叠瓦状逆冲断裂，断面向北倾，其中挟持 J_1n 碎屑岩夹火山岩构造透镜体。

9）江爱达日那西断裂（F_{36}）

北东向分布于洪水沟—乱石沟一线，遥感影像特征明显。北端乱石沟口出露较好，断面向南东倾，断层北西为 T_1k、T_2k，南东为 Pva 地层，北端为第四系掩盖。断层错开古近系康托组，但被 E_2s 地层不整合覆盖。洪水沟东（D3239 点）断裂北侧为康鲁组段（T_1k）黄灰、灰色中层状细粒岩屑石英砂岩、细粒石英砂岩与灰、深灰色薄中层状泥岩。断裂南侧为二叠系灰色薄中层状泥晶灰岩、生物碎屑泥晶灰岩，残积风化碎块沿坡分布。断层北侧地层中发育一些小型叠瓦状逆掩断层，断层面倾向南南东，反映由南向北逆冲的运动方向（图 5-2-34）。

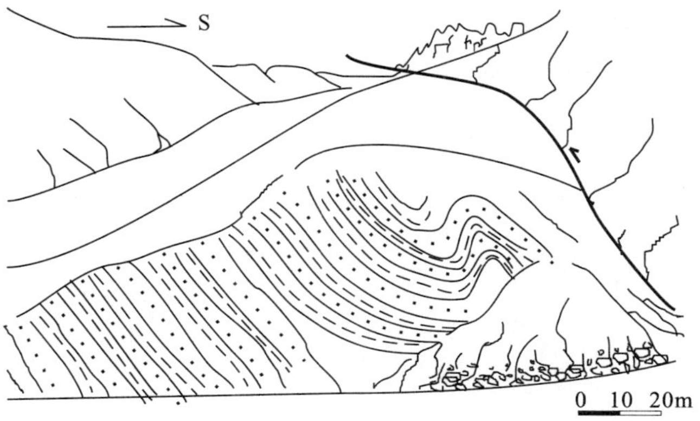

图 5-2-34　洪水沟东断裂向北逆冲
（D3239 地质点）

10）达日阿陇断裂

分布于达日阿陇、绞木陇、曲捷日一线，呈近东西向展布。沿线见糜棱岩化现象，主要有长英质糜棱岩，以及由辉石斜长糜棱岩和阳起斜长糜棱岩等基性岩石形成的糜棱岩，可见石英拔丝拉长及石英形成的褶皱构造（图 5-2-35）。

11）色日阿北断裂（F_{30}）

断层北为 Pva 火山岩，南为 D_2c、D_3l 地层，西端为 E_2k 地层覆盖，东为第四系掩盖。走向 124°，出露长约 18km，为逆断层。彭来北（D1494 地质点）断层南侧为查桑组（D_2c）浅灰、灰白色厚块状层孔虫、海绵礁灰岩，在局部尚见夹有灰质角砾岩。断层北侧为二叠系深灰色中层状钙质凝灰质粉砂岩、泥岩夹含凝灰质泥灰岩。粉砂岩与泥岩组成韵律沉积。岩层较破碎，发育中小型斜歪褶皱（图 5-2-36），地貌上查桑组（D_2c）盖于二叠系之上，两者层序倒置；岩层产状与两者界面相抵；从牵引褶皱的位态、结合宏观特征看，该断层产状约为 210°∠50°，为逆冲-平移断层。色日阿北西（D1037 地质点）断层北侧为二叠纪安山岩，南侧为查桑组灰白色略带肉红色块状亮晶海百合茎腕足灰岩、灰白略带肉红色珊瑚海绵礁灰岩。地貌上查桑组盖于火山岩之上，两者层序倒置；两者界线性特征明显。断层走向约 115°，倾向 SW。

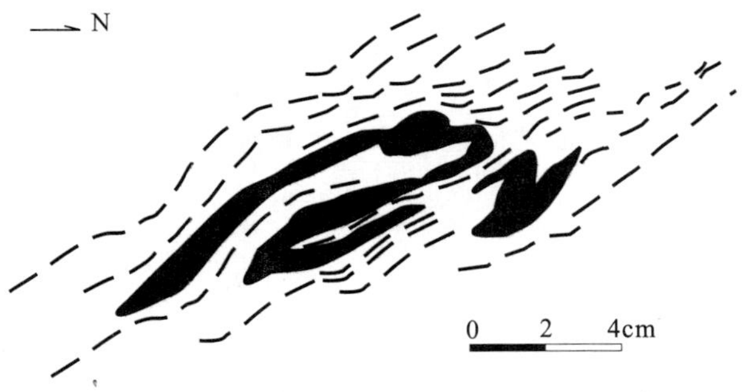

图 5-2-35　达日阿陇石英脉褶皱显示向北逆冲

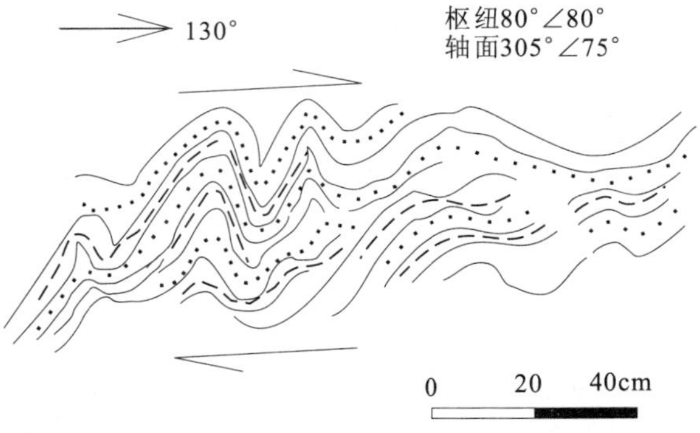

图 5-2-36　断层破碎带中见斜歪褶皱

12）玛尔果茶卡东断裂（F_7）

分布于玛尔果茶卡东侧，走向 120°，北西段被第四系覆盖，南东端被方湖南北向断裂改造。断面向北东陡倾。其北东侧主要为侏罗系，褶皱以近东西向为主；南西侧出露的侏罗系中褶皱以北东东向为主。沿线发育断层破碎带和片理化带，北东盘派生东西向压性断层，闪长岩向南东平移 2km。在 D3184 点上见良好露头（图 5-2-37），该点处为雀莫错组二段（J_2q^2）灰色薄中层状泥晶灰岩夹浅灰白色中层状石膏。局部夹少量浅灰色中层状复成分砾岩。露头出露宽 100m 左右。明显表现为一北西走向的断层通过：可见分布宽 50m 左右的直立断层构造带。构造带中直立岩层受构造挤压发育一些小型弯曲。直立带南侧出现露头尺度的枢纽近水平的逆冲褶皱，反映由北东向南西逆冲的运动方向。沿断层出现较宽的断层直立构造带，反映断层性质可能以走滑为主，为南西盘由南东向北西向右行走滑斜冲断层。断层产状 25°∠80°。

图 5-2-37　玛尔果茶卡东断裂挤压破碎带特征素描

（D3184 地质点）

（三）构造变形特征

宏观和微观的综合分析表明，组成基底的变质岩经历过多期变形作用的叠加和改造，每期变形作用都在其中留下不同于先存的构造形迹。在野外工作过程中，对不同变质岩的构造形态，不同构造形迹之间的叠加关系进行了详细的观察和研究。在室内对岩石薄片内变晶与变形之间的关系、片理的切割关系进行了分析和综合，可以确定双湖构造混杂岩带上的基底变质岩至少经历过三幕变形作用。

1. 第一幕变形作用（D_1）

第一幕变形作用由于受后期作用的强烈改造，宏观上已很难寻求其变形踪迹，只能在镜下微观上找到它们的变形痕迹。①在石榴云母片岩、绿泥斜长片岩中，石榴子石、斜长石中的包裹体绿泥石、绿帘石、石英等强烈定向，它们的排列方向代表了 S_1 的方向，与后期的 S_2 和 S_3 片理斜交；②包裹体中石英出现拔丝拉长，说明变形作用在塑性状态下发生；③受改造较弱的变质千枚岩中，可见 S_1 片理发生褶皱而形成了现在的 S_2 千枚理，S_2 构造变形强烈，S_1 仅以显微构造残留。第一幕变形作用是以原始层理 S_0 为变形面形成 S_1，变质程度较低的千枚岩、碳质板岩由于原始成分不同而形成深浅相间的条带，深色层主要由碳质、白云母、绢云母、石英、粉砂组成，而浅色层主要由方解石和石英组成，片理 S_1 与原始层理 S_0 的产状一致。

根据斜长石、石榴子石中包裹体成分特征，组成 S_1 片理的矿物主要为绿泥石、绿帘石、石英、斜长石等。根据区域变质作用的产状特征及后期片理与原始变形面之间的关系，变形应是在南北向顺层剪切作用下形成的。

2. 第二幕变形作用（D_2）

第二幕变形作用发生于主期变质作用的晚期或之后。该期变形作用强烈，宏观上可见一些规模较小的不协调褶皱、无根褶皱等，镜下可见到主期变质作用形成的石榴子石、蓝闪石、斜长石等矿物的晶体，有的被扭折和弯曲，有的被片理穿切，这些特征显示上述矿物经受的变形作用的改造，是在 S_1 之后 S_2 片理之前形成的。第二幕变形作用强烈，多数岩石片理是由 S_2 组成，部分岩石在 S_2 片理之间尚存有 S_1 片理褶皱。条带状构造明显，这些构造是在变形和变质作用中由变质分异作用和机械分异作用形成的富含云母和富含长英质的条带，条带深浅相间分布，其方向与片理 S_2 一致。第二幕变形作用是以 S_1 为变形面，在低角闪岩相下以塑性变形和顺层滑动为主要变形机制，形成走向近东西的强烈片理化带，区域上 S_2 与 S_1 基本上平行，并且有继承性递进改造作用。区内发育的云母片岩、长英质变粒岩及大理岩中，片理面与成分层基本一致，云母片岩中常见有变粒岩的薄夹层。

第二幕变形作用只形成一些规模较小、形态不规则、具流动特征的褶皱，它们只发育在第二期片理内部。这期变形作用形成的褶皱特征有：①褶皱形态多为不协调流动状褶皱或者紧闭同斜褶皱，褶皱一翼较长，另一翼较短，流动特征明显，多数褶皱转端加厚，翼部变薄。②褶皱表现独特的变形特征，两翼之间夹角较小或近于零度。③褶皱规模较小，其波长一般长约1m，主要位于S_2内部，多数褶皱发育不全，只有转折端残留下来。与此变形作用有关的线状构造是以矿物的拉伸线理和石香肠为主，矿物拉伸线理在变基性岩中发育，蓝闪石呈长柱状、针状定向排列形成线理，平行于剪切滑动方向。石香肠构造在石英片岩中比较常见，是这期变形作用形成的较大线理构造，是强烈塑性流动变形的产物。

第二幕变形是在低角闪岩相变质环境下以塑性流动和层间剪切滑动为主而形成的一套构造形迹群，具有强烈发育的透入性片理S_2，不等厚褶皱及十分发育的构造分异形成的不同类型的片理、条带及条纹状构造。

3. 第三幕变形作用（D_3）

此期变形以推覆构造及由其产生的韧脆性变形为主，在推覆构造作用下，蓝片岩形成一些小的断块，并且使先存的岩体及构造线方向受到改造。

双湖构造混杂岩带在板块俯冲、碰撞、推覆作用下形成一系列东西向逆冲推覆韧性剪切带，韧性剪切带的岩石主要为长英质糜棱岩，而纳若韧性剪切带的岩石主要有长英质糜棱岩以及辉长质糜棱岩，宏观上可见长石残斑的拉长及旋转、石英拔丝拉长及石英形成的石香肠理构造，显微构造可见矿物的变形结构，如长石、石英的波状消光、变形带边缘细粒化现象、长石斑晶的不对称等。变形显微构造如石英拔丝、长石、石榴子石、辉石残斑的旋转拖尾等。在南北向逆冲推覆作用下，区域上形成规模较小的褶皱和劈理构造，这些褶皱以S_2为变形面形成一系列东西向的褶曲，在其轴面往往有破劈理产生。

三、南羌塘陆块

南羌塘陆块位于测区南部，其北以查桑断层为界，测区仅出露南羌塘陆块北缘断褶带。

（一）构造单元特征

测区南羌塘陆块北缘断褶带主要由晚古生代石炭系—二叠系以及上三叠统组成。褶皱发育，早期近东西向，以紧闭-同斜褶皱为主，次级褶皱呈SMZ多级组合特征。晚期叠加北北东褶皱常与断层相伴，规模较小。断裂走向近东西，性质多为自北向南逆冲，规模较大。

最老地层上石炭统擦蒙组主要为灰色泥质粉砂岩、不等粒砂屑泥晶球粒灰岩，并见冰筏落石分布于测区南部肖切保、艾日一线，角度不整合伏于上三叠统肖切保组火山岩之下。为岩层向北中等倾斜的单斜构造。

二叠系十分发育。下二叠统展金组为一套中基性火山岩夹凝灰岩质砂岩建造，在知塞一带，见夹两层含砾泥岩，上被中二叠统龙格组整合所覆。龙格组分布于角木茶卡—玛日保索古来，东西向展布，主要为碳酸盐岩建造，夹少量断续条带状、透镜状硅质岩，在角木茶卡西见晚三叠世中基性火山岩夹碳酸盐岩角度不整合于二叠系之上。构造变形上，二叠系总体组成一系列近东西向褶皱，但不同地带亦存在差异。

西部：角木日东断裂F_{20}以西，二叠系整体走向为北东向。在平面上呈现出与整体构造线极不协调的、发生了逆向60°旋转的岩块。在整个羌塘地区是唯一特殊的岩块。岩块内最老的地层是下二叠统展金组，岩石组合为变质砂岩、冰水杂砾岩、大理岩、玄武岩，普遍含蓝闪石。中下二叠统的岩石组合为复理石砂板岩、枕状玄武岩、简单成分砾岩、放射虫硅质岩等。在角木日主脊一带，发育完好的中二叠世蛇绿岩组合。岩石变形强烈，二叠系产状较平缓，主脊一带有中二叠统构成向斜核部。断裂构造发育，以北东向断裂为主，延伸较长，北西向断裂横切角木日山体。

中部：江额拉果日西断裂F_{26}以西，角木日东断裂F_{20}以东的知塞一带，普遍存在两期褶皱，晚期断裂改造使之形成一系列呈南北向的第四系盆地而与东西两侧有别。

东部：江额拉果日西断裂 F_{26} 以东地区，主要由二叠系展金组火山岩及龙格组灰岩组成一复式背斜构造，构造线以东西向为主。

上三叠统肖切保组分布于肖茶卡南—孔孔茶卡南一带，总体为向北倾的单斜构造。为中基性火山岩建造，在部分沉火山角砾岩中夹较多灰岩夹层或透镜体。角木茶卡组为一套水下扇→碳酸盐缓坡相沉积建造。角木茶卡组假整合于肖切保组之上，上被扎那组整合所覆。扎那组为一套三角洲→陆棚相碎屑岩建造。侏罗纪构造层少量分布在宁日北。古近纪陆相沉积主要分布于知塞、角木侯浦主、角木茶卡北、保索古来错一带。

区内广泛发育的古近系有两个岩石地层单元：康托组以河流相为主，唢呐湖组以湖相为主，晚期转变为河流相。从变形角度分析，整个古近系变形很弱，以宽缓褶皱为主。

（二）构造形迹

南羌塘陆块北缘断褶带褶皱、断裂比较发育，比较大的褶皱有 20 个，断裂 14 条。下面分别描述主要褶皱和断裂的展布和形态特征。

1. 褶皱构造

该构造单元以古生代地层为主，褶皱构造主要分布于古生代构造层之中（表 5-2-5，参见图 5-2-6）。

表 5-2-5　测区内南羌塘陆块北缘断褶带主要褶皱特征一览表

编号	地理位置	类型	地层时代		两翼产状			轴向倾向	枢纽产状	翼间夹角	规模（km）	
			翼部	核部	西部	中部	东部				长	宽
15	江爱藏布	向斜	E_2k	E_2k		200°∠32° 0∠35°		95° 190°∠89°		113°	3	1.2
16	角木茶卡西	向斜	T_3jm	T_3jm T_3x	100°∠40° 230°∠30°	110°∠30° 180°∠30°		138°		110°		
17	角木日东	背斜	P_2l	P_2l			190°∠35° 10°∠40°	100°		105°		
18	角木日东南	向斜	P_2l P_1z	P_2l	340°∠20° 240°∠40°		45°∠40° 205°∠40°	110°		100°		
19	角木日东南	背斜	P_2l	P_1z	340°∠20°		45°∠40°	100°		110°		
20	角木日东南	向斜	P_1z	P_2l	10°∠35° 170°∠15°		95°∠25°	105°	SSW∠15°	130°		
21	角木日东南	向斜	P_2l	P_2l	320°∠20° 120°∠35°		310°∠35° 95°∠25°	38°		125°		
22	角木浦候南西	向斜	E_2k	E_2k	160°∠20° 330°∠30°		125°∠40° 265°∠45°	65°				
23	角木浦候南西	背斜	P_2l	P_2l		110°∠30° 180°∠30°		65°				
24	角木浦候东南	背斜	P_2l	P_2l		130°∠40° 300°∠45°		65°				
25	知塞南	向斜	E_2k	E_2k		160°∠20° 350°∠30°		66°				
26	知塞北	向斜	E_2s	E_2s		140°∠12° 350°∠30°		49°				
27	角木茶卡东	向斜	P_2l	P_2l	180°∠10° 5°∠15°		210°∠25° 345°∠18°	105°			6	2.5
28	角木茶卡东	向斜	P_2l	P_2l	200°∠30° 340°∠35°		210°∠35°	96°			5	3
29	卡巴斜仁北	背斜	P_2l	P_2l	344°∠56° 163°∠30°			84° 163°∠80°		96°	5	2.5
30	肖切保南	向斜	E_2k	E_2k	170°∠25° 20°∠20°	170°∠25° 163°∠30°		90°			15	
31	江额赛南	背斜	P_2l	P_1z	175°∠25°			104°			15	5
32	江额赛南	背斜	P_2l	P_1z	5°∠36°		5°∠28°	106°			20	5
33	江额赛南	向斜	P_1z	P_2l	240°∠10°	225°∠25°	345°∠48°	97°		107°		
83	孔孔茶卡南东	向斜	E_2s	E_2s	188°∠4° 353°∠19°		198°∠18° 0∠24°	95° 198°∠87°	280°∠2°	138°	13	5

从表中可看出，褶皱主要分布在角木日一带，褶皱规模一般较小，长度小于20km。褶皱卷入地层以二叠系为主，次为古近系地层。褶皱轴向早期以东西向、北西向为主，晚期北东向、北北东向褶皱主要分布于南北向断裂带中。除古生代地层中褶皱较为紧闭外，总体为直立开阔型等厚褶皱。

褶皱在二叠系龙格组浅灰色薄层状泥粉晶灰岩夹极薄层状钙泥岩中表现十分明显。泥粉晶灰岩单层厚2～8cm，层面凹凸不平，钙质泥岩单层厚小于1cm。局部夹硅质团块、硅质条带。露头尺度及更大尺度褶皱比较发育．露头尺度者多呈一系列紧闭背向斜，轴面产状355°∠75°，枢纽产状275°∠15°，局部见轴面向南倒的同斜倒转褶皱，另外还见小型箱形褶皱（图5-2-38、图5-2-39、图5-2-40）。

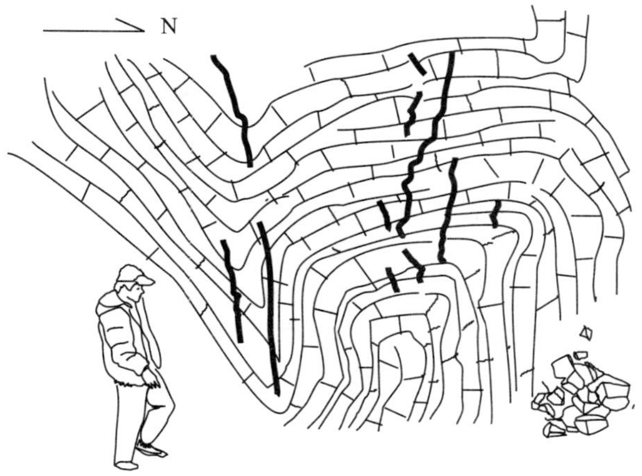

图5-2-38 知塞南龙格组灰岩中箱状褶皱素描图
（D2340地质点附近照片）

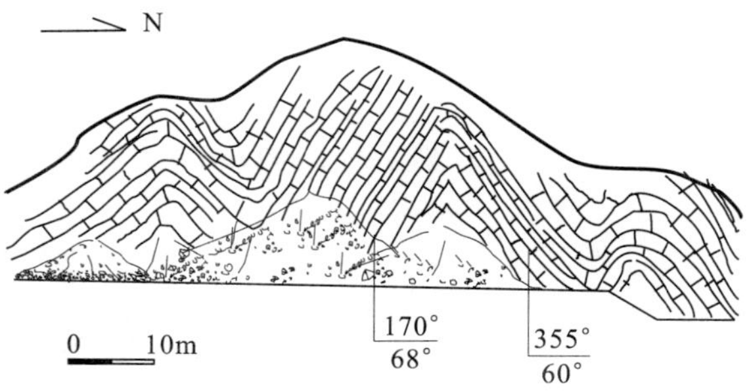

图5-2-39 知塞南中二叠统龙格组灰岩中褶皱素描图
（D2340地质点照片）

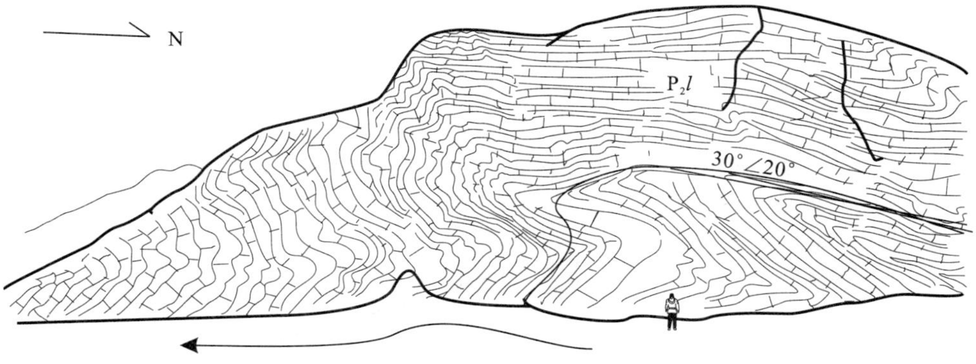

图5-2-40 角木日东中二叠统龙格组灰岩中同斜倒转褶皱素描图
（D1050地质点照片）

角木日东东西向褶皱群：主要由f_{18}号向斜、f_{19}号背斜、f_{20}号向斜组成，褶皱走向近东西向。组成向斜核部的岩层为龙格组深灰色薄层状灰岩，单层厚3～15cm，岩层单层延伸稳定，局部见含硅质条带或团块。翼部地层为展金组火山岩，受晚期北北东褶皱叠加改造，地层产状较乱。褶皱西端被北东向断层斜截，东端被第四系覆盖。长约10km。翼部次级褶皱多级组合形成特征的SMZ（图5-2-41、图5-2-42、图5-2-43）。

江额赛南背斜（f_{31}）：近东西向展布，长约15km，宽约5km。核部由展金组火山岩组成，翼部为龙格组灰岩。南翼岩层产状175°∠25°，北翼岩层产状345°∠48°。枢纽向西倾伏，东端被第四系覆盖，北翼大部分被第四系覆盖。从卫片上看其与f_{32}号背斜相连，后期被北北西向断裂改造。

2. 断层构造

南羌塘陆块断裂十分发育（表5-2-6，参见图5-2-6），按走向主要为北东-北东东、北西-北西西向断层，常常有北东东向断层切割北西-北西西向断层的现象。另外，还有近南北向断层和东西向断层。北西西、北东东向断层不但规模大而且数量多，居本区构造格架的主导地位，往往具有多期活动性，

图 5-2-41　角木日东龙格组中 f_{19} 号背斜北翼次级 S 形褶皱素描示意图

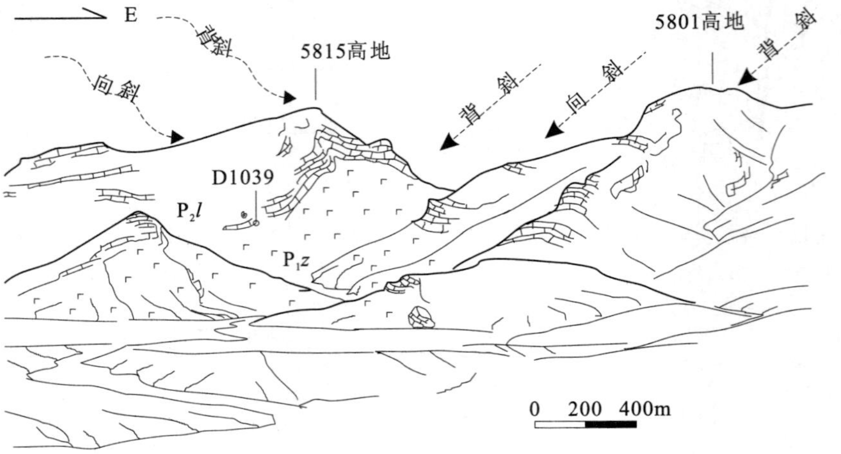

图 5-2-42　角木日东龙格组地层中两期褶皱叠加现象素描图

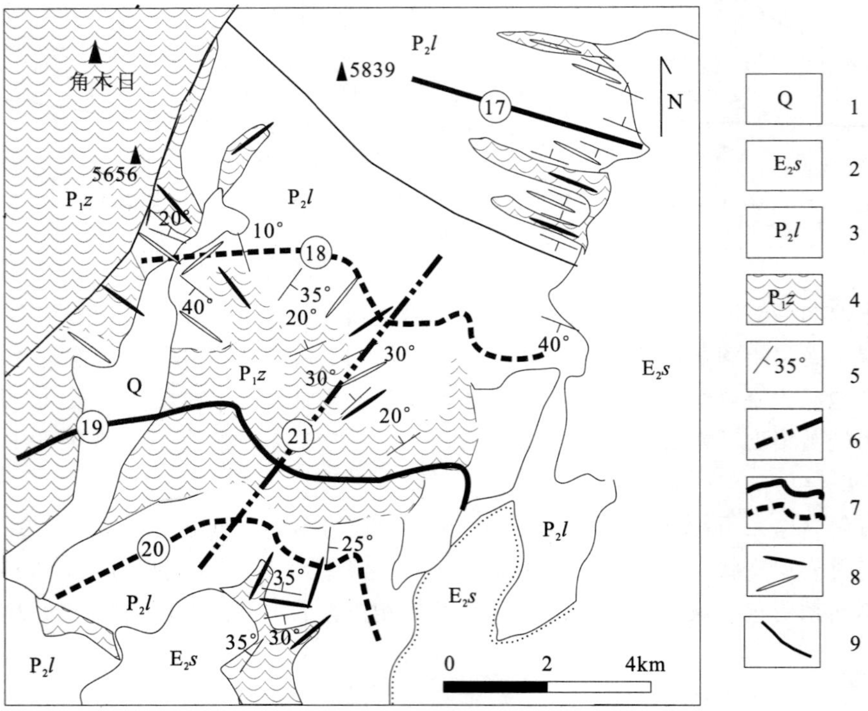

图 5-2-43　角木日东二叠系中两期褶皱叠加示意图

1. 第四系；2. 始新统唢呐湖组；3. 中二叠统龙格组灰岩；4. 下二叠统展金组火山岩；5. 岩层产状；6. 晚期北北东向向斜；7. 早期近东西向褶皱；8. 次级褶皱；9. 断层

表 5-2-6　南羌塘陆块北缘断褶带主要断裂特征一览表

编号	断裂名称 位置	长度 (km)	走向	倾向	性质	特征简述
18	拉加强玛南	10	100°	N	逆冲	北侧为古生代中薄层灰岩，南侧为中生代玄武岩。D3041 点西灰岩产状倾角 60°～70°，沿走向延伸明显与玄武岩相抵。
19	角木日	12	35°			西侧为超基性岩构造透镜体，东侧为 P_1z 火山岩。
20	角木日东	17	28°	E	逆冲	西侧为 P_1z 火山岩，北东走向。东侧为 P_2l、P_1z，近东西向展布。东侧北东走向褶皱局部倒转，发育 S 形同斜褶皱示向西逆冲。
21	角木日东	8	320°	W	逆冲	南为 P_2l，北侧为中生代礁灰岩。D1078 点见点南为灰-深灰色薄层状泥晶灰岩夹同色薄中层状生物屑灰岩，点北为灰色厚块状灰质角砾岩，两侧岩层产状相抵，接触界面产状约为 240°∠50°。
22	角木日东	8	320°	W	逆冲	南北均为 P_2l，沿断裂带见基性岩构造透镜体。
23	知塞南	13	78°		走滑	线性沟谷，切割第三系错移约 4km，为右行走滑断层。
24	肖茶卡-孔孔茶卡	80	80°	N	逆冲	北侧为 P_1z、P_2l，南侧为中生代火山岩、碎屑岩。大部分为第四系盆地覆盖。对第四系盆地、湖泊有控制作用。
25	卡巴斜仁北西	12	130°	SW	正断层	南北均为 P_2l，产状相抵。D1839 点见岩石比较破碎，地貌上表现为负地形，卫片上线性特征明显。
26	江额拉果日西	10	310°			南侧为 P_2z、P_2l，北侧为 P_1z、P_2l。中部为第四系盆地覆盖。其西南侧以晚期断裂改造而形成一系列呈南北向的第四系盆地。其东主要以东西向构造线为主。
27	肖茶卡南	22	290°	N	逆断层	南北两侧均为三叠系地层，沿断裂带见灰岩构造透镜体、温泉以及地层重复叠置。
28	孔孔茶卡南	50	270°	N	逆断层	北侧为 P_1z、P_2l，南侧为中生代火山岩、碎屑岩，沿断裂带见灰岩构造透镜体，其切割 E_2k 地层但被 E_2s 不整合覆盖。
29	塘窝茸	20	315°			遥感解译断层，控制第四系。
75	宁日西	10	142°		左行	断层错移 E_2k、E_2s 地层。沿线见水平擦痕、阶步。
76	宁日西	9	35°		左行	断层错移 E_2k、T_3jm 地层。位移达 2km 以上。
74	恰岗错南	20	EW	N	滑覆	变质砂岩岩片与复理石岩片分界断裂。断层带内岩石糜棱岩化发育。

晚期抬升至浅表层次后仍有活动，甚至在新构造阶段仍有表现。现就主要断层构造变形特征介绍如下。

1）角木日断层（F_{19}）

该断层出露于测区西南的角木日山地，北北东走向，纵切角木日山中部，切割下二叠统展金组，出露长度 12km，两端均被第四系掩盖。断层两侧不同单位的地层沿走向在断层处斜交，并形成破碎较强的角砾岩带，角砾岩呈透镜体状，局部可见擦痕，表现为挤压特征。断面南段产状 96°∠40°，北段走向 340°。断层经过处，地貌特征明显呈南北向的负地形，切割山脊处形成陡崖，在卫片影像图片上为清晰的线性构造。

2）角木日东断层（F_{20}）

北北东向分布于角木日主峰东侧，长度大于 17km，西侧为 P_1z 之火山岩，北东走向。东侧为P_2l、P_1z，近东西向展布。东侧北东走向褶皱局部倒转，发育 S 形同斜褶皱显示向西逆冲（图 5-2-44、图 5-2-45）。角木日北（D2316 点处）露头良好，岩性为深灰色薄层状粉砂岩、粉砂质泥岩夹沉凝灰岩。点处岩石产状凌乱，S 形褶皱发育，褶皱变形面为层理，轴面产状 120°∠40°，枢纽产状170°∠15°，总体反映逆冲断层特征。点处岩石劈理发育。大部分地段劈理与层理平行，局部斜交，两者倾向相同，层理缓，劈理陡，指示地层局部倒转。劈理化带宽约 80m。点西岩层产状倾向北东，点东产状倾向南东。沿途向东露头较为连续，为深灰色薄层状凝灰质粉砂岩、粉砂质泥岩夹中层状沉凝灰岩。

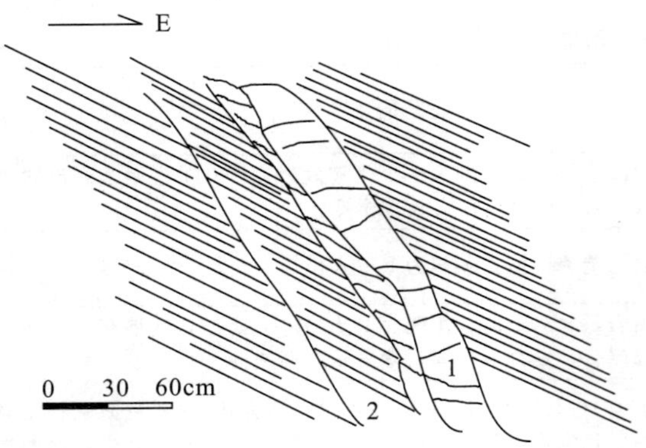

图 5-2-44　角木日断层东地层倒转素描图

（D2316 地质点）

1. 中层状沉凝灰岩；2. 深灰色薄层状粉砂岩

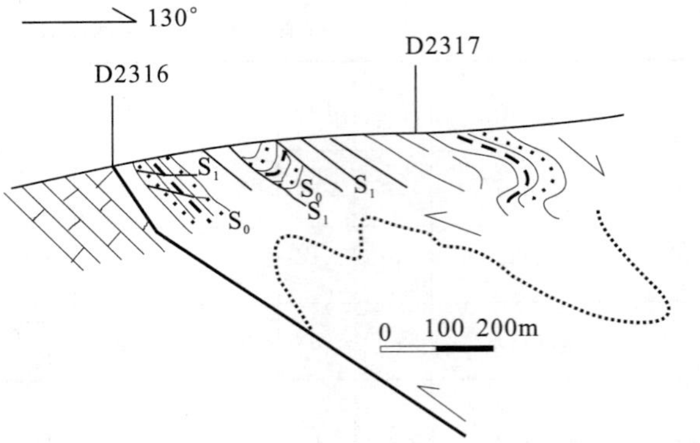

图 5-2-45　角木日断层路线剖面示意图

3）肖茶卡南逆断层（F_{27}）

分布于肖茶卡南，走向呈北西西向，长度大于 22km，南延出图。断面倾向北北东，北为肖切保组（T_3x）中基性火山岩、火山角砾岩，基岩出露较差，主要为残坡积分布。南为灰色生物碎屑灰岩，中厚层状，原生色为浅灰色。该套灰岩卫片上呈灰白色调，走向上线性展布，但实地观察常呈透镜状断续分布，局部见产状明显与玄武岩相交，表现为上覆于南北两侧的火山岩之上，沿断裂带见温泉。

4）知塞南断层（F_{23}）

北东东向走向，区内延长约 13km。断层西段（D3025 地质点）南北两侧均为龙格组中层状灰岩，其间为唢呐湖组砖红色中层状复成分砾岩夹细粒岩屑长石砂岩。唢呐湖组复成分砾岩及细砂岩明显呈断块夹于两侧中层状灰岩中，断面倾向南南东，断块两侧薄到中层状灰岩产状直立，裂隙发育，破碎。南东侧断面附近出现断层角砾岩，砾石成分主要为深灰色微泥晶灰岩，大小数毫米至几十厘米，呈尖棱角状，钙质胶结。断层东部（D4039 地质点）北侧为龙格组灰岩。灰岩形成陡峭的山崖。主要岩性为深灰色薄层状含硅质结核灰岩。岩层中发育垂直层理的方解石细网脉，岩层产状杂乱，强烈褶皱。断层南侧为康托组灰质砾岩，岩层产状直立，破碎。两者接触界线平直，卫片上线性特征明显。

5）知塞南北向断层

该断层多被古近系覆盖，仅在知塞南一带零星分布，于 D2341 地质点露头良好。见断层东侧为浅灰色薄中层状硅质岩、灰质条带硅质岩夹薄层状泥粉晶灰岩及少量紫红色薄层状硅质岩。西侧为灰黑色、深灰色薄层状沉凝灰岩夹浅灰色薄中层状、透镜状凝灰质砂岩。区域上后者常伏于前者之下，此处受断层改造逆冲至灰岩之上，劈理比较发育，凝灰质砂岩透镜体化，断裂带中的薄层灰岩中见同斜紧闭背斜，轴面产状 270°∠70°，枢纽近于水平，西冀产状 260°∠65°。为一由西向东冲的逆断层（图 5-2-46）。向北沿断裂带见有辉长辉绿岩构造透镜体分布。

6）知塞北断层

分布在角木加柔南，呈北东东向走向，西被第四系覆盖，东不整合隐伏于始新统唢呐湖组之下。断层南北两侧均为灰-深灰色薄层状泥晶灰岩，夹少量泥晶生物屑灰岩，偶见夹有硅质岩条带，但两者产状相抵。南侧灰岩在靠近断层附近发育一系列的小破碎带，另还见发育有倾伏褶皱，枢纽130°∠65°，轴面 220°∠70°。北侧灰岩中见发育一系列的不对称褶皱（图 5-2-47），层面总体产状320°∠40°。显示向南逆冲特征。

7）孔孔茶卡南断层（F_{28}）

近东西向分布于肖茶卡、艾日北，向东于周乌雅达、日抗巴一带被始新统唢呐湖组不整合掩盖。北侧为上二叠统龙格组灰岩，南侧为三叠系地层，沿断裂带见灰岩构造透镜体，其切割 E_2k 地层但被 E_2s 不整合覆盖。于 D4193 点见北为龙格组中厚层状浅灰色生物碎屑灰岩，产状向北倾。点南为肖切保组中基性火山岩、火山角砾岩，点南河西岸可见安山玄武岩具气孔状构造和杏仁状构造。两者产状相抵，火山岩向南倾，在点北灰岩中产状变陡且见断层擦痕、碎裂化现象。卫片上线性影纹清晰。

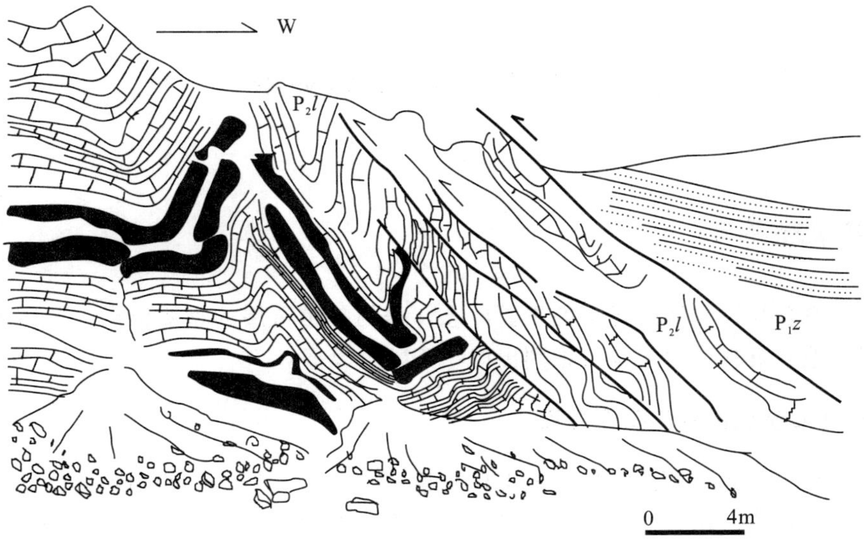

图 5-2-46 知塞南北向断层牵引褶皱示逆冲素描图

（D2341 地质点）

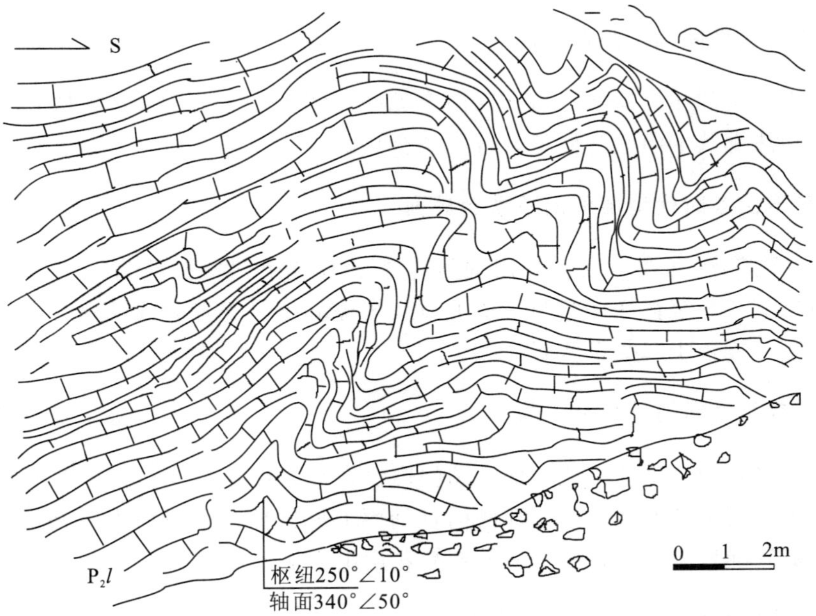

图 5-2-47 知塞北龙格组褶皱素描图

（D1075 地质点）

8）江额拉果日西断层（F_{26}）

分布于江额拉果西侧，走向北北西向，东西两侧均为 P_1z、P_2l 地层，中部为第四纪盆地覆盖。其西南侧以晚期断裂改造而形成一系列呈南北向的第四纪盆地为特征。其东主要以东西向构造线为主。于江额拉果南西（D2256 点）出露较好，点北东为龙格组灰岩，灰岩产状杂乱，发育一序列轴面西南倾的小褶皱，局部产状近于直立，地层总体的走向为近南北向，方解石脉较为发育。点南为展金组深灰绿色（风化多呈灰紫色、褐灰色）致密块状安山质玄武岩夹数层气孔、杏仁状玄武岩。玄武岩中见一层厚 1m 左右的灰白色方解石脉，近东西向延伸约 100m，火山岩层理产状：170°∠50°。两侧地层走向大角度相交，在点北灰岩中发育一序列轴面西南倾向的小褶皱，而且岩层极其破碎，产状杂乱。卫片上该点处存在一个北西走向的线性构造。推断该断层为南西倾并带有右行走滑性质的逆冲断层。

第三节　构造层划分

一、重要不整合界面

区域性角度不整合往往是构造运动的重要标志，是划分构造层的重要依据，是区域构造运动的直接记录。结合区域地质资料，本图幅可识别出以下不整合界面。

1. 古生界与变质基底间的不整合界面

前奥陶系变质基底岩系呈岩片零星分布于玛尔果茶和嘎措一带，岩性为含榴二云石英片岩、石榴斜长角闪岩、变基性岩等。这套地层受两期以上变质作用叠加，前期以区域变质的绿片岩相—角闪岩相为特征，并以角闪岩相为主，后期叠加绿片岩相的动力变质作用，构造置换强烈，塑性变形特征明显，较古生代地层明显多一期变形变质作用。根据区域地质资料，推测两者之间存在一个角度不整合接触界面。

2. 下三叠统与二叠系间的不整合界面

下三叠统康鲁组三角洲相碎屑岩建造在区内未见底，邻区热觉茶卡地区见康鲁组底部灰绿色含砾岩屑粗砂岩与二叠系热觉茶卡组间为假整合或不整合接触。

3. 上三叠统与下伏各时代地层间的不整合界面

这一不整合面区内广泛存在，在江爱山地区见上三叠统土门格拉群与下伏中三叠统呈假整合接触；在孔孔茶卡南见上三叠统肖切保组与下伏上石炭统擦蒙组呈假整合或不整合接触；在肖茶卡地区见上三叠统肖切保组不整合于二叠系灰岩之上。

4. 侏罗系与三叠系之间的不整合界面

这是羌塘地区最重要的区域性不整合面。图幅内仅在沃若山地区观察到中侏罗统雀莫错组粗碎屑岩不整合于上三叠统土门格拉群之上，在那底岗日剖面上见雀莫错组与那底岗日组呈假整合接触。区域上，菊花山地区那底岗日组不整合于上三叠统菊花山组之上。

5. 古近系与下伏各层位地质体的不整合界面

这个不整合在图幅内广泛出现，聂达实测剖面记录了这个界面。古近系康托组和唢呐湖组可以不整合于古近系之前的任何地质体之上。这是羌塘地区结束海相侏罗系沉积之后的第一个陆相沉积盖层。有些地区不整合面之上是康托组灰质砾岩，有的地区唢呐湖组湖相灰岩直接盖在下伏岩层之上。

二、构造层的划分

构造层是指一定构造单元内，一定的地质历史发展阶段形成的一套地层、岩石和构造形迹的集合。构造层常由角度不整合界定，它们在地层组合、沉积岩相、构造、岩浆活动和变质作用等方面具有一定的特色而区别于其他构造层。在时间上代表了一定的构造旋回和构造幕，空间上代表了该构造幕影响的范围。结合区域地质事件分析，对南羌塘陆块、双湖构造混杂岩带和北羌塘陆块分别划分了构造层（表 5-3-1）。

表 5-3-1 测区内主要构造层划分一览表

地层年代	构造层划分		
	北羌塘陆块	双湖构造混杂岩带	南羌塘陆块
E	古近纪构造层	古近纪构造层	古近纪构造层
J	侏罗纪构造层	侏罗纪构造层	侏罗纪构造层
T_3		三叠纪构造层	晚三叠世构造层
T_{1-2}			
D—P		晚古生代构造层	晚石炭世-中二叠世构造层
AnO		基底构造层	

（一）双湖构造混杂岩带构造层

区内变质基底岩系零星分布，其与上覆盖层间为断层接触或为岩体占据。沉积地层中最老地层为中泥盆统。晚古生界地层接触关系多没有保留，现均为断裂分割。三叠系为连续沉积，下三叠统与古生代地层间为角度不整合关系。侏罗系发育较全，不整合于三叠系之上。古近系是高原隆升以后的陆相沉积，图幅内广泛发育。根据地层的发育与岩浆活动、变质变形的差异，在双湖构造混杂岩带上划分出 5 个构造层。

1. 基底构造层

分布于图幅的恰岗错、纳若以及玛尔果茶以东一带。包括前奥陶系齐陇乌如岩组和嘎措岩组。这套岩石受两期以上变质作用叠加改造，前期以区域变质的绿片岩相—角闪岩相为特征，并以角闪岩相为主，后期叠加绿片岩相的动力变质作用，构造置换强烈，塑性变形特征明显。较古生代地层明显多一期变形变质作用，以此作为划分独立构造层的根据。

2. 晚古生代构造层

沿双湖构造混杂带分布，主要包括泥盆系查桑组、拉竹龙组和石炭系日湾查卡组以及二叠纪各岩片，分布于双湖查桑一带的题玛茶卡、江额赛等地。岩性组合为一套碳酸盐岩沉积夹碎屑岩、火山岩；断裂较发育，岩石已强烈变形。

在曲捷日、纳若、扎陇纳博一带发育原岩为二叠系的变质岩，变质岩石主要为绿泥片岩、白云石英片岩、石英岩、蓝闪石大理岩、变质枕状玄武岩、变质辉长辉绿岩等。从变质岩的矿物组合看，其变质相为蓝闪绿片岩相，变质作用类型为中高压区域低温动力变质作用，在绿片岩中发现尚有糜棱岩化现象，且这种糜棱岩化现象仅见于局部，说明绿片岩上尚有线性动力变质作用叠加。这套变质岩可能代表俯冲消减带上的洋壳残片和增生楔。

在江爱山地区还分布着一套未变质的弧火山岩，从灰岩夹层中化石判断属二叠纪。褶皱样式主要为不对称斜歪-同斜褶皱。

3. 三叠纪构造层

三叠系各统都有发育，三叠系与二叠系之间存在不整合界面。下三叠统康鲁组为三角洲相碎屑岩建造；硬水泉组为一套浅水陆棚和浅滩相碳酸盐岩建造；中三叠统康南组为碳酸盐岩-碎屑岩建造，为浅海陆棚-浅滩相沉积；土门格拉群为三角洲相碎屑岩夹煤线建造，呈断块分布于江爱藏布断裂带中。三叠纪沉积表现为稳定大陆边缘的浅海沉积，生物繁盛，礁体发育，基本为连续沉积。岩石没有发生变质，变形较弱。

4. 侏罗纪构造层

侏罗纪构造层纵向上由下侏罗统那底岗日组，中侏罗统雀莫错组、布曲组、夏里组和上侏罗统索瓦组组成。那底岗日组是一套中酸性火山岩，为钙碱性火山岩，在菊花山地区与中上三叠统菊花山组呈不整合接触。这套火山岩的地球化学特点为陆缘岛弧钙碱系列，与天鹤湖、赛茸一带的中酸性侵入杂岩为同期同源不同相产物。雀莫错组是一套紫红色砂泥岩沉积，布曲组是以灰岩沉积为主，夏里组主要为含膏杂色细碎屑岩系，索瓦组是以生物灰岩、礁灰岩为主的沉积。

侏罗纪构造层主要分布于西侧玛尔果茶卡断块上。该套构造层变形以褶皱为主，褶皱轴迹走向变化较大，玛尔果茶东一带为北东东向，湖东山一带为北西西向。受基底构造影响明显，基底凸起控制着盖层的沉积而形成披覆褶皱，如沃若山背斜核部上三叠统呈“天窗”出露，翼部雀莫错组地层不整合覆盖在三叠系之上，这是明显受基底凸起控制而形成的典型的披覆背斜。

5. 古近纪构造层

古近系始新统为陆相冲积扇-河流相和湖相沉积。古近系发育两个岩石地层单元：下部康托组紫红色灰质砾岩、含砾砂岩，属冲积扇-河流相沉积；上部唢呐湖组含膏薄层淡水灰岩，底部发育厚度不大的复成分砾岩，具湖相沉积特征。唢呐湖组产状平缓，厚度较小，变形微弱，不整合覆盖在侏罗系及康托组之上。

（二）南羌塘陆块构造层

南羌塘陆块晚古生代地层发育，最老地层上石炭统擦蒙组分布于南部，主要为灰色泥质粉砂岩、不等粒砂屑泥晶球粒灰岩，并见冰筏落石。该套冰水杂砾岩古地理环境应属于冈瓦纳大陆北部边缘环境。上三叠统肖切保组由玄武质、安山玄武质、安山质沉火山角砾岩与玄武岩、安山玄武岩、安山岩组成；角木茶卡组为水下扇→碳酸盐缓坡相。角木茶卡组假整合于肖切保组之上，被扎那组整合所覆；扎那组为一套三角洲→陆棚相碎屑岩建造。侏罗纪地层少量分布在宁日北。古近系是高原隆升以后的陆相沉积，区内广泛发育。根据地层的发育与岩浆活动、变质变形的差异，在南羌塘陆块上划分出4个构造层。

1. 晚石炭世-中二叠世构造层

区内上石炭统—二叠系广泛分布，占羌南地区面积的60%。地层总体走向为东西向，以二叠系分布最为广泛，上石炭统擦蒙组分布于南部肖切保、艾日一线，不整合伏于上三叠统肖切保组火山岩之下。下二叠统展金组分布在角木日一带，岩性为一套玄武岩、安山质玄武岩，夹火山角砾岩、凝灰岩、砂岩，上被中二叠统龙格组整合所覆。龙格组分布于角木茶卡—玛日保索古来，东西向展布，其岩性为灰色薄中层泥晶灰岩、生物碎屑泥质灰岩夹少量条带状、透镜状硅质岩、白云质灰岩等。

下二叠统玄武岩保存了完好的枕状构造。玄武岩的地球化学成分指示其属洋岛型玄武岩。在多个剖面上见到挟持在枕状玄武岩中的灰岩产珊瑚、鏟科等化石。这种岩石组合反映洋内高原或洋岛的特点。普遍存在两期褶皱，早期以东西向、北西向为主，晚期北东向、北北东向褶皱叠加。褶皱较为紧闭，总体为等厚褶皱。断裂主要为北东-北东东、北西-北西西向断层，常常有北东东向断层切割北西-北西西向断层的现象。另外，还有近南北向断层和东西向断层。北西西、北东东向断层不但规模大而且数量多，居本区构造格架的主导地位。

2. 晚三叠世构造层

上三叠统肖切保组分布于肖茶卡南—孔孔茶卡南一带，总体为向北倾的单斜构造。由玄武质、安山玄武质、安山质沉火山角砾岩与玄武岩、安山玄武岩、安山岩组成3个大的水下火山沉积-水下火山喷发旋回。在部分沉火山角砾岩中夹较多灰岩夹层或透镜体。熔岩枕状构造发育。角木茶卡组厚551.75m。为水下扇→碳酸盐缓坡相，下部为以火山岩砾石为主的砾岩，上部为碳酸盐岩。角木茶卡组假整合覆于肖切保组之上，上被扎那组整合所覆。扎那组为一套三角洲→陆棚相碎屑岩建造，厚度大于1 350m，分布局限，仅在肖茶卡地区零星出露。

3. 侏罗纪构造层

侏罗纪构造层主要由中侏罗统夏里组和上侏罗统索瓦组组成。区内零星分布于宁日、乱石山北一带。夏里组主要为含膏杂色细碎屑岩系，索瓦组以生物灰岩、泥晶灰岩为主。该构造层变形以东西向线状宽缓褶皱为主，靠近北侧褶皱较紧闭。

4. 古近纪构造层

古近系始新统为陆相河流相和湖相沉积。古近系康托组由紫红色、灰绿色砾岩、含砾砂岩、砂岩及少量泥岩组成；唢呐湖组以含膏薄层淡水灰岩为主，底部有砾岩，呈灰白色调，具湖相沉积特征。古近系地层产状平缓，厚度较小，不整合于三叠系或侏罗系之上。古近纪沉积物因物源和沉积条件的不同而有较大差异，相变迅速。从变形角度分析，整个古近系变形很弱，以宽缓褶皱为主。古近系的褶皱轴方向以东西向为主。

（三）北羌塘陆块构造层

北羌塘陆块以侏罗系广泛发育为特征，古近系主要沿南侧分布，主要划分出两个构造层。

1. 侏罗纪构造层

侏罗纪构造层由下侏罗统那底岗日组，中侏罗统雀莫错组、布曲组、夏里组和上侏罗统索瓦组组、白龙冰河组以及上侏罗统-下白垩统雪山组组成。那底岗日组火山岩在北羌塘地区较大范围内都有分布，向西至拉相错、菊花山一带，表现为水下火山喷发凝灰岩—沉凝灰岩，向东至雀莫错一带则为一套深水凝灰质浊积相沉积。中上侏罗统地层全区均可对比。

侏罗纪构造层中褶皱构造非常发育，紫阴山、千秋岭一带常为东西向褶皱，长龙山一带褶皱轴迹常沿北西—北西西向延伸。从翼间角及平面上纵横长度之比来看，大多数褶皱为开阔的短轴褶皱。多数褶皱枢纽近于水平，轴面一般近于直立，倾角一般 75°～88°，同一构造区的背斜和向斜往往相间平行排列，剖面上呈宽缓开阔直立水平褶皱，转折端呈圆弧形。

2. 古近纪构造层

古近系始新统康托组以紫红色灰质砾岩、含砾砂岩为主；唢呐湖组以含膏灰岩和紫红色泥岩为主，底部有砾岩，具湖相沉积特征，产状平缓，厚度较小，不整合于侏罗系地层之上。古近纪沉积物因物源和沉积条件的不同而有较大差异，相变迅速。从变形角度分析，整个古近系变形很弱，以宽缓褶皱为主，古近系的褶皱轴方向以东西向为主。

第四节 新构造运动与环境地质

一、新构造运动的表现类型

测区在地理区划上属青藏高原地理区羌塘（藏北）高原内陆湖盆地带，海拔高度 5 000m 以上。区内最高峰（江爱达日那峰）海拔高度 6 098m，大部分地区海拔高度介于 5 100～5 500m 之间，可见测区是一个典型的高海拔浅切割地区。

区内河流多是以湖泊为中心的向心水系，属于藏北内流水系。区内河流冲沟发育，由于区内降水量很少，因而一般河流短小，流量不大，大多数为间歇性和季节性咸水河流。少数较大河流如江爱藏布、希杂洛玛河等发源于一些海拔较高的雪山，水源补给相对丰富。

本区新构造活动极为活跃，表现为老断裂的复活及新断裂的产生。新构造断裂最明显是北东向左旋剪切断裂，常常将老构造线和地质体错断并发生位移。断块运动是新构造活动的另一种重要表现形式，一方面发生南北向的挤压作用，另一方面也留下了近东西向挤压的构造形迹，形成本区所特有的地貌格局，即断块地貌。新构造期褶皱作用在本区亦有明显反映，主要为康托组和唢呐湖组地层中的褶皱，它们均为新构造运动褶皱作用的产物。沿断裂发育的温泉、钙华堆积、湖边一侧陡崖形成的基岩湖岸，显然也是新构造运动的杰作。

新构造运动还表现为河流与湖泊阶地和多级夷平面的存在，地形地貌上存在明显的差异。断裂谷和断层湖就是很好的例证。从而导致本区第四纪沉积物成因、分布和地形地貌等方面的明显差异。

（一）褶皱构造

测区新褶皱构造十分发育，主要为康托组和唢呐湖组地层中的褶皱，它们均为新构造运动的产物。特别是在康托组中最为明显，多表现为宽缓褶皱。褶皱具一定的对称性，两翼产状较为平缓，轴面几乎直立，转折端舒缓圆滑。新褶皱大多数分布于测区希杂洛玛曲、夷泯曲、聂达、知塞东、尖石山北、长龙山一带（图5-4-1）。大多数新褶皱长轴延伸方向近东西向，少部分新褶皱轴向为北东或北北东，后者明显受控于局部应力作用，系断层侧旁的派生褶皱。除去断层派生褶皱外，共识别出成生于区域应力场中的新褶皱构造21个，其中康托组中14个，唢呐湖组中7个（表5-4-1）。康托组和唢呐湖组中的褶皱具有以下特点：①背斜轴或向斜轴走向为近东西向；②褶皱形态比较平缓状到非常平缓；③规模比较小，褶皱宽2～3km不等；④部分褶皱一翼较陡，主要原因是受断层影响所致。产生这些褶皱的主要压应力作用方式为近南北向挤压，因强度不大，或受巨厚地壳及前期已定型构造干扰，褶皱数量不多，且呈平缓、短轴类型。

表5-4-1 测区主要新褶皱统计表

编号	位置	地层	褶皱性质	褶皱轴走向	两翼地层产状		褶皱形态	规模（km）	
					北翼	南翼		长	宽
9-1	东长梁东	E_2k	向斜	南东东向	200°∠35°	30°∠54°	开阔短轴	3.5	1.5
15-1	江爱藏布	E_2k	背斜	东西向	10°∠42°	200°∠32°	宽缓短轴		
15-2	江爱藏布	E_2k	向斜	东西向	200°∠35°	10°∠42°	宽缓短轴		
15	江爱藏布	E_2k	向斜	东西向	200°∠32°	0∠35°	宽缓短轴	>3	1.2
30	肖切保南	E_2k	向斜	东西向	170°∠25°	20°∠20°	开阔线状	15	3
35	乱石沟北	E_2s	向斜	东西向	180°∠20°	330°∠40°	开阔线状	8	
56-1	长龙山南	E_2k	向斜	东西向	180°∠50°	5°∠45°	开阔线状	6.1	1
70-1	龙尾湖北东	E_2k	背斜	东西向	317°∠35°	170°∠20°	宽缓短轴	4	2
70	龙尾湖北东	E_2k	向斜	东西向	170°∠20°	25°∠25°	宽缓短轴	4.2	2.1
77-1	友谊泉西南	E_2k	向斜	东西向	180°∠40°	30°∠20°	宽缓短轴	6.5	3
77-2	友谊泉西南	E_2k	背斜	东西向	340°∠50°	165°∠20°	原为宽缓短轴	4.5	2
77-3	白象山东	E_2k	向斜	东西向	165°∠20°	20°∠6°	宽缓短轴	4.5	2
77-4	友谊泉南	E_2k	背斜	南东东向	50°∠50°	240°∠14°	原为宽缓短轴	2.5	1.2
77-5	友谊泉东南	E_2k	背斜	东西向	10°∠16°	190°∠18°	宽缓短轴	4	2
77	友谊泉东南	E_2k	向斜	东西向	160°∠30°	12°∠47°	开阔线状	21	4
78	龟脊岭北	E_2s	向斜	东西向	170°∠8°	340°∠7°	开阔线状	16	
79	龟脊岭	E_2s	背斜	东西向	10°∠10°	208°∠16°	开阔线状	26	
80	龟脊岭南	E_2s	向斜	东西向	208°∠70°	20°∠35°	开阔线状	14	
83-2	孔孔茶卡南东	E_2s	向斜	东西向	186°∠18°	3°∠9°	宽缓短轴	5	2
83-1	孔孔茶卡南东	E_2s	背斜	东西向	355°∠19°	186°∠18°	宽缓短轴	6	2
83	孔孔茶卡南东	E_2s	向斜	东西向	198°∠18°	0∠24°	开阔线状	13	5

（二）断裂构造

测区新断裂构造十分发育，多数为继承性断裂，少数为新生断裂。野外调查和遥感图像分析表明，测区的新断裂是控制测区新生代构造地貌、沉积物厚度、岩性岩相分布等特征的主要断裂构造。主要有近东西向、南北向、北东向及北西向4组断裂。其中，近东西向断裂是在继承早期断裂的基础上进一步活动定型的；南北向、北东向及北西向断裂是南北向挤压的统一应力场作用下不同序次的断裂形迹。这些断裂彼此交截，组成较为复杂的断裂构造图案。它们控制了测区的山脉、河流及地热、湖泊和第四纪沉积盆地的分布和发育。测区新断裂构造特征见表5-4-2。主要断裂及褶皱平面分布见图5-4-1。

表 5-4-2 测区新断裂构造特征表

编号	位 置	长度(km)	性质	走向	简 述
1	玛尔果茶卡北	20	压扭	65°	E_2k 与 E_2s、E_2s 与 J_2x 断层相接，西南段南盘中派生一背斜，为一左行逆冲-走滑断层。
4	长蛇山	70	压扭	300°	断层规模很大，穿过多套地层，多处错断 E_2k，为一区域性右行逆冲-走滑断层。
5	方湖	30	张	360°	沿断裂发育多个泉点，并形成南北向宽河谷。两盘差异升降，东盘上升使冲沟发育两组阶地，洪积扇向西进迫。西盘下降，无阶地发育而有泉水涌出。
6	胜利河东	19	张	5°	北段基岩区有宽30m至50m的断陷带，并使西盘及 F_{18} 北西西向断层被向北错移；南段破坏了 E_2k。
9	西长梁	26	压扭	110°	南盘 E_2k、J_3s^1，北盘 J_3s^1、J_2x。为右行逆冲-走滑断层。
16	沃若山南	10	走滑	55°	北侧为 J_2q^2 地层，南侧为 J_2q^1，产状相抵。断裂西南段被江爱藏布第四系覆盖，卫片显示该断层可能属左行走滑性质，并与 F_{17}、F_{38} 共同铸就江爱藏布第四系盆地。
17	江爱藏布	60	压扭	70°	多处造成 E_2k 与侏罗系各组断层相接，西南段形成江爱藏布上游宽谷，东北段形成山区的一连串负地形，为断面南东倾的区域性逆冲-左行走滑断层。
24	肖茶卡	80	逆冲	80°	北侧为 P_2z、P_2l，南侧为中生代火山岩、碎屑岩。大部分为第四系盆地覆盖。对第四系盆地、湖泊有控制作用。
29	塘窝茸	20		315°	遥感解译断层，控制第四系。
42	蜈蚣山	30	逆冲	90°	遥感解译断层，其对南北两侧褶皱样式、南侧新生代古近系盆地有明显控制作用。
49	黑尖山	9	压	90°	断面向南倾，北盘为 E_2k，南盘 J_2x。北盘发育牵引褶皱，E_2k 残存下部。为南盘向北上冲之逆断层。
50	饮龙湖	20	逆冲	10°	断层南段发育于 J_2x 中，北为第四系掩盖。断层带宽50～80m，带内地层破碎严重，地层产状较乱，见斜向擦痕，东盘岩层被拖曳而陡立，远离断层产状恢复正常。
51	长龙山北	20	压扭	290°	断面南倾，沿断层 E_2k 与 E_2s、J_2b、J_2x 呈断层接触。西段北盘向南东斜冲，东段走向近90°。
51-1	望龙山	6	压	275°	断面南倾，北盘为 E_2s，南盘为 E_2k 和 J_2b，为一由南向北逆冲的逆断层。
52	饮龙湖南东	12	压扭	305°	E_2k 与 J_2x 断层接触，断面向北倾，沿断层带出露泉水，为右行走滑-逆冲断层。
54	龙尾错西	25		155°	遥感解译断层，控制第四系。
56	龙尾湖	50	压扭	320°	断层错断 E_2s 和 E_2k 等地层，断层带中发育杂色断层泥和多擦痕面岩块，沿断层多河谷、湖盆且有泉水出露，为右行逆冲-走滑断层。
57	希杂日北	30	逆冲	110°	东段北为 J_3s 泥晶灰岩逆冲于南侧 E_2s 之上。北段转为近东西向展布。
75	宁日西	10	左行	142°	断层错移 E_2k、E_2s 地层。沿线见水平擦痕、阶步。
76	宁日西	9	左行	35°	断层错移 E_2k、T_3jm 地层。位移达2km以上。
77	玛尔果茶卡东	2	张	360°	沿断裂发育串球状泉点。主泉由东向西位移了150m，泉华形成3个台阶，高度下降了30m。表明断层为西盘多次下落正断层。
78	小龙山北	7	压	290°	断层面向南，北盘 E_2k，南盘 J_2x，为一由南向北逆冲的逆断层。
79	龙尾湖东—半岛湖	10	张	360°	西盘为 E_2k、E_2s，东盘为 J_3s。断面产状 270°∠82°。近垂直擦痕发育，J_3s^1 灰岩呈扁豆状破碎岩块。北邻测区有泉水南北向断续出露。早期为压性，后期西盘下落为张性。

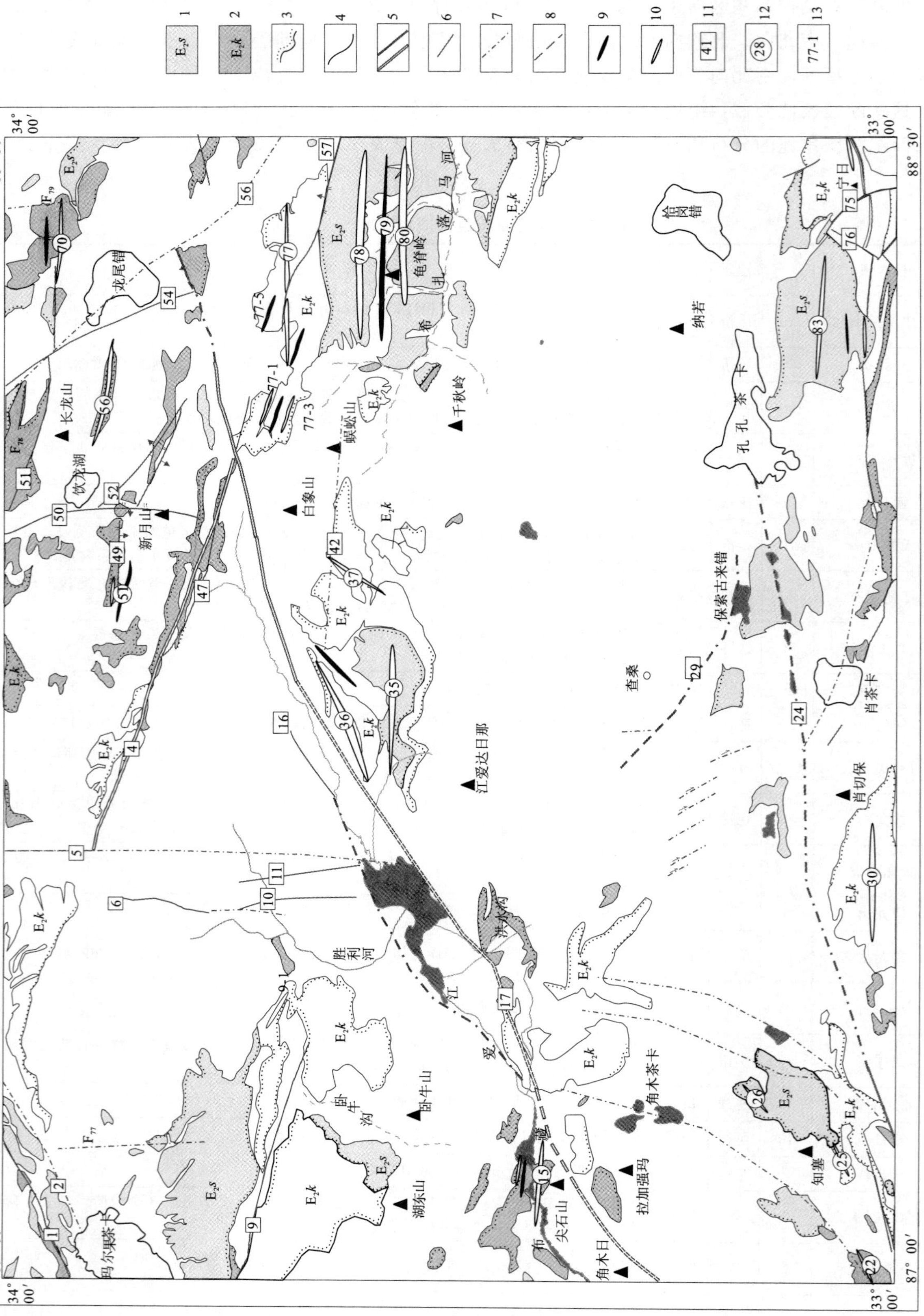

图 5-4-1　1：25 万江爱达日那幅新构造形迹分布图

1. 古近系始新统唢呐湖组；2. 古近系始新统康托组；3. 不整合地质界线；4. 第四系覆盖界线；5. 分区断裂；6. 实测断裂；7. 遥感解译断裂；8. 推测断裂；9. 背斜构造；10. 向斜构造；11. 主要断裂编号；12. 主要褶皱编号；13. 次要褶皱编号

1. 近东西向断裂组

该组断裂主要分布于测区东南部，其发育程度和规模常因断裂的级别不同和形成部位的差异而异。这些断裂具多期活动性，在继承早期断裂某些特征的同时又对早期断裂进行改造和破坏，将早期断裂的一些特征包容其中。该组断裂多表现为向北逆冲的断层，在剖面上组成逆冲断层系。该组断裂的形成导致了测区近东西向的隆起和拗陷带的发育，如孔孔茶卡拗陷带、江爱山隆起带等。特别是边界断裂（F_4、F_{15}）明显控制了测区近东西向隆起带和拗陷带的发育，断裂常发育于隆起带和拗陷带的接触部位。

测区南部的肖茶卡近东西向断裂（F_{24}），沿查布仁—肖茶卡—孔孔茶卡展布，长度大于80km，露头差，遥感影像特征明显，表现为一系列湖泊线性分布。该断裂对第四系盆地、湖泊有控制作用（图5-4-2）。

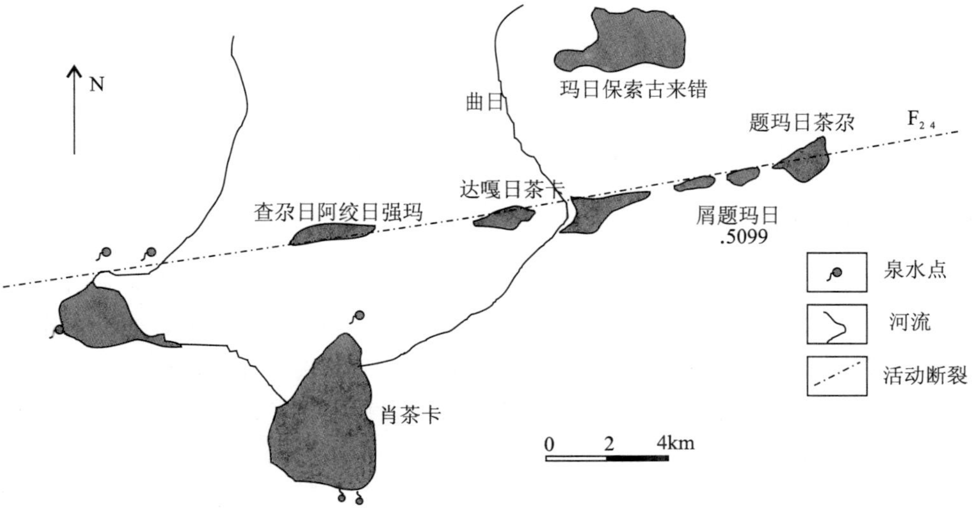

图 5-4-2 肖茶卡北近东西向活动断层平面展布特征

希杂日北逆掩断层（F_{57}），走向110°，倾向35°，倾角25°～45°。该断裂向北西至友谊泉，向南东延至图外，在测区长度达30km。沿断裂一线的北东盘有明显的断层崖形成。断层的上盘（北东盘）为上侏罗统索瓦组灰岩，下盘（南西盘）为始新统唢呐湖组紫红色砂岩和砾岩。上盘索瓦组石灰岩层逆掩于唢呐湖组紫红色砂岩和砾岩之上。石灰岩强裂破碎。从上述情况不难看出，该断裂在康托组形成之后有强烈活动，成为测区的主要新断裂之一。

2. 南北向断层组

该组断裂主要发育于角木茶卡、卡巴斜仁、方湖、饮龙湖西侧一带，断裂规模不大，延伸几公里至十几公里，呈南北向大致平行展布。断裂多表现为向东或向西陡倾的正断层。这些断层严格控制了南北向第四纪盆地的形成和发育；形成一系列南北向地堑式、半地堑式断陷盆地和地垒式、掀斜式隆起相间的构造面貌。它们将东西向的挤压拗陷带和隆起带分割成段而不能连续延伸。测区大部分南北向河流水系的发育亦明显受该方向断裂的控制。断裂标志以明显的断裂构造地貌的存在为依据，其他直接标志因第四系覆盖严重难以寻觅。在卫片上断裂影像特征较清晰，多表现为南北向的线状影像图案，据此从影像特征及地貌标志等确定了该组断裂的存在。如测区东北部的龙尾错断裂（F_{54}）为具有明显新活动的断裂。该断裂走向155°，倾向60°，倾角65°～80°。在测区内长度为25km，向北延至图外。该断裂的西盘（下盘）形成明显的断层崖，断层崖的基部有呈线状排列的洪积扇（图5-4-3）显示明显的活动。该断裂还控制龙尾错断陷盆地的形成，构成断陷盆地的西界。

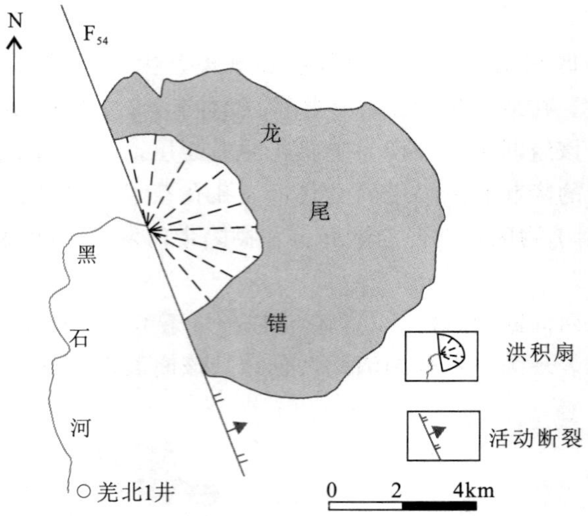

图 5-4-3　龙尾错活动断裂

3. 北东及北西向断裂组

北东向断裂不如北西向断裂发育，它们在平面上组成共轭断裂系统，其中北东向断裂主要为左行走滑断裂，而北西向断裂为右行走滑断裂。它们对先期形成的构造形迹有一定的改造作用，使先期构造形迹变形变位，并形成一些走滑拉分盆地。由于这次走滑（断裂）作用的叠加，使南北向断陷盆地变形变位，表现最明显的是江爱藏布盆地，其具有南北向断陷盆地和北（北）东向走滑拉分盆地叠加的构造特征和形态特征。

江爱藏布北东向断层分布于测区中部，断裂北东-北东东向展布，规模较大，延长 100km。断裂多具左行走滑性质，常将早期构造形迹切割而使其发生左行位移。该方向断裂带沿断陷带及隆起带的接触部位和河谷地带发育，第四系覆盖严重，因此断裂的直接标志野外难以觅迹，特征的断裂地貌标志和影像标志为断裂的存在间接提供了依据。地貌标志反映为北东向定向分布的沟谷地貌，其间为北东向现代湖泊，湖泊具有类长方形的特点，其长边平直，与断裂（陷）带延伸方向一致，短边与断陷带延伸方向近垂直或斜交。这是走滑断裂产生的拉张型湖泊特有的湖泊形态特征，它的存在为确定走滑断裂性质提供了重要和可靠的依据之一。湖泊北西和南东两岸均为倾角极陡的断层崖；断陷带两侧的山体均作北东向定向排列，山体（隆起带）与盆地（断陷带）的接触界线清晰，且呈直线状延伸；接触部位表现为山体向盆地陡倾，倾角大于 70°。有的地段表现为山体与平原的接触部位有冲（洪）积扇沿山麓地带分布，并有地震和地热活动沿带发生（如洪水沟）。这些地热活动及地貌发育特征，显然是受该方向断裂控制的。断裂影像特征特别明显，卫片上两条大致平行的线状影像（纹）图案十分清晰，色调较深，为浅灰—深灰色；两侧山体的影像图案为斑（点）状，这些斑（点）状影像具有北东向定向分布的特点。

北西向断层组相对较为发育，呈北西向大致平行产出，与北东向断裂组成共轭走滑断层系统，分布于图区北部。这些断裂具有大致相同的延伸方向和相同的运动学性质，可能为同一应力场作用所致。该断层组控制了测区北西向构造地貌及沉积盆地的发育，并对早期构造形迹进行改造和破坏。如长蛇山断层（F_4）。该断裂走向 300°，倾向 220°，倾角 60°。它的北西段沿康托组不整合接触面隐伏，区内全长 70km。该断裂是大沙河、向阳湖古近纪北西向凹陷的西南边界，控制康托组沉积。该断裂的上盘有一系列的褶皱发育，褶皱轴延伸方向与断裂走向相同。断裂的北东盘（下盘）主要为康托组，南西盘（上盘）主要为侏罗系，部分地段断裂切割古近系。据上述特征不难看出该断裂为压性断裂。它可能形成在古近纪之前，之后又有多次活动，是具有继承性活动的新断裂之一。

综合全区新构造断层实际资料，可归纳出它们以下特点。

(1) 大部分断层，尤其是大断层均具继承性活动特点。

(2) 近东西向断层表现为压性，几何形态为逆断层。部分在第四纪因高原隆升或重力下滑而呈正断层，形成东西向的开阔谷地。

(3) 北东东向断层压扭性特征明显，为左行走滑-逆断层。区域性断层如 F_{17}、F_{72} 等是北东东向第四纪宽阔河谷和泉水出露的原因。

(4) 北西和北西西向断层均为逆冲-右行走滑性质，它们中的大断层继承性活动对现代地貌水文条件的控制作用亦十分明显。如沿断层带的线状延伸鞍部与河谷，龙尾湖、枣核湖等大小湖泊及湖滨平原，山岭与缓坡相接的地形线以及地下水的出露等等。

(5) 南北向断层规模比较大，多数长度大于 15km，为西盘下落之正断层。从多数断层均形成南北向宽阔河谷，有流量较大的泉水线状分布及泉眼迁移、河谷东西两侧阶地不平衡发育及湖泊分布（如方湖、角木茶卡）等现象可知，南北向断层在第四纪的活动对区内地形、地貌、水文均有重大影响。

综上所述，测区新构造运动的应力作用方式主要是近南北向挤压，故各方向组断层的性质为（或改变为）东西向的压性，南北向的张性、北西西和北西向的右行压扭性和北东东向的左行压扭性。东西向压性断层与古近系中的东西向褶皱组成了测区时代最新的东西向构造。南北向断层或其与东西向、北西、北西西向断层交叉部位则往往形成宽阔河谷平原与大小湖泊。

（三）地貌

1. 夷平面

青藏高原隆起的同时，测区亦形成一系列低缓的丘陵山地和星罗棋布的湖泊、宽缓的谷地等，构成典型的缓坡地貌。区内存在 3 级明显的夷平面，一级夷平面表现为平缓的山原，海拔高度 5 300～5 500m。该级夷平面不均匀分布于图区，在区内不同的山体或边缘均留有明显的遗迹。在该级夷平面上分布始新统地层，可以断定该级夷平面形成的时代为始新世。二、三级夷平面为现代高原面，在羌塘盆地不同地方见到海拔 4 700～4 800m 和 5 000～5 200m 两个高度的夷平面，说明测区急剧隆升之后，第四纪期间又有至少两次跃升而达到现代的高度。表现为宽坦的湖盆和谷地，称盆地面。根据盆地充填物特征，结合区域资料分析，其形成时代大致为早更新世。

2. 河流阶地

本区主要河流普遍形成有 4 级阶地，新构造运动相对活跃，振荡频繁，以剧烈的上升运动为主，第四纪堆积厚度小，河流的第三、第四级阶地多为侵蚀阶地，仅在第一、第二级阶地上有不厚的第四纪沉积。这 4 级阶地中的各级阶地形成的具体时间虽然没有详细测定，但是，根据测区地貌及第四纪地层的发育情况可以断定，它们形成的时限在中更新世—晚更新世，也就是说在 70 万年至 1 万年之间该区地壳至少有 4 次间歇式上升（图 5-4-4）。测区内大小不等的湖泊多发育湖泊阶地，如向阳湖发育 3 级阶地，Ⅲ级阶地距湖面高 6m，Ⅱ级阶地高 2.9m，Ⅰ级阶地高 0.6m。

3. 水系

流水对新构造运动特别敏感。这是因为流水是受地表坡度、结构所控制的，而地壳的坡度和结构是与新构造运动有密切关系的。因此，水系类型及流水的异常点段就能揭示流域地区的新构造运动特点。如前所述江爱藏布河、方湖盆地水系（图 5-4-5），很显然汇水盆地是一个以下降运动为主的新构造运动区。希杂洛玛曲上游的主要支流麻丝河沿北西向断裂流动，受断裂构造控制。希杂洛玛曲的广大流域发育在希杂洛玛古近纪凹陷中，凹陷成为控制该河流及其主要支流的主要地貌单元。此外，该条河流的中下游河谷呈近东西向发育，河谷平直，在平直的谷道内河床宽浅，内生蛇曲众多，河流分叉，构成典型的辫状河道。希杂洛玛曲的上述特点表明河流（中下游）是沿近东西向的断陷（层）发育，并在全新世期间，中下游河段是一个以下降运动为主的新构造运动区。希杂洛玛曲的南北两岸的

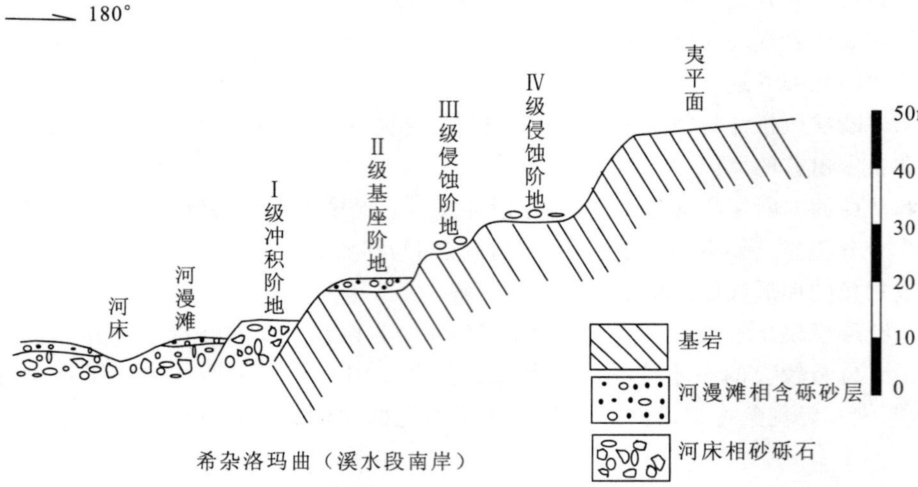

图 5-4-4　希杂洛玛曲河阶地特征

（据李才等，1996）

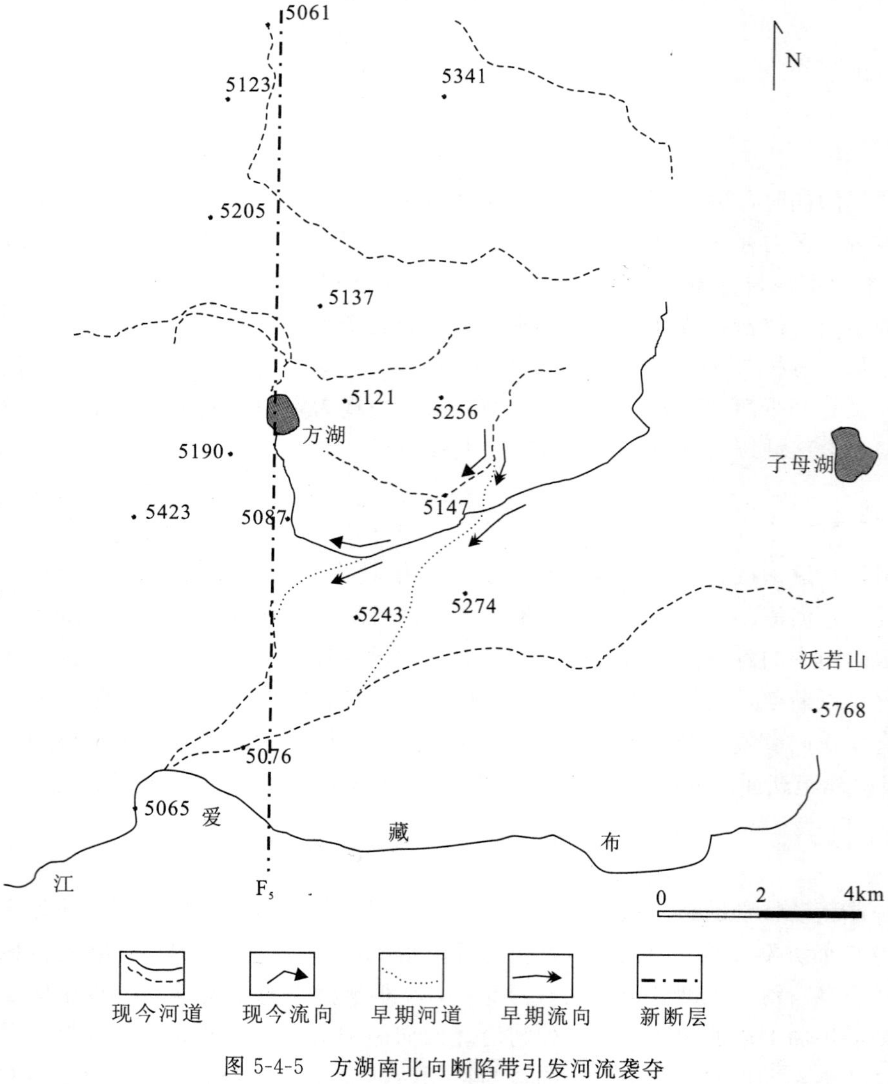

图 5-4-5　方湖南北向断陷带引发河流袭夺

支流平直，若干条支流构成近似平行状水系，反映河流两岸不断掀升的新构造运动特点。希杂洛玛曲上游与其支流麻丝河的汇流点段水系密集，沼泽发育，表明这是一个以下降为主的新构造运动区。

（四）第四纪堆积物

区内第四纪堆积物成因类型较为复杂，以全新世为例，主要可分为残坡积（Qh^{esl}）、湖积（Qh^{l}）、沼泽堆积（Qh^{f}）、冲积（Qh^{al}）、洪冲积（Qh^{pal}）和风积（Qh^{eol}）以及它们的混合类型。第四纪堆积物的颗粒成分主要有亚粘土、各种粒级的砂和砾石，松散未固结。

（1）残坡积（Qh^{esl}）：区内坡积物零星分布于玛尔果茶东、方湖北、角木茶卡北、查桑西、鸭子泉东等平缓斜坡基部，组成堆积裙地形，矿物成分因基岩的不同而有差异，颗粒粒度较细，所见主要为亚粘土和亚砂土堆积，向斜坡下部逐渐过渡为坡洪积和洪积。

（2）洪冲积物（Qh^{pal}）：测区洪冲积分布普遍且具有较大面积的成片出露。本区的洪积和冲洪积主要分布于冲沟的沟床和冲沟沟口，尤以沟口分布厚度和面积更大，在区内的陡崖和陡坡的基部也有成带分布，组成洪积扇和洪积裙。其分布的空间位置，组成的地貌形态和扇状水系很容易从野外调查和遥感图像上判别出来。这里的洪积和冲洪积物主要由砂和砾组成，具有斜层理、交错层理及透镜状层理，砾石呈向上游倾斜的瓦叠状排列，由洪积扇的中央带向边缘带颗粒由粗到细。砾石和砂呈次棱角和棱角状，松散透水。

（3）冲积物（Qh^{al}）：测区冲积物主要分布在现代河床中，不少河流中的冲积物或多或少具有冲洪积物的特点，这里的冲积物可分为河床相、河漫滩相和河口三角洲相。3种冲积物各自具有其典型的相特征。河床相冲积物颗粒粗，以砂砾为主。砂砾具有磨圆和不甚明显的定向排列，砾石倾向上游，长轴垂直于流水方向；河漫滩相冲积物颗粒以细粒为主，多为各种砂和粘土沉积，具有微细层理，分选好，与河床相冲积物组成二元结构；河口三角洲相颗粒较细，多以砂、粉砂和粘土为主，由河口上游向湖方向颗粒由粗变细。上述河流冲积物下游较上游分选和磨圆明显渐好，颗粒明显渐细。冲积物岩矿成分一般较复杂，随流域岩矿成分的变化而有所差异。

（4）湖积物（Qh^{l}）：研究区湖积物大面积分布。湖积物组成湖积平原、湖积阶地和河口三角洲等堆积地貌。湖积物以粉细砂、淤泥等细颗粒沉积为主。具有微细水平层理、斜层理、交错层理和粒序层理等。

（5）沼泽堆积物（Qh^{f}）：主要出露在江爱藏布、肖茶卡、玛尔果茶东、麻丝河汇流地段等地区。这些地区或有泉水出露，或地形低凹排水不畅。这里的沼泽堆积主要为亚粘土、有机质淤泥和腐植质堆积等。

（6）风积（Qh^{eol}）：主要分布在玛尔果茶东湖滨平原地区。这里的风沙堆积具有水平层理、小型斜层理和交错层理，主要岩性为粉砂和细砂堆积。

测区第四纪堆积物的分布也明显受测区新断裂的控制，特别是湖沼堆积，如江爱藏布、孔孔茶卡、方湖、龙尾错等明显成为第四纪堆积物的分布区。虽然测区第四纪堆积物的厚度较小，但其分布规律却明显地揭示出第四纪堆积物受新断裂控制的特点。

（五）温泉、钙华堆积

温泉发育和钙质泉华堆积也反映了断裂活动和新构造运动。在测区发现有4处温泉：洪水沟温泉、龙尾湖温泉、肖茶卡温泉和曲柔鄂茸温泉。其中，洪水沟温泉的温度最高，可达70～80℃以上，它有大量的钙华堆积。龙尾湖温泉由大小20余个泉眼组成，泉眼南北向排列长40m，水温30～50℃，味咸无色无嗅，有泉华沉积。泉之西为北西向龙尾湖断层。推断系该断层之近南北向张裂将地下热水导致地表而成。显然，地热活动反映了新构造断层的存在且下切较深。

二、新构造运动对地貌的影响

测区地貌以高原低山、丘陵与河湖平原相间为主，山岭走向近东西兼有近南北向，一般低山、丘陵坡度缓，山顶圆滑，河谷湖滨平坦。这些地貌特点与新构造运动有着密不可分的内在联系，或者说新构造运动是形成测区现代地貌的主要内营力。

1. 断裂宽谷与断层湖

新构造断裂活动导致部分断层两盘差异升降，而形成低洼的湖盆、断阶或断层谷，长期充填作用与同沉积升降使断阶、谷地因充填物厚度不断增加而宽度逐渐加大。测区角木茶卡第四纪近南北向张性活动断层带上1～3km的宽阔河谷，北东东向的江爱藏布上游宽3～7km的河谷，北北西向的龙尾湖断层南碎石河宽谷以及测区北外侧向阳湖—枣核湖—葫芦湖东西向串珠状谷地等就是在这种构造背景下形成的。在总体呈东西走向的山岭间出现近垂直或斜交的宽阔谷地，给无人区的通行创造了良好的条件，也使测区地形地貌多样化。

测区的部分湖泊在干旱气候下能继续存在，皆得益于断层。如处于F_5断层带上的向阳湖、处于F_{54}断层上的龙尾湖、处于F_{17}断层北侧的无名湖和处于F_5断层上的方湖等。断层湖往往深度较大，蓄水量多，常有地下水补给，因而耐干旱能力强，不易完全干涸。

2. 湖泊的干涸与萎缩

随着新构造运动不断隆升，测区海拔高度愈来愈大，第四纪晚更新世至全新世时期，干旱气候条件下的雪线上升、沙漠化趋势加快和降水量减少，造成湖泊萎缩迅速。许多较小湖泊已经干涸，向阳湖、玛尔果茶卡、饮龙湖和龙尾湖等较大湖泊水面亦大大缩小，湖水咸化度增高，原有湖区成为盐碱化平地或湖滨平原、沼泽。如饮龙湖西岸至少向东退缩了2km，向阳湖水面缩小了3/4，龙尾湖水位下降2m，玛尔果茶卡只剩下测区部分尚有浅水等都是很好的例证。

3. 浑圆状低山-丘陵与河湖平原交错地貌

测区大部分山地均属相对高差小于500m的低山丘陵，而且山头、山岭形态浑圆，基岩露头很少。玛尔果茶卡东岸平原和黑尖山北河谷平原等大片平原上，还有高差30～100m的浑圆状残丘、陇岗起伏，这些都反映了地壳总体抬升造成以剥蚀、夷平作用为主的高原地貌特点。

4. 相对的差异升降

在整体隆升的同时，由于新构造断层及深部块体的活动等局部因素，还在一些地段引起相对的差异升降。主要表现在如下几个方面。

（1）本应位于相对低海拔地区的康托组地层，部分已位于海拔较高的山上，如黑尖山东西向断层北山海拔5 450～5 550m；龙尾湖南16km东西向山脉，山峰海拔超过5 300m。而旁侧的同套地层海拔高程却仅分别为5 100m和5 080m左右，差异升降的最大幅度达400m左右。

（2）部分南北向和北东东向大断层两盘的差异升降亦十分明显。如江爱藏布上游之宽阔河谷沿北东东向F_{17}大断层发育，河谷南东盘是主峰高达6 004m的那底岗日雪山，并有始新统分布，具山高坡陡沟深的侵蚀地貌，而北西盘却有广阔的第四系平原而无始新统出露，海拔高度仅5 020～5 080m。又如方湖-向阳湖南北向大断层南段形成的南北向河谷宽度虽仅1～2km，其东盘山区的上升和西盘山的下降却十分明显：河谷东侧冲洪积扇坡度大，延伸距离远，迫使南北向主河道向西迁移，东西向支沟在出山口发育了三级阶地，而西侧支沟在出山口却无阶地发育，冲洪积扇短小平缓。

（3）断层对泉水露头的控制还表现在多次活动断层使泉眼位置、高程发生迁移方面。尤其是南北向断层具断面西倾的张性特点，第四纪中晚期持续差异升降活动使泉水的标高和平面位置显示降低和侧向迁移特点明显。玛尔果茶卡东山山前地带有沿南北向断层出露的泉水。该处泉华由东往西150m平距内形成3个台阶，西端的现代泉眼与东端的古泉眼高差达30m。说明在第四纪时，西侧曾3次下降，东侧则3次相对上升，差异升降垂直高度30m。

三、新构造单元分区

测区新构造单元主要表现为古近纪—第四纪沉积盆地、隆起带、拗陷带和新构造断裂的发育，并伴有地热活动。新构造断裂是测区新构造活动的主要表现形式，它不仅使山脉、河流、湖泊定位定向，而且使它们改变位态。它们都是在南北向挤压的统一应力场作用下同一时期不同期次的产物。根据它们的形态特征、地貌特征、沉积物特征和构造特征等方面的差异划分出 4 个挤压拗陷带，8 个断陷带和 10 个断块隆起带（图 5-4-6），各单元特征见表 5-4-3。

表 5-4-3 测区新构造地貌单元划分表

单元	编号	单元名称	盆地、山链特征	活动方式
挤压拗陷区	2	孔孔茶卡拗陷带	呈东西向延伸并贯穿图区，宽约 10～20km。分布古近纪裂陷盆地（E_2）、第四纪压陷盆地。	压陷式
	4	希扎洛玛-乱石沟断陷区	呈近东西向延伸约 60km，宽 10～30km。分布古近纪裂陷盆地（E_2），第四纪压陷盆地。	压陷式
	13	玛尔果茶卡断陷区	呈北东向延伸 30km，宽 10km。分布古近纪裂陷盆地（E_2），第四纪压陷盆地。	压陷式
	9	大沙河挤压拗陷带	呈近东向延伸约 60km，宽 10～20km。分布古近纪裂陷盆地（E_2）、第四纪压陷盆地。	压陷式
断陷区	22	卡巴斜仁断陷区	呈北东向延伸 30km、宽约 10km。分布第四纪断陷盆地。	地堑-半地堑式、叠加走滑拉分
	17	角木茶卡断陷区	呈近北北东向延伸约 50～60km，宽 10km，分布第四纪断陷盆地。	地堑-半地堑式
	20	卡巴斜仁西断陷区	呈近北北东向延伸约 30～40km，宽 5～10km，分布第四纪断陷盆地。	半地堑式
	14	江爱藏布断陷区	呈北东向延伸 80～100km，宽 10～20km。分布第四纪断陷盆地。	地堑-半地堑式、叠加走滑拉分
	19	比让断陷区	呈南北向延伸 30km，宽 5～10km。分布第四纪断陷盆地。	地堑-半地堑式
	11	方湖断陷区	呈南北向延伸 30～40km，宽 50～10km。分布第四纪断陷盆地。	地堑-半地堑式
	8	饮龙湖断陷区	呈南北向延伸 20km，宽 5～10km。分布第四纪断陷盆地。	地堑-半地堑式
	6	龙尾错断陷区	呈南北向延伸 30km，宽 5～10km。分布第四纪断陷盆地。	地堑-半地堑式
断块隆起区	16	角木日隆起区	呈近北北东向延伸，山链宽约 10～20km，走向 30～40km，海拔 5 000～5 650m。	掀斜式隆起
	18	知塞隆起区	北北东向南延伸出图，图内延伸 50km，山链宽 10～15km，海拔 5 000～5 580m。	单斜式隆起
	21	卡巴斜仁西隆起区	北北东延伸约 40km，宽 10km，海拔 4 800～5 300m。	单斜式隆起
	3	江爱山隆起区	东西向延伸约 90～100km，山链宽 20～35km，海拔 5 000～6 100m。	地垒式断块隆起
	15	湖东山隆起区	东西向延伸约 30～50km，山链宽 20～35km，海拔 5 000～6 100m。	地垒式断块隆起
	5	那底岗日隆起区	东西向延伸约 60km，山链宽 10～20km，海拔 5 000～6 000m。	地垒式断块隆起
	10	沃若山隆起区	东西向延伸约 30km，山链宽 10km，海拔 5 000～5 800m。	地垒式断块隆起
	12	方湖西隆起区	呈近北西西向延伸，山链宽约 30km，走向 30～40km，海拔 5 000～5 550m。	掀斜式隆起
	7	长龙山隆起区	呈近南北向延伸，宽约 10～20km，走向 30～40km，海拔 5 000～5 650m。	掀斜式隆起
	1	肖切保隆起区	东西向延伸约 80km，宽 10～20km，海拔 5 000～6 000m。	掀斜式隆起

四、盆地成因类型划分及其主要特征

（一）盆地成因类型的划分

测区第四纪沉积盆地较多，成因类型也较复杂。关于第四纪盆地成因类型划分，目前尚无统一的划分原则。本报告重点研究的是第四纪盆地，且这些盆地都是南北向挤压背景下统一应力场的产物。根据盆地形态特征、盆地充填物特征及控制盆地边界断裂性质的差异，将测区盆地划分为 3 种类型，即压陷盆地、裂陷盆地及走滑（拉分）盆地。

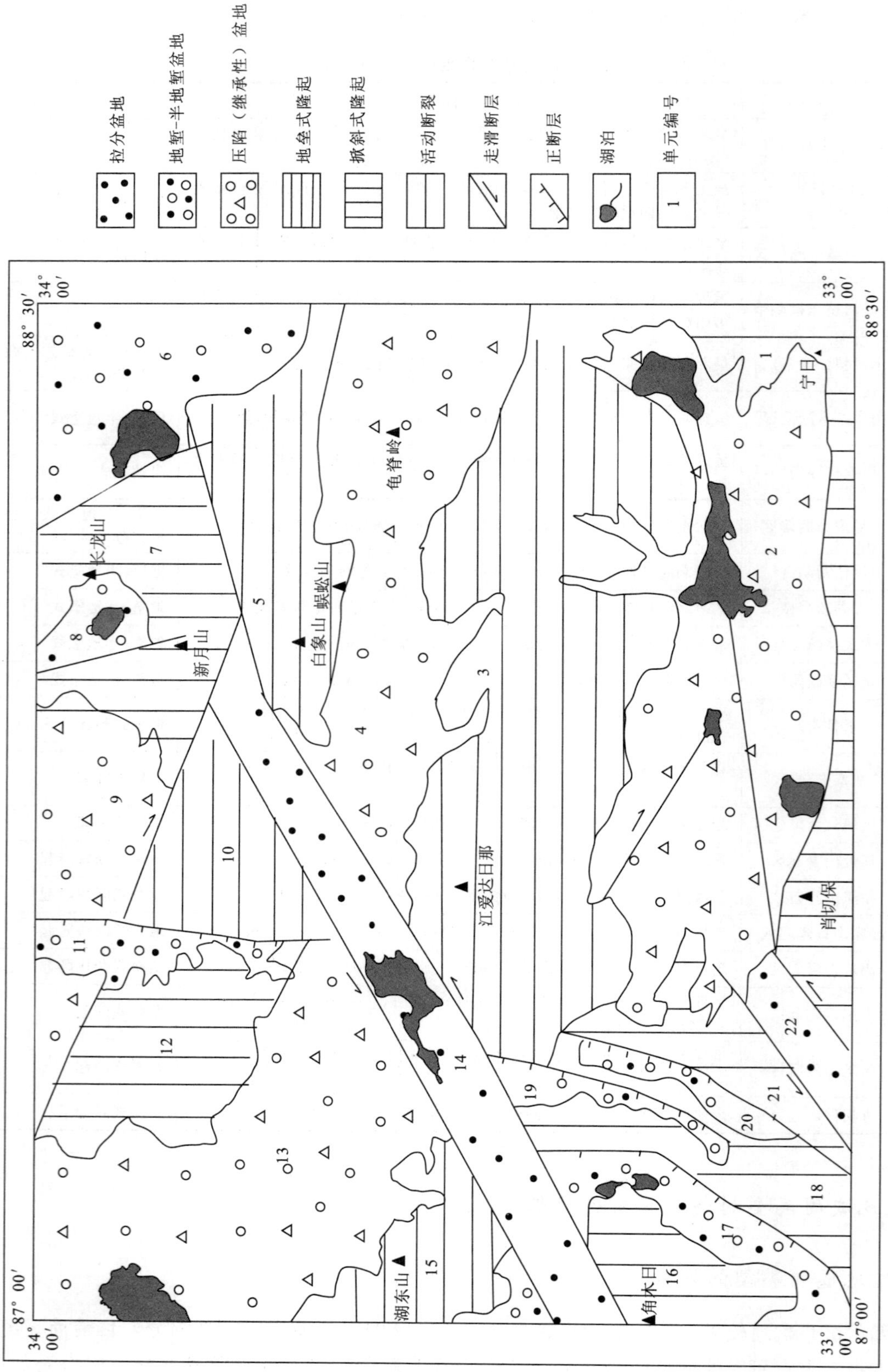

图5-4-6　测区新构造单元分区图

（单元名称见表5-4-3）

（二）盆地的主要特征

由于控制盆地的边界断裂的性质和方向不同，所形成的盆地特征（如盆地形态、规模及盆地充填物）也有较大的差别。现将不同类型的盆地特征简述于下。

1. 压陷盆地

测区典型的压陷盆地主要发育于两个近东西向挤压拗陷带内，严格受挤压拗陷带控制，呈近东西向展布；控盆断裂主要为近东西向逆冲断层，受南北、北东及北西向断裂切割，盆地边界较不规则。盆地充填物主要为第四系松散未固结的砂砾层、砂土层等；盆地边缘为磨拉石盆地沉积（E_2）的河湖相碎屑岩建造。由此可见，压陷盆地是在磨拉石盆地的基础上发展起来的继承性盆地，典型代表为希扎洛玛盆地。

2. 裂陷盆地

裂陷盆地受测区近南北向断陷带控制，是在南北向挤压应力场作用下，诱发近东西向引张的构造背景下产生和发展而成的。盆地走向（长轴方向）为近南北向，北东或北西向走滑作用使其发生一定的变位，可变为北北西向（如龙尾错盆地）。控盆断裂主要为近南北向正断层，这些正断层既有向东陡倾者，亦有向西陡倾者，它们控制了测区地堑式-半堑式裂陷盆地的形成和发育。近南北向裂陷盆地多为半地堑式盆地。裂陷盆地中的充填物均为第四系松散未固结的湖积物及少量冲（洪）积物和沼泽堆积物。南北向裂陷盆地叠加在近东西向压陷盆地之上，使压陷盆地遭受破坏而复杂化。

3. 走滑（拉分）盆地

走滑（拉分）盆地是在南北向挤压的统一应力场背景下，引发北东或北西向的左行或右行走滑作用形成的，其中北东向左行走滑作用形成的走滑盆地测区有明显表现。最典型的走滑盆地为江爱藏布盆地，其长轴方向（盆地走向）为北东向，盆地形态近长方形，其长边与控盆边界断裂平行，短边常与边界断裂近直交或大角度斜交。控盆边界断裂为北东向左行走滑断裂。盆地沉积物主要为松散未固结的湖积物，少量冲（洪）积物及沼泽堆积物。

（三）新构造与沉积盆地的关系

测区第四纪盆地是在南北向挤压的统一应力场背景下形成的，受不同方向、不同性质的断层所控制的断陷盆地，因控盆断裂的性质和方向不同，所形成的盆地形态和盆地类型亦不尽相同，据此划分出压陷盆地、裂陷盆地和走滑盆地 3 类。

这些盆地都是新构造活动作用的产物，严格受地貌单元的控制，它们多发育于各拗陷（或断陷）带内。导致盆地形成的直接原因乃是新构造断裂活动，因此，它们均与不同方向和性质的断裂有关。压陷盆地多与近东西向逆冲断层有关，是在磨拉石盆地的基础上发展起来的；裂陷盆地主要与南北向正断层有关；北东向走滑盆地与北东向左行走滑断裂相关。

五、环境地质、灾害地质

测区处于特殊的地理位置，地质灾害频繁不断，但由于测区处于人烟稀少地区，对国民经济未造成太大的损失。灾害地质类型有地震、沙尘暴、冰川作用造成的泥石流等。

1. 沙尘暴

青藏高原的隆升，高原自然落差加大，高原季风的增强，大风天气增加，沙尘暴加剧，进一步引起自然环境的恶化，气候变化无常，植被减少，草场退化，物理风化增强，砂质、砂砾荒漠化加剧。形成面积大小不等的沙丘、沙包、链状沙丘的荒漠化地域及半荒漠化盐碛地域。沙尘暴有强烈的吸湿作用，给草场和野生动物带来极大的伤害，特别是春季 3～5 月约占全年日数的 30％～40％，因此沙尘暴的防治成为区域性及全球性的研究课题，已被人们所重视。

2. 山洪与泥石流

山洪、泥石流在测区分布范围局限，但山洪、泥石流对牧民的生产、生活影响十分巨大。山洪是山区溪沟中雨季常见的快速、强大的地表径流现象，而泥石流是一种夹杂着岩块、砾石、沙和土的水气混合高密度流。山洪一般携带大量的泥、沙、岩块和砾石。在5～8月雨雪及冰川融化季节时，在西雅尔岗、普若岗日一带以及中低山山前地带形成山洪和泥石流，经常冲毁公路和牧场。特别是在西雅尔岗一带，给双湖牧民生产、居民的生活造成了极大的不便。

3. 冰川崩塌雪崩类

测区雪崩对牧民们生活、生产影响不大，但对科学考查、登山活动影响特别巨大，因此，人们最好避开易于发生雪崩的七、八月份去科学考查、开展登山活动。

4. 地震

地震资料表明，羌塘盆地北界拉竹龙-金沙江板块结合带历史上有着不等级别的地震发生。盆地西部的阿尔金大型走滑断层也是地震多发区，具有地震密度大，震级强等特点。据悉近期盆地北部尼玛地区连续发生了多次地震。就测区而言，地震对这个荒芜人烟的地区，对人民的生活，国民经济不会造成多大的影响。推测尼玛地区地震对测区有轻微影响，尤其对测区北部影响较大。

第六章　地质发展史

第一节　基本思路

测区位于青藏高原班公湖-怒江结合带与拉沙龙-金沙江结合带之间，从南往北依次发育南羌塘陆块、双湖构造混杂岩带、北羌塘陆块和若拉岗日构造混杂岩带4个次级构造单元，涉及到东特提斯洋和冈瓦纳及欧亚大陆的若干重大地质科学问题。这一地区大量的地质资料为我们提供了反演区域地质演化史的基本素材。因此，我们的工作思路是，以区域构造研究为先导，以沉积建造、构造变形、变质作用和岩浆活动综合分析为依据，以重要地质事件为主线，反演区域地质演化历史，建立地质构造演化模式。

现今的羌塘地区的地质图像是东特提斯洋盆漫长地质变迁和弧-陆碰撞、陆-陆碰撞及与之相应的地质作用不断改造的结果。从板块活动论的观点看，仅根据羌塘地区现今的岩石和地层分布来认识它的地质发展，必然会产生认识上的偏差，因此，要求我们以更宏观的角度，以全球板块为尺度，用活动论的观点、分析综合的观点，多层次、广视角地对待和分析野外考察所获得的每一项原始地质资料和测试分析数据。这就是我们在建立地质构造演化模式工作中的基本思路。

第二节　主要地质事件及构造演化阶段划分

一、主要地质事件

地质事件是论述地质演化历史的主线。区域地质资料研究表明，晚古生代冈瓦纳大陆的裂离与分解、中生代东特提斯洋的打开与关闭是藏北羌塘地区地质构造发展演化史中最重要的地质事件，是藏北古地理环境发生巨大变革的主要因素。晚古生代-中新生代沉积作用、构造运动和岩浆活动清楚地记录着羌塘地区的地质发展演化历史。这段历史在测区留下了一系列相应的地质事件和地质记录。本次我们以1∶25万区域地质调查为基础，以前述各章详尽的地层—岩石—构造等实际资料为依据，对测区内发生的主要地质事件进行了归纳和总结（表6-2-1）。这些地质事件是我们合理划分构造演化阶段的主要依据。

二、构造演化阶段划分

根据地球动力学背景、岩浆活动、地质界面、沉积建造、变质作用和构造变形等综合分析，将测区地质发展演化阶段划分为前奥陶纪变质基底形成、奥陶纪-石炭纪被动大陆边缘、二叠纪南部伸展-中部俯冲（双湖构造带）、早中三叠世局部伸展、晚三叠世-早侏罗世碰撞造山、中晚侏罗世-早白垩世前陆磨拉石、新生代后造山隆升7个地质发展演化阶段（表6-2-1，图6-2-1）。

表 6-2-1　藏北羌塘地区主要地质事件简表

年代＼事件	南羌塘陆块			双湖构造混杂岩带				北羌塘陆块			若拉岗日构造混杂岩带			
	沉积事件	岩浆事件	构造事件	沉积事件	岩浆事件	变质事件	构造事件	沉积事件	岩浆事件	构造事件	沉积事件	岩浆事件	变质事件	构造事件
N	陆相山间红色磨拉石		后造山隆升	山间磨拉石			后造山隆升（逆冲推覆）	陆相磨拉石	中酸性火山喷发	后造山隆升（高钾碱性火山喷发）	陆相磨拉石			后造山隆升
E		火山喷发												
K_1	陆相磨拉石	热事件影响	班怒洋盆向南俯冲碰撞					海相磨拉石		碰撞造山		岩浆侵位、热事件影响		
$J_2—J_3$	海相磨拉石			海相磨拉石										
J_1	深水复理石		伸展构造	火山-沉积	火山喷发岩浆侵位热事件影响	接触变质	碰撞造山（水平缩短和垂直增厚）	火山-沉积	火山喷发岩浆侵位	滞留弧			区域变质、动力变质	金沙江洋盆向南消减
T_3		基性岩浆		含煤沉积		动力变质		复理石		弧后盆地	大理岩复理石	中基性岩浆		
$T_1—T_2$	?		角木日洋盆向北汇聚俯冲	盆地边缘沉积			伸展构造	?		?	?			
P_3				含煤沉积	中酸性岩浆		汇聚消减				复理石	基性岩浆		被动大陆边缘
P_{1-2}	灰岩、复理石	玄武岩		灰岩、复理石	玄武岩	动力变质								
C	杂砾岩		被动大陆边缘	台地碳酸盐岩			被动大陆边缘				?			
O—D	?													
AnO	?			片岩、变粒岩、角闪岩、石英岩	基性岩浆	区域变质	变质基底(?)							

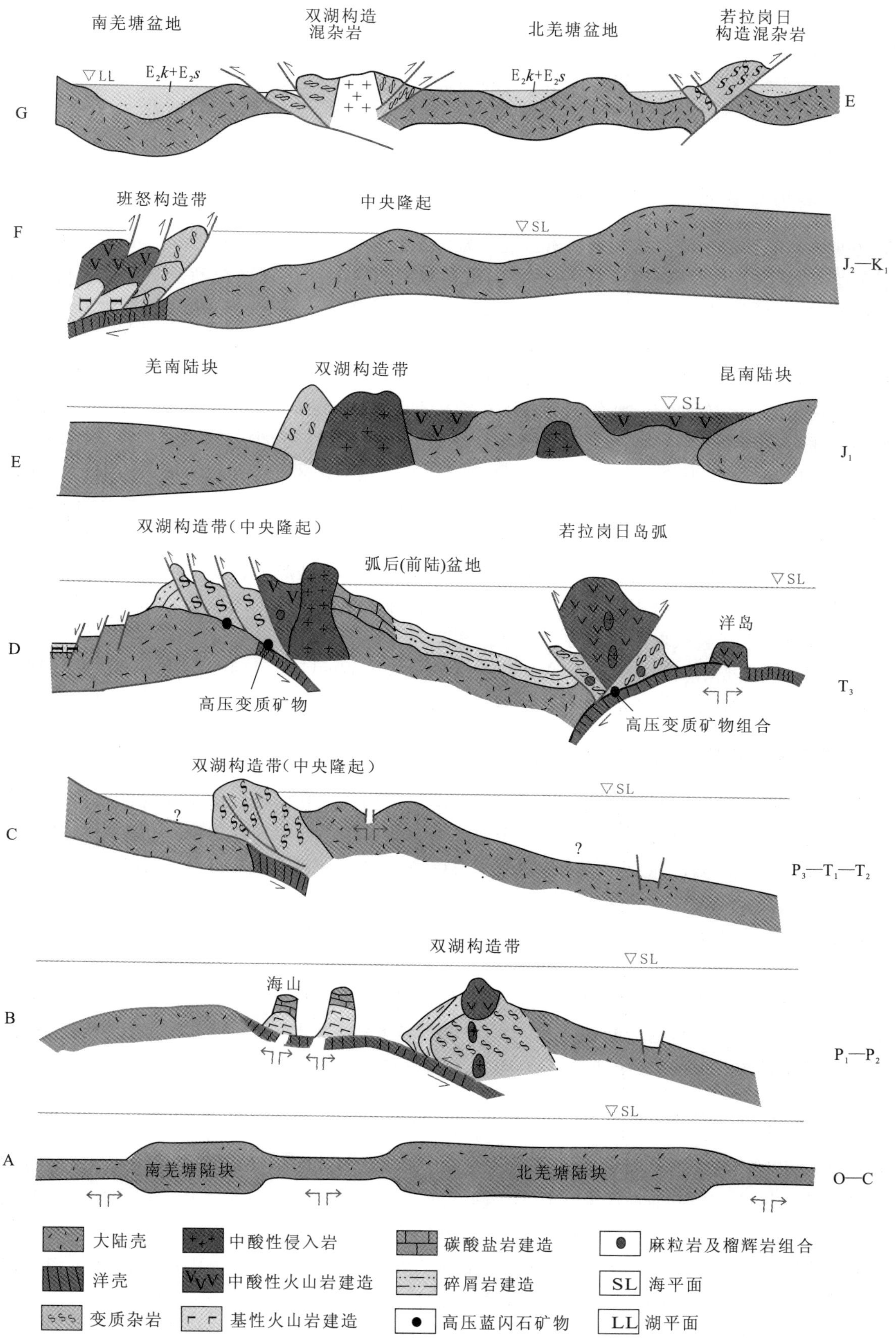

图 6-2-1　西藏北部羌塘地区显生宙地质构造发展演化模式

A. 奥陶纪-石炭纪被动大陆边缘演化阶段；B. 二叠纪南部伸展-中部俯冲（双湖构造带）演化阶段；C. 早中三叠世局部伸展演化阶段；D. 晚三叠世弧后（前陆）盆地演化阶段；E. 早侏罗世碰撞造山演化阶段；F. 中晚侏罗世-早白垩世前陆磨拉石盆地演化阶段；G. 新生代后造山隆升演化阶段

第三节 地质发展演化史

一、前奥陶纪变质基底形成阶段

测区变质基底岩石主要出露于双湖构造混杂岩带，包括前奥陶系阿木岗岩组、齐陇乌如岩组（新建地层单位）和嘎措岩组（新建地层单位）。阿木岗岩组仅在阿木岗地区呈断块状零星出露，变质岩石类型以石英片岩、变粒岩、斜长角闪岩和片麻岩为主，出露厚度不详。齐陇乌如岩组呈断块状零星出露于齐陇乌如、嘎措—茶桑以及玛尔果茶卡东等地，变质岩石类型为石英片岩、二云母片岩、石榴白云片岩、变粒岩夹斜长角闪岩、大理岩等，其原岩可能为砂泥质复理石建造夹火山岩建造和碳酸盐岩建造。嘎措岩组呈近东西向、断块状分布于双湖构造混杂岩带的嘎措乡、绒马乡等地，主要变质岩石类型为变质石英砂岩、石英岩。羌塘地区有关变质岩的地质资料较少，变质岩同位素年龄为509～548Ma（Pb－Pb法）（王成善等，2001），暗示羌塘地区可能曾是冈瓦纳超级大陆的一部分。到目前为止，我们还不是十分清楚：是否是泛非运动最终形成了羌塘地区的变质基底，并且伴随着强烈的构造活动和构造变形，造成了羌塘地区地质发展史上的第一期（?）区域动热变质作用。遗憾的是：羌塘中部地区因燕山期岩浆活动和构造破坏严重，并叠加改造了古老基底的构造形迹和变质变形，使基底早期的构造变形和变质作用难于恢复，其研究程度尚有待于变质岩理论的创新和测年技术方法的不断改进。现阶段条件下能够获取的实质性地质证据很少，有待于以后的进一步研究。

泛非运动后，地壳活动趋于平静，大地构造格局发生了质的变化，地质演化历史从基底演化阶段进入了沉积盖层演化阶段。

二、奥陶纪-石炭纪被动大陆边缘演化阶段

泛非运动形成了冈瓦纳超级古大陆，随着前奥陶纪长期的风化剥蚀、夷平化地质作用和奥陶纪海侵作用，在冈瓦纳大陆北缘总体上表现为一个向北倾斜的古生代被动大陆边缘沉积格局（图6-2-1A），沉积环境以陆棚和碳酸盐台地为主，沉积建造发育陆源细碎屑岩建造和碳酸盐岩建造，含丰富的头足类、笔石、腕足类、珊瑚、双壳类化石。

我们推测，古生代沉积盖层与前奥陶纪变质岩基底之间为角度不整合接触。不整合界面是泛非挤压造山运动作用的产物。

奥陶系—石炭系碳酸盐岩沉积建造、陆源碎屑岩沉积建造以及含冰水杂砾碎屑岩沉积建造在测区虽然分布面积较小，且多呈构造断块产出，但其岩性基本稳定，地层层序可以对比。构造恢复表明，奥陶系—石炭系各岩石地层单位之间不存在明显的沉积间断面，表现为连续沉积作用。

三、二叠纪南部伸展-中部会聚俯冲演化阶段

挤压会聚和俯冲消减是羌塘中部地区二叠纪最主要的地质构造事件（图6-2-1B）。这一时期的地质构造情况比较复杂：一方面在江爱达日那—阿木岗地区发育二叠系岛弧型基性火山岩和中酸性火山岩（Pva），在嘎措南新发现一套弧前深水复理石（Pfw）沉积，在霍木西萨、鄂柔、才多茶卡等地新发现由超基性岩、枕状玄武岩、辉长岩和放射虫硅质岩等大小不等的岩块组成的蛇绿质构造混杂岩（Pop），暗示羌塘中部存在不同程度的挤压会聚和俯冲消减作用；另一方面在角木日—肖茶卡北—孔孔茶卡地区发育深水复理石（Pfw）沉积、展金组洋脊/洋岛型玄武岩、龙格组海岛型碳酸盐岩沉积（图6-2-1B），指示羌塘南部存在构造拉伸作用。在青藏高原早中二叠世裂谷化的总体背景下，羌塘双湖地区也出现了在克拉通之上发育起来的以查布—查桑地区为代表的裂谷系统。

除在硅质岩中发现部分晚二叠世放射虫外，还在龙格组灰岩中发现丰富的腕足类、苔藓虫、非䗴有孔虫和䗴类古生物化石。可以预测的是，羌塘地区在沿地层南北和东西走向上，同一时代的地层厚

度和沉积环境变化较大。最典型的例子如中二叠统龙格组灰岩地层厚度在测区具有南厚北薄之趋势，沉积环境在测区主要表现为海岛碳酸盐沉积，并且具有东浅西深之趋势。

晚二叠世热觉茶卡组含大羽羊齿植物群，浅水型含煤碎屑岩系仅零星见于热觉茶卡一带。热觉茶卡组顶部与早三叠世康鲁组呈假整合接触关系；底部与中二叠统接触关系不清楚，区域上可能为假整合或不整合接触。

晚二叠世是羌塘中部地质构造非常活跃的重要时期，也是羌塘中生代含油气沉积盆地和双湖“中央隆起带”的定型期。羌塘西部晚二叠世吉普日阿组普遍与下伏地层呈角度不整合接触关系，表明中二叠世以前的沉积盆地演化已经结束，晚二叠世之后又开始了新生沉积盆地的演化历史。

二叠纪会聚和俯冲还形成了蓝闪石等高压变质矿物，如桃形错地区的蓝闪石 Ar－Ar 同位素年龄值为 275～287Ma（邓希光等，2000）。

四、早中三叠世局部伸展演化阶段

早中三叠世沉积地层康鲁组、硬水泉组和康南组仅在羌塘中部局部发育，零星见于热觉茶卡和江爱达日那等地区。地层沉积层序由粗碎屑岩—细碎屑岩—碳酸盐岩构成，代表的沉积环境也是由浅变深，暗示羌塘早中三叠世沉积盆地可能是一个向北部延伸的新生盆地，而不是残留盆地。从沉积相和古水流方向分析，早三叠世康鲁组为一套盆地边缘相沉积，物源来自双湖“中央隆起带”，说明早三叠世沉积期，双湖“中央隆起带”已经形成并向沉积盆地提供物源（图 6-2-1C）。早中三叠世羌塘沉积盆地是否向南部延伸的沉积证据还不是很充分。

五、晚三叠世-早侏罗世碰撞造山演化阶段

晚三叠世—早侏罗世是羌塘地区地质构造发育最关键也是最重要的时期。南、北羌塘陆块之间的持续碰撞和北羌塘陆块与金沙江洋盆之间的俯冲碰撞是羌塘地区晚三叠世—早侏罗世最重要的地质构造事件（图 6-2-1D、E）。印支运动对北羌塘地区有强烈的影响。

在若拉岗日—可可西里一带，由于金沙江洋盆向南俯冲消减，形成了一系列由不同时代的复理石、洋岛型—岛弧型中基性火山岩和大理岩、硅质岩、超基性岩组成的若拉岗日构造混杂岩，同时还伴随有强烈的构造剪切和区域变质、动力变质作用，发育构造糜棱岩、斜长角闪岩、石英片岩和蓝闪石、硬玉等高压变质矿物，局部出现下地壳物质组成——麻粒岩相岩石组合（图 6-2-1D）。

晚三叠世末，金沙江洋消失，北羌塘陆块与昆仑陆块最终拼合，进入全面隆升期。强烈的印支造山运动形成了一系列大规模滑脱-逆冲、线性复杂褶皱、断裂及劈理等变形构造，同时伴随有岩浆作用和变质作用。白头山地区发现的岛弧型中酸性火山岩、花岗质闪长岩以及狮头山地区发现的糜棱岩化变质蓝闪石玄武岩可能就与该期造山过程中的岩浆作用和变质作用有关，同时也表明拉竹龙-金沙江洋盆在闭合过程中具有俯冲消减的地质特征。至于俯冲方向的问题，在测区范围并不是十分清楚。本报告根据在白头山地区发现的岛弧型中酸性火山岩、花岗质闪长岩以及在狮头山地区发现的糜棱岩化变质蓝闪石玄武岩等地质信息，综合判断拉竹龙-金沙江洋盆大致向南发生俯冲作用。根据研究，若拉岗日构造带构造变形形态以向南逆冲的逆冲断层及伴随的紧闭褶皱为主，构造糜棱岩化和构造片理化强烈。构造带的北界主断层倾向南，南界主断层倾向北，出现明显的南北对冲的构造格局。正是由于若拉岗日构造带强烈的逆冲和构造加载作用为羌塘中生代盆地尤其是北羌塘盆地的形成和演化创造了条件，并提供了丰富的陆缘物质。

在北羌塘地区，由于受到昆仑地块向南碰撞造山和南羌塘陆块向北碰撞造山的双重影响，导致北羌塘陆块南北两侧中酸性火山岛弧发育，以弧间或弧后复理石盆地沉积为特征。晚三叠世弧火山岩不发育，作为滞留弧的早侏罗世中酸性火山岩和火山碎屑岩特别发育，并且有岩浆侵位构造。

在江爱达日那—嘎措—才多茶卡一带，晚三叠世以含煤碎屑岩系沉积为主，早侏罗世以中酸性火山岩、火山碎屑岩和花岗闪长侵入岩为主。在侏罗纪中酸性侵入岩的捕虏体中新发现两处具有晚三叠世岩浆弧的地质信息（如嘎措东部样品 D4169N1 的 Ar－Ar 同位素年龄为 215±4Ma，齐陇乌如东部样品 D7028N1 的 Ar－Ar 同位素年龄为 215±4Ma，更详细资料参见本报告岩浆岩部分）。早侏罗世热

事件对二叠系火山岩的 Ar 同位素有强烈影响与改造 [例如样品 D7027N1 的年龄数据（175Ma）就是受早侏罗世热事件影响的产物]。晚三叠世强烈的动力变质还形成了蓝闪石、纳闪石、青铝闪石等高压变质矿物（图 6-2-1D），如霍木西萨一带蓝闪石的 Ar－Ar 同位素年龄值为 225Ma，嘎措纳若地区青铝闪石的同位素年龄值为 222Ma（李才等，1995），才多茶卡地区蓝闪石的 Ar－Ar 同位素年龄值为 209Ma。

双湖构造带的地质演化历史似乎表明：晚石炭世—早二叠世形成拉张裂谷，中晚二叠世发生俯冲碰撞，直至晚三叠世—早侏罗世完全碰撞闭合，形成羌塘中央隆起带，成为晚三叠世和侏罗纪沉积的物源区，构成向南和向北扩散的碎屑流沉积体系，因此羌塘中央隆起带无论是对羌南地区还是对羌北地区的晚三叠世和侏罗纪沉积格局都有明显的控制作用。越来越多的地质证据（Kapp et al.，1999）表明，在羌塘中部地区，在晚三叠世—早侏罗世期间，伴随着强烈的造山作用（主要表现在昆仑地块向南俯冲碰撞造山和南羌塘陆块向北俯冲碰撞造山），岩浆喷发作用和动热变质作用较为发育，造成了羌塘中部地壳构造的水平缩短和垂直增厚。

与北部地区不同，南羌塘的肖茶卡—孔孔茶卡等地区，晚三叠世除发育一套碳酸盐岩和碎屑岩之外，还发育一套洋岛型基性火山岩，代表的构造环境可能是一种伸展背景。局部伸展促使南羌塘地块向北移动，从而导致碰撞造山作用的进一步发展。在南羌塘中南部地区，晚三叠世—早侏罗世伸展构造背景更加明显，以发育碳酸盐岩沉积建造和暗色细碎屑岩（深水复理石）沉积建造为特征（图 6-2-1D、E）。

六、中晚侏罗世-早白垩世前陆磨拉石盆地演化阶段

晚三叠世—早侏罗世的构造演化基本奠定了羌塘侏罗纪盆地的沉积格架。无论是南羌塘地区还是北羌塘地区，对于侏罗纪盆地来说，都已经形成了统一的盆地基底（图 6-2-1F）。这个时期班公湖-怒江洋盆向南俯冲碰撞，在结合带南侧形成下白垩统则弄群中酸性岛弧型火山岩，在羌塘地区沉积了一套以“雁石坪群”为特征的红色海相磨拉石沉积建造，总体上具有明显的海退沉积序列。大致在早白垩世中期，海水全部退出羌塘地区，从而形成真正意义上的陆地。中晚侏罗世-早白垩世时期最明显的地质构造事件包括：由于班公湖-怒江洋盆向南俯冲碰撞形成了羌塘地区广泛分布的红色海相磨拉石事件沉积；在南羌塘肖茶卡一带，晚三叠世洋岛型基性火山岩受晚侏罗世-早白垩世热事件影响明显，Ar－Ar 同位素组成多被强烈改造（如样品 XP1N1）；在若拉岗日构造混杂岩带的黑石长梁—白头山一带，晚侏罗世一早白垩世不仅发育小型中酸性侵入岩体，而且其热事件还强烈影响和干扰了晚三叠世若拉岗日岩群变基性、超基性火山岩的 Ar－Ar 同位素组成（如样品 WWP4N_1、D7532N_2）。

七、新生代后造山隆升阶段

晚白垩世以后，羌塘地区完全进入了陆-陆碰撞后造山隆升演化阶段，即喜马拉雅造山运动新阶段。在此阶段演化过程中，印度板块不但没有停止向欧亚板块的俯冲碰撞，而且以更强烈的继生性陆内俯冲的形式继续进行造山活动。强烈的喜马拉雅造山运动不但表现在构造逆冲和构造形迹的叠加，而且表现在岩浆活动等方面。地壳浅层变形主要表现为渐新世以前地层（如康托组等）褶皱和构造逆冲推覆（如二叠系和三叠系被推覆到中上侏罗统之上；中上侏罗统被推覆到始新统之上）。渐新世以前地层被鱼鳞山组高钾碱性中酸性火山岩喷发不整合覆盖。

陆-陆碰撞后造山隆升演化阶段最明显的地质事件包括：构造逆冲作用，地壳构造的南北向水平挤压缩短和垂直增厚，青藏高原隆升，以及由于不均匀隆升在高原内部产生的一系列粗碎屑陆相山间红色磨拉石建造（康托组）沉积和内陆湖泊相细碎屑岩建造（唢呐湖组）沉积（图 6-2-1G），古近纪大规模高钾碱性中酸性火山喷发和新近纪小规模钾玄质火山喷发作用等。

在若拉岗日构造带和双湖构造带，逆冲推覆和构造变形作用强烈。在双湖构造带北部，二叠系变质岩地层被逆冲推覆在中上侏罗统地层之上；而在若拉岗日构造带南部，晚三叠世变质岩地层被逆冲推覆在上侏罗统之上。正是这种强烈的逆冲构造使得羌北陆缘原本可能存在的上三叠统岛弧火山岩被覆盖在晚三叠世复理石和洋岛玄武岩之下。

古近纪始新世晚期以来，羌塘地区发生了持续的陆内碰撞和挤压造山作用，导致地壳缩短并不断被加厚。地壳加厚的结果是一方面直接导致藏北高原的快速隆升；另一方面可以产生地壳物质的部分重熔，从而导致新的岩浆活动，形成鱼鳞山组火山岩的脉动式期次活动。岩浆岩的频繁活动，不但形成了以古近纪鱼鳞山组为代表的高钾碱性中酸性火山岩喷发，而且也形成了以新近纪石坪顶组为代表的粗安质中酸性火山岩喷发。中酸性火山岩的喷发是发育在大陆碰撞过程中派生出来的伸展构造环境中形成的。新生代康托组、唢呐湖组、鱼鳞山组和石坪顶组之间存在的一系列不整合界面都表明：羌塘地区经历了多期次的南北向挤压作用。一些重要（含盆地边界）断裂带构造岩的ESR年龄数据多在5～8Ma，标志着中新世晚期陆内冲断造山作用达到高峰时期（王成善等，2001）。

第四纪以来，羌塘地区遭受了进一步的陆内变形，包括藏北羌塘地区在内的青藏高原隆升迅速，并最终成为世界屋脊。关于高原隆升机制尽管还在争论之中，但是可以肯定的是，高原的隆升是呈多期次、脉动式隆升的。

第七章　主要结论、存在问题及今后工作建议

1：25 万江爱达日那幅（I45C003003）区域地质调查项目由成都地质矿产研究所承担，云南省地质调查院协作完成，在中国地质调查局、成都地质矿产研究所各级领导的关怀下，经全体项目同志 3 年团结奋战，特别是在羌塘恶劣的自然条件下，项目组成员以战胜、克服一切困难的决心和勇气及对地质科学的热爱，全面完成了项目任务书和设计书的各项要求，多项实物工作量皆大大超过了设计工作量（如地质路线完成设计工作量的 157.33％，实测剖面为设计工作量的 141.26％，采集样品数量为设计工作量的 155.79％），取得了测区系统、丰富的地质资料，并按时提交了 1：25 万江爱达日那幅（I45C003003）区域地质调查报告和区域地质图。报告经评审后，根据评审意见，项目组对报告进行了修改。地质报告对测区地层及沉积环境、岩浆岩、变质岩、构造地质特征及地质发展史等进行了系统全面的论述与总结。

一、重要成果及主要结论

（一）地层古生物

1. 建立和完善了测区各地层分区岩石地层系统，开展了羌塘地区中生代多重地层划分与对比研究工作

在剖面测制基础上，结合石油地质资料，建立和完善了 3 个地层分区的岩石地层系统，其中多数岩石地层单位有古生物化石和年代学依据。共建立测区组级（含群）岩石地层单位和正式填图单位 24 个；非正式填图单位 24 个；生物地层单位 27 个，其中新建生物地层单位 4 个；对测区三叠系和中上侏罗统进行了详细的层序地层研究，共划出 3 级层序 15 个，并对各层序界面性质及其体系域进行了详细的描述。同时开展了羌塘地区中生代岩石地层、生物地层、年代地层和层序地层等多重地层的划分与对比研究，为建立中生代地层格架提供了依据。

2. 在江爱达日那地区新发现一套出露较完整的三叠系地层剖面

通过剖面测制，获得了大量的三叠系地层、沉积相和古生物化石资料，尤其是下三叠统硬水泉组生物扰动灰岩、鲕粒灰岩、豆粒灰岩以及中三叠统康南组含丰富菊石灰岩的新发现，为羌塘盆地三叠系地层、沉积相划分与对比、生物古地理研究以及沉积盆地分析提供了重要的基础性资料。

3. 对前泥盆系变质岩进行了解体和重新厘定

测区南部大片分布的变质岩层，前人认为其为前泥盆系基底岩系，由此对本区的大地构造属性、盆地演化、油气评价都产生了不同的看法。本次工作通过路线调查、剖面测制获得了较为丰富的第一手资料，并依据岩石组合特征、变质变形特征、产出状态及原岩形成环境等，同时考虑到填图的可操作性，初步把测区内的变质岩系分解为二叠系蛇绿混杂岩片（Pop）、二叠系弧火山岩片（Pva）、二叠系复理石岩片（Pfw）等非正式填图单位，及前奥陶系齐陇乌如岩组（AnO*q*）、嘎措岩组（AnO*g*）等构造-岩石地层单位。

（1）嘎措岩组（AnO*g*）：为一套浅变质石英砂岩夹绢云千枚岩、大理岩，其原岩为一套滨浅海相石英砂岩夹泥岩、泥灰岩沉积物。在大理岩夹层中采获微体鱼牙化石：Gen. et sp. Indet F.、Gen. et sp. Indet G.、Gen. et sp. Indet H.。

（2）齐陇乌如岩组（AnO*q*）：为一套中等变质的片岩、变粒岩，由于出露局限，变质作用相对较

强，加之原岩组构已荡然无存，其原岩建造及环境已不清。

（3）蛇绿混杂岩片（Pop）：为一套以绿片岩、蓝片岩、白云石英片岩等为基质，含浅变质的辉长岩、枕状玄武岩、硅质岩及大理岩等岩块的构造混杂岩，其原岩为洋盆中喷发、沉积的火山岩、碳酸盐岩、硅质岩及镁铁质侵入岩等，代表受变质变形改造的洋壳碎片。在变质基性岩中获有 Ar-Ar 法变质同位素年龄 225±5Ma 、231±15Ma、236.8±4.5Ma 等。

（4）弧火山岩片（Pva）：为一套中酸性火山岩夹礁灰岩，含硅质条带灰岩及浊积岩。礁灰岩中采获珊瑚化石：*Pseudocoenia hexaphyllia*，*Actinastrea* sp.，*Stylosmia* cf. *chaputi* Alloiteau 等；介形虫：*Microcheilinella* cf. *Subrhombidalis* Xie，*Langdaia* sp.。

（5）复理石岩片（Pfw）：主体为一套复理石砂板岩夹薄中层状含硅质条带大理岩，其原岩应为大陆边缘斜坡堆积的深水复理石沉积物，大理岩夹层中采获牙形石：*Cypridodella igoanus*，*Hibbardella* sp.，*Ozarkodina* sp. 等。

通过对该套变质岩系的分解及对其岩层变质变形特征的分析，结合所获得的生物化石、区域背景研究及邻区图幅的一些最新区调成果，我们暂把齐陇乌如岩组（AnO*q*）、嘎措岩组（AnO*g*）的地质年代置于前奥陶纪；把蛇绿混杂岩片（Pop）、弧火山岩片（Pva）、复理石岩片（Pfw）的地质年代置于二叠纪。

4. 对南羌塘地区上三叠统肖茶卡群进行了重新厘定

对于南羌塘地区上三叠统肖茶卡群，前人虽认为其岩性三分性明显，但认为其内部是整合连续的。本次工作根据岩石组合、生物分布和界面特征等，将肖茶卡群解体为肖切保组、角木茶卡组和扎那组 3 个组级岩石地层单位。肖切保组（T_3x）主要为水下火山喷溢-喷发相中基性火山岩夹浅海相灰岩；角木茶卡组（T_3jm）岩性两分性清楚，下部为火山岩砾石为主的砾岩沉积，上部为台地相灰岩夹海绵礁灰岩；扎那组（T_3z）为一套三角洲相碎屑岩系。

肖切保组与下伏二叠系之间为不整合接触；与上覆角木茶卡组之间为假整合接触；扎那组与角木茶卡组之间为整合接触关系。

5. 在孔孔茶卡南阿日艾一带新发现一套上石炭统擦蒙组冰水杂砾岩沉积

该套地层上被上三叠统肖切保组角度不整合所覆盖，未见底，冰水杂砾岩成分复杂，大小悬殊，砾石含量 5%～8%，共 3 层，具明显的冰筏落石特征，且在该套地层内部的泥灰岩中获牙形石：*Adetognathus lautus*（Gunneu），*Adetognathus paralautus*，*Orchara* sp.，*Lonchodina* sp.。

6. 否定测区胜利河东存在下白垩统美日切错组地层

将该套中酸性火山岩地层厘定为下侏罗统那底岗日组。主要证据有 3 点：首先，该套中酸性火山岩系并不是像前人所描述的“不整合于夏里组之上”（成都环资所，1997），而是与雀莫错组为断层接触关系；其次，该套中酸性火山岩系与东邻吐错幅跃进拉、美日切错等地高碱性火山岩有本质区别；第三，美日切错地区的美日切错组已不存在（统一归并为古近系鱼鳞山组），因此再使用美日切错组已不合适。

7. 重新厘定了康托组、唢呐湖组地质时代归属

前人依据孢粉生物化石，将康托组、唢呐湖组的地质时代确定为新近纪。

本次在联测的 1∶25 万吐错幅北部跃进拉剖面发现古近系始新统-渐新统鱼鳞山组火山岩与下伏唢呐湖组呈明显不整合接触关系。不整面之上的火山岩 Ar-Ar 法同位素年龄集中在 32.6～39Ma 之间，当属始新世—渐新世。据此，将下伏唢呐湖组地质时代重新厘定为古近纪，而不是前人认为的新近纪。结合康托组、唢呐湖组中所发现的孢粉、轮藻、介形虫等生物化石，将康托组、唢呐湖组时代厘定为古近纪始新世。阿布山剖面、东湖南剖面观察以及大量的地质路线调查资料表明，康托组与唢呐湖组之间应为上、下接触关系，而不是前人认为的横向相变关系。

据邻区1∶25万加措幅、丁固幅最新区调成果（牟世勇等，2006），在康托组中发现有常见于始新世的轮藻及孢粉化石，在康托组底部安山岩中获K-Ar同位素年龄65.1～66.5Ma，表明区域资料亦支持康托组为古近系地层。

8. 测区内不同时代地层中普遍新发现大小不等的生物礁灰岩地质体

生物礁灰岩对古地理的恢复和油气的储集皆有较重要的意义。测区内泥盆系、二叠系、三叠系、侏罗系等地层中新发现较多的珊瑚礁和海绵生物礁，其中以江爱藏布以北的卧牛山一带索瓦组地层中生物礁规模最大，东西向延伸约10km。

9. 基本查明晚三叠世时南、北羌塘地区分属不同的地层分区和地层系统

通过多重地层划分与对比研究，证实晚三叠世时北羌塘与南羌塘间除了岩石组合存在明显差异外，层序地层亦不能进行对比，其层序类型存在明显差异，说明该时期南、北羌塘间不存在一个统一的盆地，两者为不同盆地的沉积建造。

（二）*岩浆岩*

对测区岩浆岩进行了系统的调查与研究。初步查明测区内中酸性侵入岩和火山岩的分布、岩石学、岩石化学、地球化学、年代学及产出的构造环境等特征，为分析测区构造演化提供了新资料。

1. 对不同时期的火山岩进行了系统的研究

（1）角木茶卡一带二叠纪火山岩岩石化学和地球化学显示出板内、洋岛玄武岩的特征，其岩浆源区与地幔柱有关。

（2）江爱达日那一带新发现一套二叠纪弧火山岩（Pva），为研究二叠纪大地构造背景提供了新的资料。

（3）双湖构造混杂岩带蛇绿岩片中火山岩具有洋中脊玄武岩和洋岛玄武岩某些共有的属性，而岩石化学特征显示，部分岩石的岩浆来源于亏损型地幔，与正常洋中脊玄武岩特征相似，而大多数岩石的岩浆来源于富集型地幔，说明火山岩可能形成于洋中脊/准洋中脊环境，为扩张洋脊上有热点型岩浆活动叠加的火山岩类型，是地幔柱与洋中脊相互作用的结果。

（4）上三叠统肖切保组火山岩岩石化学和地球化学显示出大陆拉斑玄武岩和板内碱性玄武岩的特征，为大陆裂谷演化阶段的产物，其中角木茶卡西一带的火山岩具过渡型玄武岩的一些特征，说明在裂谷扩张鼎盛阶段，局部出现了具一定规模的初始小洋盆。

（5）在长蛇山、黑尖山一带，从原部分石英斑岩分布区中解体出一套中酸性火山岩，且在英安岩中获Ar-Ar法同位素坪年龄值为194±4Ma。下侏罗统那底岗日组火山岩具弧火山岩特征，其岩石地球化学特征与早侏罗世中酸性侵入岩基本一致，这说明两者在源区组成、成岩过程、构造背景上均有较大的一致性，为同一构造背景下岩浆活动同时而不同相的产物。

2. 对中酸性侵入岩进行了解体

按岩浆的侵位时代区分出早侏罗世和中晚侏罗世两期。总体上表现为随时间的推移，岩浆的侵位活动由中深成岩向浅成岩、超浅成岩演变，岩浆活动强度降低。

（1）早侏罗世以深侵位的花岗闪长岩类和二长花岗岩类为主体，地球化学特征较多地显示了火山弧花岗岩的特点，同时又具有碰撞型花岗岩的某些特征。

（2）中晚侏罗世主要为浅成、超浅成侵入岩体，以酸性侵入岩为主。其地球化学特征与早侏罗世花岗岩相似，两者在源区组成、成岩过程、构造背景上均有较大的一致性，为同一岩浆活动不同时期的产物。

上述特征表明中酸性侵入岩属俯冲作用鼎盛时期形成源区、碰撞时期发生演化并大规模上侵的不同构造环境中连续岩浆活动的产物。

（三）变质岩

1. 对变质岩进行了较系统的调查研究

初步查明了测区内的变质岩石类型、分布及变质变形作用特征，为测区内的构造演化提供了新的资料。

2. 建立了变质变形序列

利用构造解析的方法，对岩石中不同期次的构造变形形迹及组合进行研究和识别，建立了相应的变质变形序列。

3. 新发现了霍木西杂、嘎措和沃柔 3 处高压变质矿物含蓝闪石（青铝闪石）岩石

初步查明蓝闪石（青铝闪石）矿物有两种保存形式：①在绿片岩中蓝闪石-青铝闪石矿物定向性好，与片理同期形成；②在混杂岩块中，蓝闪石-青铝闪石矿物在岩石中不具明显的定向性。说明测区存在不同时期、不同类型的蓝闪石。

（四）构造

1. 合理划分了测区次级构造单元

将测区次级构造单元划分为北羌塘陆块、双湖构造混杂岩带和南羌塘陆块。其中，双湖构造混杂岩带是一个受侏罗纪中酸性侵入岩体所破坏的构造混杂岩带，也是龙木错-双湖构造带的一部分。测区构造混杂岩带的南、北边界均被大型韧性剪切带所分割。

2. 系统收集了测区内各次级构造单元内部变形特征

系统收集了测区内各次级构造单元内部变形特征，尤其是加强了对双湖构造混杂岩带内的变形特征的描述与研究，对次级构造单元边界断层特征进行了全面论述。

3. 重建龙木错-双湖洋盆构造古地理格局

区内的龙木错-双湖盆地虽经构造破坏，但在双湖构造混杂带中还保留大陆边缘复理石沉积（Pfw）、大洋洋壳（Pop）、弧火山岩建造（Pva）和保存较好的洋岛火山岩（P_1z）。它们现在的位置虽然已不连续，但从洋岛、弧火山岩及蓝片岩等的保存位置可以看出，洋盆的消减是由南向北俯冲的。

4. 重视新构造研究

编制了新构造图，进行了地貌单元划分。调查了新构造活动与第四纪沉积盆地、地震、温泉等的关系，并探讨了高原隆升的整体性与差异性等问题。

（五）地质发展演化史

根据地球动力学背景、岩浆活动、地质界面、沉积建造、变质作用和构造变形等综合分析，将测区地质发展演化阶段划分为前奥陶纪变质基底形成、奥陶纪-石炭纪被动大陆边缘、二叠纪南部伸展-中部俯冲（双湖构造带）、早中三叠世局部伸展、晚三叠世-早侏罗世碰撞造山、中晚侏罗世-早白垩世前陆磨拉石、新生代后造山隆升共 7 个地质发展演化阶段。

二、存在问题及今后工作建议

（一）存在的主要问题

（1）测区内第四系覆盖严重，给地质现象的观察尤其是一些重要地质界线以及重要断裂构造的描

述带来极大不便。

（2）因后期的构造叠加及燕山期岩浆活动的侵位改造，加之地层出露有限等客观原因，基底变质岩系的早期构造变形和变质作用难以恢复，现阶段条件下能够获取的实质性地质证据很少，对其是否为基底变质岩系以及其原岩特征与形成构造背景、同位素地质年代、变质期次等问题都有待于以后的进一步研究。

（3）对双湖构造混杂岩带的构造和变质变形研究虽取得了一系列的进展，但对所分解出的弧火山岩片、齐陇乌如岩组、嘎措岩组等尚存在资料不足、对其特征的研究不够等问题，有待于以后的进一步研究。

（4）由于测区地质情况复杂，对一些地质问题的认识还有许多不足之处，甚至还存在错误。

（二）今后工作建议

（1）双湖构造混杂岩带在岩石学、地球化学、同位素年代学及构造等方面还有较大的研究空间，尤其是江爱达日那地区弧火山岩、基底岩系的研究还有待深入。此外，双湖构造混杂岩带在区域上的对比研究及古地理格局的重建也是一个亟待解决的问题。

（2）南羌塘下、中二叠统展金组、龙格组所构成的洋岛建造在测区内保存较好，进一步的研究有望在古生代洋岛的建造模式上有所发展，对龙木错-双湖构造带的演化也有重要意义。

参考文献

白生海.青海西南部海相侏罗纪地层新认识[J].地质论评,1989,35(6):529～536
程立人,李才,胡克.西藏羌塘地区中部混杂堆积的发现及其地质意义[J].长春科技大学学报,1998,28(3):254～258
邓万明,尹集祥,呙中平.羌塘茶布—双湖地区基性超基性岩、火山岩研究[J].中国科学(D辑),1996,26(4):296～301
邓希光,丁林,刘小汉等.青藏高原羌塘中部蓝片岩的地球化学特征及其构造意义[J].岩石学报,2002,18(4):517～525
范和平,杨金泉,张平.藏北地区的晚侏罗世地层[J].地层学杂志,1988,12(1):66～70
方德庆,梁定益.北羌塘盆地中部上侏罗统研究新进展[J].地层学杂志,2000,24(2):163～167
冯心涛,朱同兴,李才等.藏北双湖地区上三叠统肖茶卡群的重新厘定及其地质意义[J].地质通报,2005,24(12):9～14
和钟铧,王天武,李才等.对藏北羌塘地体阿木群的新认识[J].世界地质,2000,19(1):1～7
和钟铧,李才,杨德明等.西藏羌塘盆地的构造沉积特征及演化[J].长春科技大学学报,2000,30(4):347～352
胡承祖,吴瑞忠,张懋功等.藏北双湖地区地质构造特征[J].见:青藏高原地质文集(9).北京:地质出版社,1986:41～56
胡克,李才,程立人.西藏羌塘中部冈玛错-双湖蓝片岩带及其构造意义[J].长春地质学院学报,1995,25(3):268～274
黄继钧.藏北羌塘盆地构造特征及演化[J].中国区域地质,2001,20(2):178～186
黄继钧.羌塘盆地基底构造特征[J].地质学报,2001,75(3):333～337
蒋忠惕.羌塘地区侏罗纪地层的若干问题[J].见:青藏高原地质文集(3).北京:地质出版社,1983:87～112
孔祥儒,王谦身.西藏高原西部综合地球物理与岩石圈结构研究[J].中国科学(D辑),1996,26(4):308～315
雷振宇,李永铁,刘忠等.藏北羌塘盆地构造变形及其动力学背景[J].地质论评,2001,47(4):415～419
李才.羌塘基底质疑[J].地质论评,2003,49(1):4～9
李才,程立人,胡克等.西藏龙木错-双湖古特提斯缝合带研究[M].北京:地质出版社,1995
李才,和钟铧,杨德明.西藏羌塘地区几个地质构造问题[J].世界地质,1996,15(3):18～23
李才,李永铁,林源贤等.西藏双湖地区蓝片岩原岩Sm-Nd同位素定年[J].中国地质,2002,29(4):355～359
李才,王天武,杨德明等.西藏羌塘中央隆起区物质组成与构造演化[J].长春科技大学学报,2001,31(1):25～31
李文华,周兴民.青藏高原生态系统及优化利用模式[M].广州:广东科技出版社,1998
李勇,王成善,伊海生等.青藏高原中侏罗世—早白垩世羌塘复合型前陆盆地充填模式[J].沉积学报,2001,19(1):20～27
李曰俊,吴浩若,李红生等.藏北阿木岗群、查桑群和鲁谷组放射虫的发现及有关问题讨论[J].地质论评,1997,43(3):250～256
刘池阳,王成善等.藏北羌塘盆地茶桑地区构造格局与演化[J].中国科学(D辑),2001,19(1):20～22
刘池洋,杨兴科.藏北羌塘盆地西部查桑地区结构及构造特征[J].地质论评,2002,48(6):593～602
刘训.青藏高原不同地体的地层、生物区系及沉积构造演化史[M].北京:地质出版社,1992:1～145
潘桂棠,陈智梁,李兴振等.东特提斯地质构造形成演化[M].北京:地质出版社,1997
潘裕生.青藏高原的形成与隆升[J].地学前缘,1999,6(3):153～163
孙鸿烈.青藏高原的形成演化[M].上海:上海科学技术出版社,1996
谭富文,王剑,王小龙等.藏北羌塘盆地最大规模沥青脉的发现[J].地质通报,2002b,21(11):801～802
滕吉文,张中杰.青藏高原地体划分的地球物理标志研究[J].地球物理学报,1996a,39(5):629～641
王成善等.西藏羌塘地区的地质特征兼论古特提斯的构造格局[J].大自然探索,1985,4(12):75～83
王成善,胡承祖,吴瑞忠.西藏北部查桑-茶布裂谷的发现及地质意义[J].成都地质学院学报,1987,14(2):33～46
王成善,伊海生,李勇等.西藏羌塘盆地地质演化与油气远景评价[M].北京:地质出版社,2001
王国芝,王成善.西藏羌塘基底变质岩系的解体和时代厘定[J].中国科学(D辑),2001,31(增刊):77～82
王鸿祯等.沉积层序及海平面旋回的分类级别——旋回周期的成因讨论[J].现代地质,1998,12(1):1～16
王剑,谭富文,李亚林等.青藏高原重点沉积盆地油气资源潜力分析[M].北京:地质出版社,2004
王剑,谭富文,王小龙等.藏北羌塘盆地早侏罗世—中侏罗世早期沉积构造特征[J].沉积学报,2004,22(2):18～25
王乃文.藏北湖区中生代地层发育及其板块构造意义[J].见:青藏高原地质文集(3).北京:地质出版社,1983:29～40

文世宣．西藏北部地层新资料[J]．地层学杂志，1979，3(2)：150～156
吴瑞忠．藏北羌塘地区地层系统[J]．见：青藏高原地质文集(9)．北京：地质出版社，1986：1～32
吴瑞忠，张懋功．藏北羌多—茶布地区下二叠统划分与早二叠世动物群特征[J]．地质科学，1991，1：11～22
吴瑞忠．藏北双湖查桑地区中泥盆统的发现及地质意义[J]．见：青藏高原地质文集(9)．北京：地质出版社，1985：33～40
西藏自治区地质矿产局．西藏自治区区域地质志[M]．北京：地质出版社，1993
西藏自治区地质矿产局．西藏自治区岩石地层[M]．武汉：中国地质大学出版社，1997
熊盛青，周伏洪，姚正煦等．青藏高原中西部航磁调查[M]．北京：地质出版社，2001
杨遵仪，史晓颖．藏北双湖地区中侏罗世早期腕足动物群的发现及其古地理意义[J]．地球科学——中国地质大学学报，1990，15(3)：251～256
伊海生，林金辉等．藏北羌塘地区地层新资料[J]．地质论评，2003，49(1)：59～65
尹集祥等．青藏高原及邻区冈瓦纳相地层地质学[M]．北京：地质出版社，1997
余光明，王成善，张哨南等．西藏特提斯中生代沉积盆地特征及演化[J]．中国科学(B辑)，1989，9：982～990
余光明，王成善．西藏特提斯沉积地质[M]．北京：地质出版社，1990
张立强、纪友亮、王效美等．羌塘盆地中上侏罗统砂岩储集性特征[J]．矿物岩石，2000，20(3)：35～40
张胜业、魏建国、王家映等．西藏羌塘盆地大地电磁测深研究[J]．地球科学——中国地质大学学报，1996，21(2)：198～202
赵政璋，李永铁，叶和飞等．青藏高原大地构造特征及盆地演化[M]．北京：科学出版社，2001b
赵政璋，李永铁，叶和飞等．青藏高原羌塘盆地石油地质[M]．北京：科学出版社，2001d
朱同兴．从弧后盆地到前陆盆地的沉积演化：以西藏北部羌塘中生代盆地为例[J]．特提斯地质，1998，23：5～19
朱同兴，董瀚，李才等．青藏高原羌塘地区晚三叠世地层展布和沉积型式[J]．沉积与特提斯地质，2005，25(3)：20～25
朱同兴，李宗亮，李才等．藏北双湖地区三叠纪地层新资料[J]．地质通报，2005，24(12)：1～8
朱同兴等．藏北双湖地区海相侏罗纪磁性地层研究[J]．地质学报，2001，76(3)：308～316

图版说明及图版

图版 1

1. 斜形光海扇 *Entolium obliquus* Li
   侧视×1.5 采集号:JAP_{II} 7H_1^1 产地：双湖地区江爱达日那剖面 时代：T_1
2. 盘光海扇小耳亚种 *Entolium discites microtis* （Bittner）
   侧视×1.8 采集号:JAP_{II} 7H_1^2 产地：双湖地区江爱达日那剖面 时代：T_1
3. 盘光海扇比较种 *Entolium* cf. *discites* Schlo
   侧视×1.4 采集号:JAP_{II} 7H_2 产地：双湖地区江爱达日那剖面 时代：T_{1-2}
4. 聂拉木心形蛤比较种 *Cordiomorpha* cf. *gymnitum nyanamgensis* Zhang
   侧视×1 采集号:JAP_{II} 11H_1 产地：双湖地区江爱达日那剖面 时代：T_{1-2}
5. 光滑新裂齿蛤 *Myophorpha*（*Neoschizodus*）*laevigata*（Ziethen）
   侧视×1.4 采集号:JAP_{II} 11H_3^1 产地：双湖地区江爱达日那剖面 时代：T_{1-2}
6. 倾斜贝莱蛤亲近种 ？*Bakevellia* aff. *tealei*（Cox）
   侧视×1.4 采集号:JAP_{II} 11H_3^2 产地：双湖地区江爱达日那剖面 时代：T_1
7. 都兰克氏蛤 *Claraia dulanensis*（Zhang）
   侧视×1.4 采集号:JAP_{II} 11H_4^1 产地：双湖地区江爱达日那剖面 时代：T_1
8. 优美同心褶蛤比较种 *Myophorpha*（*Elegantinia*）（Dunketr）
   侧视×2.8 采集号:JAP_{II} 11H_1^{2-4} 产地：双湖地区江爱达日那剖面 时代：T_{1-2}
9. 皱圆穹蛤比较种 *Schafhaeutlia* cf. *rugosa* （Assmann）
   侧视×1 采集号:JAP_{II} 11H_{5-7} 产地：双湖地区江爱达日那剖面 时代：T_{1-3}
10. 似蛤蜊助海螂 *Pleuronya mactroides*（Schl.）
    侧视×0.9 采集号:JAP_{II} 11H_{10} 产地：双湖地区江爱达日那剖面 时代：T_{1-2}
11. 伟齿蛤未定种 *Megalodon* sp.
    侧视×0.9 采集号:JAP_{II} 11H_{12} 产地：双湖地区江爱达日那剖面 时代：D—T
12. 奇异正海扇 *Eumorphotis*（*Asoella*）*parakoxic* Chen
    侧视×2 采集号:JAP_{II} 14H_4^1 产地：双湖地区江爱达日那剖面 时代：T_2^1
13. 近琴氏正海扇 *Eumorphotis*（*A.*）*subillyrica* （Hsü）
    侧视×2.5 采集号:JAP_{II} 14H_4^2 产地：双湖地区江爱达日那剖面 时代：T_2^2
14. 近琴氏正海扇比较种 *Eumorphotis*（*A.*）*subillirica* （Hsu）
    侧视×2 采集号:JAP_{II} 14H_4^4 产地：双湖地区江爱达日那剖面 时代：T_2
15. 近甚长似栗蛤 *Nuculana subperlonga* Chen
    侧视×1.2 采集号:JAP_{II} 14H_5^1 产地：双湖地区江爱达日那剖面 时代：T_2
16. 琴氏正海扇比较种 *Eumorphotis*（*Asoella*）cf. *illyrica*（Bittner）
    侧视×0.5 采集号:JAP_{II} 15H^1 产地：双湖地区江爱达日那剖面 时代：T_2
17. 脚形壳菜蛤选躯亚种 *Mytilus eduliformis praecursor*（Frech）
    侧视×0.5 采集号:JAP_{II} 15H_2^1 产地：双湖地区江爱达日那剖面 时代：T_2^1
18. 脚形壳菜蛤前躯亚种比较种 *Mytilus* cf. *eduliformis praecursor*（Frech）
    侧视×0.5 采集号:JAP_{II} 15H_2^1 产地：双湖地区江爱达日那剖面 时代：T_2

19. 白玉寺海浪蛤比较种 *Posidonia* cf. *baiyushiensis* Lu

侧视×2.3　采集号:JAP_{II} $23H_1^1$　产地：双湖地区江爱达日那剖面　时代:T_3

20、23、29、31. 小褶翅蛤(脊褶蛤) *Myophoria* (*Costatoria*) *minor* Chen

侧视 20×2.7　23×0.5　29×2　31×7

采集号:JAP_{II} $23H_1^3$、$29H_2^4$、$30H_4^5$、$32H_3$　产地：双湖地区江爱达日那剖面　时代:T_3^1

21. 圆细线光海扇比较种 *Entolium* cf. *tenuisriatum rotuntum* Chen

侧视×2.3　采集号:JAP_{II} $29H_1^1$　产地：双湖地区江爱达日那剖面　时代:T_2^2—T_3^1

22. 兰坪荚蛤 *Gervillia lanpingensis* Chen

侧视×1.6　采集号: JAP_{II} $29H_2^1$　产地：江爱达日那剖面，时代:T_3

24. 沙林髻蛤比较种? *Monotis* (*M.*) cf. *salinaria* Bronn

侧视×0.4　采集号:JAP_{II} $29H_3^1$　产地：双湖地区江爱达日那剖面　时代:T_3

25. 斯兰船三角蛤 *Prototrigonia seranensis* (Krumbeek)

侧视×1　采集号:JAP_{II} $30H_1^1$　产地：双湖地区江爱达日那剖面　时代:T_3^2

26. 裂齿半拉卡蛤 *Heminajas fissidentata* (Wöhrumana)

侧视×0.6　采集号:JAP_{II} $30H_1^2$　产地：双湖地区江爱达日那剖面　时代:T_3

27. 景谷熊本蛤 *Trigonia* (*Kumatrigonia*) *jingguensis* (Chen)

侧视×1.5　采集号:JAP_{II} $30H_3^1$　产地：双湖地区江爱达日那剖面　时代:T_3

28、30. 平凡光海扇 *Entolium quotidianum* (Healey)

侧视×1.4　×2　采集号:JAP_{II} $30H_4^1$　产地：双湖地区江爱达日那剖面　时代:T_3^2

32. 平凡光海扇比较种 *Entolium* cf. *quotidianum* (Healey)

侧视×4　采集号:JAP_{II} $34H_1$　产地：双湖地区江爱达日那剖面　时代:T_3

33. 玉树圆无耳髻蛤比较种 *Amonotis* cf. *rothpletzi yushensis* Sta et Chen

侧视×0.9　采集号:JAP_{II} $36H_1$　产地：双湖地区江爱达日那剖面　时代:T_3^2

34. 变脊喜马拉雅印度海扇比较种 *Indopecten* cf. *himalayensis variocostatus* Wan et Chen

侧视×0.5　采集号:$D4202H_7$　产地：双湖肖茶卡地区　时代:T_3^2

35. 多饰正海扇比较种 *Eumorphotis* cf. *multiformis* Bittner

侧视×1.5　采集号:$JA_I P_6 H_2$　产地：双湖地区江爱达日那剖面　时代:T_1

图版 2

1. 奥帕尔别亚菊石 *Berriasella oppeli* (Kllian)

侧视×2.8　采集号:$D7502H_1^1$　产地:长水河　时代: J_3

2. 古堤束肋旋菊石比较种 *Virgatosphinctes* cf. *kutianus*. Vhlig

侧视×1.2　采集号:$D7502H_2$　产地:长水河　时代:J_3

3. 常见束肋旋菊石 *Virgatosphinctes frequens* (Oppel)

侧视×2.5　采集号:$D7502H_5$　产地:长水河　时代:J_3

4. 黑丁豪兰菊石 *Hollandites hidimba* (Diener)

侧视×1.6　采集号:JAP_{II} $17H^2$　产地:江爱达日那剖面　时代: T_2^1

5、6. 茎干豪兰菊石 *Hollandites truncus* (Oppel)

5. 侧视×1.2　6. 侧视×1.5　采集号:JAP_{II} $17H^4$　产地:江爱达日那剖面　时代:T_2^1

7. 务雅沙豪兰菊石 *Hollandites vyasa* (Diener)

侧视×1.5　采集号:JAP_{II} $17H^5$　产地:江爱达日那剖面　时代:T_2^1

8. 维斯伐卡码豪兰菊石 *Hollandites visvakarma* (Diener)

侧视×0.9　采集号:JAP_{II} $17H_{16}$　产地:江爱达日那剖面　时代:T_2^1

9. 双瘤副齿菊石比较种 *Paraceratites* cf. *biwodosus* (Hauer)

侧视×0.8　采集号:JAP_{II} $17H_{13}$　产地:江爱达日那剖面　时代:T_2^1

10. 塔拉马里库科菊石 *Cuccoceras taramellii* Mojs
侧视×0.8 采集号:$JAP_{II}17H_{20}$ 产地:江爱达日那剖面 时代:T_2^1
11. 西藏朱瓦菊石比较种 *Juvavites* cf. *xizangensis* Wang et He.
侧视×1.2 采集号:$D3241H_2$ 产地:石门关 时代:T_3
12. 束肋旋菊石未定种 *Virgatosphinctes* sp.
侧视×3.4 采集号:$D7502H_1^1$ 产地:长水河 时代:J_3

图版 3

1. 宽脊似木贼比较种 *Equisetites* cf. *takahashi* Konno
正视×0.7 采集号:$D7530H_1$ 产地:泉湖北 时代:T_3
2. 新月格脉蕨 *Clathropteris mebiscioides* Bro
正视×0.5 采集号:$DRP_{17}H_1$ 产地:蒂让碧错剖面 时代:T_3^3
3. 似木贼未定种 *Equisetites* sp.
正视×1 采集号:$D1857H_1^7$ 产地:乱石沟 时代:C_2—R
4. 费尔干似木贼比较种 *Equisetites* cf. *ferganensis* Soward.
正视×0.9 采集号:$FHP_1H_1^2$ 产地:方湖剖面 时代:T_3
5. 中国奇脉羊齿 *Hyrcanopteris sinensis* Li et Tsal
正视×1 采集号:$XP_{12}H_1^1$ 产地:肖茶卡西山剖面 时代:T_3
6. 赵氏皱层贝 *Rugoconcha chaoi* (Grabau)
腹视×0.8 采集号:$D3215H_4$ 产地:双湖查桑地区 时代: C_2
7、8. 李氏文褶贝 *Liraplecta richthoferi* Chao
7. 背视×1 8. 侧视 ×1 采集号:$D3215H_4$ 产地:双湖查桑地区 时代: C_2
9. 大型肖氏蛤 *Schafhaeutlia gigantean* (Krumbeck)
侧视×0.7 采集号:$JAP_{II}32H_1^1$ 产地:江爱达日那剖面 时代:T_3
10. 梯氏刮具海扇亲近种 *Chlamys* (*Radulopeeten*) *afftipperi* Cox
侧视×0.9 采集号:HXP_4H_1 产地:灰熊沟剖面 时代:J_2—J_3
11. 多正海扇网形亚种 *Eumorphotis multiformis reticulata* Wang et Heonno
侧视×1 采集号:$JAP_{II}17H^3$ 产地:江爱达日那剖面 时代:T_1^2—T_2^1
12. 结节正海扇 *Eumorphotis teilhardi* (Patte)
侧视×0.8 采集号:$JA_IPH_3^1$ 产地:江爱达日那剖面 时代:T_1

图版 4

1、2、11. 始复道䗴(未定种) *Eopolydiexodina* sp.
野外号: $D4037H_2$ ×9 层位及产地:中二叠统茅口阶上部,西藏双湖知塞
3. 拟纺锤䗴相似华丽种 *Parafusulina* cf. *splendens* Dunbar et Skinner
野外号:$D4037H_1$ ×9.5 层位及产地:中二叠统栖霞阶—茅口阶,西藏双湖知塞
4. 华丽拟纺锤䗴 *Parafusulina splendens* Dunbar et Skinner
野外号:$D2332H_1$ ×9.5 层位及产地:栖霞阶—茅口阶, 角木日北
5. 假纺锤䗴 *Pseudofusulina* sp.
野外号: $D2332H_1$ ×9.5 层位及产地:上石炭统至中二叠统, 角木日南
6. 拟纺锤䗴相似华丽种 *Parafusulina* cf. *splendens* Dunbar et Skinner
野外号:$D2333H_{1-2}$ ×9.5 层位及产地:栖霞阶—茅口阶, 角木日南
7. 椭圆拟纺锤䗴 *Parafusulina elliptica* Sheng
野外号:$D2317H_1$ ×9.5 层位及产地:栖霞阶—茅口阶, 角木日南

8. 拟纺锤䗴? *Parafusulina* sp.

野外号:D2317H_2　×9.5　层位及产地:栖霞阶—茅口阶,角木日南

9. 日本拟纺锤䗴 *Parafusulina japonica* Guembel

野外号:D2317H_2　×9　层位及产地:中二叠统,西藏双湖角木日南

10. 韦氏䗴(未定种)*Verbeekina* sp.

野外号:D4356H_1　×9　层位及产地:中二叠统茅口组,双湖角木日南

图版 5

1. 那扎村假网叶珊瑚 *Pseudoretiophyllia nazhacunensis* Deng et Zhang

野外号:JMP23H_4　×3.5　层位及产地:上三叠统,西藏双湖角木茶卡剖面

2. 那扎村假网叶珊瑚 *Pseudoretiophyllia nazhacunensis* Deng et Zhang

野外号:JMP23H_5　2a. ×7　2b. ×3　层位及产地:上三叠统,西藏双湖角木茶卡剖面

3. 佛山前珠剑珊瑚 *Promargarosmilia fashanensis* Deng et Zhang

野外号:ZSP10H_7　×3.5　层位及产地:上三叠统,西藏双湖角木茶卡知塞剖面

4. 华美珍珠珊瑚 *Margarophyllia decora* Wu

野外号:LJP4H_3　×4　层位及产地:上三叠统,西藏双湖角木茶卡拉加强玛剖面

5. 诺尼克两列叶珊瑚 *Distichophyllia norica* Deng et Zhang

野外号:JMP27H_1　×2　层位及产地:上三叠统,西藏双湖角木茶卡剖面

6. 韦伯剑鞘珊瑚 *Thecosmilia weberi* Vinassa et Regny

野外号:D4351H_{1-2}　×4　层位及产地:上三叠统,西藏双湖角木日地区

图版 6

1. 条带假纺锤䗴　*Pseudofusulina linearis* Dunbar et Skinner

野外号:D2258H_{3-2}　×9　层位及产地:中二叠统茅口组,西藏双湖县角木茶卡东

2. 拟阿尔卑假纺锤䗴　*Pseudofusulina paralpna* Chen

野外号:D2258H_{1-2}　×9　层位及产地:中二叠统茅口组,西藏双湖县角木茶卡东

3、4. 网格新希瓦格䗴　*Neoschwagerina craticulifera*

野外号:3. D2254H_{1-1}　×11　4. D2254H_1　×20　层位及产地:中二叠统茅口组,双湖角木茶卡东

5. 新希瓦格䗴(未定种)*Neoschwagerina* sp.

野外号:D3224H_{6-1}　×11　层位及产地:中二叠统茅口组上部,西藏双湖县知塞东

6. 䗴状苏门答腊䗴　*Sumatrina fusiformis* Sheng

野外号:D3050H_2　×11　层位及产地:中二叠统茅口组上部,西藏双湖县

7. 苏门答腊䗴(未定种) *Sumatrina* sp.

野外号:D4164H_4　×11　层位及产地:中二叠统茅口组上部,西藏双湖县角木茶卡北东

8. 安娜苏门答腊䗴　*Sumatrina annae* Volz

野外号:D3050H_3　×11　层位及产地:中二叠统茅口组上部,西藏双湖县

9. 江苏拟纺锤䗴　*Parafusulina kiangsuensis* Chen

野外号:D1484H_2　×27　层位及产地:中二叠统茅口组,西藏双湖县茶桑南西

图版 7

1. 查桑拟十珊瑚(新属、新种、未刊)*Paradecaphyllum chasangense*(gen. et sp. nov. M. S.)Fan. et Zhu.

1a. 横切面　×2　1b. 纵切面　×2　野外号:D3224H_{1-3}　层位及产地:上泥盆统查桑组下部,双湖查桑

2. 窄横板双湖珊瑚(新种、未刊)*Shuanghuphyllia stenstabulata*(sp. nov . M. S.)Fan. et Zhu.

2a. 横切面×2　2b. 纵切面×2　野外号:D4192H_2　层位及产地:中二叠统茅口阶,双湖肖茶卡东

3. 知塞文采尔星珊瑚（新种、未刊）*Wentzelellites zhisaiensis*（sp. nov. M. S.）Fan et Zhu
   3a. 横切面×2　3b. 纵切面×2　野外号:D3224H_1　层位及产地:中二叠统茅口阶,西藏双湖县知塞
4. 长隔壁新绳珊瑚(新种、未刊)*Neostringophyllum longiseptatum*(sp. nov. M. S.)Fan et Zhu
   野外号:D1492H_2　×2　层位及产地:中泥盆统查桑组下部,西藏双湖县查桑

图版 8

1. 北羌塘陆块长蛇山北夏里组褶皱特征(14008 地质点)
2. 乱石沟东 D1847 地质点双湖构造混杂岩带北界断层下盘侏罗系褶皱
3. 恰岗错北鄂柔蛇绿混杂岩伏于变质砂板岩之下
4. 前奥陶系变质砂岩中变余层理特征(纳若剖面)
5. 前奥陶系变质岩中顺层变形现象(纳若)
6. 鄂柔蛇绿混杂岩中大理岩岩块产状(鄂柔剖面)
7. 霍木西萨剖面绿片岩中变基性岩透镜体
8. 洪水沟东三叠系之上常见中侏罗索瓦组礁灰岩不整合覆盖

图版 9

1. 玛尔果茶卡东变基性、超基性岩透镜体分布特征
2. 桑琼附近(D2479)韧性剪切带特征
3. 纳若北 D4010 地质点辉长质糜棱岩中无根褶皱
4. 变质砂岩中三期面理特征(纳若北 D4032 地质点)
5. 霍木西萨剖面上变质砂岩中平卧褶皱
6. 霍木西萨剖面上韧性剪切带特征
7. 达日阿陇剖面变基性岩之上推覆断裂带中紧闭褶皱
8. 达日阿陇剖面变基性岩片理化特征

图版 1

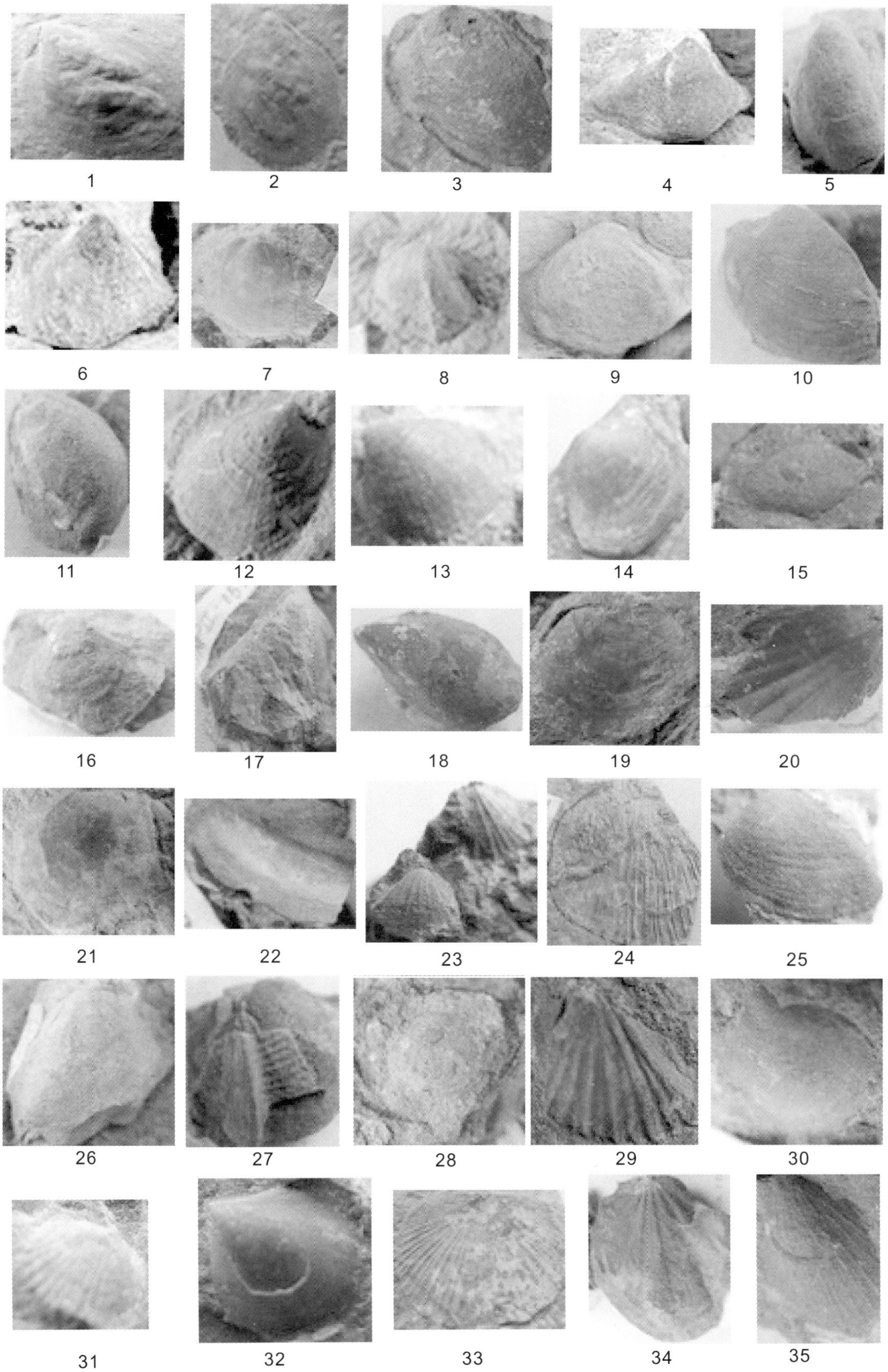
1
2
3
4
5
6
7
8
9
10
11
12
13
14
15
16
17
18
19
20
21
22
23
24
25
26
27
28
29
30
31
32
33
34
35

图版 2

1

2

3

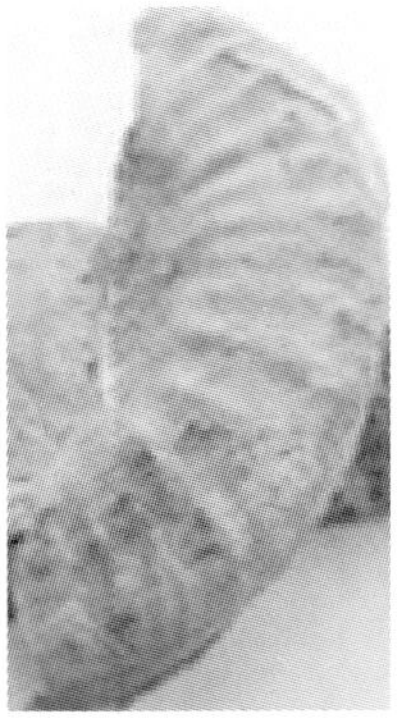
4

5

6

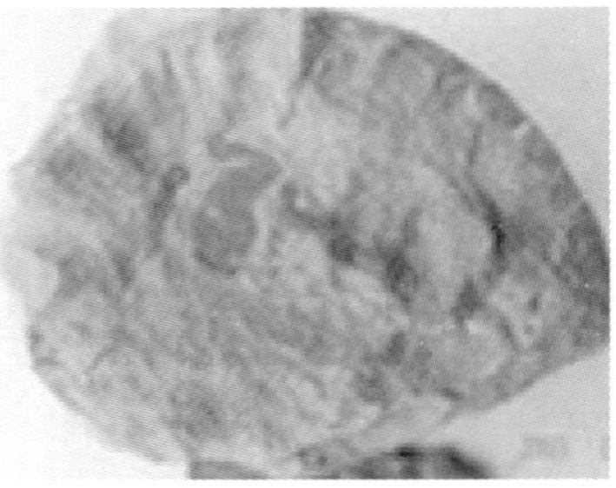
7

8

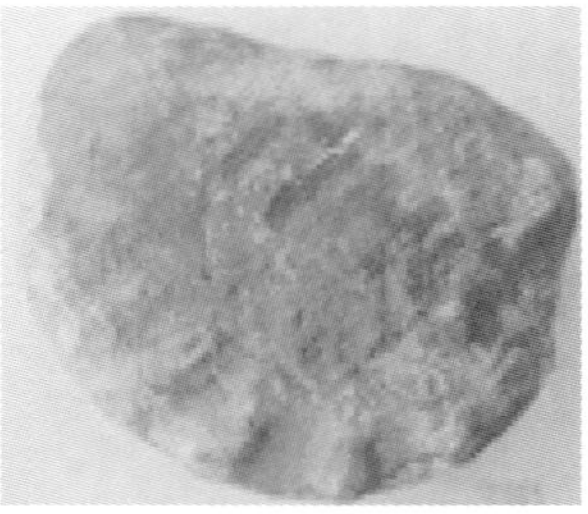
9

10

11

12

图版 6

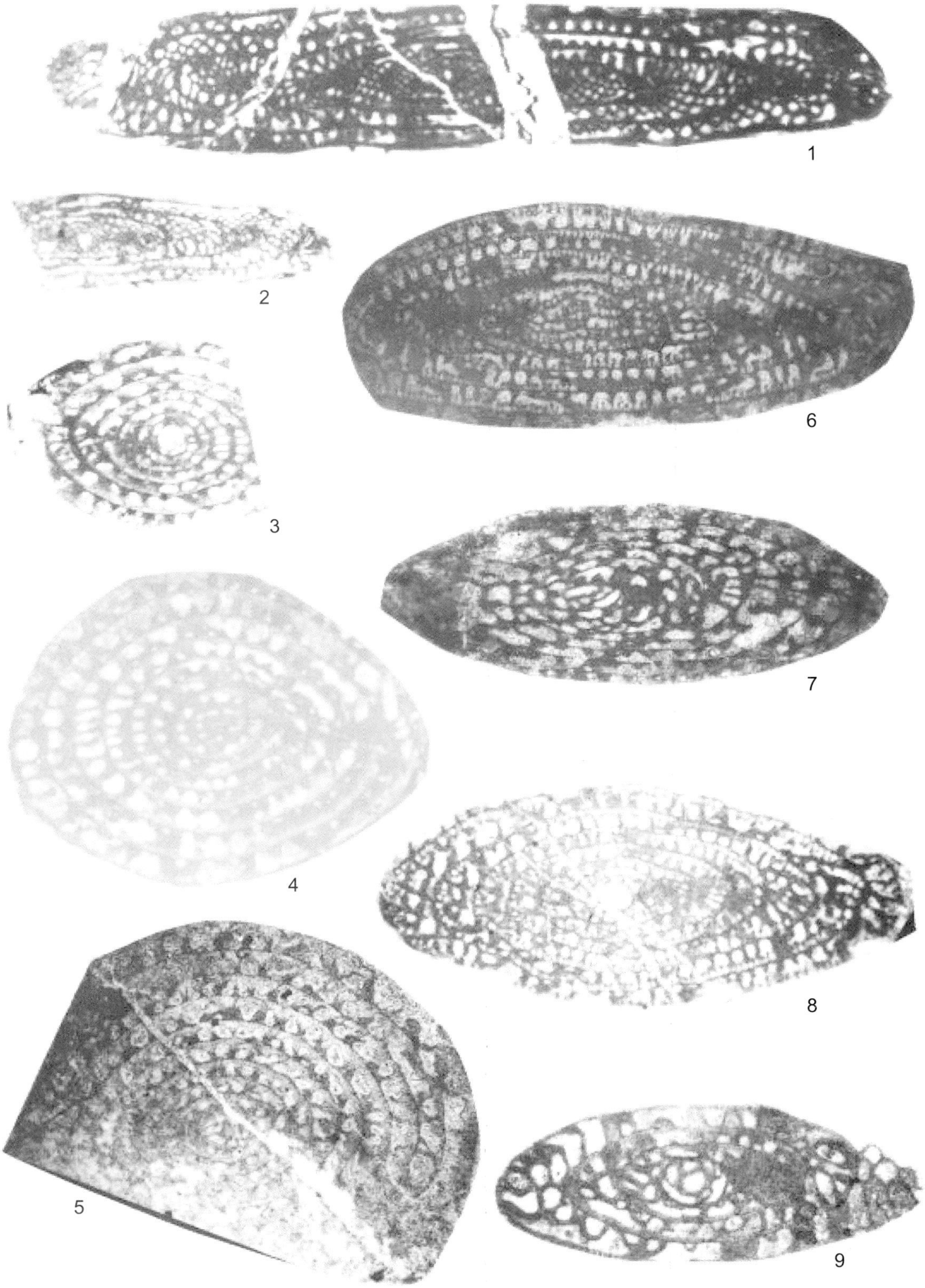

图版 5

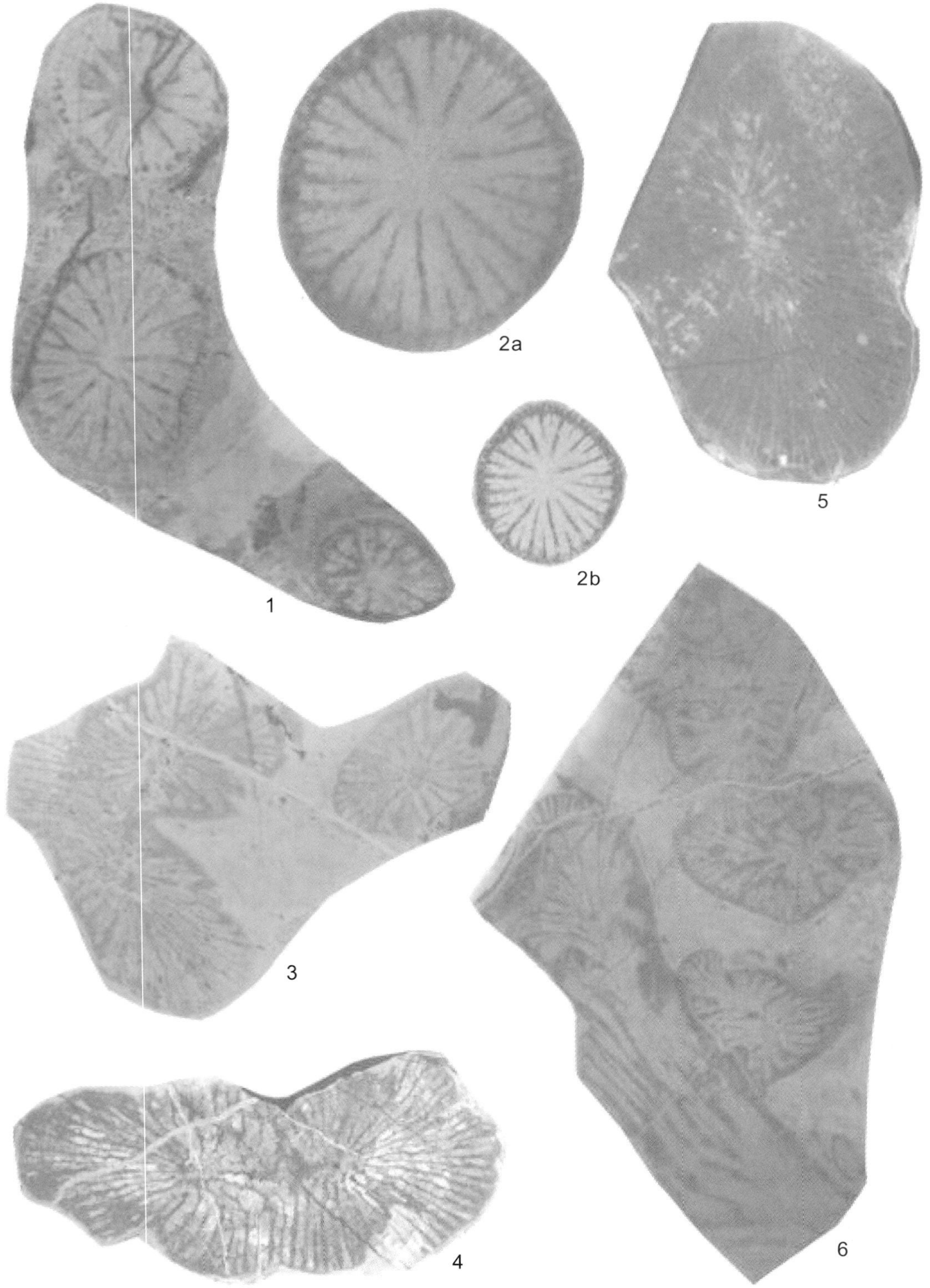

图版 4

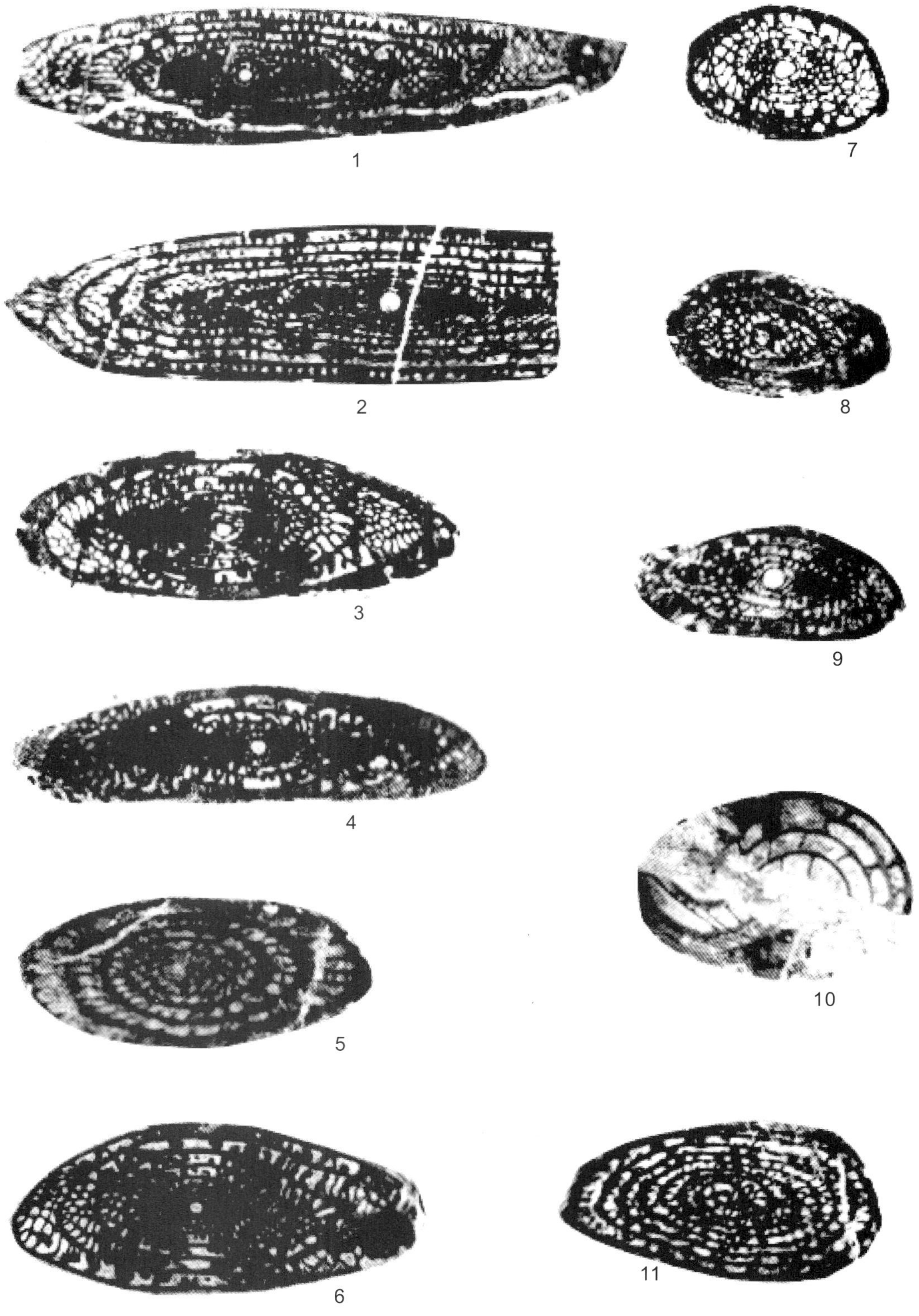

图版 3

1

2

3

4

5

6

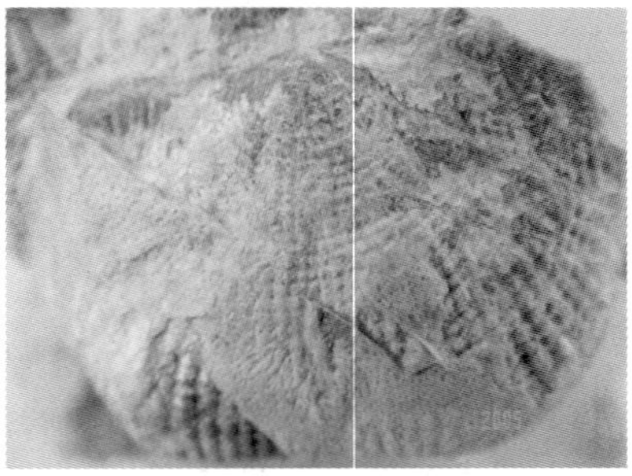

7

8

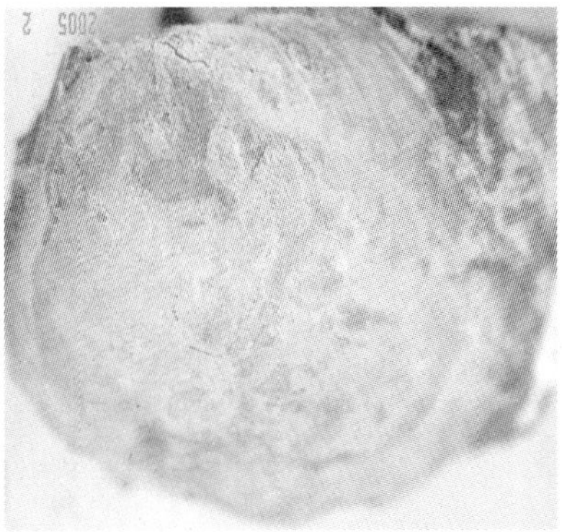

9

10

11

12

图版 7

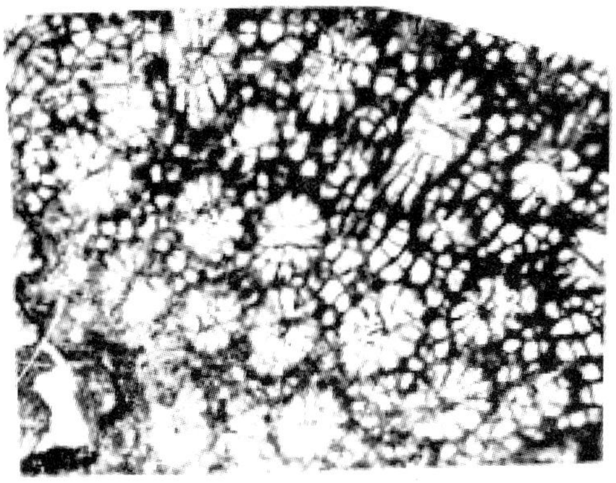

1a

1b

2a

3a

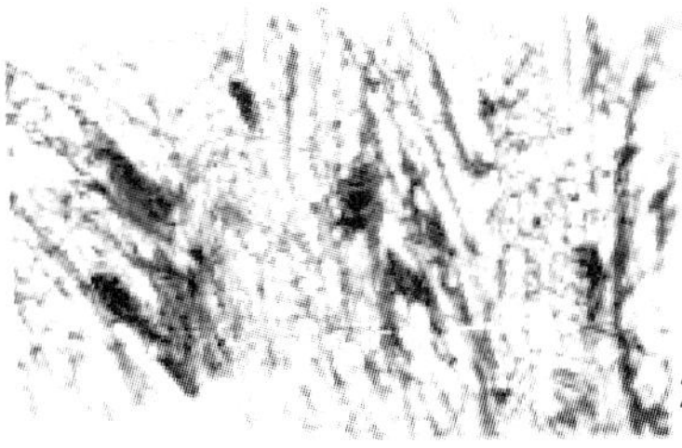

2b

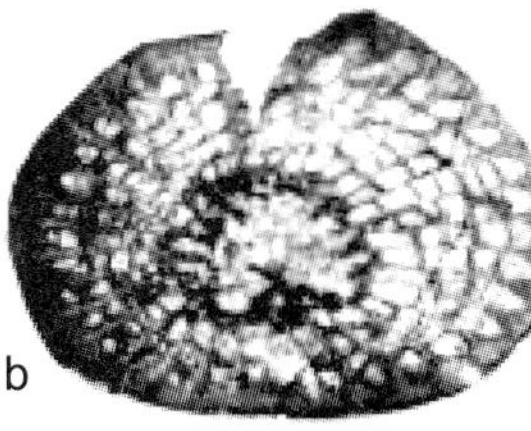

4

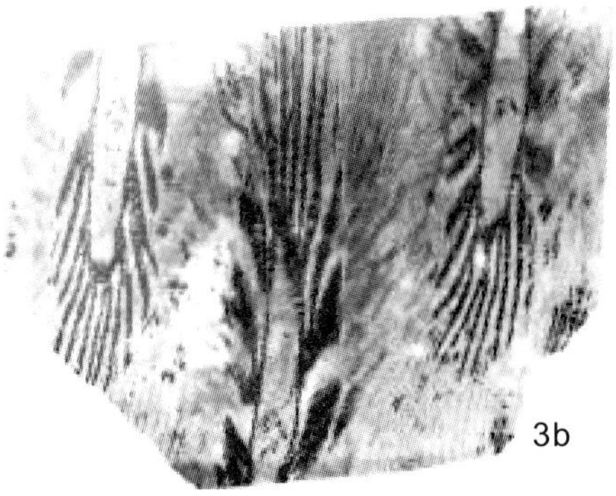

3b

图版 8

图版 9